改变，从阅读开始

生活中来

主编

黄天祥

·1-7 精华修订本·

山西出版传媒集团　山西人民出版社

图书在版编目（CIP）数据

生活中来 / 黄天祥主编 . —— 太原：山西人民出版社，2018.11
ISBN 978-7-203-10521-3

Ⅰ.①生…　Ⅱ.①黄…　Ⅲ.①生活—知识　Ⅳ.①TS976.3

中国版本图书馆 CIP 数据核字（2018）第 222987 号

生活中来

主　　编：黄天祥

责任编辑：王新斐

复　　审：刘小玲

终　　审：秦继华

选题策划：北京汉唐阳光

出 版 者：山西出版传媒集团·山西人民出版社

地　　址：太原市建设南路 21 号

邮　　编：030012

发行营销：0351-4922220　4955996　4956039　0351-4922127（传真）

天猫官网：http://sxrmebs.tmall.com　电话：0351-4922159

E－ｍａｉｌ：sxskcb@163.com　发行部　sxskcb@163.com　总编室

网　　址：www.sxskcb.com

经 销 者：山西出版传媒集团·山西人民出版社

承 印 厂：鸿博昊天科技有限公司

开　　本：655mm×965mm　1/16

印　　张：32.25

字　　数：421 千字

版　　次：2018 年 11 月　第 1 版

印　　次：2018 年 11 月　第 1 次印刷

书　　号：ISBN 978-7-203-10521-3

定　　价：98.00 元

如有印装质量问题请与本社联系调换

把爱心播向四方

作为《北京晚报》的一个科学编辑，我常常收到形形色色的读者来信。其中有一些是热心而又好心的读者写来的：他们或为某一件事所烦，或因某一种病所苦，虽尝试多法，历经甚久（十年几十年）仍无法解脱。但是有一天，或因亲友的指点推荐，或因普普通通的偶然机遇，或是自己锲而不舍的琢磨实践，一下子解决了，一朝痊愈了，高兴之余，写信给我，希望能刊登出来，告诉更多的读者以排忧解难。

我试着编发了几条，反应强烈，便决定开设"生活中来"栏目——应该让读者把自己生活中发现的、发明的可贵经验与他人共享。没想到读者大众中蕴藏着这么多的奇谋怪招，于是一发不可收拾。自 1990 年以来，"生活中来"已刊出 3000 余篇，而且至今稿件源源不断。

《生活中来》不同于一般的生活常识，由于都是平民百姓在生活实践中摸索或验证过的，因此实用价值很高，用起来很有效。有些发明简直可以申请专利。再者，本书中作者提供的办法，所用材料也都是老百姓日常生活中常见的，找起来方便，也用不了多少钱去买。总之，本书用起来有效、方便、省钱。这就是《生活中来》备受广大读者喜爱的原因，收到的一千来封读者感谢信也说明了这一点。

《生活中来》的作者都是普通老百姓，为向读者负责，我们一直把作者的通信地址和邮政编码附在文后，所以读者与作者可以互动、切磋、交流，成为朋友。读者和作者之间的很多故事令我动情，使我感受到社会主义大家庭的温暖。

家住内蒙古准格尔旗黑岱沟乡岱沟村的李正军，右腿患骨髓炎十年之久，先后到很多有名的医院都无法治愈，绝望之余，准备截肢。当他看到《北京晚报·生活中来》刊出的《治骨髓炎一方》（见本书 202 页）后，找到了作者杨怀云。杨怀云同志为他内服外敷，治疗了 40 多天，李正军的病竟完全好了。这个生活在偏僻山村的汉子，激动地写信告诉我："他给我治疗期间，任何报酬都不接受，饭也没吃我一顿。我问他地址，要登门酬谢，他也拒绝告诉我。他说：'咱们都生活在中华人民共和国，我应该做的。'我听了感动得泪水涟涟，不知怎样感谢杨同志。"

我再选登一位作者张连士的来信，相信每个人看过都会和我一样，感受到他们火一般的热情。"《治三叉神经痛一方》（见本书 118 页）这篇小稿子见报后，有不少读者登门拜访，也有来信询问的。我和我（患病的）朋友同住一个楼层，凡是来访者，都是我俩接待的。他们同病相怜，见了格外亲，我们当然要使他们满意而回。对于来信，我都在 24 小时以内详细回复。现在对来访和来信都进行了登记，留下他们的地址和电话，以便交流疗效信息。不夸张地说，我家现在成了这种病的联系中心了。为使来访者不扑空，我们两家出门办事，都要留'值班'的。"

还有一位作者告诉我，他的小文刊出后，收到了 125封信。我替他算了一下，且不用说回函花费的时间，光信封、信纸和邮票就要百元左右。何况有些作者还自费打印、复印"答读者问"。所以，我希望我们的读者细心一点，体谅作者，在给作者去信时，附一个贴有邮票的信封。

此次出版的合订本除对原 6 册《生活中来》的内容做了 50 余处的修订测改，并将 6 册书的医、用、吃、穿、附录部分并类整合，把各部分分成若干小类。此外，在目录前编订了目录检索表，以方便读者查阅。需要说明的是：在分类时，我们主要考虑的是方便读者查阅，分类不是很细，个别条目的分类也未必科学，敬请读者谅解。

作为一个科学编辑，我希望：

一、凡发现本书中有不实后果或应予注意防止意外发生的条目，请及时投书本报，以改进、更正、提醒。

二、有些医类条目，尤其是附录部分的条目，一定慎用，要与作者交流咨询，或请教中医大夫。大病重病应先去医院诊治。

最后，感谢尚红科先生，他为《生活中来》合订本的出版花费了不少精力。

黄天祥

2002 年 2 月 20 日

目录索引 ///

查阅提示:

由于本书收录的条目较多,为便于读者查阅,我们对相关条目做了归类整理,下面的"目录索引"是关于全书分类的检索表,每一类别后的页码是指该类别在目录中的页码。通过查阅目录,读者可以查到各类别下的具体条目。

目　录

医部

13

19

用部

灭蟑除虫 //////////////////////////////////232

其他 // **264**

吃部

家常主食 //////////////////////////// 279

穿部

附录

医
部

1/ 大蒜按摩可治感冒

取紫皮大蒜切成片状，在百会、太阳、风池、迎香、合谷诸穴位按摩5分钟，然后在脚下涌泉穴按摩15分钟，可治感冒。感冒初起效果佳，重感冒应配合吃药。按摩后穴位表面皮肤形成大蒜薄膜，应保持4小时再洗净。

朱 震

2/ 经常按摩鼻部能预防感冒

用右手大拇指和食指捏住鼻梁，上下按摩50~60次，下至鼻根两侧；按摩时注意力要集中，手指用力适度，不宜过重过急；早晚各一次。经常按摩，从不间断，对预防感冒及鼻炎有明显疗效。笔者已坚持数年。 吉 祥

3/ 葱姜粥预防风寒感冒

250克粳米洗净放入有2000克清水的锅中；锅开后改用微火，熬制六成熟时加入洗净切成碎末的葱白100克、姜粒25克；熬至九成熟时再加入100克红糖；熬熟即成。 秉 智

4/ 大蒜治感冒流鼻涕

将大蒜削成圆锥状，裹一层薄药棉，塞入鼻孔，一次五六分钟，连续四五次，清涕即止。此法我使用多次，效果很好。 孟翠荷

5/ 夏日治感冒先治手脚冰凉

近日我得感冒，全身发烧，手脚冰凉，我就用手心搓两脚心和脚背，不久全身出汗，烧也退了，感冒也治好了。

边锐杆

6/ 鲜姜煮可口可乐防治感冒

鲜姜25克，去皮，切碎，放在可口可乐中（容量为大瓶一瓶），用铝锅煮开，趁热喝下（温度掌握好），可防治感冒，还可治小孩恶心、呕吐、厌食、偏食等症。 张合营

7/ 防感冒保健操

以前我每年都要感冒几次，可是从前年至今没有患过感冒，这与我持之以恒地做下面这套保健操有关。这套操共4节，早晚各做一次。做法是：（1）深呼吸，16下；（2）用双手中指由内眼角沿鼻子两侧向下拉到鼻孔，36下；（3）用右手拇指和食指捏鼻子，36下；（4）干洗脸，36下。 孟素真

8/ 热水泡脚治感冒

奶奶传给我一个治疗普通伤风感冒的方法：准备一盆热水，水温50℃~55℃（以人能忍受的热度为宜），泡双脚，水稍凉马上续热水以保持温度。半小时到1小时后就浑身出汗，头冒热气，鼻塞自通，这时擦脚上床睡觉即可。如果感冒不好，第二天睡前再泡一次即可痊愈。 陈幼民

9/ 甘草、五味子治感冒

过去，我每到冬季常患感冒，用各类感冒药医治，当时见效，过几日因身体不适又复发感冒，一拖便拖到第二年四五月份。1985年冬季我在感冒时用了一个民间验方：甘草二钱、五味子二钱，水煎服。仅三剂药（每剂一日二次）我的感冒就好了，几年来未得过一次感冒。 陈学明

10/ 吃烤橘治感冒

我的孩子一到秋冬常常感冒，但他一吃药就呕吐，我发现烤橘治疗感冒初起效果极佳：将整只带皮橘子放置铁

火钳上，距火焰一定距离，不时翻动，等橘子冒气有橘香味，即可取食，吃时去皮，不剥经络。 邱芳宁

11/ 姜糖橘皮水治感冒

感冒没特效药，我自创一法颇为有效。每每有感冒先兆，不管是冬天夏天，切上 10 多片姜加一把橘子皮（干鲜均可）熬煮几碗水，喝前放入适量糖，春夏用白糖，秋冬用红糖。每天喝上几大杯热水，全身轻松。多少年从没因感冒而请病假。 赵理山

12/ 黄花冰糖可发汗

冬季有人外感风寒常患感冒，俗话说发发汗就好了。偶得一方，具体做法如下：将 10 余根黄花用温水泡开，去掉硬梗切成寸段，锅内放两杯凉水，烧开，放入黄花，加入冰糖若干稍煮一会儿，趁热把黄花带汤一同服下，蒙被入睡，一会儿便可出汗。 乔艳平

13/ 热耳法治感冒鼻塞

有时感冒鼻塞很难受，听人说热耳法有疗效，一试果然不错。具体方法是，睡前用热毛巾热敷双耳十几分钟，就可使鼻塞减轻或通畅。 郭翠青

14/ 食醋可治伤风流鼻涕

笔者患有过敏性鼻炎，每年到春秋季节，就容易伤风感冒。有一个办法，我试过三次，每次都很有效。方法是在刚刚患了伤风流清鼻涕的时候，用棉花签蘸食醋（最好用白醋），然后将棉签在鼻孔里擦抹，最好使鼻孔各处都擦抹到。 陈贵静

15/ 毛巾热敷治鼻塞流涕

入冬之季，人们易感冒。往往由于鼻塞流鼻涕，引起头痛、憋气难入睡。每当此时我用热毛巾按住整个鼻部，使鼻孔吸入热蒸气，给鼻部起到热敷作用，之后鼻黏膜收缩、流鼻涕止住，鼻子通气。此法热敷 4~5 次，每次约 5 分钟。 杨桂凤

16/ 凉水洗鼻腔防感冒

养成常用凉水清洗鼻腔的习惯可防治感冒。用两手捧起凉水用鼻子轻轻吸进（别用劲太大）再擤出去，反复两三次把鼻腔洗净就行了。每日 1~2 次可基本不患感冒。这是笔者十余年的经验。 周祖过

17/ 眼药膏治打喷嚏

患感冒的人常流鼻涕、打喷嚏。本人有个小经验：当遇到上述现象初起时，可用眼药膏挤入鼻孔，则可立刻停止流鼻涕、打喷嚏。做法是立即把鼻涕擤净，并把眼药膏徐徐挤入两鼻孔内少许，再用手轻挤压鼻孔两侧 2~3 下。如仍未停止，可再重复一次。 张 纯

18/ 香菜根鲜姜治风寒感冒

用香菜根半两或一两，鲜姜五片（约 10 克），水煎服治风寒引起的感冒。
100071 北京丰台铁路医院 夏维民

19/ 口含大蒜治感冒

如果感冒、咳嗽、流涕，可取鲜蒜一瓣含于口中，生津则咽下，直至大蒜无辣味时吐掉。连续用三瓣大蒜即可见效。100840 北京复兴路 20 号直政处 郭俊勋

20/ 绿豆治流感

前不久，我感冒发烧。我想绿豆是解毒的，先煮上绿豆，再加姜丝和可乐，煮完后，趁热猛喝两大碗，顿时浑身关节不疼了，发汗也不像退烧药那么猛，肠胃也很舒服。睡完一觉过后，就再也没有发烧。我坚持喝了三天这种水，也给家里其他人喝了，都减轻了感冒症状。

100091　北京 1965 信箱 41 号分箱　齐培鸣

21/ 发汗治流感

在长期生活中，我用自发汗的办法来对付感冒初起，很有效。自发汗，就是在感冒初起时，采用站立或坐姿，两手臂自然下垂，然后用力向背后背，尽量使两肩胛骨靠拢，并保持几秒钟。这样你会感觉后背上有凉气冒出。多做几次，就会冒出冷汗。隔一段时间重复做一次，重复几次，让汗出透，感冒不适的感觉就会逐渐消失。

100101　北京康乐宫有限公司　王　全

22/ 鲜藕治流感

将适量鲜藕洗净，捣烂榨汁（250 克），加蜂蜜（50 克）调匀，分 5 次服，连用数日，治感冒咳嗽。

100043　北京石景山物资局宿舍楼 3 单元 401　赵桂花

23/ 芝麻、红糖治流感

将适量芝麻用文火焙熟后备用，再将适量红糖（比例约为芝麻量的一倍）入锅炒热成为液体，把焙好的芝麻倒入其中，翻搅匀后即可。此方更适合小儿。每日吃的次数及数量均可依据咳嗽患儿的接受程度而定，多吃有益无害，吃完应给孩子喝点水。焙芝麻时应不断翻炒，以免焙煳。

100043　北京石景山物资局宿舍楼 3 单元 401　赵桂花

24/ 白酒治流感

流感来势很凶，我高烧不退，吃药无效，后采用过去在农村用的土办法，果有奇效。方法：白酒 30 克倒入碗内，用一小碟蘸酒刮前后胸、曲池及下肢的腘窝部位，直至皮肤发红发热为止，然后再喝一碗红糖姜水，盖好被子，不过一刻钟便大汗淋漓，只一次我便痊愈了。

100013　北京地坛北里 9-4-203　王荣云

25/ 大蒜防治流感四法

俄罗斯人用大蒜防治这种病并取得良好效果，有四种方法。

（1）取五瓣大蒜剥去皮放在捣蒜罐内（代用捣蒜罐的容器也可），捣碎倒入加热的一杯牛奶中，搅拌后浸泡 15 分钟，然后用纱布滤除蒜渣，用 20~30 分钟的时间慢慢喝完。每天早、午、晚各喝一杯配好的蒜液牛奶。对治疗流感、肺炎、咽炎有显著效果。

（2）取等份的蒜泥与蜂蜜，进行混合后搅拌均匀，每天服 4~6 次，每次 1 汤匙，用温开水送服。此法对治疗流感有特好的效果。

（3）每隔 2~3 小时滴入两个鼻孔各 1 滴经温水稀释后的蒜汁，对治疗流感效果也很好。

（4）取大蒜和洋葱各 50 克，切碎后放在大口瓶子里，患者的嘴和鼻子交替对准瓶口，呼吸大蒜和洋葱味，每天进行 3~4 次。每次 10~15 分钟。此法对流感、咽喉炎、扁桃腺炎、肺炎、百日咳均有非常好的疗效。

100086　北京海淀区三义庙大华衬衫厂宿舍　刘淑琴
转交裴寿英（电话：62636235）

26/ 感冒药外敷一法

我因胃不好，吃药刺激大，所以平素尽量不口服药。前些日子感冒后有人告诉我在伤湿止痛膏上倒入一些速效感冒胶囊的药粉，贴在前脚心的涌泉穴上也管用。我一试，真灵。

100035　北京西直门南大街22楼1404室　张　英

27/ 加快感冒痊愈一法

穿好厚衣服，把刚开的热水倒进脚盆里，稍微兑一些凉水，渐渐地把脚浸进去，注意不要烫伤，等到完全适应后把脚全部浸入脚盆时你就会大汗淋漓，非常舒服痛快。但出汗后要注意避免受风着凉，还要勤擦汗。

100043　北京石景山区八角中里9楼2门103号
梅永顺

28/ 治感冒流鼻涕一法

我患感冒流鼻涕不止，没有其他症状，两个多月看过几次医生，做过几次检查，药吃了不少，均无效。有人介绍，用热毛巾捂鼻子就好了，我捂了几天不见成效。一天我见孩子们洗头用理发的电吹风机吹干头发，对我有启发，于是我用吹风机吹鼻子，真灵，立即就不流鼻涕了，我连续吹了两天，每次三五分钟，流鼻涕好了。

100034　北京西四砖塔胡同78号　赵凤林

29/ 葱、姜、蒜水沏红糖治感冒发烧

去冬流感，我一家也未幸免。我用葱、姜、蒜水沏红糖，仅一次就好了。方法如下：大葱一棵，取葱白切成数段；生姜一块（拇指大小）切成薄片；大蒜3~4瓣，切成薄片。以上三种原料一起放进砂锅，加水500克煮。开锅后慢火煮10分钟，水剩300~400克。

红糖1~2勺放入碗内，将刚煮好的水沏上，趁热喝下，盖被躺下。几分钟后即出汗，汗出透即可。

100076　北京丰台东高地北京航空航天大学分校
李克贞

30/ 烤橘子治感冒

取一只带皮的橘子，用火钳夹住距火炉火焰一寸高左右，不时翻动，待橘子冒气并有橘香味发出时即可。吃时去皮，加两匙醋用开水冲服，日服两次即可。感冒初期，效果更佳。

100045　北京西城区三里河二区24-3-7　张银江
赵舜英

31/ 红枣核桃仁预防感冒

把3枚大红枣和2个核桃的果仁洗净放锅内，加适量的水煮熟，然后连汤一起服下。每天只清晨服1次，连续30~60天不间断。我的一位乡亲曾有一到冷天就闹感冒的毛病，为了预防，便于前年在尚未发病的初冬时节开始使用这一偏方，结果就没犯。次年照方适时再用，也未见感冒。

100038　北京复外北蜂窝电信宿舍2号楼2门1号
张恒升

32/ 感冒清热冲剂加 VC 银翘片有奇效

本人经一名中医师指点，用北京同仁堂生产的感冒清热冲剂与 VC 银翘片合服治疗感冒。在近两年流感期间，本人用此方治疗，效果极佳。用法是：将感冒清热冲剂一袋用热开水溶化后，再将 VC 银翘片4片用此药液送入腹中。每天早晚空腹时服，连服三天即可见效。

100026　北京朝阳区金台北街5号楼1门1006号
卞　义

33/ 香菜根熬水退烧

一同事曾两次因着凉导致39℃高烧，都是使用下方治愈的：洗净的250克香菜根放入砂锅，加3汤碗水，上火熬至只剩下1碗水的时候为止。然后，算去杂质，喝熬过的水，高烧就会慢慢缓解。喝三次一定消退。

100038　北京复外北蜂窝电信宿舍2号楼2门1号　张恒升

34/ 干洗脸防感冒

从1993年秋天开始，我悟出干洗脸能促使脸部血液循环加快，增强抗病、耐寒能力的道理。具体方法：每天早晚各做一次，先双手对搓120下将手搓热，趁热干洗脸，上下左右反复有顺序地搓120下；然后再干洗鼻，用中指从鼻梁上往下鼻尖挤一下，再沿着鼻梁返回，做36次，手搓不必太用劲。六年来用此法我再未感冒，别的病也没有。

100077　北京市天海服装批发市场广播室　胡　蓉

1/ 丝瓜茎汁可治咳嗽

春季，可找空地或在花盆内种上50~60株丝瓜。待丝瓜长大后，去掉花芽以促茎叶粗壮。七八月份，可将丝瓜根部距地面5厘米处切断，用水杯接丝瓜茎滴下的茎汁，待每株茎汁流净，用纱布过滤，每日早晚服一小酒杯，连续服10天，对咳嗽患者有止嗽、定喘、润肺之作用。注意必须饮用当日的新鲜丝瓜茎汁，因此一根丝瓜汁饮完再切另一根。 　朱震

2/ 清水煮蒜治风寒咳嗽

大蒜一头剥皮洗净，清水两杯，将蒜瓣与水放锅内煮，水开后煮十分钟，趁热（以不烫嘴为宜）将蒜、水全部喝掉，晚间临睡前服最佳。 　赵彤

3/ 芝麻核桃酒益肾止咳

饮用家庭自制芝麻核桃酒，有益肾止咳、治疗腰痛的食疗作用。以500克白酒为例，加入洗净的黑芝麻30克、核桃仁30克，密封好放在阴凉处，浸泡15天后即成，每日饮用2次，每次15克。 　秉智

4/ 清蒸蜜梨能治咳嗽

把梨像检查西瓜生熟一样切开一个三角口，把梨核挖空，放入适量蜂蜜，再把三角小块盖好。开口向上放入一个碗内用锅蒸一刻钟，取出趁热服用，此法经我多次试验，效果胜于"咳平"。 　黎杰

5/ 贝母蒸梨治咳嗽喘

用鸭梨一个，洗净，挖去中间核后放入鲜贝母2克、干贝母1克和一点冰糖；然后放碗里，加上多半碗水，水里再放点冰糖，上锅蒸半小时左右即成。早晚两次一天吃完；七天一个疗程，连续五个疗程即痊愈。我父曾患此病，吃完痊愈，现已两年未犯。注意要坚持用药，切忌中断。 　张苏

6/ 大蒜敷脚心可治咳嗽、鼻衄、便秘

每晚睡觉前，洗净脚后把大蒜薄片敷在脚心涌泉穴位上（位置在1/3脚处）；用医用胶布贴紧贴牢；时间在8小时左右（大蒜对皮肤有刺激，贴的时间不宜过长），对咳嗽、鼻衄及便秘有一定疗效，连续敷7~10天，效果更佳。少数人脚心敷蒜处起水泡，可暂停敷贴，待水泡破后皮肤复原再敷贴，一般不再起水泡。 　朱震

7/ 莴笋叶可治咳嗽

去年春天，家里买了莴笋，觉得嫩绿的叶子扔掉怪可惜，就蘸酱吃了，连吃两顿后，发现我持续两个多月的咳嗽毛病好了。细细想来，那两天什么药也没吃，其他蔬菜也没怎么吃。以后，我每次患咳嗽，都吃莴笋叶平咳，均有一定疗效。 　刘素绢

8/ 香油治咳嗽

我每年冬天都由于慢性气管炎和咽炎引起咳嗽，多次吃药效果都不太好。后经人介绍，每天早晚各喝一小匙香油，服用几年，已基本不再咳嗽了。我现在仍坚持服用。 　王彦花

9/ 关东糖白萝卜汁治咳嗽

3年以前，每逢冬季我咳嗽不止，服中西药均不见效。后服用关东糖白萝卜汁，至今未复发过。作法：将白萝卜洗净，控干水后切成0.5厘米厚的圆形薄

片。取 10 片切好的白萝卜放在碗里，把 5 块关东糖掰成一些小块，分别放在白萝卜的中间和上面，盖上盖。几小时后，用干净的筷子取出白萝卜片（看上去已空心），将汁液喝下。每日 3 次，坚持一周咳嗽便可痊愈。　越晋萍

10/ 醋溶冰糖治咳嗽

我的两个学生都因咳嗽免修体育课，也曾住院治疗。后来朋友介绍一方（他曾用过且治愈）：食品厂醋池的原醋，拿纱布过滤后装瓶放冰糖摇动使之溶解，饱和为止。每日三五次当药服，每次 1~2 汤匙，可每日三餐当调料佐餐，不要间断，一个月左右就不再咳嗽了。我的两个学生服用这个偏方后也均未再犯。　王新明

11/ 自制葡萄泡酒治咳嗽

我老伴曾因抽烟患肺气肿引起咳嗽，又戒不了烟。但近二十多年来却很少咳嗽，主要原因是一年四季都喝自制的葡萄酒。自制葡萄酒的方法如下：葡萄（任何品种均可）、冰糖和白酒（必须是粮食酒）各 500 克。把容器及葡萄洗净，将葡萄粒（不去皮）和冰糖（研成碎末）放入容器内，倒入白酒，封好盖，放置室内一个月后打开盖。将葡萄粒挤榨成汁，去掉葡萄皮和核，搅拌均匀，装瓶即可饮用。每天晚上睡觉前服用一次，服用的量不宜超过 25 克。注意饮用时和饮用后都不应再吃其他食物。　王士英

附：吃葡萄也治咳嗽

《生活中来》刊出《自制葡萄泡酒治咳嗽》一文，给我很大启发。我冬夏都咳嗽，但不喘，长年吃药都不好。我买了 1000 克葡萄，其中的 500 克泡酒，500 克吃了，夜间咳嗽竟好些，床头的小痰盂里的痰也少了。我随后又买了 2000 克葡萄，每天吃 500 克，开始两天只有一两声咳嗽，后来竟不咳了，夜间也能安睡了。　李培植

12/ 蒸雪花梨花椒可治咳

将一个雪花梨洗净，用锥子扎 50 个眼儿，每个眼内放一粒花椒，把梨置入碗里，放进锅中蒸熟，然后将梨中的花椒去掉，把梨吃下，一天一个。咳得厉害的小孩，吃 1 次即见效，吃 3 次可痊愈。　邸桂英

13/ 生姜能治咳嗽

去年 11 月间，我咳嗽半个多月，先后服用多种药都没治好。后来一位老同志告诉我一个治咳嗽的办法。他说在抗美援朝当志愿军时，一次上级交给他们一个往前沿阵地送弹药的任务。这个任务需要绝对隐蔽，而他们班长有咳嗽的毛病，奇怪的是在执行任务过程中，他一声也没咳嗽。问他用什么办法？说有绝招，就是把一块生姜洗净去皮，切成片，咳嗽时往嘴里搁一片，吃下去就不咳嗽了。我听后试了一次，第一片吃下去就觉得嘴里、嗓子眼里、胸腔内又辣又热，热乎乎的挺舒服，咳嗽马上就停止了。嗓子再痒时又吃一片，一天吃两次，晚上临睡前又吃了一次，第二天再吃两三次，咳嗽竟痊愈了，至今未再犯。　董健

14/ 治干咳嗽一法

有一种咳嗽（俗称干咳嗽）无痰且不

发烧，吃药打针也无特效。现将我母亲的一秘方介绍给大家：半茶缸水煮沸，放食油（花生油最好）一两汤匙，再放几匙白糖，然后将一个鸡蛋打碎加入茶缸中，烧沸为止。每天早晚（起床之后、入睡之前）趁热饮服，连服三两日即好。　　　　　陈迪强

15/ 香油炸绿豆止咳

在老家时，我一咳嗽，母亲就在铁锅里放一勺香油，在火上烧热后放进 7 粒绿豆炸焦（不要炸煳），待油不太烫时和些蜂蜜，临睡前趁热喝油吃豆。记得那时吃三四次就不咳了。有时她还在油里打个鸡蛋与绿豆同炸，或者用少许薄荷、白菊花、苏叶（中药店有售）与鸡蛋一起炸，加蜂蜜，吃法同上，也管用。参加工作后，再也不用这个土法子了。最近我患咳嗽，家里一时找不到止咳药，就想起了香油炸绿豆，吃了几次还挺灵。　　郭毓慧

16/ 生姜炒鸡蛋治咳嗽

我邻居患有咳嗽，每年冬季发作，时常喘不过气来，非得吐出许多白色泡沫痰咳嗽才能缓解。她偶然听一位老人说吃姜炒鸡蛋可治咳嗽，就先后吃了 5 次，得了近 10 年的老毛病就治好了，至今已有 3 年没再犯。方法是：油热后放入姜丁或丝，稍在油中过一下，随即倒入 1~2 个鸡蛋拌匀，趁热吃下。吃的量可自己掌握，晚上临睡前吃更好。　　　　　赵理山

17/ 开水冲鸡蛋蜂蜜防治咳嗽

我姐姐每次着凉感冒就咳嗽，吃了不少药咳嗽也没好。后来她每天早上冲

鸡蛋蜂蜜空腹喝，已有一年多没再犯病了。做法是：把一个鸡蛋打在碗里，放上蜂蜜，打匀，用开水冲成一碗，放点儿香油即可饮服。　　康 军

18/ 栗子肉治咳

近两年来，每次我患感冒咳嗽时吃栗子煮肉，都收到显著疗效。做法是：栗子 250 克，去皮，瘦猪肉 200 克，洗净切块，用砂锅煮，煲汤，适当加点食盐及味精服食（小孩可分 2~3 次服食）。这个偏方对年老体虚、慢性气管炎也有很好的疗效。　　宋怀莲

19/ 中草药绞股蓝治咳

我原患有肺气肿，前不久又得了上感支气管炎，虽经医院诊治服药仍咳嗽不止，嗓子发干。日前，我将友人从广西融水寄来的绞股蓝，取 15 克放入药罐内用温水泡开，然后用文火煎熬成一茶杯，分 3 次服用，一天煎熬一次，服用 2 天，咳嗽便停止了，嗓子也不发干。　　　　　孟慕英

20/ 萝卜煮水喝可镇咳

去年冬天，我一连数日咳嗽不止，晚上难以入睡，吃药效果也不明显。后邻居让我买几根白萝卜，每晚把半截萝卜切成片，用清水煮，萝卜熟后用茶杯或小碗将水滤出，待稍冷后喝下。当晚咳嗽减少，可以入睡。连续喝了 5 天，咳嗽就好了，冬季再也没犯。　　　　　王景信

21/ 烧萝卜可治咳嗽

把"心儿里美"切成约 5 毫米厚的条状或片状，放入炉灶内烧（煤气灶可用锅烤），烧至半生不熟的程度，从

炉里取出让患者趁热食之。前些天我的孩子感冒后咳嗽不止，吃了几种药均未见效后，食两次烧萝卜就好了，至今未咳。

阎淑芹

22/ 冰糖杏仁粥治咳喘

我一老友，患肺虚咳喘多年，后痊愈。他说治愈的方法是：甜杏仁约 20 克，用 60℃热水将皮泡软，去皮后设法砸碎，与大米（50~100 克）加水同煮，开锅后放入 10 克冰糖，熬成稠状即可。要经常食用。使用此方法附带治好了该友便秘。

崔玉贵

23/ 鲜百合镇静止咳

我小时候常咳嗽不止。祖父用 3 个鲜百合捣汁，用温开水和服，一日 2 次，喝一周就好了。据祖父说，此法对肺气肿及体弱肺弱者适用。肺热、肺燥者咳嗽时，可用鲜百合和蜂蜜上锅蒸软，不时地含一片食之，效果也佳。时过 50 年了，至今未犯过咳嗽。每年鲜百合上市时，我总要蒸些或炒菜吃，不忘鲜百合之恩。

崔守正

24/ 冰糖香蕉能止咳

冰糖约 5 克，香蕉 2~4 根，装入碗内上锅，开锅后用文火蒸 15 分钟，即可食用，止咳效果很好。

肖国明

25/ 绿豆汤煮梨治干咳

我是南方人，来北京 18 年，年年入冬（11 月中旬）就干咳。十多年北京大小医院去过很多，就是不除根。去年秋天老乡从农村带来十多斤（注：1 斤 = 500 克）当年绿豆和一箱鸭梨，我每天早晨煮一小锅绿豆汤放两个鸭梨。早晚各吃一个梨和饮一碗豆汤，

吃了两个月就好了，今年也没犯病。

王庆荣

26/ 荸荠止咳

每到冬季，小孩子容易感冒咳嗽，可将荸荠去皮洗净和鸭梨一起蒸熟，再加入蜂蜜。孩子无病时吃，有益而无害；有病咳嗽时吃，很快去病，孩子也爱吃。

赵文静

27/ 荸荠核桃治百日咳

我儿子 4 岁时，冬季患百日咳，经人介绍用荸荠与核桃一起吃可止咳。为食之方便，去皮后，即一口荸荠，一口核桃同吃，疗效很好。此两种东西每日吃两三次，每次各三四个即可。

谷守玉

28/ 麝香止痛膏贴穴治咳嗽

剪一块麝香止痛膏贴在天突穴（胸骨上端凹陷处）及神阙穴（肚脐眼处）。每次贴 24 小时，一般贴两次治感冒后咳嗽不止有效。

100038 北京海淀区羊坊店铁路总医院卫校 杜 娟

29/ 外搽风油精止咳平喘

我有哮喘病，每当咳嗽不止，就用风油精外搽前脖颈和颈两边，咳嗽立刻止住，同时还能平息痰喘，这是病友介绍的经验。

100044 北京昌运宫 2 号楼 1004 盛 胖

30/ 嚼服生甜杏仁能止咳

最近偶患热伤风，剧咳不止，想起杏仁能止咳平喘，于是将吃甜杏时留下的杏核砸开取杏仁，当即嚼服一个后剧咳停止，后每隔 2 小时嚼服一个，连服 2 次，咳嗽基本痊愈。

102600 大兴团河农场离退办转 孟慕英

31/ 治咳两方

我女儿年幼时，常因暑热风寒致使气管发炎咳喘，我姥姥教我两方，每服后效果均佳。其一：用老姜100克、红糖100克、苦杏仁3~5枚一起煎煮，冷却后装入瓶内，分3天服完，可治外感风寒引起的咳喘。其二：用秋梨两个，冰糖100克，白果3~5枚一起煎煮，约500毫升，分3天服用，可治疗暑热引起的咳喘。

100085　北京西三旗9511工厂5号楼　杨明兰

32/ 罗汉果治感冒咳嗽

我有一次感冒发烧后咳嗽很厉害，吃药也控制不住。朋友送我一个罗汉果嘱我泡水喝，两天便好了。方法是：将罗汉果洗干净，把外壳挖破，连皮带瓤一起放在水杯中加开水泡。泡出的水呈红褐色，略有甜味，口感很好。喝完续水，一天喝数次。一天后咳嗽大为减轻，两天后便痊愈了。去年冬天感冒发烧咳嗽的人很多，我将此法介绍众人，都收到良好的疗效。

100080　北京海淀区中关村甲13楼604号　魏学环

33/ 蒸花椒梨治咳嗽

梨1个、花椒50粒，把花椒全部塞进梨里，蒸或煮，然后吃掉，我老爸吸烟，有时整夜咳嗽，他服后，很有效，真的不咳嗽了。

100041　北京市石景山区北辛安新房子36号2号门　胡翠英

34/ 大柿子可治咳嗽

有一年我得了感冒，别的症状全治好了，只剩下咳嗽，药也吃了不少，就是不见好转。一直咳嗽了两年多，每到冬天病情更加厉害。后来，我的一位亲戚来北京出差，知道我的病情后，便告诉我："冬至"以后，每天早上空腹吃一个大柿子，直到好了为止。于是，我买了5千克北京大柿子，放在后窗台上，每天晚上拿到室内一个，等到第二天早上吃。说也真灵。5千克大柿子还没有吃完，我的病就痊愈了。几年来也没有犯过。

100039　海淀区五棵松路51号12楼一门6号　刘炳基

附：读者邢书才提示

从医学角度讲，柿子含有大量柿胶酚、可溶性收敛剂、胶质和果胶，空腹食用后遇大量胃酸易形成不能溶解的硬块而形成胃柿石症。胃溃疡患者还可能发生胃穿孔或出血症。

（编者注：用此法还是不空腹保险。）

35/ 带肚兜治咳嗽

我步入老年后，每到冬季，就犯咳嗽病。吃药止咳但停药后仍咳嗽难忍。最近有人提醒可做个棉肚兜。我做了个棉肚兜，一带上还真管用，不吃药，也不咳嗽了。我把此办法告诉一位常犯咳嗽病的老朋友，他一试也不咳嗽了。

100011　北京出版社2号宿舍楼10层4号　张梦孚

36/ 汽水冲鸡蛋清治咳嗽

20年前的一次感冒后，我数天咳嗽不止，吃啥药也不顶用，80多岁的邻居石奶奶告我一方，效果极好，至今我们全家老小沿用此方治咳嗽。取一鸡蛋清倒入小碗中，再放入白砂糖半羹匙，然后取来刚开启的汽水（饮料也可），倒入碗中，边倒边用筷子猛搅，搅到泡沫最多时，即服下。服下后，顿时会感到喉头清爽、咳意全消。

113004　辽宁省抚顺石油二厂宣传部　王瑞成

37/ 吃草莓止咳

我连续咳嗽久治不愈，邻居让我吃草莓。将草莓洗净去蒂与冰糖隔水炖服，用量可 2 : 1，每日服 2~3 次。我照方每天吃，果然见效。

100038　北京北蜂窝铁东楼 1 号楼 3 门 3 号　刘长温

38/ 大白萝卜汤治风寒咳嗽

前不久，我因伤风咳嗽不止，找来大白萝卜一个（约 200 克）切成小块用白水清煮 20 分钟，煮时放冰糖 20~30 克。趁热连汤带萝卜片一起服下，15 分钟后就不咳嗽了。

100858　北京万寿路 28 号 51 楼丁门 10 号　李树年

39/ 治咳嗽一法

去年 10 月我患感冒，愈后咳嗽不止，服过多种中西药不见效。后朋友介绍一法，服了三次就止住了咳嗽。方法是：生鸡蛋两个、蜂蜜两勺、白糖一勺，搅拌均匀，用沸水冲开即服，每日早晚空腹各一次。

054000　河北邢台市冶金北路长征生活区老干部科
刘惠英

40/ 心里美萝卜治咳嗽

将心里美水萝卜一个洗净，切成片，放在火炉上或烤箱里烤，不要烤煳了；烤黄焦即可。每晚临睡觉吃，吃上两三天，即可见效。

100050　北京宣武区大平街 15 号　祁振岚

41/ 止咳嗽一法

入冬以来，我患支气管炎多日，夜间睡下总是咳嗽不止，彻夜难眠。后来，我采取用力做缓慢而深长的呼吸法，能很快止住咳嗽，安然入眠。如果中间醒来，继续用深呼吸法，仍能止咳入眠。

075100　河北张家口市宣化区小柳树巷 7 号　王　晓

42/ 橘皮、香菜根治咳嗽

我一亲友，因患感冒引起咳嗽，多日医治不愈，邻居介绍用橘皮和香菜根熬水，接连喝了两天六次，咳嗽症状皆除。

100074　北京丰台区王佐乡大富庄 12 号　薛希贤

43/ 荨麻煮豆腐治咳嗽

前些时感冒咳嗽，十几天不止，朋友介绍一方，取荨麻 200 克（鲜荨麻更好，没鲜的中药店买成品也可）切成寸条，用 1.5 千克白水煮开，再将切成寸条的一块半鲜豆腐放入，待再开后放 100 克红糖拌匀分成三份，早中晚饭后各服一份，服三次后就不咳嗽了。100032　北京西城粉子胡同 7 号　李祥秀

44/ 香油拌鸡蛋治咳嗽

前几天患了感冒，咳嗽不止，邻居介绍一法，竟立竿见影。其法是：取香油一两加热之后打入一个鲜鸡蛋，再冲进沸水拌匀，趁热吃下，早晚各吃一次，一日后咳嗽立停。

100032　北京西单北粉子胡同 5 号　张达兵

45/ 香油炸姜蛋治久咳不愈

我 1968 年在张家口地区插队，因为气候寒冷就得了气管炎，打针吃药时好时坏，经常咳嗽。别人给我介绍了这个偏方，我使用后效果不错，故介绍给大家：取生姜一小块切碎，鸡蛋一个，香油少许，像炸荷包蛋一样（姜末撒入蛋中）。炸熟后趁热吃下，每

日两次，数日后咳嗽即愈。此"药"好吃且疗效亦佳，久咳不愈肺部无异常者可尝试。

100061　北京崇文区光明中街1号楼3单元12号
仲金珠

46/ 白糖拌鸡蛋治咳嗽

我小时候患有慢性支气管炎，尤其到了冬季，伤风感冒后咳嗽易发作，胸痛气促，心烦不安。母亲就用鸡蛋拌白糖经蒸煮后让我吃，效果很好。前几天，我又患感冒咳嗽，使用母亲的方法：取鲜蛋一个，磕在小碗内，不要搅碎蛋黄、蛋白，加入适量白糖和一匙植物油，放锅中隔水蒸煮，在晚上临睡前趁热一次吃完。吃了2~3次我的咳嗽就痊愈了。咳嗽顽固的可多吃几次。

063500　河北省滦南县侯各庄管理区南连　张　芳

47/ 柿饼茶治咳嗽

在家乡时我们常服用祖传柿饼茶治咳嗽。即将柿饼切片，配少许瓜条切片，放入盖杯用开水冲服，两三遍后再将柿饼、瓜条同水一起饮服。早晚代茶服用可止咳。

100022　北京朝阳区双井北里16楼12-5号　吴达生

48/ 自制秋梨膏

将梨洗净，切碎捣烂取汁液，小火熬至浓稠，加入蜂蜜搅匀熬开，放凉后即是秋梨膏。

100037　北京西城区北礼士路139楼1门　王惠玲

49/ 治咳嗽食疗四法

（1）生萝卜150克、葱白6根、生姜15克，煮汤常喝，用于寒性咳嗽。

（2）红皮萝卜切丝拌以适量麦芽糖，搁置一夜或几个小时后，取汁频频饮用。

（3）鸡蛋1只打浆，滴食油数滴，加入适量冰糖，蒸成（或用微波炉）蛋羹食用，每日两次。

（4）甜杏仁10克研成细末，蜂蜜30克，调匀后用温开水冲服，每日两次。

以上（2）至（4）法适用久咳不愈者。

100035　北京德胜门西大街64号2门1003号　郑英队

50/ 油炸绿豆治咳嗽

取一长把铁勺倒上50克香油，在火上烧热，起烟后放入七八粒绿豆，再用筷子不停地搅动，直到绿豆挂上黄色为止，等不烫了以后服用。服用时，要先嚼碎绿豆再与烧过的油一同吃下。一般的咳嗽吃一次就行，稍重的可照方再来一次。我的一位朋友曾两次闹这种毛病，结果都是用了这一偏方才治好的。

100038　北京复外北蜂窝电信宿舍2号楼2门1号
张恒升

51/ 陈皮白萝卜治咳嗽

我患有老年咳嗽症，用一方很快治好。其方是：紫苏叶10克、陈皮10克、白萝卜半个，加入一碗半的水后放进小锅内熬，熬至能盛一碗为止。再加进红糖一小勺，分成三份，每次吃一份，一天吃三次，连吃三天，咳嗽可好。

100032　北京西城粉子胡同7号院　张文习

52/ 枇杷叶紫苏叶薄荷叶治咳嗽

我常咳嗽，家人用枇杷叶、紫苏叶、薄荷叶熬红糖水让我喝，很快将咳嗽治好了。做法：鲜枇杷叶（药店的陈叶也可）5片，去掉背面绒毛切成小段，加进 10 克红糖炒热后掺入 1.5 千克水，再将 10 片紫苏叶、15 片薄荷叶加进去，煮沸后当水喝，一次一碗，一天至少喝 4 碗，两天后咳嗽可止。

100032　北京西城粉子胡同 5 号　张长川

53/ 伤湿止痛膏治咳嗽

今年，因患感冒引发咳嗽，吃药打针仍咳不止。一友人给我在喉头下贴一块约 1 厘米见方的"伤湿止痛膏"。此法真灵，10 分钟后，咳嗽便被止住。此后，我又有两次咳嗽，均采用此法治愈。

100074　北京丰台区王佐乡大富庄村 12 号　薛希贤

（编者注：邦迪辣椒痛可贴效果更强。）

54/ 生姜蜂蜜治咳嗽

我感冒咳嗽，各种治咳嗽的中药、西药吃了五六种，打了 12 针，可是一点效果也没有，咳嗽了一个多月。后来，偶得一方：生姜 250 克左右砸碎，用纱布把汁滤出来，再兑 1∶1 的蜂蜜，上火熬开，放碗里，早晚各一勺，我按此法熬了两次，吃后咳嗽就好了，到现在一年多没犯过，用此法也治好了几个邻居。

100083　北京海淀区东王庄小区 22-9-401　李静英

55/ 常食松子膏治干咳

购去皮散松子和胡桃仁各一斤，蜂蜜一瓶。吃多少做多少，一般每次用松子 25~30 克、胡桃仁 50~60 克，二者混合，用铜钵将其磨为泥状（也可用菜刀先将其切剁碎，再用不锈钢勺将其磨为泥状），然后加入蜂蜜调成膏状即可食用，食后可喝温开水润喉，可治咽痒咳嗽不止又咳不出痰者。

100070　北京丰台区纪家庙育芳园 21 楼　杨向泉

56/ 醋炒鸭蛋治久咳

去年，我患肺炎，出院后，仍咳嗽。吃药虽有效，但欠佳。后偶得一方：将鲜鸭蛋一个打入铝锅内，搅拌均匀，之后，用勺子翻炒（防煳），半熟，再加入 25 克陈（米）醋，继续翻炒至熟。吃时要趁热吃，早晚各一次。我吃到第四天，曾顺利地咳出一块硬黏痰，顿觉喉部清爽，不再觉得有痰阻塞。吃到第十天，历时半年的咳嗽便为之一除。至今未曾反复。

264500　山东省乳山市金山岭中学　宫锡柱

1/ 伤湿祛痛膏治疗支气管炎

本人找到一种治疗咳嗽的好方法：用伤湿祛痛膏贴于气管炎发痒处两三天即可痊愈。如果不知道哪里痒，可用手触摸气管，触到就咳即是患处。颈项贴块白布不雅观，可在晚睡前贴上，白天揭下，晚上再换新的贴上。亲朋好友试用都说很灵验。　　　李信

2/ 姜汁可治气管炎

本人患气管炎多年，用姜汁治好。做法是：嫩鲜姜切碎放入盆内，把线背心浸入姜汁内，浸得越透越好，盆内不放水，要完完全全是姜汁。几天后完全浸透，阴干。在秋分前一天穿上背心，直至第二年春分时再脱掉。为了清洁，可浸两件替换穿。我同时配合注射气管炎菌苗，此菌苗卫生部生物制品研究所有售（地址在通县三间房），每周注射一次即可，从9月发病季节至第二年5月份均应注射。
　　　吴少华

3/ 慢性支气管炎去根儿一法

1958年我患了急性支气管炎，后转成慢性，曾两次住院都未能去根儿。听说白萝卜治咳嗽，胡萝卜可润肺。1993年秋，新鲜萝卜一上市，我便买来煮食，每日连汤带菜（白萝卜与胡萝卜比为2∶1）早晚各服食一小碗，直至次年春。自那时至今，未再犯此病，感冒时也很少咳嗽。
　　　100037 北京市百万庄路26号 渠洁瑜

4/ 自我按摩治哮喘

自我按摩治好了我几十年的咳喘病。我3岁就得了咳嗽哮喘。几十年来，不知经了多少医生，也不知吃了多少药，打了多少针，都没治好，到了60多岁时就更严重了。"久病成医"，我经常琢磨这病到底是什么原因？我试着按摩气管最集中的部位——胸部（上呼吸道），经过一试，果真有效，当时喘气就觉得轻松多了，于是我就接着按摩。经过一年多的时间，终于成功了。现在已过去十多年了，再没犯过。此方法是：每天早晚平躺在床上，两手捂在胸部，右手放在脖子下边，大拇指按在脖子下边的坑里，左手挨着排在右手下边稍偏左点，接近肺心部位置，少用些力轻轻上下揉动各一次，每次3~5分钟即可。另外，如遇有憋得喘不过气时，随时按摩便可减轻。　100021 北京劲松 205-2-03 于丰秀

5/ 治慢性气管炎两方

生姜30克洗净、切丝，桔梗20克，与红糖20克拌匀，共置于暖瓶内，沏入开水，加盖一小时后代茶饮用，饮后以微汗为佳。此法适用于慢性气管炎患者。黄芪30克、桑白皮20克，切细丝，放入铝锅内，加清水750毫升，慢火煎沸，沸后5分钟离火，去渣代茶饮，每日1剂。此法适用于慢性支气管炎体质虚弱者。
　　　100007 北京东城府学胡同31号 焦守正

6/ 酸石榴蜂蜜治愈气管炎

每年立秋前后我都犯过敏性支气管炎，后经朋友介绍一偏方，连服2年，今年立秋未见发作，特献此方。取酸石榴两枚（约500克），洗净去掉榴蒂，将石榴掰碎连皮带籽一同放入药锅，兑100克蜂蜜（瓶装蜂蜜即可），加水没过石榴，用文火炖，不可煎熬。

待水分蒸发干石榴熬成膏状起锅，将石榴盛入洁净的大口瓶中，每日服用数次，每次两小勺。食后有酸涩之感，若嫌此可适当增添蜂蜜。年老体弱者慎服。　　101149　北京236号信箱　华军

7/ 五味子泡鸡蛋治气管炎咳嗽

我前年患气管炎，咳嗽痰多，吃药打针不见好。一朋友介绍一偏方，说她孩子用后见效。其方是：200克五味子泡7个鸡蛋，用自来水即可，水要没过鸡蛋和五味子；不要使用铁或铝制的器皿，置阴凉处；泡一星期后，每天早晨空腹吃一个，用针将鸡蛋扎一个孔，吸食蛋清和蛋黄。当吃第一个鸡蛋时，泡第二个疗程的7个鸡蛋；吃第二个疗程的第一个鸡蛋时泡第三个疗程的7个鸡蛋。我吃了三个疗程，现在已不再咳嗽。

100035　北京西直门188号楼304室　刘福慧

8/ 治疗气管炎的家传方

我们家几辈传下来的一个治疗气管炎的方子，一般用了效果都不错。即：200克蜂蜜、200克藕粉、200克梨水（最好鸭梨，用500克梨煮水200克）、200克姜水（用500克鲜姜煮成200克水），然后将上述四种混合一起，用锅蒸半小时即可。每天早、晚各服一羹匙（约10克），每周为一疗程，一般3~4个疗程，患者可酌情而定。

附：作者补充

200克蜂蜜、200克藕粉、200克梨水和200克姜水混合上锅蒸后较浓稠，在服用前取10~20克上述药用开水冲成糊状再饮为宜。如伴有肺热咳嗽的

患者则可加川贝粉1~2克每晚睡前冲服，但属寒温咳嗽的患者不宜。

100071　北京丰台铁路医院　夏维民

9/ 白果治气管炎哮喘

我患气管炎和哮喘病已有五六年，每年天一冷，就发作。去过不少医院，吃了不少药，效果都不好。听农村老人说白果能治，我就在天冷之前试用两年，结果疗效不错。其方法是：农村是把白果放在做饭烧柴草未燃尽的灰内，壳烧煳不要紧，果仁不要烧煳。我则把白果放铁饼铛上烤，稍带点煳敲开壳吃仁就成。每日吃一次，每次四五粒，吃三天停一天，12天为一个疗程。吃完一个疗程，要停三四天再吃第二个疗程。我吃完第二个疗程就有效果。

100061　北京左安门内大街甲10楼2门603号　王存敬

10/ 鲜姜、白萝卜治肺气肿

我父亲已70多岁，两年前因连续感冒，咳喘，引发气管炎、肺气肿，中西药全不见效。后一老朋友介绍一方法：将洗净的大白萝卜切两三薄片再切成碎末，将洗净的鲜姜也切成碎末（占萝卜的30%左右），量约有一个核桃大小。一起放蒜臼内捣碎，用净纱布包好，患者仰卧，放在肚脐上溻，轻轻按按，为避免浸湿被子，可扣上一个小茶杯，每日上下午各溻一次，每次约两小时左右。中间可翻动和挤按，几天即可见效。以后溻的时间也可少一点，如此二十多天，我父亲的肺气肿即好了。

100050　北京市宣武区珠市口西大街125号　毛松海

11/ 治慢性气管炎一法

1989 年我患感冒，因治疗不及时，转为慢性支气管炎，经常咳嗽，气喘不上来，尤以冬天更为难受，虽经多方治疗，但效果不佳。后友人介绍一方，即用桂圆肉、大红枣、冰糖、山楂同煮成糊状（其中以大枣为主，桂圆肉一个冬天 500 克就够了，冰糖、山楂适量即可），每天吃两饭勺（一次可多煮些，放在冰箱冷藏室保存）。每年从冬至开始，共服用 81 天。我自服用此方后，即使感冒，也很少咳嗽了。

100840　北京复兴路 20 号东区 3 楼 2122 号　王厚华

12/ 数伏治慢性支气管炎

我曾患慢性支气管炎 20 余年，又咳又喘，常年与药为伴。1987 年偶得一方，将信将疑地试了一次，果然见效，以后我每隔两年就吃一次，至今再也没复发过旧病。方法是：在数伏那天，只吃洗净的生黄瓜和煮鸡蛋，注意不能加盐，也不能喝水，饿了就吃煮鸡蛋，渴了就吃生黄瓜。患有此病的朋友不妨一试。

100015　北京朝阳区大山子荧屏里 3-13-1　田玉香

13/ 食疗气管炎

我以前得过气管炎，试用一法后现已痊愈。方法如下：数伏第一天，不吃饭不喝水，饿了吃煮鸡蛋（淡的），渴了吃黄瓜。以后连续三年。就再没犯过气管炎。

100851　北京海淀区复兴路 26 号院 70 楼 17 号

口述：安清丰　执笔：邓 悦

14/ 蜂蜜、鸡蛋治气管炎

我女儿五岁时患气管炎，一病几年，一入冬就经常犯病，吃药、打针、住院都没治愈。一军医给一方：立冬开始每天早晚用蜂蜜一汤匙、鸡蛋一个，蒸蛋羹（加适量水），坚持吃到立春，吃了一冬天，第二年就没犯病，至今 30 年。

100011　北京东城区安德路上龙西里 33 号楼 105　杨玉芬

15/ 葡萄、冰糖泡酒治支气管哮喘

我曾患支气管哮喘十五六年，虽经大、小医院诊治，吃药、打针，但始终效果不佳。后偶得一偏方：用 500 克葡萄，最好是玫瑰香葡萄，加上 100 克冰糖，用 500 克二锅头酒浸泡。葡萄要洗净拣去破的和烂的；冰糖要打碎。浸泡用大口瓶，并把瓶口封好，放在阴凉处，20 天即可，每天早上空腹服 20 克左右，晚上睡觉前服 20 克左右。我连服一个季度初见功效，一年就不再喘了。现已三年多了一直没有犯。

100029　北京安外惠新西街 6 号楼 17-08 号　李素婷

16/ 凉毛巾搓前胸、后背治气管炎

我（今年 76 岁）17 岁那年得了气管炎，咳得很厉害，痰特别多，后来就开始喘。整年吃药打针，几十年也不好。在实在没办法的情况下，有位老中医对我说：我告诉你一个办法，可能有效。按他意见，我将毛巾放入凉水盆内淘凉用力搓前胸、后背。毛巾搓热了放入盆内淘凉再搓，直至盆内的水热了，就不搓了。每天睡觉前搓，时间从 6 月份开始搓至 11 月份止。冬天不搓。第一年见效，第二年见奇效。现在已有 8 年不咳嗽，一直

也不感冒。

100038　北京海淀区羊坊店合作大院3号楼3层1号
徐 敏

17/ 蜂蜜泡大蒜治哮喘病

我患哮喘病30多年，冬季犯病尤重。吃中、西药，打针都未能治好。后经老同事介绍，将春天起蒜时的嫩蒜60~90头洗净，用蜂蜜浸泡封好后保存6个月。待秋、冬时打开食用，每天吃一头，哮喘病已几年未犯。

100009　北京西城区小石桥胡同11号　刘耀华

18/ 白丁香木、干枣治哮喘

东北一小童因每年冬季喘病发作，不能卧眠，其家长曾带他到京、津、沪、沈阳各地求医，毫无效果，父子归途中十分沮丧，同车一位奶奶问明情况，当即介绍一方，用白丁香木劈碎像火柴棍样，与干枣各一把，水煎三次，每日分服。此人回家后，试用果见奇效，此方我曾为我子（患哮喘病）试用，亦痊愈。

100016　北京朝阳区将台路芳园里18楼7单元201
刘㘵厂

19/ 治哮喘病一良方

我一老友，患哮喘病多年。前几年他偶得一方，用冬小麦苗煎汤，服用两个多月，奇迹般地竟根除了这一顽疾，3年来从未复发。此方为：从数九第一天起，每天早晚各服一次麦苗水（将鲜麦苗加水，文火煎20分钟左右），直至九九最后一天。据友人介绍，此方他传给几名患者，也收到极好效果。

附：答读者问

（1）服用此方，最好从数九第一天开始，不间断服九九八十一天，每天

1~2次（可多次）；（2）麦苗可在花盆或院落一角培育，但必须在室外，最好在白露节下种；（3）每次用麦苗（带根）100克左右，一次煎好，每天可多加开水饮用；（4）此方对治疗支气管哮喘有一定疗效。

100074　北京丰台区王佐乡大富庄12号　薛希贤
（编者注：作者年迈，请读者不要登门拜访。）

20/ 蒸汽疗法对气管炎咯血者有益

我老妻50来岁前患气管炎，虽屡服中西药物，但到54岁时就发展到肺气肿相继咯血了。医院诊疗、拍X片，说肺部纹理粗糙，遵医嘱注射青链霉素、服用"核络"等药，多日总不见效。忧虑中，我联想到她每每说：春冬天气干燥多风时，就重些，夏秋季雨涝时略感轻松些。于是在她55岁时的夏天，试用了这样一个简便易行的治法，就治好了她的以上顽疾，至今20年来再未复发。这一治法是：把屋子门窗闭合，在煤气炉灶上坐上一大锅水，让水沸开一直冒着热气，直至屋内墙壁上凝结水珠。两三小时就可以停止。这时间让病人坐在屋内不要外出。连续这样做三四天，就行了。为避免衣服、电器等物受潮损坏，我想现在可以改良做法：一、腾空一间房，用电火锅烧水；二、治疗时其他房间要留人，随时观察，以防意外。

100029　北京中医药大学69号信箱　高树帜

21/ 药面团热敷治气管炎

我孙女两岁时，患气管炎喘咳不止，常被憋得唇紫脸青，多方求治，效果甚微。经人指点，用下方治好此病，

至今7年，从未再犯。取苍术、细辛、陈皮、麻黄各10克，焙干并研成粉末；葱姜各250克，切成碎末；白面500克，白酒100；以上各物放入一无油污的饼铛内，用小火，一边加温烘炒，一边搅拌，直到面与葱姜都炒熟了，关火取出。稍凉一下，待不太烫手时，放在一塑料布上面将面团拍成长方形，面团的软硬度以不自行流动为佳。让患者背朝上卧床，家人用手托面团，在患者能承受的距离内，烘烤其背部，到温度降到可以接触患者皮肤时，将面团糊于患者后背，直到凉了取下。此药每日糊一次，连续糊一周。一周后再抓一服药，加工治疗方法同上。每两周为一疗程。

100028　北京东直门外西香河园乙五号　马金凤

22/ 甘草合剂片泡黄酒治气管炎

我老伴今年62岁，每年秋冬季节易患感冒，感冒后便诱发支气管哮喘，需要打针、输液，要闹十几天。去年入秋后，又感冒引发支气管炎，我用朋友介绍的一方治好了她的病。此方如下：将甘草合剂片130片泡入500克装的黄酒瓶内（让用山东即墨老黄酒，因买不到，我用的是上海黄酒）浸泡3日，摇匀服用。每日早饭前、晚饭后各服两大口约20毫升。同时还配合服用肺宝三效片，早午晚各服3片。服药期间少吃特咸的菜肴，不吃辛辣食物，禁绝烟酒。

074000　河北高碑店市兴华中路华福胡同华光巷18号　杨善臻

23/ 含止咳糖浆治气管炎

我曾被一个患有严重气管炎的人传染上病，天天咳嗽又憋气。医生说用点止咳糖浆，但喝一两瓶不挡事，一不喝了又咳嗽。后来，我干脆除去吃饭喝水外，每时每刻都口含糖浆，睡前含一口，白天到哪儿去，干什么也含着，含了三个多月，就彻底好了。

062150　河北泊头市安顺街236号　李泽有

24/ 食倭瓜治支气管炎

五岁多的小弟，患了支气管炎，去医院看病吃药治不好。妈妈蒸倭瓜给小弟吃后，病愈，至今未犯。方法是：选大黄倭瓜一个，清水洗净，在把处挖方口，装白糖一斤，上蒸锅蒸一小时，取出食用，一天三次食完为止，食用期间不可吃咸食。

102405　北京房山周口店采石厂宿舍9排9号　付 强

25/ 葡萄泡蜂蜜治哮喘

我搜集到一民间流行的治哮喘偏方，我们这里有的人按此方服用，哮喘见轻。现介绍如下：葡萄500克，什么品种的都行，蜂蜜500克。将葡萄泡在蜂蜜里，装瓶泡2~4天后便可食，每天3次，每次3~4小匙。

074000　河北省高碑店市兴华中路华福胡同华光巷18号　杨善臻

26/ 治哮喘两方

△用7个松塔，与一小块白豆腐同煮，要见3次开后温凉服。服三次为一疗程。

△用21片核桃墙，温火烘干研成碎末，再用温开水送服。

以上方法，本人都试用过，有效且无副作用。

100011　北京朝阳区安华西里一区27号楼1808　杨秀珍

27/ 糠萝卜治哮喘

取糠心（即开花结籽后）的萝卜一个，洗净去皮取瓢，放入砂锅内熬煎15~20分钟后将汤滗出，加红糖30克，搅拌溶解后趁热喝下，早晚各一次，连服三日，既可润肺止咳，又可缓解因气管痉挛所引起的哮喘疾患。

注：每次熬制，需用一个新萝卜瓢。

100096　北京海淀区西三旗2867信箱　牛金玉

28/ "核麻蜜"治愈了我35年的哮喘病

我患哮喘病已有35年，冬春季节，天一冷就气短，稍一动就气喘。为此，四处求医，终难见效。今年三月得一秘方，名"核麻蜜"，仅服一副就治愈了我35年沉疴，从此不再咳喘，真乃奇方。该方具体做法是：取核桃仁250克、黑芝麻100克（上锅微炒），将核桃仁捣碎，再取蜂蜜一饭勺、水两饭勺，在炉火上煮沸，趁热倒入捣碎的核桃仁和黑芝麻，用筷子搅拌均匀，放在笼屉上蒸20分钟即可。每天早晚各食两汤勺。

附：答读者问

"核麻蜜"方属治疗型与营养型药方，主治咳嗽、哮喘、肺病及动则气短；不必忌口，烟酒患者可照常饮用，但最好控制点；服法是早饭前、晚睡前吃两匙，按量服完为一个疗程，病重者可连续服用，无任何副作用；制药材料市售均可，不一定要用当年产鲜货。

迟金阁

29/ 治哮喘病偏方

曾听一同志谈治哮喘病偏方：癞蛤蟆一只，去皮和内脏，内裹一完整生鸡蛋，外用纸将蛤蟆肉包严，裹以泥巴，然后用两片旧瓦合起来，置入火盆或炉内煨烧至熟。食蛤蟆肉和鸡蛋。一次见效，三次去根。该同志的两位长辈都用此方治好了哮喘病。我班有一哮喘病学生，犯病时无法上课。我教其此方，该生仅食一次，至今两年未犯。不同的是：他没用瓦和火盆，仅以烤箱烤熟食之。

冯来仙

30/ 鸡蛋蒸苹果治气管炎哮喘

选底部平的苹果（能立住），用小刀将苹果顶部连蒂旋一个▽形，留下待用；再将果核取出，并用小勺挖出部分果肉，使其内部成杯状，但不能漏；新鲜鸡蛋一个，破壳将蛋清、蛋黄倒入苹果内，再将原来▽顶部盖上，放笼屉内蒸40分钟。趁热服，小儿一次吃不完下次加热继续服，一日一个，连服三个效果佳。

赵 彤

31/ 治疗哮喘一法

将没有外伤的鸭梨洗净擦干，容器也洗净擦干。在容器中把大盐粒撒上一层，然后码上一层梨，再重复撒盐放梨，直到码完为止，比例大约是5000克梨、2500克大盐粒。从农历冬至一九腌到九九即可食用。用此法腌制的梨香甜爽口，对老年性哮喘很有疗效。

靳 越

32/ 炖紫皮蒜可治哮喘

在农村，认识一位90多岁老人。她曾患哮喘病多年，每年冬季病情加重，后因偶得一偏方将病治愈。偏方是：用紫皮蒜500克，去皮洗净后和200克冰糖同放入一无油、干净的砂锅中，

加清水到略高于蒜表面，水煮沸后用微火将蒜炖成粥状，凉后早晚各服一汤匙，坚持服用到病愈。　　　王福庭

33/ 白胡椒粉敷贴治疗哮喘

取白胡椒粉约 0.5 克，放在伤湿止痛膏上，敷贴在大椎穴（第一胸椎的上陷中），三天换一次。此方对遇寒冷哮喘的病人有效。对哮喘较久的病人，可加服白芥子、莱菔子、苏子各 15 克，水煎服。每日一次，睡前服。

100071　丰台铁路医院　夏维民

34/ 慈姑可治肺结核咯血

慈姑 60 克、甘露子 30 克、木耳 10 克，加冰糖适量，水煎服。每日两次，一周为一疗期。对肺结核咯血有一定疗效。

100007　北京东城区府学胡同 51 号　焦守正

35/ 治肺结核病有偏方

我老伴在 1965 年 4 月的一天下午突然口吐鲜血，送往朝外结核病防治所，经过检查确诊是浸润性肺结核，介绍到西城白塔寺医院治疗。经过几个月的治疗，有所好转，但没彻底痊愈。有朋友介绍给一个偏方：

中药五味子 375 克，分三包（各二市两半一包），21 个鲜鸡蛋，一包五味子 7 个鸡蛋，放入砂锅内，倒上凉水，盖好砂锅再用布包好泡着。泡上七天后，每天早上在砂锅内拿出一个鸡蛋，磕入吃饭碗内掺点白糖生喝，一天一个空腹吃，从吃头一个开始再泡第二次。同前次一样，用两个砂锅倒用三次为一个疗程，接着搞第二疗程，连续 42 天完后去医院拍片检查。我老伴共喝两个疗程就彻底痊愈，30 多年从未犯过病，现在身体健康，已 77 岁。此药方无副作用。

100015　北京朝阳区来广营乡南湖渠二巷 4 号楼 3 单元 3 号　刘瑞生

36/ 食疗治肺结核

内皮为紫蓝色的核桃仁 100 克、黑芝麻 100 克、冰糖 150 克、大枣 250 克、生猪油 60 克，捣烂混合，放在碗里加盖，隔水蒸一小时。碗用普通大号饭碗即可，水加到八分满。每次服500 毫升，每日 3 次，最后连渣服用。七天为一个疗程。本方治疗各种类型的肺结核。对咳嗽、咯血、盗汗、失眠、烦躁等症状有效，服用后能增加食欲，增强机体免疫力。早晨服药后需静卧 30 分钟，晚上服药应在睡前30 分钟。病轻者 7 天治愈，病重者一月后有好转。服药期间忌食生冷辛辣。

100039　北京海淀区田村路 56 号　邱凤琴

1/ 银耳加冰糖治贫血

我爱人怀孕期间出现严重贫血，每走20米左右就得休息一下，医生用药和营养品都无济于事。后来同事告知我一法，仅服了10天，我爱人的血色素就由原来的4克增加到12克，保证了安全分娩。方法是：银耳买天然的，不要人工培植的，掰核桃大一块（不要冲洗）放入茶杯中，加冷水多半杯再加核桃大小冰糖一块，待银耳泡开后蒸半小时，每天中午或晚上饭前全部吃掉，每天坚持服用，一周后见奇效。此方法，我告知多人都有明显效果。　　　　　　　　　张一诺

2/ 阿胶江米酒可补血

小时我曾贫血，家人为我寻来一偏方：把1小块阿胶放在冷水中浸泡一日，然后用温水煮，直至成糊状。再往里面打1个生鸡蛋，加勺白糖拌匀，每日饭前服用。连吃半月，自觉精神不错。我又于每日睡前喝一小杯自家酿的江米酒。半年后，所有贫血症状均消失，身体也比以前健壮。　李煜子

3/ 猪血鲫鱼治贫血

生猪血约500克洗净，切方丁；鲫鱼100克去鳞、内脏，洗净，切段；白米100克，淘洗干净；白胡椒洗净，共煮粥，常服可治贫血、头痛。注意，不可放盐。

　　100007　北京东城府学胡同31号　焦守正

4/ 洋葱头能降血脂

笔者是医务工作者，患高血压、高脂血症多年。因为早期肝硬化、凝血机制较差，故又不宜长期大量服用鱼油烯康、降脂灵等降脂药物。停用降脂药后，改为每日用一个小洋葱头佐餐。连续服用约一个半月，到医院复查时则血脂各项指标完全降至正常限内。

　　　　　　　　　　　　　佟士湘

5/ 玉米面粥能降血脂

玉米粉性味甘平，含有较多的不饱和脂肪，对于人体内脂肪与胆固醇正常代谢，对冠心病、动脉硬化、降低高血脂有着食疗作用。以100克玉米面为例，配粳米75克。先将粳米洗净放入开水锅中熬煮八成熟时，再将用凉水调和的玉米面放入锅中熬制成熟即可。每日三餐均可温热食用。　辛秉智

6/ 马齿苋降血脂

我患高脂血症数年，从今年8月份开始采摘野菜马齿苋，在开水中煮一下（约2分钟），捞出，拌成凉菜，日食两顿，共约200克。连续吃到现在，日前化验结果甘油三酯和胆固醇均降到允许范围的中值。

　100076　北京9203信箱22号分箱　秦铁光

7/ 空腹食苦瓜降血脂

我患有高脂血症，服药难以痊愈，后经一老中医指点，食苦瓜竟愈。其方法：在庭院种3~5株苦瓜，待苦瓜发黄成熟后，每天早上空腹生吃1个。吃时连同瓜内种子、外面殷红的包衣一起吃（苦瓜无瓤），坚持连续吃20天以上。

　075431　河北省怀来县鸡鸣驿乡政府　牛连成

8/ 鲤鱼治高脂血症

由于营养过剩，患了高脂血症。肉不敢吃，海鲜不敢食，烦恼时见一资料，

用后既解馋又治病，介绍给病友不妨一试。鲤鱼一条（250克左右）去鳞和内脏，加紫皮大蒜1头、葱白1段、赤小豆60克，入锅，加水，温火炖熟，吃鱼喝汤（勿放盐）。每日一次，7日一疗程，吃6个疗程。此方还有健脑作用。

100007　北京东城府学胡同31号　焦守正

9/ 空腹饮凉白开，血脂降下来

长期以来，我每天早晨起床后第一件事就是喝一大缸子凉开水（约500毫升）。由于长期坚持，我的血脂一直保持正常水平，而且耳目清新，活力无限，中老年朋友不妨一试，对您身体有益无害。

100028　北京市朝阳区曙光里9-1-603　陈　起

10/ 高脂血患者睡眠四戒

（1）枕头不要过高，因为血脂过高的人，其血液流动速度比正常人慢，在睡眠时更慢。如果再把头颈垫高，那么血液流向头部将减慢而且也减少，这就容易发生缺血性脑中风（脑梗死）。

（2）注意晚饭不要吃得过饱，因为进食后胃肠蠕动增强，血液流向胃肠部，从而流向头部、心脏的血液减少，这样也会增大诱发脑梗死、冠心病的危险。

（3）老年人在冬季不要加盖厚重棉被。有关专家认为，将厚重棉被压盖人体，不仅影响呼吸，而且会使全身血液运行受阻，容易导致脑血流障碍和缺氧，使脑静脉压和脑压增高。

（4）睡前注意不要服大量安眠药及强的降血压药，因为这些药均在不同程度上减慢睡眠时的血流，使血液黏稠度相对增加，容易导致中风发生。

100074　北京7208信箱19分箱　王文英

11/ 常吃海带降血糖

1993年我的空腹血糖已达200毫克%，尿糖每次检查都是四个"＋"号，诊断为Ⅱ型糖尿病。用过各种降糖药物，并严格控制饮食，可空腹血糖还是180毫克%左右。我到美国探亲，一次在教堂吃饭，一位姊妹说："常吃海带降血糖。"从此我的餐桌上就常常有凉拌海带丝，一个月后，血糖果然下降。开始以为是服药的效果，但发现如果几天不吃海带，血糖又上升。我便坚持药物和海带同时吃，血糖已控制在空腹血糖110毫克%左右。海带的食法有多种，我比较喜欢凉拌，其做法：用温水将海带洗净，再用凉水发泡，等黏液泡掉后，放进开水里焯一下，捞起来放点蒜末、米醋、麻油等即可食用。　　　　陈秀规

12/ 绿豆可降血糖

糖尿病人血糖高，易口渴。抓一把绿豆，洗净，用旺火烧开，再改用微火煮烂，到开花、汤成绿色。喝汤吃豆，可降血糖而无副作用。夏天还清热、解渴、消暑。也可熬绿豆粥、蒸绿豆饭（绿豆要先用水浸泡）。本人患Ⅰ型糖尿病30年，始终未离开过绿豆及其制品，至今无任何并发症。关键是要坚持，不要半途而废。

100022　北京广渠门外和平里8巷2号　吴培纯

13/ 南瓜绿豆汤降血糖

绿豆100克洗净，2千克去子带皮的南瓜洗净后切块与绿豆一起下锅，加

水至没过南瓜，一同煮熟即可。我患糖尿病多年，血糖经常时高时低，加之还有便秘的毛病，每年夏天我都食用南瓜绿豆汤，能起到降低血糖、利便的疗效，并能代替主食。

100044 北京西城榆树馆西里 10 号楼 18–1 姜凤芝

14/ 冷开水泡茶降血糖

好友的岳母被诊断为糖尿病。每天早上将一小把茶叶（10~15 克，可根据本人饮浓、淡茶习惯）放在壶中，用冷开水浸泡 5 个小时后，每次饮服 250 毫升左右，每天 3~4 次。坚持两个月后各项指标趋向正常。（注：茶叶中含有促进胰岛素合成和去除血液中过多糖分的物质，由于该物质不稳定，用开水浸泡易破坏，所以必须用冷开水泡。）

223800 江苏省宿迁市东大街 68 号 赵理山

15/ 苦瓜干丝降血糖

苦瓜味甘苦，性寒无毒，除邪热、解疲劳，清心明目、益气，常吃可降血糖。瓜丝具体做法：先将瓜洗净，一切两半、去籽，横切成丝，用盖帘等竹器放太阳下晒干，收入食品袋，注意防潮湿，留在秋冬季节食用。食时将瓜丝放冷白开水中泡软，去水，即可炒吃，泡瓜丝的水可饮用。如炒辣椒肉丝，色味香俱全。

100009 北京西苑南二西五 101 室 魏曙明

16/ 明矾枕头可降血压

取明矾 3~3.5 千克，捣碎成花生米大小的块粒，装进枕芯中，常用此当枕头，可降低血压。 晓 明

17/ 干老玉米胡子可治疗高血压

我母亲曾患老年性高血压病，经常头晕、头痛，久治不愈。后听人介绍偏方说：从自然成熟的老玉米穗上采"干胡子毛"（即雌花的细丝状干花柱）50 克，煮水喝，可以有效治疗。后依方连吃了两剂，果然中断了常服的降压药，头晕、头痛等症状都不见了。

吴冀龄

18/ 刺儿菜能治高血压

将农田里（秋后时期最好）采来的刺儿菜 200~300 克洗净（干刺儿菜约 10 克），加水 500 克左右，用温火熬 30 分钟左右（干菜时间要长些），待熬好的水温晾至 40℃ 左右时一次服下，把菜同时吃掉更好。每天煎服一两次，一周可见效。常喝此药，即可稳定血压。 薛希贤

19/ 葡萄汁送服降压药效果好

我患高血压病有 20 多年了，每日服降压药，但血压仍忽高忽平。我看了加拿大西安大略大学研究者的文章后，试着用葡萄汁代替白开水送服降压药，血压降得平稳，不再忽高忽平了。医生说：这是因为服药后血液中药物含量比用开水服药时明显增加。但用柑橘汁服用时就没有这种效果。

焦守正

20/ 花生壳可治高血压

将平日吃花生时所剩下的花生壳洗净，放入茶杯一半，把烧开的水倒满茶杯饮用，既可降血压又可调整血中胆固醇含量，对患高血压及血脂不正常的冠心病者有疗效。 杨宝元

21/ 鲜藕芝麻冰糖治高血压

我同事在 40 岁时患高血压症（160~

180/110 毫米汞柱），服药不见好，医生总让他休息或住院。后经人介绍一方，用鲜藕、芝麻、冰糖蒸熟食用，果见奇效。他现已 76 岁，几十年来从未再犯。方法是：鲜藕 1250 克，切成条或片状；生芝麻 500 克，压碎后，放入藕条（片）中，加冰糖 500 克，上锅蒸熟，分成 5 份，凉后食用，每天一份，一般服用一副（5 份）即愈。

张一诺

22/ 治初期高血压一方

秋末发现血压高，去医院连查 3 天都是 138/105 毫米汞柱。友人告一方：香蕉皮 3 个煮水泡脚 20~30 分钟，水凉再加热水，连续 3 天，血压降至正常。

100020　北京朝阳区白家庄路 8 号　边启康

23/ 茭白降血压

用茭白、芹菜各 20 克，水煮喝汤，每日二三次，长期服用，可治疗高血压。剩下的茭白、芹菜仍可做菜。

100043　石景山古城中心校　马龙一

24/ 西瓜皮防治高血压

西瓜皮削去外皮，洗净后蒸 10 分钟，蘸白糖吃，常吃可治血压高。

100032　北京西城灵境胡同 55 号　元德纯

25/ 香蕉、小枣防治高血压

香蕉 1 根（带皮洗净）、山西小枣 7 个，放小锅内，注半锅凉水（两杯），煮开后文火煮 5~10 分钟，稍凉后服用。饭前服用，每天两次，小枣分两次吃掉。服用时不能喝酒和吃油腻食品，一般要连服 1~3 个月。

100077　北京丰台区角门东里 5 号楼 3 门 603 号

陈士林

26/ 海蜇头、荸荠防治高血压

海蜇头洗净漂去咸味，与发红的荸荠同煮汤，早晚各服用一次，每次约 60 克~90 克。常服对肺热咳嗽、痰浓黄稠有效，对高血压也有一定疗效。

100045　北京复外二七剧场路东里新 10 楼 403 号

朱文敏

27/ 柿子叶、山楂泡茶治高血压

我患有高血压、冠心病，经朋友介绍，我喝了柿子叶、山楂茶一个月左右，血压由原来 160/90 毫米汞柱降到 124/80 毫米汞柱。具体做法是，把采来的柿树叶洗干净晾干，喝水时放两三片柿树叶和三四个山楂（山楂切开）泡入开水中，像喝茶水一样，每天喝多少杯均可。

100093　北京香山南路 52817 部队　王安静

28/ 醋泡花生米治高血压

我老伴患高血压多年，常服用"复方降压片"，一日两片。今年开春血压升高，高压 170，低压 110，整日昏昏沉沉，吃药也不显效。后一朋友介绍一偏方："醋泡花生米。"生花生米泡十日后服用，每早（空腹）、晚睡前各服 10 粒，经服用一个月和服日常用药，血压基本正常并趋于稳定，现仍常服用。

100011　北京东城区安外安德路上龙西里 33 楼

105　杨玉芬（电话：010-64283542）

29/ 绿豆、花生、葡萄梗治高血压

我父亲高血压几十年，血压一高就头痛、失眠、多梦。父亲服用下方两疗程，血压就下降了，头痛也不见了。此方法是：绿豆、花生米各一两，葡萄梗两根（约 15 厘米），放 3 碗半水

煮40多分钟后，待绿豆开花即可服用。一天一次，9天一疗程。服用此方之前应量一次血压，供对照。

100043 北京石景山杨庄中区17-7-301 张文娜

30/ 党参泡红葡萄酒降血压

去年我患了高血压病，严重时190/110毫米汞柱并伴有头晕现象。有同志介绍党参泡红葡萄酒可降血压，去冬泡来喝了，果然有效。做法：买回中国红葡萄酒（通化红也可以）若干瓶，再从药店买回党参以每瓶100克的量泡进去，30天后即可用。每天早午晚各喝一小酒杯，去冬以来我坚持喝了，血压一直稳定在140/88汞柱之间，头也没晕过。

100032 北京西城区粉子7号院 张文习

31/ 吃山楂和黄瓜降血压

春节前发现自己血压偏高，到市场上买几斤山楂，蒸熟天天吃，效果很好，血压平稳，精力充沛。具体做法：（1）山楂12个洗净，放入锅中蒸20分钟，熟后晾凉，将山楂籽挤出留山楂肉，分别在早、午、晚饭中，每次吃4个；（2）顶花带刺的嫩黄瓜3根，用少许盐水洗，再用清水冲洗后，在早、午、晚饭后一至二小时内各吃一根。天天吃山楂、黄瓜，血压一定会降下来。

114001 鞍山市铁东区春光街6-1号 杨秀珍

32/ 冰糖、醋降血压

半斤冰糖、半斤醋，微火溶化，可降血压。每日3次，一次喝两羹匙，饭前饭后均可。用此方前，先量血压，饮两三天后再量一次，如已正常，即停服。此方酸甜可口，无副作用。

100022 北京广渠门外广和里8巷2号 吴培纯

33/ 芹菜煮鹅蛋治高血压

我患有高血压症，吃药降压效果总是不理想。今年端阳节朋友介绍一方，竟把血压降下来了。做法是：芹菜一根，鹅蛋一个，加三四斤水煮沸，凉了后先喝汤，每次半盅，一天三次；后吃菜蛋，两次吃完，2~3天煮一次。至今我还在喝，血压未再高过。

附：答读者问

芹菜老一点带根更好，一斤以上，切成寸节和生鹅蛋一枚整个煮好即可。将菜、汤分成六份，鹅蛋剥皮切成六片泡于汤中，喝一次汤吃一份菜和一片蛋，每日三次，饭后喝，每次喝半茶盅。要坚持服。

100032 北京西城粉子7号院 李祥秀

34/ 降压降脂减肥两方

△ 将生花生、生黄豆、核桃放玻璃瓶内，用醋浸泡，封上口，一周左右就可食用，有减肥和降血脂、血压、血糖作用。

△ 将鲜蒜用清水浸泡两天（要常换水），将辣味去掉，然后放入玻璃瓶用醋浸泡，加少许盐，封严口即可。一个月后可食用，对糖尿病、高血压、高血脂、肥胖病患者有一定的辅助疗效。

100075 北京崇文区郭庄北里6-1-401 靳晓英

35/ 吃芹菜配合服药稳定血压

本人患高血压病已48年，近几年来虽坚持服降压药，血压仍在逐年增高，并且早晚波动很大，常头疼头晕。后服用芹菜3个多月效果很好。方法是：一日三餐用芹菜佐餐，配合服用降血压药物，使血压基本稳定在高压

130毫米汞柱、低压80毫米汞柱上下，早晨起床时基本稳定在150/90毫米汞柱左右，三个多月头疼基本消失了，头晕减轻了。吃芹菜可凉拌，也可炒菜吃。

100034　北京西四北三条7号4门7号　刘英

36/ 泡脚刮痧治高血压

我今年64岁，患高血压多年，高压220~230、低压100~110毫米汞柱。去年秋天，朋友介绍：泡脚后用刮痧工具刮脚心（涌泉穴）和头部百汇穴，可以治疗高血压。从此，我就每天晚上睡觉前用40℃温水泡脚（水没过踝骨），在泡的过程中，盆内水渐凉，要不断地向盆内注入热水，使水温始终保持所能耐受的较高温度。泡脚要持续30分钟以上，要达到手心微微出汗，则表示末梢循环已经改善。泡完脚后，则用刮痧工具刮双脚脚心（涌泉穴）300下左右，刮头部百汇300次左右。一年来，天天如此，结果效果显著，没有服用降压药，血压已经恢复正常，现在是高压150、低压90毫米汞柱。

074000　河北高碑店市兴华中路华福胡同华光巷18号　杨善臻

37/ 荸荠菜汁降血压

我爸爸患原发性高血压病，吃了复方降压片、心痛定等降压药后，血压有所降低，一旦停了药，降下来的血压很快又升高。后爸爸一老友提供了一个方子，每天坚持服用，效果还不错。方法是：荸荠十余个，带根芹菜的下半部分十余棵，洗净后放入电饭煲中或瓦罐中煎煮；取荸荠芹菜汁分成两小碗，每天服一小碗，即每天服一次。爸爸连用两周半左右，去医院测血压，血压有所下降，继续服用且多次测血压，均接近正常范围。如果无荸荠，也可用红枣代替，只是效果略差些。

430052　湖北武汉市汉阳区建港向阳小区200号8栋4楼2门　冯国海

38/ 海带汤降血压

水发海带30克、草决明10克，水两碗，煎至一碗，去渣，分两次喝汤。四季饮用，可清肝、明目、化痰、降血压。　100007　北京府学胡同31号　焦守正

39/ 玫瑰温脯治肋痛、降血压

本人经常肋痛（胁肋胀痛，肝郁气滞引起），近日偶得家人一方，屡试效果不错，也很好吃。玫瑰花10~30克（中药店有售）、鲜红果或山楂250~500克、白糖和蜂蜜适量。将玫瑰花放入砂锅或不锈钢锅（不要用铁锅）内，兑入矿泉水或纯净水适量（可多些），煮沸后小火煎3~5分钟（勿长），然后倒入搪瓷锅内，放入白糖和蜂蜜适量（以中和红果或山楂的酸度，依读者口味以甜酸适度为宜，依本人经验白糖应多于蜂蜜，放少量蜂蜜即可），搅匀做成玫瑰汁待用。红果或山楂洗净，放入不锈钢锅内煮温，不要煮开，以用手能捏挤出核儿为宜，然后将其一个个捏挤去核儿，放入装有玫瑰蜜汁的搪瓷锅内，待凉后放入冰箱腌（渍）制2~3天，待黏稠以后即可食用。据人讲此方也有降血压、降血脂之功效。

100071　北京市丰台区纪家庙育芳园21楼　杨向泉

40/ 红葡萄酒治血压低

用中国红葡萄酒一瓶（其他高级红葡

萄酒也行），放一根党参泡好，一般泡3天。用法：每天晚上临睡前喝小酒杯半杯，约半两。一般患者一瓶即可见效。我母亲就是用此方治好的，三位朋友用此方也均治好。　毕玉芬

41/ 开水焐鸡蛋可治低血压

我侄女长期患低血压症，常常是服药症状减轻，停药加重。去年朋友推荐一方，经过服用，半年多来血压一直保持正常，没有反复。方法是：每天早晨将鸡蛋一个磕入茶杯内，用沸开水避开蛋黄缓缓倒入，盖上杯盖焐15分钟（冬季可将鸡蛋磕入保温杯内）。待蛋黄外硬内软时取出，用淡茶水冲服，每天一个，连服30天，重者可适当延长。

100085　北京西三旗9511工厂5号楼　杨明兰

42/ 吃鸡蛋能治低血压

我今年60岁，两个月前检查血压60~90。经人介绍，每天吃两个鸡蛋治愈。吃法是：炒、摊、蒸、煮、煎都行。我连续吃了3天后，血压升到70~110。

100088　北京北三环中路43号8-5-402　刘晓春

43/ 治低血压三方

（1）人参10克、莲子10克、冰糖30克。水煎后吃莲子肉饮汤，每日1次，连吃3日。（2）陈皮15克、核桃仁20克、甘草6克。水煎后服用，每天2次，连服3日。（3）鸡肉250克、当归30克、川芎15克。一起放入蒸锅中蒸煮，熟后趁热吃，每日一次，连吃3天。照此三方治疗，低血压即可恢复正常。

100080　北京北三环中路43号楼1-1-3-3　刘晓春

44/ 喝温开水可治心动过速

神经性心动过速是中老年的常见病，本人已患20多年，每次发作时感觉胸闷、心悸、心率达120~170次/分钟，有时还伴有心律不齐，严重影响工作和生活。曾到本市一些著名医院求治，并采用服药、打针、中医针灸等多种治疗方法，效果均不理想。4年前，偶然发现，当发病时喝几口温开水，有意识地往食道中加压，病情便会迅速缓解。以后屡试不爽，有效率100%。　章亿生

45/ 踩鹅卵石治好了我的脑供血不足

三年前，我患了"脑供血不足"，后脑麻酥酥地胀痛，稍用脑即如刀剜一样疼痛，心情烦躁易怒。此后健脑、止痛药物终日伴我三餐，但效果不佳。后偶见《人体第二心脏——脚》一文，受其启发，我每天早晚漫步500~1500米；每星期日上午到布满鹅卵石的干河床上稀里哗啦地踩上两个多小时（约7.5公里）。一年多来，寒暑从未间断，奇效果然出现：停药一年多，小小鹅卵石真治好了我的脑供血不足。如果你想试试，请穿上轻便软底鞋，"踩石"前，还要做好腿、脚、腰部的准备活动。　李中枢

46/ 洋葱能解除脑血管硬化头痛症

我退休两年，待在家经常头痛或偏头痛，医生说是由脑血管硬化引起，多吃些洋葱。我买了20斤，基本上每天都吃，不知什么时候头不痛了。今年体检我一切正常了。

100858　北京万寿路28号54楼丙门2号　王庆荣

47/ 山楂有益于心血管疾病

我几次体检，医生均告之心律不齐、心跳太慢。我自己也觉得全身无力难受。一位老中医专家告诉我：经常吃山楂。我每晚睡觉前吃6~10个，半年后自我感觉好转；最近体检，医生说，心血管病消失，一切都正常。

王庆荣

48/ 按摩梳头利于脑血栓患者

我老伴儿脑血栓近9年。我依按摩法的原理用手指代替梳子，利用晚上看电视时间，为他梳抓约20分钟，他感到很舒适轻快，4年来很少间断。目前他除了行动困难外，思维还较正常。其方法是：两手张开，指头向下，在头皮上从前额向后梳抓至后发根，再从后发根向前梳推至前额，来回约200次。然后再用右手指从右至左，左手指从左至右同时做环形梳抓约200次。但应注意，操作者手指甲不宜尖长，力度不宜过重，以免损伤皮肤，太轻不起作用，应以对方舒适为度。

100055　北京广外鸭子桥北里5楼4门302号
唐佩卿

49/ 心血管病患者慎吃蟹

据测定，每100克河蟹中含胆固醇23.5毫克，而每100克蟹黄中胆固醇则高达46毫克。因此，患冠心病、动脉粥样硬化、高血压、高血脂的病人，应少吃或不吃蟹黄，蟹肉也应少吃为宜。

100074　北京7208信箱19分箱　王文英

50/ 巧治脉管炎

我友晋忠明老伴曾患脉管炎，疼痛难忍。在北京、天津、石家庄等大中城市多家大医院求治，均无效，医生劝其截肢。后来，老晋搜集到几个民间偏方，取其精华合成现在的偏方，用此方治疗，大见功效，仅几次就治愈，且至今已有20多载没复发。为使患此疾的患者解除病痛，特将此方献出。并欢迎咨询。偏方如下：麝香0.63克（中药店有售）、白胡椒9.4克、香油125克。先将白胡椒磨成粉，放一容器备用。再将香油用勺熬开，将白胡椒粉放入油中，炸成微黄色；将麝香放入容器（最好是瓷容器）内，用炸成微黄色的白胡椒粉连同香油浇在麝香上，立即盖严备用，用此药敷于患处。

074000　河北省高碑店市兴华中路华福胡同华光巷18号　杨善臻（晋忠明咨询电话：0312-2816136）

51/ 治静脉曲张一方

我友患静脉曲张多年，用红花、透骨草治疗两月余，现已基本痊愈。此方如下：红花、透骨草各150克，用等量陈醋和温水，把两味中药拌潮湿，装入自制的布袋中（布袋大小根据患处大小而定）。将药袋敷于患处捆好，用热水袋敷上，保持一定温度，每次敷半小时，每天一次，静脉曲张轻者一个月左右即可痊愈，重者两个月左右也就好了。每服药十天换一次新药。每次用药干了，下次再用时，可用等量的醋和温水把药拌潮湿，继续使用。红花、透骨草，各中药店有售。100022　北京红星酿酒集团公司　汪日新

1/ 花生米治疗风寒胃疼

有些人受冷风刺激后，常会引起胃疼。可吃些炒熟、煮熟甚至生的花生米，用不到 100 克，胃疼即可见轻消失。此法是我因受寒胃疼时偶然发现的。屡试不爽，推荐他人亦都见效。

胡 兰

2/ 吃白萝卜可治"胃烧"

我早年患有"烧心"病，只要吃饭就烧得难受，医生也没办法。偶尔发现有一顿饭后没"烧"，隔几天又有一顿饭后没"烧"，考察结果是那两顿饭吃的是萝卜菜，于是我顿顿饭后吃几片白萝卜，结果痊愈了，至今 50 多年基本没犯过，有的同志根据我的经验，患胃病时吃白萝卜也有效。

刘兰亭

3/ 治胃寒妙方

△我有一位朋友患胃寒多年，铁道部一位同志介绍一妙方：二锅头白酒 50 克，倒在茶盅里，打一个鸡蛋，把酒点燃，酒烧干了，鸡蛋也熟了，早晨空胃吃，轻者吃一二次可愈，重者三五次可愈，注意调治鸡蛋不加任何调料。

华 峰

△我患胃寒多年不愈，经人介绍一药方，吃了直到现在没犯病。该方法是：鲜姜 500 克（细末）、白糖 250 克，腌在一起；每日三次，饭前吃，每次吃一勺（普通汤匙）；坚持吃一星期，一般就能见效；如没彻底好再继续吃，直至好为止。

郭慧芳

4/ 猪心加白胡椒治胃炎

1985 年底，我胃部不适，浑身乏力，医院确诊为慢性胃炎，先后服了多种中西药，都不见效。后经一亲友指点，吃了 7 只撒上白胡椒粉的猪心，至今未复发。具体做法是：从肉店买猪心六七个，中药店买白胡椒 10 克。把猪心用刀切成 3~4 毫米的薄片，白胡椒研末，均匀地撒在猪心片上，然后蒸熟，清晨空腹食用。一天吃一只猪心，约撒 20~30 粒白胡椒研的粉末。一般食用 7 天即愈。

牛连成

5/ 嚼服芝麻可治胃酸

我岳母胃酸过多，但几家医院都查不出病来，无奈只好一患病就嚼服小苏打片。1981 年一亲戚来串门说，再烧心时嚼几口芝麻。我岳母按此法嚼服两个月，没想到真的好了，到现在也没再犯。

赵理山

6/ 葡萄酒泡香菜可治胃病

20 年前我因患肠胃病，已不能正常工作，后用葡萄酒和香菜治好，至今未再犯。此方是：普通葡萄酒数瓶，把酒倒换在广口瓶里，再放入洗净的香菜，比例为 1∶1，密封泡 6 天即可。早、中、晚各服一小杯，连服 3 个月。泡过的香菜还保持绿色的可吃下去，效果更好。

张合营

7/ 喝蜂蜜水可治浅表性胃炎

医院诊断我患了浅表性胃炎，吃东西稍不注意就难受。我朋友说他得过胃病，没吃药，坚持喝蜂蜜水治好了病。我抱着试试看的心理，坚持了一个多月，果真也好了。方法是每天早上起床后，用开水冲兑一杯蜂蜜水（蜂蜜量和水量可根据自己饮水习惯掌握）空腹饮下，活动一个多小时再吃早饭。我现在仍坚持每天喝一杯，渐渐代替了饮茶的习惯，原先的经常上火、便秘也都好了。

赵理山

8/ 吃苹果可缓解胃酸

冬末春初，遇阴冷天气或饮食不当，我常泛胃酸，很难受。一次无意中吃个苹果，吃完就好了。以后每次都立竿见影；不用多吃，大苹果半个或小苹果一个即可。

张颖

9/ 烤熟大枣水治胃寒

前些年，我患胃寒症，有时腹胀、吐酸水，严重时胃里丝丝啦啦地疼。我母亲将一捧大枣在炉火旁烤熟（最好烤脆），每天早、午、晚三顿饭后，用一杯开水泡三四个，泡到水变红色、大枣不太甜了，让我喝下去。喝了不到一个月胃寒症就好了。

李治兵

10/ "三白"治慢性胃炎

我乡机关的司机小谢，患了慢性胃炎，曾到大城市医院求治，服了许多中西药，均无效。去年秋天从看煤场老人手中觅得一方，治愈后至今没再复发。该方是：绵白糖 50 克、白酒 40 克、2个鸡蛋的蛋清，放在碗中搅匀，倒入铁锅用文火焙至水分蒸发完，呈杏黄色（不可焦了），中午饭前一小时服下，口服 1 次，一般连服 3~5 天可愈。

牛连成

11/ 核桃炒红糖可治胃病

我老伴患慢性胃炎，常胃痛，吃药效果不明显。后亲友介绍了一方：用核桃炒红糖，老伴吃后胃病果真好了，而且几年来从未再犯过。其法是：7个核桃去皮切碎，用铁锅小火炒到淡黄色时，放入一份（750 克分为 12 份）红糖再炒几下即可出锅，趁热慢慢吃下。每天早晨空腹吃，过半小时后才能吃饭、喝水。一定要连续吃 12 天，不要中断。

马桂英

12/ 萝卜水治胃炎有效

前几年患感冒，着急乱吃药，以致感冒未好，反把胃吃坏。胃炎发作，呕吐不止，吃什么吐什么。我将心里美萝卜洗净切碎，煮成水放点糖趁热喝了。结果，胃立刻就不难受了，呕吐也止住了，人也觉得舒服了。

曹志慧

13/ 口水治胃酸

我吃不合适，胃里就往外冒酸水，一天我手头没药，想到口水助消化，就吞了几口口水，果然胃酸没有了，胃里也感到舒服了。口水的来源：默默地想吃山里红、草莓、喝醋，什么酸就想什么。我的胃酸很长时间不犯了。

孙秀琴

14/ 蹲食疗法治胃下垂

本人体形消瘦，患胃下垂症，饭后常感不适。每天早晚在家均蹲着吃饭，并坚持从不过量贪饮啤酒。约一年后，饭后不适感消失。今年初到医院体检，医生确诊已基本痊愈。

殷春华

15/ 猪胃萝卜种可治胃炎

公猪胃一个，先将外面洗净，表面脂肪不必去掉，然后翻过来，将黏膜洗净待用。"心里美"萝卜种 150 克，水泡 1~2 小时，淘净控水装入猪胃扎好口，将其放入砂锅，加水漫过猪胃煮熟，一天内吃完，饭量大者可连萝卜种吃掉。一个疗程7天，即连吃7次，我患胃病多年，饭后常感不适，后来有痛感，确诊为慢性浅表萎缩性胃窦炎，用此方一个疗程后已愈。注意：初食几天有轻腹泻，勿忧，吃完后症状自然消失。

264025　山东省烟台粮食学校　李乐锋

16/ 炒枣泡水治老胃病

我因工作性质，常出差在外，患慢性胃炎已有几十年，吃了不少种药，都不见好。朋友介绍一法，我坚持每日当茶饮用，至今已有三年多没再犯过胃病。具体方法是：将大红枣洗净放炒勺里至外皮微黑，以不焦煳为准，一次可多炒一些以备用，把炒好的枣掰开口子，放杯子里开水冲泡，一次放三四个，可适量加糖，待水颜色变黄后服用。

067000　河北承德市电影公司　高淑敏

17/ 生吃花生能治慢性胃炎

我前些年犯有慢性胃炎，胃总感到不舒服，发胀。后听人介绍饭后坚持吃生花生能治慢性胃炎，便开始坚持此方法，经一段时间后果然有效。

100051　北京前门大街大江胡同140号　刘成芸

18/ 香油炸生姜片治胃痛

我老伴在干校得了胃（寒）痛病，吃过很多药，还是未除根。经人介绍，吃过半个月的香油炸生姜片，已治愈多年。其方法：将鲜姜洗净，切成薄片，带汁放在绵白糖里滚一下，用筷子夹放在烧至六七成热的香油锅内，待姜片颜色变深，轻翻一下，又稍炸，

出锅，每次两片，饭前吃（热吃），一天二至三次，十天左右见成效，半个月除根。此方有几个朋友试过，都说效果好。

100078　北京方庄芳古园一区1304号　米秀英

19/ 闽姜治胃病

我退休后患胃酸、胃疼病，吃饭菜凉些或喝杯茶水都会引起，大夫给药，时好时犯。偶尔买了一斤闽姜（即糖姜片），每次饭后吃三四片，感觉胃舒服多了，连续吃了约半年，胃病没再犯，现在喝茶、吃凉拌菜都没反应了。

100053　北京宣武区广安西里10号　张　链

20/ 食疗治愈胃寒

我在学生时代胃寒多病，凉饭凉粥吃不得，后经食疗治愈。主要有三种：（1）猪肚炖胡椒，鲜猪肚一个洗净，装进白胡椒粒，放入砂锅用清水文火清炖，待熟透后取出胡椒粒（可用纱布袋装），切猪肚块放盐，即可食用，每顿饭前空腹食用一碗。（2）酒姜荷包蛋，切鲜姜丝、糖备用，先煎两个鸡蛋（荷包蛋煎法），放入姜丝，待姜丝有些黄时，放糖喷上白酒（少许即可），趁热食用。（3）粥汤江米酒，早晨空腹，用粥汤冲江米酒放糖热服。

100022　北京双井北里16楼12-5号　吴达生

21/ 黄芪能促进溃疡愈合

我患十二指肠溃疡多年，经常发作，一疼就是月余。有一次，虽每日服药20多日，却疼痛不减，情急之下，我想起中药黄芪托腐生肌，便买了30克生黄芪煮水饮，结果一夜未疼，第二天便正常了。以后溃疡要发作时，

便用 20~30 克生黄芪煮水饮用，目前我已不再服用治胃溃疡的药了。

100011　北京安外地坛公园 16 号　刘宝琦

22/ 猪肚姜治胃寒病

18 年前，我的胃怕冷怕寒，稍不留神就吐酸水，后吃了两个猪肚姜至今未犯病。猪肚姜的制法是：将猪肚洗净后放 250 克左右的生姜，扎紧口，放冷水中炖熟。食时可放少许精盐，重者可多食几个。

附：答读者问

对上述方法作补充如下：买一个 1 千克多的猪肚，将 200~250 克的老姜用刀拍一下，放进肚内扎紧，用砂锅炖熟。做成肚丝或肚片汤，放少许盐，根据自己的口味放些香菜或青蒜调味。一日三顿就餐时吃，吃肚喝汤，不吃姜。一个肚约吃 3 天，一般吃两个开始见效，病重者可多吃两个。

100071　丰台区北大地三里 2 楼 11 号　郭毓慧

23/ 治胃病一方

配制方法：首先将蜂蜜 0.5 千克倒入碗中，用锅将 125~150 克花生油（豆油亦可）烧开，以沫消失为止，然后将油倒入盛有蜂蜜的碗中，搅拌均匀即可。饭前 20~30 分钟服用一羹匙，早晚各一次，病重者中午可增加一次，此方对胃炎、胃溃疡、十二指肠球部溃疡有效，对胃下垂、胃膜脱落也有一定疗效。需说明的是，用药过程中严禁喝酒和食用辛辣食品。

李友增

24/ 揉腹治肠胃病

本人常年闹肠胃病，采用揉腹自我治疗一个月，至今已半年没再犯过。具体方法：先将两手掌心搓热，左手叉腰，右手顺时针沿肚脐周围揉搓，共揉腹 36 次，左手再揉腹 36 次，早晚各一次。

100009　北京东城区帽儿胡同 25 号　邵景涛

25/ 食用柿子面饼去胃寒

选最软的柿子 3~4 个，用开水烫一下，去掉柿子皮，加入少量的面粉，和成软一点的面团，然后擀成小饼，用温火烙。烙时铛里应加入少许食油。烙好的小饼，外焦里嫩，对胃寒的人来说，隔三岔五的吃点，能去寒暖胃。

100027　北京朝阳区幸福三村 17 单元 16 号　赵桂香

26/ 治胃寒一方

我胃寒 20 多年，从年轻时胃部就离不开棉兜兜，1989 年后就愈来愈严重，而且一年四季一点凉东西都不敢吃。1992 年我开始坚持用艾条灸肚脐眼和周围其他穴位，每月 6~7 天，两年后就不感觉胃部冷了，而且也能吃凉东西了。现在干脆把胃部棉兜也去掉了。胃口也有了，现在胖了 4 千克。

065201　北京燕郊铁三局医院　郝荷秀

27/ 按压肋缝消除胃胀

老妻有一保健秘方，是其母所传，即按压肋缝可消除胃胀。我曾多次做之，均见效。如有胃满、胃胀或轻微胃疼等消化不良感觉，便可平躺下来，用双手大拇指同时在胸前两边肋缝中上下移动按压，听到肚内有咕噜响声，便是找对了"穴位"，继续在该处按压，胃里便会连着咕噜起来。它可促进胃的消化，缓解和消除胃胀、胃疼等不适感觉。

100062　北京崇文区北官园 13 号　白　瑀

28/ "关节止痛贴" 治胃气痛

我胃疼已多年，什么药都吃了，没管事。每到刮风、下雨或吃韭菜、香蕉之类的东西就疼痛难忍，睡着觉也能疼醒。一日胃疼得无计可施的时刻，我忽然想起 "关节止痛贴" 的热能渗透病处，便将其贴在胃的部位，几分钟胃就不疼了。后来又犯过两次，但比以前的疼感明显轻多了。现在基本不疼了。注意：当时止痛还是要坚持贴它四五次。

100022　北京朝阳区八王坟光辉里 6 号楼 4–01 室
毕德颂（转玉芬）

29/ "烧心" 疗法三则

饮食不当，酸碱失衡，产生醋心，俗称烧心。疗法如下：

（1）切一刀大白菜头，洗净煮沸，加少许食盐，两滴香油，吃菜喝汤，醋心可除（其他叶菜也可）。

（2）醋心时，吃一些葵花籽，醋心之感很快消失。

（3）胃口有烧灼感时，可用月球车按摩器在胃部上下滚动，稍加用力，效果更好，片刻胃感恢复正常。

100021　北京朝阳区劲松 2 区 223 楼 1 门 16 号
刘敬和（电话：010–67758892）

30/ 绞股蓝茶胃病患者不宜

我因食欲不佳、睡眠不好、大便不畅等，听友人劝说，长期饮用绞股蓝茶，果然改善。然一日胃病难忍，一查，乃十二指肠球部溃疡，服用进口特效药洛赛克，立止，但疗程结束，复发。几次反复，方信绞股蓝茶有伤胃的可能。停用绞股蓝茶，再用洛赛克，果然彻底治好十二指肠球部溃疡。建议有胃病、胃弱的朋友慎用绞股蓝。

100007　北京东四十一条 93 号　沈兆平

31/ 白粱米治胃病

胃胀、疼痛、不知饥饿，可用 100 克白术（一种中药）放 1000 克温水浸泡 2 小时，取汁；将 500 克白粱米放入浸泡，待其吸进白术汁后用微火炒至外焦里黄，放凉，研成极细粉，每次服 20 克，每日 4 次，一般 3 个月可愈。

100078　北京丰台区横一条 5–305　王亚巨

32/ 鸡蛋皮治胃病

取三个鸡蛋洗净，打开后，留皮、炉边烘干，研细粉末备用，发病时内服，一次服完，温开水送服下即可。

102405　北京房山周口店采石厂宿舍 9 排 9 号　付 强

33/ 穈子米治胃病

我患萎缩性胃炎十几年，并伴有返流，用过多种胃药，只管缓解，未能治愈。后得一方，吃了 3 个月，现已连续 3 年胃病未犯。其方是：穈子米 500 克、黍子米 500 克、儿茶 100 克；将上述两种米炒焦后与儿茶研成细粉，每日早晚空腹服 25 克，坚持服用 2~3 个月。对各种胃炎及溃疡、包括返流，都能有效。此方已经吃好几十例。

附：答读者问

自《穈子米治疗胃病》一方见报以后，有大量来信及来人寻求此方。具体如下：穈子米与黍子米各 500 克，用 200 克白术煎水去渣剩 1000 克汁，用此汁浸泡上述二种米，待汁被米吸干后，用微火炒至外焦为止，将 100 克儿茶面投入锅内，快速翻炒，待儿茶面裹到二米上，停火。放凉，研成细粉，每次 25 克，每日 2~4 次，一般服 3 个月即可治愈。适于各种胃病、反酸、肋胀、恶心、怕凉等胃不适症。（1）糜子米一定要去皮，不能连皮用。（2）自由市场买的黍米注意不要掺有小米。（3）两种米千万不要干炒，否则爆成米花没有疗效。（4）胃有胀气重者可加娑罗子 10 克烧灰存性或煎水饮。（5）本方可以连吃数月，无毒副作用。适于各种胃炎、溃疡及消化不良症。

101200　北京平谷滨河小区 20 楼 1 单元 7 号
赵振义

34/ 土豆治胃溃疡

将 2 千克土豆洗净，去除芽眼，切碎捣泥，装入净布袋内，放入 1000 毫升清水内，反复揉搓，便生出一种白色的粉质，把这含有淀粉的浆水倒入铁锅里，先用旺火熬，至水将干时，改用小火慢慢烘焦，使浆汁最终变成一种黑色的膜状物，取出研末，用容器贮存好。每日服三次，每次饭前服 1 克，连服 3 个星期，溃疡面缩小五分之一；继续服用 3 个星期，溃疡灶消失。可免手术切除。

100007　北京市东城区府学胡同 31 号　焦守正

35/ 海螵蛸等治胃溃疡

海螵蛸 50 克、甘草 50 克，加工成细末，每日两次早晚饭后服一茶匙，效果很好。（中药店可加工。）通州永乐店一位患胃溃疡的病人，已不能下地干活，后用此方服后病很快痊愈。20 余年后，我见到他们村的人，问此事，说现在身体很好，已 50 多岁，特别感谢我救他。

101100　北京通州新华大街中仓小区 12 楼 322 号
贾德禄

36/ 圆白菜汁治胃溃疡

4 年前，我患胃溃疡，3 个月发作两次，偶得一偏方治愈，至今未复发。现酸甜苦辣、冷热软硬一律不拒，成了"铁胃"。今年初，一朋友的老父亲患胃溃疡兼高血压，高血压不能停药，胃溃疡不能吃药，很是为难。将偏方推荐使用后，其胃溃疡霍然而愈。偏方如下：圆白菜叶两三片切成小块，用食品切碎机打成末，挤汁 100 毫升左右，晚饭前一次饮用。连服一个月。

100072　北京丰台卢沟桥南里 52-6-402　钟占恒

37/ 蛋清核桃白胡椒治胃寒痛

鸡蛋一个打一小洞，倒出蛋清（蛋黄不用），用蛋清同掰碎的核桃仁（3 个）和白胡椒粉（5 克）一起搅拌成泥，然后倒入蛋壳内，用纸封住洞口，再用泥将蛋壳糊上，然后放在炉火上用微火烤熟。每晚睡前制作趁热服用。1 次 1 个，连服 3 个即可。

100045　北京西城区三里河一区 110 门　邵文祥

38/ 姜粉兜肚治胃寒

1996 年冬天我每天胃疼得直不起腰，吃药也不见好转，见风就吐酸水。我自己缝了一个小兜肚，用纱布包了一袋市售姜粉，用布缝了一个小口袋，为防姜粉往下跑，纱布里铺了一层棉花，姜粉均匀地撒在上面不会发生一头沉的现象，把这个姜粉内芯放兜肚里做替芯，随时可清洗兜肚。应用此法后没有再犯过胃寒。

100039　北京海淀区田村路 56 号　梅聚荣

39/ 大枣治胃痛

大枣 7 个去核，丁香 40 粒研末，分别装入枣内，焙炒焦后研成细末，分成 7 份，每次 1 份，日服两次，温开水冲服，轻则一疗程，重则两个疗程见效。

100007　北京东城区府学胡同 31 号　焦守正

1/ 巧治呃逆

呃逆，是以气逆上冲，喉间呃呃连声，声短而频不能自制为主症。呃逆多见于惊吓、暴怒气逆、过食寒凉、久病虚弱等原因。中医治疗则分虚实寒热，在此介绍两种简便易行方法。其一，引嚏上逆，用小草或纸捻轻轻刺入鼻孔中，使喷嚏，嚏出逆止。其二，按压攒竹穴。攒竹穴在内眼角直上一寸即睫眉尽头处，俗称鱼头。方法：面对病人用指对准穴位揉捻按压，余四指在太阳穴部位固定头部，一般按压 30 秒 ~1 分钟即见效。双侧同时按压。　　　　　　　　　　雷规化

2/ 迅速止呃逆法

"呃逆"（俗称"打嗝儿"）是由于膈肌痉挛，急促吸气后，声门突然关闭，发出声音。当其发作后，接连不断，难以自制。这里介绍一种方法，不妨一试：饮一大口水含在嘴中，然后将其分七口咽下，中间不换气。　王滨

3/ 憋气止呃法

本人有一个经多次试用的"快速止呃逆法"。"呃逆"俗称"打嗝儿"，可在刚开始时深吸一口气，用力憋住，同时胸腔用力，直到憋得"脸红脖子粗"，实在憋不住时再呼气。一次即可止住。　　　　　　　　　　王经武

4/ 捏中指止嗝

吃饭时稍不注意会噎着，造成打嗝，很难受。当你感到噎着想打嗝时，赶快用力捏自己的中指，左手右手都可以，你会马上感觉出食道内通畅，便不会打嗝。　　　　　　　　刘桂林

5/ 止嗝一法

有时人们常因为一口饭未吃顺，出现打嗝。我打嗝时，用我爷爷过去教我的紧握双拳，胸往前挺，两臂尽力往后压，然后再进行 1 次最大限度地深呼吸，即足足吸进一口气，再慢慢呼出，打嗝便立即停止。　　　李大谦

6/ 山楂片治打嗝

有一次我在街上突犯打嗝，适逢我爱人买了山楂片，便吃了几片，打嗝立即止住。前几天我又犯打嗝，想起上次的经历，即买来山楂片，只吃两片打嗝便停止。

100031　北京西城未英胡同 39 号　赵长凤

7/ 点穴止嗝一法

我就餐时爱打嗝，用点穴法可止，其法是：每打嗝时用食指或中指在脖后第五与第六颈椎骨间按上数秒钟后，打嗝即止。找穴的方法是可先找比较突出的第七颈椎骨，由其处再往上摸找。

100038　北京羊坊店铁路东宿舍楼 3 门 3 号　张善培

8/ 喝醋治打嗝

本人喜食辣，但太辣便打嗝不断。友人讲喝醋能治，我试了果然见效。只喝了一小口，立刻就不打了。最好喝浓度大点的"老陈醋"，而且只要一小口，缓慢咽下。

100083　北京 736 信箱 2 分箱　王家梁

9/ 半分钟止呃逆

呃逆不止时，呡一小口水（不到 2 毫升），仰脖后慢咽下，此时，为防呛水，食管会本能地进行"必要的动作"，此"必要的动作"即为止嗝良方。我

从小到大，屡试不爽，2~3 次即可止嗝。关键：（1）水量一定要少，多了会呛鼻。（2）先仰脖，然后再开始咽，否则直脖子瞪眼地喝几大缸水也不会管用。 100022 北京工业大学科研处 任 军

10/ 常吃腌鲜姜治呃逆

我多年以来经常出现呃逆症状，经医院大夫用药维生素 B_6 无效。我从人民卫生出版社出版的《药性歌括四百味白话解》134 页"生姜"歌诀查到"生姜性温，散寒畅神，痰嗽呕吐，开胃极灵"的医学道理，便经常吃些我自己腌的鲜姜，并且做菜时也经常放些鲜姜，果然治好我的呃逆症状。

100051 北京宣武区棕树斜街 75 号 马宝山

11/ 呼吸治呃逆

数年前，我经常犯呃逆，有些场合很是尴尬。后来自己摸索出一种治疗方法：做慢深呼吸 3 次。吸气时慢慢吸，尽力吸，感觉再也吸不进气时，屏住气 5~10 秒钟后，慢慢呼气，尽力呼，感觉腹内气呼尽时，屏住气 5~10 秒钟，再行吸气。连做 3 次。后将此方法介绍多人使用，均即用即愈。

100072 北京丰台卢沟桥南里 52-6-402 钟占恒

12/ 吃草莓治打嗝

本人有一喝冷饮就打嗝的毛病。有一次得了急性咽炎，更是打嗝不止，偶尔吃了六七粒草莓，片刻后就不打了。当第二天又打嗝不止时，我又试着吃了六七粒，这回不仅不打嗝了，而且一直到现在快一年了，打嗝的毛病也没犯过。

100005 北京崇文门西大街 7 号 陈小明

13/ 喝姜糖水治打嗝

有一次，我外出散步突犯打嗝，持续 2 小时后，遇一友告我一方：用核桃大小生姜一块，切成 4~5 片，放半碗自来水煎约 10 分钟（弃姜），放少许白糖佐味，趁热（不烫）喝后，片刻打嗝停止。

100074 北京 7208 信箱 19 分箱 王文英

医部

止嗝法

1/ 鲜桃能治腹泻

笔者在 1970 年 5 月到 1971 年 8 月期间，曾患腹泻约 20 次，深以为苦。后在太原近郊晋祠郊游偶吃鲜桃三四个，竟然腹泻停止。从此一旦发现便溏或腹泻初发，速吃鲜桃（每饭前吃鲜桃一个，饭中食大蒜 1~2 瓣），腹泻立止或大为减轻。多年来，笔者转告二三十位亲朋好友，均有不同程度的疗效。如果吃鲜桃和大蒜 12 小时后，腹泻不减，应速去医院治疗，免得贻误病情。另外，中医认为：食大蒜应忌大葱，食鲜桃应忌白术，录之供读者参考。

耿泉恩

2/ 用大蒜治肠炎腹泻一法

蒜剥皮洗净，用刀削去蒜瓣的头尾和蒜的膜皮。拉肚子时，大便后先温水坐浴，再将削好的蒜送入直肠里，越深效果越好。一般情况下，放入蒜后泻肚即止，五六个小时后排便即成条形。每次放一两瓣，连放两三天，大便可正常。采用此法应注意手的消毒。

朱大实

3/ 肚脐敷药治腹泻

笔者于 1976 年冬曾在海拔五千多米的高原工作，因湿寒多次引起腹泻，许多药服后无效，很痛苦。后将白胡椒粉或云南白药敷于肚脐上，上面用消毒棉纱盖住，最外面用虎骨麝香膏或伤湿止痛膏封住，几小时后从脐内有水分排出，腹痛、腹泻竟痊愈。

程泰来

4/ 烧熟蒜瓣可治幼儿腹泻

我的外孙子才 10 个月，长期腹痛腹泻，孩子小，不会说话，每当发病，常常哭闹不止，全家不得安宁。虽多次去医院打针、服药，收效甚微。后经同志介绍一法：取蒜瓣若干，放火上烧熟，然后蘸上白糖，让孩子吃，每次吃 2~3 瓣，每日早、中、晚三次，吃后三天即见效，五六天腹泻痊愈。

孙执中

5/ 熟吃苹果可治腹泻

我家两岁半的女孩，经常腹泻，面黄肌瘦不长个子，经多次治疗不见好转，时好时犯。一位同事告诉我"吃熟苹果试一试"。我便给孩子蒸苹果吃了几次，收到意想不到的效果——腹泻痊愈，人也慢慢胖起来了。方法如下：把洗净的苹果放入碗中隔水蒸软即可，吃时去掉外皮，一日 3~5 次，小儿腹泻初起效果最佳。

吴寿青

6/ 鲜姜贴肚脐可治婴幼儿拉稀

婴幼儿拉稀久治不愈，孩子黄瘦大人急。可把鲜姜剁成碎末，放在一小块药布上，贴在肚脐处，用橡皮膏粘牢即可，此法立竿见影，屡试不爽。但成年人我未试过。

方钊

7/ 推压腹部可缓解肚子痛

消化不良引起的胃部不适，一般推压腹部数分钟即可治愈。方法是双手平放胸口，掌心向下，顺胸口往下轻推至小腹，如此往复推压数分钟，可听到肚内咕咕响，伴有放屁、尿感，即可见效。本人多次施于儿童，立见奇效。

姜树信

8/ 治拉肚子两法

△我在陕北插队时，一次拉稀拉得起

不了床，吃药也不见效。后当地农民教我：用大蒜（独头的最好）拍碎，面条要吃锅挑的，越热越好，趁热将蒜放在面条上，不放盐及其他调味品，趁热服下，吃了一次就好了。 赵庆荣

△用黑糖 30 克、高度白酒 50 克，放碗内用火点头，边烧边搅，一直把碗中的糖溶化为止，稍凉喝下去，对治疗拉肚子、肠炎一次见效，重者两次，这是本人几十年的经验。 刘荣花

9/ 核桃叶治腹泻有效

我父亲有一年得了腹泻，发展到水泻，中西医治疗多月仍不见好。后听来一法：核桃叶一把（250 克左右）放盆中，倒入多半盆开水，盖上闷 10 多分钟，等能下手时，用手洗脚和小腿肚子（膝关节下部），洗到能下脚时，把双脚放入盆中，直到水不热为止，最好用铝盆放在火上烧热后再洗第二次。每日洗两次，每日换新叶，洗到病好为止。我父亲洗五六天病就好了。村民知道后，大人、小孩有患腹泻的都用此法治疗，轻的洗一两天就好。

栗发石

10/ 盆池热水浴治疗腹泻

腹泻病人，如果服用抗菌素、止泻药等久治不愈，可在盆池热水中浸泡半小时左右，除头部外，身体全浸泡在热水中，水温越高效果越好，但以能耐受为宜。一般一次盆池热水浴后，腹泻就可停止或明显减轻。 张广发

11/ 枣树皮煎水治腹泻

我的小孩有一次腹泻用各种方法治疗均无效，后用多年生长的枣树皮

100~150 克，洗净，加适量清水煎 30 分钟，约得 200~300 毫升汤液，一次服下，当天见效，连服两三次即痊愈。此法对各种腹泻、黏液便、脓血便都有效，没有什么副作用。 杨淑琴

12/ 茶叶大蒜可治腹泻

将大蒜一头切片，一汤匙茶叶，加水一大碗，烧开后再煮一两分钟，温时服下，两三次即可使腹泻痊愈。我们在干校时，此法屡试不爽。 杨燕荪

13/ 鸡蛋黄烤油治婴儿腹泻

我的一个外孙，一岁前患腹泻，服药打针均不见效。后经乡亲介绍，拿砂锅把 10 个熟鸡蛋黄慢慢火烤，油烤出来随时用勺盛出，剩下的黑渣就不要了。烤出的油分 3 天服完，每天早、中、晚 3 次或多几次，饭前饭后均可。轻者一剂即愈；如不愈再服一剂，用7 个鸡蛋黄就可以了。除我外孙治愈不再犯病外，还有 10 多个婴儿也都用此法治愈了腹泻。 马惠兰

14/ 糕干粉治腹泻

小孙子长期住姥姥家，四五岁时因饮食不当，患了腹泻症。吃食物泻，不吃也泻，孩子瘦弱，父母亲领他到大医院请专家诊治、吃药还是不顶用。我妻认为可能是饥饿性腹泻，建议吃些糕干粉试试看，结果小孩只吃了一勺熬成糨糊状的糕干粉就好了，至今已有 4 年没再犯过。 王景信

15/ 杨树花可治痢疾

我家乡流传着杨树花可治痢疾的偏方，即用杨树花（俗称杨树吊吊儿）煮水作饮料喝，可治急慢性痢疾。如

患红痢加白糖，患白痢则加红糖，与杨树花一起煮。 育升

16/ 老枣树皮可治慢性肠炎

我有一位朋友患慢性肠炎十几年，后经他的同事介绍：用老枣树皮适量，放在锅内用油炒黄，研成细粉，每次服大约 1 克，每日 3 次，3 天后慢性肠炎就治愈了，至今没再犯。 杨宝元

17/ 酸石榴可治痢疾肠炎

小时候，我家有棵大酸石榴树，每年结 200 多个果。村里大人小孩有闹痢疾的，都到我家要一个酸石榴，捣烂成泥倒入温开水中，再用干净纱布滤出石榴水，放点白糖，喝两次就好。后来我婆婆和小孙子得痢疾时，我用花盆种的小酸石榴按此方给他们吃，都治好了。我患肠炎 10 多年，一直没工夫治。退休后，我向邻居要来酸石榴，连吃 6 天，肠炎就治好了，几年未再犯。 冯月升

18/ 茶叶炒焦可治疗腹痛泻肚

将茶叶（不论何种茶叶）用铁锅在火上炒焦后，沏成浓茶，稍温时服下，腹痛泻肚即能缓解见好。我曾经用过，很灵。 王鼎

19/ 口服硫酸庆大霉素注射液止吐泻

去年夏天，我侄子来京度假，在街上吃了烧鸡，当晚上吐下泻不止，服用黄连素、痢特灵均不见效。后口服 2 支硫酸庆大霉素注射液（每支 1 毫升），吐泻即止。以后遇到类似情况，此法都能收到明显效果。若腹泻症状较轻，服用 1 支即可。 刘彦瑞

20/ 臭椿树皮煮鸡蛋治痢疾

我儿子 1991 年寒假期间得了痢疾，服中西药多次，也不见效。一天，一串门老妇告诉一验方：臭椿树皮煮鸡蛋，服了 4 次就好了，至今未复发。做法是：剥臭椿树皮一块，约 250~300 克，刮掉外面的黑皮，与一个鸡蛋同煮，煮熟后早晨空腹食蛋，每日 1 次。注意一定要选用鲜树皮，若刨到新鲜椿树根效果更佳。 牛连成

21/ 揉耳垂可缓解腹痛

我经过多次试验，揉搓两个耳垂，或把手指插入耳中，不停地摇动，可缓解腹痛和牙痛。我几次因腹部受寒疼痛难忍，用此法，立即止痛。 董春岚

22/ 大蒜治痢疾肠炎效果好

我外祖父常用这个验方给人治疗痢疾、肠炎，一般效果都挺好。当有人患了痢疾、肠炎，用紫皮蒜 3~4 瓣捣成蒜泥，敷在肚脐眼上，外面贴上纱布，再用胶布固定好，一到两天就见效。每人体质不同，须掌握用量，皮肤过敏者，要垫一块净布。 杜娟

23/ 服山西老陈醋止腹泻

今年年初本人因晚饭时吃了凉拌黄瓜，夜间腹泻不止。因当时手头未备止泻药品，又害怕脱水，去厨房找开水，暖水瓶中开水恰好用完，情急之中，只好慢慢喝了两口山西老陈醋，没想到腹泻立止。以后每逢腹泻即不服其他药物，只喝醋两口，却很见效，只是米醋见效稍缓。后有人得此急症，如法炮制，也很见效。 王晓勤

24/ 莲子心汤能治肚子痛

我经常肚子痛,痛的位置是肚脐周围,白天稍轻,半夜后即加重,肚子里响,大便也干燥。吃了不少药都不见好。后服用莲子心汤止住了痛。方法是:取莲子心 100 粒左右,放在奶锅里煮 10 分钟,倒在容器中,分两次服用,剩下的莲子心再用开水冲 1 次饮用即可,每天凌晨空腹喝下。用同一方法,连煮 3 锅分 9 次服用后,基本不痛了。以后肚子里有些不适,用同样方法煮一锅或两锅巩固一下,就可以了。

张延兰

25/ 茶叶米可治黏性食物消化不良

许多人都习惯在节日制作和食用年糕等黏性食物,然而一些老年人食后感到消化不良。我听说一方可治:抓一把茶叶、一把米炒至焦黄,添水煮沸,将水服下几次后便可痊愈。

乔艳平

26/ 柿蒂可导吐

如果吃了不干净的东西,胃里翻滚难受又吐不出来,或食物中毒后急需导吐,此时柿蒂可以帮忙。取备用的十几个柿蒂煮水,开锅后再用小火煮 10 多分钟,取汁液一中杯,喝下去一会儿便可吐出来。

胡承兰

27/ 银杏治慢性痢疾

20 世纪 70 年代后期,我丈夫每年春秋都犯腹泻病,1987 年春最重,患慢性痢疾一个多月,药没少吃,但都无显效。同事说银杏可治此病。我去药店买了 42 个银杏(仅花了 0.78 元),早晚各七个,砸开后水煎服,连仁吃掉,连服三天(注:不拉即停)。此方治好了我丈夫的老毛病,至今 10 年,从未犯过。

100018 朝阳区东坝东岗子 22 号 武香叶

28/ 马齿苋团子治湿热痢疾

湿热痢疾是一种湿热之邪、阻滞肠腑病症,常有赤白脓相夹、稠黏气臭、腹胀痛、里急后重、小便赤短、或见畏寒发热、口干、苔黄、脉滑。取鲜马齿苋 100 克、大蒜 1~2 头,摊鸡蛋两个做馅,以小米面或玉米面加点白面包成团子上锅蒸熟食用。2~3 天病即好转。

100020 北京朝阳区白家庄路 8 号 边启康

29/ 炒山楂片治慢性结肠炎

我患慢性结肠炎多年,久治不愈,从不敢生吃瓜果。后得一方,服后现已痊愈。介绍如下:用 75 克的山楂片切碎放在锅里炒至发黏有些冒烟,把锅移开火倒进 75 克的白酒,再倒到药锅里(砂锅)加多半小碗水,微火煮至山楂片全化(约 10 分钟,防止煮糊),再放入 75 克的红糖搅化,每天早晚空腹各服一剂,连服 5 天,10 剂即可。

100015 北京朝阳区大山子西里 11 楼 65 号 江佩娥

30/ 按摩腹部治肠粘连

我动过两次肠胃手术,并发广泛性肠粘连,引起经常性肠梗阻,痛苦万分。后经人介绍按摩腹部治愈,多年未犯。其方法是:早上起床和晚睡前,平卧床上,双脚弯立,腹肌放松,先将左手放右手背上,右手掌在腹部上围肚脐顺时针由里向外按摩 100 圈以上,后将右手放左手背上,左手掌在腹部上围肚脐逆时针由外向里按摩

生活中来

肠炎、腹泻

100 圈以上。然后用左右手交替，从心口处偏左些向腹下按摩 100 次以上。中午也可加做一遍，但须饭后半小时。按摩次数、轻重自己掌握，以舒适为度。

610051　四川成都市建设路 14 号　申正水

31/ 红尖椒籽治肠炎

每日早、中、晚各服红尖椒籽 10~20 粒，对治疗急性和慢性肠炎效果显著，一般一两天即愈。本人多次试用，屡用屡效。

100844　北京复兴路 10 号铁道部档案馆　段　巍

32/ 熟苹果治腹泻

我过去经常腹泻，一朋友说，吃熟苹果可治，我按时吃了很见效。方法是：好苹果一个，中等个大小，洗净去皮、去核，切成六块，放碗里上锅蒸熟，趁热食用，早晚各食一个，两三天即能治愈。

100855　北京复兴路 40 号 72 楼　马桂英

33/ 杨梅泡白酒治腹泻

杨梅洗净控干（十几颗）泡白酒中，泡两三天即可食用，对腹泻、恶心、中暑、头痛有疗效。服用时一般喝两三口白酒、吃一两个杨梅。

100020　北京工体西里 1 号 12-7　蔡耀梅
100084　清华大学农贸市场　黄爱民

34/ 止泻良方

白胡椒四五粒、金橘干两个，放碗中，倒少许高度白酒，将酒点燃，待酒精燃烧完，趁热将其吃下，所剩液体喝下，止泻有奇效。我亲戚和家人每用此方立竿见影。

100020　北京工体西里 1 号 12-7　蔡耀梅

35/ 胡椒粉治着凉肚疼拉稀

有一次我小外孙女，因受凉肚子疼拉稀。经同事介绍一法很灵，就是在肚脐凹处放些胡椒粉，黑、白胡椒均可，然后在肚脐上再贴块稍大点的胶布即可。只放了一次，肚子很快不疼了，拉稀也好了。（注：肠炎、痢疾不行）

100029　北京朝阳区安苑北里 5 号楼 1202　邸桂英

36/ 清水煮大蒜治"溏便"

每逢夏季我就腹泻，中医称"溏便"，医治多年没除根。秋季转好来年入夏就又犯病。去年 7 月初，我放在阳台的大蒜被雨打湿，扔掉怪可惜，我洗净煮食，吃完两碗，腹泻至今没再犯病。

100858　北京万寿路 28 号 54 楼丙门 2 号　王庆荣

37/ 薯蓣茶治慢性腹泻

慢性腹泻是我多年头痛的麻烦事。有位山村老者介绍我用山药 200 克、芡实 200 克、扁豆 100 克，三者捣碎和匀，每日 30 克代茶饮。没料到，还真去了根。

附：作者补充

《薯蓣茶治慢性腹泻》发表后，许多读者来信咨询，现补充几点。

慢性腹泻是脾胃功能失调所致，分有寒湿、湿热、脾虚、肾虚、肝脾不和等型。薯蓣茶由山药、芡实、扁豆三味药组成，用于慢性腹泻之脾虚型者。山药"健脾补肺、固肾益精。治脾虚泄泻，久病，虚劳咳嗽、消渴，遗精，带下，小便频数"。干、湿品均可，中药店有干品。芡实，俗名"老鸡头""鸡头米"，外形带刺，形似鸡头，中药店有干品。其"补脾去湿，益肾固精。

用于脾虚泄泻，日久不止"。扁豆"健脾化湿，用于脾虚有湿，体倦乏力，食少便溏或泄泻，以及妇女脾虚湿浊下注、白带过多"。干、湿品均可。

另介绍两种治慢性腹泻的方法。

（1）白术厚朴肉蔻茶，用于慢性腹泻属于寒湿困脾型者。原料为白术200克、厚朴200克、肉蔻150克。先将白术炒至微黄色，后合他药共捣碎和匀，每日20克，代茶饮。

（2）白术芍药茶，用于慢性腹泻属于肝脾不和症型者。原料为白术150克、芍药100克。将二药共捣碎和匀。每日20克，代茶饮。

以上两方诸药，均可在中药店购到。偏方能治病，但不一定每个人都适用，因此，读者朋友只能试试看，祝病友早日恢复健康。　　　　　焦守正

38/ 口含花椒止恶心

饮食不当有时会引起恶心，想吐又吐不出来，非常难受。可取几粒干花椒，放在口里含服，开始不感觉花椒麻，等嘴里觉出麻来，恶心也就消失了。

264002　山东烟台市政工程公司机械修配厂　陈旺

39/ 蘑菇大枣治消化不良

我幼时，父亲曾用此方给人治病。鲜蘑菇500克，大枣10枚，一起煎40分钟，然后取汁分4次饮用，早晚空腹为宜，对消化不良有较好疗效，对胃癌也有治疗作用。

100051　北京前门西河沿111号　张秀文

40/ 三药合一治好十二指肠溃疡

我患十二指肠球部溃疡已20多年。这期间从未间断服用西药治疗，但时好时犯未能根除。去年一老中医介绍一方，我试着服用，不料一服药病就治好了，至今年余未犯。具体方法：中草药白及、枳实各一两，痢特灵60片（药店均有售）。三药合一研成粉末，分成20等份，每天服两包，早晨空腹和晚上睡前各服一包，服用10天，如能将药面装入胶囊用温水服下最佳。　066600　河北省昌黎县交通局　佟程万

41/ 甲鱼胆治疗胃溃疡

4年前，我患胃溃疡，中西药吃了不少，虽有好转，但饮食上稍不注意，疼痛仍然发作。我老伴从朋友那里给我讨一偏方，从备制到服用，先后不到两个月，就治好了我的溃疡病，经过春夏秋冬三载有余饮食无忌的考验，从没有复发一次。配方和服用方法是：新鲜甲鱼胆3个，用微火在瓦片上焙干，研成粉末，倒入白酒瓶内（约500毫升），封闭瓶口，每天摇晃一次，使其更快溶解，浸泡10天后，每天早晚空腹服饮约3~4钱，不间断地服完为止。

100085　北京清河2867信箱5分箱　牛金玉

42/ 盐水可治风寒肚子疼

我少年时在农村，一年冬天外出劳动回家后，满腹凉气就吃饭，一会儿就闹肚子疼。奶奶说是食压住了风，赶忙用铁勺在火上炒了几粒食盐，冲一碗开水给我喝下去，过一会儿放了两个屁，肚子就不疼了。后来有一年冬天我的孩子放学回家，进门就吃东西，也闹肚子疼。我也是用炒食盐冲开水给孩子喝，肚子疼很快就好了。此方我也曾介绍给友人用过，都收到了满意的效果。

100078　北京丰台南方庄2号楼3门906　艾春林

43/ 藕节炭可治溃疡性结肠炎

我曾患溃疡性结肠炎，大便带脓血，多方久治不愈。后从中药店购买藕节炭150克，分成8份，每日一份，分早晚两次水煎服。8日为一疗程，服用一至两个疗程后即痊愈，以后再未复发。100053　北京宣武区华北电管局　安兰田

44/ 白葡萄治痢疾

去年夏季不慎患了痢疾。朋友介绍说用白葡萄可治。方法是：取白葡萄汁3杯、生姜汁半杯、蜂蜜1杯、茶叶9克。将茶叶煎1小时后取汁，冲入各汁的混合液一次饮服。每日2~3次。3日后见效。

100007　北京东城区府学胡同31号　焦守正

45/ 鸡冠花可治腹泻

我曾负责过一段时间的托儿所工作，当时托儿多，有的孩子泻肚，经一老中医介绍并自己研究综合一方，孩子既喜服，疗效也好，曾治疗一极度危重的腹泻托儿。其配方为用鸡冠花2两、姜片3片、红糖2汤匙，加水250毫升煮成200毫克左右，分两次服饮。

100053　北京宣武区枣林前街35号9楼1室　赵晶

46/ 土豆炭治十二指肠溃疡

笔者曾患十二指肠溃疡出血多次住院，经服中西药及白药对症治疗治症不治病。后得知一老者患胃及十二指肠双溃疡，医嘱必须开刀，他未同意，即服土豆炭竟治愈溃疡。我即照方实践，两月后见效，半年后基本治好，饮食正常。我先后向30余位胃病患者介绍（从慢性胃炎到溃疡），均有显效。土豆炭制法：洗净生土豆（一次2千克），切碎加水（约1千克），经粉碎呈粥状，用纱布揉出浆液，去渣（渣可作粥别人吃），浆入铁锅，先大火后小火，不断铲动，最后呈炭块（10份土豆成1份炭）。为便于服用，可用绞肉机粉碎过罗（不能用有机玻璃粉碎机），如嫌费事也可用刀切成细小碎块，服前溶于开水，每日三餐前半小时及睡前各服1克。

100038　北京铁道部羊坊店住宅区42栋4号　恭天成

47/ 蜂蜜萝卜汁化痰消食

前些天，我食欲不振，咳嗽痰多，同事给我一方：将萝卜洗净，挖空中心，倒入蜂蜜，将萝卜加水蒸熟，吃萝卜饮汁。我用了以后，效果很好。

100037　北京西城北礼士路139号楼1门1201　王惠玲

48/ 核桃草槟榔治厌食症

核桃三四个、草槟榔两三个（到中药店买切成两块的），用煤火或木柴火（液化气不宜）烧至冒烟，即核桃皮烧焦，仁出油，槟榔亦烧至冒油；待凉后，将核桃去皮、去内墙，槟榔吹去烟尘，嚼食，用温开水送下。此方治停食停水不思饮食患者，小儿用量减半。

100054　北京丰台区菜户营东街210楼4-03　华德泉

49/ 老蚕豆治胃肠炎

吃得不合适了，造成肚子痛拉稀时，就煮一大碗老蚕豆（要煮烂了），加点白糖，每日分两次吃，连豆带汤吃下，吃两回就好了。这是我邻居的实践。

100074　北京市丰台区云岗北区30楼西单元3号　于广普

50/ 豆浆加蜂蜜治慢性结肠炎

常服蜂蜜可治慢性结肠炎。多年来，本人稍不注意就会造成腹泻，平时大便不成形，腹部常有压痛，诊断为慢性结肠炎。自从每天早上喝豆浆时调入一勺蜂蜜（约 10~15 毫升）后，经月余，腹泻情况大为好转，连服约 3 个月，大便已成形，腹部已无压痛，慢性结肠炎已基本治愈。

100082　北京学院路 18 号 27 分号　庞桂赐

51/ 艾条治慢性结肠炎

我十几年前患了慢性结肠炎，每天泻肚五六次，犯了六七年。中西医全看过，收效甚微。后家人用艾条熏灸治好此病，将近十年再也没犯。方法是点燃艾条用烟熏肚脐、气海、关元穴和小肚子两侧，熏微红即可，一般每个穴位熏五六分钟，每天 2 次，5 天一个疗程，每个疗程间隔二至三天，一般轻者 3 个月，重者半年至一年即可治愈。艾条中药店有售，很便宜。注意月经期不可熏肚子。此药易燃，用后注意熄灭。

100020　北京朝阳区朝外大街秀水河 27 号　戴建祥

52/ 艾灸治愈慢性结肠炎

我爱人用艾灸经两个月治愈一位慢性结肠炎患者。其方是：用艾卷取穴于膀胱经的昆仑穴（脚踝关节处）和肾经的燃谷穴（腰部），采取雀啄灸法，两穴四个部位各灸 10~20 分钟，10 天为一个疗程，隔一周再灸。若配合灸足三里和天枢两穴，其效果更好。此法适应于：以阳虚为主，怕冷、四肢凉，受凉则泻泄者以及习惯性腹泻者。

117000　辽宁本溪本钢胸科医院崔东门诊　杨晓冰

53/ 常坐艾垫治肠鸣

1997 年夏季，因坐在石板上乘凉过久，我患了肠鸣腹泻症。后经吃药治愈了腹泻，但肚子鸣总是困扰着我。去年夏季，我采集了约 500 克重的鲜艾叶，絮了一个垫子，每晚利用看电视的机会，坐在艾垫上，约有一个来月的时间，肚子慢慢地不叫了，而且我的便秘也有明显改善。

100085　北京 286 信箱　牛金玉

54/ 麦乳精治腹泻

小时候，我有时由于吃东西不慎，造成腹泻。这时妈妈会给我冲一杯浓浓的麦乳精，服用 1~2 次即可见效。后来，我也一直用此法，并将它告诉了朋友们，他们也觉得效果很好。

100078　北京丰台方庄芳群园 4 区金城中心 1201 室　李贺

55/ 丝瓜花治腹泻

一年夏天，我闹肚子，多次腹泻。家乡客人告诉我：丝瓜花烙饼，吃了就好。于是我摘来几朵丝瓜花，洗净、切碎，与白面加水和面，烙小薄饼，吃了果真拉肚子止住了。

100055　北京宣武区广外小红庙 6 号楼 411　李英

56/ 饮醋茶止泻

我有治腹泻（不是细菌性的）一方：沏一杯绿茶或花茶，将茶水倒入另一杯中，放入一大汤匙醋，将醋茶喝下。一杯茶可继续再冲泡两次，连喝三杯醋茶，泻即止。

100009　北京旧鼓楼大街小石桥 11 号 1 号楼 A—101 室　岳凤霞

57/ 油饼蘸蒜治腹泻

把适量的大蒜（不要蔫软的）去皮捣

烂，加少许水成糊糊状，再拿用花生油炸的油饼蘸上它，然后一起吃下，直到吃完。这里要提醒的是：在蘸的时候要注意挂上蒜末，以使吃的每一口都会感到有浓的辣味。每早空腹作为点心，连吃三天。这个偏方来自本人的家乡。

100038　北京复外北蜂窝电信宿舍2号楼2门1号
张恒升

58/ 揉腹治慢性阑尾炎

我爱人10年前得了慢性阑尾炎，不愿做手术，只好经常吃药，很烦恼。我采纳朋友的建议，让他每天早晚排空大小便后自己按揉腹部进行治疗，坚持了一个月，解除了痛苦，至今不犯。具体做法：排空大小便后洗净双手，仰卧在床上，裸露腹部，搓热双手，然后左手在下，右手在上相叠按压在腹部，以肚脐为中心点，缓慢地逆时针方向旋转按揉90次，然后顺时针方向旋转按揉60次，按揉的力量要先轻后重，按揉中双手经过阑尾时要微加重力量，按揉后两手放在肚脐两旁上下推搓腹部30次。然后坐起，盘腿，两手在后腰两肾部上下推搓30次。治疗期间不得吃生冷食品，腹部应避免着凉。

100043　北京石景山衙门口村上后街142号　程颖

1/ 冬瓜大蒜治肾炎

我的一位邻居得了严重的肾炎，全身浮肿，一按一个坑，医治无效。后听说了一个偏方：用冬瓜片和蒜片放到锅里蒸熟（不放任何调料），每日吃3次，一个大冬瓜没吃完，浮肿便消去，能干家务活了。

安　静

2/ 鱼肚荷包蛋和柳叶茶治肾炎

我上小学时不幸得了肾炎，每次化验尿总有尿蛋白二三个加号，使我非常痛苦，不能上体育课，也不能与别的同学一起玩。后来，家人打听到一个偏方，起初是抱着试试看的心情去做的，没想到坚持数月，尿蛋白全部消失，我重新回到了学校，而且十几年过去了，也没有再犯过。方法如下：先把鲜鱼肚在火上焙干，然后碾成细末，分成数份；然后将鱼肚末夹在炸好的荷包蛋（炸得老些）中，趁热吃下，一日两次，不要间断。在此同时，将从柳树上摘下的鲜柳叶泡在水中，每日代茶饮用。就这样坚持数月，尿蛋白消失（注：在此期间，我没有服用其他治肾炎的药）。

附：答读者问

（1）文中所提到的"鱼肚"，是我从水产品公司直接买来的，并非买来鲜鱼自己从中取出。

（2）文中提到的炸鸡蛋，要等炸好后出锅再夹鱼肚末。鱼肚末每次用量并没有严格限制，以一个鸡蛋能对折夹住为准。

（3）焙鱼肚的方法非常简单，只需把鱼肚放在火炉边烤干即可。

（4）文中的鲜柳叶，是春天从柳树上直接采下的。储存方法很简单，只需放在普通的塑料袋中，不需要特别的保鲜装置。

（5）若正值冬季，可以先服用"炸鸡蛋夹鱼肚末"，等春季后再配合服用柳叶茶，不要急于采柳枝代替。

（6）另外，每次不要非得在吃蛋的同时喝柳叶茶，柳叶水随渴随喝。

（7）此方只是用在我及其他几位朋友身上有效了，是否每人都适用，不能保证。如果数月后效果不明显，建议放弃此法，继续到医院治疗，以免耽误病情。

（8）我患肾炎期间，除了尿蛋白有加号外，还伴有疲倦、厌食、消瘦等一系列肾炎症状。

李玉华

3/ 治疗肾盂肾炎一法

我一好友曾患肾盂肾炎，久治不愈。后求教于一老人，她让把白茅根、干西瓜皮、芦根、鲜丝瓜秧各等份，熬水当茶饮，一天数次。没想到一周就痊愈了。

赵理山

4/ 中药鲤鱼汤能治肾病综合征

我曾患肾病综合征，住院治疗后，尿蛋白仍呈阳性。后经指点，我一方面锻炼，另一方面开始吃中药鲤鱼汤。具体吃法如下：活鲤鱼250克，将鲤鱼开膛去鳞及内脏，砂仁、蔻仁各3克，放葱、姜少许，再加水500~600毫升，不放盐，清蒸半小时，喝汤并食鱼肉。尿蛋白转阴后，依照此方又食用多次，症状消失。

王秀琴

5/ 治肾炎浮肿一方

核桃仁、蛇蜕（蛇蜕要完整的）、黄

酒约 100 克。制法：将一个核桃敲成两半，将一半桃仁去掉，另一半桃仁留下。将蛇蜕装入另一半无桃仁的壳内，再将有核桃仁的那一半与有蛇蜕的一半合在一起，用细铁丝将核桃捆起来，裹上黄泥，再用柴火烧泥包的核桃，泥烧热后使桃仁变黑即可。打开将壳内桃仁研成细末。早晨空腹，用黄酒 100 克送下，连服 3 次为一疗程，观察疗效，再服第二疗程。此方系一位 80 岁医生介绍给我的。

100094　北京 5100 信箱　安　华

6/ 猪牙草治肾炎

我先生去世后，我整理他的笔记，发现有如下字样："猪牙草（扁蓄）熬水当茶饮，专治肾脏炎"，现献给广大患者。猪牙草中药房有售。

100031　北京西城区罗贤胡同 19 号　李培植

7/ 西瓜治肾炎

我表弟患肾炎，经人介绍吃了几个西瓜，病就痊愈了。方法是：取一个 1 千克以下的小西瓜，洗净，连皮带瓤挖一个三角口，将去皮独头大蒜瓣 10 个塞入瓜内，再把口子盖好，口朝上放入蒸锅隔水蒸熟。一次吃掉瓜瓤、汁及大蒜瓣或一日内吃完。连服 7 个西瓜为一疗程，即愈。

100007　北京东城区府学胡同 31 号　焦守正

8/ 治肾虚一法

我曾多年肾虚，工作一忙，腰腿酸软，且无力。朋友介绍一方，服用了一个多月，果然见效。取小枣 7 粒、桂圆 7 粒、莲子 14 粒，加少许水煮沸，放凉后，汤和小枣、桂圆、莲子一同服用。此法冬夏皆可，早晚皆可，且可长期服用。尤其是中年女性朋友。

100075　北京丰台区刘家窑东里 3 号楼 601　王淑英

9/ 按摩小指穴治肾虚

肾虚会引起头晕、眼花、健忘、耳鸣等。治疗方法：用大拇指和食指揉双手小指的第一关节，这是左右两肾穴，每天揉两次，每次 10 分钟左右。在揉小指穴时发觉关节疼痛不一样，痛的一侧可多揉会儿。但不要用力过大，要轻轻地揉。对没有肾虚者也大有好处，此法可以强肾壮阳，长期揉两小指关节，白发人的头发还会逐渐转黑。

100830　北京阜成路 8 号 78-5 号　高建春

10/ 啼鸡食疗肾虚腰痛

笔者年近 60 岁，近几年总感到腰部酸痛，曾用内服中药、按摩等方法治疗，效果不明显。后获得一方经试用效果不错。方法是：买 6 只刚会啼叫的小公鸡（成年公鸡不能用），按常规将公鸡宰杀洗净切成鸡块，放油锅内略炒数分钟。再往锅内加入 500 克米醋（不要加白开水）在火上炖焖到尚剩小半杯醋（千万别让锅干糊了），以鸡肉炖烂而不剩一些醋为宜。炖烂的鸡肉当菜食用，而吃的口味感到醋越酸越好。嫌难吃可适当放些红砂糖。每只鸡按一日 3 次，一天内吃完，不要中断，连吃 6 只小公鸡为一个疗程。此方治不明原因的男性肾虚型腰痛有效。　100094　北京 5100 信箱　安　华

11/ 黄芪炖公鸡治肾炎

我家有人患肾炎，有人介绍一偏方，吃后竟逐渐好了。方法是：买来 500 克左右的活公鸡一只（乌鸡更好）、黄芪 100 克，将公鸡烫死去毛去内脏，

把黄芪塞入腹中，用砂锅文火煮烂，连汤带肉一次吃完。一周2次，4周见效。

100032 北京西城粉子胡同部队宿舍 文 习

12/ 老公鸭治肾炎水肿

3年龄老公鸭1只，4个大蒜头，加50克糖煮食，可治慢性肾炎水肿。

100007 北京东城区府学胡同31号 焦守正

13/ 西瓜加蒜蒸服可治泌尿系统感染

过去常犯泌尿系统感染，尿频、小便酸痛，严重时需卧床。曾用热开水坐盆汽熏，能起一定作用，但不能断根。有人介绍一偏方，用后至今七八年未再犯。具体做法：夏季买几个小西瓜，在瓜蒂上方切口，挖出少量瓜瓤后将剥好的蒜瓣放入（可多可少，一头蒜左右），与瓜瓤搅拌在一起，然后把原来切下的瓜蒂部分盖上，放盆碗内加水煮20分钟左右，连蒜带瓜瓤一起服下。第一年可服2~3个，痊愈后第二三年还可服一两次以巩固疗效，便可断根。 艾 奇

14/ 条件反射解除排尿困难

病人因手术注射麻药或其他原因造成排尿困难、吃利尿药无效时，可在要排尿时将厕所的自来水龙头打开一点，这时因条件反射，病人会顺利排尿。

杨宪义

15/ 千穗谷可治尿床

用千穗谷两羹匙熬粥，睡前喝下，连服几次就能治好尿床病。个别人需要多喝几天，用250~500克就够。千穗谷产地在冀中一带农村，也叫米谷，多年来我经常赠送患者。 刘世五

16/ 捏小拇指关节可通尿

我患有老年前列腺肥大症，发作时小便不畅，甚至闭尿。我从实践中摸索出一个办法：每逢小便困难时，我就用左手捏右手小拇指关节，用右手捏左手小拇指关节，不但小便通畅了，而且医院检查尿流量时发现，残留尿也大大减少。 宋贵满

17/ 竹节草治憋不住尿和零撒尿病

农历五月节前（平时也行）采摘竹节草，去根洗净，带叶剪成1寸段，阴干或晒干，抓一大把煎熬，去渣饮水，15~20天见效，可治疗憋不住尿和零撒尿病。我曾用此法治好一个小青年。竹节草又叫节节草，各地均有，河北最多，河边、山坡、路旁、野地都生长。病性重者要多喝几天。 张 壹

18/ 双手拍后腰可治尿频

晚上多次起床小解影响睡眠和健康，老伴告知一法可减少晚上起床小便次数，试验多次，果然有效。方法是每天晚上睡觉前，用左右手掌拍打左右侧后腰部，有节奏地拍打150~200下即可。 刘遵士

19/ 喝盐水助尿通

我兄70出头，患前列腺增生，尿频尿急，尿不畅通。有时憋得难受，碰到这种情况，他就喝一小碗盐开水，过半小时就尿通了。 伍涤尘

20/ 苦杏仁可治尿道炎

我患有尿道炎，痛苦不堪，吃了许多药及外用药，效果不大。经友人介绍：用苦杏仁100克（中药铺有售），洗净、砸碎，用清水煮开后，再用盆（不要

用塑料盆）趁热熏患处，水温后用纱布洗患处。用完后留下原水和苦杏仁，第二天再用，连续一周后，自我感觉已好，即可倒掉。用此法，我的尿道炎已根除。所介绍的几位患者，皆已痊愈。100081　中央民族大学老干部处　王明芝

21/ 治急性膀胱炎一法

急性膀胱炎发病急，疼痛难忍，治疗后又多易复发。现介绍一简便易行的方法，即拔取新鲜蒿子（可用于驱蚊，杂草丛生处有），洗净，煮水，然后坐盆熏洗，能很快控制病情，数次后可治愈。

100037　北京西城百万庄中里6楼　苏秀玲

22/ 玉米须加茵陈治尿路感染

玉米须和茵陈有利尿消炎功效。收集清洁玉米须，晒干备用；在中药店买200克茵陈（分为20份）。取玉米须一把和茵陈一份，加水两饭碗，煮开后再用文火煮10分钟，倒出药液，每天分两次服用。喝十多天，可使尿路感染治愈。

100081　中国农科院3–306号　吴新立

23/ 泌尿系统感染食疗一法

我20年前曾患泌尿系统感染，常低烧、腹痛，有时小便困难，经专家诊治效果不明显。后经人介绍：用大红枣、红糖、红小豆、核桃仁、花生米各3两（红小豆、花生米先用温水泡两小时），加水过10厘米左右，用不锈钢锅或压力锅煮30分钟成豆沙状，装盆盖好。每天早、晚空腹各服1~2匙。我服用5服，效果甚佳，病愈去根，至今未犯病。

100051　北京前门东大街8–3–501　王佩珍

24/ 治尿滞不畅妙法

老年人患前列腺肥大者比例不小。患此病者每有尿滞不畅之苦。要除此苦，还是应从根本上治疗前列腺疾患入手。但有个辅助妙法可收良效：小便时打开自来水管发出滴水声，很快就可以把尿导引出来。一般而言，自来水管下端接一脸盆或水桶，滴水声会更清脆，从而导尿效果就会更佳。曾用此法治多例老年前列腺肥大患者，均收极好疗效，有的患者用录音带录下清脆滴水声，则随时随地可用来协助导尿。

100029　北京安定路26号楼702室　金有景

25/ 枸杞、红枣、葡萄干治尿频

中老年妇女，患尿频毛病很难受。可坚持每天用枸杞20个、葡萄干20个、红枣2个、杏干1个、桂圆2个、核桃仁2个泡开水喝。我服用两年多，效果显著，不仅能控制和治愈尿频毛病，而且对中老年腿脚浮肿治疗亦有奇效。原先我的腿、脚上浮肿，服此方后，也痊愈。

100037　北京阜成门外百万庄南街5号1门11室

王俊明

26/ 草莓治尿频

我尿频很久了，每晚起夜不止，少则3~4次，多则5~6次，不能安眠。我用草莓煮汤加白糖饮食后，晚上不再起夜，可以安眠入睡。据文献记载：草莓性味酸甜，功能清凉解热，生津止渴，对尿频、糖尿病（消渴症）、腹泻等症有功效。如用草莓30克（干品15克）、芡实15克、覆盆子10克、韭菜籽（炒）10克,配合应用，煎服，

可以治疗遗精早泄、阳痿、尿频以及小儿遗尿等症。

100007　北京东城区东直门内北小街64号　田植培

27/ 喝丝瓜水治泌尿感染

出现尿频或尿痛时，可用嫩丝瓜煮水，煮水时不可用铁锅，最好用砂锅，待丝瓜煮熟后加白糖，然后丝瓜和水一同吃下，连续服用一周，病症就可减轻，直至消失。若症状较重，可多服几日，我曾患此病，每次犯病，就用此方，甚见功效。

100007　北京东城桃条胡同4号　乔秀华

28/ 核桃仁治尿频

我是一名糖尿病患者，今春病情加重，小便频，尿量大，以致眼部凹陷，乏力而嗜睡。后查得一方：用核桃3~5枚，取仁加盐（以吃时稍咸为度）炒熟，嚼细后用白酒（黄酒亦可）送服。每日起床后和晚睡前各一次。服用了3天，夜尿次数便由服前的3~5次降到1~2次。

264500　山东省乳山市金岭中学　宫锡柱

29/ 鸡黄皮胡桃仁治泌尿结石

泌尿结石是目前各年龄组较常见的疾病，疼痛起来真要命。《医林集要》中介绍一方，我介绍给两位患有肾结石的患者，都收到了治疗效果。方法是：取鸡黄皮50克，加水1000毫升，煎至500毫升，滤出备用。另取胡桃仁适量，用食油炸酥，加糖适量混合研磨使成乳剂，于1天内用上述鸡黄皮煎液冲服此乳剂。连续服药至结石排出症状消失为止。对于泌尿系统各部之结石，一般在服药后数天即能一次或多次排出，有的较服药前缩小而

变软，或分解于尿液中而使尿呈乳白色。据《中药大辞典》记载，胡桃肉与鸡黄皮均有溶石作用。此方既经济又安全。

101200　北京平谷滨河小区20楼1单元7号　赵振义

30/ 按摩脚跟两侧治前列腺尿频

我患前列腺肥大，尿频，特别是夜间起床四五次，影响睡眠。治疗方法：稍用力按摩左右脚跟上面的两内侧，这是前列腺的反射区。一天按摩两次，每次6~8分钟，很快见效。

100830　北京阜成路8号78-5号　高建春

31/ 常提裆防治前列腺疾病

本人摸索出一种防治前列腺疾病的方法：用鼻子深深吸进一口气，然后气存丹田，意守丹田至裆下会阴部，全身放松，将气从口中慢出，这时做数十次提裆运动。如此反复，练15~30分钟，早晚各1次，最好在户外空气新鲜处。

附：答读者问

（1）运动不同于提肛，主要是气存丹田，然后收缩会阴部向上提裆。

（2）这是一项保健运动，在锻炼的同时，患者一定要遵医嘱按时量服药，切不可以此代替服药。

（3）运动要注意以下几点：有氧运动，在室外最好；吸气、运气、吐气时间根据个人身体状况而定，运动时间一般半小时为宜；运动后，手触会阴部有热感，即达到锻炼目的。

（4）每个人身体状况不同，一般患者坚持半年病情会有很大好转。

100028　北京市朝阳区曙光里9-1-603　陈起

32/ 按摩法治前列腺炎

前列腺炎是中老年人常见病多发病，尿频、排尿困难，每次尿量少憋得小腹疼痛难忍，尤其是夜间影响睡眠，我去过多家医院求治效果甚微。经友人介绍用手按摩下列四穴位效果显著，特介绍如下：（1）按摩会阴穴（两阴之间，即肛门至小便正中线 1/2 处）250 次；（2）按摩睾丸 200 次；（3）按摩关元穴（脐下三寸）、曲骨（脐下五寸）各 200 次，每天一遍（睡前最好）。我坚持了两个月大见成效，如果对症用药效果更好。

100041　北京石景山广宁村复兴街 83 号　张　明

33/ 绿豆车前子治慢性前列腺炎

我患慢性前列腺炎多年，就是治不好，最近有人介绍用一方，大有好转。方法：取绿豆一两、车前子（药店可买）半两，用细纱布包好，同置于锅中加五倍的水烧开，而后改用温火煮到豆烂，再将车前子去掉把豆吃下，一次吃完，一天早晚各吃一次。常吃慢性前列腺炎可大为减轻。

100032　北京西城区粉子胡同 7 号　弘　阳

34/ 常吃白瓜子可治前列腺肥大症

我是前列腺肥大症患者，有时排尿困难、尿频，尤其是晚间，排尿次数多。听人说常吃白瓜子（即南瓜子）可治此病，一有时间我便抓些白瓜子吃。现在我未出现过排尿困难现象，排尿次数也比以前减少了，晚间也未出现过尿频现象。看来常吃白瓜子对治疗前列腺肥大症的确有一定疗效。　　　　　吴浚潢

35/ 棍击解除前列腺尿痛

自从得了前列腺炎以后，常出现尿不畅、尿流细、尿痛，小便一次需要很长时间，好像老有尿要尿，吃药又反胃。实在无法，我就用直径 2 厘米、长 50 厘米左右的木棒，击打小便根部和两侧。一手护住睾丸，防止击伤，击打数分钟后，小便畅通，尿粗，无痛感。要坚持天天击打，击打时间由自己安排，击打时穿裤头或内裤效果最好，轻者一天一次，重一天两次或多次。击打时手法轻重自己掌握，重比轻效果好，会慢慢消失尿痛，这个办法我已实践了五年之久，效果非常好。体检前列腺肥大一年比一年小，也再没吃过一粒药。

100045　北京复兴门外大街 12 号塔楼 201　张礼元

36/ 复方康纳乐霜速治龟头炎

我的一个好友曾患龟头炎一月有余。症状是龟头有数处红斑，包皮浮肿，怕裤子摩擦，一摩便出血，疼痛，走动困难。医生说："用复方康纳乐霜（中美上海施贵宝制药有限公司制）擦治，包好。"友人便遵嘱用药（每日两次），一天好转，红斑明显减少，三天全部消失，浮肿平复，真是药到病除。为了除根，他连擦了一周，用药两管。

264500　山东省乳山市金岭中学　宫锡柱

1/ 猪胰子山药汤治糖尿病

10年前我老伴患糖尿病，尿化验为4个加号。医院主张定时注射胰岛素治疗。我未用。后来，我从20世纪60年代出版的一本《内科学》中查到猪胰子山药汤可治糖尿病，就试用此法治疗，病情逐渐好转。用法是：从屠宰点买猪胰脏若干，冷冻贮藏。每个猪胰子分两次煮汤。每次需将猪胰子切成薄片，加山药50克（切成片，最好用鲜山药，到中药店买干山药也行），放在一起煮汤，20分钟后关火，稍凉些即可服用。煮时不加盐及任何调料。日服1次，早晚均可。一次投料，可煮服用3次（即3天）的汤。我老伴连续服用两个月，再化验糖尿病症状全部消失，至今10年未犯。

附：答读者问

（1）猪胰子是猪的胰脏，扁平长条形，长约12厘米左右，粉红色，上面挂些白油。一般没有人吃。50年代肥皂少，农村杀猪后把猪胰子掺些面碱，和成团状，当肥皂用。

（2）文中提到一次投料可煮3次，这是因为当时山药不好买。现在猪胰子、山药都好买了，不煮3次，煮1~2次也可以。

（3）汤白色，类似大米汤，有微腥味。一般每次喝小饭碗的大半碗即可。第二三次煮时，白色逐渐淡了。

（4）我老伴未用胰岛素，共服用两个月。经化验，糖尿病症状消失后即停止服用。

（5）有些糖尿病患者已开始注射胰岛素，问我能否服用此汤，以及服用此汤后胰岛素能否停用？因我不是医生，请遵医嘱。

（6）《内科学》上仅简单提到，剂量、服法都是我摸索出来的。　　王鸿声

2/ 小米粥可控制糖尿病

在我住解放军304医院准备做手术时，发现患有糖尿病，只能等血糖和尿糖得到控制后再手术。1994年1月12日手术成功。出院前，一位病友对我说："每天早晨煮一锅小米粥，先吃粥膜再喝粥，坚持下去可治糖尿病。"我坚持了半年多，尿糖、血糖等指标一直都正常。　　董玉华

3/ 糖尿病人自我控制主食一法

将半斤绿豆或豌豆等豆类煮八成熟，再加入1250克玉米面或荞麦面和两杯半生水，做成30个等大的窝头，蒸20分钟。每日分5次，共食4~5个。松香可口，对控制血糖有效。　　张玉玲

4/ 绞股蓝茶治糖尿病

本人亲属一年前曾患糖尿病，几次去大医院治疗，效果不理想。后经友人介绍，每天早晚喝绞股蓝棍茶（君子兰牌），一次沏4~8克，约半年后又去医院检查，已恢复正常。　　张鉴塘

5/ 治糖尿病和便秘一方

我有糖尿病，同时又是便秘患者（据医生讲，糖尿病患者，大都患有便秘）。我有时三四天不大便，肚子鼓胀，坐立不宁，非常痛苦。朋友告我一方：菠菜根100克洗净切断，银耳10克浸泡后一齐用水煮服，早晚两

次。果然有效。

100830 北京市阜成路 8 号 78-5 号 高连春

6/ 牛苦胆荞面治糖尿病

我老伴半年前渐渐消瘦，并全身无力、多饮、多尿。经医院检查：血糖296，尿糖 4 个加号，患了老年性糖尿病。大夫说，不用吃药，要控制饮食和脂肪。朋友介绍一方：用牛苦胆汁将荞面调和成糊状，贴肚脐用纱布胶条固定，每日换药一次，约 30 天。我老伴血糖现在已降到 195，尿糖无加号了。

附：答读者问

（1）10 克荞面滴入胆汁调成糊状填满肚脐盖上纱布固定。每日 1 次。（2）1只胆可用一月。胆汁、药糊放冰箱保存。（3）此法无害，多用几月应有效。 100053 北京宣外下斜街 2 号 王全成

7/ 葱头泡葡萄酒治糖尿病

将一葱头平分 8 份浸泡于 500 克至750 克葡萄酒中，要泡 8 天。每日喝50~100 克酒，吃 1 份葱头。每次服用时，可同时浸泡（照前法）第二次，以备连续服用。我连服 20 多天，尿糖减少，血糖降低，视力提高，精力增强。

附：答读者问

本文见报后，有 6 省市读者来电来函询问，现补充如下：（1）葱头（又名洋葱）选用拳头大的；（2）要用红葡萄酒，档次视经济条件，最好优质；（3）每日 1 次或 2 次饭前空腹服用；（4）停药、减药和 I 型患者，要根据糖尿、血糖监测情况，慎重实施、

试用。

075100 河北张家口市宣化区财神庙街贸易大厅东
一厅宣化工商分局个体科 王 晓

8/ 嫩柳枝治糖尿病

1990 年前老家一朋友糖尿病住院，好几千元没治好，用此法却一分钱没花，把病治好。方法是：从柳树枝尖数起到第 7 个叶剪下来，共剪 7 枝，到家用水洗净，分 7 次服用。每一次用一枝，放一大碗水开锅后用小火煮一刻钟（砂锅），晾温后服用。能把叶子吃了更佳。服后躺 15 分钟。都是早上空腹用。

100071 北京丰台新村一里 20 号 王德洲

9/ 捏指可治糖尿病

一位糖尿病友介绍，根据中医的经络理论和现代医学的脊髓神经反射理论，最近日本流行一种捏指疗法，具体方法：按捏左手拇指两个关节，每次按捏 3 分钟，每天一两次。该法没副作用，但发热或手指受伤时应暂时停止操作。我经过一段操作的确见效。

100830 北京阜成路 8 号 78-5 号 高连春

10/ 五味子、核桃益于糖尿病

我是一个糖尿病患者，已有十多年病史，并伴有高血压、冠心病。年初得一方，即每天早上，用两汤匙五味子，加半个核桃，用开水冲一大杯（1升）当茶饮，其味酸，微甜，凉热均可。我连喝了 3 个月效果极佳。现在尿量减少了 50%，尿糖、血糖已近正常值了。

附：答读者问

（1）五味子是一味中药（圆粒带棱角，

状如花椒），到药店就能买到，多少随便；（2）"五味子"和核桃，都不用粉碎，也不用煮，直接装入"豆包布"缝成的小口袋（口袋口上缝一根绳子，像松紧带一样把口拉紧），用开水沏，就可当茶饮。什么时候渴了什么时候喝，不分空腹或饭前饭后服。当水没有酸味了就倒掉，再重新沏。

100029　北京朝阳区惠新西街6号楼17-08号
刘子山

11/ 蒸吃鲜山药治疗糖尿病

我患糖尿病多年，经常尿频和饥饿。一位老中医告诉我治糖尿病一方，经过食用后确有效果。用鲜山药120克，洗净后用锅蒸熟，饭前一次吃完，每日食用2次。

100830　北京阜成路8号78-5号　高连春

12/ 吃苦瓜治糖尿病

我是糖尿病患者，去年9月份开始食用苦瓜和红萝卜，将苦瓜和红萝卜洗净切成丝拌着当菜吃，又喝苦瓜汤，一个多疗程，血糖降了一半。苦瓜汤制法：每天将半斤苦瓜洗净去籽切碎，放入砂锅内，加水煎半个小时后分成两杯，午饭、晚饭前各服一杯，一个疗程为半个月。

附：答读者问

1998年1月12日刊出本文后，接到一些读者电话和来信，简复如下：（1）红萝卜就是北京人常吃的胡萝卜（有的也叫红根），全国各地都生长。（2）胡萝卜拌苦瓜时（生拌）不用开水烫，放适量盐、醋、香油即可。

100045　北京西城区三里河二区24-3-7　张银江

13/ 自我按摩治糖尿病

糖尿病患者进行自我按摩具有良好的舒筋、化瘀、保健作用。我从1992年至今坚持穴位按摩，并不断总结、改进、提高、完善，对稳定血糖、促进身体健康起到了很好的效果。我采用子午流注按时取穴有3个好处：一是疗效高；二是易坚持；三是方法简便。按摩时每穴前后轻，中间重，72次顺逆各半，介绍如下：

（1）点按合谷，内关，中渚，胰（掌面，第一、二掌骨间上端），足三里。每日两次。

（2）卯时（5~7时）起床前按摩命门，筋缩，胰俞（在第8、9胸椎横突起间，脊柱处方一寸五分处）。

（3）未时（13~15时）午睡揉摩关元、中脘，点按人中。

（4）亥时（21~23时）睡前烫脚时点按下巨虚、三阴交、太溪、涌泉；躺下按摩肾俞，揉摩中脘、关元。

075100　张家口宣化区财神庙街贸易大厅东一厅宣化工商分局个体科　王　晓

14/ 冷开水泡绿茶珠治糖尿病

我在1957年即被医院诊断为糖尿病。经过治疗未见成效。后看到安徽农业大学的有关化验报告称，茶内含茶多酚和酶等成分，可增强人的胰岛素功能和帮助肾对糖的吸收，但茶多酚与酶在50℃时即被氧化，失去作用。我即用冷开水泡绿茶珠，每天饮用，经过6个月饮用，饥饿感没了，全身有力量了，经过医院尿检4个"＋"号变为"－"号了。以后一直用冷开水泡绿茶珠喝至今，控制了糖尿病及并发症，战胜了糖尿病恶魔。

100010　北京市东四南大街 42 号　张永昌

15/ 外敷神阙穴治糖尿病

用鲜牛胆汁 15 毫升，将苦荞麦粉 20 克拌湿为度，然后用一层纱布包起，敷于神阙穴上，外用胶布粘牢。一帖 3 天，过 3 天再贴一服，一般连续贴敷 3 个月，能使血糖明显下降，两腿有力。笔者用此法治疗效果显著。重度患者可同时服菟丝子。方法是：取 500 克菟丝子，拣净，水淘，酒浸 3 天，控干，趁润捣为散，焙干再为细末，口服每次 5 克，每日 2~3 次。

101200　北京平谷滨河小区 20 楼 1 单元 7 号　赵振义

16/ 苦瓜茶治糖尿病

新鲜苦瓜洗净去瓤切成片，用线串起来挂在阴凉通风处，晾干后放入桶内盖好盖，待每日喝茶时将晾干的苦瓜干放四五片同茶混合喝，对降低血糖有疗效。

100045　北京西城区三里河二区 24-3-7　张银江

17/ 散步治糖尿病

我是糖尿病患者，朋友介绍我饭前饭后散步。我每日三餐六次散步，120 步、500 步、1000 步各占 1/3。散步两个月后，血糖就维持在正常范围之内了。饭前饭后两次散步各消耗了血液中一部分的葡萄糖，解决了饭后血糖剧增的矛盾，是治疗糖尿病的妙方。现在我已坚持两年之久，血糖始终平衡。

075100　河北张家口市宣化区小柳树巷 7 号　王　晓

18/ 黑豆治糖尿病浮肿

我患糖尿病已 20 年，近五六年又患下肢浮肿，每年入冬加重。朋友告我治水肿一方：将黑豆洗净煮熟（要把豆汤熬完）后晒或烘干，研或磨成面，每次服 10 克，每日 3 次。我服 5 天就见效，10 天水肿基本消失。

075100　河北张家口市宣化区小柳树巷 7 号　王　晓

19/ 糖尿病食疗辅治

我去年患了糖尿病，夜间醒来口渴、舌干、尿频。医院开了降糖药、格列喹酮片等，病情有些缓解，但尿糖始终下不来。经朋友介绍他亲身的经验，除正常服药外，仍需要食疗辅助治疗，曾用下方两个月治愈糖尿病。具体方法：红枣 7 个、鸡蛋 1 个、核桃 1 个、黑豆 25 克、黄豆 25 克、生花生米 25 克（要先用水浸泡）；豆要捣碎或磨成浆，用微火煮烂或蒸熟；打上鸡蛋将 5 种材料搅拌后上锅蒸熟。每天当早点食用，每日早晚各一次。平时多吃豆制品。我吃了有一个多月尿糖加号消失。

100009　北京东城区琉璃寺胡同 18 号　刘跃华

20/ 柿叶沏水减轻糖尿病

深秋当柿叶掉落的时候，到公园去捡回若干，洗净切细晒干贮存，用时每天早午抓一大把（50~100 克）放入茶盅中沏开当茶喝，长期喝下去，可以减轻糖尿病，也有喝这柿叶水喝好了的。

100032　北京西城区粉子胡同 7 号　文　习

21/ 揿捏脾胃经辅治糖尿病

揿捏脾、胃经治糖尿病的方法是：用两手拇指分别捏小腿内侧足太阴脾经，其余四指捏小腿外侧足阳明胃经，从三阴交、下巨虚依次揿捏至阴陵泉、足三里，反复揿捏 36 次，每日早晚各 1 次。我经常坚持揪捏脾胃经，对治疗我的糖尿病疗效颇佳。饥饿感消失，走路腿有力，病情平稳。

075100　河北张家口市宣化区小柳树巷 7 号　王　晓

22/ 口含茶叶消除糖尿病口渴

糖尿病患者有三多症状，尤以口渴突出。本人亲身感受，喝多少水也不能缓解口渴，吃药也无济于事，很难形容那种口干舌燥的味道。事出偶然，我顺手将搁在桌上的几颗茶叶拈来放在嘴里，约过了 3~5 分钟时间，待茶叶的苦涩味过后口腔顿觉清爽，唾液增多，干渴症状缓解。晨练、郊游均可含茶叶来解渴，同时相对减少排尿量。

100070　北京北新桥三条 64 号 403 室　崔秉忠

23/ 按摩治糖尿病性白内障

我 1992 年确诊为糖尿病性的白内障，坚持按摩至今取得良效。所用穴位有：睛明（目内眦角上方）、攒竹（眉头凹陷中）、鱼腰（眉毛正中）、瞳子（目外眦外方凹陷中）、竹丝空（眉梢外端凹陷中）、率谷（耳尖上入发际 1.5 寸）、四白（目正视，瞳孔直下，与鼻翼下缘平齐）、阳白（在前额眉毛中央上 1 寸）、太阳（眉梢与目外眦延长线中点后凹陷中）。按摩方法：每日两次，每穴 36 回或 72 回，顺逆各半，开始与结束时手法轻些，中间重些；指感穴下有肿块，小如米大如豆，经过认真按摩后渐渐消失，眼睛清凉、舒适、视物清晰。今年初，经医院检查白内障发展缓慢，眼底正常。

075100　河北张家口市宣化区小柳树巷 7 号　王　晓

医部

糖尿病

1/ 揉腹缩腹可通便

我近年来大便总不能正常排下，泻药又不敢常吃。后友人介绍揉腹或反复缩腹有一定疗效，我试用了几个月效果不错。方法是：大便时，将双手交叉压于肚脐部，正时针方向揉，交替进行；单作腹部一松一缩的动作亦可。

马庆华

2/ 食醋可通大便

每日清晨空腹饮用一大杯加入一汤勺醋的白开水，饮后再饮一杯白开水，然后室外散步 30~60 分钟，中午即可有便意，长年坚持服用效果尤佳。

朱大实

3/ 手指推挤法是大便干结者之福音

心脏病患者大便干结时排便不宜过分使劲，因此一般用"开塞露"或服用中药麻仁丸，严重时也有采用灌肠等方法的。我经过多次试验，发现手指推挤可解决这一难题。其方法是：先用无名指压在脊椎尾骨上，使直肠内的大便变形，然后用中指压下，这时无名指保持原位不放松，以防大便压回到直肠的上部，再用食指压下，中指与无名指同时推挤，当有大便排出肛门感觉时再作收缩动作，大便就自然落下。这种推挤法既清洁卫生，又不需别人帮忙。

郭小燕

4/ 红薯粥可治老年便秘

△笔者患便秘，深以为苦。后用大、小米各约150，加红薯 200~350 克，熬成红薯稀饭，晚饭前后食用，翌日早上，大便即可缓解。收效之速，胜过医药，且可常食，无副作用。耿泉恩

△我患便秘十余载，吃了一段时间的红薯，便秘竟然消失。

胡文娟

5/ 按摩腹部可通便

用按摩腹部方法可解除或缓解便秘症状。按摩方法简便易行：用右手从心窝顺摩而下，摩至脐下，上下反复按摩 40~50 次，按摩时要闭目养神，放松肌肉，切忌过于用力，如按摩时腹中作响，且有温热感，这说明发生良好作用。另外，在按摩时，适量喝一点优质蜂蜜水更好。笔者多次使用，效果良好。

吉祥

6/ 空腹喝紫菜汤可治便秘

每日早起空腹喝一碗或两碗紫菜汤，对便秘有显著疗效，每餐喝紫菜汤对便秘效果也明显，但注意要喝热紫菜汤，喝时加少许醋则疗效更好。

朱震

7/ 中药草决明能治疗习惯性便秘

草决明 100 克，微火炒一下（别炒糊）。每日取 5 克，放入杯内用开水冲泡（可加适量白糖），泡开后饮用，喝完可再续冲 2~3 杯，连服 7~10 天即可治愈习惯性便秘。因草决明有降压明目作用，血压低的人不宜饮用。

曹锦生

附：读者来信

经过实践，我认为量大了。我每次买不炒的决明子配茶叶泡，十余粒可喝一天，定时通便很好，量多了泻肚。

100007 北京北新桥头条 38 号 初树生

8/ 莲子心治便秘

我老伴患便秘多年，少则间隔 2~3 天一次，多则间隔 5~6 天一次，有时得服泻药才能通便，十分痛苦。有人说

常喝莲子心水可去火，我便买了250克。老伴每天用一小撮泡水喝，已喝了几个月，他现在每天大便一次，最多隔天大便一次，真是花钱不多解决了大问题。 朱文悦

9/ 攥拳头治便秘

我因患自主神经功能紊乱便秘难忍，经多方医治无效，后来采用每天早晨坚持攥拳头方法，不但大便正常了，还增加了食欲。方法是每天早晨空腹双手攥拳头，开始宜少攥，逐渐增加次数。 牛景玉

10/ 治便秘的简便方法

便秘时不必吃药，可用半小杯热开水浇于毛巾上，热敷肛门1~2分钟后就会有便感。用同样方法在便后热敷一会儿可以防内外痔病。 杜家林

11/ 胖大海治婴幼儿大便不通

我女儿两岁半时，曾3天大便不通，用开塞露则通，药停后如故。有位中医告我一方：取胖大海3枚用沸水约150毫升冲泡15分钟，待其发大后，少量分次频频饮服，服一天可大便通畅。我试后果然如此。 王文英

12/ 按摩通便法

本人经常大便不畅，后每次去厕所蹲坑时，用手按摩腰椎第四、五节的两侧和肚脐眼往上四指处，各按20~30次，大便就畅通了。

100003 北京西城未英胡同12号 栗云庆

13/ 便秘按压治疗法

前些天患便秘，一位当医生的朋友告知一种按压排便法，照做后还真灵验。

其方法是：将双手的中指和无名指放在气海穴（肚脐下边一寸处）向下按压50~100次，而后如能双手重叠放在肚脐上（最好不隔衣服）先顺时针后逆时针各按摩30次，则效果更佳。

100044 北京车公庄大街北里46号楼3门401室
胡承兰

14/ 橘子皮泡茶水治便秘

我常两三天一次大便，肚子胀，吃不好，睡不好。后来我把鲜橘皮（放几天也可）洗净，和茶叶一起沏，每天早晨喝。从此大便一直规律。

100009 北京西城区鸦儿胡同27号 王凤桐

15/ 吃黄瓜可治便秘

我患便秘多年，蹲厕所时长达半小时之久，痛苦滋味，不言而喻。吃蔬菜、水果，收效甚微，喝蜂蜜水、吃香蕉也不见效。服泻药虽缓解，但不是长久之计。一天中午，吃了一根切成细丝拌上作料的黄瓜，晚间大便畅通了。继而，每天吃一根黄瓜，大便畅通无阻，便秘消失了。

116023 大连东北财经大学统计系任 保英转 任家盛

16/ 牛奶加咖啡治便秘

我长期便秘，喝蜂蜜、吃蔬菜水果都不管用，只好隔三岔五吃泻药或用开塞露解决问题。一年前，朋友送我一大瓶咖啡，起初喝不惯，于是我就用鲜牛奶冲咖啡再加适量白糖，咖啡的味道淡多了，没想到半小时后就有了便意。后来我坚持每天早上喝一杯加了咖啡的牛奶，便秘的痛苦再也没有了。

100088 北京德外新风街3号 唐立红

17/ 大黄苏打片通便制酸

我大便经常 5 天一回，且胃经常泛酸水、烧心。后听从上海某医生建议，服用大黄苏打片，不但大便一天一回，胃也不反酸了。服法是每天早 3 片晚 3 片，恢复正常后可酌量减至 2 片甚至 1 片。此药上海的中药店有售，且极便宜。北京的中药店我问过，说是没听说过有此药。

100007　北京东四北大街府学胡同 1 号楼 D404
沈兆平

18/ 麻酱玉米粥治便秘

我患糖尿病多年，常便秘，忘了服药就犯病。有一天我偶然把芝麻酱混到玉米粥里喝，就没犯病。后常这样吃，便秘就好了。每碗粥掺两匙芝麻酱，变色就行，必须和匀，粥不可太稠。

100009　北京沙滩后街 55 号文改宿舍　曹茄萍

19/ 便秘按压鼻穴治疗法

便秘时可用大拇指和中指的指甲用力掐压鼻翼两侧的迎香穴位。一会儿就会有便意。

100872　人民大学静园 19 楼 3 号　艾晓华

20/ 马齿菜治便秘

每年都有马齿菜旺盛的季节，多吃马齿菜可治便秘。因为我有便秘的毛病，只要在这个季节，我就到野外去采，吃后效果很好。炒着吃、包包子、凉拌、蒸菜团子均可。

100093　北京香山南路 52817 部队　杨晶峰

21/ 萝卜通便有奇效

我患感冒后，咳嗽痰多夜难眠。友人告知用白萝卜 150 克、红胡萝卜 50 克煮烂加适当的冰糖，萝卜和汤同吃治咳嗽。我照"方"吃后，果然有效。不仅如此，而且有助大便通畅。我连试多次治便秘效果很好，食后 4~5 小时即见效。

100007　北京东城香饵胡同 13 号　耿济民

22/ 早餐吃蔬菜可治大便干燥

我长期大便干，难解。而且，越来越严重。我开始注意饮食与大便的关系，实践中摸索到，除中、晚餐吃蔬菜以外，早餐也吃些蔬菜，即解决这一难题。

100053　北京宣武区枣林前街 147 号 1211 室　王金赏

23/ 芹菜炒鸡蛋治老年人便秘

我今年 70 岁，患便秘多年，吃药不管用。4 天排便一次。两年前，我试吃芹菜炒鸡蛋，果有奇效，至今大便十分通畅。做法：取芹菜 150 克、鸡蛋一个炒熟，每天早上空腹吃。

100039　北京太平路 48 号院 9 楼丙门 501　赖第权

24/ 汤剂治卧床不起者便秘

生白芍 25 克、生甘草 15 克、枳实 10 克，用两大碗水煎成大半碗，分早晚两次服，日服一剂，一般不过 3 剂则通。我八旬老母因脑血栓右侧偏瘫，卧床不起持续 4 载。平素大便 2~3 日一解。一次便秘 8 日，伴烦躁不安不眠，痛苦异常，用多法（洗肠）治疗未果。一老中医开上方一剂，次日则排出不少粪便，诸症皆除。注：三药各大药店有售，孕妇禁用。

100074　北京 7208 信箱 30 分箱　王文英

25/ 黑豆治便秘

我友介绍治便秘一方：将黑豆冷水洗净晾干备用。每天清晨空腹服 49 粒。

我患便秘 6 年之久，用后觉得此法最佳，无痛苦无副作用。

075100　张家口市财神庙街贸易大厅东一厅宣化区
工商分局个体科　王　晓

26/ 生土豆汁治便秘

取拳头大小当年产新鲜土豆一个，擦丝，用干净白纱布包住挤出汁，加凉开水及蜂蜜少许，兑成半玻璃杯左右，清晨空腹饮用，对治疗习惯性、老年性便秘有奇效。老父在世时多年用此方通便，效果十分显著。

100022　北京朝阳区南磨房平乐园 208 楼 5 门
车乃亮

27/ 紫葱头丝拌香油治便秘

将紫洋葱头洗净切丝生拌香油，视个人情况每日 2~3 次，与餐共食。一位 80 多岁的老年病人，患顽固性便秘久治不愈，所有治疗便秘的药都吃遍了，没有药就排不出便。经上述方法治疗后效果不错，他不用再吃泻药也能正常排便了。

100036　北京空军总医院老年病科　王　晶

28/ 菠菜面条治便秘

取菠菜一捆（适量）择洗干净，放入清水中煮烂（煮沸后用筷子搅拌），做成菠菜汁，晾温后（注意不要晾凉）倒入面粉中和好制成面团，再擀成薄片叠起来切成条，煮熟后即可捞出，浇上自己喜爱的卤汁食用。也可用上述方法做成其他蔬菜汁面条，如西红柿的红色面条等。蔬菜汁也可用榨汁机榨取（但菠菜汁不适用，请读者注意）。我经常食用，再也没有便秘了。

100071　北京丰台区纪家庙育芳园 21 楼　杨向泉

29/ 常吃葡萄干能通便

人上了年纪，时常便秘，过去我时常吃些泻药。近来发现，每晚饭后，食用 20~30 粒葡萄干，十天过后，每日大便不再干燥且通畅。现在我每天坚持食用葡萄干，便秘没有了。

100038　北京海淀区北蜂窝长话 3 楼 1 单元 1 门
宋长山

30/ 对付排便困难一法

双脚呈倒八字形放松自然地下蹲，双手各握左右脚背（虎口卡于脚腕，拇指向内，其他四指朝后）。排除杂念，神照会阴。双臂处于双膝外侧。双手向下撑（宜用缓劲，勿用拙劲），它的反作用使臀部抬起；接着停撑，自重又使臀部垂下。以每秒一次左右的频率如此循环反复操作。这样做利于肠的蠕动和肠内物与肠壁的相对运动。在此过程中往往会放出几个响屁，说明情况正在获得进展。感到便意上来后不要立即停下来，直到便意浓重难忍后再进行排便操作。若取坐姿排便，则由蹲姿向坐姿的过渡要缓而不要猛拙。若再配合《生活中来》介绍过的其他方法则效果更佳。还要注意最好有规律地每天排便，不使大便积压起来变得粗硬，增大困难。我年届花甲。几年前即常感排便困难。在实践中琢磨出此法后排便十拿九稳。

100089　北京海淀区小南庄怡秀园 4 号楼 1202 室
侯启孝

31/ 快速解除便秘一法

我是一名糖尿病患者，病史已逾十三年，近几年来，最使我恐惧的是便秘。刚出现便秘时，天天吃泻药，结果不吃药就便秘。一次解手时很困难，在痛苦中，用手一摸直肠部位硬邦邦的，于是我用手试着按压尾骨以下周围，边按压，边使劲排便，效果很好。以后每次这样做了，都很奏效。

100028　北京朝阳区左家庄北里 29-4-602　苏继勋

32/ 治便秘妙法

我长期大便秘结，勉强每日大便一次，很费劲。近日发现一个妙法，效果奇佳。其法是早晨起床后空腹食用橘子2个（小的 3~4 个），约 1 小时后大便顺利解下。

100029　北京安定路 26 号楼 702 室　金有景

33/ 便秘防脑血管破裂一法

便秘是老年人的常见病、多发病。因为便秘，排便时用力过猛，导致脑血管破裂，脑出血，危及生命，时有所闻。今有一方简便易行，即在排便用力时，以双掌紧捂两耳，可保无虞。

100053　北京宣武区南横西街 103 号　张沛纶

34/ 顶压尾骨治便秘和止泻

仰卧，将瓷缸盖横立顶压尾骨可治腰腿痛。而且便秘时用此法有坠堕感，便畅通；腹泻时用此法有发热感，能止泻。顶压以能承受、舒适为度（衣薄要衬垫），始轻，中重，终轻，若于早 5~7 时顶压在尾骨尖上约 3.3 厘米处疗效更佳。

075100　河北张家口市宣区工商局个体科　王　晓

35/ 注水治便秘

我患便秘已有 20 多年历史，用了各种方法都得不到彻底解决，痛苦不堪。今年初我买了一套金陶洁身器使用，一次偶然机会，无意中将水注入肛门，

不一会儿大便却比较顺利排出。后经半年多反复实践，摸索出一些经验和体会，对解决便秘很有好处，现贡献出：觉得有便意，先向肛门内注热水，这样一方面可起到润肠作用，再则可以刺激肠壁，引起更浓便意；注水时肛门要放松，注水越多越好；注水后肛门要收缩几次，让水深入直肠与粪便融合；要让水在直肠内多停留一会儿；坚持多吃水果和蔬菜。做到以上几点，就不会再受便秘之苦了。

100039　北京复兴路 26 号 23 楼 2 单元 12 号　刘鸿烈

36/ 鲜柳叶治便秘

我有便秘的毛病，虽经治疗，有时还是犯。近来一个偶然机会，吃了一道柳叶儿菜。没想到第二天早晨大便时，非常顺畅，我意识到是吃了柳叶儿菜的缘故。做法：鲜柳叶洗净，用开水焯一下，加入食盐、香油等调料，当凉拌菜食用。注意不要损坏树木，应找柳树枝儿下垂的树采摘，柳树生长不会受影响。

100085　北京清河小营东路小营干休所　梁惠敏

37/ 拍臀治老年便秘

老年便秘颇以为苦，便前如临大敌。我创出新办法：便前多走步，约四五十个来回，然后拍打臀部约百次，自然有排便意。

100000　北京市长辛店天桥宿舍 112 号　金　琮

38/ 多宝素治便秘

我患便秘，长年累月离不开"三黄片"。朋友向我推荐了多灵多科技公司的保健品"多宝素"。服用之后，感觉良好，一个多月未吃"三黄片"等药品，大便依然通畅。

100039　北京海淀区复兴路 46 号　张志新

39/ 菠菜猪血治便秘

我患有习惯性便秘，每次都是用菠菜猪血治好的。方法是：鲜菠菜 500 克，洗净切成段；鲜猪血半斤，切成小块，和菠菜一起加适量的水煮成汤，调味后于餐中当菜吃，一日至少吃两次，常吃治习惯性便秘十分有效。

100032　北京西城粉子胡同 7 号　文 习

40/ 吃煮黄豆治便秘

黄豆 200 克，温水泡胀后放铁锅内加适量清水煮，快煮熟时加少许盐，豆熟水干后捞至碗中。一般每天吃 50 克左右。豆要趁热吃。

100074　北京 7208 信箱 19 分箱　王文英

41/ 猕猴桃治便秘

我患便秘的毛病多年，吃过很多调养的药，一停就犯，不能去根，尤其是秋、冬、春三季。猕猴桃大量上市，我就每天坚持吃，大便特正常。后来猕猴桃吃没了，几天后大便又不规律了。后来我又吃猕猴桃，一吃就灵，大便又恢复正常。此法既保养身体又治病。

100016　北京酒仙桥四街坊平房 11 栋 17 号　姚素萍

42/ 吃炒葵花子治便秘

我老伴今年 75 岁，患有高血压、心脏病，她便秘已有十多年历史了，有时两三天一次大便，每次大便要在厕所蹲或坐一个多小时，有心脏病又不能太用力，并且要去厕所两三次，真是苦不堪言。用了很多办法，吃了很多种药和偏方，效果都不太理想，有的办法做起来还挺麻烦。经一位老友介绍，可每天吃些炒葵花子试试看。于是就买些炒葵花子，闲着没事时或看电视、和人聊天等时间嗑着吃，吃了一个多月后，大便基本正常了，现已每天定时大便。用此法应注意的事项：炒葵花子每天吃二三两，最好不间断；养成定时大便的习惯；尽可能少吃或不吃抗菌消炎药。

102300　北京门头沟区峪园 3-2-3 号　陈 雷

43/ 冬吃萝卜夏喝蜜便秘自离去

今年我 62 岁，患便秘多年。近年来我采用冬吃白萝卜夏喝蜜法，再也没有出现过便秘。每年 10 月至第二年 4 月，我把萝卜洗净切成小块，用清水煮煮，每天食用 250 — 500 克和晚饭同食，亦可分为早晚两次。煮时不必加盐，以不要煮得太熟太烂为好。我先后向多位同志介绍，也都取得了十分满意的效果。据我的亲身体验，这种吃法的效果是：排便快而彻底，且定时。在吃萝卜期过后，即到了夏秋时节，我又在每晚睡前喝一汤匙蜂蜜，加开水一小杯，蜂蜜中不需添加任何其他食品，同样也取得了很好的效果。

474750　河南桐柏县城西关外住宅南楼 1 单元 1 号信箱　张庆敏

44/ 洋葱拌香油治老年便秘

我已老年，常便秘，又患有高血压病，便秘极容易引出危险。有朋友介绍洋葱拌香油可治，吃后果然有效。做法：买回洋葱若干，洗净后切成细丝，一斤细丝拌进一两半香油，再腌半个小时后，一日三餐当咸菜吃，一次吃三两，常吃可以阻止便秘的出现。

100032　北京西城北粉子胡同 5 号大院　弘 阳

45/ 鲜枸杞治便秘

我将 20~30 克鲜枸杞捣烂，用开水冲服，每日 1 次。服用 1~3 次即可通便，疗效颇佳，但切勿过量，否则会引起腹泻。

075100 河北省张家口市宣化区小柳树巷 7 号 王 晓

46/ 姜汁治便秘

每晚睡觉前，先将肚脐用酒精擦洗，然后取新鲜姜去皮切碎，在碗里压成姜汁，用药棉或纱布蘸姜汁，必须用姜汁浸满，放入肚脐里，外用医用胶条封闭，第二天早晨取掉。此方有通便作用，如配合按摩肚脐效果更好。若通便效果不佳，可白天再贴。此法无副作用。

100029 北京市西城区裕中西里 31-22-05 朱大实

47/ 香蕉皮治便秘

每天用香蕉皮煮水 30 分钟，连续服用若干天，可治习惯性便秘。

100035 北京西直门内 188 楼 304 号 刘福慧

48/ 双手托下巴促便

大便时（坐或蹲），双手捧下巴向上托，不久肛门就会有要便的反应，此时用力便即随之而出。我长期用此法，效果灵验。 100840 北京 840 信箱 王宗秀

49/ 菠菜根可治便秘

一友曾患便秘多年，用过多种药物也只能稍微缓解。经人介绍偏方，把每次食用的菠菜根洗净切碎，加蜂蜜 20 克为一煎，煮熟连吃带喝，连续用此方，经 2 周食用，彻底治好了多年便秘的顽症。患有糖尿病者，可以白煮。

陈士起

50/ 吃葱头可治便秘

不知什么原因，蔬菜、水果没少吃，我还是时常便秘。为此，我曾采取喝蜜水、吃香蕉的办法，也不见效。后来我改吃炒葱头，吃上一两顿，便秘就消失了。以后每逢再出现便秘，我都采用此法，效果颇好。 李大谦

51/ 芋头可治便秘

去年，我患便秘有半年光景。一次偶然的机会治好了我的便秘病：我在集贸市场买了 1.5 千克芋头，回家蒸熟后吃了，没想到第二天便结束了便秘的痛苦。以后我又吃了几次，一年来，没有便秘现象发生。 牛金玉

52/ 捶背可治便秘

我长期患便秘，药物治疗仍经常反复，无意中摸索出治便秘简易方法。大便前，单手握拳用力捶背 10 余下，坐（蹲）下大便时，再轻轻捶背 10 余下，大便就易排出了，如能经常坚持捶背和多喝水，效果更好。 周 林

53/ 老倭瓜治便秘

将黄色的老倭瓜去籽，带皮洗净，切段，上屉蒸熟，晾凉后食用，12 小时之内就能使便秘者大便通畅自如。小时候家里常以瓜代粮，长大了生活富裕了不食倭瓜多年。去年秋吃了一碗倭瓜后竟拉稀。今年，我从春天开始便秘，达半年之久。突然想出此法，果然奏效。 崔玉贵

54/ 燕麦片可治便秘

前些年我患便秘多年，很痛苦。两年前朋友介绍我一个偏方，照吃后，至今再不便秘。方法是每天早饭时用 10

克左右的燕麦片与牛奶或豆浆一起煮熟喝，效果非常好。 徐 进

55/ 凉开水治便秘

我便秘多年，一直用药物来解决。近年来，我每天清晨，空腹饮凉开水一杯（稍加蜂蜜更佳），稍事活动片刻，如无反应，可再饮一两小杯，不多时，即可通畅。 唐佩卿

1/ 鸽子粪可治痔疮

我患痔疮 20 余年，久治不愈。后一老战友介绍一方：用山洞里的野鸽子粪可治。当时无处寻找此物，我想用家养的鸽子粪试试，结果治了十几次就痊愈了，至今未犯。此方我介绍给亲友也都治愈了。其方法是：用白布将鸽子粪包成鸡蛋大小的圆球，用线扎死口，放在开水盆中用文火煮 2~3 分钟端下，蹲在盆上熥肛门，待水温时用棉球洗患处，每天 1~2 次（仍用此水此法），轻者十几次即可痊愈，重者可多治几次。

郑佶林

2/ 治疗痔疮自我按摩法

我找到了一种治疗痔疮的"自我按摩法"，每天早晚各一次，持之以恒，一个月可见效。具体方法如下：（1）睡觉前要洗净肛门、会阴、痔疮和手。（2）按摩前后各做提肛动作 20~30 次。（3）外痔在痔疮上进行按摩，内痔在肛门和会阴穴之间进行按摩。外痔较小的用中指按摩，较大的用双指或三指按摩。请注意：按摩太轻了，不起作用，太重了患者疼痛难忍；要求做到不轻不重且有点舒服的感觉。每次按摩 3~5 分钟。如果在痔疮上按摩一个圆周算一次的话，约为二三百次。

彭联

3/ 治疗痔疮肛瘘一方

我患痔疮肛瘘 20 余年，久治无效。经友人介绍一方，治疗后 6 年未发。此方为：干蒜辫子 200 克、水中生的新柳树须根 150 克，共煮 40 分钟，煎好后倒入盆中，稍晾坐其上，蒸汽熏患部，水温适合时再用药棉或纱布洗，也可坐入水中烫洗，每晚一次。

吕平

4/ 花椒盐水治痔疮

笔者根据多年经验，介绍一种简易治疗痔疮方法：准备一个专用盆，取花椒十几粒，一茶匙食盐，用开水冲开，坐于盆上，熏洗患部，每日一次，每次 10 分钟左右，重症者可每日早晚各一次。此方有消肿化脓、止血祛痛功效，特别适合不宜手术治疗的患者及预防手术后病情的复发。为方便，可用适量花椒和盐煮成汁，装瓶备用，每次取少量溶于开水中使用即可。

李玉秀

5/ 土豆片能治痔疮

前几年我听同事说土豆片能治痔疮，我曾用此方治过多次，后来我又介绍给亲友，效果均不错。其方法：晚上睡觉前治疗为好，将土豆洗净后切 3~5 片薄薄的片，摞在一起敷贴在痔疮上，盖一层纱布用胶布条固定好，次日早取下，土豆片呈干褐状，连续治两三天即可痊愈。

薛世芬

6/ 用大蒜治疗肛门囊肿

肛门囊肿是常见病，病因为肛门周围组织感染所引起，医治的惟一办法是开刀。笔者两次患肛门囊肿又不愿开刀，选用紫头蒜，削去外皮放入肛门囊肿处（应解完大便），下次大便后再次放入大蒜 2~3 个瓣，连续三天，囊肿即退，并无后遗症。

朱大实

7/ 黄连在白酒中研磨的酒液治痔疮

我一亲戚患痔疮多年，始终未根除，骑车磨得经常出血，痛苦异常。好友介绍一家传秘方：在瓷碗（碗底要粗糙）里倒入少许白酒，拿一块黄连在碗底研磨片刻，然后用医用棉蘸酒液搽抹在患处。每晚睡前抹一次，连抹几天后即痊愈。现已半年多未复发。

柳东毓

8/ 臭椿棍子治痔漏

邻居王某前些年长了"漏"，大便带血，很痛苦。一老人说，臭椿棍子能治：折一把鲜臭椿棍子，去掉叶子，放在铁锅中煮几开，然后捞出棍子，将水盛在盆中，蹲在上边熏，待能用手摸时，用药棉或干净白布、毛巾蘸水洗肛门。他洗了一次，就好了，这些年一直没犯。

王玉良

9/ 大萝卜治痔疮

我祖父有痔疮多年，每次大便都疼痛难忍，后来听朋友介绍一偏方，祖父试用后近 10 年未犯。将大萝卜切成厚片，用水煮烂后将萝卜捞出，趁热熏洗患处，煮一次水可用 5 天，用前加热即可，5 天一疗程，大约 4 疗程可去根。

韩艳丽

10/"六必治"牙膏治痔疮

我患痔疮已 20 多年，可又不想手术，许多方法对我无效。无意看到"六必治"牙膏既止血又消炎，自此每天方便完，把脱出的痔核洗净后涂上少许"六必治"再推回去。开始会有刺痛感。至今已 1 个多月，虽未根治，但痔核已明显萎缩。

张以鹏

11/ 鸡蛋黄可治痔疮

得痔疮的人非常痛苦。最近，我从朋友处觅得一偏方。方法如下：取红皮鸡蛋两个（最好是农村鸡场的鸡蛋）煮熟后吃掉蛋白，留下蛋黄掰碎在干锅里烧烤，直到蛋黄全部化为黑油后，装入干净小瓶内备用。痔疮犯时，每日可用棉签蘸蛋黄油涂抹肛门 3 次，连续将蛋黄油用完为止。一般 2 个蛋黄就可把痔疮治愈，严重者 4 个蛋黄即可。

曾学诗

12/ 马齿苋治痔疮

取适量马齿苋（多少根据水量定）用水煎，稍凉后熏洗患处，一般几次即可见效。

崔玺

13/ 无花果叶子治痔疮

用无花果叶子泡水喝或用泡过无花果叶子的水洗肛门，治疗痔疮效果好。

257071 胜利油田电力管理总公司党委党校 张富荣

14/ 空心菜治外痔

取空心菜 2000 克洗净，切碎，捣汁。菜汁放入锅中用旺火烧开，后以温火煎煮浓缩，到煎液较稠厚时加入蜂蜜 250 克，再煎至稠黏如蜜时停火，待冷却后装瓶备用。每次 1 汤匙，以沸水冲化饮用，每日 2 次。空心菜味甘、性寒。有清热凉血、利小便、解毒之功能。

100007 北京东城区府学胡同 31 号 焦守正

15/ 便后洗肛门消痔

我患有痔疮，于是坚持便后用温热水洗肛门，且洗后抹点氟轻松或氯霉素眼膏之类的软膏，使之消消炎，就缓解得多了。

100029 北京朝阳区惠新里 236 楼 4 单元 202 号 黄德秀

16/ 痔疮消炎法

我患有外痔，过去靠涂抹痔疮膏，但效果缓慢，后来试用皮炎药膏，效果很好，一般只涂抹两三次即可消炎。

100081　北京中国科学院植物研究所　顾晓红

17/ 痔疮熏洗疗法

我患痔疮已有40余年的历史，久治不愈，稍一着凉就犯病，严重时卧床不起，不能走路，肛门排气疼痛难忍。老战友来看我时介绍一方，经试用，效果很好。用地龙（中药房有售，俗名叫蚯蚓）20克，放在盆里或新痰盂内，用一壶刚烧开的水倒入盆内，坐盆，用热气熏治，如熏时发痒发痛，因热气足，可以移动变化位置，逐渐适应。待水温下降到不烫手时，再用纱布蘸水轻洗患部，每天一次。我只熏洗三次就去根了。现已过13年，再未重犯。

116023　大连市东北财经大学酒店管理学院
任保英转任家盛

18/ 枸杞子根枝治痔疮

我生内外痔疮很严重，病发时痒痛难忍，怕解大便，想动手术又下不了决心，后经人介绍，用枸杞子根枝煮水熏泡，一个礼拜便治好了。方法：先把枸杞子根上的泥洗净，将根枝断成小节（鲜干根枝都可以），放入砂锅煮20分钟即可。先熏患处，等水温能洗时泡洗5~10分钟。用过的水可留下次加热再用。我连洗了一个礼拜，病好后数月未发。

100038　北京黄亭子电子部十院宿舍新楼3门312
号　陆云坤

19/ 姜水洗肛门治外痔

我友患外痔多年，肛门处疼痛难忍，多方治疗效果均不明显。偶得一方，坚持常洗，效果显著。其洗法：鲜姜或老姜均可，将姜切成一毫米左右的薄片，放在容器内加水烧开，待水不烫手时洗疼处，泡洗最佳。每次洗3~5分钟即可，每日洗3~5次。

100022　北京建外郎家园4号楼2一4一5　陈玉书

20/ 治肛裂一方

我患肛裂三年，经多家医院治疗，效果不佳，常疼痛难忍。去年夏季，哥哥告我一方：到中药店买椿根白皮，每次30克，煎2次，早晚各服1次，药煎好后放30克红糖，拌匀冲服（多半碗药即可）。如果肛裂严重，可买几根猪或羊带肛门部分的大肠头，10厘米长，放锅内和药一块煎（每次用一个大肠头），剩多半碗药即可。我照此方买了六个大肠头、180克椿根白皮，服一半后疼痛消失，药服完后至今未犯。

100032　北京西城高华里胡同27号1门4号　殿　昌

21/ 柿饼桑叶治痔疮

本人曾患痔疮多年，用过一方后至今20年未犯过。方法是：用7个柿饼加50克桑叶（药店有售）煮水喝。煮时水要没过柿饼和桑叶，开后要再见三次开。

100011　北京市朝阳区安华西里一区27号楼1808号
杨秀珍

22/ 无花果治痔疮

我一好友患痔疮40多年，到医院看过多次，总也治不好。去年秋后，他用无花果叶适量，用水熬汤（熬半小时）后熏洗，洗了两次就痊愈了。用无花果茎、果熬汤效果更好。

074000　河北省高碑店市兴华中路华福胡同华光巷18号　杨善臻

23/ 三个坚持治痔疮

20年前我患过混合痔，多次治疗未能痊愈。后经一位老者介绍，采用三个坚持，即坚持每天换洗裤衩，坚持每次在便后用温水洗净肛门，坚持睡觉前做提肛运动。自从按此法治疗后未再犯过病。

100026　北京朝阳区水碓子9号楼1单元201号　荆光辉

24/ 白糖豆腐治痔疮

我年轻时得过痔疮，患处如针刺般疼痛。经人介绍，用白糖炖豆腐的办法治愈。40多年过去了，也没再犯。这一办法介绍给他人，也治好了痔疮。具体做法是：用点卤豆腐半块，切成片，撒上两三调羹白糖，腌一会儿，放入锅内，加上漫过豆腐的水，点火煮开后，以文火再煮几分钟而成。服法是：每天早上空腹，将炖好的豆腐晾一晾，连豆腐带汤一次服完，连服10日左右可明显见好，连服20几天也就好了。

100009　北京鼓楼西大街迁善居胡同7号　刘洁民

25/ 高粱壳治痔疮

患了痔疮一时治不好，很难受，怎么办？可用高粱壳治好。方法是：取高粱壳100克（鲜的陈的均可）加1000克水熬成汤药状（至少熬90分钟），一天之内分三次喝下，喝两天后便可止住痔疮出血，若再喝三四天，可以使痔疮20天内不犯。

100032　北京西城粉子胡同7号　张　岌

26/ 蒜瓣柳树须根治痔漏

我患痔疮肛漏15年，医治无效，1994年热伏天，某同志告诉我一家传秘方，经治疗已5年未复发。干蒜瓣子200克，在水中生长的新柳树须根150克，水适量，共煮40分钟。煎好后倒入脸盆或洗衣盆内晾一晾，人坐盆上，让蒸汽熏患部，当水稍凉后，再用药棉或纱布蘸洗痔漏处或坐入水中烫洗，每晚洗一次，5日即愈。

100007　北京市东四北大街细管胡同5号3号办　王兴亚

27/ 按压足后跟治外痔

有一次我看到报纸上说"提肛有利健康"，我试着做了几次，但突然发现肛门边上长出了一个大豆般的小瘤，走路骑车都很不便，后来受有关材料的启发，在足后跟找到了敏感点（反射区）。方法：轮流用左右手弯曲的食指关节反复用力按压左右脚后跟的反射区（位置在脚跟底部中心偏后一点），每次3~5分钟，左右脚都要按压，早晚各一次，付出得多好得快。第一天发现小瘤变小了，第三天全部消失了。

100072　北京丰台区长辛店东山坡二里19号2号楼1门101　杨占山

28/ 马齿苋治肛周脓肿

妻患肛周脓肿，外涂马应龙痔疮膏、洁尔阴洗擦，内服地榆槐角丸等，迁延了一个多月均不见效。后经一乡村老中医指点，采用田野里的马齿苋捣烂外敷，一周时间病告痊愈。使用方法：将采来的鲜马齿苋洗净，去根，把茎叶一齐捣烂，午餐和晚间休息时敷贴在肛周患处，无需胶布固定，之后和晨起用晾温的开水洗净，尔后再用洁尔阴擦一遍，保持清洁卫生。敷马齿苋后第二天就见效，连用7天。有条件的，将多余的马齿苋放在沸水锅里煮一下，做成凉拌菜食用，效果更好。

075431 河北省怀来县鸡鸣驿乡政府 牛连成

29/ 柳枝治肛周湿疹

我患肛周湿疹，便后针刺般疼痛，采取服中药、西药，抹湿疹膏等办法均难奏效，后用一偏方治愈。取新鲜柳枝（梗）300~400克，剪成短节放锅内，连同从中药店买来的苦参20克，加水一起煎熬，洗浴患处。日洗3次，煎好的药水下次加温后仍可继续使用。煎2~3次即愈。

075431 河北省怀来县鸡鸣驿乡政府 牛连成

30/ 芦荟叶肛门止痒

我常常在深夜睡觉中被肛门痒醒，偶然中用家中盆养的芦荟叶，剪下一片，去除叶上的老皮，用嫩汁擦肛门，仅2~3次（每晚一次），就止痒了，至今未犯。

100052 北京宣武区珠朝街5号 王 泽

（编者注：肛门痒可能是一些疾病的征兆，首先要去医院检查。）

31/ 香菜汤治痔疮

用香菜煮汤，熏洗肛门；再用醋煮香菜籽，布浸湿后趁温热覆盖患处，一星期后即可见效。　　　　　张鉴塘

1/ 酒精棉球能防治麦粒肿

我有一个时期老患麦粒肿（针眼），有时一个接一个地长。热敷、局部涂抗菌眼膏，效果都不理想，常常化脓穿头，痛苦不堪。后来试用酒精棉球擦拭，效果十分理想。方法是：当开始患病——眼睑发痒、出现红肿时，立刻用酒精棉球擦眼睫毛，擦拭时要双眼紧闭，用酒精棉球（不要太湿，太湿时挤掉一些酒精）在眼睫毛根处轻轻擦几下。擦后双眼会感到发热（发热时不可睁眼，否则酒精会渗透到眼里使眼睛疼），待热劲过后再睁眼。只要每天擦3~4次就可消肿。我用这个方法后，20年来再没有患麦粒肿化脓穿头，每次都很快消肿治愈。

曹鲲鹏

2/ 羊苦胆可治红眼病

我每年都要得一次红眼病。偶然遇到一位老中医，他告诉我羊苦胆能治很多病，特别对红眼病疗效很好。把两三个羊苦胆（小的3个，大的2个）洗净，把里边的汁倒出来用凉开水冲服，只喝两三次就可痊愈。此法不但治好我自己，还治好了我7个学生，轻的只喝一次就好了。

吴佩琛

3/ 中药决明子是明目佳品

中药决明子又名草决明，是明目佳品，以此药代替茶叶饮用，对保护与提高视力有显著作用。本人今年64岁，从1973年开始以此药代茶至今，20年来视力一直是1.5，读书看报从不戴眼镜。方法：将决明子洗净晒干，炒一下（注意别炒煳），每天把相当于饮茶时茶叶量的决明子，放在保温杯里用开水冲泡，10分钟左右水成棕红色，可以饮用，多次冲泡仍可保持浓度。最好在视力未减退前就采用这种方法。

马光宏

4/ 人乳治眼灼伤

有一年我的双眼被电焊弧光灼伤，一位朋友找来点人乳，滴了三次就好了（用鲜牛奶加温开水1∶4或用水豆腐切成片贴双眼，效果也很好）。

郭俊勋

5/ 吃鸡肝治"电视病"

我父几个月以来眼睛胀痛，到医院检查未发现眼睛有病。服了几盒祛风明目的石斛夜光丸，效果也不明显。我考虑他眼睛病是否与看电视较多有关，听说服用维生素A对眼睛有好处，而鸡肝在食物中含维生素A最多，便买了250克鸡肝煮给他吃，分4次吃，每次吃一两多。没想到吃完后眼睛不再胀痛，看来吃鸡肝确能防治电视病。

陈新

6/ 治眼结膜炎一偏方

去年秋偶患急性眼结膜炎，点眼药不起作用。有位学友介绍一副内服偏方，名曰白菊黄豆糖水。偏方是：用12克杭白菊、30克黄大豆，另加桑叶12克、夏枯草15克共煎水，加白糖15克调味服饮。

焦守正

7/ 淡盐水治麦粒肿

麦粒肿俗称"针眼"，是眼睑的一种急性化脓性炎症。今年我两次因吃辣椒诱发麦粒肿，每当眼睑皮肤微红略有疼痛时，我用咸盐一小匙沏入一茶杯开水，待水温合适时用卫生棉球洗眼，每天 3 次，每次 5 分钟，3 日即愈。

101149　北京 236 号信箱　华　军

8/ 中药熏洗治红眼病

去年，我患红眼病，双眼红肿、怕光、流泪，痛苦异常，点眼药水不能控制。朋友推荐一方：黄连 10 克、蝉蜕 8 克（药店有售），煎水 200 毫升，先以热气熏双目，待药液温后，洗双目每日 3~4 次，二三日诸症皆除。

100074　北京 7208 信箱 30 分箱　王文英

（编者注：热熏须防眼烫伤，请阅《热茶熏治麦粒肿》一文的附文《读者谈体会》。下文读者亦请注意。）

9/ 菊花泡水治红眼病

去年夏天游泳时传染上了红眼病，两眼火辣辣地疼，连看书看报都不成。回到家里老母亲见状赶紧拿出菊花来，用滚开的水泡上，先用水熏我的两眼，水汽没有了又倒出一半菊花水来让我喝下去，另一半则用纱布蘸上水洗我的两眼。一天三四次，菊花泡淡了就换新的，如此治了两天后，我的红眼病就治好了。

100032　北京西单北粉子胡同 7 号大院　张晓军

10/ 薄荷、食盐治暴发火眼

在家乡上小学的时候，我和几个同学都得过红眼病，发病很快，一夜间就红肿疼痛起来，乡亲们称之为暴发火眼。王老师告知：用一把洗净的鲜薄荷叶和一把食盐放在脸盆里煮开，先面对盆口用热气熏，稍凉后再用毛巾蘸水热敷，早晚各一次。一试还真灵，第一次熏敷后便顿感清爽和轻松，两天后我们的眼病就都好了。

100044　北京西城区车公庄大街北里 46 号楼 3-401

胡承兰（电话：010-68351501）

11/ 人奶治眼睛红肿

听说眼睛被电焊弧光照伤要用人奶滴眼。后来儿子烧电焊时，不小心被电弧光照伤，双眼红肿睁不开，厂医也说用人奶，赶紧找来人奶，滴眼多次，不治而愈。

100076　北京丰台万源西里 2-4-5　朱丽文

12/ 冲洗治沙眼

沙眼病跟了我一辈子，总上眼药也没治好。岁数大了，眼不但痒，视线还模糊不清。一次我淋浴，仰起头，用手扒着眼皮冲眼睛。嘿！好几天眼不痒，而且视线倍儿清楚。于是我天天早晨洗脸时，用手扒着眼皮在水龙头底下左右冲眼睛，尤其冲眼角窝。至今好几年了，不上眼药水，眼不痒，视线倍儿清楚（用热水器的温水冲效果更好）。

100027　北京朝阳区顺源里牛王庙 9-3-4　张淑兰

13/ 热茶熏治麦粒肿

麦粒肿俗称针眼，用热茶熏治效果好。其法是：绿茶最好（红茶花茶也可），泡浓茶，借助茶的热气熏治病眼。在熏时要睁开有病的眼，靠近茶杯，这时病眼即有轻松之感。一般每次熏 15 分钟，如肿粒大可多熏一会。熏 2~4 次就可消肿痊愈。

100844　北京复兴路 10 号铁道部计划司　傅中伟

附：读者谈体会

《热茶熏治麦粒肿》这个经验值得商榷。热汽熏烫眼睛，很容易造成烫伤，因不觉得疼痛，不知警觉，故很危险。我早先试过此法造成眼角充血，治疗半个多月才消退。所以我认为不宜推广。

101100　北京通州区北二条 11 号　朱荣海

14/ 眯眼巧治法

眼内进了微尘，特别是粘在眼球上，擦洗既费事又难受。我发明了一种方法，即用软纸捻成一根六七厘米长、一毫米粗的纸捻，用嘴将纸捻头蘸点唾液并咬成一个小刷头，用它在眯眼的眼球上一扫即能粘掉微尘。

102208　北京农学院　张山珍

15/ 按摩防治眼疾

我原来的视力很好，双眼都是1.5。50岁后，视力急骤下降至0.2。大白天，眼前似黑虫飞过，用手挥之不去。黑影越来越大，闹得我心烦意乱。到医院去看大夫，方知我患有轻度白内障和眼睛玻璃体混浊。用了两瓶药也不见效。后来，我便试着按摩与眼睛有关的几个穴位：太阳、四白、睛明和风池等穴。每天按摩两次，每次每个穴位按摩5分钟。在按摩时，同时转动眼珠。然后再把手搓热捂住双眼，往眼中灌气8~10次。这样可以增加眼部血液循环。我一天不落地做了半年多，收到了明显效果，视力提高到0.7，眼前晃动的黑影不见了。我还注意每天看电视时间不超过一个小时便让眼睛休息一下。我的体会是：无论有无眼疾，坚持这样做，都能起到保护视力的作用。

附：答读者问

"按摩防治眼疾"的几个穴位的位置是这样的：太阳穴在两眼外眼角往后延约3厘米处；风池穴在脖后两侧紧挨头盖骨的三角处；四白穴在眼下对着瞳仁约3厘米远即是；睛明穴在两眼内眼角内，紧挨眼角有一小坑处。

如果按摩穴位的同时不便转眼珠，另做也可以，一次做约半小时，一天1~2次。只要坚持每天做，必有效果。

100045　北京复外铁二区8楼3门301　曹正业

16/ 臭氧水洗眼泡脚治角膜炎和皮肤皲裂

我爱潜水时张眼，久而久之患了角膜炎，虽各方求医求药，但全然无效，长达50余载未治好。同时我脚后跟周边皮肤粗糙皲裂未好。最后我用臭氧水洗眼泡脚，竟然都痊愈了。

100061　北京崇文区幸福南里3-1-12　张大元

17/ 苦荬菜汤控制青光眼

我患闭角型青光眼病近十年，一般情况下采取眼滴药物方法进行控制。今春，在回冀中原籍处理老人后事过程中，青光眼病再次发作，眼痛、偏头痛、视力下降。在乡邻的指导下，到田间地埂寻割回部分苦荬菜（野生草本植物，叶长卵状或披针形，边缘呈不规则齿裂状）。弃其根茎，取叶子约250克，洗净，加冷水1000克沸煮20分钟后，把汤控于杯内，口服。一日3次，一次100克，连服3日后，病情得到控制，眼睛恢复到往常状态。

100858　北京万寿路28号51楼丁门10号　李淑平

18/ 转眼球可提高视力

我中年时的视力左眼为0.3，右眼为1.0，经过20多年早、晚转眼球锻炼，近3年体检双目视力均为1.5。其方法是：坐在床上或椅上，双目向左转3圈后，平视前方片刻（默数5下），双目再向右转3圈，平视前方片刻。每日早晚转两次，不要间断，日久坚持，即见功效。

谷　玉

19/ 老年视力保健一法

老友年已古稀，而视力犹佳。诘之，曰：吾每日清晨洗面时（水温稍高以不烫伤皮肤为宜），先浸毛巾，热敷双目及太阳穴，约一两分钟，已坚持数十年矣。时值余老伴谢世，终日以泪洗面，自思如两目失明，其痛苦将不堪设想。遂以此法每日敷后顿感两眼舒服。此亦幸事也。　　卢静一

20/ 长期坚持眼按摩，年近花甲眼不花

我 57 岁，看书写字不用戴镜，远近都能看清楚。40 年前，我受一位年近六旬眼未花的老教师启迪，一有空就学着老教师的样子，把双眼紧闭片刻，突然睁开，每天坚持数次。以后又加做闭眼眼球正时针方向转动的练习和闭眼眼球反时针转动的练习，做到眼球发酸为止，长年坚持，从未中断。上述活动后，再用双手掌鱼际部分别压揉左右眼眶，沿太阳穴压揉，经耳轮上方直至脑后。这种活动不但对眼有益，还有清脑作用。　　马庆华

21/ 沙子迷眼清除一法

沙子迷眼后最忌用手去揉。迷眼后，应用拇指和食指捏起上眼皮，轻轻提拉，向下扣在下眼睑睫毛上，令眼球转动，这时下眼睑睫毛就可以粘刷出上眼皮内或眼球上的沙子，一次不成可重复一次；或者捏起下眼皮，提拉向上扣在上眼睑睫毛上，用上眼睑睫毛粘刷下眼皮内或眼球上的沙子，一般一次就收效。若当时睫毛上有泥土应先洗净，然后再施上法。　　王廷岚

22/ 老年人不眼花一法

我邻居大妈 60 多岁了，也曾眼花，她的老母前几年告诉一方法：眼看前方，眼球正转 3 圈，然后再倒转 3 圈，做完后，再做一次眼保健操，每天坚持做两次。她坚持几年，现在不戴花镜也能穿针引线、读书看报了。张　苏

23/ 热毛巾可治疗老花眼

近年来由于年老视力减退，实为苦恼。朋友介绍了一种方法，经过半年多的试用，果然有效。具体方法为每天清晨洗脸时，用半干不湿的热毛巾敷于前额和双眼，眼睛轻闭，头稍仰，毛巾凉后重新更换，持续一分钟，长期坚持，不可间断，定有功效。　　马宝山

24/ 常喝枸杞菊花茶能缓解眼花

我年过半百，从 45 岁开始眼花，一年比一年重。今年夏天我开始用宁夏产枸杞子加杭菊花、绿茶沏水喝，枸杞适量多些，泡开后将枸杞吃了。坚持至今，我意外发现看书可以不戴花镜了。　　100094 北京 5100 信箱　安 华

1/ 香油可治慢性中耳炎

我曾患慢性中耳炎，治过多次都未去根。一次中耳炎又犯了，就往耳道里滴入几滴香油，一天两次，一周后，中耳炎竟痊愈，直到现在没再犯。

杨宝元

2/ 生姜治咽鼓管炎

前些日子，我的耳朵突然发胀，听力模糊。大夫确诊为咽鼓管炎，说不易治愈，给我开了麦迪霉素及滴鼻、滴耳的药水，然后医治数次无效。我想生姜能活血，于是口含生姜咀嚼，顿时辣得五官热乎乎的，如此每天3次，两天后耳朵胀感清除，听音便正常了。不妨一试（用老生姜为好）。　钱时民

3/ 金丝荷叶汁加冰片治中耳炎

十几年前我的右耳患中耳炎，耳内常流清水，多年不见正常耳屎。由此引起的偏头痛严重影响了我的正常工作和生活。服中西药、打针均不见效，后经人介绍滴金丝荷叶汁，至今未复发过。其法是取一种叫金丝荷叶（也称旱荷花）的植物叶4~5片，洗净、控干水后放在干净容器内加入少许冰片，碾碎挤汁，用吸管吸汁滴入患耳1~2滴，用此法治1~2次即痊愈。

国淑惠

4/ 香油炸黄连可治中耳炎

儿时溺水，数日后耳疼化脓，走路迎风疼甚。有人告一偏方：取黄连切段，用香油炸至枣红色，离火冷却后黄连至黑红色最佳。去掉黄连以瓶盛油，每日滴耳内三四次，每次二三滴，3日后便痊愈了。　唐瑞兰

5/ 鸡苦胆可治化脓性中耳炎

我上小学时患了化脓性中耳炎，此后每年入冬犯病，虽常到医院治疗，都没有根治，参加工作后，同事介绍一偏方：买一只活鸡，杀掉取苦胆，然后滴入患耳中，3滴即可，很疼，要忍一忍。每天1次，连续3天便根治。我今年已过40岁，从未犯过。　张贵峰

6/ 治疗急性中耳炎一方

60年代我下放农村时患了急性中耳炎，耳内剧痛、流脓，服西药和打针都不见效。一老农告诉我一个偏方，经使用两周后便治愈了。偏方是：中药川黄连6克、藏红花3克、冰片2克，混合后研磨成细粉末状。再用香酒精50克浸泡7天，用时取其清液滴入耳内，滴药前用棉签擦去耳内脓液，每日3次，每次五六滴。用此方治愈后，到现在经过了30多年，从未复发过。

100021　北京朝阳区松榆里27号楼507　王　强

7/ 按摩揉搓可治耳鸣

以前我每年都要犯几次耳鸣，既不舒服又影响听力。从1990年我开始"锻炼"双耳，每天早、中、晚用手掌按摩揉搓双耳，左右反复揉搓30秒钟。已经有三四年没犯了，而且还提高了听力。现仍坚持。　陈士起

8/ 鲜地黄根捣汁治中耳炎

老家河北定兴一带有个治中耳炎的方子，以地黄根地下部分的疙瘩粗根，捣烂后取汁滴入病耳之内，几次之后即可治愈。　姜成旺

9/ 核桃仁油治中耳炎

我幼年时，得了中耳炎，疼痛难耐，

当时奶奶用偏方治好了。即：用 6 个核桃，取仁，放饭勺里用小火炼出油，不烫时滴入耳中，很快就不疼了。滴了两三次就完全好了，而且几十年从未犯过。 周宇

10/ 治耳鸣两法

△中老年易发生耳鸣，尤其是脑血管患者、神经系统患者。现介绍一种简便方法制止耳鸣。当你耳鸣时，用小拇指尽量插入耳朵眼内（左耳鸣，压左耳；右耳鸣，压右耳），要插紧，然后小拇指稍向上，将小拇指弹出，耳鸣立刻可止。 马隆

△笔者多年来用憋气法治耳鸣。具体做法为：耳鸣时憋一口气，尽量憋气时间长些，而后慢慢呼出。一般憋一两口气即可使耳鸣停止，效果很好。

刘英

11/ 小虫钻进耳可用手电筒照

一天妻子说她耳朵里钻进了一个东西，痒得厉害。耳朵里隆隆作响。我快速找来手电筒，往耳朵里照。过了十几秒后，她已经感到那个东西往外爬了。约莫半分钟，一只小红虫从耳朵里爬了出来。虫子喜欢往亮处爬，用手电筒一照，虫子就会出来。 高向阳

12/ 蛋黄油治中耳炎

鲜鸡蛋一个去清，将蛋黄放入金属饭勺内，置火上熬（切记勿加水），一边熬一边用支筷子搅动，直到将蛋黄熬焦，视油析出，立即离火，趁热将油倒入备好的容器（如小酒杯等）内备用。患中耳炎时，用洁净的棒状物如筷子，蘸蛋黄油滴入患耳内，1 日

2~3 次，每次 2~3 滴，连用 3~5 天见效。

100015　北京朝台区朝台乡大青寺村 56 号　吴秀琴

13/ 治慢性中耳炎一方

我患慢性中耳炎时好时犯，常流出臭味黄色分泌物。亲友告一祖传偏方：取新鲜猪苦胆一个，白矾 10~15 克，装入猪苦胆内，将口扎好风干，再将风干的苦胆压成细粉，涂于患处，结痂后脱掉再涂，用后痊愈。

100020　北京朝阳区白家庄路 8 号　边启康

14/ 喷白酒可除耳鸣

我十年前耳朵响，就像吹风机似的。街坊说往耳朵喷一口白酒能治。后来老伴喝二锅头酒时给我耳朵里喷了一口，果真好了。去年左边耳朵也有点响，又喷一口白酒，又好了，至今没犯。

100007　北京东城大兴胡同 63 号　刘震国

（编者注：此方慎用。此文刊出后，读者田喜来信说，他对此方早有耳闻，对一些人也有一定疗效，但发生不良后果的病例也有。北京某厂一女工因这一喷曾住院治疗，并很长一段时间影响走路平稳。看来，耳鸣起因不同，不能一概而论。）

15/ 酒精涂外耳道口驱耳内小虫

夏日在农村医疗，设备简陋。一天早晨一患者急诊，说耳内进了一个虫，一夜未眠，当时取棉花蘸酒精少许，在患者外耳道口旋转涂抹，酒精气味进入耳道，片刻虫子爬了出来。以后遇相同情况，用此法均有良效。

100020　北京市朝阳区白家庄路 8 号　边启康

16/ 游泳治耳鸣

我患有自主神经功能紊乱和耳鸣，已有

三四年了，到医院医治多次，采用高压氧舱无明显效果。后来我想游泳憋气，又能锻炼身体，没想到一试就是两年，收到理想的效果，再没有犯病。

100029　北京第四清洁车辆场　张国斌

17/ 常抖下巴治耳鸣

引发耳鸣的因素很多，有神经性的、内源性的、药物引发的，等等。耳鸣又分低音和高音耳鸣，患者久治不愈十分苦恼。本人探索一套办法向患者多人介绍，疗效显著。方法是：每日早、晚张开口空抖下巴各 100 回，空抖下巴对耳膜起到了按摩作用，促进了血液循环，虽不根治，但可大大控制病情，使症状缓解。

100028　北京朝阳区曙光里 9-1-603　陈　起

18/ 黑豆煲狗肉汤治老年性耳鸣

黑豆 100 克、狗肉 500 克、橘皮 1 块。将黑豆用干锅炒热，狗肉切小块，用酒、姜片、盐腌渍半小时，油爆姜片，放狗肉炒匀，加水煮开后放黑豆、橘皮，小火煮 2 小时。此汤补肾益精，治老年肾虚耳鸣有效。

100007　北京东城府学胡同 31 号　焦守正

19/ 幻听自疗方法

笔者今年 4 月间突发幻听之症，耳轮中听到金属工具撞击墙壁之声连续不断。大夫说是脑血管硬化引起的。我便自行按摩左右两耳门穴，按摩 300 余次果然有效，撞击声停止了。可是过了几小时后又第二次响起，我便加大力度又按摩 500 多次，声音消失了，迄今半年多了没再发作。

注：耳门穴在两耳朵的耳珠上部缺口处微前面陷中，在张开口时可以摸到有骨缝处便是此穴。用两手大拇指侧面连续按摩即可，用力不要过重。

100034　北京西四北三条 7 号 4 门 7 号　刘　英

20/ 手捏治耳垂包块

有一年，在我的右耳垂内长了一个包块，小扁豆粒大小，不痛也不痒。去医院看过一段时间，也没顶事。后来，每当有空时我就摸摸它，揉揉它，经过揉摸之后，也没有不良反应。于是，我就试着用右手大拇指和中指用力捏它。几次之后，觉得包块变软和变小了。又经过多次的捏揉之后，包块不见了，没一点后遗症。

100039　北京海淀五棵松路 51 号院 12 楼 1 门 6 号
刘炳基

1/ 刺儿菜根可治流鼻血

我小时候鼻孔经常流血，有一次流血堵不住，只好用小碗接着。因流血过多，头晕眼花，脸色苍白，父母非常害怕。听邻居说刺儿菜根可治流鼻血，父亲从地里挖回刺儿菜根，将它用白布包好把水挤出来，让我喝下去，鼻血立刻止住了。至今已经 40 多年，从未流过鼻血。

杨国臣

2/ 勾中指快速止鼻血

流鼻血时，只要自己用两只手的中指互相一勾，即可在数十秒内止血。幼儿不会用双手中指互勾，大人可用自己两中指勾住幼儿的左右中指，同样可止血。我的孙子、孙女都用过此法止鼻血。

王新时

3/ 三七能治干燥性鼻出血

我小时候每到三四月份鼻子动不动就流血，又查不出毛病。母亲听三七能治疗，便买了一棵煮水，让我每天早晚喝下一大碗。一棵三七煮的水没喝完就好了，至今没再犯。我把此法告诉几个朋友，他们用了也都很灵验。

赵理山

4/ 白茅根熬水治鼻衄

从中药房购买白茅根 30 克，用砂锅或铝锅熬水一茶碗，可加适量白糖，一次服完，一般一两次即可治愈鼻衄。药书载：白茅根甘、寒入肺经，有清热生津、凉血止血的功效。我的几个学生用此法治鼻衄，都很见效。郭桂山

5/ 槐花蜜可治萎缩性鼻炎

一同事被诊断为萎缩性鼻炎，她自创一法治疗效果显著。每天早晚洗脸时，用小手指蘸流动的自来水在鼻孔内清洗，清除鼻腔内的结痂和分泌物，充分暴露鼻黏膜后，用棉签或手指蘸市售的槐花蜜均匀地涂在鼻腔患处。她坚持自己治疗两个多月，鼻腔已不痛痒，无结痂样分泌物，嗅觉也基本恢复正常。

赵理山

6/ 热敷两耳部可治鼻塞

笔者在患感冒引起的鼻塞不通时，临睡前用浸透的热毛巾敷于两耳部约10 分钟左右，鼻塞便变通畅，不妨一试。

马宝山

7/ 蒜末敷脚板可止流鼻血

我有个爱流鼻血的毛病，偶然获得一个小偏方：如果左鼻孔流血，就用蒜末敷在右脚板上，反之亦然。我一流鼻血就照此法办，不出几分钟鼻血便止住了。

伍汉

8/ 白萝卜煮水治鼻塞

小时候经常鼻塞且伴有头痛，后来外婆教我一法：取白萝卜 3~4 只放入锅中加清水煮，沸后即用鼻吸蒸气，数分钟后，鼻渐畅通，头痛消失。以后，本人常将萝卜切片泡于杯中，用鼻吸蒸气，此病再无重犯。

余建平

9/ 小蓟可治鼻衄

鼻衄时，取小蓟（俗称"刺儿菜"）适量，加水煮沸后，用热气熏蒸鼻部，同时用鼻子多吸入蒸气。此法简便，止血效果好，无副作用。

郑顺利

10/ 高举手臂止鼻血有效

据我多次实践，用举手法能止一般性鼻子流血。方法是，左鼻孔流血举右

手臂；右鼻孔流血举左手臂；两鼻孔都流血举双手臂。流血时身体最好直立，取坐势亦可，举手臂时头应后仰勿动，双臂紧贴双耳垂直上举。 马庆华

11/ 冷热水交替按摩治疗过敏性鼻炎

我 20 年前患过敏性鼻炎，每遇凉风灰尘等，便连续打喷嚏、流眼泪。冬天严重时，甚至晚上需戴口罩睡觉。服药、鼻穿刺等多方治疗均无效。后来，我采用早晚冷热水交替按摩的方法，即早晨洗脸两手捧凉水按摩鼻翼两侧 16 次，晚上洗脸用温热水同样按摩 16 次。3 个月后症状减轻，一年后基本消失，两年后便很少再犯。至今我仍然坚持按摩。 刘彦瑞

12/ 盐水洗鼻治好我的鼻炎

我患鼻炎多年，久治不愈，已丧失治愈的信心。去年偶得一方：配制盐水（100 毫升瓶内放食盐两匙，开水稀释），用牙签卷上棉球蘸盐水洗鼻孔，然后把药棉暂留鼻孔内，此时或头上仰或身平躺，用食指和拇指按鼻两侧，并用力吸吮，使棉球上饱蘸的盐水流入鼻腔内，再流入咽喉部。开始时感到鼻内辛辣难忍，几次即适应，也可先用淡些的盐水洗鼻，逐渐加浓，使鼻腔慢慢适应。我坚持早晚各洗鼻一次，一个多月后，鼻腔畅通，嗅觉灵敏，多年的鼻炎治好了。 任家盛

13/ 唾液治好了我的过敏性鼻炎

我患过敏性鼻炎已 10 余年。曾多次去医院求治，扎过耳针，吃过药，均无效。一次我在连续发作时夜半醒来，因鼻腔发干发痒，我用唾液擦在鼻腔（擦后鼻腔表面有微疼感），数次以后，鼻腔开始结痂，结痂后过敏性症状即消失。随着结痂的自行脱落，多年未治愈的过敏性鼻炎便神奇般地好了。 杨占立

14/ 饮藕根水可治流鼻血

我母亲常流鼻血，后来听到一偏方：将藕根洗净晒干，然后熬汤，每天饮用，喝五六天后即见效。我母至今已一年有余再没流过鼻血。 潘会英 刘志海

15/ 自治过敏性鼻炎

过敏性鼻炎多源于感冒。弃药取锻炼可自愈。方法是：每天洗脸前先将鼻孔插入冷水中，轻轻吸气，使冷水与鼻腔黏膜充分接触，然后将水呼出，如此反复进行，持续 1~3 分钟（可抬头换气），洗完脸后再用中指揉压鼻翼两侧约 20 次左右。贵在坚持。笔者用此法不但解除了擦鼻涕之苦，连感冒也销声匿迹了。 盛学政

16/ 香油防治流鼻血

我女儿常常在夜晚或清晨流鼻血，尝试过各种办法，最后发现将香油涂于鼻中，便可安然无事。此法简单易行。每晚睡觉前，取棉签蘸些许香油，涂抹于鼻孔中，便可安然入睡，不再流鼻血。 李 卫

17/ 慢跑治好了我的鼻窦炎

我今年 49 岁，30 多年前，因一次重感冒落下了鼻窦炎的病根。从此，鼻腔不通，什么味儿都闻不到，还经常头痛。我吃过各类鼻炎药，买过鼻炎治疗仪，做过穿刺，还做过手术，但都没起太大的作用。1985 年，一位朋

友告诉我跑步能减轻鼻炎的痛苦。我便开始每天早晨或傍晚坚持慢跑40分钟，坚持了两个月病情有所好转，坚持下去，不到两年我的鼻窦炎就彻底根除了。现在，我已改慢跑为步行。十几年来一直在坚持，就连上下班都改骑车为步行了。

300481　北京市监狱管理局清河分局老干部处
马汉云

18/ 滴香油治过敏性鼻炎

我患过敏性鼻炎7年，一过立秋就开始打喷嚏、流鼻涕、鼻痒、鼻塞，严重时根本无法入睡。去年偶得一方：滴香油。试用效果颇佳。香油就是普通的食用香油，每天3到5次，每次5滴左右，滴入鼻内。注意：鼻塞严重时不要滴，可变换一下体位，待鼻子通气后再滴，滴前将鼻涕擤干净。持之以恒，必定见效。据说此法对普通鼻炎效果也很好。

101300　北京轻型汽车有限公司顺义厂区　李承军

19/ 流鼻血快速止血法

初中时，我鼻子经常流血，且每次一流血，既多又很难止住。后来听来一法：请别人对着自己耳朵吹气（越使劲，止血越快），左鼻流血吹右耳，右鼻流血则吹左耳。多年来我一直用此法，很有效。

100017　中央文献出版社　蒋治国

20/ 防治流鼻血一点经验

我从小就经常流鼻血。因此，养成一种习惯：每天早晨洗脸时用小拇指头蘸点肥皂沫洗鼻孔，再蘸净水把鼻孔里的肥皂沫洗净，而后把鼻孔里的水和脏东西擤出去。也不知道从什么时候起我的鼻子就不流鼻血了。我在高寒地区和大西北风沙地区工作几十年，鼻子从来不流血，也不觉着干得难受，嗅觉一直很灵。但要注意的是：小拇指的指甲要常剪，防止划破鼻孔。

100045　北京复外大街12号塔楼201室　张礼元

21/ 红霉素四环素眼药膏可治鼻炎

取红霉素或四环素眼药膏涂在消毒的棉花棒上，伸入鼻腔内均匀涂上药膏，每次以涂满鼻腔为准，一日两次，一般鼻炎有3~5天即可痊愈，无后遗症。

100029　北京西城区裕中西里31-22-05　朱大实

22/ 治疗酒糟鼻

我三年前发现鼻子头有点红，逐步发展到整个鼻子都红了，并有微肿，而后还有小颗粒状赘物长出，极不雅观。到医院皮肤科治疗，用了一些药膏和药水均不见效。后听从一乡村医生之法：将鲜茭白剥去外皮洗净捣烂，每晚涂抹鼻上薄薄一层，用纱布盖上加胶布固定，次日晨洗去。白天则用茭白挤汁涂上（一日涂抹二三次）。同时用鲜茭白100克煎水早晚各一次分服。按此法连续治一周，鼻子恢复正常，即可停止。如还有微红，可继续治疗，直到痊愈。

102208　北京回龙观镇慧华苑19楼5-502号
许引之

23/ 指压法治鼻炎鼻塞

我的鼻炎经常发作，鼻子不透气很难受。我用左手拇指放在左鼻孔外下部位向右上斜方向一下一下按压。再用右手拇指放在右鼻孔外下部位向左上斜方向一下一下按压，各半分钟至一分钟。然后用右食指在整个鼻孔下部向左右来回搓拉（稍向上用力），不一会儿鼻孔就通气了。我用此法已多年，效果很好。此法省钱省时又方便，请鼻炎病友不妨一试。

100039　北京五棵松北金沟河一号总政干休所
1-3-2　冈立

24/ 醋泡芥末治鼻炎

将一份芥末在2~3份醋中浸泡了3~5日后，用其调拌凉菜或蘸水饺、包子吃，连吃数日，对治疗感冒引起的流鼻涕、流眼泪效果明显，尤其对治疗过敏性鼻炎有奇效。

102100　北京延庆县技术监督局　卓秀云

25/ 根治鼻出血一方

我介绍一鼻出血治疗偏方，曾有人连服一个月后，得到根治。方法是：采集一种俗称"掐不齐"的草，晒干。每次取约9克，煮水。煮约10分钟左右，把草捞出，在留下的汤中磕进一个鸡蛋煮熟。每天早晨空腹吃，连汤带鸡蛋一起吃下。一日一个，连服一个月。

100034　北京西城区爱民里小区10-4-501　杜秀林

26/ 鼻出血突发简易止血

我儿上小学时，有时走路、乘车或进行其他活动中，会突然鼻出血。在既无药品又无器械的情况下，每感束手无策。后一外科医生告知一法：患者坐蹲均可，请人或自己用拇指或食指在头部前发际正中深入1~2寸处（此为止血穴），以滑动式或旋转式进行按压（按摩），止血效果满意。

100074　北京7208信箱30分箱　王文英

27/ 淀粉汁治鼻血

取淀粉一两，凉白开水一碗，搅匀，空腹服下。每日早、晚各1次，3天一疗程。此法治疗鼻出血很见效。

100025　北京十里堡北里11-1-4号　刘泽茹

28/ 柏树叶止鼻血

小时候，曾有一段时间每天早晨起床后流鼻血不止，后一老中医告一方：用柏树叶烧成灰拌白糖服，每天吃几勺，几日后便治愈，至今未再患过。

100850　北京太平路27号院院务部　欧阳小红

29/ 生荸荠治酒糟鼻

把洗净的生荸荠用消毒的刀片（刀片可用开水消毒）拦腰切开，然后用切面紧贴患鼻顶端、两侧、鼻翼等部位涂擦，把荸荠的白粉浆涂满患鼻表面。每日早晚各涂擦1次，坚持4星期后即见疗效。

100051　北京宣武区棕树斜街75号　马宝山

30/ 鲜萝卜汁和大蒜汁治鼻炎

我妹妹感冒后因没及时治疗患了鼻炎。症状是鼻塞不通、流鼻涕、鼻涕颜色发黄、不闻香臭。每年复发几次，多次医治效果不佳，后用萝卜大蒜汁治愈。方法是：取200克白萝卜和50克大蒜，捣烂后取汁，加入盐0.5克，每天0.6毫升滴入鼻孔内，左边不通滴左边，右边不通滴右边，交替4~5次，一般一个月就会痊愈。

417505　湖南冷水江市制碱厂小太阳幼儿园　周瑞美

31/ 鲜姜治鼻塞

感冒后鼻子不通气怎么办？我的做法是：睡觉时在两个鼻孔内各塞进一鲜姜条，3小时后取出，通常一次可愈。

倘若不行，可于次日再塞一次。注意：1.姜条要切得粗一点，若细了，一是药力小，二是容易吸入鼻腔深部，不易取出。2.若患者的鼻腔接触鲜姜过敏，可在姜条的外面包上一层薄薄的药棉。264500 山东省乳山市职教中心 宫锡柱

32/ 红霉素眼膏治鼻炎

一次鼻腔内外红肿发炎，我用治眼疾的红霉素眼药膏，挤了点敷抹在鼻腔内外患处；晚睡前敷抹上的，第二天早晨炎症减轻；接着又敷了2次，鼻子上的红肿炎症完全消失了。

100007 北京东城北新桥香饵胡同13号 耿济民

33/ 绿茶熏鼻治鼻炎

我患过敏性鼻炎多年，经常鼻塞，到春天受花粉和空气中颗粒物的影响，经常流鼻涕，鼻孔奇痒。一次偶然发现，用开水冲绿茶冒出的蒸气熏鼻子，感觉鼻子通气了，也不痒了，很舒服。后来每天坚持早晚熏两次，每次约20分钟，一星期后效果颇佳。

100011 北京市德外人定湖西里3号楼1门12号 增洪英

34/ 蒲公英叶红糖茶治流鼻血

鲜蒲公英叶茎2株，用砂锅煎至一茶杯，放入红糖适量，服3次便能见效。我小时用此方效果非常好。

100021 北京朝阳区潘家园6楼3门502 李少兰

35/ 韭菜红糖汁治鼻出血

我们幼儿园有个小孩常流鼻血，家长们说吃韭菜和红糖可治。有一次上课他又流鼻血了，我就把韭菜放在碗里捣烂挤出汁来加上一点红糖，让孩子喝下去。还真管用，他妈妈说再也没流过鼻血了。

417505 湖南冷水江市制碱厂小太阳幼儿园 周瑞美

36/ 艾叶治鼻不通气

把适量的艾叶放入容器里，加少许高度数的白酒并捣碎搅匀，然后捏成一个直径为3厘米、厚约1厘米的圆形小饼子，患者仰卧贴在肚脐上。10多分钟后就会闻到一股艾叶与酒相混合的香味儿。一般1次便好，稍重需2或3次。少儿使用效果尤佳。

100038 北京复外北蜂窝电信宿舍2号楼2门1号 张恒升

1/ 五倍子治牙痛有效

去年9月，我牙痛难忍。一位瑶族大哥见我脸肿大，便从袋里抓出几个像蜡制品一样的果实给我，说这叫五倍子，回家用水煎两个含漱，保你两分钟就不痛了。我回家一试，灵验极了。后来介绍邻居亲友试用，也都见效。

蔡雍阶

2/ 改善血脂和治倒牙的方法

有时吃酸东西牙根受刺激而不能再咀嚼东西，这种现象俗称"倒牙"。此时，如果嚼一小段生葱或嚼几粒生花生米，牙齿立即复原如初，可以继续咀嚼东西了。我有高血压病史，血脂也高，听说吃红果或生花生米对治以上疾病有效，于是我每年秋后都要买几千克红果和生花生米，同时吃，每日1~3次，每次5~10粒，果然效果很好。现在虽然没有什么症状了，我还是每年秋后吃，以便巩固效果。红果和生花生米一起吃，不倒牙，无副作用，效果比较理想。

张靖升

3/ 牙齿保健一法

在你大、小便的过程中，坚持紧咬牙关，对保持牙齿的牢固有益无害。这是一种老少皆宜不需任何条件的牙齿保健法。

张执中

4/ 牙齿脱敏一法

炎夏，外出归家，常常要从冰箱里拿饮料喝，拿西瓜吃。我的牙不好，喝完吃后牙本质过敏，有时疼痛不止。一次我用凉茶水漱口后牙痛立即消失，以后屡试不爽。

丘开仕

5/ 老年人叩齿好处多

笔者才50多岁，牙齿就都松动了，连葵花子都嗑不动。求医，医生除建议拔掉松动的牙齿别无良策。偶读《洗髓金经》一书，得知"叩齿"可防牙齿动摇、脱落和治牙疼。我便结合自身状况练叩齿功，3个多月，吃食物时牙齿都不疼了，半年后牙齿坚固如常。现在嗑瓜子儿、嚼铁蚕豆、甚至连坚硬的胡桃壳也能咬碎。至今，我练叩齿功已一年有余，从不间断，受益匪浅。故写此文献给老年朋友们。

具体练法：端坐，凝神静心，屏除杂念，两唇轻合，上下齿相互叩击，铿然有声。先叩臼（大）齿、次叩门（前）齿、再错位叩犬齿。每日晨起、中午、睡前或不拘时刻，每次叩100下。自觉有热气上冲于脑为宜，如无，则叩齿次数加倍。舌下生出津液时不可随意吐弃，以意送入脐下3寸左右的丹田。叩齿时注意用力要自然适度，过大过小都不好，过大疼痛，过小达不到效果。

100021 北京朝阳区松榆里27号楼507 王 强

6/ 用牙刷按摩牙龈好

用牙刷按摩牙龈能促进局部血液循环，防治牙周病，且不会损伤牙龈。做法是：刷上牙时刷毛向上侧靠在牙龈上，颤动按压几下后再向下翻转，使刷毛顺着牙缝刷下；刷下牙时刷毛向下侧靠在牙龈上，颤动按压几下后向上翻转，顺着牙缝向上刷。刷完牙齿的外面，用同样的方法再刷牙齿的里面。

赵 路

生活中来

牙疾、牙痛

7/ 燃烧韭菜籽的烟可治牙疼

我曾因着急上火患牙疼，并扩及三叉神经，难以进食和入睡，坐卧不安。经中西医治疗，打针、吃药，仍不能止疼。后用一偏方，竟奇迹般地治愈。方法是：少许（50克左右）陈旧韭菜籽，一块直径约5厘米大小薄而平的砖头片，一个用硬纸做成的一头大（直径大于5厘米）、一头小（直径几毫米）、高约20厘米的喇叭筒。将砖头片放在火上烧红，平放到铁板或石块上面，立即用手捏一小撮韭菜籽（几十到几百粒种子），撒放在烧红的砖头片上。韭菜籽遇热冒出白烟，散发出特殊气味。此时，立即用纸喇叭筒大口罩住砖头片，烟便集中从喇叭筒小口冲出，张开嘴，将牙疼处对准接受烟熏，烟到疼除，熏完烟即可进食。每日早晚各熏一次，连续两天，牙疼全除，恢复正常。请注意不要烫着手，操作时动作要快，不然韭菜籽遇热冒出的烟散失太多，只能重复多次才有效果。 张秀生

8/ 绞股蓝可治牙龈发炎

最近，我有3颗牙眼发炎，红肿疼痛难忍，我试用家里现有的中草药绞股蓝，每天用手抓一小把放入茶杯内，用开水冲泡后当茶喝，每天更换一次，连续喝了3天，牙龈红肿疼痛症状消失。 孟慕英

9/ 先锋4号治牙龈炎

我的口腔和牙龈经常发炎，内服外敷常用药物往往见效很慢。有一天我试着把先锋4号药粉从胶囊中取出，用少量凉开水调成糊状，每日数次涂在

病处，两三天后就好了。 李士珍

10/ 吃老冬瓜止牙痛

我的左下牙很痛，吃了不少药效果不明显，一个偶然机会吃了冬瓜，感觉到牙痛减轻，后来有意识地多吃了几次，体会到老冬瓜效果明显。 陈荷友

11/ 大蒜可治牙痛

我患牙痛，一时找不到药，试用蒜汁治牙5次，效果很好。即在牙痛时，把大蒜瓣顶尖掰个口，让蒜汁溢出，往痛处擦抹数次，不久可止住疼痛。 子 仁

12/ 白酒辣椒芯治"火牙"

用干辣椒芯2个，把辣椒子去掉，白酒（二锅头）倒在小杯里满过辣椒芯，浸泡10分钟，然后含在嘴里，坚持5~10分钟。 赵晋萍

13/ 核桃仁可治"倒牙"

吃酸的食物过多，牙会感觉发酸，俗称"倒牙"。只要吃2个核桃仁，就可立即使牙恢复正常。 张国英

14/ 剩茶水漱口治牙怕酸冷热

十几年前，30多岁时，牙齿怕酸怕冷怕热。天冷不敢喝热水，天热不敢吃冷饮。后听说茶水可治牙病，于是每天把喝剩下的茶水留下，第二天清晨用以漱口。一年多以后，牙怕冷、热、酸的毛病好了。所以，我把用剩茶水漱口的习惯坚持至今。 刘存君

15/ 洁齿良方

本人原来牙齿发黄，友人给我介绍了一个药方，将中药海螵蛸（即墨鱼骨）研成细末用来刷牙，牙齿可由黄变

白。我照此办理，只刷了 3 天，牙齿
就白了。   陈 新

16/ 常按摩牙龈可固齿

3 年前，我的左右两颗槽牙松动。有
人告诉我，每天按摩 1~2 次牙床，可
固齿。方法是：每次午饭或晚饭后，
漱完口，将手洗干净，先用右手的食
指伸入口内按摩左边和中间上下牙
床，然后用左手食指按摩右边上下牙
床，各 50~60 次。两年多来天天如此。
目前牙齿稳固了，用凉水漱口也不再
疼痛了。   吴镇邦

17/ 感冒清热冲剂治牙疼

我偶然发现，同仁堂的感冒清热冲剂
可以治牙疼。我几次因冷、热、酸刺
激牙疼时服用一两包，牙疼即好。

100094　北京 5102 信箱 89 号分箱　徐　玉

18/ 叩齿治牙龈退化

牙龈退化、萎缩，有人并无感觉，因
此需要经常对着镜子仔细观察，看看
有无牙根暴露情况。每日早晚各一次
叩齿（即上下牙相磕），每次 200 下，
可以预防、治疗牙龈退化。如果辅之
以按摩牙龈（见《常按摩牙龈可固
齿》），效果更好。平时应养成看电视
时叩齿的习惯。

100007　北京东四北大街府学胡同甲 1 号楼 D404
沈兆平

19/ 嚼食茶叶治牙龈出血

我每天刷牙时总牙龈出血，吃药吃水
果等都治不好，还引发了口腔异味。
后朋友让我在每餐后半小时嚼食茶叶
2~3 克。我每天坚持餐后半小时嚼食
绿茶或花茶，不但治好了刷牙时出血，
口腔异味也没有了。注意，嚼的时候

要细细嚼，让茶叶在口中磨嚼成细粉
末再含化用唾液服下。

100026　北京金台北街 5 号楼 1 门 1006 号　卞　义

20/ 葱白治"倒牙"

我上中学时，一次到农村参加夏收劳
动，住在农民家中，纯朴的主人拿出
一大盆自家树上结的白杏款待我们。
杏儿又大又香，一顿大吃我们的牙都
"倒"了。主人说，嚼一段葱就好了，
我们一试，果然管用。以后再遇"倒
牙"，一吃葱便好。

100061　北京崇外幸福北 14 楼 2 层 6 号　杨海燕

21/ 紫药水治牙周炎

我有一个牙，因患牙周炎而活动，疼
得难受，去医院看牙，大夫要我拔去
患牙。可我不甘心，就用紫药水涂于
患牙周围几次，不久，牙不但不疼，
且患牙不活动了。至今已有四五年了，
此牙再没犯病。

100038　北京市羊坊店路 16 号 3-4-39　乐翠英

22/ 松花蛋缓解牙痛

我年轻时爱闹牙疼。一次疼得不想吃
饭，就买了两个松花蛋吃，谁知牙疼
竟然消失了。以后凡是牙疼我都吃松
花蛋，一次吃两个，如没止痛，则过
五六个小时后再吃两个，一般都能止
疼，起码得到缓解。

100070　北京丰台万柳园小区 28-3-402　赵根华

23/ 黑豆煮酒治牙痛

我小时候因为吃糖太多常牙疼，后来
亲戚介绍一方可迅速止疼。具体方法
是牙痛时取黑豆适量煮酒，然后用豆
汁酒频频漱口，几次就疼痛消除。

100052　北京宣武区陶然亭新建里 4 号　王海宾

24/ 口腔炎牙龈炎食疗法

我用一位朋友介绍的苦瓜炒肉、绿豆末粥治好了自己的慢性口腔炎、牙龈炎。方法是：每天早上，用小火煮适量绿豆，煮熟后加一些小米，炖至极烂，加白糖少许，早晚各服两碗。中午，100克狗肉、500克苦瓜，切片，先炒肉片至熟加入苦瓜片，炖至半小时，加盐少许，出锅即可。这样吃一星期后我的口腔炎、牙龈炎慢慢地消失了。

102405 北京房山区周口店采石厂9排9号 付 强

25/ 白酒花椒水治牙痛

前些日子牙疼得要命，我妈告诉我一个方子，救了急，效果也很好。方法如下：取5~10克干花椒，放入小不锈钢锅内，加入纯净水，水没过干花椒1~2厘米为止，放火上烧开后再煮3~5分钟即可，放温后加入50克白酒（二锅头就行），待凉后将此花椒水过滤，倒入小玻璃瓶内，牙疼时用棉花蘸此水塞入牙疼的部位咬住即可，塞入牙窟窿里效果更好；也可用镊子夹住药棉花蘸此水涂抹在疼痛部位，止疼后将棉花拿掉即可。花椒水用后应立即盖严密封好，避免挥发变质失去疗效。

100071 北京市丰台区纪家庙育芳园21楼 杨向泉

26/ 醋泡六神丸治牙痛

取六神丸6~7粒，用小瓶放上食醋浸泡15~20分钟，用棉球蘸着搽牙痛处，1日数次，可止痛。

074000 河北高碑店市兴华中路华福胡同华兴巷
18号 杨善臻

27/ 芦荟治牙痛

俗话说："牙痛不算病，痛起来真要命。"不久前我患了牙痛，痛起来不能吃不能睡，到医院口腔科说痛牙须拔掉，但当时牙龈发炎不能拔，须消炎后再拔，只给开了些消炎药。痛时吃止痛药，含花椒、鲜姜，等等，效果都不理想。街坊大嫂介绍我含芦荟试试。有病乱投医，剪了手指肚大小一块芦荟，咬在痛牙处，痛很快消失，效果很灵。

102300 北京门头沟区峪园3-2-3号 陈 雷

28/ 橘皮洁齿

将橘皮研成细末，每天刷牙时掺入牙膏少许，不仅可使牙齿洁白，满口清香，由于橘皮还有很强的防腐灭菌作用，长期坚持还有固齿作用。

102100 北京延庆南菜园南街3巷28号 卓秀云

29/ 烧镇痛片治牙痛和止痢

取镇痛片一至两片，放在小匙内点燃（镇痛片是可以烧着的），待火熄灭后，将其放入牙痛部位，两分钟内定可止痛。此方法对各种类型的牙痛均有效。另外，燃烧后的镇痛片吞入肚内，还可迅速止痢。此方法多年来流传于东北广大农村，笔者亦是其受益者。

133400 吉林省龙井市工北胡同8-17号 孙卫东

30/ 四环素牙复白法

将小苏打与食盐按1：1的比例混匀，加自来水调成糨糊状，于早晚刷牙时以它代替牙膏。只要你坚持下去，你的牙齿会逐渐地白起来。但要全刷白需坚持一年左右。此法无任何副作用，对一般黄牙也有效。

100032 北京西城区二龙路41号 游向荣

1/ "口疮" 速治一法

取维生素 C 药片适量（根据情况自定），碾碎（可取一纸对折，把药夹其中，用硬物在外挤压），把药面涂在"口疮"患处，一两次即见效。

白育贞

2/ 含冰糖块可治口疮

前两天，舌尖突然长了小红点，发涩，一阵比一阵痛，吃东西很不好受。我姥姥说过，这是起口疮，含冰糖块就能治，我含了三块，第二天舌尖就不痛了。

马文泉

3/ 治口疮的方法

由于我经常患口腔炎症，总结出了两条治疗办法：一是浓茶中加少许食盐，用来漱口，坚持数日便可好转；二是将海带或茄子皮烤焦，掺入蜂蜜后捣碎涂在患处，效果很好。

武怀平

4/ 多吃土豆治口疮

内蒙古盛产土豆，当地老乡常用多吃土豆的方法治口疮（口腔溃疡）。我常一上火就患口疮，嘴里疼得吃不了饭，吃上两顿土豆沙拉就能痊愈。

张颖

5/ 煮荸荠水治口疮

将 20 多个洗净的大荸荠削皮，然后放到干净的搪瓷锅里捣碎，加冰糖和水煮熟，晚上睡前饮用，冷热均可，治口疮效果极佳。食用熟荸荠对便秘也有疗效。

郝永昌

6/ 芦荟胶治疗口疮

我患慢发性口疮（口腔溃疡）多年，自从用芦荟胶外擦，3~4 次症状完全消失，疡面完全愈合，至今一年余未再复发。

100081　北京西三环北路 25 号　于文智

7/ 治口舌生疮一方

将西瓜红瓤吃完，将青瓤部分切成小薄片含在口中，最好贴在生疮部位，如此含 3~5 片即可减轻，照此法，轻的两三次即可痊愈，重者晚间临睡前加用淡盐水漱口，效果更好。

100029　朝阳惠新里二区 1 楼 503 号　唐恩雄

8/ 口含白酒治口疮

前段时间我得了口腔溃疡症，经药物治疗多日治不好。后来有一位先生介绍了一种土方法给我，就是在口中含一口高度数的白酒（如北京的二锅头酒），一天早中晚共含三次，一次含20 分钟，含后将酒吐了或喝了都行。我试了，含白酒时口疮处杀得较疼，含了三天，口疮就治好了。

100015　北京 8505 信箱生活服务公司资料室转
吴衍德

9/ 黄瓜明矾治口疮

每年入伏当天，用一根大黄瓜切去 1/3，剩下的挖空，装入炸油条用的明矾（药店有售），再用竹签穿起吊干。谁有口疮，取之一点化水、擦几次就好。

100083　北京海淀学院路二里庄第 4 干休所 41-6-
402 号　吴芝兰

10/ 苹果片治口疮

舌头上生了口疮，把削了皮的苹果切成小片，用苹果片在有口疮的地方来回轻轻擦，也可以含在舌头上，擦拭后很舒服，一般每天擦三四次，一两天就见效。

100013　北京和平里南口砖角楼北京工艺美术学会
苍彦

11/ 苦瓜可治口腔苦涩

我患胆囊炎岁余，服金胆片可止口腔苦涩，但停药仍苦涩。后断续吃了素炒苦瓜丝，每吃一次后，便无苦涩感，且十几日仍感口爽，现口腔清爽如病前。附素炒苦瓜丝法：苦瓜2~3只，洗净、切开、去籽、切丝，放入清水中浸泡数分钟；用小辣椒煸锅，放菜；稍后加白糖少许，食盐适量，米醋少量；苦瓜丝稍变色便可出锅。酸、甜、苦、辣、咸味俱有。

李广宁

12/ 话梅核可按摩口腔

吃完话梅，其核多在口中含一会儿，使之在口中上下翻滚。再用舌头将核推至外唇里，用唇挤压，这时你会有牙龈被按摩的感觉。不断地用舌头挪动话梅核，不断地挤压，使牙龈普遍得到按摩，这对预防牙周炎，坚固牙齿大有益处。同时这种口腔运动产生许多口水，对消化系统也颇有好处。

关文娟

13/ 蜂蜜可治疗口腔溃疡

△蜂蜜可治疗口腔溃疡。我20多年一直用此治疗，效果甚好，且无痛苦。具体方法：晚饭后用温开水漱净口腔，用一勺蜂蜜（最好原汁蜂蜜）敷在溃疡面处，含1~2分钟，再咽下，重复2~3次。第二天疼痛即减轻，连续治疗两天即基本痊愈。

曹锦生

△用筷子蘸蜂蜜一滴涂于口腔溃疡处，能在12小时内见效。最好是晚睡前涂于患处，含在口中，早晨起床疼痛能减轻许多。一日数次，效果更好。

黎杰

14/ 吃栗子可治口腔溃疡

我丈夫患口腔溃疡，两年前在报上看到吃栗子可治，便开始食用，每晚下班回来吃一点，起初吃熟的，后来吃生的效果更佳。

李玲

15/ 六味地黄丸能治口腔溃疡

我老母经常患口腔溃疡病，用很多办法都治不好，最近在她犯病时，从六味地黄丸上取一小块放在患处，把嘴闭紧约10分钟，这样做了两三次，口腔溃疡竟然好了。

李忠兰

16/ 生食青椒治口腔溃疡

生食青椒防治口腔溃疡的方法：挑选个大、肉厚、色泽深绿的青椒，洗净蘸酱或凉拌，每餐吃两三个，连续吃3天以上。我把该偏方推荐给患者，他们都很快好转。

杨建红

17/ 口含维生素 C 片可治口腔溃疡

我患口腔溃疡，久患未愈。单位里一位大夫介绍我口含维生素 C 片的方法，仅几天就治好了口腔溃疡，而且慢性咽炎也好了。

陈志斌

18/ 口腔溃疡快速治法

我曾患口腔溃疡，医生给了些维生素 C 片让内服。本人偶然发现维生素 C 片有特殊妙用：取 1~3 片研成碎末，覆盖在溃疡面上，不到 10 分钟即可解除疼痛，不出半天就痊愈了。李文忠

19/ 口香糖可治口腔溃疡

我曾患口腔溃疡20多天不愈，溃疡膜、溃疡散都不见效。偶然嚼几块口香糖，没想到治愈了。方法是把口香糖咀嚼到没有甜味，再用舌头卷贴住

创面。我把此法介绍给几个患者，都很有效。
赵理山

20/ 莲子心水可防治口干舌燥

将莲子心用开水沏，不要过浓、过淡，每天喝两三次，可预防口干舌燥、虚火上升、嗓子疼痒、声音嘶哑、脑袋昏沉等。我的一位同事曾喝这种饮料治好了咳嗽。
董玉华

21/ 紫菜降"火"

每年秋冬季节，我常出现口干舌燥、口腔起泡甚至溃疡等症状，致使喝水、吃饭时疼痛难忍。虽服药治疗，但见效甚微。今年，我摸索用紫菜下汤作饮食治疗，效果明显。做法：每次用干紫菜30~50克，洗净，按常规下汤法做成2碗，趁热连菜带汤全部吃下。每天1~2次，一般2天即见效。
阮礼录

22/ 花椒香油治口腔溃疡

我在前几年口腔经常溃疡，后用香油炸的花椒油涂在患处不久即愈。
苏玉文

23/ 云南白药治口腔溃疡

我患口腔溃疡多年，各种疗法均不见效。无意中用云南白药涂于患处，觉得有所缓解。连续涂了3天即痊愈，至今已9个多月未复发。
杜炜

24/ 葱白皮治口腔溃疡

从葱白外用刀子削下一层薄皮，有汁液的一面向里，粘于患处，一日2~3次，三四日后即愈。
刘芝

25/ 二锅头酒治口腔溃疡

口中生了口疮，可含一口二锅头酒，用气将酒顶向口腔的部位。两三分钟后，咽下或吐掉都行，一天2~3次，第2天就不疼了。再过一两天后就会好。
侯建华

26/ 牙膏交替使用防治口腔溃疡

过去，我常闹口腔溃疡，刷牙、吃饭、说话均不便。后听说牙膏交替使用效果好，我就备用了两种牙膏，早上用一种，晚上用另一种，并且刷牙都是饭后立即进行。从此使我的口腔溃疡发病率减少到了最低程度，即使有时不留神咬破口腔，也不再形成溃疡，且恢复得很快。
李大谦

27/ 鲫鱼治口腔炎

本人上中学时，一次犯口腔炎，口腔内溃烂面疼痛，吃东西时加重。后用一土方，效果极佳。现介绍如下：小活鲫鱼一条，洗净后放器皿中，加白糖适量，鱼身渗出黏液后，用黏液涂患处，一日多次。
修桂芬

28/ 治口腔溃疡妙法

本人患口腔溃疡近20年，溃疡有时在口腔内壁，有时在唇内或唇外，有时在舌尖或舌边，病期一般10~15天，苦不堪言。一位医生告我一个简便易行，省钱又特效的妙方，试试果然有奇效，已经3年未犯。方法是：犯病时，用大蒜4小瓣或2大瓣，捣成蒜泥，涂在一块方寸大小的塑料或油纸上，形似膏药，贴于脚心，用医用橡皮膏贴住，再用绷带缠一下，最好再穿上袜子，以防移位，睡一夜，第二天欲外出时可揭下，晚上睡前再贴一剂新的。轻者2次，重者3次即愈。有时蒜烧脚心有些痛，还可能烧起水泡，但过几天它会自己吸收，若经消

医部

口腔疾病、唇疾

毒后将泡挑开放水，再擦上消炎药膏亦可。皮肤过敏者慎用。

100080　北京海淀万泉河路稻香园23号楼305
王治民

附：读者范学明提示

我按上方试用，只4小时，灼痛难忍，只得撕掉，晨起，两脚心鼓起核桃大水泡，放水四五次，又复鼓起，只得剪去，留下两块银元大的创面，疼痛难忍，寸步难行，就医花去100多元，遭罪20多天。特提醒试用者谨慎。（编者注：经范学明同志提示，试用者是否先用极少量蒜泥测试自己脚心的耐受性，再确定自己是否使用此法为好。）

29/ 根除口臭一方

豆蔻、高良姜各两钱煎水，日服2次，连服5服可除口臭。如有反复，如法再连服2服可根除之。久病成良医，我患该疾病达数十年，竟然用此方与其告别了。

附：答读者问

（1）豆蔻、高良姜据《本草纲目》记载，均属草本药材；高良姜俗称良美。两种药农贸市场干货摊和药店均有售；（2）一服指豆蔻、高良姜各2钱（10克）；（3）用药锅煎，取水500毫升（约3小碗）入药，待水开，续煎20分钟；（4）一服药分两次服，两餐之间各服一半；（5）另方杜若、山姜配伍，剂量和炮制如前。

100061　北京崇文区幸福南3-1-12　张大元

30/ 明矾治口腔溃疡真灵

将25克明矾，放在勺里，文火上加热，待明矾干燥成块后，取出研成细面，涂于溃疡患处，每天4~5次。1天以后疼痛消失，3天以后溃疡缩小，5天即可痊愈。

100095　北京81号信箱67分箱　张怀良

31/ 隔夜茶治口腔溃疡

我常患口腔溃疡，"口腔溃疡散"服过，"蜂胶口腔膜"贴过，均未见效。后经人推荐：早晨用隔夜茶漱口，坚持数日。至今此病未犯。

100075　北京丰台西马厂南里7号院A区3-5-403
崔玉贵

32/ 柿子椒治口腔溃疡

我前几年患口腔溃疡非常严重，往往刚好没几天又开始犯，非常苦恼。一次我偶然将做菜用的柿子椒连籽和瓤一起吃掉，感觉口腔疼痛减轻。以后每次发作，我就整吃几个柿子椒，效果不错。现在已一年多没患口腔溃疡了。

附：答读者问

兹补充吃法如下：主要生吃柿子椒里的籽和瓤，也可整个生吃。注意要选新鲜的，放蔫了的最好别用。新鲜柿子椒的籽和瓤一般是白色的，如发黑则是变质、腐烂、虫害的柿子椒，不可食。一般1次吃1个，我8岁的外甥女只吃1个就好了。平时家中炒柿子椒，趁机生吃一个，可防口疮。

102600　北京大兴国家粮食储备库　刘培河

33/ 茄子"盖头"治口疮

茄子"盖头"即茄子顶部和柄连着的那片五角形厚皮。将它晾干后磨成粉，再涂于口疮患处，可促进溃疡愈合。

100027　北京朝阳区新源南路10号703室　孙涵

34/ 嚼茶叶可治口疮

有一次上火，口腔内唇、舌等处黏膜溃疡，火辣辣疼痛难忍，吃东西困难。我嚼花茶一小撮半小时后吐掉，立即感到疼痛消失，即愈。又一次因吸烟过多，口腔又苦又辣并伴有溃疡，以同样方法，嚼茶叶半小时后吐掉，即愈。

100037 北京阜成路南5楼甲18门202号 秦季夏

35/ 绿豆鸡蛋汤治口腔溃疡

用50克绿豆煮烂，只用汤在碗中冲并搅匀一个鸡蛋，喝蛋汤，每日1~2次。我患口腔溃疡，喝了3天就好了。我弟弟用此法也治好了口腔溃疡病。

075100 河北张家口市宣化区小柳树巷7号 王 晓

36/ 核桃壳治口腔溃疡

笔者常患口腔溃疡。因公出差，与一河南籍中医大夫同住一室，获此良方，用后效果真好，特推荐如下：核桃8~10枚，砸开后去肉取核桃壳，用水煮开20分钟，以此水代茶饮，当天可见效，疼痛减轻，溃疡面缩小，连服3天基本痊愈。如果患有严重口腔溃疡，在服用核桃壳水的同时，外涂散类，其效更佳。

100013 北京东城地坛北里9-4-203 王荣云

37/ 雪茶治口腔溃疡

我口腔时常溃疡，疼痛难忍，吃药也治不好。一个朋友告诉我嚼雪茶，后来在商店买了一盒雪茶，每天嚼三四次，两三天就好了。每次五六根嚼碎敷在患处，敷30分钟至1小时。雪茶微苦，几分钟后患处就不疼了，如口含一点白开水，满口都是甜的。

100022 北京广渠门外忠实里南街4号楼9层6号 施福兴

38/ 蜂蜜治口腔溃疡

我常犯口腔溃疡，曾试过多种方法治疗效果不佳。听说蜂蜜有治疗溃疡功效，我试了两次，果然奏效。方法如下：用不锈钢勺取蜂蜜少量（约一平勺的1/4），直接置于患处，让蜂蜜在口腔中存留时间长些最好，然后白开水漱口咽下，一天2~3次，两天即愈。

100028 北京中国少年报社 刘爱民

39/ 白萝卜治夜间口干症

我年过半百，夜间有口干的毛病，多方求医治疗无效。有一天，家人在做晚饭时，用砂锅煮的白萝卜片加青豆和牛肉汤，喝起来味道鲜美，我一下吃了两小碗，可万万没想到，这一夜睡得很香，口干的毛病好多了，然后我连续每天晚上吃一小碗白萝卜片汤（一定吃白萝卜片，不是光喝汤），约一周，我的口干症竟然好了。 安 华

40/ 含枸杞子可解口中干渴

我患有糖尿病，总感口干，外出或夜间更加痛苦，曾口含话梅，虽有所缓解，但它含糖量大。后偶看《本草备要》一书，说枸杞子"消渴"，我改含枸杞子后，效果不错。方法：将枸杞子洗净备用，需要时取1粒含舌心上，几秒钟后，就会从舌根处生出津液，解除了口中干渴，入睡前含入，一夜不再喝水。 陈瑞鹅

41/ 舌尖疼有治法

人们都喜欢吃瓜子，但吃得稍多就上火，舌头尖感到疼痛。每次我都是喝点热开水，边喝边把舌头伸进水里，水要较热的，经过反复几次伸缩，舌

尖立刻就好了。　　　孙秀琴

42/ 吃生黄瓜可治牙咬嘴唇

人上了年纪或缺少某种维生素，在吃饭时经常会出现牙咬嘴唇或舌头。这种小病到医院找医生太不值得，可又十分讨厌。可以用吃生黄瓜代替吃水果，我的病就是这样治好的。　董玉华

43/ 五倍子治嘴唇干裂

冬天，有的人嘴唇常出现干裂。用五倍子适量，砂锅炒黄，研成细末，用香油调成稀糊状涂患处，轻者一次可愈，重者两三次即可痊愈。　戴卜明

44/ 维生素 C 片治唇内起泡

嘴唇里边长泡时，可放一片维生素 C 置于唇齿之间，令其慢慢溶解吸收，一般一片即愈，若不愈可放第二片，便能奏效。　100080　北京 353 信箱　杨守志

45/ 绿豆汤冲鸡蛋可治烂嘴角

我妻得烂嘴角病四五年，到京津大医院治疗均未见效。后得一方，治疗两周后痊愈，至今已有 8 年未复发。方法如下：将约 30 克绿豆洗净，在冷水中浸泡 10 分钟，然后加热煮沸，水沸后再煮 5 分钟。用煮好的汤冲到已打好的一个新鲜鸡蛋液中，趁热空腹喝下，早晚各服一次。每次煮汤都换新绿豆。　　　殷玉清

46/ 花椒水可治口角炎

春秋时节天气干燥，很容易发生口角炎。可以用花椒二三十粒加水 100 毫升煮沸，2 分钟以后把火熄了。当温度降低到 40℃时，用药棉蘸花椒水涂抹患处。一般只要两三次就

能痊愈。　　　王天爱

47/ 蒸汽水可治烂嘴角

患烂嘴角长时医治无效。后得一偏方，用做饭、做菜开锅后，刚揭锅的锅盖上或笼屉上附着的蒸汽水，趁热蘸了擦于患处（不会烫伤），每日擦数次，几日后即可脱痂痊愈。经多次使用都有效。另，嘴周围生黄水疮，使用此方，同样有效。

100086　北京海淀区友谊宾馆宿舍 6 楼 15 号　孙　严

48/ 荠菜治口角炎

我长期患口角炎，时而嘴唇糜烂，时而舌头或牙床糜烂，后经人介绍，用荠菜疗法，每天吃一次，两天后炎症自然消失。荠菜是一种鲜甜的野菜，可做汤或炒食。将它洗净开水烫一下，挤水后放冰箱冰室内储存，随用随取。

100037　北京阜外大街 4 号楼 2 门 9 号　王昌法

49/ 柳树枝可治口苦口臭

摘柳树嫩枝，洗净后放口中嚼，咽汁吐渣，对口苦口臭胃口不好有速效。吃完大蒜用此法也可除蒜味。可摘几枝嫩枝放冰箱备用。

100022　北京建国门外灵通观煤炭部宿舍 3 号楼 204 室　闻雨畦

（编者注：要爱护树木，应在园林部门允许的情况下取枝。）

50/ 维生素 B₂ 治唇裂

本人去年冬嘴唇干裂，吃饭菜疼痛难忍。我服药和其他药物涂抹均没效果，用香油也不见好。但我用维生素 B_2 片涂抹两次，便治好了我的唇裂，至今没犯。

100010　北京东城区东水井中楼 206 号　柳玉花

51/ 蜂蜜治唇裂

我因感冒嘴唇干燥并裂了口子，涂香油不管用。一天睡觉前，我试着用蜂蜜抹在嘴唇上，晚上睡觉不像往常那么干疼难受了，第二天早、中（午饭后）、晚（睡觉前）又抹了3次，第3天裂痕奇迹般地闭合了，后又接着抹了一天，至今未犯。

100021　北京劲松323楼5门603号　刘满荣

52/ 鲜黄瓜把治口唇裂

冬春之际，许多人唇裂。取鲜黄瓜把在临睡前涂抹裂口，白天也可涂1~2次（一个黄瓜把可涂2天）。用时削成新面，止痛、愈合见效很快。

100041　北京石景山区模式口北里15栋1单元301号　康成明

1/ 生吃黄瓜可治咽喉肿

我是一名教师，整日用嗓，常常咽喉肿痛。近来我常吃黄瓜，带皮吃，咽喉肿疼消失了。

陈志斌

2/ 酱油漱口治喉痛

笔者小时常咽喉疼痛，有时彻夜难眠，服药止痛总需一个过程。后来外婆叫我用酱油漱口：痛时用一调羹酱油漱口，漱口1分钟左右，连续三四调羹，疼痛立即大为减轻，至今喉痛极少发作。

余建平

3/ 常吃蒜泥醋蛋羹治慢性咽炎

小时候常因发烧而咳嗽，母亲给我吃香醋鸡蛋羹，吃完第二天一般就痊愈了。现在我又患上了慢性咽炎，按上述方法再多加上些蒜末，经常在早晚食用，病很少再犯。做法：鸡蛋2枚，打碗内搅匀，水蒸20分钟，蒸好后放入3~5瓣儿切碎的蒜末，倒入醋（可多些）及香油即可食用。

100071　北京丰台区纪家庙育芳园21号楼　杨向泉

4/ 按摩治咽炎

随着年岁的增长，脖子逐渐失去弹性而变硬，嗓子经常发痒，咽炎和咳嗽时有发生。轻者吃药，重者打针。我经常在发病时用手揪喉管和喉管两侧，揪出3条淤血，才会减轻咳嗽。后来揪也不顶事，就改用按摩。方法是：张开五指，大拇指紧贴喉管顶端右侧，食指紧贴颌骨顶端左侧，形成五指抓状往下拉，一直抓到喉管下端为止，两手左右倒换抓拉多次。抓时用力要适中，不宜用力过大，以免抓伤皮肤。这样抓按使颌骨两侧的淋巴

结也受到按摩。时间长了，由死结变成活结，脖子也变软了，恢复了弹性，嗓子不痒了，咽炎也消退了，还能减少患淋巴结结核的可能。

100045　北京市复兴门外大街12号塔楼201全总宿舍　张礼之

5/ 喝凉白开水可治咽炎

几年前我患咽炎，喝水、吃饭都有疼痛感。苦恼之际听说凉白开水能治咽炎，早晚喝一杯尤其是早上空腹喝效果更好。我每天都坚持喝。喝了一段时间后，咽炎果然消失，而且几年来一直没有再犯。

毛文伶

6/ 干漱口可治咽炎

我一老友患咽炎多年，每逢秋冬季节嗓子必疼痛，还持续低烧，久治不愈。3年前经人传授学得干漱口疗法，每天坚持，长年不断，多年痼疾未再重犯。他每天早晨起床后静坐床边，闭住嘴唇，上下牙扣紧，做漱口动作，连续100次，口中产生的唾液不吐出，可分几次咽下。

傅春升

7/ 香油白糖冲鸡蛋治嘶哑

我是85岁老人，有一治疗感冒、喉炎引起嗓音嘶哑的方法，几十年来给女儿、外孙等多人用此方效果都很好。现介绍给大家：用一个新鲜的生鸡蛋，磕开入碗，放适量香油及白糖，一起打散，用滚开的水冲熟喝下，每天早晚各喝一次，一两天后就可好了。

李念先

8/ 蜂蜜茶可治咽炎

取适量茶叶，用纱布袋装好，用沸水泡茶（茶汁比饮用茶水稍浓），凉后

加适量蜂蜜搅匀，每隔半小时用此溶液漱喉并咽下。一般当日见效，两天即愈。愈后再含漱3日。

100053　北京宣武门西大街20楼2门301号　施善葆

9/ 麝香壮骨膏治慢性咽炎

笔者患慢性咽炎多年，采取内服消炎药和中药治疗效果都不大。一次犯咽炎时，试用贴膏药，取得明显疗效。选取位于胸骨上窝正中央的"天突"穴，本穴有宽胸理气、化痰利咽的作用。膏药选用弹力透气型，即药膏的表面有若干个小孔。贴上后感到有灼热感，待药力没有时揭下，根据笔者病情，隔天贴一次，共贴5次即感见效。

100085　北京清河小营东路小营干休所　梁惠敏

10/ 按摩治疗咽炎

天天按摩脖子前部，轻者每天1~2次，每次15~20分钟；重者可按摩时间长些，如看电视时，可边看边按摩。我按摩半年以来，咽部干热的症状消失了，早晨也不吐痰了。若患此病者请不妨一试，坚持做，定能受益。

100000　北京海淀区阜成路南一街15号楼1门
101号　衰贤奇

11/ 蛋清浸白糖治咽炎

我患慢性咽炎好长时间了，吃药老不见好，有人介绍一民间验方，用后果然见好。做法：取白糖一两，鸡蛋两个；将鸡蛋的蛋清取出用碗盛着再把白糖放进去，待白糖化开后便可服用了。每次服两小勺，每日早午晚服，服完再做。一周后咽炎转轻，半月后痊愈。

100032　北京西单北大街粉子胡同5号　张长川

12/ 蔊菜、梨治慢性咽炎

老母留下一方，经实践效果很好。备好两三个700克左右容量的空玻璃罐头瓶；梨五六个洗净切成片或丁儿，与10~30克的蔊菜（中药店或中药材批发市场有售）同放不锈钢锅内，加净水没过梨及蔊菜2~3厘米即可，用旺火煮开，再用微火煮5~10分钟，然后加入冰糖适量搅匀，晾一晾，待温后盛出一小碗蔊菜雪梨冰糖汁食用，剩下的倒入玻璃罐头瓶内盖严封好，待凉后放入冰箱内储存，备以后食用。可在早晚及出现症状时食用。注意：刚开锅的雪梨汁不要倒入玻璃罐头瓶内，以免炸裂。

蔊（音hàn）菜这味中药可能有些中药店无货，得多去几处，如仍无货可用罗汉果1~2枚和胖大海3~5枚代替，效果也不错，只是当梨水煮开以后再放入这两味中药，用文火熬的时间也别太长，3~5分钟即可，饮用时多在咽部润一会儿再咽下，效果更好。

100071　北京市丰台区纪家庙育芳园21楼　杨向泉

13/ 醋茶治嗓子痛

我因患感冒引发嗓子痛，到了最后痛得连话都说不出来了，但又不愿过多地吃消炎药。我想：醋能防感冒，是否也能治嗓子痛呢？于是，我就用醋配白糖开水冲服，仅两天就彻底治好了嗓子痛。后来，我将此方告诉了那些患嗓子痛的人，他们试过之后也都说灵。

100027　北京市东直门外小街甲6号《大众健康》
徐凤兰

14/ 薄荷甘草茶保护嗓子

薄荷甘草茶制作方法非常简单：只需

在冲茶时，放入 2~5 克薄荷、1~3 克甘草即可。常饮此茶，对咽喉痒痛和咳嗽有极佳的防治作用。

100021　北京朝阳区武圣西里 16-5-502　张敬贤

15/ 仙人掌能治无名肿痛与腮腺炎

前年春天，不知什么缘故，我的右脚腕忽然红肿，火烧火燎。老人说仙人掌能治，于是将自家盆栽的仙人掌剪下一块，放到容器里拔掉刺捣碎，糊在红肿部位，结果连糊两次，两天便消肿不疼了。前年夏天和去年冬天，同事曾两次患腮腺炎，虽吃药打针，但效果不理想。我也给她剪去仙人掌，第一次敷了 3 天，第二次敷了 2 天，就消肿不疼了。　　　　　　　杨孝敏

16/ 苦瓜治疖腮

将 2 条生苦瓜洗净，捣烂如泥，加入少许盐调味，拌匀。半小时后去渣取汁，用火烧开，湿淀粉勾芡，调成半透明羹状，分次服食。

100007　北京东城区府学胡同 31 号　焦守正

17/ 治扁桃体发炎一法

将一瓣蒜捣烂成泥，睡觉以前置于手的合谷处（即大拇指和食指之间的凹陷处），上面罩一个小瓶盖，四周用胶布封住，第二天即起了一个水泡（水泡大小随蒜泥多少而变，多则泡大，并有疼痛感，所以 5~10 岁的小孩可用半瓣蒜泥），让水泡慢慢地吸收，不能破裂，否则会感染发炎。我的侄女、孙子以及同事的孩子都用过这个办法，效果很好，其中有一个孩子原来已经准备住院切除扁桃体，用了此法至今未再发炎。　　　张亚云

1/ 呼气可缓解偏头痛

偏头痛症通常是由于大脑供氧过量引起的。当偏头痛症刚发作时，拿一个圆锥形的小纸袋或小塑料袋（最好不透孔），将袋子开口的一头捂住鼻子和嘴，用力向袋内呼气，以减少大脑中的氧气。反复数次后，偏头痛症就会缓解，以致最后消失。经多人试用，反应较好。　　　　　　　凡 哲

2/ 温水浸泡双手可治酒后头痛

喝白酒或葡萄酒过量引起头痛时，可取一只脸盆，倒入温水，水温适中，不宜过烫，然后将双手和腕关节完全浸泡在水中 20~30 分钟，即可使头痛很快消失或减轻。笔者曾用过数次，均获显著效果。　　　　　　　吉 祥

3/ 向日葵头可治头晕

我的一位朋友患高血压，时常头晕。后经邻居提供一偏方：向日葵头一个，切成块放到药锅里，水要没过它，用火煎。水开了后，再微火煎 15 分钟，然后将煎得的水倒入 3 只茶杯中，每天服用一杯，连服 3 次。至今两年多他没犯头晕症了。　　　　杨宝元

4/ 酒精棉球可治头疼

因学习和工作紧张，我曾患紧张性头疼，久治无效，常靠吃止痛片缓解。后来朋友告诉我一个方法，试后效果挺好。方法是：将两个酒精棉球置于两个耳道内，片刻后头脑有凉爽和清醒的舒服感觉，头疼症状会大大缓解或消失。　　　　　　　邢书才

5/ 韭菜根治头痛

鲜韭菜根（地下部分）150 克、白糖 50 克。将韭菜根放砂锅微火熬煮，水宜多放，汁要少剩（约盛一玻璃杯），出汁前 5 分钟将白糖放入锅内。每晚睡觉前半小时温服，每天 1 次，次日另换新韭菜根，连服 3~5 次。可治失眠引起的头痛、慢性头痛。此偏方既可治头痛，又可起到安眠的作用，无副作用。　　　　　　　刘书元

6/ 拉耳垂可治头痛

前不久的一天下午，我突然感到脸部发紧，两太阳穴针扎似的疼痛。我想起耳朵上有与人体相应的穴位，我试用双手的大拇指和食指捏住两耳的耳垂向下拉动，拉了 100 次，脸部不发紧了，太阳穴也不疼痛了。　　兴 农

7/ 治神经性头痛一方

远志 3 两，分成 10 份，每天煎 1 份，每份需加大枣 7 个，像煎中药一样早晚煎服，晚上服药时把 7 个大枣吃掉。此方可治神经性头痛，我的好友服用此方病愈且多年不复发。

北京长辛店杜家坎 15 号 3 楼 6 号　杨锡凤

（电话：66718442–365）

8/ 猪苦胆绿豆治头痛

由高血压引发的头痛，可用新鲜的猪苦胆两个，每个装绿豆 25 克，焙干（用瓦片在火上焙干或微波炉烤干均可），研成细末，早晚温开水冲服，每次 10 克。3 日为一疗程，一般 2~3 疗程即可。如由高血压引起昏迷的病人，可加菖蒲 15 克、葛根 25 克、天麻 15 克、郁金 12 克、白芍 20 克，水煎服，每日两次。较重患者每日加服安宫牛黄丸一丸。

100071　北京丰台铁路医院　夏维民

9/ 梳摩可治偏头痛

得了偏头痛，如果吃药打针没有明显效果时，不妨试试梳摩疗法。患者可用双手 10 个指头放在头部最痛的地方，像梳头那样进行轻度的快速梳摩，每次梳摩约 100 个来回，每天早、中、晚饭前各做 1 次，通过梳摩，可将头部痛点转化为痛面，疼痛即可缓解。 225500 江苏姜堰市中医院 钱焕祥

10/ 冷热水交替洗脚治头痛

本人曾一度头痛，后经当医生的妻子耐心服侍很快痊愈。方法是：每天晚上睡觉前，用冷热水各一盆反复交换洗脚，躺在床上再听一段轻松的音乐。

100075 北京丰台西马厂南里 7 号院 A 区 3-5-403 崔玉贵

11/ 按摩双脚大脚趾缓解头痛

一次，我头痛得厉害，母亲双手同时用力掐、按摩我双脚大脚趾的下部，约 5 分钟左右，头痛、恶心的症状完全缓解。

056001 河北邯郸水电学院图书馆 张付华

12/ 推压寸关缓解脑供血不足性头痛

10 多年前，我因动脉硬化患有脑供血不足性偏头痛。一年老女医生教我：用右手大拇指在左腕（因多患左偏头痛）大拇指根部的"寸关"穴位连续向上推压，能够促使脑部血液的良性循环，可缓解或消除因脑供血不足而引发的偏头痛。10 多年来，我坚持用此方法，非常奏效。我还戒了烟并忌食花生米，如今我的偏头痛已基本上得到控制。

100062 北京崇文区北官园 13 号 白 瑀

13/ 热毛巾治偏头痛

我小时候，我妈偏头痛，乡下不好找大夫，姥姥就把葫芦切开，把一半（即瓢）放在锅里煮热的时候扣口到头上，待到出汗后，拿下来，继续加热，再扣上，反复几次，就好了，50 年代，我老伴也得了偏头痛，城里没有葫芦，就煮毛巾，热的时候（不要太烫）敷了几次就不疼了，敷时毛巾要热的，要不断加热。后来他又犯了一次，又用这种方法治好了。

100851 北京海淀区复兴路 26 号院 70 楼 17 号 安清丰口述 邓 悦执笔

14/ 阿司匹林治偏头痛

偏头痛是一种轻度的"中风"疾病，我在年轻到中年时常犯此病，吃好多药也不管用。后来发现除了吃活血药（如丹参片）外，在犯病时吃阿司匹林效果良好。用法是：每日 3 次，饭后服；头一次吃一片半（大片的），体重大的吃两片，以后每次吃一片，一般吃 2~3 天即好。用它治疗我的偏头痛已经十几年没犯。注意：胃不好的人不宜。

100044 北京首体南路 2 号 3 栋 1 门 408 杜家林

15/ 天麻蒸蛋治眩晕

55 岁的张老师患高血压已十余年，血压波动较大，平时经常头昏、头晕，同时伴有头痛、耳鸣、肢麻，一遇烦恼就加重。虽然一直服降压药、止晕药，但疗效不好。后用"天麻蒸蛋"调养：鸡蛋 1~2 个，去壳、打碎、蒸蛋羹，待半熟时加入天麻粉 5~10 克，略搅匀，继续蒸熟后可调味服。张老师服食半月后，头目渐清。

102405 北京房山周口店采石厂宿舍 9 排 9 号 付 强

16/ 龙牙草鲜贝治眩晕症

我母亲经常突发眩晕20余年，医诊为美尼尔氏眩晕症。有一朋友介绍一方，自去年1月服后，至今一年半未发病。方法很简单：取60克龙牙草、鲜贝150克，每日1剂，水煎服，分两次服用，10天一疗程，停2天，再服，一般3~5疗程。（龙牙草药店有售；北京地区山上有野生，也可到山上去采挖。）

101200　北京平谷滨河小区20楼1单元7号
马洪芹

17/ 按摩太阳穴治脑供血不足

去年经医院检查，我血液黏稠，常感头晕、心慌、气闷。今年5月10日晚，从椅座上站起来去拿书，这时，头晕，人打晃，站不住，心发慌，胸口堵得慌，我立刻扶着椅背，走到床前，平躺在床上，用两拇指指腹分别压住左右太阳穴，用力稍强，顺时针方向揉16圈，逆时针方揉16圈，顺时针揉吸气，逆时针揉呼气。共揉两次，然后，再用两手掌轻轻抹胸脯，一分钟后连连打嗝，三分钟左右头不晕了，胸口也舒服多了，在床上躺片刻，就没事了。现在我每天早晚各做一次，揉完太阳穴，顿觉大脑轻松，眼睛也清亮多了。

100022　北京建国路179号北京红星酿酒集团公司
汪日新

18/ 牛蒡子治摇头

我中年时，患了一种病，不知不觉摇头。我老伴回忆说她婶子得过一次摇头病，吃牛蒡子，加工成面，早晚空腹各吃一小勺。我到同仁堂买了500克加工成面，吃到一半就好了。以后没有再吃，也没有再犯过。

100054　北京牛街南口益民巷6单元　丁　川

1/ 治落枕按摩法

本人由于睡姿不好或受冷风吹等，时有落枕发生，颈、肩部剧痛，工作不便，多次去医院治疗。后看按摩书，讲到落枕治疗之法，各书不一，归纳起来是按摩天牖、风池、哑门、天柱、肩中俞、肩井、秉风、或乳突、发后、手三里等。经我实践，胛下是最佳穴位。用指压法指压，手到病除。如再配以上述穴位，疗效更为理想。遇到有人落枕，多次使用此法，效果亦佳。

张海如

2/ 防治脖子痛的简易保健操

日常生活和工作中的某些不良习惯是造成脖子和肩膀酸痛的原因，如打字或计算机终端工作、经常进行长时间的阅读或长时间打麻将牌。颈部肌肉长期受这些习惯的影响，会使头部向前突出破坏正常的姿势而引起脖子痛。下面介绍一套简单的肩颈保健操，动作应轻柔，呼吸自然，每个动作可重复 3~5 次：

（1）先作缓慢的深呼吸，头向左转眼看左肩，再向右转眼看右肩；然后使下巴前后伸缩以松弛颈肌。

（2）两肩向耳部耸起，挺直背脊，然后使两肩尽可能地下垂。

（3）两肩分别作圆周活动，先抬肩向前转动，再向后转动。

（4）坐着将双手平放在大腿上，下巴慢慢垂到胸部，然后使头从左至右再从右到左转圈，深吸气大声呼气，使头颈部在缓慢地转动中感到舒畅。如出现噼啪声不必担心，那只是肌腱或韧带在伸展时擦过骨头的声音。

（5）将头偏向左肩，左手越过头顶放在头的右边，另一只手放在右肩上；然后非常轻柔地试将头向左拉；再将头偏向右肩，做同样的动作。如果感到手的压力过大，可以简单地将头轮流向左右歪斜。

（6）将头往下缩，两手十指交叉放在头顶上，使下巴向两肩左右来回作半圆活动，但不要真将头向下压。

（7）活动至此，可以逐步做一些站着的练习。站立收缩腹部，举起双臂作想象的爬绳运动，两臂轮流像真的一样做向上抓绳动作。

（8）两臂轮流前后绕圈挥动，想象棒球运动员的投球动作，先按顺时针方向，再逆向挥动。

（9）回到坐的姿势，将右手贴在右边脸上，当头向右转动时，用手给脸部加点阻力，数两下然后向左做重复的动作。头向每边偏转时，幅度要尽可能的大一些。

（10）结束动作：将手按在脖子背后、头发与头皮结合线的上边，然后从上向下按摩，或者用双手的食指和中指分别压在脖子后面两边，自上而下按摩至肩部。

崇 立

3/ 自我按摩治疗颈椎病

我得了颈椎病，又长期坐办公室，整天头晕、脖子痛、肩膀酸，医院要我每周去做"牵引"，因工作忙，坚持不了。后一位同志教我自我按摩，办法是双手十指交叉，放在脖子后，用手掌按摩两个太阳穴及后脖颈100次，然后单手各按摩50次。按摩时下颈微抬，以使后颈椎处松弛。半年多来，我每天早晨起来按摩，天天坚持，有时晚上也做一次，现在，我的颈椎病已好了。

许国印

4/ 干搓脸治颈椎病

去年秋天，我得了颈椎增生，左手大拇指、食指、中指麻木，几次去医院治疗无效。后一朋友介绍采用干搓脸法，不到半年就好了。方法是：十指伸直举同脸高，上下搓脸，每天早晚各一百次，连续半年便好。此法由于肩头同时活动，还可治肩周炎，并还有美容作用。

杨永全

5/ 搅舌可治颈椎病

我患颈椎痛多年，久治不愈。一次，我在搅舌做牙齿保健操后，颈椎部感觉有些轻松，便留意。我每天坚持做搅舌数十次，1个月后颈椎竟不酸痛了，半年多来也没有犯病。其方法是：舌尖在牙床内侧或牙床外侧顺一个方向转圈搅动，待后脑勺感到痛胀时（约有14圈）停下休息一会儿，再向相反方向转圈搅动，这样反复3~4次即可。

杨明兰

6/ 橡胶锤治好了我的颈椎病

我患颈椎病十几年，经多次理疗、按摩等都未治愈，朋友介绍拍打可治颈椎病，于是我买了一个橡胶锤，每晚看电视或躺在床上，用橡胶锤锤打患处30分钟，现已痊愈达两年之久。

牛满川

7/ 围脖颈睡觉治好我的颈椎病

我患颈椎病十几年，起初脖颈强直，晨起颈椎转动有吱吱声，以后，肩胛疼痛不适，进而发展到两手无力，两

臂肌肉萎缩变细，多家医院治疗无效。我是南方人，说也怪，我一回南方，病情就缓和了，这给我启发。1990年，我采取了以暖治寒的对策：每晚睡觉时，用一条两尺多长、两寸宽的多层软布把脖颈围两三圈，早晨起来颈椎感觉舒服，活动自如。以后除了大夏天不裹以外，春秋冬及初夏均如此保暖，颈椎病一年比一年好转，现在，症状已消失，两手无力的情况也不存在了。

伍涤尘

8/ 预防颈椎病的"凤字功"

两脚分开与肩同宽，脚跟站稳，用头部代笔书写繁体"凤"字，此法名为"凤字功"。此功不受地点和时间的限制，预防颈椎病效果很佳。

刘可章

9/ 醋敷法治落枕

取食醋100克，加热至不烫手为宜，然后用纱布蘸热醋在颈背痛处热敷，可用两块纱布轮换进行，痛处保持湿热感，同时活动颈部，每次20分钟，每日2~3次，两日内可治愈。

钱焕祥

10/ 颈椎保健两法

作为一个颈椎病患者，我在亲朋和病友间收集了两种古代流传的颈椎病自我保健方法，详述如下。凤点头：闭上眼睛（避免老年同志晕眩），身体不动，用头在空中书写繁体"凤"字，7~8遍。"凤"字笔画复杂，可带动颈椎各个环节都得到活动。鹤吸水：身体不动，下颏抬起，抖动前伸，同样7~8遍，自感有颈椎关节松动响声。

100062 北京崇文区东河漕17号 方广良

11/ 防治落枕一法

我过去常常落枕，要两三天才好。一老人告我一法，从那天起，我就照此法活动脖子，从此便未患过落枕。具体方法如下：开始两臂侧平举与肩平，再把手弯向前胸握拳，拳心向下，耸肩缩颈，然后脖子慢慢转到左边看到肩，再从左边慢慢转到右边，再转向到左边，依次做七八次就行了。一下不能做七八次，可以少做，每天坚持活动一次。 　　　　　黎英

12/ 转头可治脖子痛

我患颈椎病多年，经常脖子痛，做牵引吃中西药都无济于事。后来我每天左右扭转头部，约两个多月，脖子不痛。但扭转时要循序渐进，开始要慢，幅度要小，可以慢慢增加次数和幅度，扭转时要使脖子尽量向上伸，同时也因人而异，不可勉强。此法简便，随时随地可做。

100035　北京西直门内前半壁街 1 号楼 10 门 1031
号　张瑞

13/ 倒坐椅防治颈椎病

人在正常直立情况下，颈椎的排列是略向后弯曲的，但长期伏案工作的人，颈椎经常处于向前弯曲的状态，使后侧颈椎间形成多余空间，骨质易在此增生而导致颈椎病。作为防治此病的一种辅助措施，不妨在看电视或与家人闲聊时，将不带扶手的靠背椅椅背朝前倒骑着坐下，两小臂交叉伏在椅背上，自然就形成头略后仰之状，还可有意让脖颈向后弯曲程度比正常情况下再大些，以此来校正因伏案工作造成的后果。我坚持此法月余后，原

来肩紧、手麻的感觉越来越减轻。今推荐给有关读者，不妨一试。

100044　中国仪器进出口总公司　孙耕生

14/ 自制"子母枕"防治颈椎病

本人患颈椎病，采用多种办法治疗效果不理想，偶尔看到一篇古代人睡圆枕防治颈椎病的短文，受启发，制作了"子母枕"，没想到颈椎病的许多症状消失了，我把这种"子母枕"介绍给其他同志，也取得了很好的疗效。现将制作方法简要介绍如下：

（1）母枕的制作。母枕不需要再制作，只需把家中用的普通枕头中的填充物，最好是装有荞麦皮的枕头中的荞麦皮放掉一部分，使普通枕不要那么饱满，就变成了"母枕"。

（2）子枕的制作。"子枕"的两端（堵头）必须是圆形的，直径可根据人的脖子长短来确定，一般直径在 10~13 厘米为宜。枕筒与两端缝制在一起，但一头先留一口，即变成圆筒如布口袋，再买一根直径约 5~8 厘米的塑料管，长度比圆枕筒稍短些，在将塑料管放入枕筒前，先用膨松棉加少许荞麦皮将塑料管一层一层包裹起来，再装入圆筒枕内，将口缝死。需要说明的是，圆枕内必须加塑料管，因塑料管主要起一个支撑的作用；圆枕必须达到软硬适中的程度，如果枕头太硬，头皮与枕头接触面小，压力大，就会影响血液循环。符合上述要求，子枕便做成了。

（3）母枕与子枕必须"组装"在一起使用。枕用时，母枕放在睡觉的床头位置，再将子枕放在母枕上边的一头

位置，使子枕压在母枕上。枕用时，人的脖子枕在子枕上，头部枕在母枕上。枕上这种"子母枕"，在头枕部有一宛如驼峰的"牵引带"。当人睡眠时，由于颈椎部位长时间依托在"驼峰处"，很自然地形成一种牵引状态，能有效地产生一种向下的矫正力，使病态的颈椎逐渐恢复到正常的生理曲度，这就是枕用"子母枕"能防治颈椎病的简单道理。

100085　北京清河小营干休所　梁惠敏

1/ 倒行治好了我的腰痛病

数年前，我一直患有腰痛，弯腰干一会儿活，直腰站起很难受。经查：腰部五块骨头均有骨刺，作理疗及药物治疗均不见好转。后经友人介绍，老年人练倒行好，倒行100步可比上前进一万步，倒行可解除腰腿背部疾患。我试了一年多，果有奇效。方法是：找一平坦地，双手叉腰，腰背挺直，两眼直视正前方，向后退着走，速度可适当加快。若在练倒行时，再加作几下腰部运动，更好。　马庆华

2/ 自治腰扭伤一法

我在修十三陵水库劳动中扭伤了腰，20年来几乎每年都犯一两次病；每次都要去医院针灸，至少要花费7个半天时间。10年前我偶然发现《练功十八法》中的介绍：以大拇指尽力按住病痛的腰眼，顺势转腰几十下，直到不痛为止。几分钟后我的腰伤便治好了，从此十几年始终没再犯。　平　野

3/ 治腰病一法

我从事办公室工作30年，晚上又伏案写作，长期患腰肌劳损，年轻时又伤过腰，腰椎变形，每年的腰病弄得我苦不堪言。两年前，我看到一个治腰的方法，便试着做，结果腰病好多了，去年已不再患腰病。此办法是：背靠床帮一端，双手扶床帮横木，上身向后仰50次。有高血压者慎用。
　王克昌

4/ 老年腰肌劳损患者自我按摩法

选一个有弹性的小皮球或乒乓球，外面包层1~2厘米的软泡沫塑料并用薄布缝好。再用两条宽松紧带做一条腰带，把球固定在腰带中间（球应对准病变部位）。此腰带不能当裤腰带使用，因此系上后应以自身活动合适为宜。这样等于自我按摩，可减少痛苦。　郭芝波

5/ 转体治腰痛

腰痛，为老年人常见病。今有一法：闲坐时，两腿保持20~30厘米距离，以腰椎为中心，体稍左倾，转动36次，再体稍右倾，也转动36次，然后坐正，身体小范围的前倾后仰72次，整个活动，形成一个周期，大概用5~6分钟即可完毕。每天早晚各1次，不过要注意身体左右倾转动时，向下以不低于腰带为度，坚持就会有效。
　赵金星

6/ 电熨斗热敷治腰痛

身体某些部位不适需要热敷，最快速方便的手段是使用电熨斗。功率500瓦的电熨斗通电一分半钟后拔掉插销，可使用半小时。开始热度过高，可隔两层衣服，随着热度逐渐降低可减衣服直到直接接触腰部。如让电熨斗缓慢推移来回碾压背部可请家人帮助，如熨衣一般，则可收到热敷按摩双重功效。我用此法治好了用其他理疗方法没有治愈的腰痛。　李希珍

7/ 桑枝柳枝治腰腿痛

取桑枝、柳枝各一小把用水煮30分钟熏洗患处，可治腰腿痛尤其是由风寒引起的腰腿痛。这是20世纪40年代冀中解放区老乡用的方子。

100051　北京前门西河沿111号　张秀文

8/ 上鳖泡酒治闪腰

有一次我因打球不小心把腰闪了，有人告诉我一个偏方：用土鳖虫 7 个，白酒 30 毫升。先将土鳖虫用瓦片焙干后，浸泡于白酒中，等 24 小时后去渣取酒。一天 3 次，一天服完。重者 4~5 次即痊愈。挺管用的。

100045　北京西城区二七剧场路东里新 11 楼 623 号　傅雷

9/ 火酒治疗腰腿疼

唐山地震时，我因长期睡防震棚，过于潮湿导致腰腿疼，多次就医无效，后邻居用火酒为我治疗，仅 10 天就全好了，至今没有复发。此法很简单，白酒约 40 克，倒入碗内点燃，用手快速蘸取冒着蓝火苗的火酒搓患部，每天 1 次，7~10 天即可治愈。注：操作时动作一定要快，并迅速将火苗搓灭。

100013　北京东城地坛北里 9-4-203　王荣云

10/ 枸杞泡酒治腰痛

我从 1985 年起就开始腰痛，后来逐渐加重，以致伸腰弯腰都疼痛难忍，夜里躺在床上更是难以入睡，十几年多次去医院，只能做理疗，虽配合锻炼，结果都不见效。听说枸杞泡酒治腰痛，抱着试一试的想法饮用，十几天后开始见效，1 个月后伸腰、弯腰基本不痛了，3 个月后正常，继续饮用一段时间，现已过去一年多了，没有出现反复。具体方法：将适量枸杞放入白酒浸泡，十几天后即可饮用，每日一次，每次 50 克。

100035　北京市西直门内 188 楼 304 室　刘福慧

11/ 防治扭腰、闪腰一法

我因颈椎、腰椎增生和骶骨裂再加上腰肌劳损，过去在工作和生活中，常因用力不当或不知缘由发生闪腰、扭腰，感觉腰部沉痛，不能伸直，有时躺下不能翻身，非常不便，一闹好几天。找医生打针吃药按摩只能缓解一些病痛，不能根除。前几年一位军医刘教授讲，对因颈、腰椎增生压迫引起的腰腿痛症，坚持天天疾步走 8 字，能缓解病情，直至痊愈。我照此办，早晚散步在田间路上或在马路人行道上，左拐三四步，再右拐三四步，急走 S 形前行（根据个人情况和路况，逐渐加快）；晚上在客厅看电视时就快步走 8 字（有七八平方米地面就可绕着走），每天坚持走约 2000 米到 4000 米不等，如此锻炼了五六个月以后，就很少犯腰病了。我已形成习惯，今已 3 年，过去常闹的扭、闪腰毛病一次也没犯过。

065200　河北省三河市烟草专卖局　金起元

12/ 麦麸加醋治腰腿病

到了老年腰腿常痛，用麦麸加醋热敷，可很快将病治好。做法：在 1500 克麦麸之中加入 500 克陈醋，一起拌匀，然后炒热并趁热装入布袋中，扎紧袋口后立即热敷患处，凉后再炒热再敷，每 3 小时敷一次，一次敷 30 分钟，常敷治老年腰腿痛特别有效。

附：答读者问

（1）在热敷过程中凉了应再炒再敷，热敷时间不能少于 30 分钟。

（2）麦麸陈醋在再炒时要加少量陈醋进去。热敷 3 次后即换新材料。

（3）麦麸可到农村养猪户购买或到小麦加工点购买。

100032 北京西城区粉子胡同7号 张文习

13/ 炒大盐可治老寒腿

患有老寒腿的人，可用棉布缝一个书本大小的口袋，双层，中间絮上些棉花，不宜太薄，也不宜太厚；每天晚上将大粒盐1000克放锅内炒数分钟，听到响声即可；将盐倒入袋内，口封好；睡前将此口袋放置于关节疼痛处，盖上棉被。每晚敷一小时左右，连敷一周为一疗程，对治疗风湿性关节炎有效。 梁惠敏

14/ 热药酒熏老寒腿

我表妹12岁时因摔伤不能平卧，只能侧卧，时间久了，曲着双腿筋不能伸直，不能行走，去医院针灸吃药全无济于事。后遇一翁姓老中医用偏方治两个月，双腿全伸开，行走如初。该偏方：红花一两、透骨草一两放入瓦盆内倒两平碗水，文火煎半小时后点上白酒一两，就热（略放一会儿以免烫着）放在双腿膝盖下（坐在床上），用棉被蒙到双腿上盖严，以热药酒气熏腿（千万别烫着），最好在秋冬，每晚临睡前熏一次，持之以恒，定能有效。此法对老寒腿也有效。 萧宇光

15/ 红果加红糖治腿痛

友人之兄曾参加抗美援朝，由于坑道潮湿，回国便腿部酸痛无力。后经别人介绍一方：用一斤红果（去核）加一斤红糖，加水煮熬成糊状，趁热服用，以出汗为宜，并用棉被盖上双腿。这样连服用3~5次即见成效。如果效果不显，可多服几次。 刘润和

16/ 自制药酒治腿酸痛

冬天来了，一些因风寒而腿脚疼痛的人又犯愁了。邻居介绍给我一种自制的药酒能治疗风寒性腿脚痛的方法：买1瓶白酒（二锅头即可）、1瓶蜂蜜，再切上一把姜末，将酒与蜂蜜按1：1的比例混合在一起，将姜末泡入其中。10天后就可以喝了，喝1小酒杯即可（8钱以下的），同时吃一点姜末。 谢光

17/ 强肾健身球治小腿静脉曲张

我的小腿患静脉曲张有3年多病史，经多方治疗无效。一天，我顺手将放在床头用来治疗腰痛的强肾健身球垫在我的小腿部，躺下过了约半个小时，腿部疼痛稍有减轻。从此后，我坚持睡觉时将球垫在小腿部，过了3个月，我的小腿静脉曲张消失了，疼痛也好了。 陈凤霞

18/ "炒大盐治寒腿"又治失眠

"炒大盐治寒腿"更治严重失眠。我右腿受风寒上楼和骑车都疼。在医院看了半年多花去500多元，一点都不见好转。后来想起看看《生活中来》，没想到用大盐热敷膝关节一个多月后，好了多一半。奇妙的是在热敷半个月时失眠也一点点见好，到两个月时见到奇效。我失眠20多年，每天吃两片安定。其他偏方都试过，无效。方法是按本书《炒大盐可治老寒腿》一文把1000克大粒盐炒热倒入书本大小的棉口袋内，棉层不宜太厚也不宜太薄，每晚看电视时热敷一小时。

膝关节右侧往下 10 厘米正是"足三里"的穴位，再用口袋热敷"足三里"一刻钟，效果真是奇佳无比，晚上合眼便着。

100009　北京地安门北河沿胡同 5 号　孙瑞兴

19/ 塑料布捂老寒腿

我有一邻居，今年 70 多岁，患老寒腿病有 20 多年，最近几年，忽然觉得他腿脚利索多了，走路也如常人一样，有时连续走几里路也听不到他叫腿沉了。他说，这几年，每到秋冬季节，就用塑料布把小腿裹起来，这个东西不透气，非常保暖，走起路来热乎乎的。晚上用热水烫过脚后，非常舒服，再加上电褥子热被窝，他的腿经过这三保暖，好了，消除了沉重感，走路轻快多了。

100073　北京市 1303 信箱 12 分箱　杨永泉

20/ 葫芦水治老年人腿脚浮肿

3 年前经人介绍用葫芦煮水喝，治好了我的脚腿浮肿，至今没有再犯。方法是上午将葫芦一个（高 15 厘米、肚径 10 厘米）洗净，葫芦子取出，放入 20 厘米的铝锅内，注满清水，煮开锅后，再用微火煮半小时。取出葫芦，晾温后不加糖，一次喝完。下午再用这个葫芦煮水，再喝一次。我连服两天即愈。我去年种了两棵葫芦，治好了老年人 4 位。肾炎患者例外。

071600　河北保定市史庄街 8 号　杜静安

21/ 二锅头泡干辣椒治腿痛

本人患老年人常得的腿疼病，白天走路疼，夜里疼得睡不着觉，很是苦恼。医院检查不出什么原因，只说受风，拔罐、扎针灸，两个疗程不见轻。结果还是一个很简单的方法治愈了。此法如下：干小辣椒（最好是冲天椒）50 克、二锅头白酒 200 克，将辣椒浸泡在白酒里，7 天后涂抹患处，用二三次即见效。此方已治愈了好几位老人。

100026　北京朝阳区呼家楼西里甲 13 楼 5 门 302　刘秀贞

1/ 护膝可防治膝盖病

1985年秋后，连续两年，我的两腿膝盖部一动即疼痛难忍，医生说法不一，吃了不少药但见效不大。我怀疑膝盖部位受风寒所致。1987年入夏后，我决定冬病夏防。每晚睡觉时，我都戴上护膝，不管天多热都要坚持。当年秋后，膝盖部位果然没再犯病。现在我年年坚持，膝盖部位再没犯过疼痛。

干克礼

2/ 冬季护膝一法

我有腿疼的毛病，冬季稍有风寒，行动就不方便。我选两块直径约15厘米大小的太空棉，反射层向腿部，用别针别在衬裤的两膝盖处，洗衬裤时可以取下，装拆方便。我用了几年，效果不错。

黄心泰

3/ 热水浴治疗关节炎

我曾患膝关节炎，吃过不少药，也针灸过，效果都不太好。一到冬季，就痛苦难忍，实在没法，我就到浴室用热水浸泡。最初觉得泡一泡出来后舒服些，于是我就每天到浴室热水池中泡一泡，一年四季不断。到第二年冬季就不痛了，直到现在关节炎没再复发。具体做法：浸泡时开始水不要太热，以温热舒适为宜；边浸泡边把水温加热，在皮肤耐得住的情况下，水尽量热一点为好。可局部浸泡，即浸泡患部，并要边浸泡边按摩患处，一直泡到全身出了微汗；如有时间，可停止浸泡，凉爽一会再浸泡，反复几次。也可全身浸泡，同样要边浸泡边按摩患处，直到头上出微汗；这时可改为局部浸泡，待一会儿时间，再全身浸泡，反复几次。局部或全身浸，每次不要少于半小时，我每次浸泡一小时左右。

杨振华

4/ 冬季护膝一法

有腿痛、膝关节痛的人和中老年人，冬季要保护好膝盖免受风寒。穿毛裤过冬的可找些毛皮或呢绒剪出两块17厘米×17厘米左右方块或长方块，把四角剪圆，缝在毛裤两条腿的膝盖处（用毛线织两块缝上也行），其中以使用毛皮的效果最好，膝和腿会有热乎乎的感觉。这样做比护膝灵活又不致影响腿部血液流通。

陈瑞麒

5/ 揉膝盖去酸痛

我已过不惑之年，膝盖经常酸痛。后每晚坚持揉膝盖，现在膝盖的酸痛感和疲劳感基本消失。方法是：每晚睡觉前用双手的手心贴着两膝盖，左手贴左膝盖，右手贴右膝盖，稍用力，顺时针揉32下，逆时针揉32下，转的幅度越大效果越好。坚持3个月，便可见成效。

崔均权

6/ 用保鲜膜保暖

有关节炎的人，膝关节最怕受冷风吹，不少有此病的人要靠护膝保暖，虽能挡风，但膝部不舒服。现介绍一简便方法：在内、外裤之间夹一层塑料保鲜膜，由于它很柔软，附着性好，不需固定即可，宽度半尺左右，穿着无任何不便，膝部温度明显增高。贾仲林

7/ "三风"酒治关节炎

我妻患关节炎，蹲不下，站不起，疼痛难忍。内服大力神、风湿丸等药，收效甚微。后听亲友说可服用"三风"

酒，果然治愈，已一年多未复发。"三风"即中药店售的海风藤、青风藤和地风，各 20 克，用 500 克二锅头白酒泡 7 天后饮服。与此同时，晚间用暖水袋热敷膝关节，并不时拍打，辅助治疗。

附：答读者问

服用"三风"酒时，可根据患者的酒量，酒量大可每天多服，酒量不大可少服。一般是每天早晚 2 次，每次不超过 40 克。500 克酒服用 7~10 天为宜。1000 克药酒为一个疗程。如不愈，隔 3~5 天再继续服用。酒量大的患者，7 天前饮完，可用原药渣再泡 500 克二锅头白酒服用。

牛连成

8/ 辣椒陈皮治老年关节炎

老年人膝、肘关节或腿疼是常见病，我有一法：用小尖红辣椒 10 克、陈皮（橘皮）10 克，用白酒 500 毫升浸泡 7 天，过滤后，每天服 2~3 次，每次 2 毫升，可有效缓解或制止疼痛。不能饮酒者，用此药涂于疼痛处来回擦，而后用麝香止疼膏贴于患处。

100039　北京海淀区翠微中里 11 楼 402　程　江

9/ 治关节炎一方

红糖 150 克、鲜姜 250 克、老黄酒 500 克（质量好的）。将鲜姜切成小块，然后榨碎，取其汁（用消毒纱布包起来，将姜汁挤出来），与红糖、老黄酒搅拌一起，放锅内烧开，约两大碗，分两次在晚上睡前喝下。喝完第一碗后，躺床上盖上被子发汗，出汗越多越好。约两小时，汗不大出了，再热第二碗喝下，接着出汗，待不大出汗

了，慢慢掀开被子，不要着凉感冒，换好衣服，就可睡觉了。炎症较轻的，一次就好了，炎症较重的，需两次，我女儿的关节炎就是用此方治好的，还治好其他一些人。注意，不出大汗无效。

100074　航天工业总公司三院三十一所　于广普

10/ 草药泡白酒治风湿性关节炎

我患风湿性关节炎多年，医院诊治疗效甚微。一位朋友介绍一方：青风藤、海风藤、小防风、钻地风各 10 克泡二锅头酒内，3 天后每晚睡前服一汤匙，效果较为明显，不用上医院治疗了。至今我还在坚持服用。

100076　北京大兴县红星中学转　舒　兵

附：读者来信

青风藤有毒性，患者应根据病情轻重、身体强弱、年龄大小等情况，酌情用药。

范学明

（编者注：范学明同志的提示很重要。中草药中，有的药性很猛烈，使用不当，得不偿失。草药泡酒，酒多为白酒，而白酒对肝脏有损害，这也是须加注意的。）

11/ 鲜芝麻叶煎汤可治关节炎

鲜芝麻叶 4 两，放砂锅内，注入凉水，待煎至水剩一碗时，趁热喝下，一天一次，此法可治关节炎。我的一位好友，年轻时曾患膝关节炎，疼痛难忍，用此法治愈。30 余年未再犯。

264508　山东省乳山市职业中专　宫锡柱

12/ 粗沙子渗醋治关节炎

我脚踝患有关节炎，因疼痛走路不自在。我用粗沙渗醋的土法子治好了，

至今没再患过。方法是粗沙若干，淘净沥干后装入布袋里，用时以醋渗透，之后再放到蒸锅上蒸烫，取下敷于患处，每晚一次（半小时），坚持半年见效果。100032 北京西城区粉子7号院 李祥秀

13/ 吃甲鱼治关节炎

买一个活甲鱼，置盆中喂养数日。锅内放凉水，将甲鱼放锅中，加温火，不可太热，这时甲鱼因受热在锅内翻滚，大约三五分钟灭火端锅，将甲鱼取出，去内脏。放锅中再煮，不可用原汤，必须换新水。不加任何作料，煮熟后吃肉喝汤。还有一个方法，用搪瓷锅或砂锅，不可用铁锅，锅内放白酒250克加温。这时将甲鱼头剁下，将血控至锅内，继续加温，一边用汤匙搅拌成糊状。一日3次分饮，不能喝酒者，在酒内加水也可。剩下的无头甲鱼置锅内放水另煮。至半熟时揭盖掏去内脏，继续煮，熟后吃肉喝汤。

100035 北京新街口航空胡同18号 马龙一

14/ 韭菜治关节肿痛

家父两年前右手小指弯曲变形，扳之疼痛钻心，后得一方治愈。鲜韭菜数根，放手掌搓出汁擦患部，间隔1小时擦1次，连续10日即愈。擦时不可性急，循序渐进。此方已治愈数人。

062552 河北任丘华油总医院教培中心 阎丽平

15/ 核桃树枝治膝关节痛

67岁的我每年进入冬季，膝关节就开始痛，要到来年五六月才不太痛。吃过多种中西药，30多年都未治好。去年锻炼时一老翁说，用核桃树枝切成10厘米长，入锅煮1小时，用其蒸汽熏其痛处，每晚睡前进行，时间长短

不限，水凉为止。我连续两星期就治好了几十年的顽疾。周围有此病者，使用后都说好。

附：答读者问

对寒湿膝关节痛，此方冬、春治疗效果好。每次放10根，过5天再加10根，第1次煮熬1小时，第2次烧开即可，水和枝都不倒掉，保持水位蒸汽足。盆上要盖一三合板或薄铁皮，中间挖一孔，让蒸汽从孔中射入痛处。人体一侧趴在长沙发或凳子上，一般两周可治愈。

100020 北京东大桥农丰里2号楼3门412 陈星阶

16/ 橡子刺菜治关节痛

和我一起登山的一位老同志，突然感到上山时腿膝关节痛，下山时膝关节不顶劲，无力腿软，有时疼痛难忍。到几个大医院检查，均没有检查出结果。一个偏方一次就把他的膝关节痛病治好了。其方是：7粒橡子、7棵刺菜，砸成肉泥，搅拌均匀，糊在关节的疼痛处，用纱布包上，绷带缠住，糊3天揭开。揭开时，发现原来的疼痛处有水泡，说明把体内的寒气或病毒拔出来了，之后水泡自然消失，膝关节不痛了。

附：答读者问

橡子是山林中橡子树上结的种子，外壳上长有棕色的毛刺，熟后自动从壳内脱落，长圆状，薄皮很光滑。北京的蟒山、卧龙山、十三陵、香山、阳台山、凤凰岭等林中都有。刺菜是一种野菜，长叶，叶子上带刺。这种菜田间地头水沟旁小路边杂草

地里都有。配药必须用鲜剌菜和长熟的橡子。

100088　北京北三环中路43号8-5-402　刘晓春

17/ 治风湿性关节炎草药方

60年代在广州得此药方，多年来介绍给不少患者包括我的女儿服用，均有效果。此药为广东中草药，只能在广东中草药店买（北方药铺买不到）。千根拔、豆豉羌、牛大力各100克；走马战、走马昭、胡椒根各50克。每剂药配一只猪蹄或鸡腿，排骨也可。将药清除沙土等杂质，放入稍大纱布袋中。用大点砂锅放水先将猪蹄煮半小时后，药入锅再煎半小时，头煎晚上睡前服，备两条干毛巾，服药后患关节排汗时擦汗用。用被子盖严患处别见风。次日早煎，连同猪蹄吃了更好。一般7~10天，病可消除。

100036　北京海淀区翠微北里5号楼2102室　老　曲

18/ 白花太子治风湿关节痛

我曾患有风湿关节痛，用下面方法治好了。用牛奶和荞麦面做成薄面饼，把白花太子（中药铺有售）碾碎铺在上面，然后贴在患处。约10分钟后发热，30分钟左右即可，见效特快。此方介绍给数人都说效果不错。

100021　北京松榆西里44楼1801　曲桃英

19/ 热敷治关节痛

我退休前在上下楼时关节就痛，后来得一方：用磨面剩下的麦麸子1000克、食醋500克、食盐500克，放在一起拌匀，装在小布袋里，用锅蒸热后敷患处，再在上面盖个小棉垫儿，直到布袋不热了为止，我用此法连敷了20多天，就不痛了。我退休20多

年了，一直没再犯病。

100007　北京东城区交道口南大街大兴胡同63号　刘振国

20/ 治大脚趾根部关节骨质增生

几年前，我爱人右脚大脚趾根部关节处突然增大，长了大个圆包，疼痛难忍。后朋友告一方：用醋两大碗（以便没过脚面），一两干黄花菜放醋里，用慢火煎熬至黄花菜张开，用来烫脚，两三次就好。我爱人按此法烫脚一次就不痛了，也没有再复发。

100022　北京建国路红星酿酒集团公司　汪日新

21/ 治膝盖痛一法

本人膝盖痛多年，后经老中医朋友介绍一方，用后效果很好，现已20年未犯。其方为：花椒100克压碎，鲜姜10片，葱白6棵切碎，3种混在一起，装豆包布内，将药袋放膝痛处，药袋上放一热水袋，盖上被子，热敷30~40分钟，每日两次。也可以膝痛处在上，药袋在下。

附：答读者问

本文发表后，信电较多，作复如下，恕不一一回信。生花椒100克压碎，鲜姜10中片切碎，大葱6中棵，取葱白（3寸处）切碎。3种"药"混合拌匀，装豆包布内摊平，置于热水袋上。膝盖放热水袋上热敷，早晚各一次。每袋用7天（一疗程）。

100029　北京朝阳区安贞里一区21楼205号　张炳钧

22/ 醋煮葱治关节炎

我患有膝关节炎，走路都疼，治疗无效，有人介绍一方，用后果然好了。

其法是：普通醋 500 克，鲜葱 500 克切成寸段，一起放在锅里煮沸，略凉后用纱布蘸醋汁擦洗关节炎处，一次擦洗 10 分钟，一天 6 次（多擦也可），半月后见效。

附：答读者问

（1）醋汁擦完后再煮新葱，不必擦一次就换新的。（2）轻轻蘸擦，不宜用力过猛。（3）醋汁凉了需加温后再擦，温度有热感即可。

100032　北京西城粉子胡同 7 号　李祥秀

23/ 苍耳子治关节炎

前年，我的邻居王老太太腿关节疼，疼得走不了路。后来用一方治好。该方是：嫩苍耳子适量捣烂，成泥状（如干可适量加水），敷于患处，再用纱布或布条扎紧。敷 40 分钟即可（如病情重也可敷时间长些）。拔的水泡越大，效果越好。去年有 3 名老年人用此方治疗，都已治愈。

074000　河北高碑店兴华中路华福胡同华光巷 18 号　杨善臻

24/ 药敷治类风湿关节炎

透骨草、穿山甲、甘草各 15 克，水煎成浓液，用芥末调成糊状，敷在患处，用纱布包扎好。两天一换药，连治 6 天，即可见效。

100088 北京海淀区马甸小学　郑玉珍

25/ 骨节草治风湿性关节炎

与我一起放牛羊的小伙伴，16 岁那年他的腿得了风湿性关节炎，严重时走路都困难。多方求医治疗无效。后得知一方，关节炎治好了。具体治法：醋 1000 克，骨节草 500 克切成段（枝叶都能用）放进醋里用锅煮，烧开后将锅端下，放在木板上，而后把有病的腿架在锅的上面（要注意适当的距离，不要烫着），腿上面盖上棉垫，用热蒸气熏有病的腿关节。药凉了再加热。一天 1 次，每次 1 个小时。一锅药只能用两次。连续治疗 5~8 次风湿性关节炎好了。18 岁那年，他参了军，今年已经 61 岁，关节炎至今未犯。

100088　北京北三环中路 43 号 8-5-402　刘晓春

26/ 食姜治膝关节炎

用生姜治疗膝关节炎方法很简单，每天吃生姜不少于 5 克，连续 3 个月有效。具体吃法是：把生姜洗净切成片或丝凉拌当小菜吃。

074000　河北省高碑店市兴华中路华福胡同华光巷 18 号　杨善臻

27/ 铁菱角等治关节炎

我老伴年轻时患了关节炎病，多年治疗无效。后寻得一方，服此方一剂即痊愈，至今未有复发。此方为铁菱角、广木香、斑柴根的鲜根茎各 50 克，洗净，晾干外表水分，用木槌或棍棒敲碎，再用上等白酒 3 斤浸泡（如无 3 斤容器，可分开浸泡）。7 日后，将渣滤去饮酒。每天 3 次，随量饮之。饮后注意休息。

231623　安徽肥东县杨塘乡黄李村　张秀学

28/ 蓖麻子刺菜治关节炎

蓖麻子（玄皮）、刺菜各 4 两，洗净掺在一起捣成糊状，用纱布包好，放在膝盖，用手来回揉搓，至出汗为止，有两三次即可见效。经朋友试用后效果很好。

100075　北京永外安乐林三条 33 号　李克昌

29/ 酒烧鸡蛋治关节炎

前年，我妈妈患风湿性关节炎，每每天气变化就疼痛难忍。后来经一老人介绍一方，试了几次，效果很明显，再用了几次，关节炎竟治愈了，至今再也没犯过。具体治疗方法：把3个红壳鸡蛋洗净，放入干净的小锅内，倒入50度以上的白酒，以白酒刚好没过鸡蛋为度。先把锅底稍加热一会儿，关火，再把锅内白酒点燃，火自行熄灭后，待鸡蛋和残酒冷却至温热时，将鸡蛋去壳连同残酒一起吃下，然后上床捂上被子睡觉，让身上出一场大汗，每星期按该方吃一次。

430052 湖北省武汉市汉阳区建港向阳小区200号8栋4楼2门 冯国海

（编者注：白酒加热时不可离人，注意防火。）

30/ 练抬腿治愈膝关节积液

膝关节骨性关节病关节积液较多时，应到医院专科门诊抽液，然后用绷带加压包扎。但当关节积液量不多时，穿刺抽液则较困难。这种情况下，练抬腿可有效地治疗和加速康复。具体方法是：①平卧硬板床上，两腿伸直，两手自然放置体侧；②尽量背屈（勾起）患肢足踝部；③膝关节保持伸直状态下抬高大腿。开始时每日早晚各做1次，以后每1~2天增加1次，抬高角度亦应逐渐加大，再往后可在小腿远端绑500克左右沙袋进行锻炼。每次练习后会感到大腿内侧肌肉（股内侧肌）酸痛，是正常现象。坚持锻炼1~2月，关节积液即可消除，腿部有力，行走轻快。

100020 北京朝阳区关北街9号楼3单元506号 寸言

31/ 老鹳草泡酒治风湿痛

我脚踝患有风湿痛症，一疼连站立起坐都感吃力，朋友介绍一方：从中药房抓回老鹳草若干，切碎后泡进二锅头瓶中，每瓶一两半，泡足一个月后即可使用。用纱布蘸酒擦抹患处，每次七八分钟，一天至少4次，坚持数月必见效果。加热后再擦效果更好。

100032 北京西城粉子胡同7号 张晓军

32/ 大葱胡子治膝盖、脚肿痛

我年轻时不慎因遇大雨久淋而膝盖、脚肿疼不止。当时幸得到一位老中医给的偏方，经使用疗效明显。特介绍如下：八九根大葱连葱胡须、葱根切下，洗净放入脸盆中煮沸20分钟，用此水熏洗患处。方法：将膝盖或脚放在盆上或盆内，上面用布单盖严，使患部活血出汗。汤水凉时再温热，可反复熏洗，每天早晚各1次。

100038 北京海淀区羊坊店铁路东宿舍楼1号楼甲13门103号 张善培

33/ 常吊单杠可治肩周炎

我认识一位司机朋友，他3年前得了肩周炎，虽经多方诊治，如按摩、电疗、热疗等，效果均不佳。在没有办法的情况下，他每天坚持吊一会儿单杠（或类似的横木），病情日趋好转，竟然痊愈了。

周永青

34/ 扒墙法治肩周炎

我们两人都得过肩周炎病，一个是在8年前，一个是在2年前。我们采取的治疗方法，就是在墙上高处划上白横线，每天早晨在室外，面对墙壁，双脚不动，双腿伸直，双手十指向上扒，目标是扒到墙上划的白线，开始

生活中来

关节炎、肩周炎、风湿

扒时很困难，但也咬着牙扒，每次扒完都出一身汗，但是扒后人很舒服，这样经过半年左右，肩周炎就慢慢好了。现在我们仍坚持，以防复发。

100015　北京东直门外大山子33楼2单元36号
罗时芬　吴衍德

35/ 螃蟹可治肩周炎

我母亲曾患肩周炎，连抬手都困难，肩部还经常酸疼胀麻，经针灸按摩疗效不佳。偶尔得到用螃蟹治肩周炎的偏方，3次就彻底治好了。这个方法是这样的：活螃蟹1只，小的2只，先把螃蟹在清水中泡半天，等它腹中的泥排完，从水中取出捣成肉泥后摊在粗布上，直径不超过8厘米，贴敷在肩胛最疼的区域。每天晚上贴，第二天早上取掉，两三次后疼痛即可消失。　张利新

36/ 抡胳膊治好肩周炎

15年前，我曾患过肩周炎，胳膊抬不起来，连背心都脱不了，到医院求治无效。后来我采用体育疗法：每天早晨抡胳膊，正抡40下，反抡40下，两臂各抡一遍。结果，抡了一个多月就完全好了，至今没有复发过。　刘志方

37/ 治肩周炎的方法

18年前，我爷爷患过一次肩周炎，胳膊抬不起来，厉害时疼得连衣服都脱不了。爷爷后来用了锻炼法：两条胳膊像仰泳一样轮换向后划动（为了保持平衡可倒退着走），每天一两次，一个月就好了。前年，爷爷又犯肩周炎，仍用这个办法治，很快又好了。　于大川

38/ 慢跑能治肩周炎

几年前，我的一侧手臂不能上举，患肩周炎了。那时我每天慢跑，过了约一个月，偶尔把臂抬上去，竟一点也不痛了。后来我的另一侧手臂也得肩周炎了，我还是慢跑，这样又过了约一个月，不知不觉地肩周炎就好了。
朱芝青

39/ 南瓜藤老蔸浸酒治风湿

我母亲20世纪70年代末因风湿导致四肢疼痛难忍，尤以双臂为甚，严重影响正常活动。后经人介绍，自制了南瓜藤老蔸酒，长期饮服，效果颇佳。现年近八旬，风湿全消。腰板硬实，天天下地劳动。制法：取上等纯米酒（20度左右）5000克，甘蔗红片糖1000克，秋后的南瓜藤老蔸（方言，指植物的根和靠近根的茎）5~7棵；先将藤蔸洗净，晾干，斩成段，然后与片糖一起浸在酒中，密封20天左右即可开封饮用。长期坚持，疗效渐显。每次用量，视患者的酒量而定，一般100克左右，每天1~2次，无须忌口。

附：答读者问

最近，我回老家又详细询问了母亲，得到的回答简述如下：我母亲在20世纪70年代患有牙痛和风湿痛病，很痛苦。听人说南瓜老蔸浸酒加红糖有降火止痛作用，扁豆（又名鹊豆、峨眉豆）根（以老的为好）浸酒加糖有祛湿消痛效果，就试着先制南瓜藤酒，喝了1个多月，病痛有所缓解。继而又将扁豆根洗净浸米酒加红糖饮服，并加服市场出售的五加皮酒，效果明

显。从此，便长期服自制的米酒浸红糖，每天 2 次，每次 50~100 克，至今未间断。这次回家见到她，仍在地里劳动，周围群众都很称道。 阮礼录

40/ 核桃仁可祛风湿

我患风湿病，四肢关节肿大，疼痛难忍，给我的作息带来不便。虽求医吃药一年之久，仍然不见好转，反而吃出了个胃病来。去年 9 月，一位好友向我推荐吃核桃仁的偏方，我试着每天空腹吃 5~6 个核桃，3 个月下来，四肢关节硬肿消失，伸屈自如，也不疼痛了。

100085　北京清河 2867 信箱 5 分箱　牛金玉

41/ 治风湿痛一法

10 多年前，我患风湿痛，关节、筋键肌肉处疼痛，时轻时重。多年药物治疗，没有明显效果。后偶得一方，10多日后症状消逝，身体康复。其方是：当归、川芎、麻黄、怀膝、陈皮、木瓜各 10 克。六味药为一服，把药用纱布包好放在鸡肚内。然后用线缝好鸡肚，清煮，不放盐。熟后连汤一起喝，要发汗，千万别见风，一次吃不完可吃 2~3 顿。吃完一服后隔一天再吃第二服，共吃 3 服。

100037　中国矿业报办公室　张文典

42/ 垂柳枝治风湿等症

采新鲜垂柳枝 150 克洗净，剪一寸小段放入药锅煎煮，第一煎 20 分钟，第二煎 25 分钟，两煎药液混合，待温度降低时，加适量槐花蜜搅匀，分 2 份早晚各服 1 份，连服 3 剂，可治愈风湿、类风湿关节炎、经络疼痛和高血压等症。重患或久患者可增加一个疗程。

牛金玉

关节炎、肩周炎、风湿

医部

1/ 治三叉神经痛一法

我 1980 年突患三叉神经痛，去了不少医院，虽控制了病症，但时好时犯，闪电式疼痛曾使我有轻生的念头。近几年我很少犯病了，其办法是：除注意休息外，我采用勤洗头勤理发的办法，洗时有意识地用指甲洗搔耳朵前、鬓角部分，理发刮脸时也注意多刮上述部位。

王克昌

2/ 水煎葵花盘治三叉神经痛

我父亲患三叉神经痛，听说水煎葵花盘服用后可治此病。结果，父亲服用 1 个月后三叉神经痛完全消失，至今已一年多时间从未犯过。用法：干燥的葵花盘数块，在药锅中煎熬 20 分钟，重者 1 天 2 次，早晚服，一般患者 1 天 1 次，晚上服。可适量放点白糖。服用时最好停用其他药物。陈 晨

3/ "大敦穴" 治三叉神经痛

得了三叉神经痛的患者是十分痛苦的。药物治疗收效甚微。3 年前，我的一位亲戚在办好出国手续后，突患三叉神经痛，不想吃，不能睡。焦急中，得知一个偏方，一试立马见效，如期出国成行。其法是：在双脚大拇指头内侧有一 "大敦穴"。每晚睡前洗脚后，用手搓揉该穴位 20~30 分钟。左脸痛搓揉右脚趾，右脸痛搓揉左脚趾，两边痛搓揉两个脚趾。患者朋友不妨一试。

杨俊贤

4/ 腰腿功治坐骨神经痛

我一密友，数年前右侧下肢和臀部疼痛，坐着站着都疼，走路困难，睡觉也受影响。针灸、理疗、封闭疗法和多种药物治疗均不见好转。CT 检查为椎间盘突出，腰部骨质增生，后做腰腿功治愈。方法是：取站立姿势，两腿叉开同肩宽，挺胸直腰，头尽量后仰，双臂同时垂直上举向后震颤。同时双腿挺直，交替向后踢。也可在床上练，俯卧在硬板床上，双手臂置于胯侧，手背紧贴硬板，躺平后双腿伸直往上翘，头部也随胸部抬起。

100043 北京石景山区八角北里 18 栋 3 单元 303 室

马庆华

5/ 治三叉神经痛一方

把收获后的葵花底盘切成小块，放在清水中煮，每天当茶水喝，可治三叉神经痛。我朋友患三叉神经痛 3 年多，很痛苦。去过几家医院和服中药都没有治好，医生说要作开颅手术。今年 3 月间，在聊天中，知道此方，找来 3 斤多葵花底盘分多次煮水，喝了 1 个多月就不痛了。

附：作者补充

我写的《治三叉神经痛一方》见报后，不少读者登门拜访或来信询问，了解具体做法。为了使来信来访者满意，我们都热情接待或及时回信，作详细答复。因我们都不懂医药常识，有的问题说不清楚，可又非常同情这些患者。如果此方确实能使他们减轻痛苦，也是我们老年生活中的一件非常有意义的事情，我们愿为此尽一点微薄的力量。因此，我们再作一次介绍，以便让更多的患者了解，及早减轻痛苦。我朋友周广治同志，现年 70 岁，是军队离休干部。他所采用的葵花盘都是收获后的干货，有大盘，也有枝叉上生长的小盘。每次把大约 250 克的

底盘洗净后，切成小块，放在铝锅里（砂锅小，方选用铝锅），多放些水。先用旺火烧开，再用文火熬15分钟，此时水为淡酱油色。每锅熬3次，第2、3次水要少一些。第3次熬完后，把底盘含的水分也挤出来。他的服用方法是：不加其他东西，不分剂量，不分次数，不管饭前饭后，不忌口，每天当茶水喝。连喝十几天后，痛的程度逐渐减轻。1个多月后，把大约2000克的底盘喝完了，三叉神经也不痛了，至今也没有再犯过。现在只是面部的侧面稍有一点不适的感觉。他打算秋后再喝一段时间，以便巩固。总而言之，从他服用的情况看，饮用剂量和水的浓度都比较大，用后未出现任何不良反应。如果读者还有什么不清楚的地方，可打电话联系。我的电话是：010-66850429转3236。也可用此电话找周广治。我们希望与患者多交流治疗信息。

100071　北京丰台区东大街东里3楼5门401号　张连士

6/ 治坐骨神经痛一方

大红枣36个、杜仲50克、灵芝50克、冰糖375克，放入1500毫升高粱酒中，密封浸泡1周，每天早晚各喝1次，每次10毫升，喝完后药渣再泡1次。一般1个月好转，3个月基本治愈。

231622　安徽肥东县古城镇全合街145号　张秀高

7/ 治坐骨神经痛良方

几年前，本人常爱犯坐骨神经痛，病发起来苦不堪言，看了多少大医院也不见效。后来经人介绍用了3个月的芸葫草和兆茇根两味药后，折腾我多少年的坐骨神经痛便神奇地痊愈了，至今几年过去了，一次也没有发作过。方法是：把12克兆茇根加150克水煮沸一小时后，再将6克洗净晾干的芸葫草放入药汤中煮开后离火放凉。一天2次饮用。

100009　北京海淀区复兴路61号　李佳

8/ 按小腹治腰痛坐骨神经痛

本人已60多岁，曾患有腰痛和坐骨神经痛，随着几十年的劳累而加重。一天晚上自己平躺仰卧，用手掌用力按压小腹肚脐下部位，立即不痛，以后10多年未犯病。

100005　北京东城区第二十四中学　李文贞

9/ 治手脚麻木一法

用生姜、葱白根、陈食醋各半两，煮水洗手脚可治手脚麻木，每次10分钟，3日即愈。

吕永瑞

10/ 挠脚心手心可防治半身麻木

我一位老友，半身麻木，用药效果不佳，后经人介绍一方：每天坚持多次挠脚心和手心，3个月后，麻木消失。

100035　北京新街口东街38号　陈士起

11/ 大葱治四肢麻

前些时，我手脚麻木，到医院看后，效果不佳。学友介绍大葱医治，果然有效。方法是：大葱60克、生姜15克、花椒3克。洗净，水煎服。每日两次，两周见效。

100007　北京东城区府学胡同31号　焦守正

12/ 姜葱醋治手脚麻木

我年纪已大，早年工作站着开机械，近年手脚麻木，经检查医治无效。遇位老者告我一方：用生鲜姜、葱白根、陈醋各半两，煮水洗手后洗脚，每次洗泡 10~25 分钟，5 日即愈。

100007 北京东四北大街细管 5 号 3 号办 王兴亚

13/ 搓筷子治手臂麻木

取有方楞的筷子两双，两手掌反复搓筷子，和刷碗时洗筷子方式相似。每次搓至少 5 分钟，每天搓两三次。使劳官等穴位得到充分的按摩，可促进血液循环，提高手掌的握力和灵敏度，对手臂麻木等有较好的防治效果。

100035 北京新街口东街 38 号 陈士起

14/ 捏手指肚尖治手麻

我妈是个急性人，一着急就犯"手麻"病，老邻居教她一方：用拇指和食指，用力抻犯麻的手指，后用食指托着那个犯麻的指甲，再用大拇指的指甲狠捏那个犯麻的手指肚顶部；如整手麻就把五指顺序按上述方法捏，然后再用食指和拇指用力抻每个被捏过的手指，这个过程多做几次，我手麻时也用过此法，确有效。

100007 北京东城区北新桥香饵胡同 13 号 耿慕媛

15/ 白山药治偏瘫后遗症

我是古稀老人，1981 年突然患脑缺血病变（脑血栓），落得个左腿行动不便，且左脚浮肿。更难受的是大便秘结长达数天之久，掏过多次，痛苦万分。吃过多种药物，多吃水果、蔬菜、蜂蜜，等等，还坚持运动，疗效不理想。听说在《本草纲目》中记载有类似患者，阅后一试：在初冬买些白山药煮粥和稀饭，有时蒸后去皮白吃，还按时坚持排便，一星期后，天天大便而且准时。吃白山药治好了我多年

的顽疾，心中有说不出的高兴。

注：白山药是条状，从菜场可买到。

100044 北京西外北方交通大学西四楼 211 王晓知

16/ 治面瘫一法

我女儿去年秋天因受风寒，一夜之间口眼歪斜。经多方求医，均未彻底治愈。春节前一友人介绍，用马钱子（中药房有售）敷于面部，其方法是：将马钱子用凉水浸泡数小时，用刀切成薄片，然后将马钱子贴在口眼歪斜的反侧，用纱布胶条固定，3 天后取下。这样连续 3 次，即可治愈。

附：答读者问

《治面瘫一法》刊出后，每天都收到几十封来信，接待几位、十几位来人咨询，我实在难以一一回复，现在此一并答复。（1）马钱子可用凉水泡软后，切成薄片敷用，亦可将马钱子捣碎，用黄酒调成糊状，敷于患处。（2）将药涂于患病的另一侧，如口眼向左歪，药即涂在脸的右侧，药量不限，半边脸全敷药为好。

100074 北京丰台区王佐乡大富庄 12 号 薛希贤

17/ 橘子治受风歪嘴

1967 年 10 月大串联，我到了湖南长沙，住在一所中专学校教学楼楼道地厅，睡一晚上，早起觉得嗽口往下漏水，嘴闭不上了，才知是歪嘴。当时左眼闭不上，上下牙对不齐，不能咀嚼，米饭、菜之类只能整粒下咽。一笑嘴角向左歪。我很着急。当时，正值橘子上市，我听老人说过，橘皮去火去风。就买了橘子，橘皮用开水泡了喝，橘子吃了，橘络也吃掉。一星期后，一切恢复正常。不知是否是橘

子的作用。

100081　北京中国农科院作物品种资源研究所
薛淑敏

18/ 蓖麻子仁治面神经麻痹

前年秋天，我一好友得了面神经麻痹（也叫歪嘴疯），经多处治疗效果甚微。我介绍一方给他，很快治愈，没再复发。蓖麻子仁 15 克、冰片 1 克。先将蓖麻子（也叫大麻子）去皮，捣烂成泥，再加入冰片（中药房有售）搅匀后摊在桑皮纸上（桑皮纸剪成 3~4 厘米见圆的块），敷于患侧（左歪贴右，右歪贴左），一般敷 3 副即愈。

074000　河北高碑店市兴华中路华福胡同华光巷
18 号　杨善臻

19/ 蓖麻子脱力草治面瘫

面瘫即医学上的面神经麻痹，主要因外受风寒或西医说的病毒感染而引起，此病可用：蓖麻子 1000 克、脱力草绞汁（500 毫升），将二物捣成泥状，敷于患侧下颌关节及口角部，厚约 0.3 厘米，外加纱布固定。每日换药 1 次，重者可同服荆芥汁 1 日 1 次。此方治疗 3 例患病 1 年多的患者，均于 30 天内治愈。

101200　北京平谷滨河小区 20 楼 1 单元 7 号
马洪芹

20/ 薄荷荆芥等治面瘫

我外甥女 16 岁，突患口眼歪斜症，经多方治疗不愈。我从《中药大辞典》中查到一方，使用一个月后治愈。现面部完全恢复正常。方法是：取鲜薄荷 500 克、鲜荆芥 500 克（北京地区有野生），绞烂挤汁备用。取大力子（中药）500 克、天虫（中药）500 克，将两种中药研成细粉，用上述汁液调成膏状，取适量贴敷患处。干后调换。其余放入冰箱贮藏。后与老中医谈及此方时，老中医指点说：若同时配合口服鱼鳔汁效果更佳。

101200　北京平谷滨河小区 20 楼 1 单元 7 号
赵振义

21/ 月球车按摩器治面神经痛

有一年，我突然患了牙齿神经痛（右上嘴角处第 3 颗牙），有时这颗疼，有时那颗疼，后来又转到右上面部疼痛，特别在早晨洗脸时，一碰到上眼皮和眉毛上部就疼。一次晚上看电视时我顺手用月球车滚动，效果很好，一星期后面部就不疼了。现在我仍每天坚持用月球车来回滚动整个头部，每次 20 分钟左右。

北京市宣武区新建里 5 号 3 门 7 号　李志国

22/ 治面瘫一方

我前年春天受风寒，一夜之间口眼歪斜。一年多来多方求治，口眼一直未能得到矫正。今春朋友介绍一方：荆芥 15 克、防风 10 克、鱼鳔 15 克（切碎）、黄酒 500 毫升、蜜蜡 30 克，将以上药同置一瓷碗中，放在盛水的锅内，微火煮至鱼鳔、蜜蜡化开，然后将浮于汤面的荆芥、蜜蜡去掉。温服，成人一次饮完（小儿减量服），剩下的再服时要再加热；服后要避风一周。我服完此药第一天自觉患部有轻松感觉，服用第三天我的口眼就有了明显恢复，现在已痊愈。

附：答读者问

（1）所用的药物药店都能买到。（2）一般吃 1~2 个疗程。（3）避风即服药期间不要被风吹。（4）成人一天一副（小儿减量），连服 7 天为一个疗程。

101200　北京平谷滨河小区 20 楼 1 单元 7 号
马洪芹

23/ 治疗面瘫验方

去年夏季我一亲戚早起后突发口眼歪斜症，扎针、埋线、吃药也未能治愈。口角流口水，眼角往下松弛，面部有紧皱感，特别是天气变化面部更加难受。我从同学处得一方，只服用 20 天，即恢复原状。该方：鱼泡 20 克、蜂蜡 30 克、大力子 5 克、荆芥 15 克，将上述药与黄酒适量炖服，一天一剂，连服至痊愈为止。

100075　北京丰台区横一条 5 号楼 305 号　赵春莲

1/ 温毛巾热敷治骨刺

照X光片确认我双膝长有骨刺，下楼梯时最痛。我用一个经济方便的办法治疗：用湿透的热毛巾2条，在双膝同时热敷半小时（温度不够就加热水）。经过一个多月的治疗，现在走路不痛了，上下楼梯很正常。　陈海鸣

2/ 川芎脚跟骨刺

将中药川芎（药店有售）45克，研成细面，分装在用薄布缝成的布袋里，每袋15克左右，将药袋放在鞋里，直接与痛处接触，每次用药1袋，每天换药1次，药袋交替使用，换下的药袋晒干后再用。一般7天后疼痛即有明显缓解。　钱焕祥

3/ 二锅头酒可治骨刺

腿上长了骨刺，走路疼痛。二锅头酒少许，烧开后用棉球蘸酒在长有骨刺部位的脚上擦十几下，早晚各擦一次。每次都要将酒烧开后再擦，两周后，疼痛可消失。

100027　北京东直门南大街10号东城少年宫
杨宝元

附：读者赵平来信提示

白酒烧开极易起火，须密切注意防火。

4/ 荞麦面和醋治骨刺

我左膝盖突然疼痛，上下楼行动不便，有时腿发软，有时又僵直难弯，医院诊断为骨刺，但擦药就过敏。邻居介绍一方：用老陈醋和荞麦面敷于患处，早、晚各一次，半个月为一疗程。现在疼痛已明显减轻，日见好转。王俊明

5/ 醋搓治骨刺

我的腿由于长了骨刺疼痛难忍，走路

很困难，邻居介绍一种简法，结果很有疗效。其法是：买一瓶山西老陈醋，用醋搓患处，搓热后（越热越好）用一光滑平坦的东西（瓶底也行）慢慢拍打骨刺处。这样一日反复几次，一瓶醋用不完就会好。

102300　门头沟区黑山43楼5号　潘淑英

6/ 热盐熨烫治肩周炎

肩周炎较难治。我得病后，用大盐粒子500克炒热，装布口袋里捆结实（不要让盐粒子掉出），放在肩部熨烫，很舒适。一两次就好了。此法以治新病为佳，旧病亦有效。

100021　北京市劲松216-3-5　张文杰

7/ 蛋清醋液治骨刺

我妹妹骨质增生，朋友介绍一方，用后效果不错。其方法是：用一两个蛋清和醋适量调匀（醋不宜过多），涂抹患处，以液渗入皮肤最佳。皮肤过敏者勿用。

102405　北京房山周口店采石厂平房9排9号　付　强

8/ 醋拌拉拉秧治骨刺

我老伴脚后跟长骨刺已经一年多了，有时疼痛难忍，走路困难。别人介绍一方，回家一试效果不错。该方：采拉拉秧（草本、秧上有刺）嫩尖数个（3.3厘米长），砸碎，用醋调拌均匀后糊在患处，用纱布固定包好，每天换药一次，连治3天见效，6天见好，10天不痛了。

100088　北京北三环中路43号板1楼1-3-3
刘晓春

9/ 捂脚跟治骨刺

几年前，我老伴得了后脚跟骨刺，走

路非常痛苦。中西药没少吃，外用药也用了很多都没有治好。后来用一简单办法治好，至今没犯。办法是：每天晚上用热水泡一下脚（约15分钟），擦干脚用薄塑料袋将脚后跟兜上，最好用包橘子或广柑的小塑料袋。兜好后穿上袜子固定住，睡觉时也不要脱袜子。每天一次，坚持一两个月明显见效。

100028　北京朝阳区公主坟53号　王占一

10/ 按摩治膝盖骨刺

我今年62岁，前几年膝盖长了骨刺，上下楼不方便，一到下午和晚上小腿和脚背浮肿，蹲下起不来。后来我用双手按摩膝盖，不但治好了腿，而且手开裂出血、手脱皮也好了，手掌特别光滑，老花眼也好了一些。方法是：穿一条长裤，坐在凳子上，双脚放平与肩同宽，大小腿成90度，双手放在膝盖上，手心向下，用手心手指在膝盖上由里向外画圈按摩膝盖

100~200次，然后由外向里画圈按摩膝盖100~200次，每天2~3次，按摩一个月左右骨刺就能好。此方法简单、方便，3~5分钟就行，我的好友多人手脚有病的采用后都有效，现在我每天坚持按摩膝盖。

100053　北京市宣武区白广路22号　程琴若

11/ 巧治骨刺疼痛

我母亲患骨刺疼痛多年，四处医治效果欠佳，疼痛时有发作，给生活和工作带来许多困难。经朋友介绍一方：用热水一盆，加食醋100克，用毛巾蘸醋水，扭干后，在疼痛部位热敷，3~5分钟后，擦干患部，将胡椒粉5克与"太极金丹膏"调匀，贴于患部。一小时后疼痛减轻，第二天疼痛症状即可消失。每个痛点连续用药3~5帖即可治愈。我母亲经治疗后，至今两年多没有疼痛。

100010　北京东城南小街大方家胡同61号　夏钦珠

1/ 茉莉花治鸡眼

将茉莉花放在口中嚼成糊状，敷在患处，再用胶布贴盖，5天更换一次，三五次鸡眼自行脱落。

李 军

2/ 无痛法治疗脚鸡眼

用热水把脚鸡眼泡软发白后，将上边的老皮用小剪刀剪去，然后把橡皮膏剪成比鸡眼大些的方块贴上，走起路来就不疼了。过三四天揭下橡皮膏后（每天洗脚无防，不用揭下），重复进行，坚持至鸡眼彻底治好为止。轻者一小盒橡皮膏即可，重者一盒多。治疗过程无痛苦又可以得到根治。

大 先

3/ 抚摸使鸡眼消失

本人右脚掌中心患有鸡眼，经过手术、针灸、鸡眼膏及浴池脚疾专科均未治愈。痛苦无奈。偶然伯父教我抚摸治疗鸡眼法，3个月后不知不觉中鸡眼消失了，至今7年未再犯，且脚掌平整，无痕迹。具体做法是：每日任何时间不限，用手指尖部或手指肚抚摸鸡眼处，千万不可用力，也不可有厌烦心理，有空就抚摸，时间长短不限。这个方法曾告诉他人，已使3名患者治愈。

赵 彤

4/ 鲜生豆腐治鸡眼

两年前我右足大脚趾内侧生一鸡眼，走路或站立过久都痛。朋友告我一偏方：把一块长2~3厘米、宽2厘米大小适中（以覆盖患处为宜）的鲜生豆腐块，敷在鸡眼之上，然后再以大块微薄的塑料布覆盖，最后用胶布轻轻固定四周，最好再穿上袜子以防挤碎。

每晚临睡前换1次，每次换敷前，先用热水泡脚，并刮去软化的角质，一般1~3次即愈。我用此方连用3次后症状消失，至今未复发。

王文英

5/ 贴豆腐治脚鸡眼

我双脚曾长鸡眼27个，多方治疗无效，非常痛苦。经朋友介绍一方，果真灵验：睡觉前将患处用温水洗净，把市售豆腐切成片贴在患处，用塑料袋裹好，外套袜子固定。次日起床后，去掉豆腐，用温水洗脚。用此法至今3年了，未再复发。

277606 山东微山县欢城镇尹洼电务段 姬生标

6/ 盐水治鸡眼

女儿上中学时，脚掌上长了一个鸡眼，行走时十分疼痛，用了许多鸡眼膏也不管用。后来经人指点，用一汤匙食盐加生水煮沸，或用开水化开，待稍凉后烫脚，烫后擦干即成，不要用清水洗。每天烫脚两次，约一周左右，鸡眼自然脱落，至今已10多年未再犯。

100021 北京劲松901楼1408号 刘保端

7/ 芹菜叶治鸡眼

去年夏天，我左脚大脚趾长了一个鸡眼，后经朋友介绍用芹菜叶治好。具体做法：芹菜叶洗净，将水甩掉，捏成一小把，在鸡眼处涂擦，至叶汁擦干时为止。每日3~4次，仅用一周鸡眼即被吸收，患脚完好如初，至今年余未犯。

066600 河北省昌黎县交通局 佟程万

附：读者来信

用芹菜叶擦鸡眼，不是很方便，有时还会擦破皮。我试着将芹菜叶嚼烂，

医部

鸡眼

然后贴在鸡眼处，用纱布胶布固定，1 天换 1 次，贴了 3 次，鸡眼变软、变薄了，既省事，又省时，效果也好。

100081　北京海淀区中国农科院 3-306 号　李秀云

8/ 大蒜治鸡眼

战争年代，我的脚上长了个脚鸡眼，走路很痛，因医疗条件所限，卫生员告诉我大蒜可以治疗。方法是把大蒜砸成泥，摊在布上备用，把脚洗净，沿鸡眼周围用针挑破，以见血丝为宜，然后把摊在布上的蒜泥贴到患处包好。我照此法换了 3 次，鸡眼完全消失了，至今未犯。

100026　北京朝阳区六里屯西里 1-4-4 号　张运通

9/ 洋葱头治鸡眼

记得在上初中时，我脚上长了一个鸡眼，正长在脚掌上，走路疼痛难忍，用鸡眼膏不能根除，一天我姨父的老朋友从法国来，告诉我用洋葱头擦，我擦了一个多星期，鸡眼果真不见了。

100026　北京朝阳区呼家楼南里 6 号楼东门 85 号
石美玉

10/ 葱白治鸡眼

孩子脚上长了鸡眼，走路疼痛难忍，我看到北京晚报《生活中来》介绍用葱心治脚垫，心想能治脚垫也许也能治鸡眼。当天晚上孩子用热水泡脚后，剪了一块比鸡眼稍大点的葱白贴在患处，用伤湿止疼膏固定了，至今半年多没有复发。此法介绍给别人，也都

有效。

100020　北京朝外工体西里 1-12-7　蔡耀梅

11/ 吃醋蛋治鸡眼

鸡蛋 3 只、醋适量。将鸡蛋泡进醋里，密封 7 天，然后捞出煮熟吃，一般 5~6 天后，鸡眼里即生长出嫩肉，把患处逐渐顶高。这时每天临睡前用热水将患处泡软，再用刀刮去硬皮，持续 7~8 天，鸡眼即可全部脱落。

225500　江苏省姜堰市红十字医院　王友兰

12/ 蒜汁治脚鸡眼

我左脚拇趾和二趾之间长有两个鸡眼，其中一个已有十几年了，修脚贴膏药都不管用。《生活中来》曾介绍用鲜葱皮贴在鸡眼上可以治，我试用蒜汁：蒜切开，把蒜汁涂在鸡眼上，但必须在温水中泡脚一个小时以上，把鸡眼周围的硬皮泡软，用剪刀剪去，露出一个小黑点再涂上蒜汁。经过几个月的治疗，现在两个鸡眼都消失了，没有疼痛的感觉。

100038　北京北蜂窝路 5 号院 100 栋 6 号　徐　坤

13/ 烫足治脚凉鸡眼

我年轻时每到冬季脚凉、出冷汗，睡下要用被子暖半天；另是生鸡眼，割了两次仍然生长。后得一法：每晚用热水烫脚，一次 20 或 30 分钟。半年后完全没有以上各症。现在冬天睡下，脚不但不凉，有时还要伸出被外散热。鸡眼也有 30 年未再发生。

100044　北京车公庄西路外印厂 12 楼 861 室　张镭磊

1/ 盐姜水洗脚除脚臭

热水中放适量盐和数片姜，加热数分钟，不烫时洗脚，并搓洗数分钟，不仅除脚臭，脚还感到轻松，可消除疲劳。

梁惠敏

2/ 煮黄豆水可治脚气

用 150 克黄豆打碎煮水，用小火约煮 20 分钟，水约 1 千克多，待水温能洗脚时用来泡脚，可多泡会儿。治脚气病效果极佳，脚不脱皮，而且皮肤滋润。我已连用两个夏天，很见效。一般连洗三四天即可见效。

王文凤

3/ 无花果叶治脚气

取无花果叶数片，加水煮 10 分钟左右，待水温合适时泡洗患足 10 分钟，每日 1~2 次，一般三五天即愈。

郑顺利

4/ 按摩穴位可治脚气与脚臭

洗脚时，将双脚放在盆内温水中泡两三分钟，待双脚都热了，用一只脚的足跟压在另一只脚趾缝稍后处，然后将脚跟向前推至趾尖处再回搓。回拉轻、前推重，以不搓伤皮肤为宜。每个趾缝搓 50~80 次，双脚交替进行。速度为每分钟 100~120 次。每晚一次。脚气较重上部皮肤已破者不宜用此方法。

刘庚

5/ 白醋可防治感冒和脚气

我从 1985 年开始用白醋防治感冒和脚气，效果很好。感冒初起，或者流清鼻涕时，可用卫生棉球浸白醋塞鼻孔，一日两三次，当天或第二天即可治好。脚气病患者，可用棉球浸白醋涂患部，止痒又杀菌，有轻微脱皮，

涂一次可半个月不犯，再犯再涂。

徐飞

6/ 萝卜熬水可除脚臭

有脚臭病的人，可用白萝卜半个，切成薄片，放在锅内，然后加适量水，用旺火熬 3 分钟再用文火熬 5 分钟，随后倒入盆中，待降温适度后反复洗脚，连洗数次即可除去脚臭。

张思让

7/ 土霉素去脚臭

不少人因脚臭而感到苦恼，经多次实践证明：将土霉素碾成末，涂在脚趾缝里，每次用量 1~2 片，能保证半月左右不再有臭味。

李平勋

8/ 白矾水烫脚治汗脚

我患汗脚症，冬季更严重，弄不好会冻脚。后来，我在烫脚水中加入白矾 10~15 克，待白矾溶化水中后，在水温适宜的情况下烫脚 15~20 分钟，每晚坚持一次，连续烫脚 5~6 天为一疗程，很快，我的汗脚症就好了。

梁惠敏

9/ 治汗脚一法

我爱人汗脚很重，经人介绍一药方，用后很有效。该方是：取 0.5 毫克乌洛托品（西药）2~4 片，压成细粉，待脚洗净擦干后，用手将药粉揉搓在脚掌趾内，每日 1 次，连用 4~8 天，可保脚干燥 50 天。

江天法

10/ 啤酒可治脚气

我患脚气，久治不愈。好友让我用啤酒治。我试用几次，至今没再犯。方法是把瓶装啤酒倒入盆中，不加水，双脚清洗后放入啤酒中浸泡 20 分钟再冲洗。每周泡 1~2 次。

赵理山

11/ 烫脚可治脚垫和脚气

我患脚垫有 50 年，每个月得用刀割去一层坚硬的死皮；同时患脚气也有 40 年了。我从 1991 年开始，改每晚睡前温水洗脚为热水烫脚。数月后，出现意想不到的情况：脚垫逐渐变软了，脚气也好了。我每次烫脚 10 多分钟，如水温下降，中间可再加一次热水。烫完脚后打上肥皂，用大拇指擦脚趾缝 30~50 次。 　　陈炽

12/ 高锰酸钾水泡脚可治脚气

我患脚气十几年，常擦脚气灵、脚气水之类的药物，虽有效果，但不能根治。近一年，我试着用高锰酸钾水泡脚，每月泡一次，居然不再复发。方法：用半盆温水放入两粒（小米粒大小）高锰酸钾，水成粉红色，双脚浸泡三五分钟即可。 　　伍涤尘

13/ 大蒜治好指甲病和脚病

1984 年我患指甲病，指甲都翘起来（不和肉连着），不疼不痒，医治多年无效。后来每晚看电视时用大蒜擦指甲，擦了很长时间终于治好了，现已 2 年没犯。我还用每晚洗脚后拿大蒜擦脚的方法，治好得了 20 年的脚癣。 　　吴振民

14/ 黄精、食醋治脚气

我患脚气多年，后得一方治愈，3 年多来未再反复。偏方是：黄精 250 克、食醋 2000 克，都倒在搪瓷盆内，泡三天三夜（不加热、不加水）后，把患脚伸进盆里泡。第一次泡 3 个小时，第二次泡 2 个小时，第三次泡 1 个小时。泡 3 个晚上即可。 　　张国防

15/ 伤湿止痛膏可治脚臭

去年秋初我患脚臭，虽说毛病不大，可让人难为情。每天坚持洗袜换鞋涂药水，也未收效。一次，我的脚扭伤，在贴伤湿止痛膏时，顺便在脚掌和脚心处也"照顾"上两张，24 小时后脚臭竟消失了。 　　牛金玉

16/ 韭菜能治脚气

我的双脚常年刺痒，脚趾间经常溃烂，久治无效。后友人介绍一方：鲜韭菜 250 克洗净，切成碎末放在盆内，冲入开水。等冷却到能下脚时，泡脚半小时，水量应没过脚面，可同时用脚巾揉搓。一个星期后再洗一次，效果很好。 　　王振惠

17/ "硝矾散"治汗脚

药方组成是：白矾 25 克、芒硝 25 克、萹蓄根 30 克（中药店均有售）。制法：将白矾打碎与芒硝、萹蓄根混合，水煎两次，两次煎出液约有 2000 毫升，放盆内备用。洗脚时，把脚浸泡在药液内，每日 3 次，每次不得少于 30 分钟，临睡前洗脚最好。每服药可使用两天，洗时再将药液温热，6 天为一疗程。 　　梁惠敏

18/ 碱面治脚气

夏天脚出汗多，容易患脚气。晚上临睡觉前，用碱面一汤匙（即蒸馒头用的碱面），温水溶化后，将脚浸入碱水中泡洗 10 分钟左右，轻者两三次，重者四五次即好。 　　刘子嘉

19/ 花椒盐水治脚气

本人患脚气多年，去年经朋友介绍一方，试用后治好了脚气。具体方

法：花椒 10 克、盐 20 克，加入水中稍煮，待温度不烫脚了，即可泡洗，每晚泡洗 20 分钟，连续泡洗一周即可痊愈。用过的花椒盐水，第二天经加温，可连续使用。已溃疡感染者慎用。　　　　　　陈士起

20/ 梨皮可治脚气

前不久在医院看病时，听一位同志说"梨皮能治脚气，擦 3~4 次就能好"，回家之后，我试着擦了几次，确实效果不错。方法很简便，把削下来的梨皮，直接往脚气处擦就可以了。　艾 佚

21/ 自制蚯蚓白糖脚气灵

捉两条活蚯蚓，放清水里泡一天，让其吐出泥土。捞出后放在碗里或小瓶里，撒上两小勺白糖，两天后即可使用。每晚睡觉前把脚洗干净，用药棉或布条蘸涂患处，晾一会用纸或药布包好。不过半月就能治愈。　初德和

22/ 香熏烤能止脚气痒

前几年，我常患脚气病。有时夜间痒得不能入眠。先后用过一些药，效果均不理想。一次我用香头试烤，不料马上止痒。之后一出现病症，就拿香烤，后来病情越来越轻，以至不犯了。注意，香头火点与皮肤痒点接触时，要掌握好距离，以免烫起了泡。　　　　　　　赵 亚

23/ 芦荟治脚气

我有脚气病已 30 余载，酊类、膏类成药均用过，皆不能根治。今夏，我每晚洗完脚，用芦荟叶揉搓叶汁往脚上挤抹，自然风干，没味，也无疼痛感觉，每次一只脚用一叶，5 次后，

脚气全无，至今没犯。

100034　北京西城区大茶叶胡同 1 号　王子夏

24/APC 治脚气

将 APC 药片碾碎与雪花膏调成糊状，每晚洗完脚后抹在患处（脚趾缝中），一周后停药，2 天后会脱皮。本人用此方后立刻止痒，脚气也好了。

100026　北京朝外金台北街 5-1-1306　薛素云

25/ 茶叶、盐沏水治脚气

我妹妹患脚气，朋友告诉我用茶叶加食盐少许沏水洗脚。她连续洗了 3 个星期便痊愈，再也没有反复。

100062　北京崇外大街延庆街 31 号　张振国

26/ 醋和"紫罗兰"治脚气

用市场上常见的"紫罗兰"擦脸油（增白的，约 4~5 元）一瓶，用醋根据情况调匀（陈醋效果为最佳），一般调匀至颜色为暗淡色为宜，涂抹到患处。该处方适于治疗有异味、奇痒、一挠就破呈溃疡状或脚上有网状小眼等症状的脚气病。

100011　北京德外五路通街 7 号院 52815 部队
冯志刚

27/ 醋蒜治脚气

我患脚气已有段时间了，痛痒难耐，一老友介绍一法，竟将我脚气治好了。方法是：取鲜大蒜 3 个去皮捣碎，再放入 1 斤老醋中泡 40 小时。将患脚泡进溶液，一天泡三四次，每次半小时，10 天后脚气治愈。

100032　北京西单北粉子胡同 3 号　张 发

28/ 白皮松树皮治脚气

1960 年时，我的脚气病十分严重，所有的趾缝里都烂了，脚肿得穿不了鞋，

更走不了路，什么药也治不好。朋友来看我时告知，把白果松树的树皮剥下烧成灰，用香油调成糊，涂抹在患处。每天 1~2 次（不能洗脚要连续抹）。我用此方两周就好了，至今未犯。

100050 北京永内东街中 4-1-403 韩金凤

29/ 夹竹桃叶除脚气

我小的时候，老家有棵 2 米多高的夹竹桃，我爷爷常用它的叶子给老乡们治脚气，治好了无数患者。方法是：取 20 来片叶子，自然落下的黄叶也可以，用铁洗脚盆盛上半盆水，烧开后，放进叶子，再煮半个小时，待放至 50~60℃时反复用其洗脚至水凉，每晚一次，早晚两次最好。半个月后即可除根。

102300 北京门头沟区图书馆 艾天庆

30/ 皮炎平治脚气

我的脚气一直很严重，上过脚气药水、药膏、达克宁霜等都不管用。自从早晚在患处涂抹了皮炎平软膏之后，没几天脚趾皮肤完全好了，就连脚气也没了。

100021 北京朝阳区磨房北里 214 楼 10 层 5 号
孟庆强

（编者注：北京的环利软膏、宁波的皮康霜也是脚气良药。）

31/ 食盐治脚气

用细盐面搓可治脚气。具体做法：先将患部用水洗净，对于那些还没有破头的病泡，洗前须用针挑破，并挤净泡内存液，以能挤出血水为最好，之后再在患部撒上一层盐面，用手指轻轻揉搓一两分钟，盐面少了可再撒上点。搓后一天一宿便能结痂而痊愈。

264500 山东省乳山市黄山路学校 辛梅艳

32/ 白酒治汗脚臭脚

有汗脚很苦恼，尤其是冬天，脱鞋后袜子湿漉漉的，臭不可闻。最近，我试着每晚洗脚后用白酒少许揉搓脚部，并自然风干。坚持一个月下来，脚不臭、不湿了。

100025 北京朝阳区八里庄北里 311 楼 4 门 103 室
徐 军

33/ 趾间缠纸治脚气顽疾

我患脚气 50 多年，冬轻夏重，久治常犯，一度因感染引发腹股沟炎还住过医院。近年，用趾间缠纸法，效果挺好。具体做法是：当趾间发痒时，把脚洗净擦干，用餐巾纸叠成 4 层约 2 厘米宽的纸条，分脚趾编辫缠绕，把趾间隔离起来。每昼夜换一次，袜子也随着更换。二三日后不痒了，再继续多缠几天就好了。如趾间已变白、溃破、有渗出物或恶臭味时，说明症状较重，缠纸时间就得更长一些。

100044 北京海淀区潘庄 107 北楼 3-6 号 刘庆祥

34/ 野蒺藜治脚气

采野蒺藜熬水，用水涂抹患处，一段时间可去脚气痒并除根。

100007 北京东城区交道口土儿胡同 46 号 1 单元
101 室 陈英武

35/ 皮康霜加阿司匹林治脚气

妻患脚气多年，先后采用多种方法治疗无效。后听人介绍用皮康霜加阿司匹林治好，至今未发作。方法是：将皮康霜药膏少许抹患处，再把碾碎的阿司匹林粉末撒在上面，连续抹撒两三天即可痊愈。

075431 河北省怀来县鸡鸣驿乡政府 牛连成

36/ 廉价红霉素眼药膏治脚气

我患有脚气病，用足光粉和达克宁治效果不错，但药费昂贵，且过上两三个月便会复发重犯。后试用红霉素眼药膏擦治，效果甚好。治时，将患处泡内的积水挤出，让药渗入其中。我连擦了一周，头三天早晚各一次，后来只晚上擦，共用了一管药（一元钱），便好了，至今已是三月有余，没再犯。我想，即使犯了，不妨再照法擦治，反正是又方便，又便宜。

264500　山东省乳山市金岭中学　宫锡柱

37/ 电吹风治脚癣

我一次出差染上脚气，又没有带药，我想起小时候赤脚在地里干活染上粪毒无钱治，就用蒲棒头点火烫的经历，就用宾馆的电吹风机对着脚癣吹，直到忍不住时为止，仅一次水泡就消了，晚上我又穿上袜子再吹一次，并对着皮鞋吹，一一消毒，防止重复感染，结果全好了，至今未复发。

100031　北京西城新文化街 127 号楼 205　曾伯生

38/ 利福平治脚癣有奇效

我老伴儿 30 岁时患脚癣（灰趾甲）经久不愈。55 岁得了肺结核，因她不能用青霉素和链霉素等，大夫给开了利福平（甲哌利福霉素片），连续每天服 4 片，服用了不足 3 个月，肺结核好了，脚癣也奇迹般好了。

102300　北京门头沟区峪园 3-2-3 号　陈雷

39/ 足癣患者"治"鞋法

足癣是种感染霉菌而引起的皮肤病，往往久治不愈，这是因有些人只顾了药物治疗的一面，而忽略了另外一面——在用药同时"治"鞋。因为致病性真菌生命力很强，在温暖潮湿的鞋内可长久地繁殖下去，当你只用药治足癣，而不"治"鞋，即使把病治好了，再穿上隐藏有大量真菌的鞋，又会再次感染致病。因此，患足癣的人，既要治病，又要"治"鞋。方法是：取 50% 的福尔马林溶液或 75% 的酒精（药店均有售）浸泡过的棉球，用纸包好四五个放入鞋内，放置两三天取出棉球，晾干，鞋子便可穿用。

100040　中国国际广播电台播出部　张颖

40/ 三七能治脚癣

我妈患脚癣多年，用药治疗效果不佳。一次刺痒难忍时，她忽然想起家里栽培的三七对许多病都有奇特疗效，何不用它来试试治脚癣。于是她摘了一把三七，包括叶、茎、花，用凉水洗净后，捣烂成糊状，稍放点盐，涂敷患处，每次约 20 分钟，一天 3 次，连续 3 天，双脚就不痒了。　俞立

1/ 如何防治冬季手脚干裂

△冬季一到，有些人足跟、足侧等处常易发生皲裂（欲称裂子），裂子周围皮肤干燥、粗糙、增厚、发硬，裂得深时甚至出血，行走时足跟着地疼痛难忍，甚为不便。前些年，我的足跟皲裂严重时也常苦于此而一筹莫展，后来想起"创可贴"止血膏布有止血护创之功能，就抱着试试看的心理，先用温水将脚洗净擦干，然后用"创可贴"止血膏布对准裂口贴上，数天后果然见效，裂口和疼痛逐渐消失，随之恢复正常。待皲裂再次发生时，继续以此法治之。数年来，自觉用此法治足部皲裂效果不错。不妨一试。
张豪禧

△每逢冬季，因寒冷干燥，我的手脚便发生裂口，疼痛，多是在足底跟后及手拇指两侧的甲缘部位。我的治法是于晚睡前温水洗过擦干后，涂擦维生素 B6 霜膏，再用橡胶膏条将裂口拉紧粘贴，次日便见愈，效果灵验。
米泰岳

△秋冬时节，许多中年老年人手足皮肤干燥，皲裂，十分难受。本人曾用过多种方法治疗，效果均不理想。今冬，我根据"洗面奶"的润肤原理，试用擦洗手足，收到意外疗效。方法是每天早晨穿袜子前，用洗面奶少许擦双足并用手轻轻揉搓，待稍干后穿上鞋袜，晚上睡觉前用温水洗脚，每天坚持，必收显效。
刘孔霞

△入冬以来，手上经常裂口，擦了多少擦手油也不管用，后来我用牙膏试试，没想到，只擦了一次，裂口就不疼了，不妨试试。
张越

△冬季气候寒冷干燥是造成手脚干裂的一个原因，同时冬季新鲜蔬菜水果摄取量相对减少也是一个重要原因。我有一个方法推荐给手脚干裂的朋友们——每天喝一杯果汁水。我爹爹以前一直手脚干裂、脱皮、裂血口，十分疼痛，后来他每天喝一杯果汁，坚持一段时间后，发现手脚干裂有明显好转，并且不再脱皮。现在他每天都喝一杯果汁水，不再受手脚干裂之苦。
高彤

△将用过的8厘米大小的干净塑料袋（如奶袋），对角剪开，取带底部的一半（呈三角形的一个兜儿）。晚上洗完脚或第二天早晨，将塑料兜儿套在脚后跟处，穿上袜子，一天下来，脚后跟湿润润的，一点儿干裂都没有，每隔 2~3 天（视干裂程度）套一天即可，效果极佳。
肖根岭

2/ 芥末治脚裂口

我的双脚多年来每到冬春秋季节裂口，脚后跟干燥裂纹最为严重，血拉拉的，有时竟然脚趾头也裂口。抹甘油、清凉油等都不管用，贴裂口膏效果也不大，后来偶然抹上芥末，两次就基本上好了。方法是：用 40℃ 左右的温水洗脚，泡 10 分钟左右，然后擦干；用温水调好芥末，糊糊状，不要太稀，用手抹在患处；穿上袜子，以保清洁；第二天再用温水洗脚，再抹，2~3 次即愈。
云天心

3/ 醋治好我多年的手脚裂

前几年，每到入冬前我的手脚裂口，疼痛难忍，曾多次去医院诊治都不见效。有一年回老家，母亲说：买一斤醋，放在铁锅里煮，开锅后5分钟，把醋倒在盆里，待温后把手脚泡在醋里10分钟，每天泡两三次，7天一疗程。果然两个疗程后，我的病彻底好了，至今已有10多年不裂口了。　　朱惠英

4/ 足光粉治脚裂效果好

我是60多岁的老年人，过去每到冬天脚上长硬皮，裂很多口，虽贴胶布，好了又裂，很是疼痛。去年冬天我用足光粉洗了4次，脚上的老皮全部脱落。现在，一个冬天过去，脚上再没有生又厚又硬的皮，也没裂口，脚癣也好了。　　王宗秀

5/ 治疗脚裂一法

我的脚跟曾干裂，疼痛难忍。姐姐让我用热水泡一下脚，然后拿酒精消毒过的刀片，将脚跟的硬皮和干皮一层层削掉，一直到露出软皮部分为止，将凡士林油纱布裹在脚跟上，再用绷带固定好。隔3天换2次油纱布，一周后就彻底治愈了。我原在301医院当护士，也用这种方法为脚裂病人解除了痛苦。　　张 芸

6/ 枣糊可治手脚裂

我爱人冬天手脚裂口，用热水泡、贴橡皮膏、足跟套柔软套效果不理想。西城区阜内大街的陈平稳介绍她自创的偏方，刚用5天就好了。方法是把数枚大枣去掉皮核，温水洗净后，加水煮成糊状，像抹脸油一样，涂抹于裂口处，轻的一般2~3次即愈。　　赵理山

7/ 苹果皮治足跟干裂

每年冬季我足跟都干裂，出现一道伤口，其痛痒难忍。最近，我用削苹果剩下的果皮来搓擦足跟患病处，只搓擦了3次足跟干裂处就愈合光滑了。　　张玉国

8/ 香蕉治皮肤皲裂

选熟透的、皮发黑的香蕉一个，放火炉旁烤热、涂于患处，并摩擦一会儿，可以促使皲裂皮肤很快愈合。　王志莲

9/ 香蕉皮治手足皲裂

我患脚底皲裂多年，曾用胶布贴、生猪油擦效果都不理想。后听别人介绍改用香蕉皮内皮擦的方法，坚持3~5天，每天擦一二次，果然见效。　申正水

10/ 橘子皮治手脚干裂

将新鲜的橘子皮汁，涂擦在手脚裂口处，可使裂口处的硬皮渐渐变软，裂口愈合，另外，还可将晾干的橘子皮泡水洗手洗脚，也可收到同样的效果。但要经常使用，最好连续两周。宝 德

11/ 蔬菜水洗脚可治干裂

将菜帮菜叶及水果皮煮沸，晾到适温后洗脚，每次洗30分钟左右，每天1次，1个月左右，脚光滑无痛。这些年我多次使用，效果很好。　　冯 峰

12/ 牛奶治脚裂

我的双脚跟常年干燥皮厚，多处龟裂出血。偶然间，我想起牛奶营养成分丰富，擦皮肤有润肤保健作用，于是便利用鲜牛奶在洗过的脚跟处擦抹，果然见效，脚跟皮肤柔软、光滑了，脚垫柔软了，裂口也愈合了。　谢智芳

13/ 米醋泡蒜瓣防治手脚裂口

我是南方人，到北方生活后，每年春、

秋、冬手脚裂口，刮风更甚，曾用各种防裂膏，效果不明显。从去年起，我坚持用醋泡蒜瓣擦手脚，手脚逐渐不裂口，皮肤也光滑了。　　雷廷春

14/ "双甘液"治皲裂

甘草 100 克、甘油半瓶、酒精半瓶（点滴用空药瓶），将甘草装空瓶中，然后将酒精倒入甘草瓶中，酒精将甘草埋上用盖封好，一星期之后，经纱布过滤液体，再将等量的甘油倒在同一个瓶中混合后即可使用。每晚用温热水洗脚泡 20 分钟，擦干后用药棉花蘸双甘液擦在皲裂处，早晨起床后再擦一遍，3~4 天即可痊愈。

杨秀珍

15/ 剩茶水可治手足裂

每逢冬天，我的足后跟因裂口影响行走，过去用防裂霜擦患处，始终没有解决皮肤的粗裂。今年入冬来，一个偶然的机会，将白天喝过的剩茶水，在睡觉前兑些热水泡洗手足约十分钟，坚持了一周后，手足皮肤渐渐光滑了，裂口也渐渐愈合。后来，我叫老伴试试，十来天后，效果真的很明显。

100854　北京市 142 信箱 403 分箱退休办　唐素芳

16/ 维生素 E 可治手脚干裂

我手脚每年入秋开始裂口，中西药膏治一段好了，但着水（洗衣服、洗菜）就犯。后来，我试着用维生素 E 丸涂抹患处，效果很好。方法是：把维生素 E 丸，用针扎一个眼，把油挤患处涂抹（一个丸可用多次），每次洗过手抹，愈合后也要常抹，不再犯。

100855　北京复兴路 40 号综治办　王玉诚

17/ 麦秸根治手脚干裂

取麦秸切成 10 厘米长小段，清晨取一把，用清水浸泡一天，晚上在火上煮约 10 分钟后浸泡手或脚，3 天换一次水和麦秸，一周见效。我父多年手脚干裂用此方已治愈，多年未犯。

100026　北京朝阳区水碓子西里 3 号楼 405 号　耿瑾雯

18/ 保湿霜治脚跟干裂

每年入冬本人脚跟部位粗糙干裂，很是痛苦，友人介绍"小护士"24 小时深度保湿霜抹上几次就好，并赠我一小袋。我每晚烫洗脚后跟即在脚后跟裂纹周围均匀涂抹，六七天后，竟奇迹般的好了。

100046　北京市香港欧贸有限公司北京办事处

陈正涛

19/ 獾油根治脚裂

我在医病住院期间，每天洗脚时，都为自己的裂脚叫苦不迭。邻床的龚先生告诉我，獾油可根治脚裂。我便照办，果然效果不错，只半个多月的时间，裂脚光滑了。

100073　北京六里桥北里 4 号老干办　杨永全

20/ 橘皮可治手足干裂

今冬我的手足皮肤干裂出血，经用橘子皮水洗，有所好转，此方介绍他人后也有效果。其法：橘子皮两三个或更多，放入锅或盆里加水煎 3~5 分钟后，先洗手再泡脚至水不热为止，每天最少要洗一次，连洗多天，就有明显的效果。

100045　北京西城三里河二区 24-3-7　张银江

赵舜英

21/ 黄蜡油治手脚裂

50 年代我在铁工厂学徒时都是手工劳

动，每年冬天两手都裂口子，疼得钻心，后得一方治愈。其法：香油 100克、黄蜡（中药店可买到）20~30 克，用火将香油熬热放黄蜡，待黄蜡熔化即成。用法：先用温热水泡洗手（脚）部 10~15 分钟，待手（脚）泡透擦干，擦蜡油于患处，用火烤干，当时就有舒适感。每日两次，一周即愈。

100007　北京北新桥三条 64 号 307 室　崔秉忠

22/ 白醋甘油治手足皲裂

白醋和甘油一比一调和一起，装入小瓶内，每晚洗脚擦干后，将此油擦于患处，几天后皲裂口愈口。

100851　北京复兴路 26 号 75 楼 17 号　肖静芳

23/ 米醋花椒治脚干裂

30 年前，我曾得一方，治好了脚跟干裂，至今未再犯。当时曾介绍给一些同事，效果都不错。此方简单易行：米醋约 1500 克、花椒半两，用脸盆浸泡一周后泡脚，每天一次，每次 15分钟，连泡两周即可。冬季可用火温一下，如裂口出血，须愈后再泡。

100027　北京朝阳区幸福三村 3 号楼 1–103　邢纪棠

医部

脚干裂

1/ 自治厚趾甲和脚茧

老年人的脚趾甲大多长得厚厚的，脚掌和趾边经常角化成茧，后跟干裂，非常痛苦，我自从坚持使用水杨酸软膏后，这种痛苦大大减轻。我的方法是，热水洗脚擦干后，趁着脚还潮润时，即用水杨酸软膏揉搽患处，每日早晚两次。厚趾甲上敷药膏厚些坚持较长一段时期，厚趾甲便会一块块掉下来，逐渐变为正常趾甲。脚垫软了，便顺着撕下，以找平而又不痛为度，尽量少用剪子。必须长期坚持，每天搽药，每天换袜。因为一旦断药，它又会角化起来。多年来我一直如此保养双脚。

昭华

2/ 解疼镇痛酊可治足跟痛

我3年前左右足跟痛，走路很艰难。跑遍本县各医院，一年多来未见效果。同时我又有腰痛病，买了解疼镇痛酊，每天早晚擦一次，不到两个月就好了。此药并没有说明可治足跟痛，我擦着试试看，结果两个月就治好了。我的疗法是：每晚用温水洗脚，擦干后涂药水，早晨起床时再涂一次药水，没有副作用。

郭占江

3/ 巧治脚垫

我两只脚上都长了脚垫，走起路来越磨越痛，越痛越长，久治不愈。后经朋友介绍，在鞋里垫上鞋垫，把鞋垫对准脚垫患处挖一个比脚垫略大一点的小洞，使脚垫悬空不受力不摩擦，这样走起路来不痛了，而且两三个月后脚垫不治而愈。

100053 北京海淀区志新路16号院1楼2单元
305号 张傅斌

4/ 足底胼胝去除一法

足底长成胼胝（即膙子）后，行走困难并易疲劳，若用麻石或锉，虽可磨去胼胝，但不能根除，且稍有不慎还会伤及皮肤造成感染。我发现，采用冬季大葱，剥下其近根部的白茎上最外层的薄皮（干皮不能使用），贴在洗净的足底胼胝上，并用橡皮膏固定。一天后，胼胝变白变软，每天晚上用温水洗脚，并换贴葱白，3天之后，胼胝周边起皮，再过四五天，即可自行脱落。采用此法，胼胝脱落彻底，足底可恢复正常颜色和弹性，只是治疗期间足底有葱味，需用橡皮膏封闭好。

胡铸生

5/ 坚持吃胡萝卜治愈脚垫

我在幼年时期常年穿家做鞋袜，青年时期又常穿钉掌鞋子，因鞋袜底部有绳头钉头不平整，久而久之，脚底就在不知不觉中长上脚垫、脚疗，痛苦不堪。多次修治无效，修得勤长得快。1963年在天津工作期间，一度由于脚病不能正常出勤。休息期间遇一老人，授以良方，嘱咐多吃胡萝卜，每日最少500克，要熟吃，百日可愈。此方简而易行，于是按方服食，从立冬一直吃到春节后。说也奇妙，我的脚病居然又在不知不觉中全好了，走道脚底不疼了，细一看，脚垫、脚疗都自行软化。此后，我每年都要吃些胡萝卜，20多年来未再复发。

张子厚

6/ 青砖米醋治脚后跟疼

1980年我突然患脚后跟疼，到医院拍片检查，结论是长骨刺了。朋友介绍一个民间偏方，治了4次就不疼了，至今没有再犯过。方法是：准备一块青砖（灰砖）、一瓶米醋和一条干净毛巾。将青砖在炉火上烧热后放在地上，倒上半瓶醋，把毛巾垫放在砖上，在不很烫脚的情况下用力踩在毛巾上，直到青砖不热为止。　朱文悦

7/ 苍子叶可治足跟痛

我 1981 年得了足跟痛难以忍受，吃药打封闭效果都不好，经一位亲戚介绍用苍子叶贴患处管用。1986 年去我女儿家，她的房子周围长了很多苍子，我每天摘些叶，晚上洗完脚在痛处垫上苍子叶再穿上袜子，贴了一周疼痛消失。此方介绍给亲友多人都治好了。
李淑贞

8/ 醋水泡脚治脚痛

前不久，我发现左脚跟走路越来越痛。去医院照片子，长骨刺了。后来我根据烧鱼放醋可以软化鱼刺的原理，买了两瓶醋，兑两倍的水烧热，每天浸泡脚跟两次。一个月后，走路竟不痛了。几个月来，也没有再出现走路疼痛的现象。　　　　　　华 兵

9/ 治足跟痛一法

1992 年，我 77 岁时患左脚足跟痛，走路垫上海绵垫也不管用，后经友人介绍，每日早晚各一次，立正站着，两手手指叩打后脑勺，后脚跟起伏100 次。经半年锻炼，现已恢复正常。
李德润

10/ 葱心治脚垫

我母亲患脚垫多年，走路疼痛难忍，一直没有较好治疗方法，经用大葱治疗脚垫效果不错。方法是用大葱里的嫩心贴于患处，然后用伤湿止痛膏贴

牢固，第二天早上，剪去外面已软化的厚皮即可，基本上能保持 2 个月，坚持做下去，脚垫便不易复发。方 问

11/ 中药煎汤熏洗治足跟痛

艾叶 60 克、防已 30 克、皂角刺 30 克、制草乌、当归、苏木、延胡索各 15 克，加水在火上煮大约 10~15 分钟，倒入洗脚盆中，趁热熏洗足跟，在熏洗过程中，盆中再放入一个核桃，边烫脚，边用足跟用力踩核桃数十次。每剂药可连续使用 4~5 次，要坚持每晚熏洗治疗一次，连续熏洗 10~15 天，不能中断，坚持方可见效。

100094 北京 261 医院　梁惠敏

12/ 蹬腿治脚后跟痛

我患右脚后跟痛已五六年了，每年入冬后疼痛难忍，行走不便，经多方治疗，效果不大。今年入冬以来我采用蹬腿的办法，很短时间就奇迹般地不痛了。具体做法：双手扶在树干上，先蹬患脚，后蹬健康脚，每腿各蹬 72下，每日早晚各 1 次。蹬腿时脚脖子微上翘，用力蹬腿时着力点恰好在足太阳膀胱经的委中、承山穴上。
075100 河北张家口市宣化区个体劳动者协会 王 晓

13/ 治足跟痛一法

我患足跟痛，一友告一法，效果较好，现介绍如下：艾叶、苏木、丹参、木香、牛夕，各 20 克，煎后，用热药水泡脚（泡半小时左右），泡后在地上用力踩脚 100 下。一服药可重热重泡一周。一般 3~5 服药即好。

附：答读者问

（1）关于适应征。此法主要适用于足

跟骨刺（骨质增生）引起的疼痛，其他病因的足跟痛也可试用，一般不会有副作用。

（2）关于操作方法。首次可用药锅煎，煎后可倒入洗脚盆（能在炉子上加热的盆），再加水（以没过脚面为宜）加热使用。开始水热时可先熏后泡，以后用时可连同药一起加热直接泡脚，不必把药筛出。

（3）关于购药。这几味药均为普通中药，一般大一点的中药店应该都能买到。　　100075　北京95信箱　赵茂兴

14/ 新鲜苍耳叶可治足跟痛

新鲜苍耳治足后跟痛有特效。具体做法是：将鲜苍耳叶数片垫于袜内足跟处，24小时更换新叶一次，通常7次可愈。264500　山东省乳山市职教中心　宫锡柱

15/ 石揉治足跟痛

我老伴患足后跟痛10多年，走路时痛得厉害。经亲戚介绍用石头蛋揉患处（小鸡蛋型石头）。开始先轻些逐渐加重，每天两次，每次20分钟，一个月时间痊愈。至今多年未犯。

100031　北京西城区铜光楼2楼十号　赵国才

16/ 治多年脚跟痛

我患脚跟痛多年，久治不愈。经人介绍用方：针麻20克、湖脑50克（中药店有售），"针麻"捣碎与"湖脑"合拌一起，分5份装入缝制好的小布袋里，每次1袋垫在脚跟痛点上，一周换一次，用4~5次即愈，至今有一年未犯。此药介绍别人用，均见效。

100045　北京复兴门外大街5号院7楼2单元9号　邵梦琴

17/ 指甲草根茎煮水治脚跟痛

两年前，老伴患脚跟痛，经人介绍得一方，很快就治好了，并未再犯。找五六棵约30厘米高的指甲草根茎（只用根儿），枯萎的最好，洗去泥土，放入搪瓷或铝制的洗脚盆里，加上可漫过脚的水煮开后，添一小勺盐，稍微搅一搅就可以洗了。开始水太烫，可先用一个棉垫盖上盆，脚伸进去熏一熏痛处，稍后就要反复洗泡，直至水凉为止。第二天加点水煮开继续洗。一天一次，连续5次，痛的感觉就渐渐消失了。我们曾介绍给脚跟痛八九年患者，效果同样明显。

附：答读者问

指甲草又叫凤仙花，也就是将其花瓣捣碎后可以染红指甲的那种植物，中药店里可能没有卖的，但并不难找。我老伴儿用的是长到秋后的老棵，晒干煮水后，水呈深红色。

100038　北京复外北蜂窝电信宿舍2号楼2门1号　张恒升

18/ 鲜芝麻花治脚垫

我有脚垫，用了很多方法未能去除，后用一老人介绍的方法治好。方法如下：把脚洗净后，将鲜芝麻花敷于患处，外盖一层油纸，再用纱布包扎好，两天换一次，如脚垫已成茧状，多用药几次，不久即愈。

100076　北京大兴西红门镇星光佳园12号楼1门602　姚占营转张广斌

19/ 醋治脚气灰趾甲脚臭及脚冻疮

由于醋能改变局部的酸碱度，抑制细菌生长繁殖，我喜欢用醋解决健康上的一些小问题，效果都很好。

△ 我因为有脚气，一个大脚指甲成了灰趾甲。半年多前，另一大脚趾也感染上了，我决定用醋来治。倒一定量的米醋，每天让趾甲浸在醋中半小时到一小时，连续浸了一个星期，没有换醋。现在新长出的大半个趾甲的颜色已经恢复正常。我的脚气只是脚掌有点脱皮，不是糜烂型。洗净脚后用米醋浸脚，连续一个星期，没有换醋。由于鞋子中仍有真菌，过些日子后会反复，再浸。我曾经试着用浓盐水浸，浸后有效果但立刻感觉气管有点不舒服，改用醋以后就没有任何不舒服。我想糜烂型应该也有效。

△ 我是汗脚，夏天常常有点味。我也用米醋解决了这个问题，只需浸两三次就行，只浸一次也见效。

△ 十多年前我在南方工作，冬天脚后跟冻疮初起痒得睡不好觉。我试着用热米醋水浸脚，竟立竿见影。曾经介绍给别人，用了也见效。备一暖瓶开水和大约200~250毫升的米醋，先倒少量开水在米醋中，浸到不烫了就续水，温度以能够忍受为度。直到用完一暖瓶水。当天晚上冻疮就不痒了。整个冬天都平安无事。第二年又浸了一次，以后就再也未长过冻疮。只是我还不明白这里的原因是什么。

潘忆影

20/ 伸筋草等治足跟痛

我的姑姑前年春出现足跟、足掌痛，在土坡上走路症状能够减轻，而一旦走在柏油路上则疼痛加重。医生确诊是得了骨质增生。我爱人为她开了一方，我姑仅用了一周的时间，就使疼痛症状明显缓解改善。特将此方提供如下：伸筋草、透骨草、秦艽各20克，五加皮、海桐皮、三棱、莪术、牛膝、木瓜、红花和苏木各15克（以上中药，药店均有售）。具体操作方法：用水熬煮以上中草药半小时，每日坚持热药水泡脚，一日1~3次，每次时间不限，一服药可连续使用四五天。在熏泡时敷以患处按摩最好。该方以后又有几人试用，效果均不错。

117000 辽宁省本钢胸科医院崔东门诊 杨晓冰

21/ 青砖烧醋治脚跟痛

把青砖烧热，包上毛巾，将3两醋浇在毛巾上，毛巾即被熏热，趁热将脚放在毛巾上，热度以不烫伤脚为宜，熏20~30分钟，连续两三个月见效，没有其他原因不会再犯。

100021 北京市朝阳区松榆里5小区10楼4门106室 莫燕萍

22/ 药皂治好裂趾甲

我的右脚大脚趾趾甲裂了十几年。经朋友介绍用药皂洗脚能治裂趾甲，我就买了两块西湖药浴皂（杭州东南化工总厂出品的），一块药皂没用完，裂趾甲便完全好了。

殷大生

23/ 碘酒治好灰趾甲

我有两个脚趾长灰趾甲，已有十几年时间，我想灰趾甲是细菌感染所致，酒精和碘酒应该有效。于是，我两三天涂一次碘酒在灰趾甲上，结果大约半个月左右，灰趾甲逐渐地好了。至今没有复发。

彭汶

24/ 碘酒指套治灰趾甲

去年我左脚大趾头患灰趾甲病，久治不

愈。我想出一个土办法：先将病变的灰趾甲用剪刀慢慢仔细地剔除，然后将一块浸满碘酒的脱脂棉轻轻敷在病变处，再将一只薄型橡胶手套的一个指套剪下，套在病变的脚趾上。这样坚持一个星期，其间更换几次碘酒药棉，一个星期后取下橡胶指套，病变完全消失，并渐渐地长出了健康的新趾甲。

100050　北京住总集团第六公司开发公司　陈慧芳

25/ 醋蒜汁治灰指（趾）甲

紫皮蒜适量，去皮砸碎与醋精适量一同倒入玻璃瓶内，三日后即可使用。治疗灰指（趾）甲时，如灰指（趾）甲不厚，用棉签蘸醋蒜汁直接涂于患处即可，每日 1~2 次。如灰指（趾）甲很厚，则须先将醋蒜汁中的蒜泥涂于灰指（趾）甲上，指（趾）甲周边先用橡皮膏盖上，以防烧伤皮肤，然后盖上纱布，再用橡皮膏固定。10 小时左右除去蒜泥，然后用小刀将灰指（趾）甲削薄。要反复进行数次，待灰指（趾）甲削得很薄之后，再涂醋蒜汁，每日 1~2 次，月余可愈。此醋蒜汁涂于患处治疗脚气效果亦佳。

100045　北京西城区三里河一区 110–5　郜文祥

26/ 脚枕“枕头”治抽筋

去年入冬，我每晚入睡后因脚趾抽筋常疼醒，迫不得已下床沿床边走一走才能入睡。一次，我把双脚放在被螺上便睡着了，一晚上也没抽筋，我留意后，每晚睡觉时在脚下垫一“枕头”，一年来，竟没有抽筋现象发生。

牛金玉

27/ 常喝骨头汤能预防腿脚抽筋

前几年，不论冬夏我腿脚常抽筋，那个难受劲没法说。后听人说，常喝点骨头汤就会好。从此我常喝骨头汤，腿脚再没抽过筋。

黎　英

28/ 掐人中治抽筋有奇效

△可能是年龄大的原因，我夜间睡眠腿脚常常抽筋，特别是冬天，抽起来疼痛难忍，掐和揉搓虽能缓解，但长时间仍感不适。后听人说，用食指或中指用力掐鼻子与上唇之间的人中穴可解。我试了一下，果然有奇效，不但抽筋立解，不再有长时间的不适感觉，而且屡试不爽。

王兰升

△晚上睡觉时小腿肚抽筋，疼痛难忍，只要立刻站起来，抽筋马上会停止。

王昌法

29/ 仙人掌治脚肿

我曾乘夜车去泰山旅游，因车内人满为患，蜷缩一宿的双腿无法活动，次晨下车，双脚踝部红肿，行动不便。旅馆一位服务员从家取来一片仙人掌，捣烂成糊，涂抹于绷带上裹于我双足踝部。午休后，自觉肿胀消失。拆去绷带细看，踝部红肿皆消，疗效颇佳。仙人掌约重 100 克。

101149　北京 236 号信箱　华　军

30/ 绿豆紫皮独头蒜治腿脚浮肿

主要成分：3 把绿豆、3 头紫皮独头蒜。做法：先把绿豆熬开几个，再把蒜剥好皮放进去，一块儿熬，熬黏糊了，再放入 3 匙白糖一块儿熬一会儿。吃时不限量，一天吃 3~4 次。此方经多次使用，效果非常好。

100007　北京丰台区玉林里 57 号楼 1202 号　李淑珍

1/ 蒜糊可治手掌脱皮

笔者患有手掌脱皮的毛病，经常用蒜糊治疗，果有奇效。具体方法为将大蒜瓣适量去皮，捣皮蒜糊，每日早晚涂抹手掌患处一次，数日便可见效。

马宝山

2/ 敲手可治手颤抖

我曾患过手发颤的毛病，双手抖起来无法控制，吃药、针灸效果都不太好。后友人介绍，采用双手对敲，既简单又有效。方法是：双手先对搓几下，然后（1）双手握空拳，两掌心相对，两手根部（手掌和手臂交接处）对敲10下；（2）双手握空拳，两手交叉，手背相对，两手根部（手背和手臂交接处）对敲10下；（3）双手握空拳，手心向下，左右手（握空拳的）拳心对敲10下；（4）双手握空拳，手心向上，左右手指相对，双手对敲10下；（5）双手的四指并拢，大拇指与四指成90度，左手的大拇指插入右手的拇指和四指之间，插入，退出，又插入，又退出，共计10下；（6）双手均五指分开，左手的四指，各插入右手的四指之间，插入，退出，又插入，又退出，共10下；（7）两手交替着，一手半握拳，另一手伸开，以半握拳的手去敲伸开手的手掌心，各10下。一天做几次，约月余见效。 高文英

3/ 治手脱皮的方法

△我每年春秋手上都脱皮。今年听朋友说，把生姜切碎放白酒内泡24小时后涂在患处即可治。我试了试，疗效十分显著。 张洁

△ 10多年来我手掌脱皮，洗衣服、洗澡后更严重。后来用新鲜仙人掌适量，洗干净捣烂，用干净纱布包好拧取汁液，用卫生棉球蘸取少许汁涂患处，每天1~2次，7天便治愈了。

李勤昌

4/ 鱼肝油外敷治愈手癣

几年前，一位同事患了手癣，奇痒难忍，还流水。虽已治愈，但一遇酸碱性刺激便又复发。身为家庭主妇的她，实在很困难。后来，她终于找到了不再复发的疗法：把鱼肝油丸挤破，先取少许外敷，几小时后如无过敏反应，即可放心涂敷，每天3~4次，一般一周左右即愈，至今没有复发。 逸敏

5/ 软柿子水可治手皴

我小时候，每到冬季手被冻皴之后，晚上睡觉前老人就叫先用温水洗手，然后把软柿子水挤在手上，来回反复用力搓一搓，连续几个晚上就能见效。至今我家还有用软柿子水治手皴的习惯。 卢永浩

6/ 姜白矾水可治手脱皮

今年我双手严重脱皮，经同事介绍一方，用姜和白矾煮水浸泡可治，我试后很见效，只浸泡5~6次就全好了。方法：姜（约25克）洗净切片，加白矾1块（有枣大小），放水适量煮开，降温后双手浸泡5分钟左右，每天1次，连续3天后停两天，再用原来的水加温浸泡2~3次即好。 张一诺

7/ 用蜂蜜揉搓可治手皲裂

每日早饭后，双手洗净擦干，将蜂蜜涂在手心手背指甲缝，并用小毛巾揉搓5~10分钟，双手暖乎乎的。晚间

睡觉前洗完手，再用上述办法双手涂蜂蜜揉搓一次。我的双手指甲缝裂得如刀割痛，用此法已治好。

114001 辽宁鞍山市铁东区春光街 6-1 号 杨秀珍

8/ 柏树枝叶治指掌脱皮

我患指掌脱皮五六年了，冬季尤重，皲裂流血。后听人介绍，用鲜柏树枝叶加水煮沸，浸泡患掌，坚持一个月后，果然治愈。

102300 北京市第六制药厂门头沟分厂 魏峰

9/ 黑芸豆煮食医治手裂脱皮

将 70 克纯黑芸豆用火煮烂，连汤带豆食用，每日 2 次，食用 5 千克为一个疗程。一个疗程后停食此方半个月，共 3 个疗程后即可治好手裂脱皮病症。

100025 北京朝阳门外庙北里 76 楼 2 单元 1 楼 1 号 周珍真

10/ 治手裂一方

数年前夏天，我手心奇痒，起小白泡，挑破出水儿，一层层脱皮，皮肤变厚还裂口，又痒又疼，非常痛苦。我师傅给我一方，我只用药十几天，得了半年的手裂口病就根除了，现已十多年没犯。其方是：荆芥、防风、枫子仁、地骨皮、五加皮、红花各 1 钱，皂角 5 钱，明矾 3 分。以上药全浸在两年陈醋中，24 小时后，加热泡手，每日泡半小时。药液见少时可再补入陈醋。以上草药，中药房都可买到。

100034 北京西城区大茶叶 1 号 高世理

11/ 韭菜汁治手脱皮

取鲜韭菜一把，洗净捣烂成泥，用纱布包好，拧出汁，加入适量的红白糖，每日服一次，一般连服 4 次可愈。

100088 北京北三环中路 43 号楼 1-1-3-3 刘晓春

12/ 猪肝炖木耳食疗手足疣

手足生疣可用猪肝炖木耳（黑木耳、白木耳均可）治疗，连吃 3 次，患处赘物自然脱落。

100032 北京西城区机织卫胡同 41 号 倪文瑞

13/ 巧治手掌血泡

干活儿时，手掌磨出血泡怎么办？可用手在头发中摩擦，即以指梳头 20~30 次，第二天血泡自平，痛感全无，屡试屡验。

100032 北京西城区机织卫胡同 41 号 倪文瑞

14/ 碘酒治愈手癣

一年前我患手癣，指缝皮肤刺痒，开始每天抹碘酒一两次，暂时止痒，但不愈；后来在患处每天抹碘酒四五次，患处一层皮逐渐干而脱落，手癣随之治愈了，至今未犯。

100051 北京和平门外东街 9 号楼 2 门 301 沈鸿英

15/ 紫金锭治鹅掌风

鹅掌风又称手癣，此病瘙痒难忍，不易根治。可采用紫金锭加谷糠油泡患部。方法：睡前取紫金锭 20 片，加入 300 毫升谷糠油中，捣成稀液状，患部浸于液内 20 分钟。白天用此液一日数次外擦。笔者用此法治疗收到了满意效果。

101200 北京平谷滨河区 20 楼 1 单元 7 号 赵振义

16/ 糠流油蜜蜡治手部干燥性湿疹

手部干燥性湿疹不同于癣症。癣症多发于夏秋季节，干燥性湿疹多发于冬春季。损害为局限性干燥的鳞屑斑。患部有明显的瘙痒裂口，局部皮肤由于长期摩擦、搔抓而变厚、粗糙。我有一老叔患此病，给生活带来极大不便。后得一验方，用蜜蜡煮化，加入糠流油（二者比例为 1∶10），每天外擦，坚持月余。现已治愈。

101200　北京平谷滨河小区 20 楼 1 单元 7 号
赵振义

（编者注：糠流油制法见本书附录《糠流油治圆癣》一文。）

17/ 如何解除指甲根倒刺的痛苦

冬天手指甲边的皮肤经常会起倒刺，非常痛。这是由于指甲根和皮肤连起的地方相粘过紧，指甲的生长会把肉皮拉紧使之绷裂而引起倒刺。我的解决办法是经常用指甲轻轻推，使指甲根与肉皮连接处松动，开始有些痛，但慢慢就会适应，不再粘连，便能解除倒刺的痛苦。　　　　张 平

18/ 维生素 B₆ 治手指倒刺

本人手指经常出现倒刺，接连几个月又痛又痒，且极不雅观。后听人讲服用维生素 B₆ 可治，我只服用了 2 天维生素 B₆，手上的倒刺便全好了。

101407　北京怀柔县集陆舟内燃机配件厂　刘 魏

19/ 鲜鸡蛋治疗甲沟炎

如患有甲沟炎，可用一个鲜鸡蛋打开一口，把患指或足趾放进去浸泡 12 小时，有止痛消炎作用，一般用两三个鲜鸡蛋浸泡就会痊愈。曾数十次用过，效果很好。

100061　北京崇文区龙潭北里 4-2-4-8 号　曲世华

20/ 鸡蛋治指甲脓肿

我年幼时，不知什么原因指甲缝里出现一块白色脓肿，疼痛难忍，而且面积越来越大，经药物治疗都无效。后来邻居告一方：用鸡蛋一个，一头开

个指头大小的孔，将鸡蛋套在患指上，用胶布将鸡蛋兜在手上，就这样让患指在鸡蛋里泡数日后，疼痛和脓肿消失了，取下鸡蛋，虽然坏指甲脱落，但新指甲又逐渐长出来。

100095　北京海淀温泉北京分析仪器厂家属委员会
11-1-1　刘华萍

21/ 蜂蜜治甲沟化脓

3 年前，我曾患甲沟感染化脓，虽每天换药包扎，历时一个月，伤口始终不好，便改用棉签蘸蜂蜜涂抹伤处，不包不扎，几日下来，脓干瘪，疼痛消失，伤口长好。以后指甲处又被刀削破一次，亦如此治愈。需注意的是，提防买着假蜂蜜。　　　　胡建华

22/ 指甲草花治疗灰指甲

将指甲草花捣碎，敷在灰指甲上，用片绿叶子裹上，再用线捆牢（用塑料薄膜捆上也可）。经过一个多星期，指甲可软化，逐步长出新的好指甲来。　胡 笛

23/ 米醋治好了我的灰指甲

1976 年，我患了灰指甲病，去医院看了 2 次都没效果。后来朋友介绍一方，治疗效果很好。方法是：把米醋倒在碗里，以浸过指甲为准，每天坚持泡 2 次，每次半个多小时。如白天没时间，晚上一次泡一个多小时也可。这碗醋每天可接着用，见少时可再加点。我泡了 2 个月就长出了新指甲（我怕醋凉，就把醋碗放在一个盛有热水的大碗里，这样醋是温的），后来一直没复发。　　　　史秀亭

24/ 醋精大蒜根治灰指甲

本人患灰指甲已十多年，无论吃药或

用外敷药治疗效果不佳。后经人介绍用醋精及大蒜治疗。方法：用洗净的小罐头瓶1个，将醋精倒入瓶中约2/3，再将大蒜1头（除新蒜、发芽蒜外）砸成糊状泡入瓶中醋精里，放置3日后即可用。将灰指甲浸泡在醋蒜水中，每日2~3次，每次10分钟左右，半个月后即可自愈。 郭敏

25/ 凤仙花治灰指甲

我父亲患灰指甲多年，反复治疗总不能去根，后来我8岁的儿子也患了此病。偶然得到一偏方：取凤仙花（俗称指甲草）数朵，加少许白醋，捣烂成泥状，敷在指甲上，一小时后洗净，经两三次治疗，现在他们爷孙俩都已治愈。

100051 北京前门外大街布巷子90号 崔晓静

26/ 氯霉素滴眼液去灰指甲

每天晚上睡觉前把手（或脚）洗干净，在灰指甲上（包括缝里）滴上几滴氯霉素滴眼液。滴数日后，从指甲根部开始逐渐正常，眼药液必须滴到安全长出新指甲，多坚持数天巩固一下更好。

100034 北京西城区官门四条24号 陆建民

27/ 羊油治"皴"

将涮羊肉汤上层的浮油冷却后捞出，放进小瓶内后，开水烫瓶子，使之熔化，再冷却，去掉沉在下面的水和杂质，反复两次，冬春备用。用此油擦手、脚、脸部皮皴患处可治愈。

100053 北京宣武区报国寺中国商报社 曾伯生

1/ 发油消肿

前几天，小孙子在玩耍中头部被磕，起一大包，哭声不止。奶奶说："可涂些发油（梳头油）消肿。"当即，给孩子抹上发油，轻轻揉动。不一会儿，大包就消了，孙子哭声也止了。张国英

2/ 小磨香油治磕碰伤

孩子小的时候跌跤、磕磕碰碰是难免的，常会看到某个小孩子的头上或脸上有肿块或青斑。现介绍个小偏方：当小孩摔倒或因其他原因，身体某部位被磕碰时，马上用小磨香油涂抹患处，并轻轻揉一揉，患处既不会起肿块，也不会出现青斑（此法对大人同样适用）。这个偏方我已试用多年，很有效。刘烽

3/ 韭菜捣烂可治瘀血

我年过半百，常被磕碰或跌伤，有时大片或小块红肿、黑紫，一个月才能痊愈。后得知一偏方：用韭菜100~150克，洗净捣碎，用纱布包好搽抹伤痛部位，即有消肿感，黑紫变浅。每天搽2~3次，一星期即可痊愈。车光

4/ 口吮可治小伤

本人皮肤不好，拉个小口，极易发炎红肿，且久不愈合。受一老者指点：及时用口舔吮伤口，便可消除此患，后经试用，果然大有功效。继而本人又试着扩大到用于热油溅烫灼痛之处，发现不仅能马上止痛，还不起泡。刘颖

5/ 小孩打针后臀部有肿块怎么办

新鲜土豆切开，从中削取0.5~1厘米厚的一片，大小比肿块略大些，将它盖在肿块上，用胶布固定好，一天后取下，肿块可消失。张洁

6/ 茶叶糊可止血

不小心碰伤流血时，只要捏一小撮茉莉花茶放进口里嚼成糊状，贴在伤口处（不要松手），片刻即可将血止住。笔者多次采用此法均获得奇效。时习之

7/ 槐树枝可治外伤感染

我十几岁的时候不慎碰破膝下小腿，导致感染流脓水，从夏天到秋天，很长时间都没好。偶然获得一药方，竟治好了。药方是：取一些槐树枝烧成灰，研成粉末，用香油拌好，再把一节约1.4厘米的粗葱白切成两半，用砂锅将一些醋烧开（让醋保持开着），然后用葱白蘸着烧开的醋洗抹患处（不会感觉很烫），洗的时间越长越好。洗完后再抹上香油拌的槐树枝灰末。每天2次，几天后药干了即好，如10天仍不见好，再重复一次就会好了。刘西存

8/ 自制消肿化瘀汤

常有人不慎发生手脚挫伤，关节处（指腕处为多）红肿胀疼难忍。可取花椒、香菜和葱胡子各一把，盐2匙在搪瓷盆或铝盆里放半盆水，煮开后先用热气熏伤处，再用毛巾蘸药液热敷（勿烫），最后可将伤处浸在药液中。一天几次，一般一两天即肿消痛止。药液可反复使用，但每次要加热。郭桂山

9/ 自制止痒消肿剂

1970年我下放在贵州某茶场劳动，那里的蚊虫多，白天也叮人，叮后不但

痒，有时还肿胀，耳朵、鼻尖常常肿得高高的。当地的苗族同胞见此情景，便领我们上山去挖一种叫七叶一枝花的中草药，将根洗净后放入瓶内，用白酒浸泡。酒泡成黄色后，就可用它涂在被蚊虫叮过的地方，既止痒又消肿。这种自制"止痒消肿剂"很快成为每个下放干部的常备药了。我离开贵州已 20 多年，至今家中还泡制着这种药剂，使用时相当灵验。七叶一枝花又名轮叶王孙、北重楼，中药店有售，买 30 克，用 250 克白酒泡制就行。

朱庆达

10/ 涂抹苯海拉明注射液治毒蚊子叮咬

秋季毒蚊子叮人很厉害，被叮咬后抹上苯海拉明注射液二三次，24 小时后，局部的红、肿、热、痒现象即可消退。

齐 仁

11/ 西瓜皮可止痒消肿

被蚊子叮咬后，可用西瓜皮反复涂抹一分钟，再用清水洗净，几分钟就能止痒，并很快消肿。

王春瑞

12/ 柳絮毛可止血镇痛

一老工人曾对我传授：每年柳絮飘飞之时，拣一些干净的储存起来备用，可止血、镇痛。我用刮脸刀时曾将手指划破，敷上柳絮毛，止血、镇痛，一天多伤口便愈合了。

杨静荣

13/ 维生素 B_2 的活血作用胜于中药

我过去在建筑单位工作，难免身体磕碰瘀血，青一块紫一块。1976 年春，我患口角炎时，医生让吃维生素 B_2，意外发现右腿上一块瘀血治愈了。十几年来，我 10 多次因碰伤出现黑紫瘀血，都口服维生素 B_2，轻则四五天、重则六七天即治愈。

狄全恩

14/ 小刀伤消毒止血法

切菜或做鱼不慎被划了一个口子，血流不止，家母教我赶快找一截鲜葱，将葱叶撕开，包在伤口上，外边再用布条扎固，立刻血就止住了，且不会被感染，很快就好了。葱叶内的葱黏可以消毒、止血、黏接伤口。

孟爽芸

15/ 大蒜内膜"创可贴"

如果不慎划伤或擦伤，出现小伤口时，又一时找不到药物，可用大蒜瓣的内衣，即蒜皮最内层的薄膜，贴在伤口上，可防止感染而愈。小溃疡经消毒后也可使用，但需每天换一次，直至愈合。我幼时在农村用过多次，效果很好。

100086 北京海淀区双榆树北路甲 3 楼 1-6 崔纪云

16/ 干桂圆核焙干碾成粉末可止血

小时候我家住农村，母亲常将干桂圆取肉后将核焙干，碾成粉末，用玻璃瓶盛好。邻居因碰破皮肤流血不止时，母亲就取出少许桂圆核粉末涂抹出血处，血立即止住。

100037 北京月坛北街 25 号 34 门 13 室 陆锡元

17/ 蜂蜜外涂疗外伤

《本草纲目》载：蜂蜜有清热、补中、解毒、润燥、止肌肉、疮疖之痛等功效。近代药理研究证明蜂蜜中还含有多种维生素和多种微量元素。我在工作实践中，用蜂蜜治疗较小面积的皮肤肌肉外伤皮损有很好的疗效，可起到止痛、预防感染、伤口愈合快等作用。具体用法：取市售蜂蜜，以棉棒蘸取适量直接涂于伤口上，稍大面积的伤口，涂抹后用无菌纱布包扎，每日涂 2~3 次，一般伤口 3~5 天即愈。另外，用蜂蜜外涂，还可以治疗因感冒发烧引起的口角单纯疱疹、较小面积的 I ~ II 度水火烫伤以及轻度的褥疮等。

100038　北京空军北京羊坊店干休所　赵传铭

18/ 赤小豆外用治血肿及扭伤

我儿 10 岁那年，一次从高约 3 米多的树上摔下，当即头部右侧起一鸡蛋大小血肿（未破）。一农村老中医告我一法：适量赤小豆磨成粉，用凉水调成糊，于当日涂敷受伤部位，厚约 0.5 厘米，外用纱布包扎，24 小时后解除。涂一次后血肿缩小至小枣大，按上法又涂一次，肿胀消除，疼痛消失。十几年来，我用此法给亲朋好友治疗闭合性血肿及小关节扭伤多次，效果颇佳。一般受伤后速敷者效高，隔天涂敷者血肿范围小于 5×7 厘米一次治愈。

100074　北京 7208 信箱 30 分箱　王文英

19/ 柿子蒂可助伤口愈合

年轻时，我的耳部患一粉瘤，越长越大，术后形成瘘管，经常发炎，前后手术多次，总不见愈。后来一位老中医告诉我可以用柿子蒂治，方法是把吃剩下的柿子蒂用旧房瓦焙干，研成粉末待用。把伤口洗净消毒，然后把研好的柿子蒂粉末涂在伤口上。我用此治疗 4 次，便使伤口愈合。

100026　北京朝阳区六里屯西里 1-4-4 号　张运通

20/ 甘草、香油治愈伤口溃疡

去年夏邻居小儿脚面被铁条戳伤，数日后创面红肿流黄水。其爷爷用甘草油涂抹患处，每日数次，一周后结痂痊愈。特觅此方介绍如下：用大甘草 150 克，刮去皮切细晒干，研成细粉末，装入瓷缸或玻璃缸，用 250 克纯净香油浸泡 3 昼夜，即可使用。甘草，味甘性缓，能清火、解百毒、生肌止痛；麻油（香油）能清火润燥，解毒杀虫。二物配合，有消肿、解毒、止痛、生肌之效。此方还可治疗小儿暑天热疖疮。　101149　北京 236 号信箱　华 军

21/ 刺菜能止血

我 10 岁那年上地里割牛草，因用力过猛，不小心镰刀滑在左手上，手的中指被拉了一个很深的口子。一块肉掀了起来，流血不止。由于身边没有大人，自己没有了主意，便顺手从地上采了几颗刺菜，把刺菜水滴在伤口处，竟然血被止住了。后来我和小伙伴们在地里干活不论谁碰伤、拉伤、擦伤均用此办法治疗，效果很好。如果伤口大，把刺菜砸烂糊在伤口上，用手按几分钟血就被止住了。用布包扎住"药"，时间长些效果更好。

100088　北京北三环中路 43 号 8-5-402 号　刘晓春

22/ 茄子粉消肿止痛

因跌打伤造成肿痛（重伤除外），可将鲜茄子一个焙干研末，每日 2 次，每次 10 克，用黄酒送服，有消肿止痛作用。

102100　北京市延庆县技术监督局　卓秀云

1/ 大葱叶治烫伤

用大葱叶治疗烫伤，效果甚佳。方法是遇到开水、火或油的烫伤，即掐一段绿色的葱叶，劈开成片状，将有黏液的一面贴在烫伤处，烫伤面积大的可多贴几片，并轻轻包扎，既可止痛，又防止起水泡，1~2天即可痊愈。也有的人吃饭喝汤不小心烫伤了口腔或食道，马上嚼食绿葱叶，慢慢下咽，效果也很好。

刘桂林

2/ 豆腐白糖治烫伤

用新鲜豆腐一块、白糖50克。将豆腐白糖拌在一起调匀，敷于创面，干了即换，连换四五次。上方配制时，如加入大黄末3~5克，疗效更佳。

张辉

3/ 鸡蛋清调白糖治烫伤效果好

我不慎将手烫起了泡，火辣辣地痛。邻居李大妈叫我用鸡蛋清调白糖抹上，连抹几次泡就逐渐蔫了，几天后就痊愈了，没有伤痕。后来，孩子的同事打碎暖瓶，开水溅到脸和脖子上烫起了很多泡，用此法医治也没留一点痕迹。

晏国钦

4/ 娄西瓜水可治烧烫伤

娄西瓜不要扔，可用来治烧烫伤，而且西瓜越娄越好。将瓜瓤、瓜子过滤出去，把汁放在一个干净的酒瓶子里，盖严存放在阴凉处。我家现用的一瓶已存三年未坏。遇有烧、烫伤时，取瓜水抹在伤处，或将水倒出，将伤处泡入也可。止痛、不起泡，好得快，颇灵验。

蔡欣

5/ 鸡蛋油治烫伤

有一位同志告诉我，可以用鸡蛋油治烫伤。我试用以后，3天果然痊愈，一点痕迹都没有留下。这个方法是：取煮熟的鸡蛋黄两个用筷子搅碎，放入铁锅内，用文火熬，等蛋黄发糊的时候用小勺挤油（熬油时火不要太旺，要及时挤油，不然蛋黄就焦了），放入小瓶里待用。每天抹2次，3天以后即痊愈。

秀英

6/ 油浸鲜葵花可治烫伤

用干净玻璃罐头瓶盛放小半瓶生菜籽油，将鲜葵花（向日葵盘周围的黄花）洗净擦干，放入瓶中油浸，像腌咸菜一样压实，装满为止，如油不足可再加点，拧紧瓶盖放阴凉处，存放2个月即可使用。存放时间越长越好。使用时，一般需再加点生菜籽油，油量以能调成糊状为度。将糊状物擦在伤处，每天两三次，轻者三五天，重者一周可见效，不留伤痕。我于1947年制此药至今，治烫伤多例（未治过烧伤）均有效。

黄修

7/ 虎杖根治烫伤

虎杖别名活血龙、花斑竹。我不慎用开水将左手背烫伤，皮肤红肿并起水泡。我用50克虎杖根，用擀面杖细细捣碎研末，先用芝麻香油薄薄涂于伤处，后用虎杖粉均匀撒于患处，用卫生纱布包扎。半日后疼痛减轻，次日水泡消失。每日换药一次，一周痊愈皮肤无异样。注意伤口敷药后不得沾水。

101149 北京236信箱 华军

8/ 治烫伤秘方

我少年时外出，被一卖水者将肚皮烫伤脱皮。家人带我找本村一老太太抹了一次药，烫伤一周结痂痊愈没留疤痕。此事过40余年，偶然得知此方传给我哥的干亲家，便登门索方，现借《生活中来》公开此方。处方：刚出生无毛小老鼠数只（有毛无效），获得后装瓶中，倒入香油腌起来（无毛小老鼠很难找，但农村收秋，场院易得），将盖先封好。另外往瓶内加入适量枣树皮、石榴皮、马齿苋研成的细面，拌匀。泡的时间越长越好。上药方法：用消毒棉球蘸香油，涂患处时一定从外圈向内涂，一圈一圈涂，将油膏覆盖整个烫伤面，一天1~3次，本方治中、轻度烫伤确有奇效。

100094 北京5100信箱 安华

9/ 治烫伤一法

我年轻时为写春联，砸墨块装入瓶中，加水自制墨汁，因天气寒冷，将瓶塞冻上了，用力也拔不出来，只得放在火炉上加热，结果因瓶内产生气体，"呼"的一声瓶塞和墨汁喷出，热墨喷在我的脸上，待我洗完脸上墨汁时，整个的脸上脱了一层皮，露出红肉，幸亏戴着眼镜，没伤眼睛。父亲急忙到药店买了二两槐子来，炒焦碾碎过罗成细面，放在热花生油内，拌成厚粥状，敷在烫伤处，用纱布包好（必须严格消毒，以免感染），结果20天就痊愈了，没落疤痕。还有一次我的孩子灌暖瓶，因瓶底胶垫移位，暖瓶灌满了，盖瓶塞时暖瓶爆炸，将腿脚大面积烫伤，也是用上述办法，20多天痊愈。

100021 北京劲松5区511号4门201 孙胜瑶

10/TLS止痒液治烫伤

我今年72岁，女，离休干部，因多年患有糖尿病，腰背时常发痒，脚背在夏季对汗过敏发痒。经有人介绍，我在药店买了一瓶TLS协和止痒液保健治疗，在发痒时经过喷雾能立即止痒，心情颇感舒适。最近因做饭不慎，用三个手指摸住炉子上的锅圈，顿时被烫焦，疼痛难忍。情急之中，顺手用TLS止痒液喷在烫伤手指处。不料，马上不疼痛了。我又连续喷了两次，只觉得手指患处发木，皮有点发硬，一点都不觉得疼痛了。我照样做家务劳动（如洗碗、洗衣、抹桌、扫地……）也没事儿。经过两个多星期硬皮慢慢脱落恢复正常。

100013 北京朝阳区和平街13区15楼1门号 向明（电话：010-64227505）

11/ 小白菜叶治水火烫伤

小白菜去掉菜帮，用水洗净，在阳光下晒干。然后用擀面杖将其碾碎，越细越好。用香油将其调成糊状，稀稠程度以不流动为宜，装瓶待用。遇有烫伤时，不论是否起泡或感染溃烂，用油膏均匀地涂于伤处（不要用纱布或纸张敷盖）。每日换药一次，数日即可痊愈。此方除愈合快外，尚可减少疼痛。

066600 河北昌黎县交通局 佟程万

12/ 紫草治烫伤

紫草为多年生草本植物，别名山紫草、硬紫草，中药房有售。将紫草碾成粉末（用擀面杖或请中药房加工）。然后把碾碎的紫草粉装入干净的器皿中或玻璃瓶中，再倒入香油，使香油漫过紫草粉，放在笼屉上，上锅蒸一小时，进行消毒，并使紫草和香油充分融合。把消毒好的紫草油放凉，用油涂于烫伤处，用消毒纱布敷盖好，避免感染。要保持烫伤处经常湿润，不等药油干，就再涂药油。直到伤处痊愈。涂药油的小刷子或药棉也要消毒，经常保持伤处的清洁，避免感染。一女孩被高压锅喷出的粥烫伤面部，很严重，用此法治愈，痛苦小，并且未留疤痕。

100088　北京海淀区健安西路黄亭子6号楼7-3
彭毓英

13/ 生石灰香油治烫伤

前些天，做饭不慎烫伤了手，4个手指都起了水泡，朋友介绍我一民间偏方：取生石灰25克、香油6.25克，生石灰发开，浸泡在150克清水中搅拌，澄清。取上清水，加入香油调匀，涂于伤处。我照此方制作，涂于患处，每天1~2次，一周后就痊愈了。

074000　河北省高碑店市兴华中路华福胡同华光巷
18号　杨善臻

14/ 伤湿止痛膏贴治冻疮

笔者在西藏行医多年，多次使用伤湿止痛膏（虎骨麝香膏更佳）贴敷局部治疗皮肤红肿、自觉热痒或灼痛的一度冻疮，取得良好效果。方法是先用温水将患处洗净，擦干后将药膏贴紧在患处皮肤上，一般贴24小时可痊愈，如未愈可再换贴几次。皮肤破溃或过敏则不宜贴敷。　程泰来

15/ "芝麻花"治冻疮

我少年时，常为冻疮溃烂痛痒而苦恼。高中时有人介绍："芝麻花能治冻疮"。我试用后至今冻疮没再复发。其法是：仲夏时节，芝麻开花正盛，采几朵新鲜芝麻花，放在手掌内，轻轻揉几下，使其湿淋淋的，然后将揉过的芝麻花

在生过冻疮的地方涂擦，干了，再擦，重复几次，这样冻疮就可治愈。　晓明

16/ 针刺法可治冻疮

洗澡后或睡觉前，用消毒的针刺冻疮处，将冻疮里血挤出，轻的冻疮2~3次可愈，重的冻疮4~5次可好。但此方法不适用冻疮已溃烂者。　朱震

17/ 煮茄秆治好我的冻疮

我在山西插队时，由于住的房子里没有取暖的火，睡的又是凉炕，因而每年冬天都要冻脚，而且冻的面积一年比一年大，每当遇热时冻脚奇痒。后来，老乡告诉我一个偏方：冬天的时候到菜地里拔些已摘完茄子、叶子也掉光了的茄秆，回家后放在脚盆中加水煮一会儿，等水温稍低后泡脚。我试着洗了几次，冻疮就好了，而且十几年都没有再犯。　高学冬

18/ 辣椒酒精治冻疮

红尖辣椒（干鲜均可）十几个、酒精500克，浸泡一星期。未溃破的冻疮患部用热水清洗后，用棉球蘸浸泡好的酒精，涂患部（已溃破不能用），止痒、止痛、消肿，效果显著。一般每日涂擦四五次，可看冻疮程度酌量增减涂擦次数，连续涂擦10天左右即可。　钱诚

19/ 冬瓜皮可治冻伤

小时家贫，冬天很少生火取暖，年年冻手脚。后来母亲在夏季让我用冬瓜皮煎汤洗泡手脚，又留些干冬瓜皮冬天继续用。从此以后手脚就不再冻了。　刘尔荣

20/ 白萝卜防治冻疮

冻疮的防治除平时注意保暖保温外，用白萝卜汤洗敷也可治愈。其方法是：白萝卜一个、生鲜姜少许，切片放锅里煨煮，待萝卜片烂后，将汤倒出（萝卜可做菜做馅吃掉）。待萝卜汤温度合适时，对患部洗敷 5~10 分钟，5~7 次可根治，来年不会复发。

牛金玉

21/ 仁丹雪花膏治冻疮

我有位朋友，因不习惯北方生活，每年脸上都有冻疮出现。偶得一偏方，果然灵验。办法是：取仁丹一包，研成细粉，加入雪花膏 10 克（或其他擦脸霜）调成糊状，每晚洗脸后临睡前涂擦患处。去年治愈后，今年未犯。

赵根生

22/ 杨树叶可治冻脚

取干杨树叶若干，放入锅中用水熬，熬出颜色即可，然后把脚放入洗脚盆中，浸泡 1~3 分钟，一般一两次即可治愈。

王振贵

23/ 香蕉皮治冻伤

用香蕉皮的内膜一面轻轻摩擦冻伤处，直至发热，几次即可见效。视冻伤程度不同，摩擦的次数也不同，不过均可很快见效。

刘桂林

24/ 辣椒水治冻伤

△ 20 多年前，我母亲在干校脚冻得厉害，红肿疼痛，后经人介绍，用一把红辣椒煮半盆水，水不太热后泡脚，每晚一次，每次 20 分钟，第二天热一下连续用，泡了四五次就好了。

梁小军

△ 我儿子 5 岁时，有 3 年冬季冻耳边。听人说用辣椒 4~5 个放在搪瓷缸内，加水煮开后，用筷子夹一块卫生棉球，蘸辣椒水抹于冻耳处，1 日 3 次，3 日即愈，经二十几年再没犯。 徐锋

25/ 鲜樱桃汁可治冻疮

40 多年前，每到冬天我耳朵和手背都冻伤。一位战友告诉我一方，夏天樱桃成熟季节，用鲜樱桃汁治疗。其方法是：将红樱桃（大小均可）10 粒左右在手心中合掌压搓成汁，然后将樱桃汁立即涂抹在冬天曾冻伤过的患处并反复揉搓使之发热渗透，1~2 次即可。这法真灵，40 多年来，再未冻伤过。

100843 北京复兴路 14 号 17 楼 3 门 342 号 房成仁

26/ 樱桃泡白酒治冻伤

冻伤红肿疼痒难忍，要先用温水洗冻处，擦干后再用白酒泡的樱桃抹擦患处，能止痛痒消肿。其制法：红樱桃 250 克加白酒 500 克浸泡，冬天即可用。现在可买樱桃罐头替代，取四五个抹擦患处有同样效果，冻伤已溃疡不可用此法。

101100 北京通州区新华大街中仓小区 12 楼 3 单元 322 号 贾德禄

27/ 樱桃泡烧酒治冻伤

我在野外干活时曾冻伤了脚，同事介绍了樱桃泡烧酒擦患处一法，效果极佳。制法：鲜樱桃若干（最好半斤以上，若找不到鲜樱桃，樱桃干也可以）。泡入一瓶二锅头酒中，5~7 天后即可用。用法是：将患处洗净后便可用樱桃酒擦患处，每 3 小时擦一次，擦一天后冻伤红肿消退。

100032 北京西城区粉子胡同 7 号院 李祥秀

28/ 樱桃泡白酒治冻疮

多年来，我为手脚总长冻疮而苦恼。虽多次医治都是一时见效而未能根治。后经人介绍一方治好：用樱桃250克，加250克白酒装入玻璃瓶内，将瓶口封严，埋于20厘米深土内，到中秋节前后，将瓶取出用樱桃蘸酒涂擦冻疮患处，每日4~5次，入冬后，每日再擦4~5次，7天即可。我和数位冻疮患者用此方法后，已3个冬天未犯。　066600　河北省昌黎县交通局　佟程万

29/ 干麦苗可治脚冻伤

前几年冬季我的脚被冻伤，红肿、疼痛、奇痒。听人说干小麦苗能治，就从苗地里找了一把，用沸腾的开水沏一下，稍后用水烫脚到水凉为止。仅一次，脚就消肿，不疼不痒了。李建设

1/ 香蕉皮可治瘊子

我曾得到一个小偏方：用香蕉皮敷在疣（俗称瘊子）的表面，使其软化，并一点点地脱落，直至痊愈。我用这个方法已将我头及脸部的两个瘊子治好了。我是用香蕉皮多次敷，用手指一点一点掐掉的，治好后再未长出来。

润 田

2/ 双极磁提针治刺瘊有效

亲友送我一支双极磁提针。我试用它在头部太阳穴长的一个如麦粒大小的刺瘊上进行刺激，经几次按压后，用手掐瘊子，一点血没出便自然脱落，长了多年的瘊子，根除了。

梁惠敏

3/ 大蒜能治瘊子

数月前，我的右脸庞上长出一颗小米粒大小的瘊子，后来渐渐长到绿豆那么大。我试着将蒜瓣切成小块，用以擦抹患处。先是瘊子表面出现干痂，最后竟至完全脱落。现在患处光洁如初，未留任何痕迹。

王人中

4/ 生猪油治瘊子

去年我手背上长了个瘊子，日渐增大。友人说可用生猪油（或肥肉）每天抹几次。我试用月余，瘊子竟自行脱落，一点痕迹也没留。

安 静

5/ 拉拉秧可治瘊子

拉拉秧的梗上有刺，像小锉一样。用拉拉秧的梗锉手上的瘊子，一锉即平，而且不感染。这是邻居告诉我的。我手上的瘊子，已经锉掉。

李培植

6/ 瘊子和皮肤赘生物简易治法

准备碘酒、75%酒精和细丝线一根（其他结实的细线也可）。用碘酒消毒瘊子，其面积要超过瘊子两倍，然后用酒精脱碘，用细丝线在瘊子根部勒紧系住（余线剪断），阻断血液供给，如瘊子蒂大，过三四天再紧一回。这样，小的瘊子和赘生物，四五天即干枯脱落，大的一周以后脱落。我从医多年，以此法治瘊子，无痛苦，不出血，不留瘢痕，效果甚佳。

刘泽普

7/ 鲜芝麻花可治瘊子

我小时候手背上长了一个玉米粒大的刺瘊。1948年秋，一位解放军战士告诉我可用鲜芝麻花在患处轻轻摩擦，经试用20次后，发现患处开始干裂，并逐步自行脱落，未留任何痕迹。1960年手背上又长了一个瘊子，仍用此法消除。

张庆荣

8/ 紫药水治瘊子

我25岁时长了3个瘊子，后又发现3个。我无意中拿出棉花蘸紫药水涂在瘊子上做记号，以便去医院治疗。可是第二天一看，紫药水痕迹尚在，瘊子却只剩4个了，新生的小瘊子已消失。于是我每天用紫药水涂瘊子六七次，一周后瘊子全消失了，至今再没长过瘊子。

关世顺

9/ 除瘊一得

1978年春，我右手掌长出一小刺瘊，不到半年竟有豌豆大。多方求医不见效。一次，我用唾液将刺瘊浸湿，又涂上吸烟时的热烟灰，一天一次，连续一星期。每次涂后有痛感，但慢慢结痂，痂掉后皮肤光滑如初，至今6年多未犯。

牛金玉

10/ 香烟头烤治瘊子

我的右手背和手指上长出几个瘊子，我曾跑过多趟医院没能治好。听人说，用点燃的香烟每日烘烤3~5次可治。我试了试，果然，十几天就痊愈了。　　　　魏玉华

11/ 无花果汁可治瘊疣

取无花果实，将无花果的白汁滴在瘊疣上；几日后瘊疣会自行结痂脱落，再继续滴用，直至疣子完全脱去。滴无花果汁时不用将疣子刮破。　唐成麟

12/ 丝瓜叶治软疣

软疣俗称水瘊子，是一种皮肤病。此病如不及时诊治，极易反复发作，重者蔓延胸背四肢，让人心烦。将丝瓜叶揉搓后，涂擦于患处，两三天后身上的疣体开始变小，直至消失。秦 丹

13/ 野谷草茎可治刺瘊

前几年，我左手拇指的根部，长了一个瘊子，不久，在其周围又长了六七个小瘊子。涂药、削剪均无效。后来，一位同事说，用野谷草茎穿刺可以根治。当时我半信半疑，软软的野谷草茎能穿透瘊子吗？于是，我在杂草中找到野谷草，抽出穗茎，借野谷茎底端湿润对瘊子底部反复捻动，还真把刺瘊穿透了。我沿瘊子的外沿把草茎用指甲刀剪去，留一小段在瘊子里，不疼不痒。过了两天，不知什么时候，瘊子掉了，周围的小瘊子也没有了，也没疤痕。后把此法告诉长刺瘊的同志，他们的瘊子也治好了。

　　100054　北京宣武区盆儿胡同甲12号　王殿清

14/ 蓖麻仁治顽瘊

20年前，本人曾用民间土方治愈手背顽瘊，至今未再犯，现介绍如下：取鲜蓖麻仁1枚，分成两半，以其切面，反复涂擦母瘊。每天1~2次，每次数分钟，1周内治愈。　　黄梓秋

15/ 荞麦苗治瘊子

我10多岁的时候，手上长了好多瘊子，成天用手抠也抠不掉，有人介绍用马尾捆它也没效果。后一亲戚告知鲜荞麦苗揉擦可愈。当时正是夏末荞麦生长季节，便找来一大把鲜嫩荞麦苗揉呀擦呀，次日晨起一看，一个也没有了，特别神奇。

100077　北京马家堡西里33楼8门102号　和　谦

16/ 枸杞子治黑痣和瘊子

我胳膊上曾长过一个大黑痣，且长着黑毛，我怕去医院冷冻手术，就把枸杞子七八粒压成糊用橡皮膏贴在黑痣上，两天后黑痣变小，换了枸杞子糊再贴上，几天后黑痣真的没有了。我同事手上长了一个瘊子也用此法治好了。

100035　北京西直门内大街172号1号楼　武金秀

17/ 蜂胶治瘊子

我手臂上长了几个瘊子，听说蜂胶可治，我便用液体蜂胶在瘊子上点涂，使用半月左右，手臂上五六颗米粒大小的瘊子不见了。

　　　100039　北京香山一棵松53号　杨文杭

18/ 创可贴治瘊子

我小孩9岁时，右手拇指指甲盖底下密密麻麻长了一堆小瘊子，孩子怕疼不肯治疗，瘊子也越长越大，有一次

竟把瘊子抠破了直流血，我把创可贴贴在受伤部位，创可贴换下来之后，我惊奇地发现瘊子比以前小多了，这样又贴了两三回。瘊子就好了。

100010　北京东四三条 11 号　尚淑凤

19/ 肤疾宁治开花瘊子

我右手虎口上边长了一个开花瘊子，多年来老是痒痒，经常把它搔破流血。1998 年 5 月我把肤疾宁贴在开花瘊子上，计五六次、20 天左右开花瘊子没有了。半年多过去了也没犯过。

100006　北京东城区南河沿北湾子 9 号　温俊先

20/ 生薏米粉去扁平疣

生薏米粉（细如面）500 克与白糖 250 克拌匀，每早、中、晚各空腹食用一匙（约 40 克），半月疣疹块即脱落。未痊愈者，可再食用周余。

100048　北京海淀区正白旗 15 号　柴　巍

21/ 擦盐治瘊子

我爱人去年长了几个瘊子，连续几次冷冻手术除不了根，这个除去了，别处又长了。一个偶然机会，有人介绍用食盐涂擦可治脚上湿气，她坚持用盐擦脚上的发痒的小疤，每天早晚各一次，湿气虽然没有根治，瘊子却不再长了。

100088　北京德外德胜里一区电力宿舍 10-1-114
陈海鸣

22/ 生猪油治开花瘊

我手上曾先后长过三个开花瘊，第一个开刀留下疤痕，第二个自己把瘊根一根根拔出（出血多）。长第三个时听人说可用生猪油擦，我便用生猪油每天擦，一周后瘊自然消失。后来我把此法告诉两位长开花瘊的朋友，效果也很好。

100875　北京海淀区太平路 46 号干休所 18 楼 251
雷廷春

1/ 涂擦蒜汁治好了我的湿疹

我 68 岁，患湿疹 30 余年，去过很多医院，上药、打针、服中西药，痊愈了又犯，最后两年，每年发病六七个月，周身瘙痒，苦不堪言。去年，在报上看到大蒜有消炎杀菌之功效，便将大蒜瓣捣为泥，用纱布蘸蒜汁擦抹患处，每天两三次。擦抹四五次就能止痒，坚持一个多月，即痊愈。注意：治疗期忌用羊肉、鱼虾、醋及辛辣食物。后来我将大蒜拍碎用豆包布包裹揉抹，更为方便。　　司保和

2/ 土豆可治湿疹

同事患了湿疹，几天就好了。我问他抹的什么药，他说：把一个土豆切开，用切面擦患处，一日 3 次，3 天就治愈了。　　杨宝元

3/ 核桃皮汁可治湿疹

我患湿疹已五六年，部位在裆内及阴囊处，刺痒难忍，影响睡眠，夏季尤重。吃药、抹药水效果都不好。回农村探亲时听老人说，核桃皮能杀菌。用一个大口罐头瓶装核桃皮（老一点的好）7~8 个，泡 60 度白酒，酒以没过核桃皮为限，泡一个星期即可。取一支新毛笔，涂患处，每天两三次，坚持两个月便治愈，至今未犯。治疗期间，忌吃发性和刺激性食物。李景铭

4/ 炸蝎子可治湿疹

3 年前我双手患了严重的湿疹，手指、手心、手背以至前臂处布满了小水疱，流水、溃烂、奇痒。去过多家大医院，光中药就吃了 100 多副，虽有好转，但不能治愈。凡海味都不能吃，吃一点病情就加重。后经一位好友介绍吃香油炸蝎子（中药店有售），一天吃六七个，吃了 3 天便明显好转，我又坚持吃了一个多月就全好了。现在可尽享鱼虾蟹的美味了。　　张琦

（编者注：蝎毒对呼吸中枢有麻痹作用，患有哮喘、气管炎，常气短、气憋者应慎用。）

5/ 苦参汤熏洗治阴囊湿疹

从中药店购苦参、蛇床子中药各 50克，混合后分成 3 等份。用一份在晚上煎汤，可直接放在脸盆中煎。煎好后，先采取坐姿用热气熏患部（防止水烫伤），待水不烫时，再采取洗的办法，要坚持洗 10~20 分钟，然后擦干。要连续洗 5~7 天（一服药可洗 3天）。笔者采用此法，治疗后已有数月不再湿痒了。　　安华

6/ 醋熬皮胶治湿疹

本人 18 岁那年，脖子上出了湿疹，奇痒难忍，曾注射青霉素无效。后一民间医生告我一方法：用食用醋熬猪皮胶（酌加点水），待温后摊在一块干净布上，贴在患处，一次即愈。

郑殿勋

7/ 杏子治湿疹

我双手患湿疹 10 余年，除手背外随处可以开裂、皮肤增厚，用过许多种药都治不好。日前见报载，杏子是皮肤用药，可改善湿疹和晒斑。我试吃了两三天，并将杏肉涂抹患处，两手奇迹般恢复了正常。

附：答读者问

本文刊出后，来信很多，统一答复如

下：（1）最初吃的是白杏（街上买的），以后也买些其他杏。（2）第一天吃了两次，每次五六个。以后每天吃一次，吃剩的果肉涂抹患处。（3）两三天后开始好转，厚皮开始正常，不像搽药后脱皮，新皮还是原样。（4）会开裂、怕碰的感觉已经没有了。

100075　北京蒲黄榆蒲安北里 5 号楼 1606 号
孙以蒂

8/ 谷糠油治慢性湿疹

我侄女四肢和前胸后背有多处皮肤增厚、粗糙，呈苔藓样变化，自觉瘙痒，经多家医院治疗无效。我从《本草纲目》上获得了提取谷糠油治疗多种皮肤病方法后，经试治，仅用一个月时间就治愈了长达 6 年之久的皮肤瘙痒症，现在皮肤完好如初。

附：作者补充

为方便患者，现将改进的制作方法介绍如下：

取 5 份粟米内衣、1 份花茶、1 份川椒、1 份丁香，将上述 4 种物质混合均匀，装入一节鲜竹筒内，用木炭引燃，在竹筒中煅炙。取碗在竹筒两端接取油汁，用油汁搽抹患处，一日两次，直至痊愈为止。如果患者是儿童，并有手指裂口现象，可多加 1 份茶叶，促进裂口愈合。如患者为全身症状，并伴有瘙痒，特别是晚睡前明显瘙痒者，可多加 1 份川椒，这样抹后即刻止痒，避免反复搔抓，恶性循环。一般痊愈后，再坚持抹一段时间，以巩固疗效。此油适合于湿疹、癣症、皮炎等，无任何毒副作用。

101200　北京平谷县药品检验所　赵振义

9/ 鱼腥草治阴囊湿疹

此方简单易于操作，用药方法如下：先将水 500 克烧开，再放入鲜鱼腥草 100 克（干草减半），煎 3~5 分钟。冷却后，用纱布蘸药液洗患处，每日 1~2 次，可根据病症连续洗 7~10 天。一般经治疗后，可见局部干燥，渗出液停止或减轻，瘙痒日渐消失。

101149　北京 236 号信箱　华军

10/ 外用阿司匹林治湿疹

将阿司匹林磨成粉，调成糊状涂抹于患处，每日两次，几天后湿疹即可好转。此法对减轻因湿疹引起的皮肤瘙痒也有很好的作用。

100021　北京朝阳区武圣西里 16 号楼 5 门 502
贾小燕

11/ 六神丸治夏令湿疹

大前年夏季，天气炎热，我患了皮炎，后背左肩下方出现手掌大小一片潮红，皮肤失去光滑，很痒，而且越挠片儿越大，朋友告知这叫夏令湿疹。在她的指点下，我把六神丸放在小碗中加适量水，研调成糊状涂抹在湿疹上，顿感清凉舒适，如此一日两次，三四天就好了。

100044　北京西城区车公庄大街北里 46 楼 3-401
胡承兰

12/ 黄连蜂蜜治湿疹

生了湿疹怎么办？可用黄连蜂蜜予以治疗。做法：从药店买回黄连 25 克，掺 500 克半水浓煎，调进 50 克蜂蜜后即停火，待稍凉后饮服，每日早午晚服 3 次，一次一小杯，服完再做。服两天后湿疹缓解，四五天后可愈。

医部
各种皮疹

生活中来

各种皮疹

附：答读者问

（1）浓煎就是煎开后再用文火慢煎几十分钟，使药汁稠一些。煎一回3次服完。（2）黄连不分块状面状，只要是黄连即可，一般药店可买。（3）一年四季都可服，不分季节。（4）最好用砂锅浓煎，若无砂锅，铁锅也可。（5）煎开后再用文火慢煎50分钟，之后即调进蜂蜜停火，煎到此时浓度即够。（6）最好一天服完，第二天再煎新的。

100032　北京西城粉子胡同7号　张晓军

13/ 鸡蛋治湿疹

我的脚患湿疹多年，每年四五月份都会发作，上医院治疗也一直未能治愈，后来听人介绍用鸡蛋油可以治好，我就试了试，果然有效。拿一个鸡蛋（土鸡蛋为宜），去掉蛋清，把蛋黄放在锅里用小火烤，锅里不要放食用油。烤一会儿，锅底会出现一些鸡蛋油，迅速取出这些油盛在碗中，如此继续烤几次取几次油。鸡蛋翻面后，也同样地烤上几次取几回油，这一面的油稍微少一点。往装有鸡蛋油的碗里挤入一点皮康霜，搅成糊状。把脚洗干净后，就可将这些糊擦在脚上，每日两次，坚持用了半个月，我的湿疹（水泡性）再也没有出现。

430063　湖北武汉市武昌区杨园街杨园村10栋2楼3号　何海元转刘自强

14/ 治荨麻疹一方

我幼时曾患荨麻疹，经人介绍一方：蝉衣5个、池塘里浮萍250克，水煎服，日服两次（早晚各一次）。结果用药3副就治好了病。

张升林

15/ 鲜丝瓜叶可治荨麻疹

我上小学五六年级到中学阶段，每年夏秋季节都被荨麻疹所困扰，不规则的圆形红疹块突然出现，遍布四肢及腹、背、颈部，瘙痒难耐。为此曾多次到医院求治，但效果不大。有一次发作时，顺手摘了片鲜丝瓜叶在疹块处反复搓擦代替用手抓挠解痒，没想到凡是被鲜丝瓜叶搓擦过的地方很快就不痒了，疹块也随着消退。于是我摘了些鲜丝瓜叶用清水洗净备用，一发作我就用鲜丝瓜叶搓擦，连续搓擦了10多次后病渐渐地好了。自从用这个方法治疗至今已有32年，没再出过疹块。

李祥

16/ 肚脐拔火罐治荨麻疹

小时我常起荨麻疹，后听人介绍用拔火罐拔肚脐可治。母亲给我试用，将拔火罐扣在肚脐上，两三次居然就治好了，而且未再犯过病。

刘尔荣

17/ 四根汤对初发麻疹、水痘有利

小儿初发麻疹、水痘时，由于发不出，发不透，很难受，可用香菜根、白菜根、葱根、萝卜根一起熬成汤，适量喝下两三次，第二天就会发透，对痊愈也有好处。

侯建华

18/ 韭菜汁可治荨麻疹

我患有季节性荨麻疹（俗称风疙瘩），吃过许多中西药都没有治好。前不久，偶然遇到一位老中医告诉我一个方法：用鲜韭菜汁外涂。我用此法外涂后，第二天痒感消失，疹子也全消退了，每日两次，连续外涂一周后至今没有再复发。将鲜韭菜切碎压出汁后，

用容器存于冰箱内可使用数日。邢书才

19/ 香菜根治荨麻疹

取十几棵香菜的根须洗净切段，煮 5 分钟，调上蜂蜜，连吃带饮。对荨麻疹的红、肿、痒等症状有较好的治疗效果。我们曾多次给孩子们服用。应连续煮饮 3 天，每天喝 1 次。 陈士起

20/ 小白菜能治荨麻疹

我患荨麻疹半年多，吃药、打针效果不明显。后有一老中医授以偏方：小白菜 500 克许，洗净泥沙，甩干水分，每次抓 3~5 棵在患处搓揉，清凉沁人心脾。每天早晚各 1 次，只 3 次即痊愈，至今未复发。 孙凯宗

21/ 巧治荨麻疹

半个月前不知什么原因，老伴身上起了很多荨麻疹又痛又痒。开始出现于前后背，后来四肢、面部全起满了，而且还发高烧 39 度。去医院打针（静脉注射）又给了涂抹的药都不管用。我用小偏方（花 4 元多钱）治好了老伴的病。一种外擦的，一种冲水喝的。干蒿草 250 克（分 3 次用），如夏天用鲜蒿更好，用开水泡开，趁热再用毛巾蘸水擦身，基本全擦到，每天擦两三次，再换新药泡洗。金银花 5 克、地薛皮 5 克、苦参 5 克放在一起掺好。每次抓半小把，放在碗里用开水冲泡或水煮都行。澄清后再喝，当茶饮，每小碗泡 3 回后再泡新的。

100086 北京海淀区双榆树南里二区 7 号楼 1803 杨玉玲

22/ 按摩穴位治荨麻疹

让病人俯卧，在其后背 6~7 节胸椎至阳穴两侧肋骨肝俞和膈俞穴，用手掌按摩，右转动揉 50 下，再左转动揉 50 下。每天一次两次都可以，两小时后自然见效。如按摩此处当时有点痛，说明穴位找对了。

101100 北京通州区新华大街中仓小区 12 楼 3 单元 322 号 贾德禄

23/ 醋治荨麻疹

我在 1964 年出过一次荨麻疹，长达 40 余天。农村治疗荨麻疹的土办法是用喂猪的酸泔水擦。我想酸泔水不卫生，便用食醋代替。我用药棉蘸醋全身擦拭一遍，果然风疙瘩立即消失了，而且至今已 30 多年再没复发过。

100071 北京丰台区东安街头条 18 号 3 楼 5 号 张淑华

24/ 喝白酒缓解荨麻疹

我患荨麻疹病多年，发作时身上多处起一片片的红疙瘩，奇痒难忍。前年，在一次饭桌上突然发作，当时坚持着陪客人喝了一杯白酒，结果饭还没吃完身上的荨麻疹就消失了。后来，只要一发作我就喝一口白酒，几分钟就缓解了。

100071 北京丰台区北大地三里 16 号院 11 楼 3 门 602 号 李树年

25/ 海水浴治愈荨麻疹

我患过荨麻疹，靠抗过敏药维持。后来我有幸参军，在海边生活了几年，常和海水为伴，在没有服用任何药的情况下，荨麻疹就不知不觉地消失了，至今未犯。

100021 北京朝阳区磨房北里 227 楼 1 门 501 号 郭利乡

26/ 食醋白酒混合液可治风疙瘩

我儿子两岁时曾患过一次较重的荨麻疹，转眼之间，全身的硬疙瘩即连成了一片片的硬皮，连嘴巴也肿起来了。危难之时，邻居大娘教我一法：两份食醋加一份白酒混匀后擦洗患处，几分钟后症状即可减轻，连擦几次即愈。我照此方法做了，只擦了4次，我儿子的风疙瘩就好了，再没有复发。后来，我曾将此方告知一位老乡，也很有效。

逸敏

27/ 鲜姜可治风疙瘩

我上中学时起过一身风疙瘩，看病半年仍不见好转。偶然一次机会，一位老奶奶对我说："用鲜姜汁擦抹就会好。"我买了几角钱的鲜姜，擦抹几天后果然全好了。后来我的孩子起风疙瘩，我也是用同样的方法给他治好的。

高丽萍

28/ 醋加白酒可治风疹

一旦得了荨麻疹，会奇痒难忍，且越抓越痒，笔者经试验发现，患者只要用两份食醋加一份白酒混合成药液，用此药涂搽患处，几分钟后即可见效。

邱芳宁

29/ 熏洗治风疹

益母草30克熬水熏洗患部，一次就能好。起了风疹的患者用此方，没有不灵验的。

053800 河北省深州市老城街16号 王海澍

30/ 金结穗治风疙瘩

我小的时候，冬天起风疙瘩时，总会到中药店买10克金结穗，回来用纱布扎紧，碗里倒入50克左右白酒，把药包放在盛酒的碗里浸泡，然后取出药包，反复搓擦风疙瘩部位，可根据疙瘩多少自行掌握时间，搓得越热效果越佳。搓完盖好被子不要着凉，马上入睡，第二天就能痊愈。晚上入睡前使用最好。

100062 北京崇文区花市上二条34号 宋鸿宝

31/ 碱面治好"缠腰龙"

我年轻时腰部生过一次带状疱疹，老人称"缠腰龙"，说是"合龙"麻烦就大了。卫生院的医生给了一包药粉，让回去边洗患处边涂抹。回家我便将药扔到堆满杂物的梳妆台上，过后洗时发现是白色粉面儿，涂在患处杀得慌，但两三天下来便痊愈了。过两天母亲熬粥放碱时有些奇怪地说："这回买的碱面儿怎么是细粒儿？"我一看发现这才是医生给的药粉，而我用的"药"则是母亲买的碱面儿。不过，打那以后未得过此病。

高克芬

32/ 黄瓜皮治单纯糠疹

邻居孩子面部、四肢起了不少浅色不规则的斑块，上面覆盖一层灰白色的鳞屑，医院诊断是单纯糠疹，用了不少药水、药膏，效果都不明显。其母无意中用黄瓜皮试着给孩子贴敷，没想到一周多时间就好了。

赵理山

33/ 板蓝根注射液治疱疹

去年秋天，妻腰背左侧起了带状疱疹：猩红、流黄水不结痂，有灼烧感。曾先后用消炎、祛毒药物治疗，均无效。一位退休教师告诉一方，用板蓝根注射液擦抹。我从药店买来两支，只用了1支，擦了4天就很快结痂，痊愈了。

牛连成

34/ 紫荆树花茎煮水治风疙瘩

前年春天，我身上生过风疙瘩，皮肤变红增厚，奇痒难忍。有一位老人对我讲，可用紫荆树（春天未长叶前，先开紫花）的花、茎煮水，熏洗，每天早、晚各一次，两天即愈。我只取了半尺长的茎四五支，放在砂锅里用清水煮沸四五分钟，略凉后水洗，两天后就好了。 马 新

35/ 病毒唑治"带状疱疹"

我家有人患过两次"带状疱疹"。吃药打针、擦紫药水均无效，疼痛难忍。今年我也得了此病，在万分痛苦中，想起家人曾注射剩下的病毒唑针剂。我试着把它打开用消毒棉先把一个个小疱挑开，把药水涂在伤处，不一会儿就止痛干燥，晚上也能安睡了。整个病程共用了 4 个安瓿，早晚各一次，不几天就都好了。

010010 内蒙古呼市乌兰察布路劳动人事厅宿舍 苑洁亭

36/ 治带状疱疹一方

前年春天，我患带状疱疹，打针吃药，10 多天过去了，还是疼痛难熬。一同事告我一方：将干净的头发在铁片上焙成灰，用香油调成糊，将两片"病毒灵"研成粉搅进去，涂在患处，一天 1~2 次。两天患处就开始见效，很快就好了。

100080 北京海淀区港沟 15 号 328 室 汪安琳

37/ 山楂片水治睑黄疣

我年近花甲，5 年前患了糖尿病及高胆固醇血症；同时，右眼内长一针尖大小淡黄色小点，后逐渐扩大隆起，成绿豆大小斑块，无自觉症状，医生诊断为睑黄疣，并荐一方：适量（6~7 片）干山楂片，开水（250~300 毫升）泡水当茶饮。每次喝 2~3 口，每日多饮几次。我连用 3 个月，睑黄疣竟奇迹般消失，且胆固醇也降至接近正常。

100074 北京 7208 信箱 19 分箱 王文英

38/ 治扁平疣偏方

我亲戚的女儿长了一脸的扁平疣，多方求医问药效果不理想，后来却用家乡偏方治好了。该方是：新鲜的香附草和锁眉草（注：取其叶片贴在眼眉上，就会被粘住而掉不下来，故名）各六七棵，洗干净整棵放容器里加水煮开。然后使长疣的部位迅速靠近容器，让旺盛的热气熏一熏。用脱脂棉蘸上热水不时地敷一敷，等水温一合适，就擦着热水针对患处反复洗一洗，直到水凉方停手。如此一日一次，连续 3 次。病程稍长的，可在换草后按上述方法再做 3 次。

附：答读者问

香附草又叫莎草，也就是在其地下根部长有可以药用名为香附子的那种植物。锁眉草亦称节节草，它的茎秆儿也是药材。又据介绍，这两种草都是常见的野生植物，广布于国内各地，多生在潮湿的路旁、沙地或荒坡上。因此，适时地到乡下去找，自然会方便些。

100038 北京复外北蜂窝电信宿舍 2 号楼 2 门 1 号 张恒升

39/ 扁平疣食疗法

我一同学 40 来岁时，面部、颈部长出很多扁平疣，他采用我推荐的方法：大枣 6 枚、薏仁米 30 克、山药 30 克，每天一剂煮粥喝，连续吃了两个多月，扁平疣逐渐脱落，且皮肤完好如初。

100075 北京丰台区石榴园南里 7 号楼 409 关业宏

1/ 香蕉皮治好了牛皮癣

本人患牛皮癣病30多年，看过中医、西医，住过院，也用过偏方，都效果不好。今夏偶尔听人说，有人用香蕉皮擦患部治好了此病，便试着每天擦几次，擦了几天便不觉得痒了。连续擦了近两个月，皮肤逐渐光滑不起皮也不痒，停药两个月后未见变化。要说明的是本人只是局部小面积患病（小腿和头部）。

邢纪棠

2/ 双氧水能治牛皮癣

由于工作的需要，我们要接触双氧水。一位老师傅身上长有牛皮癣，他想双氧水是强氧化剂可能有杀菌治疗作用。于是，他就往双氧水中兑一半水（实际为50%双氧水），涂在牛皮癣上，涂了几次牛皮癣消失了。后来此方法在我厂广为流传，治好我厂职工及家属牛皮癣患者100多人。

附：答读者问

双氧水一般化工商店有售。你取多少双氧水就兑多少自来水，即所谓50%的双氧水。一天一般涂2~3次。只涂有癣处；如涂在好皮肤上有些生疼，皮肤发白；有裂口处不宜涂。涂后无须忌口。

王青山

3/ 韭菜汤水治癣病

我的手癣脚癣病有几十年历史，几乎体验了各种癣药，结果都是白搭。1986年我得了一个偏方竟然治好了，5年来再没有复发。其方很简单：买一把韭菜，洗净切碎，放入盆中捣碎成糊状，然后倒入开水冲泡（量够浸泡手脚即可），待水温降至温热，将手、脚放入浸泡，搓洗患处，约30分钟，没有什么痛苦。我只泡了两次，患处渐渐不痒了，过了些日子，患处脱皮长出了光洁的皮肤。

伍汉

4/ 中药汤治桃花癣和钱癣

9克白菊花、6克白附子、7克白芷，放在砂锅内煎20分钟后晾凉，然后将少许药汤倒在小碗内，用药棉蘸着药汤擦洗患处。每天至少2~3次，洗的次数越多越好。第二天再把药锅内的药汤烧开继续使用。每天如此，几天后就会好。我曾用此法为我侄子治疗钱癣，不到10天就好了。

刘西存

5/ 酒泡生姜治花斑癣

花斑癣俗称汗斑，是一种由霉菌引起的皮肤病。症状是皮肤上出现浅黄色或深褐色圆形斑，不痒也不痛，多见于颈、胸、背。患此病后可买生姜250克，将生姜洗净切成薄片，在日光下晒干。然后放入酒瓶内用白酒浸泡并密封2~3日。再将泡好的白酒涂抹于患处，一日3次勿间断，三五天就好。

陈迪强

6/ 北芪菇可治牛皮癣

我的朋友患牛皮癣20多年，久治不愈非常痛苦。后经人介绍有种蘑菇——北芪菇可治疗这种病。于是买来每天服用，连续吃了1500克。一个多月后癣块竟脱掉，皮肤又恢复了光泽。

衍诗

7/ 鳝鱼骨治脚癣

脚癣患者，可取生鳝鱼骨100克，烘干研成末，冰片3克研细，和芝麻油调敷患处，每日1次，一般涂3~4次即愈。

225500　江苏省姜堰市红十字医院　王友兰

8/ 花椒可治癣

十多年前，我脖子长一块圆形癣，抹了多种药膏不见效，后用偏方治愈。其方如下：一小把花椒粒，放无油铁锅用文火炒，成深赤色时取出擀成粉末，乘热加上香油拌稀即可。在日照下，边晒边抹花椒粉油，连续3天（每天1次，每次20多分钟）。治疗后癣迹完全消失，至今未犯。

100022　北京双井北里16楼12-5号　吴达生

9/ 青核桃可治圈癣

青核桃是圈癣的"克星"。不论圈癣长在手上、脸上或身体其他部位上，只要用小刀切下一块青核桃（不要切核桃心），立即在患部来回涂擦，一日擦4~5次（每次切一块），用上2~3个青核桃即可治好。注意：青核桃浆水不可入眼。

100024　北京定福庄西街1号勘测设计院　张　纯

10/ 核桃青皮可治圈癣

十几年前，我的小臂上曾起一圈癣，奇痒。经药物治疗也未见效，时好时坏，后来一位同志让我用青核桃皮擦，那个核桃未用完，癣就消失了，也不痒了。具体方法是：把青核桃的表皮剥去一块（把青皮肉留下），用其直接擦拭患处，把患处擦出黑痕为佳，每日擦2~3次即可。请注意：第一次要时间长些。

100026　北京朝阳区六里屯西里1号楼4门4号　张运通

（编者注：上文与此类似，看来此法有效。）

11/ 盐卤能治圈癣

我小时候在家乡小伙伴中间，头上患圈癣的人很多，用盐卤治疗，无一例不痊愈的。用棉棒蘸盐卤涂在患处，重症多涂一些。一次没好，过两天再涂一遍，定能痊愈。

100039　北京海淀区五棵松路51号院12楼1门6号　刘炳基

12/ 香椿治癣

我腿原有一癣，每年6~9月奇痒难耐。20世纪70年代在农村时，房东让我用头茬的香椿试着擦了一个月，当年未再犯。后来又试了几年，不知是否是香椿的作用，反正就断根了。

100015　北京朝阳区高家园209楼5单元53号　张　英

13/ 苦榴皮治牛皮癣

取苦榴树皮500克、米糠1000克，放水5000克，煎煮2小时，过滤，约剩滤汁1500克，再次煎熬，浓缩剩约250克浓汁。用此汁外抹皮肤患处，每天不限次数，直到痊愈为止。适用于牛皮癣、湿疹及各种癣症。

101200　北京平谷滨河小区20楼1单元7号　赵振义

14/ 米醋泡花椒治癣

伏天采摘的鲜花椒，用纯米醋按1∶3（100克花椒300克米醋）浸泡装玻璃瓶内，瓶口密封，要浸泡10~15天。用时根据用量把泡醋倒玻璃或瓷的器皿中，用棉签蘸醋涂抹患处，每天早、中、晚各一次，一般的癣10天左右可痊愈。对家养的宠物猫狗等的疥癣治疗也有效。

102300　北京门头沟区峪园3-2-3号　陈　雷

医部

癣、斑

15/ 西瓜皮可除蝴蝶斑

自从我生过孩子之后，面部两颊便留下蝴蝶斑，每到夏季颜色加重。听人说，用西瓜皮擦可以除去，我便试着去作。我已坚持两个夏天了，蝴蝶斑不仅除去了，而且面部变得细腻白嫩了，似乎还有减少皱纹的功效。办法：将吃剩的西瓜皮，任选一块，切成数块比火柴盒略大一点的方块或长方块，然后用刀片去带红色的部分，手持修好的西瓜皮在脸上随便擦，不时更换一块。是否每日都擦，日擦几次，每次时间的长短，可根据自己的情况而定。

吴秀珍

16/ 牛肝粥治蝴蝶斑

我有个亲戚鼻子两侧长着蝴蝶斑，医学上叫黄褐斑。她用牛肝化斑粥治疗，很见成效。这个民间验方采用牛肝500克、白菊花9克、白僵蛋9克、白芍9克、白茯等12克、茵陈12克、生甘草3克、丝瓜30克（后六味放入纱布包内）、大米100克，加水2000毫升煮成稠粥，煎后捞出药包，500毫升汤分两日服用。吃肝喝粥，每日早晚各服一次，每个疗程10天（两天熬一次，不要一次熬出来），中间隔一周，连服3个疗程，不产生任何副作用。

焦守正

17/ 摩擦消除"白癜风"

前几年中在手拇指、脚拇指的关节处、脑门发际等处曾出现过"白癜风"，出于怕发展心理，就在病发处经常摩擦，自然一摩擦就红了，有时再沿着经络顺序摩擦几次，这样坚持自我治疗一周左右奇迹般地白色消失，恢复

了正常皮肤的颜色。一两年后在原处又曾有过萌生的迹象，如法蹭一蹭就又下去了。

附：答读者问

我是一个有40多年病史的老患者，至今在身体上也还有白癜风存在，而我所治愈的是近几年内新出现的，故而我想可能有以下两点：（1）对新出现的会有明显效果，我确实通过摩擦完全恢复了本来的肤色。（2）裸露部位即易于摩擦部位，便于随时反复摩擦，自然易于恢复。至于摩擦办法，即用手在病发部位反复多次摩擦，我曾出现过把表皮蹭破的现象，恢复后再继续蹭，直到好了为止。有同志提到用生姜或酒精摩擦，我想也可试试，总之，其目的就是促进病变部位的血液循环。至于"沿经络顺序"，主要是扩大摩擦部位的意思，最终目的还是为促进局部血液循环。在报纸刊登后的互相联系中，一位好心的朋友曾提出一偏方：川椒、紫荆皮各50克，用白酒泡一个月，在患处先用生姜擦，后用泡好的药水涂抹患处，最后多晒太阳，我想病友不妨也可试试。

100052　北京宣武区包头章胡同23号　王秉纯

18/ 鳗鱼油治白癜风

将鳗鱼洗净后，清水煮3小时，油即浮于上面，也可将鳗鱼放入铁皮筒里，一头用泥封口，一头塞上铁丝，但需留出流油口，将铁筒放入炭火上烧烤，油就慢慢流出，鳗鱼油外涂可治白癜风、面癣。剩下的鳗鱼肉可研成粉末，内服可治佝偻病、小儿消化不良和妇女白带。

100007　北京东城区府学胡同31号　焦守正

19/ 治脸上褐色斑一法

我用维生素 E 片治好脸上褐色斑。方法是：将维生素 E 药片碾成粉状，再用温水调成糊状，每日抹在脸上褐色斑处，两周后褐色斑消失。

100027　北京东直门南大街 10 号　杨宝元

20/ 消除老年斑一法

前一段时间，我们老两口的手背、胳膊和鼻子上长了不少老年斑，有大有小，有深有浅。经过一段用手反复搓揉后，现大部分斑痕消失，有的颜色变淡。老年斑刚出现时搓揉，效果可能更明显。

100080　北京中自汉王科技公司　张文国

21/ 木蝴蝶泡酒擦治白癜风

我曾是白癜风患者，去年回四川老家。幸得一方，试用几个月后，我脖子周围的白癜风全消失了。此方是：按 50 克木蝴蝶（一种中药）泡 500 克白酒的比例，把木蝴蝶浸泡两三天，酒变色后开始擦患处，坚持每天早晚各擦一次，大约 3 个月后，患处就恢复正常肤色了。

100026　北京朝阳区六里屯北里 1 号北京画院宿舍
彭丽君

22/ 维生素 E 胶丸治疗雀斑

朋友介绍说用维生素 E 胶丸可治雀斑，于是就按此方法用了一段时间，果然见效。方法是每晚睡前，洗完脸后将一粒胶丸刺破，涂抹于患部稍加按摩，轻者 1~2 个月，重者 3~6 个月可见效，现在我不仅雀斑好了且皮肤也不干燥了。

100021　北京朝阳区广和里 3 巷 2 号　张春红

23/ 硫黄、鲜姜治汗斑

硫黄 50 克捣碎成粉末，再以鲜姜切片蘸硫黄擦患处，每日 2~3 次，可在较短时间内根治汗斑。这是我本人及家属亲身经历的事。汗斑又叫花斑癣。

062559　河北省任丘市辛中驿镇边渡口村　钱守信

24/ 无花果叶泡酒治白癜风

取长得不嫩又不老的无花果叶五六片，洗干净，切成碎末放容器里，倒 150 克左右的 50 度以上的二锅头酒，然后加盖，浸泡一周后可使用。用脱脂棉蘸酒轻轻擦抹患处，要一点一点地向前赶着擦，务必使患病的地方都能擦抹到，一天擦几回，连续每天擦，酒用完再重新泡酒。我的一位老同事及另一白癜风患者，都只泡酒三四次就治好了病，且两年未复发。注意：叶子只能使用一次，重新泡酒时要更换。在擦抹过程中没有忌口。

100038　北京复外北蜂窝电信宿舍 2 号楼 2 门 1 号
张恒升

25/ 喝醋加蜂蜜水治老年斑

我今年年过八旬，手背和脸上有了黑斑（老年斑）。去年 9 月一邻居说："每天早晨空腹喝一碗醋加蜂蜜水可减少黑斑。"我照此饮服，至今已 5 个月了。近来感觉手背上的黑斑颜色有些变浅，一天早上我洗脸时鼻子上的那颗黑斑忽然脱落下来（一点点小片），照镜子一看，鼻子那颗黑斑的地方光光的了。这个方子还真灵。具体说明：早晨空腹服，一汤勺醋加一汤勺蜂蜜，先用凉白开水搅匀后再加些热水，最少喝一小饭碗，多了不限，贵在坚持不要间断。

100037　北京海淀区甘家口阜成路北 3 楼 19 门 2
号　薛世芬

26/ 指刷巧治老年斑

用指刷蘸清水刷手背和面颊等易显老年斑部位，上下午各一次，每次刷20下，刷后擦干，抹少许润肤品，坚持一个月以上见效。常年坚持可预防和清除老年斑，并兼有美容效果。

100084　北京市复兴路20号门诊部　许惠英

27/ 干搓脸可消除老年斑

我60岁时有了老年斑，虽说不疼不痒，但总觉得很别扭。几年前，我为了保护皮肤，常用手干搓脸和手背，意外地发现，原来脸上、手背上的黑斑，由大变小，由多变少，我又继续坚持下去，如今我已年过古稀，也没有老年斑。做法如下：先将双手相合对搓生热后捂在脸上，上下往返轻轻地搓，一次搓60~80次。搓手背也是这样，把双手心搓热后，捂在手背上（先左后右）来回反复地搓，各搓60~80次。每天早晚各搓一次。

于宏秀

28/ 植物油去痂

我头上长了一个疙瘩，长上了痂，可是还疼，要涂消炎药，可患处有痂不好涂药。后一退休医生告诉我一法：适量植物油烧开，待凉后抹在痂上，很快痂就焖掉了。

100007　北京东城区北新桥香饵胡同13号　耿慕媛

29/ 喝啤酒治好了我的紫癜

1983年我两腿出现紫癜，找医生看了3个月不见效果，从脚脖子到大腿根全变成了紫的，看了叫人害怕。有一天吃饭时先喝一杯啤酒，两天后发现两腿的颜色有明显好转。我想啤酒可能有治疗作用，便买了5瓶啤酒，早晚各喝一杯，两天一瓶。10天后两腿全部恢复，好像没有得过病。后来介绍给同事也有同样的奇效。

郝府

30/ 银针刺激头发可治斑秃

我3年前，脑右侧发现"斑秃"，用鲜姜切片擦患处多日无效后，采用街坊介绍的针刺疗法而根治。其方法是：以1.7厘米银针2~3根，每日轻轻刺激患处头皮2~3次（以不出血为宜），直至长出新发而止，两三个月即愈。

阎玉庭

31/ 鲜姜热擦和侧柏叶泡水喝可治斑秃

我前额曾有一大块斑秃，近十年未愈。后用侧柏叶泡水喝，同时用鲜姜（最好烤热）擦患处，治愈后头发再没有掉过。方法是：侧柏叶洗净，每泡一次抓一把，喝两三天，隔几天再泡，要喝一个多月，侧柏叶不能泡黄。如果长出的头发发黄，可用开水冲何首乌喝。

亮亮

32/ 酸奶可治微秃

我年前发现头上分发处微秃，且症状渐渐加剧。后与一日本朋友偶然谈起此事，他要我每天用酸奶擦患处数次，特别是晚上临睡前要坚持用酸奶仔细擦头皮。果然在两个星期后患处长出毛茸茸的细发，两个月后症状消失，长出油亮光洁的黑发。切忌用酸败变质的酸奶，这样会得到相反的效果。

老英

33/ 治斑秃一法

冰片50克，碾成细末；猪板油100克，用刀切成细碎小块；老草纸3~5张。备齐后，用草纸把各味药（混合）卷成一卷，然后以火柴点燃。此前要备好一个瓷盘。以便接住溶化后的混合药汁，待其冷却后，每日涂擦病灶一次。抹药之前要先以温水洗擦患部，一般一服药未用完即痊愈。

062556　河北省任丘市辛中驿镇东边渡口村西街
钱国瑞

34/ 花椒治斑秃

我7岁的儿子不知什么原因，头发东缺一块，西少一块。朋友教我用花椒治疗，我试着给他用，不到一个月，他的斑秃就全好了。方法如下：花椒50克、当归10克、生姜20克，加白酒300毫升，泡7天以后，用酒涂患处，一日数次。

100810　北京西城区北礼士路139楼1门1201
张富江

1/ 蒲公英治"对口疮"

"对口疮"生于脖子后，因和嘴相对而得名。1972 年我在大庆生此疮，打针、吃药一个月不见好，后来山东老家寄来偏方：用鲜蒲公英捣成泥，合鸡蛋清敷之，仅一周就痊愈。前几年，女儿在腹部生疮，我仍用此方试治，但无效。

李兆铎

2/ 鸡子油治好黄水疮

我小时候长了满头的黄水疮，流出的黄水干后黄色透明，经多方求治无效。后一老中医传一土方：将2~3个鸡蛋煮熟，取出蛋黄捣碎，用铁勺在火炉上慢火熬炼，并不断用竹筷搅拌，最后蛋黄完全化成油即可，晾凉后用鸡毛蘸油涂搽黄水疮及红肿的地方，每天早晚各一次，半个多月即好。

刘学珠

3/ 大黄冰片治黄水疮

孩子头上生疮，流黄水，吃药、打针、用药水洗、抹药膏都不见效。后楼大妈让用1：1的大黄、冰片研末后用一个鸡蛋的蛋清调成糊状，每天抹患处 1~2 次，没想到不到一个星期就好了。

王兰 赵理山

4/ 治黄水疮一法

我母亲曾周身患黄水疮，经多方治疗效果不佳。后经农村一老者介绍一偏方，仅用一周时间就治好了。方法是：将铁锈与苦杏仁研成细末，用锅炒热高温消毒，待其冷却后，用香油调和涂在患处，24 小时换药一次，用药 2~3 次即愈。

张升林

5/ 剩茶叶根治皮肤溃疡

去年，我脚被蚊子叮咬，抓破后感染流脓，用各种药膏涂抹，半年也没好。后把喝完茶剩下的茶叶根捣烂，盖在患处，用纱布包好，每天换一次，7 天即愈。

林秀春

6/ 生鸡蛋内膜治褥疮

我 92 岁的老母亲因骨伤卧床，患了褥疮，多方治疗不见好，后经人介绍一个偏方：把生鸡蛋打一小洞，倒出蛋液，取蛋壳内膜贴在患处，每天换 1~2 次，3 天后伤口果然痊愈。

李卫平

7/ 茄子皮治腿部溃疡

小时候在老家因蚊虫叮咬，挠破皮肤引起感染，形成块块慢性溃疡。邻居老奶奶告知，用紫色茄子皮外敷可治。经试用，五六天就好了。做法是：先用开水浸泡的花椒水将少许白面调成糊状，涂在溃疡面上，干后揭下，脓水便被吸附在面块上。然后敷上新鲜的紫色茄子皮，用纱布或干净布条固定。早晚各一次。

胡承兰

8/ 豆腐治疗腿疮

我十四五岁时，右腿脚腕到膝盖的中间部被蚊子叮咬起包，被我抓破后感染化脓成疮。后来一位长辈介绍一偏方：豆腐一块，用开水煮几分钟，放凉后切一薄片敷在溃烂处，用干净布包好，一天早中晚换 3 次，并要防止患处着水。待一块豆腐用完（为防豆腐变质每天用开水煮一次，放在凉水里备用）仅三四天时间就全部结疤了。

苑玉明

9/ 马齿苋可治痱毒疮疖

我女儿出生在炎热的 7 月，头上长了

一个鹌鹑蛋大小的痱毒，日夜啼哭。后来老人叫把新鲜的马齿苋菜捣烂，糊在痱毒上。我照办了。每天2次，3天就好了。以后每当我身上长个疮疖什么的，趁没出头之前糊上捣烂的马齿苋，也能慢慢消失。如果长了痱子或有年年出痱子的病根，可将100克新鲜马齿苋放在约1500克水里烧开，等水温达到可忍受的程度时，用它洗、热敷十来分钟，十来次后可达到根治目的。

房瑞云

10/ 治褥疮一法

一位老太太患了半身不遂，瘫痪在病床上，身子长了很多褥疮。我曾听人说用双料喉风散敷于患处可以治褥疮，于是就对老太太的女儿说了，她女儿用双料喉风散涂于患处，没想到，涂抹了不到一星期，褥疮即痊愈了。

100050 北京宣武区太平街4号 王红蕊

11/ 黏膜溃疡粉治褥疮

去年夏天，我80岁的老母因病住院，患了褥疮，虽经治疗，但不断扩大。后经人指点，用天津市第五中药厂生产的"黏膜溃疡粉"喷洒，一天4~6次，几天后即痊愈。

贾瑞莹

12/ 野葡萄治皮肤溃疡

家人曾患全身性皮肤溃疡，经多方医治效果不佳，后使用下方治愈。方法是：到田间地头采摘整株野葡萄，生吃成熟的紫葡萄，嫩叶部分熬水喝，其余部分及根茎熬水洗患处，每天次数不限。

100062 北京崇文区花市二条34号 宋鸿宝

13/ 灭滴灵治愈皮肤疤痕溃疡

我少年时不慎被汽油烧伤，愈后右足跟腱部留下疤痕。1988年工作中不慎碰伤此处，感染破溃，形成疮口，常有脓性分泌物，长期不愈合，冬天还容易冻脚。用过不少外伤药，均无效果。医生讲这种顽固性皮肤疤痕溃疡，容易恶变为皮肤癌，没有特效药，只有做植皮手术。当时自己不愿做植皮术，但也很无奈，后经友人介绍，用灭滴灵片可治。急中一试，果然大见成效。方法简单：先用生理盐水洗净疮口，再将灭滴灵片碾成粉末，敷到疮面上，外用纱布（1~2片）、胶布贴敷固定即可。每日一换，一周左右可愈。此方无副作用，有此病患者，不妨一试。

046011 山西省长治市长丰工业公司 王 辛

14/ 槐豆治黄水疮

秋后将槐树豆采下来晾干，放在新瓦上用火焙焦碾碎，用香油调匀"成药"。脸盆中盛水，放入盐、花椒（多少不限），放火上开几开，待温后，用纱布敷洗患处，边洗边揭黄水痂，然后上药。十几小时后就会痊愈了。但注意黄水不能流到别处。我3岁的小儿子用过此方。

100028 北京朝阳区西坝河南里7楼1门803 崔 毅

15/ 西瓜皮治黄水疮

我幼时耳部、下颌常患黄水疮，实在痛苦，用中西药治疗都不见效。后得一方，即将西瓜皮晒干，烧成灰，用香油调成糊状涂于患处，每天坚持涂药，数日后疮痂脱落，并逐渐痊愈。

100035 北京西直门内前半壁街1号楼10门1031号 张 瑞

16/ 苦瓜叶治疗疮

今年天气最热的那几天我腿上突然生了小疗疮，肿痛难耐，家人用苦瓜叶竟将其治好了。方法：摘来鲜苦瓜叶在明火上略烤使其变软后（拍软也可）贴在患处，若疗疮大可多贴几片，3小时一换，2天后肿消痛减，4天后治愈。

100032　北京西城粉子胡同7号　李祥秀

17/ 半夏治疗疮

夏天暑热，腿上生了小疗疮，痒得难受，我用半夏将其治好了。做法是：从中药店买来半夏25克（新鲜的更好），找出块状的和少量清水细细磨成稀糊状（没有块状的可研成细粉调成）后擦抹在疗疮处，一次擦抹3分钟，隔3小时擦抹一次，擦抹6次后红肿可消，坚持两天，疗疮可好。

100032　北京西城区粉子胡同7号　文 习

18/ 外敷嚼生黄豆糊治黄水疮

我侄儿2岁时，下巴长了拇指甲大小两处浅表溃疡，露红肉、结脓痂、流黄色渗液，孩子不断用手挠抓，医生说是黄水疮。其母用净生黄豆适量嚼成糊状，外敷患处。每日1次，连敷2~3日，渗液止，创面干，渐愈。此方在农村屡试屡验。外敷前，最好先用消毒棉签蘸生理盐水洗创面，痂掉后再敷。

100074　北京7208信箱19分箱　王文英

19/ 豆腐脑黄檗面治水痘

20多年前，我儿子出水痘，曾用一方，效果很好。方法如下：取一碗石膏点豆浆做好的豆腐脑，再取适量（多少没有严格限制）黄檗面（中药店有售）掺进豆腐脑中搅拌均匀，用棉花蘸碗中的豆腐脑轻轻搽到水痘上即可。搽过以后，很快就能止痒，而且水痘几天就可干燥结痂，不会留下疤痕。

100101　北京朝阳区科学园南里502号　陈瑚容

20/ 下脸部长疖子简易治疗法

春夏之交，我脸的下部常长小疖子，多长在"危险三角区"内，我的治疗办法是，早晨一醒来，不等下床就用手指头抹口水，涂在疖子上，一般一二次即消退，屡试屡灵。　沙未湘

21/ 碘酚可治青春痘

青春痘（粉刺）令青年们苦恼，我有一个方法可供参考。因碘酚（即碘酒）有极强的杀菌和消炎作用，可用棉球蘸之擦患部，每日早晚各一次，两天即可痊愈。　白琰瑜

22/ 盐水治粉瘤

1976年夏天很炎热，我右腋下长了一个拇指大的粉瘤，胳膊只要一垂下来，粉瘤就被挤压得直疼。医院大夫让我天气凉爽后再做手术。一天，我用浸透浓盐水的药棉敷在患处，药棉干了再用盐水浸透去敷，只要没事呆着就反复敷，结果，3天后疼痛减轻，10多天后粉瘤消失了。医院大夫通知我去做手术时，粉瘤不见了。1985年，我右手腕长了一条宽约1厘米的腱鞘囊肿带，里面有流动的积液，洗衣服、和面都很疼，打封闭也不管用，后来也是盐水浸透药棉敷好的。今年我身上长了一个小疖子，我用同样的办法也治好了。

孟昭桂

附：读者来信

我身上长了一个粉瘤，我采用浓盐水治粉瘤的方法，并加以改进。因为用浓盐水擦了两天后，粉瘤就破了，再擦浓盐水，破口处较疼痛。第三天，我就将粉瘤内的黏液挤净，并用高锰酸钾溶液洗净消毒，擦干后，擦上医用酒精，再涂上马应龙痔疮膏，外面用纱布包好，并用橡皮膏固定。每天早晚各一次，这样一星期左右，粉瘤就消失了，破口也长好了。

100015　北京 8505 信箱生活服务公司资料室转

吴衍德

23/ 粉刺简易疗法

我年轻时脸上常长出影响美观的小疙瘩，俗称"壮疙瘩"，非常令人苦恼。偶然试着用唾液每天涂在患处，几天以后疙瘩神奇般的治愈。　一位中学教师

24/ 苦瓜能治热疖

我的朋友在背部长个热疖，医生说需开刀排脓，他不愿挨这一刀。后打听到用苦瓜治热疖的民间验方。即苦瓜 3~5 条洗净，连叶茎、瓜瓤一起捣烂成泥状，外敷在疖子上面，一日两次，连续数日，疖子治好了，而且没有留下任何痕迹。

100013　北京地坛北里 9 楼 4 单元 203 号　王荣云

25/ 治疖子一法

用一条完整的蛇蜕（中药房有售）放在一片陶瓦上，用文火将其烤成焦黄状，然后研成细面，放在食物（米饭、馒头均可）中吃下即可。我一位邻居，在 14 岁那年，一连几个月，全身上下多处长疖子久治不愈，乃用此方，仅吃了一条蛇蜕，至今 30 余年，从未再长过疖子。

100074　北京丰台区王佐乡大富庄 12 号　薛希贤

26/ 贴薄荷叶治红斑小疗止痒

今春，我的两腿间突然生了许多红斑小疗，奇痒难耐。正好我家后院种了数十株薄荷，我便摘了十来片叶子回来，拍软后贴在患处，一贴上去便觉一股清凉沁入心脾，极舒服，奇痒也立即减轻了许多。两天换一次。贴过 3 次之后，小疗竟然渐渐消失了，奇痒也不再发生。

100032　北京西城区粉子胡同 3 号　张　发

27/ 柠檬汁蛋清可护肤去痘

我与许多同龄人一样也有烦恼，即有时长青春痘且毛孔粗大。用过许多护肤品、吃过许多药，但大都不怎么管用。最近我找到了个好办法：将柠檬挤出的汁混入一个蛋清内，打匀，涂在面部，半小时后就形成了面膜，再过 30 分钟后用清水洗掉即可。我使用两个星期，毛孔真的变小了，小痘痘也不见了，皮肤开始变得白而嫩。

100062　北京市一七九中　刘佳琮

28/ 蜂蜜可治青春痘

我上中学时，脸上长满了青春痘，用了多种粉刺净也未见效。后来用蜂蜜水洗脸，坚持一个多月后，青春痘基本消失，而且皮肤也变得洁白细嫩起来。具体做法是：每天晚上洗脸时，取普通蜂蜜 3~4 滴溶于温水中，然后慢慢按摩脸部，洗 5 分钟，让皮肤吸收，最后再用清水洗一遍脸即可。

102200　北京市昌平工程兵昌平干休所 4-201 室

张　庆

疮、粉刺

29/ 醋熏去痤疮

介绍一种杀菌去痤疮、粉刺的方法：可以用半杯开水（80~100℃）兑 1/3 杯的醋，将杯口或碗口对着脸，保持 3~5 厘米的距离，用该水的蒸汽熏脸，待皮肤感到水蒸气不是很热时，就可以用此温水将脸洗一遍，然后用毛巾将脸上的水擦去即可。这样坚持 1~2 个月就会有很明显的效果。这期间尽量避免辛辣刺激皮肤的食品。

100078　北京方庄芳古园一区 27 楼 10-03 号

刘佳琮

30/ 柏树叶加蛋清治疖子

小时腿上长了一个疖子，母亲将柏树叶剪碎放碗里捣烂，然后放入鸡蛋清，搅成糊状，把整个疖子都抹上药，但要留疖子头，抹上后顿感清凉，疼痛也大大减轻了。等柏叶糊干了，剥离下来，反复几次，脓就拔出来了，脓排干净了，自然就封口了。

100055　北京宣武区广外小红庙 6 号楼 411　李 英

1/ 十滴水治痱子

笔者几年来的实践证明，用十滴水治痱子效果很好。用法如下：先用温开水将患处皮肤的汗水和分泌的油脂擦洗干净，然后，挤出数滴十滴水涂于患处，让其自然风干。涂药处的皮肤略有灼热杀痛感，几分钟以后就不那么痒，不那么痛了。每日涂抹，两三次即可。两三天就能消炎、消肿、止痒。较为严重者可延长用药。婴幼儿皮肤细嫩，不宜直接擦涂，可将十滴水与温开水按 1：10 的比例稀释后再用。每天擦涂次数可视其痱子多少而增减。要防止用手指甲抓挠而感染，用棉花棒擦涂为宜。另外，也可用洗浴方法防治。方法是每次给小孩洗澡时在温水里加入适量的十滴水（如半小瓶），但要注意只能用清水洗浴，不要使用香皂、浴液等，以保持药力。

吴景贤

2/ 生姜汁可治小儿痱子

我儿子 1 岁 9 个月，别人介绍用生姜擦头皮可促进小儿头发生长，在擦用中我意外发现生姜汁可治小儿痱子，而且效果很好。我儿子头上长的痱子，用生姜片擦一次即好。为了验证效果，后来又用生姜片擦他前胸与后背上长的痱子，竟也是一次即好，而且是几个小时之后就消退、消失（睡个午觉之后），并且患处一直未再长痱子。

陈东

3/ 霜桑叶可治痱子

今年天气闷热，孩子长了痱子。我母亲知道后从江苏老家带来一布袋霜桑叶，说给孩子洗澡，并让我用 200 克

干桑叶、200 克绿豆和 50 克炉甘石共研成粉末。每晚用桑叶熬水洗澡后就涂上一层自制的"痱子粉"。没想到还真灵验，只用了四五个晚上，楼里试用的几个孩子都治好了。据母亲说，霜桑叶必须是霜降后采摘或霜打落地的，晾干，用布袋子挂在通风处备用。鲜桑叶也可以，但效果稍差些。赵理山

4/ 生黄瓜汁治痱子

夏天人体由于出汗，有时会引起汗腺发炎，皮肤表面生出很多小红疹，很痒，也就是痱子。用生黄瓜汁或黄瓜片分别贴擦于患处，两三次即可痊愈。此方法尤其适用于小儿。

秦 丹

5/ 擦西瓜皮治痱子

连续高温，会使很多人尤其孩子的身上长痱子，又痒又痛，很不舒服。可用吃完西瓜的瓜皮擦拭患处，每次擦至微红，一天擦两三次，第二天就见效（不痒了），两天后可结痂。我的小孩 6 岁了，每年长痱子都是用此法治愈的。

100088 北京西城区新风北里 2 号楼 804 号 王自力

6/ 苦瓜汁治痱子

把新鲜苦瓜洗净，剖开去籽，切片放入粉碎机打成汁（也可用其他方法榨汁），用干净纱布滤渣，把汁装瓶待用。患痱子严重的人，两小时涂 1 次，不严重的 1 天涂 3 次即愈。

100026 北京朝阳区六里屯南街 85 号内 1 号
罗永利

7/ 鲜薄荷叶治痱子

将鲜薄荷叶（老叶更好，数量多些）洗净控干，装入容器中，倒入卫生酒

精（药房有售），没过叶子。一天后酒精成浅绿色即可使用。时间越长，颜色越深，隔年用更好。涂抹后第二天就见效。

100078　北京方庄芳星园2区7楼1单元303
南广英

8/ 苦瓜瓤水治痱子

夏日天气湿热，人体皮肤易长痱子。可用苦瓜的瓜瓤来煮水，待温凉后用来擦拭身上生长痱子的地方，坚持数日，痱子就可消失掉。

100051　北京前门西大街8楼705　谢在永

9/ 苦瓜治痱子

取成熟的苦瓜1个，顺长用刀切割成两半，剔去籽粒，将适量中药硼砂置入瓜腹中，顷刻，硼砂溶解成水溶液。用消毒棉球蘸汁液擦痱子处，几小时后痱子即可消失。此法笔者屡试屡奏效。

075431　河北省怀来县鸡鸣驿乡政府　牛连成

10/ 桃叶水治痱子

鲜桃叶50克、水500毫克，煎熬到剩一半水即可。熬好的桃叶水掺到洗澡水洗擦痱子（如较严重可直接用熬好的桃叶水擦洗）。桃叶中所含单宁成分，具有消炎止痛止痒的功效。用阴干的桃叶浸泡在热水中，常给孩子洗澡，也可防治痱子。

100035　北京德胜门西大街64号2-1003号　郑英队

11/ 十滴水治痱子

盛夏来临，由于出汗过多，引起汗腺发炎，我胸部与头部长了很多痱子，发作起来，刺痒无比。友人介绍一方：洗浴后用"十滴水"涂抹患处，一周之内即可痊愈，非常有效。注意：涂抹时"十滴水"勿溅入眼内。

100021　北京朝阳区农光南里16楼707　崔云惠

1/ 唾液曾治好我的皮炎

几年前，我的大腿两侧患了皮炎，痛痒，服药可止，但时常反复，效果不好。幸得一人指点，就是在早上起床时，不说话，啐一口唾液涂在患处，连续3天，就可以治好。果然，时至今日，没再发作。 高劲松

2/ 扑尔敏片可止痒

我一位朋友常头皮瘙痒，服药及外用药物效果均不理想。后经人介绍将扑尔敏片用唾液浸湿后稍用力擦抹瘙痒处，效果很好。此法也可用于蚊虫叮咬后的皮肤瘙痒，亦很显效。 晓 明

3/ 糊盐水止痒除顽疾

一年前，我的外祖父身上起了一层米粒大的疙瘩，瘙痒不止。四处求医，效果甚微。无意间觅得一偏方，依方炮制，不到一周，疙瘩就全消失了。停药两个多月了，没有任何反复的迹象。具体方法是：把食用精盐用旺火炒成黑色保存待用。每天取出少许溶于温水，用卫生棉球或消毒纱布蘸取该液体擦拭患处。糊盐用量及擦拭次数可视患者病情而定，一般每日3~5次为宜。 王静奎

4/ 巧贴膏药皮肤洁净

所有使用过伤湿祛痛膏、麝香虎骨膏和妇科万应膏（医学上统称为橡胶硬膏）的人都有一种体会，当从皮肤上揭下用过的膏药时，皮肤上会有一些胶质残留物不易清除。我们在使用中观察到，胶质残留物多分布在膏药贴敷过的四周，长边相对更多些，由此我们试着将膏药的长边在未从加衬上

揭下时，用剪子剪掉约1毫米左右，剪子快些效果更好。经这样处理后贴用，在除去膏药时，皮肤上就很少有残留物了，并且对有些人因贴膏药引起的瘙痒现象也有所减轻。 甘源春

5/ 香蕉治好了我多年的皮肤病

我是糖尿病患者，自1982年始，膝盖以下腿脚患有多处皮肤溃疡和癣病，经多年高温矿泉浴，不能根治。我用熟透的芝麻香蕉搅成泥，糊在患处，盖上香蕉皮，用纱布包扎，20多天，溃疡和小丘粒消失，留下的黑硬皮，连续3次包扎36小时后也消失了。我两脚背中趾处有对称的坏疽，流黄水不止，把鞋袜剪破，包扎40多天也治愈，所患股癣不好包扎治疗，采用抹香蕉的方法，每天两次，20多天便治愈了。 李 智

6/ 黄瓜可治日光炎

我老伴前几天由于晒太阳，左小臂过敏，慢慢得了皮炎，擦各种皮肤药膏始终不愈。一天中午切黄瓜时小臂突然发痒难忍，无意中用黄瓜头擦了擦，没想到不但当时止了痒，第二天还发现小臂的炎症有些好转。以后又擦了几次，小臂的炎症就完全好了，皮肤又恢复原来的光泽。 乔锡庭

7/ 花椒、艾叶治愈神经性皮炎

我曾得了神经性皮炎，各大医院诊治效果均不好。后经人介绍一方，使用一个多月就痊愈了。其方是：花椒、艾叶各抓一把，用酸泔水煮几分钟，每天早晚各洗一次。艾叶药房有卖。酸泔水可以自制，即把刷洗锅碗的水

（不要带油的）用容器盛起，放几天即可（当然越陈越好）。一盆水可反复使用。

耿龙云

8/ 西瓜皮可治皮肤瘙痒

今夏，我的小腿和额头瘙痒难耐，我涂过花露水、氟轻松等都不管用。一次，我把西瓜皮（去外皮和红瓤，留下浅绿色的肉质部分）用刀切成薄片，擦拭患部，瘙痒立即消失，三五天内不再有痒的感觉了。

冷战方

9/ 大葱叶可止痒止痛

一天夜里，不知什么毒虫将我的臀部咬起四片红疱块，痒得不能入睡。此时忽然想起一位亲友介绍的用大葱叶可止痒，就将鲜大葱叶剥开，用葱叶内侧擦拭被毒虫咬过的红肿痒处，反复擦几遍后就不痒了，一天后红肿也消失了。记得这位亲友介绍时还说：有一年初夏，他的孩子和几个小朋友一起玩耍时，把拣的杨槐须互相往脖子后塞，弄得背上一道道红印，刺痒得直喊叫，他也是用鲜大葱叶内侧擦拭刺痒处，很快见效。

苑玉明

10/ 蒺藜秧熬汤治皮肤瘙痒

我母亲全身皮肤瘙痒多年，且伴红肿，久治不愈，十分痛苦。一个偶然的机会，她从天坛采回一把蒺藜秧熬汤，用来擦洗患处，效果明显。我爱人腿上一块皮肤长满了米粒般的疙瘩，用它擦洗，小疙瘩很快消失。

张彦红

11/ 莴笋叶治皮肤痒

我每年都发生皮肤过敏性发病。听人介绍，每次用1~2两莴笋叶，放在锅里用水煎，开锅3分钟左右，即可

停火，待所煎的水降至适当温度，用来擦洗患处，每天洗一两次后，症状很快消失了。

王昌法

12/ 小蓟治痒疹

我的面部患结疖性痒疹，刺痒难忍。经几个医院的西医、中医服药、擦药、冷冻多种办法治疗，10余年不愈。一次搔破后流血不止，正好路边有小蓟（俗称"刺儿菜"），顺手摘一把揉烂，敷于患处止血。几天不痒，一周后挤出豆粒大脓包，以后再也不痒了，患处结痂、脱痂痊愈了。

孙 严

13/ 药用甘油加水治皮肤瘙痒

我患皮肤瘙痒症10多年了，主要是临睡前奇痒难受，吃药擦油，不是疗效太短就是太脏。皮肤研究所大夫告诉我一配方：药用纯甘油加纯净水，按1：4（或1：5）配成。洗完澡后，用此水按摩痒处，第二天如还有瘙痒处，仍用此法，即能解决。多年来的难题终于解决了。

张之云

14/ 苹果治老年皮肤瘙痒症

我今年65岁，患老年皮肤瘙痒症多年，外用润肤霜、凡士林、止痒药水均无效，真是无可奈何。近来常吃苹果，无意中用苹果切成片，往两小腿瘙痒处擦拭，没想到擦完后，感到皮肤爽滑、舒适。当晚反复擦两次，感到瘙痒减轻，能入睡了。每天往患处擦几次，3天后瘙痒止住了，真没想到苹果片能治好我的老年皮肤病。

傅玉田

15/ 乘晕宁治皮肤瘙痒

我往年只是脊背瘙痒，今年小腿内外

和上身在夜间也瘙痒难忍，抹各种治皮炎的药膏和吃 B2 都不行。朋友告诉我晚上吃一片乘晕宁能治，我晚上服一片果然不痒，但不能一次根治，过两天又痒，再吃一片又不痒了，如此反复吃了几次，现在基本上不太痒了。

附：作者补充

上文晚报刊出后，友人告诉我一个根治方法：服用同仁堂的防风通圣丸（水丸），每日早晚各 1 小包（6 克 1 包）。我服用中，第 1 天无作用，第 2 天瘙痒减轻（有轻微腹泻），第 3 天基本不痒，第 4 天完全不痒。我 5 天吃了 10 包，至今一个多月没痒过。

100032　北京西城区惜薪胡同 24 号　陈玉洁

16/ 维生素 B₂ 可治皮肤瘙痒

本人 66 岁，患有糖尿病，入冬以来皮肤瘙痒，叫人烦躁不安。听人说，维生素 B_2 可止痒，我就服用维生素 B_2，果然解除了瘙痒痛苦。　王宗秀

17/ 嫩桃仁治头皮瘙痒

我患头皮瘙痒多年，夏天一出汗，更是难耐。头上还有一块癣，我曾尝试各种方法治疗，疗效不佳。今年鲜桃上市，我便用嫩桃仁涂患处，顿时止痒，数日后，头不痒了，那块癣也明显见轻。　马季田

18/ 醋泡大蒜治顽固性神经性皮炎

20 世纪 60 年代我去东北边陲工作，不久我左右耳尖和颈部，患有对称性神经皮炎，气温升至零度以上就瘙痒难受。多年虽在当地医院治疗均无效果。后我用米醋泡大蒜（紫皮蒜），用棉球蘸醋擦患部，虽疼痛但止痒，一星期（一天擦 3~4 次）后，多年的皮炎治愈。　戚荣扬

19/ "洁尔阴" 治奇痒

我小腿奇痒有十多年病史，尤其夜里痒得难受，不得入睡，曾经中西医诊断，意见不一，收效甚微。偶尔看到妇用"洁尔阴"说明，能杀虫止痒，我买回来一试挺灵，当晚就不痒了，连续用了 3 晚，基本好了。以后发现局部发痒，便用洁尔阴药水一涂，现在已半年不痒了。　韦固安

20/ 黄瓜可治日光性皮炎

几年前，每逢夏天太阳一晒，自己的胳膊上就起一片片小红点，又痛又痒。医生诊断是日光性皮炎。听说黄瓜有美容功效，我就试着把黄瓜切成片来回在胳膊上擦，当时患处就不痒了。次日又擦一次，小红点也下去了，皮肤恢复正常。

100043　北京石景山区八角北里 31 栋 1 门 202　杨京军

21/ 西红柿治日光性皮炎

我多年从事野外地质工作，患上了日光性皮炎，七八年求治不愈。两臂、脖颈上全满了，一到夏天用纱布缠绕脖子，不敢穿短袖衣服。几年前我生吃西红柿时，又觉奇痒难忍，我便顺手用西红柿擦了擦，不料奇痒即刻止住，此后我每天如此擦抹患处，20 天后炎症竟奇迹般地消失了。从而我又可穿短袖、无领上衣了。至今已几年过去了，炎症再没复发过。

100044　北京西直门外头堆 87 号　孙实贤

22/ 红霉素眼药膏能止痒

我多年双腿发痒，尤其是晚上痒得更难受，诊治吃药只能暂时缓解，过一段时间仍然发痒。不久前，我试用红霉素眼药膏擦双腿，当时就止痒，且至今未复发。我用的红霉素眼药膏是上海申光制药厂生产的。

100021　北京朝阳区松愉西里 17 楼 1308 室　陈树彭

23/ 治老年皮肤瘙痒一方

我父患老年皮肤瘙痒症，每次发作遍及四肢和背部，有时伴有烧灼、虫咬、蚁爬或针刺感，奇痒难忍，曾多处求治，疗效不显。后得一中草药偏方治愈，并介绍给其他病人使用，疗效亦佳。此方：取 50 克百部（中药店均有售），用 250 克高度白酒，放在瓶子里密封浸泡，一周后即可使用。使用时，洗净患处，用棉花蘸药液少许涂擦，止痒，屡擦屡效。

100041　北京石景山区八大处甲 1 号　石启明

附：读者李秀云提示

我使用上述偏方后有反应，起了一片红色皮疹，更痒，就医服、抹药 19 天才变暗脱皮，基本痊愈。故提醒广大读者，使用此法应在极小面积试几天，无反应方可正式使用。

24/ 花椒水治老年瘙痒症

我祖母患老年瘙痒症，全身瘙痒，夜晚不能入睡，特别是后背、胳膊经常挠伤，流血反复结痂后形成疮一样的伤口，皮肤都变了颜色，用过好多方法，往往解一时之痒，不能去根。后听人介绍一偏方，花椒水擦洗能治瘙痒症，试用后十分见效，第一次擦洗后，就能睡整宿觉，连续擦洗一星期后，再也没有复发。具体方法是：取花椒一把，放碗里用开水沏半碗，取另一碗扣上面焖，焖好后澄出花椒水。碗里的花椒可留用，两三次后换掉。然后用纱布蘸花椒水擦洗患处即可。

067000　河北承德市广播电视局　韩燕荔

25/ 澡后擦"硅霜"治瘙痒

老年人皮肤干燥，常皮肤痒痒，一年多以前我就是这样。后来我每次洗澡不用香皂，只洗洗、搓搓、冲冲，然后用干毛巾把身上擦干，再用硅霜擦身，薄薄的擦一层，然后穿衣。除了夏天，春、秋、冬三季都可这样做。我和老伴都这样做治好了我们的瘙痒症。

100009　北京西城区鸦儿胡同 27 号　王凤桐

26/ 丝瓜瓤蒜瓣除湿解痒

丝瓜瓤与蒜瓣煎水坐浴可治阴囊湿疹及女阴瘙痒。我的邻居和亲朋中用过的都说有作用。

100858　北京万寿路 28 号 54 楼丙门 2 号　王庆荣

27/ 治神经性皮炎一方

我颈部因出汗受风患皮肤病，先诊断为湿疹后又转为皮炎，已 20 多年。医院注射维生素 B_{12}，外涂皮炎药膏，服非那根药片，但是均未治愈。后同事介绍一方：到药店购斑蝥虫 7 个、半夏 1 粒，两样研成细面，火醋 50 克，泡 10 分钟后，外用涂于患处。我的皮炎至今根除未犯。

100009　北京西城区小石桥 11 号　刘耀华

28/ 伤湿祛痛膏治肘尖部皮炎

我患肘尖部皮炎已有 40 余年，采用过 B12 穴位封闭法，也没有治愈。近来我用一张伤湿祛痛膏贴了一星期，揭开后发现皮炎奇迹般地好了。

100051　北京崇文区薛家湾胡同 14 号　周又谦

29/ 醋蛋液治皮炎

本人患神经性皮炎已 20 余年，最初长在手背上，后向手掌蔓延，每年春、冬均急性发作、痛痒难忍。以前试过多种药物，均未见效。去冬老伴找到一个药方，调制醋蛋液让我涂抹。至今春日已过，我两手上的皮炎均未再犯，未再痛痒，确已痊愈。醋蛋液制法：一个生鸡蛋洗净，泡在 180 毫升食醋中 2~3 天，用筷子捣破、混匀、蛋皮令其下沉即成。每日 2~3 次用棉签反复涂抹于患处，坚持 3 周见效。

100080　北京 353 信箱　杨守志

30/ 地黄叶汁止痒有特效

我到夏天最怕蚊子咬，蚊虫一咬就起疱，奇痒。用清凉油、风油精不起作用。后来一位朋友告诉我用地黄叶子的汁擦效果好，1996 年夏天开始我就采用此法，果然效果很好，还可治脚气。如果长个疖子，涂上效果也很好。地黄长得像苦菜，就是叶是绿色的，根是黄色的。它生长在草丛里，棵很大很好找，用起来很方便。将地黄采回来洗净把水甩一下，用塑料袋包好放在冰箱里，四五天换一次，保持新鲜。

100045　北京真武庙六里 4 栋 1409　张兰英

31/ 洁尔阴治紫外线过敏

前年夏天，我因太阳光晒导致紫外线过敏、脖子、胳膊和手上起了许多小疹子，奇痒无比。一位同事告我一方：每晚临睡前将患处洗净后，用一小团纱布蘸洁尔阴在患处反复擦洗，开始会有痛痒的感觉，待第二天早晨再清洗干净（不掉色）。这个方法很有效，我只用了一次即愈，且一直没再犯。我将此方告诉了我的姐姐，她用后也说有奇效。

100007　北京东城中剪子巷 26 号　钮越英

32/ 按摩乳治皮肤瘙痒

我背部瘙痒已 10 年，近年腿部和上身也瘙痒，凡是治痒的方法都用过，均无效。去年我偶然用"好得快"喷涂，或按摩乳（济南日用化工厂出品）涂抹，痒症便立即停止，有效期达 7~10 天。今年喷"好得快"效果不见怎样好，抹按摩乳仍然有效。

附：答读者问

拙稿发表以后，咨询很多，作答如下：我用的按摩乳是肌肉拉伤后北京陶然亭医院配的，济南日用化工厂出品。其成分：冬青油 10%，薄荷脑 6%，肉桂、乳香等 6%，樟脑 2%，丁香油 1%，乳液基质 75%。如读者所购相似，应当可用。另外，治疗效果因人而异，未见得人人有效。

100052　北京东城区米市胡同 63 号　赵国英

33/ 洗发液可治皮肤瘙痒

我因上了年纪，皮肤有些瘙痒，用药仅当时见效。一次洗澡时使用止痒型洗发液，忽有一念，就用洗发液擦洗身上，再用水冲洗干净，连用两次。到夜间睡觉时，瘙痒轻多了。以后每次洗头剩下的发液泡沫都用来擦洗身上，停留几分钟效果更佳。我坚持一年多了，不再皮肤瘙痒。

100021　北京松榆里中学　时锡林

34/ 淘米水治皮肤瘙痒

淘米水（大、小米均可）约泡 5 分钟后，1000 毫升放食盐 100 克，置于铁锅内煮沸 5~10 分钟，然后倒入脸盆中，温热适宜时，用消毒毛巾蘸洗患部，早晚各 1 次，每次搽洗 1~3 分钟。一般 1~5 次见效。同时注意：洗澡时不用碱性大的肥皂；忌饮酒、戒鱼、虾等。我现年 58 岁，于 1996 年冬季开始皮肤瘙痒，先从耳后、颈部开始，渐延及背部、躯干及四肢皮肤。晚间加重，瘙痒时抓破皮肤仍不解其苦，甚至夜不成寝。曾在医院检查无异常发现，先后以多法治疗无效，经一朋友介绍此方，连用 4 天，奇痒消失，至今两年未复发。

100074　北京 7208 信箱 30 分箱　王文英

35/ 莴笋叶治瘙痒

把新鲜莴笋叶若于，切成小段，放至锅中用沸水煮约 5 分钟，捞出笋叶，用笋叶汤擦洗痒处，一日两次，约一周即好，一般不再犯。

100075　北京永外马公庄粮食局宿舍甲 1 楼 4 门
502　李玉兰

36/ 涂擦水果蔬菜治皮炎

我曾经在耳朵周围长过几次皮炎，既痒又影响美观，擦过药膏不管用。后来我用水果蔬菜天然疗法，几次就把耳朵周围的皮炎治好了，方法如下：取西红柿或小草莓等切一块使劲擦患部，如果汁太多可以用手蘸着汁擦患部，10~20 分钟，直到患部产生疼痛感，晚上看电视时可以擦，时间越长越好，1 小时更好。等果汁干了以后，用手指按住患部来回揉搓。记住一定要等患部经果汁擦得有疼痛感后，再来回用手指使劲大面积揉搓。这样，每天坚持做，经过 2~3 个星期，皮炎都会好的。另外，用以上方法治疗脚癣和身体其他部位的皮炎效果也很好。比如脚癣，我擦了一两次就好了，起码果汁可以起到止痒的作用。每天用吃完水果的核擦一擦患部，既方便又经济实用。另外常用水果擦手、擦脸还可以起到美容的作用。皮炎较重的患者可用猕猴桃擦，猕猴桃含 VC 比较多，因此擦后可能会出血，没有关系，等患处擦痛、流血后，晾干，再用手使劲擦揉患部，皮炎会渐渐治愈的。另外夏日到来，阳光炎热，外出归来后有人脸上，特别是胳膊上会出一些红斑、红点，很刺痒，可用西瓜皮或西红柿擦一擦，效果非常好，可立即止痒。另外此法可以治愈痱子等皮肤病。

37/ 斑蝥半夏治神经性皮炎

我的手和肘部患皮炎病有 8 年之久，医院打针上药膏未能治好，犯起来痛痒难忍。后经人介绍，用斑蝥虫 6 克（开证明药店有售）、熟半夏 3 克，两样研成细面，香水半酒盅，浸泡 10 分钟后，涂于患处，杀菌止痒，一周痊愈。至今未犯。

100009　北京东城区琉璃寺胡同 18 号　辛全德

38/ 白矾水和"六神花露水"治老年瘙痒

春节前，我的老伴患了瘙痒症，每到晚上脱衣时浑身奇痒得钻心，上至脖颈到两肩、两臂，下到腰部、大腿，越痒越抓，越抓越痒，道道血痕，夜不成寐，影响休息。在医院里开了"乐肤液"，自己买了"止痒液"，偏方用了"六必治"牙膏，每晚喷涂三四遍，费时费力，止痒效果始终不理想。这时我想起，过去母亲在世时曾用牙粉和白矾水治过瘙痒症，我试着用白矾一小块泡水给老伴涂抹，止痒效果较为明显，最近我试用上海出的"六神特效花露水"，喷在老伴瘙痒处，早晚各一次，老伴的病情大有好转。

100045　北京市二七剧场路东里新 11 楼 303 号
王淑兰

39/ 硅霜膏治老年瘙痒

我患老年瘙痒症已数年，曾用多种止痒擦剂，都未根治。我意识到瘙痒症多系由于老人皮肤干燥所致，遂每次洗浴后即用硅霜膏涂擦（用北医三院的硅霜Ⅱ号，价格便宜），果然见效，我基本上消除瘙痒症的烦恼。

100083　北京航空大学 803 楼 0913 室　米峻峰

40/ 吃鲶鱼治老年瘙痒

鲶鱼是淡水鱼，将鲶鱼洗净去鳞去内脏，切成方寸段，放在加入适量清水的铝锅里，不加盐慢煎，煎熟后，吃鲶鱼喝汤，经常吃可治愈老年瘙痒。

100062　北京崇文区河泊厂小学　张金柱

41/ 舒肤佳治老年骚痒

我年过 70，因年老而皮肤瘙痒并逐年加重。所以我经常琢磨希望创出一个既简单又高效的治疗方法，来治疗皮肤瘙痒症。一次，脸部皮肤也开始痒起来，去医院弄有几种药膏使用，结果效果不佳，而用新买的一块"舒肤佳"香皂洗脸后，当天脸部皮肤就解除了瘙痒。为了证实其效果，我马上

用舒肤佳香皂洗澡擦身。因为我后背部瘙痒严重，所以在洗完澡后，在背部又轻涂一层舒肤佳香皂沫，稍干后穿衣。当天全身皮肤瘙痒的感觉一扫而光，收到立竿见影的效果。我便马上告诉我那位 80 多岁身患皮肤瘙痒已 20 多年的老战友，他也同样在洗澡的当天收到了立竿见影的疗效。以后我们二人每 7 天左右就用舒肤佳香皂洗一次澡。后将此方介绍给其他人，也都说这个方法真好。

100075　北京丰台区蒲安东里铁二居委会 5 号楼
137 室　却瑞庭

42/ 抗皱美容霜治老年瘙痒

我患有瘙痒症，我发现抗皱美容霜有治疗效果。方法是：当瘙痒症发作时，不要去挠，可用热水（稍热一点）冲洗患处，洗后擦干，用抗皱美容霜涂于患处，立即止痒，而且马上感到非常舒适。第二天，第三天，瘙痒症虽不发作，要照此法治之，以后就不会再出现。

100026　北京团结湖水碓子东里 10 号楼 501　张帆

43/ 木立芦荟治皮肤瘙痒

近几年我和老伴小腿肚子经常瘙痒，现常用家养的木立芦荟，洗净擦干，剪掉飞刺，从中分开，露出汁液擦瘙痒处，连续擦 3 次就不痒了。

114001　辽宁省鞍山市铁东区春光街 6-1 号　杨秀珍

44/ 六必治牙膏治神经性皮肤瘙痒

我是一个患有神经性皮肤瘙痒症的 73 岁老人，发作时奇痒难忍，服用多种药物均无效果。最近一次发作，我把六必治牙膏挤在手心，往痒处使劲涂抹，效果特别好。连续 3 次瘙痒基本

消失。

100026　北京团结湖水碓子东里 10 号楼 501　张 帆

45/ 淘米水治阴部瘙痒

我患有季节性皮肤瘙痒症，每到天气转暖大腿内两侧总会生成一片小红疗，奇痒难耐。有朋友介绍一方，用后效果极好。制法极简单：取来 1 千克淘米水加入 100 克食盐，倒进铁锅中煮沸，待温凉后用纱布蘸擦患处，每天至少两次，一次擦洗 3 分钟，擦两天便见止痒效果，一周后红疗消失可痊愈。

100032　北京西城区粉子胡同 7 号　张晓军

（编者注：此症似股癣。如用西药，推荐皮康霜。）

46/ 治疗"狐臭"一法

狐臭较难治，患者常为此苦恼，这里介绍一种方法，有奇效。每日早上，洗净腋部擦干后，用一块普通香皂，将皂面稍加湿润，轻轻涂抹患处，即可保证全天之内无臭味。如参加舞会前使用此法，可保证在出大汗的情况下，也不致出现狐臭。如属轻症，只要坚持每天一二次涂治，几个月后可望痊愈，或至少保持一二周内不用涂治也不发臭。重症则需较长期地坚持涂治。注意：切勿用碱性过强的洗衣皂涂抹，否则会将皮肤烧伤。　江 鸟

47/ 明矾可除狐臭

明矾（又名白矾）若干（多少随意），装入一干净空罐头盒内隔火熔成一块枯矾，再碾成细面。夏日浴后和晨起，用手指捏少许擦于双腋（冬日浴后即可），擦上便无臭味。只要保持身体和内衣清洁，洗擦掌握得好，至亲之人也闻不到你的狐臭。50 克矾够使半

年的，装瓶不会变质。我家几十年来使用此方。　达 之

48/ 治狐臭特效方

碘酒 300 毫升，尖红干辣椒 50 克，剪成碎片或研末，泡在碘酒内 15 天后，每天擦腋窝一次，连擦 42 天即根除（擦第一次后就无臭味）。　侯雅丽

49/ 鲜姜可根除腋臭

我小时候听老人说鲜姜片蘸酒擦腋窝可根除腋臭。有人患有腋臭，我用此方为其治疗，确实效果不错。　夏维洁

50/ 西红柿汁除腋臭

洗完澡后，将西红柿汁 500 毫升加入一盆温水中，浸泡腋臭处 20 分钟，每周两次，可除腋臭。

100011　北京安外西河沿 B 号楼电梯班　王京玲

51/ 蚊虫叮咬后止痒方法

△笔者经两个夏天的实践证明，用切成片的大蒜在被蚊虫叮咬处反复擦一分钟，有明显的止痛去痒消炎作用，即使被叮咬处已成大包或发炎溃烂，也可用大蒜擦，一般 12 小时后即可消炎去肿，溃烂的伤口 24 小时后可痊愈。皮肤过敏者应慎用。　朱 震

△脚上不知何时被蚊虫叮了几个红点。痒得我又掐又挠，涂上清凉油，又去找碘酒。然而，痒感非但未除，反而引起红肿，红点的顶端，还冒出一珠黄水。我想，可能是这"黄水"作怪，就把它挤净擦干。谁知随挤随冒，更是奇痒异常。一急之下，我倒了半盆滚烫的开水，找到一块干净的方毛巾，把毛巾的一角放入水中，然后轻轻地烫痒处（注意只烫痒处，要

防止开水下流引起烫伤），反复几次，痒感片刻即消。 袁继忠

△人体被蚊子叮咬后不仅红肿起包且刺痒难忍，可用清水冲洗被咬处，不要全擦干，然后用一个湿手指头蘸一点洗衣粉涂于被咬处，可立即止痒且红肿很快消失，待红肿消失后可用清水将洗衣粉冲掉。 宋帅义

△用湿手指蘸点盐搓擦患处也去痛痒。 李幛喆

△用湿肥皂涂患处即刻止痒，红肿渐消。 刘孔霞

△明矾蘸唾液擦痒处两三次即好。 王启荣

△被蚊虫叮咬后，可立即涂搽 1~2 滴氯霉素眼药水，即可止痛止痒。由于氯霉素眼药水有消炎作用，蚊虫叮咬后已被抠破有轻度感染发炎者，涂搽后还可消炎。 李瑞金

52/ 酒精泡丁香可止蚊虫叮痒

被蚊虫叮咬后，可用医用酒精泡丁香（炖肉用的）止痒。办法是用小药瓶装上酒精，然后泡十几粒丁香。两三天后酒精变黄，用棉球蘸擦被咬处，擦上止痒，大疱很快消失。 范菊筠

53/ 防蚊虫叮咬一法

一次外宿受蚊虫叮咬，而同伴因身体不适服维生素 B_2，丝毫不见蚊虫近身。原来是汗液中有股异样气味。我把 B_2 片碾成面用水调和涂在暴露部位竟也无恙。立秋后，蚊虫一叮就起包，我把稀释水改为医用酒精调和，既治疗又预防。 赵理山

54/ 仙人掌可治蝎蜇蚊叮

我小时在农村长大，一天晚上去点油灯，让蝎子蜇了，痛得不得了。有人说，用仙人掌汁涂上就不痛了，一试真灵，一会儿就好了。今年，我叫蚊子叮了好多包，痒得难受，就用仙人掌汁涂，一会儿就好了。

100013 北京市防疫站宿舍平房 14 号 马长禄

55/ 燕子掌可治蚊虫咬

我家常年养植燕子掌，每当夏秋季，无论大人、小孩，一旦被蚊虫咬，摘片燕子掌叶掰开擦抹患处一二次，很快就会止痒、止疼。

100078 北京市丰台区南方庄 2 楼 3 门 906 艾春林

56/ 眼药水治蚊叮立即止痒

元环鸟苷眼药水学名阿西洛韦，是抗病毒药，眼科用于单纯疱疹性角膜炎。我因患眼病常用此药。今夏以来，我被蚊子叮咬后，常用元环鸟苷眼药水 1~2 滴，轻轻涂抹被叮咬处，立即止痒，并且不留痕迹。

100007 北京东城区北新桥头条 38 号 祁云楣

57/ 潮虫可治马蜂蜇

日前，我去八达岭郊游，脸上突然被马蜂蜇了一针。正当我疼痛难忍时，旁边的一位东北口音的老者说，地虫可止疼，并热心地从旧砖下找了一个地虫，我一看就是北京人称的潮虫。他迅速往我疼痛处擦去，我感觉潮虫挤出来的水挺凉的，顿时就不疼了。

100050 北京燕京汽车厂（宣武区太平街 8 号）
王青山

58/ 臭椿幼枝治马蜂蜇伤

我小时候有一次捅马蜂窝，脸上头上被蜇伤多处，痛得大哭，眼看伤处开始红肿，正巧邻居跑来，急忙帮我拔去毒刺，

后迅速掰下几枝臭椿幼枝，挤出马蹄形部位（幼枝根部）的汁往我伤痛处反复涂抹几遍，不久疼痛感大减，伤处也渐渐消了肿。以后又遇到过几次马蜂、蜜蜂蜇，我也如法炮制，消肿止痛止痒效果很好。最近我小孩被马蜂蜇伤后，我也是用此方法给他擦治好的。

074000 河北省高碑店市 51033 部队军务科 杨社国

59/ 唾液治蜂蜇伤

去年夏天，我在登山的路上突然被一只马蜂刺了眼皮，疼痛难忍，顿觉眼皮有肿起之感。急中生智，遂将自己的唾液不断敷揉伤处，到下山回家后竟然消了肿，止了痛。今年夏天，我在野外慢跑时，身上又被蜂蜇了一次，照上述方法处理，顺利消除了痛苦。

100843 北京复兴路 14 号 17 楼 4 门 443 号 房成仁

60/ 苦杏仁治虫叮发炎

我在农村插队时就怕过夏天，因为夏天里跳蚤很多，它们吸人血时留下的大包特痒，用手挠，不挠破了不解痒，可是一旦抓破皮肤就流黄水，很痛苦的。于是我用苦杏仁放在火中烧，把硬壳烧焦，但杏仁不能烧糊，取出杏仁挤出油来，用杏仁油涂抹患处，一两天就结痂痊愈。

100020 北京朝阳区光华东里 20 号楼 403 张成江

61/ 梳头治头屑

我患脱屑癣症 20 余年，头屑纷飞，奇痒难忍，各种药物治疗均未除根。自 1990 年始，每日早晚梳头各一次，每次 3 分钟。现在屑尽痒止无烦恼，且神经性头疼亦有好转。 孟翠荷

62/ 温啤酒洗头可除头皮屑

头上长有头皮屑非常令人苦恼，若想彻底消除，可先用温啤酒将头发弄湿，保持 15 分钟左右，然后用清水冲洗，最后再用洗发液（膏）洗净。每天 2 次，坚持一段时间，头皮屑便可消除。 张树明

63/ 中药汤洗头治头皮痒

我患了头皮痒的毛病，痒起来很难忍受，虽经多方求医不见好转。说来也巧，在一个偶然机会，我的头皮又痒起来，被一位老者看到，他传我一中药方，经我试用，效果明显，愿将此方献给《生活中来》的广大读者。处方是：王不留行子 30 克、苍耳子 30 克、苦参 15 克、明矾 9 克（中药店均有售）。此为一剂量。用此药多加冷水煎成中药汤，将药渣去掉洗头，每天一剂，煎两次，隔两天洗一次，一般用药 3~5 剂即可治愈。请患头皮痒的人一试。 100094 北京 5100 信箱 安 华

64/ 啤酒去头皮屑

本人受头皮屑困扰，且奇痒难忍，洗发后第二天又满头都是。各种去头屑的洗发水都试过，无一见效。后听说啤酒能治，试过果然很灵。方法是：先将头发用啤酒弄湿，过 15 分钟后用清水冲洗，每天早晚各一次，坚持 5~7 天就除根。啤酒大概一瓶就够。我用后至今两年多没头屑，也不痒了。

100856 北京复兴路 83 号西二楼 任小娟

65/ 米汤可治头屑多

我以前头皮屑很多，曾用过多种牌子的洗发液，效果都不明显。后来受米

汤可洗掉干渍、墨渍的启发，在使用洗发水前，将头发在温和的米汤中浸泡约15分钟，并不断揉搓头顶及发根，洗净后觉得较以前清爽，头皮屑也少多了。

100078　北京丰台区方庄芳群园三区3号楼　孙　勇

66/ 吃核桃治头皮屑

近年来，不知什么原因我头皮屑特别多，用了不少去头皮屑的洗发水洗，只管当时，未从根本上解决。从去年三月起，我每天早上吃两个核桃，三个月后头皮屑明显减少，现在已半年多了，头皮屑根本就没有了。

100050　北京宣武区太平街8号　王青山

1/ 醋蛋液治好了我的老病

本人患有多年失眠症及膝盖骨刺症，多方治疗无效果，后友人介绍，每天早晨喝一次醋蛋液，现这两种病已好了大半。其做法是将一只红皮鸡蛋洗净用 150~180 毫升米醋（须用酸度 8~10 度米醋）泡在广口瓶里，置于 20~25℃处，48 小时后搅碎鸡蛋，再泡 36 小时即可饮服。　　张森森

2/ 按摩穴位治失眠

我每日凌晨 2 时左右，总是失眠，冥思苦想，很难成眠，越着急越睡不着。我便研究按摩穴位进行催眠，经过一段时间的摸索，选出一组穴位：百会、太阳、风池、翳风、合谷、神内、内外关、足三里、三阴交、涌泉。按摩次数以失眠程度为准，失眠轻少按摩几次，失眠重多按摩几次。按摩后立即选一种舒适的睡姿，10 分钟左右可入睡。如果仍不能入睡，继续按摩一次即可入睡。　　黄茨

3/ 白酒泡灵芝可治失眠

几年来，我因严重的神经官能症引起的失眠，不能睡觉，吃各种镇静药也无效果。好心的同志介绍了一个偏方。我依方炮制：原料白酒 500 克、灵芝 25 克；灵芝用水洗净，放进白酒瓶内，盖封严；酒逐渐变成红颜色，一周就可饮用。每晚吃饭时或睡觉前根据自己的酒量，多则喝 25 克左右，如果不喝酒的同志可少喝。经过一年多喝此酒，我的失眠症完全好了。　　韩思泰

4/ 摩擦涌泉穴治失眠

笔者在对付失眠时，采用自我摩擦位于脚心的涌泉穴，得到满意的效果。当你躺在被窝里难以入睡时，将一只脚的脚心放在另一只脚的大拇指上，做来回摩擦的动作，直到脚心发热，再换另一只脚。这样交替进行，你的大脑注意力就集中在脚部，时间久了，人也累了，有了困意，就想入睡。如长期坚持，还能起到保健作用。　　梁惠敏

5/ 眨眼催眠

人们想睡觉时首先是抬不起眼皮，俗话说："眼皮打架"。这是因为上眼睑是由大脑皮层中睡眠中枢支配，睡觉时先把眼皮合上。经验证明完全可以利用这一机制催眠。当夜间电灯关闭，你上床后仰卧身体，眼睛盯着天花板，尽量往头后看，这时你开始反复开闭眼睑，直到感到眼皮酸累，形成一种人为眼肌疲劳状态，眼睛自然就会闭合，安然入睡。眨眼催眠能集中你的注意力，使你不去思考其他的事情安心入睡。如能长久坚持，这一运动还可预防和减少老年人眼睑下垂，延缓衰老过程。　　温守德

6/ 柏树叶装枕头可安眠

几年前，我患神经衰弱症，在疗养院休养。每天早晨，面对柏树练气功。练功时，感到柏树有一种清香味，醒脑提神。回来后，正赶上附近街道修剪树墙，就拣了一些，洗净晒干，把叶子捋下来装了一个枕头。柏叶枕在头下也有一股清香味，使人感到舒适，收到了镇静安眠的效果。几年来我一直枕着它，去年又换了一次树叶，至今还在用着。现在，我的失眠症基本上好了。　　许国印

（编者注：请不要随便采摘柏树叶，破

坏绿化，可在修剪柏树墙时拣拾。）

7/ 鲜果皮能使你安眠

将鲜橘皮或梨皮、香蕉皮50~100克，放入一个不封口的小袋内。晚上睡前把它放在枕边。当你上床睡觉时，便闻到一股果皮散发的芳香，使你安然入睡。

彭自章

8/ 红果核大枣治失眠

红果核洗净晾干，捣成碎末（可求助中药店）。每剂40克，加撕碎的大枣7个，放少许白糖，加水400克，用砂锅温水煎20分钟，倒出的汤汁可分3份服用。每晚睡觉前半小时温服，效果好，无副作用。

陈士起

9/ 花生叶可治神经衰弱

我的一位同事神经衰弱，经常失眠，后经他的朋友提供一方：将花生叶250克放到锅里，水要没过它，上火煎，水开后微火再煎10分钟，然后将煎得的水倒入6个小茶杯中，每天早晚各服一杯，连服3日，失眠症状就治愈了。

杨宝元

10/ 按摩胸腹可安眠

躺下睡不着，是很难受的，经朋友介绍一偏方：每晚睡觉时躺平仰卧、用手按摩胸部，左右手轮换进行由胸部向下推至腹部。每次坚持做3~5分钟，即可睡着，而且对舒肝顺气，提高消化系统的功能也有好处。

陈士起

11/ 红枣或黑枣葱白汤治失眠

本人失眠多年，自从吃了红枣葱白汤后，睡觉很好。做法："红枣或黑枣20粒，一大碗清水，煮20分钟后，

加3根大葱白，再煮10分钟，晾凉后吃枣喝汤，请注意每晚睡觉前1小时吃保准效果好。

杨秀珍

12/ 静坐治失眠

有好长一段时间，我因连续搞文字工作感到疲劳，晚上难以入睡。后听说睡前睡后各静坐半小时可治此症。从此试坐几次之后，效果真不错，而且睡眠质量也提高了。

李大谦

13/ 按摩耳朵治失眠

本人六十有八，长期失眠。我对付失眠的办法是：睡不着觉索性起来，靠在床上，用双手搓两耳的内外和耳垂（不管穴位，耳针神门也有效），搓五六下，就打哈欠了，即有睡意，但不要就此罢休，要继续再搓十来分钟，就支持不住了，然后睡下去，睡得很香。

萨利赫

14/ 服枸杞子治好我的失眠

我是一名失眠患者，吃了好多核桃、枣，临睡前喝牛奶，都收效甚微。前不久，我每天早晨吃30粒宁夏产的"早安枸杞子"，一到晚上9点就困了。我感觉服枸杞子早起有振奋精神的作用，晚上有安神的作用。

100088　北京海淀区小西天电车公司宿舍1号楼5门14号　刘福菊

15/ 鲜豆浆可催眠

我退休后得了失眠症，偶然间，喝了一碗早晨剩下的鲜豆浆（有少量的糖），便熄灯入睡，一觉天明。至今，我天天睡前喝，不再失眠。

100071　北京丰台镇桥北文体路62号5号楼　常士俊

16/ 神经衰弱者可饮二枣茶

年轻时神经衰弱，昌平县山区一老和尚介绍了个偏方："二枣茶"，服用后，多年未犯。制作：枣仁20克，大枣30克，捣碎，置暖水瓶内，沏入开水，代茶饮即可。

100007 北京东城区府学胡同31号 焦守正

17/ 摇摇晃晃保健、催眠

每晚临睡之前，在床上坐定，呈闭目养神之式，然后开始左右摇晃头颈和躯体。每次坚持做摇晃动作10分钟。可感到心情怡静，头脑轻松，大有入眠之意。

100035 北京新街口东街38号 陈士起

18/ 枸杞、蜂蜜治失眠

我曾失眠严重，后用下面方法一个多月便治好了。取饱满新鲜枸杞子，洗净后浸泡于蜂蜜中，一周后每天早中晚各服一次，每次服枸杞子15粒左右，并同时服用蜂蜜。据我个人经验，蜂蜜用槐花蜜最佳。

附：答读者问

所谓新鲜枸杞，是指刚摘下不久的，北京市场上没有卖的。也可选质量上乘的干品替代，但要在蜂蜜中多泡几天（10天左右）。

100083 北京航空航天大学1~25号 关 山

19/ 核桃仁粥治失眠

我年纪已大，经常失眠。经人介绍食用核桃仁粥，效果很不错。每次取核桃仁50克，碾碎；另取大米若干，淘净加水适量，用文火煮成核桃仁粥。注意核桃仁不宜多食。

100025 北京十里堡北里11-1-4号 刘泽茹

20/ 香醋蛋羹加羊心治失眠

《生活中来》曾刊登本人的《常吃蒜泥醋蛋羹治慢性咽炎》一文，根据近一年来读者反馈和本人实践，再次将本人的小经验告晚报读者，其具体做法如下：取羊心一枚，洗净后用不锈钢锅煮至八成熟，再加入10克左右的玫瑰花（中药店有售），与羊心一同煮熟为止，将羊心捞出后，切成片放在香醋鸡蛋羹上（注：此方蒜泥应少些，一小瓣蒜足矣），撒上少许盐，共同食用，并可在食后趁热喝少许的玫瑰羊心汤效果更佳。此方养心安神，对失眠及睡眠不实做噩梦者效果皆佳。

附：答读者问

此方治疗失眠一定要在晚上临睡前服用（治咽炎没有时间限制，可随时经常服用，但晚间服用效果更好）；蛋羹一定要放少许盐多放些醋；吃时要细嚼慢咽，特别是咽炎患者；对于顽固性及抑郁型失眠患者，应再加5~10克合欢花同玫瑰花一同放入不锈钢锅内与羊心一同煮，也可玫瑰花与合欢花循环使用（即1~2周一换）；疗程没有一定之规，可经常食用，痊愈为止；煮羊心用不锈钢锅，是为了疗效更好，蒸蛋羹的容器不限，但都不要用微波炉。用普通家用米醋即可，什么羊心都行。服用此方期间禁止吸烟及在吸烟的环境中长时间滞留。

100071 北京市丰台区纪家庙育芳园21楼 杨向泉

21/ 枣仁治失眠

我因体质较弱，落下失眠的毛病。朋友介绍一法，我用后效果很好。此方如下：每晚睡前取枣仁（中药店有售）3~5颗（根据病情轻重可适当加量），嚼碎咽下，坚持一个月后，我的失眠症状果然消失了。

074100 河北涞水县涞水镇南涧头学校 刘玉华

22/ 改变睡眠时间治失眠

我失眠20多年。从青年时代就是每晚10点多睡觉，到了老年还是这个时间睡，因此不是入睡困难便是半夜醒来再也睡不着。现在把睡眠时间拖到凌晨一点甚至两点（可以看书看电视），躺下就睡着了，半夜也不再醒，即便有时醒了还能继续入睡，而且睡眠质量相当好。起床比从前晚一小时。

100009 北京东城区北河胡同5号 孙瑞兴

23/ 敲足三里治失眠

我经常失眠，有时到深夜一两点钟还难以入睡，真是痛苦不堪。为此，我常服安眠药，服药后，虽然能进入睡眠状态，可白天总是昏昏沉沉的难受一天。后来，孩子给我买了一把橡皮锤。每到晚上看电视时，我便用小锤不住地在身上敲敲打打，我着重打足三里穴位，不料10点钟上床睡觉，一会儿就睡着了，一下睡到了第二天早上5点钟方醒。每天如此，再也没受失眠的困扰。

100045 北京复外铁二区甲82楼2门10号 曹宪光

24/ 生姜醋泡脚治失眠

每晚睡觉前，用三大片生姜加入小半盆水中，煮沸后加醋一勺，待水温适宜，浸泡双脚30分钟（其间可适量加热水以保温）。连续泡脚半月后失眠可愈。

074000 河北高碑店市兴华中路华福胡同华光巷18号 杨善臻

25/ 放松治失眠

近几年患失眠，服过多种中西药品。不是疗效不好，就是副作用多。我摸索出一个办法，近一年试验了近百次，效果很好。特介绍如下：首先摆好卧姿（右侧卧位较好，也可选用自己习惯卧姿）。（1）脑子不想事，面部肌肉松弛。（2）深呼吸1~3次，使肩胛放松。（3）四肢放松呈软瘫状。如此，几分钟后即可入睡。如一次无效还可连续做。

100039 北京五棵松金钩河1号总政干休所1-3-2 冈立

26/ 莴笋汁催眠

取鲜莴笋茎叶中的白色浆液一小匙，并将其稀释于一小杯温开水中，入睡前服下，可起到很好的镇静安神催眠作用。

102100 北京市延庆县技术监督局 卓秀云

27/ 核桃白糖治头晕失眠

用10克生核桃仁加上适量的白糖捣烂，用白开水冲泡约10~15分钟，睡前服用。每晚一次，一般2~3周见效。我前一段时间考试多，导致头晕、失眠，服用此方一个月，现已痊愈。

100081 北京白石桥路30号农科院13楼512号 吴隽贤

28/ 吃甲鱼可治自汗盗汗

十几年前，我身体较弱，老出虚汗，尤其是晚上睡觉，把被褥都弄湿了，后来喝了一碗甲鱼汤，第2天就好了。今年8月我受凉，加上身体较虚，又出汗不止，服中药后虽稍好些，但一直未彻底治愈。后服用了中华鳖精，现已完全好了。

周晓玉

29/ 霜桑叶止盗汗

我儿 8 岁时，夜间睡后汗出，头面如洗，持续半载，先后经医院检查 3 次均无异常发现。一位老中医告我一方：用霜桑叶 60 克，焙干研细末，每晚睡前用小米汤送服 6 克，服用 10 天，盗汗竟奇迹般消除。注：该药各大药店有售，处方用名还有冬桑叶、蒸桑叶。 　100074　北京 7208 信箱 30 分箱　王文英

30/ 治夜间盗汗一方

每年冬季，我晚上经常盗汗，十分难受，虽经医治疗效甚微。后经朋友介绍一方，黄芪 20 克、焦白术 15 克、焦麦芽 30 克、大红枣 20 克、五味子 15 克，每日一副，分两次煎服，我服用 4 剂后基本治愈，至今极少再犯。

　100075　北京丰台区大红门西街乙 50 号　舒福庆

31/ 盗汗食疗法

本人久病，身体虚弱，每晚熟睡初醒后，发现自己的上半身全被汗水湿透，内衣也湿漉漉的。有一天，为了补养身体，切了约 100 克火腿肉，放锅里煮，再放入约 250 克的小萝卜煮熟，加入适量的盐。食后当天晚上盗汗明显减少。第二天接着服用没再出现盗汗，坚持服用身体逐渐恢复健康。

　100039　北京丰台区青塔小区 G2 楼 1310 号　王昌法

32/ 五倍子治多汗、盗汗

我的孩子从小爱出汗，上小学后更严重，家里人反对总给他吃药，后得一方，一试一次见效，两次就好了，而且方法很简单：到中药房买 25 克五倍子，晚上睡觉前将五倍子研成细粉状，用唾液和成五分硬币大小略厚一些的小饼敷在肚脐上，然后用棉布和医用胶布将其固定，第二天早晨揭下并注意肚脐的保暖。

100005　北京市东城区西石槽胡同 5 号　纪丽、纪敬勉（收转）

33/ 盗汗服百合

盗汗是人在熟睡后不知不觉地出汗，服用百合可消除。方法是：百合、蜂蜜各 100 克，蒸一小时，取出，放凉，每日早晚各服一汤匙，一周为一疗程。

　100007　北京东城区府学胡同 31 号　焦守正

34/ 减少阴汗一法

夏天炎热，老年人下身会阴部总是潮湿发黏，很不舒适，可去中药店配生牡蛎 60 克、滑石 60 克，共研成细面，当洗完澡后或洗完下身擦干净后，用脱脂棉球蘸上药外搽会阴部，搽后立即感觉舒适爽快。

　100051　北京崇文区薛家湾胡同 14 号　周又谦

1/ 治吃土毛病的偏方

我小时候有吃土的毛病。当时我常抠墙洞和捡地上的土块吃，但最爱吃的是黄土。母亲回忆说，在我两岁时，有一次母亲用自行车带我外出，当我看到耕地翻出的黄土时，便从车上往下滑，不让吃便不走。后来父母打听到一个偏方：用黄油（即棉花籽油）炸黄土，吃后可治此病。炸过的黄土我便不吃，硬给我吃下一小块后，就再不想吃了。

刘敬梅

2/ 录音机可止婴幼儿啼哭

婴幼儿常因大人没时间哄抱或别的原因啼哭不止，有时弄得大人很烦躁，却又无论怎样哄，也无济于事。此时你不妨试用录音机来止哭。方法很简单：孩子啼哭时，你用录音机把哭声录下来，等到孩子再哭时，让孩子听自己的哭声，孩子一般会停止哭泣而去聆听录音机中的哭声逐渐平静。如果婴幼儿啼哭，是因疾病所致，你还是带孩子去看医生为好。 胡 兰

3/ 根治小儿积食病

小儿得积食病主要原因是消化不良，常搞得面黄肌瘦，吃不下东西。可用桃仁 7 个、杏仁 7 粒、白胡椒 7 粒、栀子一些，一起研成细末，用蛋清调好。晚上 8 点贴在手心、足心，男左女右，用纱布裹好，早晨揭下来。一次治不好，再贴一次。我的邻居中有不少孩子就用此方治好了积食。

郭慧芳

4/ 山楂神曲治小儿饮食不节

友人子常因喂养不当饮食不节而致消化不良，常突然哭叫或睡中惊啼，粪稀溏，内有残渣，气味酸臭，偶伴呕吐、嗳气腹胀。后用下方治好：山楂（去核）50 克、神曲 20 克（轧成细粉）、粳米 30 克，常法煮粥，稍加白糖。此法可健脾胃、消食导滞。但忌油腻。

100020　北京朝阳区白家庄路 8 号　边启康

5/ 胡萝卜治小孩消化不良

小孩消化不良时，可将胡萝卜煮烂并适当加点红糖让其服食，一般服几次后即可收到较好的效果。

100053　北京白广路 7 号院西 2 楼 3 门 323 号　张毓茹

6/ 橘皮治小儿厌食

鲜橘皮洗净，切成条状、雪花状、蝴蝶状、小动物状各式各样小块，加入适量白糖，拌匀，阴凉处存放一周。小儿进餐时取少许当菜吃。每日 1~2次，对小儿厌食有效。

100007　北京东城区府学胡同 31 号　焦守正

7/ 核桃治小儿百日咳

核桃一个（一岁一个，两岁用两个），放烧草灰里烧，不要烧焦了，略带黑色即取出。然后分别将核桃壳和肉砸碎成面状，再将核桃壳和肉调和一起，加点白糖，用温开水送服。日服三次，吃完即好。最好选用皮薄的核桃。我的孩子小时候久咳不止，就是用此方治好的。

100074　北京市丰台区云岗北区 30 楼西单元 3 号
于广普

8/ 人乳治疗婴儿鼻塞不通

我女儿刚出生几天时，由于房间空气不佳她经常出现鼻塞不通，哭闹不止。听说人乳可以治疗婴儿鼻塞，我试着用乳头对着她的鼻孔挤些奶汁，然后

反复轻轻捏捏她的小鼻子，片刻果然见效。 曲以华

9/ 柚子皮煮水治小儿肺炎

多年前，我儿岁的小弟弟得了肺炎，几经治疗也未好彻底。后来邻居大妈介绍了一方，很快就治好了。买一个柚子，吃完留皮，晾干，放进锅里几块加水一起煮（块儿不要太小，否则药效减少，但也不宜过大），水不要太多（和煎中药一样）连开几次后，把煮的汤倒进碗里给病人喝下去。连着喝几次病就会好。

100050　北京崇文区金鱼池中街19楼7号
樊志勇（电话：010-67028051）

10/ 婴儿鹅口疮穴位贴药疗法

婴儿鹅口疮是初生小儿的一种口腔炎。其症状是口腔黏膜、舌上出现外形不规则的白色斑块，如凝结的奶块状，渐渐融合成片，高出黏膜面，不易擦掉，影响婴儿吮乳。20世纪60年代，我的同事林某某的初生儿患此病，我向他推荐此一疗法，小儿很快痊愈。药物、选穴、用法如下：吴茱萸15克、醋适量。将吴茱萸碾为细末，与醋调成糊状。选穴：双涌泉。用法：取药糊涂布穴位，固定，一日一换，痊愈为止。此一疗法简单、经济、实用，又无痛苦，很适合于婴儿。

100080　北京海淀区六郎庄南楼85号　赵文海

11/ 维生素片治小儿口腔溃疡

我儿一周岁时，患较严重的口腔溃疡，多方求治无效。小儿吃不下东西，整日哭闹。一朋友告知可用维生素片试治，结果只吃了3次小儿的病就好了。方法 VB1、VB2 和 VC 各半片，压成

粉，和少许白糖滴点水调成糊状涂于小儿口内，最好能使其咽下。

074000　河北高碑店市51033部队军务科　杨社国

12/ 脐部外敷中药治婴儿流口水

我女儿出生后9~10个月时常流口水，伴口角炎、口周潮红，吃奶时哭闹，围嘴常湿。查口腔有一线溃疡，余正常。一儿科医生荐一方：用五倍子3克、乌梅3克，共研细末，外敷脐部，填满脐孔，纱布覆盖，用胶布固定。两天后，口水明显减少。为巩固疗效，又用一次，愈。注：中药外敷前后用生理盐水消毒脐孔以防感染。

100074　北京 7208 信箱30分箱　王文英

13/ 新蒜瓣助长新牙

前几日翻出我儿子8岁时缺少一颗门牙的照片，想起治疗脱牙后新牙许久长不出来的方法。当时他上边的一颗门牙脱落后，新牙总不见长出来，我甚为着急。热心的邻居告诉我一个方法：用新蒜瓣的切断面摩擦换牙处的牙床。我照此法给孩子磨牙2次，白白的牙尖就钻出了牙床。

100021　北京朝阳区左安门外左安路19号　韩世洲
转姚晓辉

14/ 维生素E胶丸治婴儿脸部裂纹

我的小孩生下不多日子，脸上便出现若干纤细裂纹，不知是疼还是痒，孩子老是用手揉搓，医生给药擦，不见效。到第5个月时，我从《生活中来》中见到王玉诚先生介绍的《维生素E可治手脚干裂》一方，便决定一试。没想到一试就灵。具体做法是：每天晚睡前用刀切开一粒胶丸，均匀地涂抹患处，结果只涂了半个月，孩子的

病便好了。

264508　山东省乳山市乳山寨镇中心初中　辛梅艳

15/ 治小儿痱子两法

我女儿自出生已经过了两个夏天，每次她胖胖的头上及身上长出一片片红色的小痱子，我都要想法为她去痱子，总结出其中两种比较有效：一种是用"庆大"针剂直接涂抹于患处；一种是洗澡时倒入盆中一支藿香正气水。

065000　河北国家外汇管理局廊坊分局　郑晓慧

16/ 食疗防治小儿夏季发热

荷叶粥：新鲜荷叶一张，切细，用粳米煮粥，待粥快好时加入荷叶，煮沸即可食，用于暑热、暑湿泄滞发热者。

西瓜番茄汁：西瓜取瓤去籽，番茄洗净去皮去籽，用清洁纱布（或粉碎机）绞汁，两液合用当水饮，适用于感冒发热、口干、小便赤热者（汁液存放不宜过久）。

100020　北京朝阳区白家庄路8号　边启康

17/ 香油可治婴儿皮肤溃疡

儿子出生后很胖，四肢窝窝处皮肤重叠，天热汗多，有些地方皮肤被汗沤成了鲜红色，有人告我用香油擦，擦后果然就痊愈。孙子出生后3天，从医院接回家时，发现生殖器处皮肤有铜钱大小的溃疡面，颜色鲜红，同样也用香油治愈了。

100076　北京丰台万源西里2-4-5　朱丽文

18/ 苹果胡萝卜煮水治小儿湿疹

小孙子出生3个月时出湿疹，用药治疗，开始还能缓解，后来反而加重。经亲友传授用苹果和胡萝卜煮水，给孩子当果汁喝。20天后湿疹消失，又继续喝了半个月，湿疹从未再发。后将此法介绍给几位朋友，他们家都有受湿疹折磨的幼儿，也都收到同样良好的根治效果。方法是：将一个较小的苹果和重量差不多的胡萝卜，不削皮，切成薄片，加水煮开，小火保持沸腾6~10分钟，倒出果汁，每次约200毫升或稍多，分2次给孩子喝。每日煮1次，连续饮用。如要增加甜度，可在煮时稍加冰糖。

秦铁光

19/ 焦米粥治小儿季节性腹泻

我的小孩去年夏天经常腹泻，去了好几个医院都不太见效大夫说："换季的时候，小孩适应环境的能力差，经常会出现这样的情况。"后来，依老人所言：用粳米一小把，放火上炒熟发焦黄颜色，和一小把茶叶、红糖放在一起熬，熬成红糖茶叶粥，晾凉服用。连吃3天，效果极好。

100050 北京市宣武区琉璃厂东街小沙土园4号（北京市制笔厂）赖玉桂

20/ 马齿苋煎汤治婴儿腹泻

女儿出生4个月时，患腹泻症，跑了几家医院，吃了不少药，仍未痊愈。后得一偏方，每天用鲜马齿苋100克，洗净煎汤，加2小勺红糖，倒进奶瓶内喝。3天后见效，一周内痊愈。以后，我的同事用此方治疗婴儿腹泻，均见效。

100077　北京丰台区洋桥北里35号楼2-201号　高小良

21/ 儿童腹泻治疗五法

△ 米汤：粳米50克，煮粥100毫升，每日服3次，每次30毫升。适用半岁以上婴儿。

△ 莲肉糊：干白莲肉20克研末，加

米汤或开水 200 毫升，煮成 150 毫升，加白糖少许，每日服 3 次，每次 50 毫升。

△ 胡椒糊汤：白胡椒 1 克，加米汤 100 毫升，每日服 3 次，每次 30 毫升，服时可加白糖少许。

△ 山药粥：山药粉 15 克，加开水 120 毫升，煮成 100 毫升，每日服 3 次，每次 30 毫升。

△ 藕粥：藕粉 30 克，加水 120 毫升，煮成 100 毫升，每日服 3 次，每次 30 毫升。

腹泻严重或伴有其他不适症状时，应在医生指导下配合药物治疗。

100007　北京东城区府学胡同 31 号　焦守正

22/ 蒲公英煎汤治小儿热性便秘

我女儿 1~3 岁时，常闹大便不通，一般 2~3 日一解，大便干，伴唇红、口角生疮、目赤长眼屎、睡觉不踏实等。医生说是小儿热性便秘，遂荐一方：蒲公英（据年龄）60~90 克，加适量水煎至 50~100 毫升，每日一剂一次服完，年龄小服药困难者可分次服。每当犯病，吃 1~2 剂，大便则通。我女儿用方后，排出不少臭大便，诸症皆除。　100074　北京 7208-30 分箱　王文英

23/ 黑胡椒粉治小孩遗尿

每天晚上睡觉把黑胡椒粉放在孩子肚脐窝里，填满为宜，然后用伤湿止痛膏盖住，主要是防止黑胡椒粉漏掉，7 次为一个疗程，我孩子小时候尿床，就用此方治好。

100045　北京二七剧场路东里新 11 楼 623 号　杨忠琴

24/ 炸蜈蚣油治小儿中耳炎

我家孩子小时候患中耳炎（俗称耳朵底子）。那时还不到一岁，起初不吃奶，光哭，还有点发烧。后来发现耳朵里流出脓来了，才知患了中耳炎。去医院诊治，吃药、打针均没效果。后来，邻居告诉一偏方：从中药店买一条干蜈蚣（头尾脚全有），用香油炸了，晾凉后，用炸了蜈蚣的香油往耳朵眼儿里滴。每天 3~4 次，每次 1~2 滴，一周后痊愈。至今未再犯。

100077　北京马家堡西里 33 楼 8 门 102 号　张 欣

25/ 参苓白术丸治婴儿秋泻

小孙女 1 岁时，患秋季腹泻症，跑了两家医院，吃了不少药，都不见效，仍吃啥拉啥，一天腹泻数次。后看了中医，改吃北京同仁堂中药二厂生产的袋装（100 粒/袋）参苓白术丸，每次 25 粒，白开水化开，日服 3 次。3 天后见效，一周内痊愈。注意吃药期间患儿食物要单一，以米粥为佳。如有脱水要及时看医生。

100074　北京 7208 信箱 19 分箱　王文英

26/ 小儿蛲虫两种治法

△ 用鲜葱白一段蘸蜂蜜，轻轻塞入熟睡的患儿肛门中，蛲虫聚而食，即被毒死，连治几晚效果良好。

△ 用干棉球蘸醋擦肛门，坚持 3~5 天，可根治蛲虫。最好选蛲虫爬在肛门外排卵（即肛门有痒感）时立刻擦用，同时更换床单、内裤，换下来的衣服应用沸水烫煮。

100043　北京石景山老山西里 12 栋 60 号　边绍华

27/ 药棉治蛲虫

我孙子患蛲虫病，晚间睡前常说肛门奇痒。我采用两法治此病。一是预防，

给孩子勤换内裤，用开水烫洗，勤剪指甲，吃饭和吃零食前用肥皂洗手。二是用药棉少许成团塞入肛门内 1 厘米，最好在晚间 8~10 时睡前塞入，等夜间醒来取出然后烧掉。因为蛲虫在晚间到肛门处产卵，遇到棉纤维后钻进去缠身不能自拔，被迫将卵产在棉团上，我家和邻居孩子都用此法治好后没见复发。

100055　北京广外大街 411 号西门 2 楼 3 室　李克刚

28/ 紫药水治蛲虫

用紫药水治蛲虫病，简便易行，安全无痛苦，经多人试用颇有效。具体方法是，用牙签或火柴梗裹一棉球，蘸上紫药水，在肛门痒时，将药棉球捅入肛门内 1 厘米处，每晚换药一次，数日即愈。内裤须注意煮烫洗净，以防再次感染。

066600　河北昌黎三街朝阳东 18 号楼 1 单元 4 楼
西门　佟程万

29/ 丝瓜子治蛔虫

曾听老人讲：干丝瓜子取 30 粒，吃了可治蛔虫病。我们街坊一个四五岁小孩得了蛔虫病，蛔虫由肛门里面往外爬，几家医院都治不了。最后用了此方，蛔虫病就治好了。

100031　北京西城区西单后牛肉湾 10 号　赵簾立

30/ 南瓜子石榴根皮驱绦虫、蛔虫

取南瓜子 50 克、石榴树根皮 25 克。将南瓜子连壳研末，石榴根皮洗净，水煎后待温凉冲服，每次服一两，日服两次（早晚空腹服），连服两日即可。儿童减半。

100051　北京前门西河沿 111 号　张秀文

31/ 醋棉球治蛲虫病

幼儿感染蛲虫病后常喊肛门痒痒，这是蛲虫夜间到肛门产卵所致，此时应取一棉球蘸醋塞入肛门。我用这种方法曾治愈多个幼儿的蛲虫病（此法对大人同样适用）。　　　　　　刘烽

32/ "史君子仁"治小孩蛲虫病

小孩患蛲虫病，肛门奇痒。可到中药店买"史君子仁"20 多粒，用锅炒熟，味像花生米，脆香好吃，每次给小孩吃五六粒，服两三次即愈。　　方钊

33/ 丝瓜瓤治疝气

我儿子小时得过疝气，一哭一挣扎就犯病。到医院求治，大夫说要到 5 岁后才能手术治疗。后偶得一偏方，试服两个星期后奇迹出现了，至今孩子已长到 19 岁，从未再犯。其法如下：到中药店买丝瓜瓤 2 根，剪成数段，每次用几段放在药锅中煎熬半小时，每日当水饮用（不加任何东西），两周后即可治愈。以后曾有几个小孩照方治疗都除了根，大人病情较顽固，治疗时间要长些。　　　　郭敏

34/ 荔枝冰糖治小儿疝气

用干荔枝（鲜荔枝也行）5~6 个去壳用水煮 20 分钟，加冰糖（小粒的 5~6 块）再煮 10 分钟（可以连煮 3 次）。每天当水饮用，3~4 个月后可治愈。
程琴若

35/ 西红柿治疝气

在我 14 岁时，因抬土筐时用力过猛，得了疝气。后听邻居介绍：生吃西红柿治疝气。我就生吃了一星期西红柿，每天吃 1000 克，未吃任何药，也未

做手术治疗，疝气就治好了，以后一直未再犯病。

100015　北京大山子33楼2单元36号　吴衍德

36/ 麻雀治疝气

我患疝气两年多了，怕手术。经朋友介绍：每日取麻雀3只（鸟市有售），去皮毛、内脏，用盐、胡椒粉腌渍2小时，入味，用清水煮熟，每日一次，两周为一疗程。至今疝气得到控制。阴虚火旺及遗尿症患者忌服。

100007　北京东城区府学胡同31号　焦守正（编者注：此法不妥，麻雀属保护动物，现已禁猎。若可能，还是不使用此法为宜。）

37/ 荔枝汤治疝气

我是80多岁的人了，患了疝气症，右边腹股凸起，行动困难，去医院治疗，医生给开了消炎药，还嘱咐痛得厉害时，急来医院动手术。

我的疝气特点是在床上平躺就回去了，可是我一人独自生活，不能不动。后友人告我，喝荔枝汤能治疝气。该法是：鲜荔枝250克（干的100克也可）去外皮，洗净加水煮，开锅后再煮5分钟，加点冰糖，温后服，一天一次；肉和核可煮2次。喝了一个多月，疝气见轻，连续4个月，用了荔枝10千克，病就痊愈了。现在停药近一月未犯。须注意的是，疝气怕闹便秘和咳嗽。为防便秘，我晚睡前喝蜂蜜水，夜12点后吃1~2只香蕉，晨起空腹喝一杯温开水，做到定时排便；咳嗽时则蹲下，用手捺着患疝气腹股处。

100007　北京东城区北新桥香饵胡同13号　耿济民

38/ 全瓜蒌治疝气

将药椒30克、胡葱7个、全瓜蒌1个用水煎后，取汁，然后兑入陈醋250毫升搅匀，以纱布蘸液熏洗患处，每日2次。功效：对疝气有止痛、消炎作用，但不能根治。注：三味药中药房有售。

100007　北京东城区府学胡同31号　焦守正

1/ 茴香籽治妇女下焦寒

我邻居青年妇女张某经常小肚子疼，结婚 2 年多没有怀孕，中医说她下焦寒。我听奶奶说过，妇女下焦寒吃茴香籽能治好，结果她吃了一个多月，不但病好了，还怀了孕。方法是：将茴香籽捡干净，用锅炒黄后轧成面，早晚空腹温水服用，每次 2 小酒盅左右，可根据病情略有增减。　李泽有

2/ 治疗痛经一法

痛经是妇科病，患者每到经期疼痛难忍，又难以治愈。我的一位朋友患病多年，后来治好了。方法是：白面、红糖和鲜姜各 150 克，放在一起捣碎调匀，揉成丸状，用香油炸熟吃。来经前 3 天服用，每天服 3 次，可服 3~5 天，轻者 1~2 个经期，重者 3 个经期即好。　朱文悦

3/ 仙人掌能预防奶疮

我女儿生孩子后，奶水特别好，可就是稍不留心乳房长了 3 个大肿块，疼痛难忍。后经别人介绍，用仙人掌去皮捣成糊状敷在疼处，2 次即好。她几次险些患上奶疮，都是用这种方法避免的。　李忠兰

4/ 电动按摩器可消除乳胀

刚生完孩子的产妇常常会受到乳胀困扰，轻则疼痛，重则生乳腺炎。有一个方法可解决：先用毛巾热敷一下，放上吸奶器，同时用一个小电动按摩器轻轻按摩，奶水就会顺利流出，既疏通乳腺管道，又消除乳胀，避免发生乳腺炎。　张荟

5/ 维生素 E 催奶有奇效

我女儿生产 20 多天了，奶水一直很少。由于缺奶，小孩白天黑夜经常哭闹。吃鸡、鱼催奶效果不大。后来听说服维生素 E 可催奶，便试了试，每次服 200 毫克，每天 2~3 次，只服 3 天，奶水猛增，够小孩吃了，又连续服 2 天，出现溢奶现象。　周传息

6/ 花生米可催奶

一些孕妇产后没有乳汁。现有一法可使孕妇产后产生乳汁。方法是把当年的生花生米，晒干后碾碎成末，用开水冲后饮用，冲得不宜太浓，连续喝 2~3 次即可。　任振广

7/ 鲫鱼炖绿豆芽治暑天缺奶

院里邻居生孩子赶上个伏天，天热又没奶水，小孩整日哭叫。胡同口王奶奶看后说："光用鲫鱼熬汤不成，鲫鱼加绿豆芽炖试试。"没想到这一点拨，奶水有了，孩子吃不完了。　赵理山

8/ 红糖、姜治经痛

方法是：500 克红糖、150 克姜为一服，姜洗净切成碎末，与 500 克红糖拌匀（不放水），放蒸锅蒸 20 分钟。每月来月经前 3~4 天开始服用，每天早、晚各一勺，用温开水冲服，连服两服必好。

100037　北京西城区北露园 10-1-307　武彬

9/ 番泻叶回乳

我 28 岁时生一男孩，养到半岁时，因事外出不能继续哺乳，只得回乳。当时，我乳汁较多，用番泻叶 5 克，开水 200~300 毫升泡服，5 小时后即腹泻，一日内腹泻 3 次，乳汁明显减

少，又连服 2 日，乳汁断绝。大便溏虚者忌用。

100074　北京 7208 信箱 30 分箱　王文英

10/ 花椒陈醋治阴道炎

取花椒一小撮，老陈醋 250 克，加水 500 克煮开后稍凉熏洗阴部，每晚一次，对滴虫引起的阴道炎效果更佳。

100051　北京前门西河沿 111 号　张秀文

11/ 兔耳催奶有奇效

我二侄媳妇生孩子之后缺奶，她二姐从同志处获悉一催奶偏方，用后有奇效，而后多人使用，都反映催奶效果好。其方如下：需成年兔 2 只，取其 4 个耳朵，放于灰瓦上（或其他容器中）用文火慢慢焙干，研成细面。服用时取一小腕，倒入少量药用黄酒，再倒入兔耳细面，用筷子调均匀后服下，再服少量黄酒，一个兔耳细面为一日药量，每日早晚各服一次。服药期间，配合吃些鲶鱼、猪蹄、排骨及鸡蛋等食品，一般服用 3 天即见效，此后泌奶量逐日增多。

附：答读者问

（1）兔耳取下后，理应放血，但割下时实际已经放血，无须特殊放血处理。然后将兔耳用清水洗净，不需去毛，晾干后即可用文火焙干。焙干的程度达到容易碾碎为宜，此时色泽为焦黄色。（2）对兔的雌雄、年龄、体重及品种等无特殊要求，但必须是健康无疾病的家兔。（3）因目前实行一对夫妇一个孩，用过此方的产妇都是初产。（4）产后一旦发现缺奶，即可采用。（5）产妇

应取正确哺乳姿势和定时哺乳习惯。

（6）让产妇多吃些蛋、肉、鱼及新鲜蔬菜含脂肪、蛋白质、维生素、矿物质较丰富的食品。

112300　辽宁省开原高中　孙执中

12/ 芦荟能治乳腺炎

我曾患乳腺炎，肿胀疼痛，邻居用芦荟治，一天一夜就好了。治法是把 3.3 厘米宽的芦荟叶贴于患处，用胶布固定即可。　100021　北京劲松 821-1-10　郭文莲

13/ 治乳房疔疮一法

如果乳房上长有疔疮，可用如意金黄膏（药店或医院有售）。在其中加嫩白菜心，捣烂敷上，可起凉血止痛的功效，注意不要敷太多，以防脓液难出。

100081　北京海淀区紫竹院路 5 号楼 1204　顾伟德

14/ 菊花叶治乳疮

我在 14 岁时，乳房长了一个约 1 厘米直径大小的疮，由于害羞，不愿去看医生，便用鲜菊花叶捣烂后，敷于患处，干了再换，两三天便痊愈了。

100088　北京新街口外大街志强园 22 楼 205 室　万代彬

15/ 治奶头裂一法

妇女在喂奶期间患了奶头裂，不仅疼痛，也影响给婴儿喂奶。可用霜后小茄苞焙干研成细末，香油调成糊状，涂在奶头裂处，几天就好了。

053800　河北省深州市老城街 16 号　王海澍

16/ 妇女（孕妇）临时止吐法

我妻因肠胃不好，经常恶心呕吐。一位朋友介绍，当妻吐时，用手掐住她的胳膊肘往上（大臂）伸缩肌肉，果然立刻止住呕吐。朋友介绍，也可用

于妇女妊娠反应性呕吐。

100035　北京西城区西直门内大街西章胡同 23 号

（暂住）卢春意

17/ 孕妇坚持步行防难产

怀孕后早晚步行各 45~60 分钟，每天步行时间共 1 个半至 2 小时，不中断，一直坚持到生产那天，生产时快速且疼痛极少。我房东的二女儿就是这么做的，生产时极快，还说一点不疼。与此相反，房东的儿媳妇产前几个月爱卧床，不爱多动，结果生产时花了很长时间，疼痛非常，靠医生器械帮助才生下孩子。

100083　北京海淀区卧虎桥甲 6 号 10 房 321

杨浓苗

18/ 胎位不正的艾灸疗法

胎位不正不治疗可导致分娩时难产。我的老伴儿在怀头一胎时，经医院妇产科检查，胎位不正。于是，试用艾灸疗法治疗。只用艾条温和灸两次，到医院一查，胎位就正过来了。方法如下：用艾条灸双侧足小趾至阴穴，采用温和灸，可由患者自己操作，这样能避免烧坏皮肤。时间以足小趾皮肤潮红为度。灸前让病人排空小便，松开腰带，以利胎儿活动。每日灸 1 次，每次 10~15 分钟，最多 3 次，胎位可恢复正常。艾条也称艾卷，药店有售，不会太贵。至阴穴在足小趾靠近趾甲根外侧。可看针灸图，或者问问有针灸常识的人。

100080　北京海淀六郎庄南楼 85 号　赵文海

19/ 喝红葡萄酒恢复经期

前两年，不知什么原因，我的月经周期每月都提前 5~7 天，最长时提前 10 天，给工作和生活带来了很多不便，去医院看也没有检查出问题。去年我的胃疼，听说红葡萄酒养胃，便每日晚上都喝一小杯。喝了一个月后，我突然发现每月都提前来到的月经，恢复满月才来。这一偶然发现，使我坚持这一习惯，至今效果不错。

100043　北京石景山区模西 36-1603 号　巩宝蓉

20/ 干芹菜治经血超期不止

我一女友月经曾十多天不止。后听人说，吃芹菜干可治。她就赶紧买来500 克芹菜，连茎带叶一起洗净晒干。吃时切碎放入锅里做面条汤。她吃了4 次，就好了。

100083　北京海淀卧虎桥甲 6 号 10 号 321　杨浓苗

21/ 治产后腰腿受风一方

1958 年我爱人生小孩，家里没有人照顾，腰腿受风不能动，多方治疗，效果不大。有位老友献出秘方，不仅治好了，至今未犯，而且亲朋好友用过也都有效。其方如下：黄丹 7.5 克、铜绿 20 克、硼砂 17.5 克、川楝 12.5 克、龙胆草 10 克、穿山甲 12.5 克、枯矾10 克、天丁 12.5 克，装布袋内用脸盆水煎，煎好后围上患处熏洗，出汗。此药可反复用，药水应见开再用。严禁内服。此方抓不全也可用。

100053　北京宣武区枣林西里 11 号　靳作存

22/ 炒麦芽回乳

我在 20 世纪 60 年代下放农村时，农村妇女回奶时用炒麦芽回乳效果很好，安全无副作用。我儿媳因工作关系不能继续哺乳，试用此方效果也好。其方是：到中药店买 60~120 克炒麦芽，水煎服，每次服 15 克，每日 2 次，温开水送下，乳汁自断。

100027　北京东直门外十字坡西里4楼3单元101
张淑英

23/ 蒲公英治"奶疙瘩"

我在给孩子喂奶期间，奶水很足，但因受凉，又不慎挤压，使乳房四周起一些大块硬疙瘩，肿胀疼痛难忍。去几家医院检查均被告知必须动手术。后幸得一方：把蒲公英洗净，连根带叶捣成碎末，用纱布包好，放在热水壶上烫热，敷于患处，几分钟即可化开。

100043　北京首钢氧气厂二车间　黄秋芝

24/ 黄花菜可退奶

在我做母亲时，得到一位中医妇科大夫的指点，用黄花菜沏水喝。3天后奶水大量退掉，又喝几日就全退掉了。此方，我介绍给他人，效果都非常显著。具体方法：黄花菜15~20根，洗净后放在杯子里用开水沏，喝水没有时间限制，每天喝多少也不限，但不能喝太少。

100011　北京德外大街12号设计院退休处　崔树珍

25/ 芙蓉叶治急性乳腺炎

芙蓉叶60克晾干，研细末过罗，用米醋拌调，根据患乳病变的大小，做成相应形状的药饼摊在净白布上，外敷贴患处，用胶布固定，每日1~2次，至病症完全消失为止。只要未形成脓肿，治疗越早疗效越好。该药药店有售。我一正哺乳的同事，突然右乳房长一核桃大小肿块，外观发红，不敢碰摸，疼痛，自觉怕冷、恶心，体温很快升至39℃，医生说是急性乳腺炎，经口服消炎药一天后症状未减，按上方外敷两天后，肿块消失，诸症皆除。100074　北京7208信箱19分箱　王文英

26/ 无花果红枣产后催乳

将鲜无花果与红枣各3~5枚，与适量瘦猪肉同煮，果、枣、肉、汤同食，每日一次，对产后缺奶疗效既快又好。

102100　北京市延庆县技术监督局　卓秀云

1/ 仙人掌可解毒

我家养仙人掌数盆。一次我被蜂蜇，肿胀剧痛，用风油精等涂抹，效果甚微。友人说仙人掌能解毒。我剪下一块仙人掌，去刺削片捣烂，敷患处，果然迅速止痛，逐渐消肿，待浆汁被皮肤吸干后再换一次。又一回，我家的猫误食中毒死鼠后，口吐黏沫，伸腿待毙，我急拿仙人掌去刺捣碎，灌入猫口中，一二小时后缓解，猫复活。狗吐泻拉痢，也曾如法灌入，一日内便治愈。

王新明

2/ 蟹爪莲治囊肿

我左手小指在靠近指甲末端处长了个小疖子，不痛不痒，时间一长，指甲变形了，附近皮肤的颜色也变暗了。经北大医院皮科诊断为囊肿，因距表皮较深，药效达不到，建议手术切除。后听人说仙人掌可以消肿，我家没有仙人掌，但有用仙人掌嫁接的蟹爪莲。我抱着试试看的想法，摘了长得较厚的蟹爪莲叶片，用刀片切掉叶片的表皮，将叶片去皮的一面贴在患处，用胶布固定，每天换3次叶片，3天后囊肿消除，皮肤颜色恢复正常，新长出的指甲也不再变形，没动手术就治好了病。

李宪章

3/ 绿豆汤立解鱼肝油中毒

我19岁时，因母亲责备我不及时服鱼肝油，一气喝了5勺，当下天旋地转、头晕眼花，腹如刀绞，腹泻如喷射状。母亲惊慌失措。情急中，我猛然想起绿豆汤可解毒。母亲仅煮了10来分钟，我已不能支持，不等豆子酥软，连喝两大碗，腹痛立止，随后腹泻亦停。前后不过20分钟。

100007 北京东四十一条93号 沈兆平

4/ 食章鱼过敏可解

章鱼又叫八爪鱼，肉肥厚鲜美，富含蛋白质。美中不足是有人食后发生周身瘙痒、起水泡等过敏症状。我烹调章鱼时，放一小把绿豆或一棵高粱穗一同煮熟，食后就不过敏了。若在外边海鲜馆食罢章鱼后，回家取一小把绿豆加水煮熟，喝半碗豆汤，饮后15分钟症状就消失了。

焦守正

5/ 吃冻苹果去心火

冬天气候冷，老年人出门少，在室内时间长，总觉胸闷和有心火。可将质量稍次的苹果，洗净放入冰箱冷冻，梨也可以，每日吃几次，去皮后冻着吃，又凉又甜又去心火。

展庆文

6/ 天麻炖鱼头可缓解"抖抖病"

天麻25克、川芎10克、鳙鱼头1个（约400克）。将天麻、川芎切薄片，与鱼头一起放入砂锅内，加葱姜和清水，入蒸锅蒸炖。食肉喝汤，隔日一剂，可缓解"抖抖病"（西医称之帕金森氏综合征）。

附：作者补充

读者来信问：一辈子没吃过荤腥，怎么办？现再介绍一法（只能抑制和缓解病情，不能根治）：取核桃仁15克、白糖50克，放在捣臼中捣碎成泥，再放入锅中加黄酒50毫升，用小火煎煮10分钟，每日分两次食用（糖尿病忌服）。

焦守正

7/ 帕金森病中医食疗

帕金森氏综合征常见于老年人。其症状表现为四肢震颤、肌肉僵直、动作迟缓、言语不利、智能障碍等。由于其发病原因至今还不太清楚，治疗起来非常困难，但如果采用中医食疗，效果很好，一般都能控制病情，缓解症状。现介绍如下。猫豆天麻炖猪脑：取猫豆 10 克、天麻 10 克、猪脑 1 个，放入砂锅内，加水适量，以文火烧 1 小时左右，调味后喝汤食猪脑。每日一次或隔日一次。

231622 安徽省肥东县古城镇全合街 145 号 张秀高

8/ 治骨髓炎一方

14 年前因工伤小腿粉碎性骨折，伤好一年后突发骨髓炎。多方求治均需进行截肢手术。家人想起祖爷留下的一个民间验方，我试用后奇迹出现了，50 天后去医院检查，竟然痊愈了。此方是：双花 50 克、地丁 15 克、赤芍 15 克、当归 10 克，水煎服，一日 3 次，连服 20 剂。此方对中晚期患者用药量稍有不同，患者咨询请呼 62257788-5331。

100077 北京崇文区革新里 110 号院 杨怀云

9/ 用手按摩可治腱鞘炎

我的两只手中指根部都得了腱鞘炎，经常用两手相互交换着揉按，即用右手大拇指按左手痛处，再用左手大拇指揉按右手痛处，只要有空就按，坚持了数月，现在基本上好了。

100045 北京铁路三中 李喜胜

10/ 屈指肌腱腱鞘炎运动疗法

去年 12 月 20 日我突然手指疼痛难忍，特别是双手大拇指屈伸困难，一动便骨节作响。经查确诊为屈指肌腱腱鞘炎，吃药抹药均不见效，情急中用"运动疗法"不治而愈。方法是：双手五指最大限度掰开，然后左右手的指头对应摁压，每次 50 下，早晚各一次，数日即好如平常。能配合热水泡手更好。注意患病期间不要接触冷水。

102300 北京门头沟区峪园小区 4 号楼 6 单元 502 杨希增

11/ 中药热敷治左睾鞘膜积液

友人之子 2 岁半，1995 年夏患左睾鞘膜积液。医院力主手术，家长求助于我这个离休中医师，我以小茴香、橘核各 30 克，炒热分 4 份，布袋盛，轮番热敷患处，不数日痊愈，至今未发。

100013 北京地坛北里 9 楼 4 单元 403 号 董 纾

12/ 苦瓜茶治暑热

每年苦瓜上市旺季，我总自制苦瓜茶，防治暑热。做法如下：选上好苦瓜一条，洗净去瓤，内装入绿茶，悬挂于通风处阴干，然后把苦瓜连同茶叶一起切碎，每次取 2~4 克，用沸水冲泡饮用，可治中暑发热、口干烦躁、小便黄赤等。

100031 北京地坛北里 9 楼 4 单元 203 号 王荣云

13/ 绿豆海带汤治甲亢

取海带 30 克泡软切丝，与绿豆 60 克、大米 30 克、陈皮 6 克加水同煮，煮至绿豆开花加红糖（或盐）喝粥汤吃米豆。每日 1 次，2 周为一疗程，主治青春期甲亢、缺碘性甲状腺肿大。有清凉解毒、消肿软坚，除瘿瘤之功能。

100007 北京东城区府学胡同 31 号 焦守正

14/ 独头蒜治淋巴结核

麝香面 5 克（每次只蘸极少量，用完再买），独头蒜 3 个（2 个捣烂如泥，1 个削平尖端），用时洗净患部，右手握住独头蒜的一端，用削平的顶端部去蘸蒜汁，再蘸麝香面后反复涂擦患部，直到患部发红，有刺激难忍感为止。每天早晚各擦 1 次，连续擦 5~7 天，见淋巴肿大部位逐渐消失治愈为止。注意事项：（1）淋巴结核已溃破者切勿使用此法。（2）麝香面必须买真品，才有渗透性。（3）此药对皮肤有一定刺激性，只要忍痛坚持几日即可治愈。 申正水

15/ 仙人掌治淋巴结

去年我妈大腿根处长了一淋巴结，走路很痛，那时正是农忙时节，没空去医院。后听一老中医之言，用仙人掌贴患处，一月不到便好了，具体做法是：每天晚上取一新鲜仙人掌，去外皮，贴患处，用橡皮膏或绷带固定好，到第二天晚上再换新的，坚持一段时间。

100011　北京黄寺大街 22 号空 6 所卫通站 赵　宁
转刘　慧

16/ 制止喷嚏一法

公共场合打喷嚏不雅且极不礼貌。我常打喷嚏，有时很没面子。后来得知用手指将上嘴唇压在牙齿上，不使它移动，压得越紧越好，此方果然可以制止打喷嚏。

100007　北京东城府学胡同 31 号　焦守正

17/ 低枕治打鼾

我从十来岁就开始打鼾，特别苦恼。后来，我试着降低枕头的高度，室友告诉我，你睡觉没声儿了。我家阿婆使用这种方法之后，多年的打鼾也销声匿迹了。注意：不可垂头而眠，否则第二天会头重足轻。

100053　北京宣武区西便门东里 8 号楼 2 门 805 室
马金梅

18/ 面对镜子治口吃

我小时口吃很重，念书、背书可没少挨打，回家后也逃不了父亲的责打，真是苦不堪言。后我父亲一位朋友介绍叫我凡在家不论念书、背书、说话，甚至玩、唱，也手不离镜子，总是面对镜子。经过一段时间的锻炼，奇迹出现，我能与别的同学一样地念书、背书了，只是面对面说话问答仍有些迟钝，以后老师（私塾）也很支持，特殊允许我可以随时手执镜子说话，以后到国立小学读书就基本痊愈了。

100016　北京朝外将台路芳园里 18 楼 7 单元 201
刘飚厂

19/ 酒泡茶叶也治病

去年秋，我患了更年期综合征。一次，我误将茶叶装入孔府家酒小坛内保存，待用茶叶时，倒出的却是 1 杯红茶酒，我没倒掉，每晚睡觉前饮上两口，待 1 茶杯酒茶喝完，感觉精神焕发，走起路来也轻松多了。 杨明兰

20/ 红小豆可治浮肿

去冬，不知何故每到下午我的小腿就肿，用手一压一个坑儿，次日清晨可消。后来看到书上称红小豆为浮肿的克星，便注意多吃些红小豆。一是用压力锅煮红小豆、大枣、小米粥，二是常买豆包食用，过了一段时间没有服药，腿的浮肿就好了。 胡承兰

21/ 艾叶盐水可消肿

老伴出差回来，脚和小腿都肿了，别人告之用艾叶和盐煮水洗可消肿。因为当时艾叶还没长出来，我就用去年采来的艾叶，找了三四个蚕豆大小的盐粒放入铝锅内加入1000克左右的清水烧开，倒入盆中放温后，洗泡15~20分钟，第3天就消肿了。

100730　北京同仁医院隐形眼镜中心　吕燕云转

王秀英

22/ 玉米须煮水治下肢水肿

我在京郊医院工作。3年前我双侧下肢浮肿明显，内踝、胫骨两侧一按一个深坑，下蹲困难。经检查，两腿大隐静脉良好，心肝肾检查亦基本正常。有关医学资料说，用苹果、胡萝卜煮水喝治水肿有疗效，但经试用不十分理想后改为将胡萝卜、苹果各半切成片，加些玉米须煮水当茶饮（有甜味），只喝了六七天肿就全消了。

100043　北京石景山区八角北里18栋3单元303

马庆华

23/ 天麻炖鸡可治美尼尔综合征

本人用天麻炖老母鸡治好了美尼尔综合征。方法：买真正的天麻（市场上不少是假的），放入老母鸡腹中一两块，用冷水煮，注意不放任何辅料，也不放盐，煮得烂烂的。一只鸡可食用几次，把天麻和汤都吃了。吃几只鸡即可生效，且可除根，我有20年未再犯病。　　　　　　　　　吴少华

24/ 治美尼尔氏征一法

我50年代患了美尼尔氏征，时好时犯，没有除根。1969年觅得一方治愈，即泽泻、白术各9克，牛夕15克，

水煎服，数剂而愈，至今未犯。介绍给多人服用后，也很有效。

053800　河北深州市老城街16号　王海澍

25/ 治美尼尔眩晕一方

我患有美尼尔眩晕综合征，犯时不敢睁眼，越黑暗越好，否则，心慌神乱，恶心呕吐不止。7年前得一方：中草药独活30克、鸡蛋6个，加水适量置于砂桃里煎煮，鸡蛋熟后捞出磕碎蛋壳，再放进去煮15分钟，使药液渗入蛋内。去汤和药渣，只吃鸡蛋，每日1次，每次吃2个，3天为一疗程，连续服用2~3个疗程，服后多不复发。我只服了12个蛋，至今未犯，疗效奇特。

101405　北京怀柔县沙峪乡渤海所村　宋怀莲

26/ 黑芝麻冰糖有益于肝炎患者

据中国科技情报所招待所的张新华介绍：她的两个儿子患肝炎，服用黑芝麻和冰糖两个月，病即痊愈，几位邻居和亲属试用也已见效。具体配方：黑芝麻炒熟压碎，等量的冰糖压碎，然后搅拌均匀，夹在馒头中或掺入米粥里，每日3次，一次3勺，连续服用两月以上，对已患一两年肝炎者有良好效果。　　　　　　　　刘长春整理

27/ 姜糖枣有利于肝病治疗

鲜姜、红糖、枣各500克，先将姜洗净切碎加500~750克水煮，水开后文火煮一小时，再加进枣煮十几分钟，最后放进红糖，待糖化搅匀，使姜糖裹在枣上或成粥状，凉后即可零食。零食次数不限，每次吃三四个枣或一两匙枣粥。我于1983年患肝病，时而肝区疼。近日按此方吃后，肝区不

疼了。过去侧身睡觉压迫肝部位就难受，如今这种感觉没有了。 孙逊

28/ 食用五味子降转氨酶

我一近亲两年前转氨酶高，医院诊治并用过不少偏方均不见好转，后服食五味子粉恢复正常。方法是：将药店买回的五味子用砂锅微火焙干，研成细粉，每天口服 6~8 克（可分早晚两次服完），温开水送服。

100043　北京石景山区八角北里 18 栋 3 单元 303 室
马庆华

29/ 三黄片治好我的肝炎病

过去我患肝病，化验肝功转氨酶（GPT）最高到过 540，医院诊断为慢性肝炎，服过许多中西药都不见功效。后听病友说服中药三黄片治好了他的肝炎病，我也试服三黄片，3 个月后化验肝功，奇迹般一切正常，至今没再犯。三黄片是一种中成药，服药方法早晚各服 4 片。

100077　北京永外东革新里甲 42 号京文商业宾馆
停车场　赵书诚

30/ 长期饮用枸杞子茶可治脂肪肝

笔者养成平日枸杞子与茶叶同泡饮用习惯，饮用枸杞子的目的，是为保健身体。近日笔者进行身体检查时，竟意外发现，几年前患脂肪肝已不存在。我感到很惊喜。我查找原因时，可能与我常年饮用枸杞子有直接关系。笔者购买的枸杞子，大多产于宁夏，有甜味、个大色佳者。要坚持饮用。

100094　北京 5100 信箱　安华

31/ 蜂蜜、核桃、黑芝麻治肝硬化

我哥哥曾患肝炎，并被诊断为肝硬化，

住院两年未愈。后被我们用食疗法治好。即将蜂蜜、熟核桃仁、黑芝麻（炒熟）按 1∶1∶1 比例调匀，每天早晚各服一匙。他连续吃了半年，经医院化验，竟全项正常，而且参加工作后至今一直正常。

附：答读者问

蜂蜜为商店零打或买成瓶的任何普通蜂蜜（无论是枣花或槐花等均可）。核桃仁、黑芝麻均分别炒熟，不必碾碎，按三样各 500 克比例调好装入瓶中。吃完一瓶，再装一瓶，不必放入冰箱。每天早晚各一匙，饭前饭后均可，此食疗法是辅助疗法，要同时服用其他治病的药，最好是中药。另外，此法是我们服用成功了，才介绍给大家。真诚希望每个患者都能受益。

100039　北京建工六建材料公司　施京平

32/ 大枣粥防治肝炎

楼上张老伯 15 年前生肝炎，检查发现脾大。反反复复治疗近 10 年，所有能治的药都尝遍了，让他痛苦万分且不见起色。他索性停止治疗，自创一方：每天用 10 枚大枣、一大把大米、一小把黑芝麻及两个脱壳核桃砸碎同煮粥，每天喝两三大碗，脸色渐好看，自感精力旺盛。不间断坚持 6 年了，近期复查脾脏正常。

223800　江苏省宿迁市东大街 68 号　赵理山

33/ 吊南瓜蔓泡水喝可排结石

我友发现胆结石，为 0.4 厘米 × 0.3 厘米，无症状，无感觉。服排石成药近两个月，均无效，复查未减小。后得一方：吊南瓜蔓 100 克（鲜的加倍），洗净切碎，放入热水瓶中，用

医部

其他病症

开水浸泡，当茶饮用。服用方法：每天泡一热水瓶，平时和吃饭时均可饮用，一天只喝一瓶。须每天换药重泡，连喝3~4天，开始排石，一般为浑浊状尿，有时有小的石粒，当小便有拉丝状液出现，则证明结石全排净，不用再喝药了。忌辣、酒，特别是肥猪油。献方者说，此方已治好多名各种结石病人。

附：答读者问

上文刊出后，一些读者问什么是吊南瓜蔓，简复如下：凡瓜蔓爬架结瓜者，此瓜便称吊南瓜，此种蔓在秋季吊南瓜近成熟时，可摘用，只用蔓，不用须、叶。

250001　济南铁路局科研所　郭树荣

34/ 晨服苹果治胆囊炎

家姨1992年末患胆囊炎，久治不愈。后听从一老中医指点，服用苹果偏方，病愈至今未复发。方法是：每天清晨空腹吃一个苹果，隔半小时后再进餐。一年365天，天天如此。注意，千万要连皮一起食用。家姨愈后，时至今日仍坚持每天晨起空腹吃一个苹果的习惯。

075431　河北省怀来县鸡鸣驿乡政府　牛连成

35/ 咖啡缓解胆囊隐痛

每当我感到胆囊不适，将要发生痛楚，就饮咖啡一杯，半小时后，不适消失，痛楚也就不会发生。当痛楚已发生时，我也即饮咖啡一杯，约半小时后，痛楚便会消失。我已试了一年余，每试每灵，胆囊炎患者可以一试。

100045　北京西城区西便门外大街7号　郑霞山

36/ 金钱草鸡内金治胆结石

数年前，患泥沙型胆结石，友人告知一方，每日用金钱草20克、鸡内金20克煎汤，当茶服用，数月后效果很好。

100086　北京海淀区三建大院灰1楼14号　张忆萍

37/ 核桃隔墙水可治遗精

我爷爷曾告我一方：用8~10个核桃内的隔墙（也称分心木）加水煎沸约15~20分钟，每晚临睡前温服，对精关不固，有梦遗之疾的患者有安神止遗作用。

100022　北京铁路车辆段办公室　张　旭

38/ 啤酒治病

△母乳少，只要上午喝一杯啤酒，乳汁会明显增加。

△烧伤病人每天喝一杯啤酒，能加快康复，提早出院。

△皮肤被碱液烧伤，用啤酒洗几次，能很快痊愈。

△黑啤酒中有焦香麦芽，能健胃，专治伤食、食欲不振。　　　杨圭光

39/ 消栓散治下肢轻度浮肿

我患下肢轻度浮肿症，久治不愈。后来我用消栓散治愈了我的下肢浮肿症。消栓散的组方是：全蝎、地龙、水蛭各15克，蜈蚣18条，地鳖虫10克，焙干碾细，装在胶囊里，每服3克，日服2次。

102200　北京昌平县沙河镇百货批发仓库　刘铁忠

40/ 白果治眩晕症

我经常犯眩晕症，体位变化或转头、仰头时眩晕。过去犯时服"眩晕停"十分见效，最近一次犯得较厉害，吃

了三四天"眩晕停"也不见效。学中医的儿子介绍一方：白果30克，去壳研成粉，分成4份，每天早饭后和晚饭后各服1份，我只吃了2份便痊愈了。白果在各中药店都可以买到，但白果易变质，购买时可适当多买些，去掉霉坏的以保证用量，另外，白果多食会中毒，因此不可随意加大用量。

100080　北京海淀区中关村甲13楼604号　魏学环

41/ 治水肿两方

我患糖尿病20多年，近七八年患下肢浮肿，今年入冬以来浮肿加重，走路艰难。经朋友介绍两方，服用25天水肿痊愈。其方一：大鲤鱼一尾加醋60毫升煮干后食鱼。每日1次。我食用两尾2000克的醋煮鲤鱼10次。其方二：海带（干品）60克，加醋适量煮，1次食完。我共食用15次。

075100　河北省张家口市宣化区小柳树巷7号　王　晓

42/ 治吃海鲜过敏

我吃海鲜时总爱过敏，朋友让我喝紫苏叶（10~12克），用开水500~600毫升冲泡后饮服，再吃海鲜时，就不过敏了。

100037　北京市西城区北礼士路139号楼1门1201　张富江

43/ 甘草绿豆汤解药物中毒

我因吃甲硝唑、四环素过量，得了药物中毒性末梢神经炎。从1998年6月开始治疗，多次到县、市医院，先后采用中药、西药、针灸、输液诊治，均不见效。前不久，觅得一方才使迁延一年多的顽症根除。方法是：甘草15克、绿豆50克，煎汤，日1剂，分3次服下，连续服1个多月不间断。病情重，服用时间可更长些。

075431　河北省怀来县鸡鸣驿乡政府　牛连成

1/ 止痛膏的增效方法

市售止痛膏有多种，如麝香虎骨膏、关节止痛膏、消炎镇痛膏、伤湿祛痛膏等，都是一种含药的橡皮膏，有消炎镇痛作用。我考虑到所含药物与胶相混合，对其药效的发挥会有影响，便想出在其胶面上撒播一些药粉，如云南白药、三七伤药，或用西药止痛片、泼尼松、维生素 C 各一片研为细末，均匀撒在膏上，要留出一些边缘，以利于贴敷。经长期使用证明，止痛效果大为增强。

米泰岳

2/ 怎样使儿童乐意服药

给小孩喂药是家长头痛的一件事。如果你撕一小块新鲜的果丹皮把药片包住，捏紧。再放在孩子嘴里，用水冲服，孩子就乐意服用。此法适用于 3 岁以上的儿童。

汪 颖

3/ 充分利用汤剂中药

现在一服中药至少好几元，熬完又不易将药汁倒干净。我是在倒完后，等稍凉，再倒入事先洗好的袋装牛奶的小塑料袋内。塑料袋的下端扎若干小孔，捏住袋口，用手一挤，还能回收一部分药汁。

戎宗义

4/ 用吸管喝汤药好

中药煎好后，服用时一般药味都很浓又苦，嘴里长时间存有药味，消失较慢。用一支塑料吸管（饮料管、酸奶管）直接吸入咽喉中，就能避免中药异味了。

王善庆

5/ 婴儿喂药一法

把药片掰成小瓣，集中放在水瓶的奶嘴洞上，给孩子往嘴里一送，药片神不知鬼不觉地就随着孩子第一口水咽下送到肚子里去了。

李晓慧

6/ 喝中药防呕吐一法

若有喝中药呕吐的毛病，可在喝中药前先在口中含一片生姜，约 5 分钟后将姜片吐出再喝中药，就不会再出现呕吐现象了。

卓秀云

7/ 巧服汤药

我外孙女生病吃中药汤药，尽管药量很少但太苦还是喝不下。我用一片果丹皮，取舌头大小一块，贴在她舌头上。然后让她喝药，喝完药，再喝点白开水，最后把果丹皮吃了，效果很好。前两天我老伴也试了这种方法，喝完药后连说有效。

100088　冶金部建筑研究总院离退办　徐兰洲

8/ 少儿吃胶囊药一法

过去我吃胶囊药时，常常喝几口水也咽不下去。一日，楼下叔叔告我一法：先含一口水，将胶囊药放入口中，低头吞药。由于胶囊药比水轻，所以很容易进入到嗓子里。我一试，果真很灵。

100078　北京方庄芳群园一区 13 楼 2 单元 1908 号
李晓雪

9/ 告诉考生妈妈一个小秘方

告诉考生妈妈们一个小秘方：莱菔子30 克、竹茹 9 克、枳实 6 克，每日一剂水煎，每煎一次成汤 100 毫升，口服，每剂每天煎 3 次，服 3 次。连服天数视情况而定。此方服后，能消除因长时间伏案复习功课带来的烦闷，清除近期食补造成的积滞，能使考生精力充沛地完成高考或中考。

100071　北京丰台区东大街 53 号卫生所　房书明

10/ 鱼刺卡住咽部的简便治疗法

鱼刺卡住咽喉部时，可取柑橘一个剥去果皮，掰一到两瓣放于口中，咬成几小块后吞下，可反复吞咽几次。其治疗原理是利用橘瓣儿表面的网状外丝和团块状结构，将鱼刺带下裹走。笔者近日治疗两例患者，效果很好。使用此方法治疗时应注意两点：（1）橘瓣儿不要嚼碎；（2）症状较重或反复吞咽橘瓣儿无效时，应马上请医生处理。

郑顺利

11/ 巧除肉中刺

木刺、铁屑、玻璃屑等刺入皮肤难以拔出怎么办？可取蓖麻籽或油菜籽适量，捣烂如泥，包敷患处，24 小时后，异物就会退出皮肤表面，很容易拔出来。

郑淑英

12/ 假牙除垢一法

假牙长期使用积垢难以去除，我找到一种简单易行办法：取一至两个鲜红果切开，或适量山楂干，放入杯中，热水冲泡，然后将假牙放入，只需一夜即可自行清除，再用清水洗净便恢复如新。

100077 北京丰台区马家堡路 33 号院 5 楼 312 号

严永建

13/ 萝卜加白糖可戒烟

我的烟瘾一直很大，每天要抽一包半，想戒总是没有办法。后来朋友告诉我一个妙方，就是把白萝卜洗净切成丝，挤掉汁液后，加入适量的白糖。每天早晨吃一小盘这种糖萝卜丝，就会感到抽烟一点味道都没有。我按这个办法试了试，果然见效，现在也不想抽烟了。

毛小冰

14/ 槟榔戒烟法

将槟榔两个尖端磨平顺缝中间钻一小孔，滴入烟袋油子封好，然后浸入淘米水中泡一周，取出洗净晾干，戒烟者想吸烟时，就在小孔上吸几口，会感觉气味香甜，而闻烟味时则感味道苦臭，不想再吸烟（如无烟袋油子，用几支烟与槟榔泡也行）。

耿龙云

15/ 口含话梅有助戒烟

每当想抽烟时就口含一颗杏话梅。话梅很顶劲儿，一颗能含老半天且效力持久，而抽烟时嘴里就觉得不对味儿不大想抽烟了，再加上自身戒烟的决心（头 3 个月或半年是关键）终于使我这个当了 11 年烟民的困难户在 36 岁戒了烟。

周永青

16/ 感冒通片可治晕车

乘车前半小时服两片感冒通片，乘车时就不晕车了。我介绍给其他朋友，都说效果好。

历 明

17/ 姜粉可治晕车

一次外出见一旅客用调味的姜粉配制饮料，说乘车前半小时喝半包，能防止头晕恶心。后来我按此法让几个人试用，都说效果不错，没有嗜睡副作用。

赵理山

18/ 捏鼻鼓耳防晕车

晕车主要是耳内平衡器官不好造成的。坐车前用手捏住两鼻孔，闭住嘴，使劲鼓气，你会感到两耳鼓膜向外鼓，直到此感觉很弱或消失即可。坐车途中感觉不舒服时，可随时做此动作，我已实践几年，效果很好。此法亦可用于飞机起落时不适。

婉艳

19/ 口含橘子皮可治晕车

20年前我晕车。有一次外出，我嘴里含了一块鲜橘子皮，含没味了再换一块，就没有晕车，而且以后再也没有晕车，曾将此法介绍给其他人，效果很好。

100041 北京八大处甲1号司令部营建办公室 李信

20/ 咸鸭蛋防晕车

我从小乘火车或汽车就有晕车毛病。近些年，由于职业原因，经常乘车外出。有时忘带药，五脏六腑就翻江倒海般难受极了。有一次又忘了带防晕车药，途中稍感不适时，偶然间从食品袋中摸出一个咸鸭蛋吃下去，又吃了一根黄瓜。说来也怪，车走一上午竟未晕车。从此，凡乘车外出前，我都先吃一两个咸鸭蛋，再未晕过车。

063000 河北唐山市健康楼27-3-303 王淑琴

21/ 蔓菁解酒醉、病困

年轻时过节喝一瓶65度昌平二锅头，大醉不堪，连日病困。偶翻古书有《肘后方》。取蔓菁1个洗净切片，加少许大米煮熟，去渣，取汤，冷饮3次（早、午和晚），即愈。注：蔓菁，与芥菜头一样，青绿色根茎。菜市场有售。

100007 北京东城府学胡同31号 焦守正

1/ 酒后喝点蜂蜜水好

为身体健康，饮酒应适量，一旦喝酒过量，可在酒后饮儿杯优质蜂蜜水，它不仅会使头痛头晕感觉逐渐消失，而且可使你很快入睡，第二天早晨起床后也不会头痛。　　　　吉 祥

2/ 每天早上请喝一杯水

我自 1988 年 10 月以来，每天早晨漱洗后，喝一杯温开水，至今从未患感冒、上火、大便干燥之类疾病。曾向一台胞介绍过，同样有效。　　徐佳秋

3/ 上软下硬两个枕头睡眠好

据我多年来的体验，枕头适于用两个，每对高度不超过 8 厘米，且以上软下硬为宜。上边的软枕便于调整位置，以达睡眠舒适。下边硬枕主要用于支撑高度。使用这样的枕头，睡眠舒适，解除疲劳快。　　　　　　　　刘泽普

4/ 穿双丝袜睡觉保脚暖

常有人冬天睡觉脚冷，老年人尤甚。靠热水袋暖脚有许多不便。我有一个简便有效的方法：穿一双干净、稍觉宽松的短筒丝袜睡，一会儿脚就温热起来。注意不要穿长筒袜和线袜，可常备一双专用睡袜。睡时双脚不要蜷缩，要自然伸出，待脚感到太热时，双脚交互一捋便脱下了。　　殷昭华

5/ 听悲哀音乐可使人解脱忧郁

去年 5 月，家中发生不幸之事，万分悲哀，亲朋好友劝说也不能解脱。有位学友说：你找些悲哀音乐的磁带听听，可能会好些。我就买了莫扎特的《弦乐五重奏》《第 25 交响曲》，舒伯特的《弦乐四重奏曲·死神与少女》、

福莱的《悲歌》《大提琴奏鸣曲》等，每天在家静静地听，听了一段时间，悲哀忧郁心情消失了。　　　焦守正

6/ 纳凉避蚊子一法

炎热的夏季，大家都喜欢在外面纳凉，但可恶的蚊子使人无法安宁。现介绍一避蚊妙法：用 2 个八角茴香泡半盆温水来洗澡，蚊子便不敢近身。江天法

7/ 骑车恢复体力法

工作一天下来本已很疲乏，还要消耗很大体力骑车赶回家，再操持繁重家务，长此以往对身体很不利。本人长期以来摸索了一个骑车恢复体力法，很有成效，现介绍给大家：下班后骑在车上，全身肌肉放松，内脏放松，思想放松，什么也不想，抬头平视前方，在惯性的基础上小腿稍稍给力，使自行车匀速前行。保持 20 分钟左右即可。到家后会感到体力恢复，精神饱满，情绪正常。当然，不可忘记交通安全，某些地段更要注意。汤景华

8/ 剩茶水洗脚可消除疲劳

茶水洗脚不仅可除臭，还可消除疲劳。有一次洗脚时因水太热就顺手把茶杯的水倒入脚盆，洗时就像脚上用了肥皂一样光滑，洗后顿感轻松舒服，疲劳缓解了从此，我一直坚持用剩茶水洗脚，效果良好。　　　　　王宗秀

9/ 做个圈圈来健身

买两个压力锅密封圈，把旧绒裤剪成布条，将两圈捏紧包严，再用花色鲜艳的结实布条将圈包严密缝。此圈适合老年人互相扔接，可近可远，活动眼、手、肩、腰等。　　　　薛素云

10/ 搓衣板可代"健身踏板"

足部按摩对人体有益。但我家只有1块"健身踏板",有时"供不应求"。我突然想起极少用的搓衣板,便找来平放在地上,穿着袜子将双脚踏上去,感觉真不错,因为是木质的也不觉得凉。这样,一边看电视,一边踩踏、搓动双脚,便可以进行自我保健了。

胡承兰

11/ 手"弹弦子"可保健

双手每天坚持做"弹弦子"颤动锻炼,要快速进行,可促进上肢血液循环,增强手、臂的活动功能,对局部麻木、胳臂疼和肩周炎等不适之症,都可起到良好的辅助治疗作用。 陈士起

12/ 指压劳宫穴去心烦

曾有一段时间,我因工作劳累常烦躁不安。一医师告我,指压劳宫穴可治。我每天指压此穴约10分钟,十分见效。劳宫穴认穴方法:握拳,中指的指尖所对应的部位就为劳宫穴。

100004 国贸大厦31层住友商事 温京华

13/ 石子健身盆

在一个比较大的塑料盆里,底部垫上硬纸片,上面放上半盆洗净的比较圆滑的小石子。这样,在家里就可以随时踩踩石子进行足部按摩保健了。

100044 北京车公庄大街北里46号3–401 赵 路

14/ 醋豆养生保健

我爸爸已有80多岁了。可是至今耳不聋、眼不花、身体特棒,什么毛病都没有,这还真得感谢醋豆。醋和黄豆都是对人十分有益的食品,我把这个"独家秘方"献给大家:准备好一个能密封的玻璃瓶。先将黄豆洗净,控干水,装进瓶,约占1/3瓶高,加入食醋至瓶的2/3高度。豆泡胀后会和醋表面一样高,这时再加入1厘米的醋。1~2天后豆又泡涨,再补加1厘米醋。如此反复补充几次醋,待豆不再吸收醋时,密封瓶盖,放置7~10天,然后倒去醋放冰箱保存,可随时取出食用几十粒。最好按一个月吃完的原则估计(吃得过多可要拉肚子的)。如果您愿意吃有嚼头的,就用生黄豆;愿意吃软的,您可以把黄豆先煮或炒了再用醋泡。您只要坚持多吃几个月的醋豆或一直吃下去,我相信您的"毛病"会越来越少。

100032 北京西城区枣林街3号 谷朝华

15/ 转动脚腕健身法

宿迁市离休干部姚老,今年96岁。耳不聋、眼不花、血压正常。他最近披露其长寿之道——每天转动脚踝部。五十多年来,每天休息、吃饭时,哪怕是几分钟靠在床上,也不停交替抖动脚踝部,转动双脚踝部刺激穴位和经络。近几年年龄大了,他开始每天盘腿坐在床上或椅子上,用手抓住脚尖,转动踝部,由缓到快,转动时不宜用力过猛,以防踝关节扭伤。每次40次左右。可使一天劳累、紧张缓解,发烧病人体温下降。早晚进行效果较好,洗澡后效果更好。

223800 江苏省宿迁市宿城区东大街68号 赵理山

16/ 搓脚心防衰老

每晚温水(30~40℃)洗脚,水没过足踝,水凉了续上热水,多洗一会儿。洗完后用双手各搓左右脚心300下。

此法可以改善机体循环和神经泌尿等系统功能，提高免疫力，抗老防衰。对头晕、头痛、失眠多梦及血管神经性头痛、关节炎、坐骨神经痛、陈旧性损伤等也有良好的疗效。

074000　河北省高碑店市兴华中路华福胡同华光巷18号　杨善臻

17/ 凉水擦脚健身

我从去年入冬以来一直坚持每天晚上用凉水擦脚，自我感觉起码有三个好处：其一，进入被窝后不再觉得被子有凉的感觉，到处都是温暖的；其二，脚后跟等处不再出现裂口，也没有用过任何护肤用品，且皮肤比过去光滑；其三，晚上睡觉再也没有出现过抽筋。做法：睡觉前将洗脚布在自来水中绞干后，将两脚各擦二三遍即可。

100054　北京市右外大街22-2-1-204　周国栋

18/ 常食豆类可健身

我的邻居今年71岁，患有高血压、心脏病和心血管病等，常年吃西药和中药，未见明显效果。经人介绍，用四种豆类：黄豆10个、青豆5个、黑豆5个、豌豆5个，头天用凉水泡上，等第二天早上用。使用榨汁机或磨碾成糊糊，再上锅熬熟，每天喝一碗。不用放糖。她坚持一年多，一天没断过。果然，奇迹般地治好了。现在不用吃药，身体很强壮。

100009　北京东城区琉璃寺胡同18号　辛全德

19/ 梳头可益智

每天早晨起来，什么事也不干先梳头，由左至右向后梳，梳时用一点力，使头皮有微痛感，反复来回梳，要快些梳头皮就会有热感，大约两分钟满头皮都有热感后，就停梳，再用双手拍头，拍1~2分钟，要用一点力拍，头顶多拍几下。过20分钟再吃早饭。每天不断一个多月后会觉出效果来。梳2~3个月后要停一段时间再梳。大人孩子都可用此法，但血压高的和血压低的人不要用此法。木梳使得不尖了，可用砂纸放进木梳的缝磨一磨。早晨如没有时间，中午、下午也可，晚上不要梳，一天下来脑子已累了。

董桂森

20/ 手指运动防老年痴呆

老年痴呆症是老年多见的一种疾病。改善大脑的血液循环便可预防老年痴呆，最简单易行有效的方法即为手指运动。具体做法有：（1）两手十指交叉用力相握，然后用力猛然拉开，做20余次；（2）经常揉擦双手的中指尖端；（3）用圆珠笔端或手指刺激双手掌的正中点，即从中指指根至手腕横纹正中引一条线，刺激其正中点若干次；（4）经常做手指活动，如玩健身球等。每天次数不限，多多益善。

100038　北京海淀区羊坊店铁路三住宅2栋10号　张雅林

21/ 老年人夜间口渴怎么办

老年人容易夜间口渴，影响睡觉。有人常起来喝凉茶或其他饮料，容易引起失眠和腹痛。我多年体会：用喝剩的凉茶漱口，效果最好。漱后很快觉得口腔清爽，即可安眠。

展庆文

附：读者来信

上文所说防止口渴办法，仅为作者个人生活体会。一般人到老年，睡眠时咀嚼肌松弛，常张口呼吸，造成口腔黏膜水分丢失而产生口渴感，这是其一。其二，因夜间不食不饮，血液浓缩，尤其老年人，多数患有不同程度的肾动脉硬化，肾小管对水分的重吸收功能减弱而出现夜尿增多，因此老年人夜间血液浓度较青年人为甚。口渴常是血浓缩、组织缺水的最初信号，这是最不应忽视的。患高血压、动脉粥样硬化、心脑供血不足的人，血液浓缩、组织缺水会加重病情，有导致心肌梗塞或脑血栓的可能而危及生命，尤其夜间心跳次数减少、血流速度减慢易于发病。因此，老年人即使不口渴也要适当饮水，入睡前不要怕夜尿而节饮，夜间口渴更不应只漱不饮。此外，也可采取一些增加室内湿度的辅助方法。

杨景水

1/ 吃生萝卜减肥效果佳

萝卜，属十字花科植物，又名莱服。其根、茎、叶、种子均可入药。我偶从医书中看到，某君因吃生萝卜，不但达到减肥目的，而且使他戒了烟酒，治好了心绞痛病。我见后仿做，从去年入秋心里美萝卜一下来开始，坚持每天生吃半个心里美萝卜，直至现在，已有半年时间。腰带已退回了3个眼，啤酒肚基本没有了，重量减少了6500克，自我感觉轻松多了。而且这种方法不必减食挨饿，每餐只要少吃一成饱即可。

100073　北京丰台六里桥北里4号老干办　杨承泉

2/ 减肥一方——花椒粉

邻居胖嫂的孩子给妈妈找来个减肥偏方：花椒放入锅内炒煳，排成面状，每天夜里12点至1点之间（此时空腹），舀一小勺放入杯内，加少许白糖，用开水一冲，喝下。胖嫂试用后，2周减体重2000多克。　　　　李秀云

3/ 早晚揉腹减脂肪

利用早起床前、晚睡觉前的时间，平躺在床。右手在下左手在上绕肚脐顺时针揉，稍用点力揉60次；然后左手在下右手在上逆时针揉60次。范围是顺时针由中间向外至整个腹部，逆时针时再由外向中间揉。每次揉完我都感到头上出汗，脚心发热很舒服。以前我平躺时腹部比胸部高出许多，经过两个月的揉腹，现在平躺时胸腹基本在同一水平线上。　　　姜燕玲

4/ 常饮山楂泡茶可减肥

优质山楂洗净，切片，晾干待用，每天泡茶时放15~20片，用开水冲泡，每晚不再饮茶时可把山楂吃了，每天如此，坚持效果最佳。

100855　北京复兴路40号总政玉泉路干休所　马桂英

5/ 腹部健美与减肥的捏揉法

每晚睡前及早晨起床前，取仰卧屈腿或左、右侧卧位，用自己的双手或单手，尽力抓起肚皮，从左到右或从右到左顺序捏揉，15分钟后，从上至下或由下至上顺序捏揉。此过程，腹部感觉为酸、胀、微疼，其力度以自己耐受为宜，15分钟后，再用手平行在腹部按摩。数日后，腹部酸、胀、微疼感觉减轻甚至消失，逐渐有舒服感。这种捏揉方法也可请家人帮助进行。半月后，腹部即可出现良好的健美减肥效果。此外，便秘患者也可有明显改善。随着时间延长，腹部捏揉的时间依自己体态可适当增减。如果每次捏揉后再做数个仰卧起坐和俯卧撑，效果会更好。

100001　北京邮局卫生科　小　云

6/ 减肥增肥简易疗法

胖者欲瘦：日服山椒子五至十粒，久而久之可瘦。瘦者欲胖：可剥取上好桂圆肉，每日约二钱分三次食用，一个多月后，自然如意。

100007　北京市东四北大街细管5号2门内　王文川

7/ 香酥豆腐渣丸子减肥

豆腐渣热量低，加些萝卜等调料做成丸子，味道鲜，有营养，能减肥，降血糖。做法：豆腐渣500克，面粉一小碗，小萝卜一个及葱姜适量切成末，全部放盆里，再打2个鸡蛋，加点盐、鸡精、胡椒粉，搅拌均匀；锅中加色

拉油烧热，用匙滚成丸子下入锅中油炸，待丸子浮起呈焦黄色捞出，即可品尝了。

114001　辽宁省鞍山市铁东区春光街6-1号　杨秀珍

8/ 老年人减肥一法

本人1996年腰围1米，我开始在早起床和晚睡前，用左手在腹下右手在腹上，双手正反各揉腹108次，再用两手中指和无名指在肚脐眼下3.3厘米压108次，然后双手在胃上下揉腹108次。现腰围90厘米，并且大便正常，胃病也好了，更重要的是减肥7000克。

100010　北京东城区东水井中楼206号　柳玉花

9/ 淘米水澄清液可美容

将淘米水沉淀澄清取澄清液，经常坚持用澄清液洗脸后再用清水洗1次，不仅可使面部皮肤变白变细腻，还可除去面部油脂。　卓秀云

10/ 巧用米醋护肤

洗衣洗碗，总要与洗洁精、肥皂粉打交道。根据酸碱中和的原理，笔者发现用米醋护肤效果很好。具体做法是：洗衣洗碗完毕后，迅速将双手用清水冲洗干净，然后酌量倒一小勺米醋，涂满手心手背，稍过片刻，再用清水冲一冲，待手干后，相互搓一搓，光滑极了。　邱芳宁

11/ 鲜豆浆美容一法

春天干燥，很多人手脚干裂脸发皱，尤其给有雀斑、黄褐斑或化妆品过敏者带来苦恼。我们化妆品柜台组的几个姐妹有一法：每晚睡前用温水洗净手脸，用当天不超过五小时的生鲜豆浆洗手脸约五分钟（时间长更好），自然晾，然后用清水洗净即可，皮肤光亮白嫩。

100077　北京丰台区西罗园5号楼　小　青

12/ 黄瓜美容法

整根黄瓜或切下的黄瓜头均可，用礤子礤在一只碗里。把脸洗干净，用布手绢或纱布蘸上黄瓜汁，均匀地擦脸，过10~20分钟，再洗掉。一天两次，可滋养皮肤，保持皮肤细滑。

100020　北京团结湖北里6-1-301　詹志荣

13/ 消除皱纹两法

△取老母猪斑蹄数只，洗净，熬成膏。每晚临睡前用来擦脸，次晨洗去，坚持两周，皱纹全消有神效。

△取黄酒一瓶倒入洗脸水中，连洗两周，肌肤会变得细腻。

114200　辽宁省海城市农业中心　张乾荣

14/ 桃花猪蹄粥美颜

我产后在脸上留下一大块色斑，吃了十几服汤药，抹了几瓶祛斑霜也不见效。后来朋友介绍一方，我照着吃了一个月，不但脸上的黑斑全部消失，而且脸色红润，有光泽。具体做法如下：桃花（干品）1克，净猪蹄1只，粳米100克，细盐、酱油、生姜末、葱、香油、味精各适量。将桃花焙干，研成细末，备用；淘净粳米，把猪蹄皮肉与骨头分开，置铁锅中加适量清水，旺火煮沸，改文火炖至猪蹄烂熟时将骨头取出，加米及桃花末，文火煨粥，粥成时加盐、香油等调料，拌匀。隔日1剂，分数次温服。本方活血益气，适用于产后女子。

附：答读者问

（1）桃花不分四五月生长，也不分品种，只要是桃花就行。我用的桃花是农村亲戚提供的。（2）粳米可到大杂粮店去买，实在没有，可用白大米代替。（3）一次最好熬够喝两回的，天热应放冰箱内。

100037　北京北礼士路 139 号楼 1 门 1201　王惠玲

15/ 蜂蜜美容

我有一段时间常常熬夜，这使我本来就不太白的面容变得没有了光彩，我就想用什么办法可以美容，于是抱着试试看的态度在脸上涂了点蜂蜜。第二天一早用清水洗后发现，塌陷的眼皮好像喝足了养分变得紧绷起来，面色不再暗淡，一连几天用过，发现面容确实白嫩光泽了。

100027　北京市朝阳区新源街 47 楼 3 门 103　刘秀程

16/ 酒精蜂蜜丝瓜汁除面部皱纹

把少许酒精及蜂蜜倒入一小杯中，挤入一些丝瓜汁混合在一起，然后将汁液涂于面部皱纹处，待干后用清水抹净。每日早晚两次，两周后深度皱纹消除，好似年轻几岁。

100007　北京东直门南大街 10 号　杨宝元

17/ 蛋清黄瓜片去皱纹

家庭里做饭，用后的鸡蛋皮里仍残留许多蛋清液。我每次用黄瓜片蘸蛋清贴在脸上。数日后我惊奇地发现脸上的皱纹全消失了，脸面上也光滑了，年轻了许多。

100028　北京市朝阳区曙光里 9-1-306　陈 起

18/ 刷脖治颈部皮肤松弛

人过中年，颈脖皮肤渐变粗糙和松弛，俗称"鸡脖子"。用普通短毛宽面毛刷蘸清水，分左、中、右三颈区，每颈区自上而下，沿直线来回刷五十下，每天早晨刷一次。一个月后颈脖皮肤逐渐细腻、收紧。长期坚持会恢复皮肤原有形态和光泽。

100840　北京市复兴路 20 号门诊部　许惠英

19/ 缩小眼袋一法

如果你眼下有眼袋（即下眼泡），可以在大约一升热水中放一茶匙的盐，搅匀后用药棉吸盐水敷在眼袋上，待冷了再换热的，反复多次，数天眼袋可以缩回。这是一种家庭美容方法。

甘大发

20/ 何首乌加生地可治青少年花白头及黄发

我女儿 14 岁时，头发发黄且有白发，几次去医院治疗无效。后友人介绍一方：每次用何首乌 12 克、生地 25 克，先用白酒涮一下，将两种药放入茶杯内，用开水冲泡，每天当茶饮，连续服用。水没色了换新药。半年后，头发开始变黑，脸色也红润了。一年以后，满头黑发，当时没敢停药，过了一段时间见没有反复才停服。　王振惠

21/ 糯米泔水——上等护发液

"糯米泔水"是云南西双版纳傣族妇女传统的、效用卓著的润发品，而且工序简单，成本低廉，不含任何化学成分。只要把做饭淘洗糯米的泔水经过沉淀，取其下面较稠的部分，放入茶杯贮存几天，待有酸味便成上等的"洗发液"了。使用时，先用泔水将头发揉搓一番，再用冷水冲洗，这种上佳的"洗发液"就开始起作用了：

头发乌黑如漆，微泛青光，滋润松软，魅力迷人。最了不起的，糯米泔水竟是白发的天然克星。在西双版纳，想找到一位银发老妪那真是难事一桩呢！

肖 铁

22/ 首乌煮鸡蛋白发变黑发

首乌 100 克，鲜鸡蛋 2 个，加水适量，蛋熟后去皮再煮半个小时，加红糖少许再煮片刻。吃蛋喝汤，每 3 天一次，一般的人服 2~3 个月可见效。

710054 陕西省西安矿业学院计生办 郭 敏

23/ 醋水豆浆水洗头效果好

我儿头发又少又爱出油，经淡醋水和豆浆水清洗一段时间后变得浓密黑亮。其做法是：洗头时，除用适量洗发液外，水中加一汤勺豆浆；清头时水里加适量米醋（使水略显颜色），每两天洗一次。

100037 中国地质科学院矿床所九室 梁洁瑜

24/ 中老年花白头发的保养与护理

"爱美之心，人皆有之"，中老年人也一样。面汤加醋或面和醋拌匀（不要太稠）洗发，然后用清水冲洗。醋能渗透到发根，滋养头发（广西妇女就是用洗糯米水发酵后的酸水常年洗头，老年妇女一头黑发）。待头发干后用头油（商品名叫白油）涂在头发上，有滋润和乌发的功效。使花白的头发颜色柔和，不失为自然美。

100083 北京海淀区志新村 10 楼 3 门 301 号 王 响

25/ 何首乌加水果就酒白发变黑

我二伯十几年前白头发能占 80%，而现在的他黑头发却超过了 80%。原来，他每天饮酒都切三四片何首乌和水果

就酒吃，坚持一年有此奇效。

100075 北京丰台区大红门西路 4 号木材厂 李 昂

26/ 红枣可治掉头发

我已年过六旬，头发长期脱落，越掉越多，后听人讲每晚睡前吃一两红枣可治掉头发。我照此做了，每天把 50 克红枣（10 个左右）洗净泡水，泡胀了再煮熟，每晚睡前吃下，果然效果极佳，我的头发已不再掉了。

100035 北京德胜门西大街 64 号 2 门 1003 张杰青

27/ 给长期卧床人洗头

给长期卧床的病人洗头发是一件比较困难的事情。我曾在国外见过一种为卧床病人设计的洗发用具。它本身是用塑料制成的，就像游泳救生圈一样，但是比救生圈要细一些，病人洗发时刚好可以放脖子。圈的一面用一块塑料布完全密封，类似一个边缘很厚的盆，塑料布中间有一小洞，下接一软塑料管。当给病人洗发时，让病人的脖子枕在圈上，头在圈内，洗时水自然流在圈下的塑料布内，顺着小洞的软塑料管流出。当然这个圈和游泳圈一样可以充气，不用时擦干，可以叠起来收好。 100871 北大燕东园 41 号 关 娴

28/ 何首乌黑芝麻治少白头

我上小学时头发白，同学都叫我小老太婆，医治多次无效，家父在外地工作遇一位老大夫告诉一方：用何首乌、黑芝麻各 200 克研细煮沸，用红糖送服，每日 3 次，4 天将上述药服完，在第 5 天上午将头上白发剃去刮净，使黑发重生。经用上述药后，真的长出黑发。

100007 北京东四北大街细管 5 号 3 号办 王兴亚

29/ 侧柏叶泡酒治脱发

我父脱发 10 余载，偶得一方：侧柏叶（生品）浸于白酒中（加盖），7 日后弃去柏叶，每日涂于患处。试之，感凉爽，但常忘记涂擦，谁知一月有余，秃顶钻出黑发，日久渐多。 阎 萍

30/ 常梳眉毛粗又黑

我的眉毛又黑又粗，别人总问我是不是画出来的。其实无论男女，眉毛如同头发一样需要护理。平日早晚我梳头发时，总要各梳眉毛 20 次，这样促进了眉部血液循环，又按摩了眼部，对提高视力起到了保护作用。

100028 北京朝阳区曙光里 9-1-603 陈 起

用
部

1/ 莴笋叶可以喂蚕

莴笋上市和养蚕季节吻合。我曾用莴笋叶喂过蚕，蚕喂得又白又胖，同样吐丝排卵。每年中小学生为养蚕，到处找桑叶，而且桑树被撸秃，破坏了绿化环境。可试用莴笋叶喂蚕。 冯 黎

2/ 蚜虫代鱼虫

一天，我正在阳台上捉月季嫩叶花蕾上的蚜虫，女儿吵着要我快去买鱼虫喂金鱼。我灵机一动，吩咐女儿拿来毛笔和一张硬纸，用毛笔把月季花上的蚜虫刷下来，投入金鱼缸。不一会儿，鱼缸里的蚜虫竟被金鱼吞食得干干净净！蚜虫可作金鱼的饵料，至于是否可作热带鱼的饵料我没试过。

沈士森

3/ 为冬季储存鲜鱼虫的方法

在鱼虫生产的高峰期，将打捞的活鱼虫用清水洗两三遍装进布袋，用洗衣机甩干，约两分钟后取出储存在冰箱冷冻室或冰柜内，能保鲜不变质。用时鱼虫呈颗粒状，鱼爱吃又不浑水。

李维诚

4/ 自制金鱼冬季饲料

金鱼的食物除了鱼虫以外，还有以下几种可做金鱼冬季的饲料。

瘦肉：将牛、羊、猪的瘦肉，煮熟煮烂后，除去油腻，捣碎后便可喂鱼。

鱼肉：把鱼（各种鱼都可以）煮熟，剔去鱼骨，然后制成小块状，但喂时要适量。

蚯蚓：蚯蚓一般生长在潮湿肥沃的泥土中，秋季可以多挖一些养在家中，喂之前要把蚯蚓切成小段。

河虾：将河虾煮熟去皮，撕碎喂鱼。

蛋类：鸡蛋或鸭蛋的熟蛋黄，是刚孵化出的仔鱼不可缺少的上好饲料。喂大鱼时最好先将蛋打在碗中，连蛋清带蛋黄一起搅匀，倒入沸水中煮熟，切成小碎块喂鱼。

植物性的饲料营养价值不如动物性饲料，不过它很容易得到，成本也低，喂起来较为方便，所以仍然是喂鱼的辅助饲料，如：面包、面条、馒头、饼干、饭粒以及米花等。但是为了保持水中有足够的氧气，无论喂哪种饲料，都宜少不宜多，这样就可以避免鱼缸里的水变质。

苏民晓春

5/ 冬季养热带鱼保温法

将鱼缸放置阳光照射或靠近暖气片处；鱼缸上盖层玻璃；每天加3磅开水分两次倒入鱼缸，并把每次烧完开水的壶灌半壶凉水（利用余热）3分钟后倒进鱼缸；晚上入睡前在鱼缸上盖层布单，室内暖气16℃时，水温保持在19℃~20℃，鱼不易死。 李维诚

6/ 黄连素能治小金鱼病

我家养了三条小金鱼，前几天发现鱼不吃食，不爱游动，鱼身表面长了一层白膜，鱼缸内的水发出腥味。我外婆将半片黄连素粉碎放在鱼缸里，经过一夜的时间，三条小金鱼白膜就没了。

姚 琳

7/ 铜丝防治金鱼皮肤病

初夏，小金鱼易患皮肤病，如不及时治疗，会传染给其他金鱼，造成死亡。你只要在金鱼缸里放上一段裸露的铜丝就行。这是因为：在通常的情况下，水是呈微酸性的，当水中放有一段铜

丝时，水中的酸就能和铜发生缓慢的微弱的化学反应，生成一种叫"蓝矾"的化合物，而这种物质正是治疗金鱼皮肤病的良药。 文栋

8/ 河螺蛳能清洁鱼缸

养观赏鱼的人都有体会，每日清洗鱼缸耗水量大，就是放几条"清道夫"也只能吃掉绿苔。一偶然机会，我选了4只个大整齐的河螺蛳，放入加了少量食盐的清水里泡1小时，清除壳内泥土后放入鱼缸。几天后意外发现，螺蛳繁衍了后代，专门吃鱼屎和绿苔，这样就不用每天换水清洁。 李维诚

9/ 储存鲜鱼虫又一法

入冬前多买些活鱼虫，把大部分清水倒出，而后装在塑料瓶或冻冰块的小盒内，放入冷冻室，待冻实后取出，用凉水冲一下，从瓶内取出，切成小块，装入塑料袋或铁盒内，存在冷冻室冻着，每天随喂随取。 马桂英

10/ 鱼虫保鲜一法

家中养了几条金鱼，以前总是在鱼虫不能保鲜上犯愁，特别是夏天。今年我想出了个法子，效果挺好。将一个大小居中形体匀称的土豆（黄瓜亦可），选其扁平处作为上部，切下厚度2~3厘米，做盖子用。然后将剩余的部分掏空（周边留的厚度与盖子的厚度相同），将鱼虫放入，盖上盖儿，藏于冰箱保鲜室内，保证10天内虫子不腐。

100077 北京丰台区洋桥东里3号楼1202号
阎淑芹

11/ 鱼粉喂猫呱呱叫

我家养猫，鼠虫绝迹，可猫每天要吃的鱼要花一两元钱买。后发现不论干稀饭、面条，只要趁热拌上五克秘鲁鱼粉，猫吃得很香，一年花不了多少钱。 龙迎祥

12/ 怎样消灭猫蚤、猫虱

△养猫的人很多，但许多人没有灭蚤的知识。猫染上猫蚤后往往不知所措，于是乱用药，有的药用后无效，有的药用了反将猫治死。猫对"六六六"敏感，根本不能耐受芳香油。猫天生具有舔毛的习性，使用敌敌畏等毒性大的药，可导致猫中毒死亡。这里介绍一种既安全又简单易行的办法。药店出售一种叫"辽防特效杀虫块"的药，人们一般用它来杀灭蟑螂，其实它也是杀灭猫蚤的良药。一只猫只需用一块药就够了。用时将药捣成粉末，涂到猫毛的根部即可，连续使用二三次疗效更佳。猫蚤产卵于猫窝及地板的缝隙中，幼蚤呈蠕虫状。彻底消灭猫蚤需对猫窝和铺垫物进行消毒。可撒上上述药粉或喷洒一些有机磷杀虫剂，也可用来苏水冲洗地板。 沈和

△找一些鲜桃树叶子，捣碎成粥状（约250克，稍加一些水），放在塑料袋内，再把小猫放在袋内，将头露在外面，把塑料袋的口连同小猫的脖子用绳扎上，20分钟后，跳蚤就会被熏死在袋内了。 杨海梅

△买一块普通红药皂，在盆里用开水将药皂溶化1/3，兑凉水至温度适宜，迅速将猫放入药皂水中，使之全身浸湿，约10~15分钟后，然后用清水冲洗2~3次，再用毛巾将猫擦干，待猫

全身干后，死跳蚤自然掉下。如猫身上还有残蚤，可重复上述方法 2~3 次，即可根除。不要用卫生球、樟脑等药物除蚤，对猫有害。 部东风

△猫身上生了虱子，一般不易根除。我的方法是：给猫洗澡时，在温水盆中加入几滴风油精。加入量多少视猫生虱情况而定，多者可多加一些。猫洗后不但体味清香，且可有效除虱。一般隔三五天洗浴一次，二三次后即可除净。 朱 冰

13/ 让猫食狗尾草可驱除绦虫

北京体育学院赵某，养了一只花母猫，体况一向良好，后来突然消瘦，成了皮包骨。给它鱼肉蛋饭等食物都不肯吃，整天爱睡，腹部向上，四肢直伸，或腹部贴地，四肢张开，即使有人惊扰，也不愿理睬。一天，发现猫在房后草地里吃狗尾草嫩叶。嗣后不久，这只猫在房前拉了一堆"屎"，实为绦虫，黄白色，其味恶臭，形同面条样一节一节的，虫体周围被狗尾草缠绕着。猫自拉出虫子后即有了食欲，渐渐地恢复了健康。 高履之

14/ 狗食物中毒如何解

我农村亲戚家养的一只狗，有一天早晨不知吃了啥食物，狂叫几声嘴吐白沫，躺在了地上。它的主人看后，便从别人家中找来一块仙人掌，约 15 厘米×4 厘米，用刀去掉刺和外表硬皮后，捣成粥状，用木棍抹在狗的嘴里。两个多小时后，狗便站立起来了，而且晚上又能进食了。

100022 北京朝阳区双井北里 16 楼 206 王善庆

15/ 嚼完的口香糖可钓鱼

一次，我和朋友去钓鱼。由于鱼食带得太少，我们就把口中嚼完的口香糖当作鱼饵，粘在鱼钩上，结果还真钓上好几条大鱼。

100027 北京东直门南大街 10 号 杨宝元

16/ 钓鱼一妙法

一位很少空手而归的钓鱼能手，近日公开"钓鱼经"：钓鱼前把诱饵用啤酒浸透，且钓鱼前还要在钓鱼区内抛撒点儿酒浸食品，引鱼上钩。

223800 江苏省宿千市东大街 68 号院 赵理山

17/ 养龟五诀

我家养了两只巴西龟，已有两年了，在养龟中，有点小诀窍。

（1）不用常换水。因为龟是两栖动物，对水的要求不像金鱼那样挑剔。

（2）每月要喂它们一点加钙的食物，这样可以促进龟壳的增长和硬度。

（3）要适当地放些优美的音乐。因为这样可以使小龟更加机灵。

（4）小龟冬眠时不要去把它们弄醒，因为弄醒后它们会烦躁不安。

（5）喂时要有规律，使它们体内形成生物钟。

100007 北京市第七十九中学初一（1） 闻 天

18/ 海水鱼弃物也可作花肥

很多人认为，海水鱼的废物不宜于作为花卉肥料。其理由是，海水鱼生活在含有较多盐分的海水里，这样它们体内的盐分自然也就很高。其实，海水鱼虽然生活在海水中，但是并不会因此在体内就含有更多的盐。实际应用表明，海水鱼弃物经过发酵所制的肥料与用淡水鱼弃物所制的肥料一

样，同样可以促进花卉的生长、发育。不过，由于海水鱼体表沾有少量海水，所以在发酵前应多用淡水冲洗几遍。

韦三立

19/ 淘米水和烂西红柿发酵后作米兰肥好

淘米水（稠者为好）和烂西红柿放在一个容器里，发酵后浇米兰，会使米兰枝繁叶茂，开出的花味道香浓。各种喜酸性的花卉，用这种肥效果也好。

王方立

20/ 柑橘皮泡水浇南方花卉效果好

米兰、茉莉、海桐等南方花卉在北方的碱性土质上不易成活，生长不好。我和一些同事试着用柑橘皮泡水两三天，浇南方花卉，天长日久，我家养的海桐、米兰、茉莉等长势越来越好，枝叶壮实，碧绿繁茂，而且开花也多了，香味浓郁芬芳。

孝敏

21/ 变质葡萄糖粉是好肥料

一朋友介绍说，变质的葡萄糖粉捣碎，撒在花盆土四周，三日后花的黄叶变绿，长势茂盛。我试用一年，效果极佳，适用吊兰、刺梅、万年青、龟背竹等。

李维诚

22/ 盆景生青苔法

把盆景放在阳光充足的地方，每天用沉淀过的淘米水浇一次，15~20天便能生出绿茵茵的青苔。

涛

23/ 怎样使蟹爪莲春节前开花

入冬前室外气温 5℃ 左右，不要将蟹爪莲花盆急于移入室内，应放在窗前背风处，浇足水。经常观察叶尖部现蕾情况（会在叶片顶部慢慢出现小米

粒大小的幼蕾），待 60%~70% 的叶片现蕾后，即可将花盆移入室内较阴凉、通风较好、有微光的地方，温度控制在 10℃ 左右为宜。盆土不可过干过湿，以保持花蕾不脱落，如幼蕾脱落较多，即土壤过干、室温过高所致，花蕾长速过快，为水分过大、温度过高所造成。待到农历腊月二十前后，会有少量花朵开放，此时可适当多浇水，开花盛期正值春节前夕。

李新

24/ 秋冬季也是盆栽葡萄育苗好时机

盆栽葡萄插条育苗都在春季进行，而我却在秋冬季室内育苗。趁深秋葡萄修剪极易得到枝条，选用已木质化、一年生、粗壮、无病虫、节间较短、节部隆起、芽苞饱满的枝条作插条，剪成带 2~4 个芽的条子。上端剪口要求在芽上 1 厘米左右，剪一个平口，下端剪口在芽处剪一个斜口，这样插条就做好了。将插条插入花盆，上端芽露出土面少许。花盆放在室内，见干就浇，能放在见阳光处更好（未萌芽前也可不见阳光）。春节前后，葡萄休眠结束，芽苞开始萌发长大，开春就已长成一株可爱的盆栽葡萄小苗。为保护根系，最好不要换盆，使它在盆中继续成长。近年来，我选用巨峰和玫瑰香品种试种，效果都很好。

杨华光

25/ 如何剪枝插种茉莉花

我喜欢茉莉花。几年来，每年4月底都自己剪枝插种，成活率很高。具体方法：将茉莉花冬季长出的较粗壮的新枝条分段剪下，每段留两节（每节上有两片叶），用水泡六七天后种在

花盆里。种时将下面的一节和叶埋在土里，用大口玻璃瓶盖上，经常保持盆内湿润，直到上面的节两旁长出新芽，证明下面也长出根，待新芽稍大点就可把玻璃瓶子拿掉。　　薛世芬

26/ 烂根的君子兰如何挽救

君子兰烂了根，叶子就随着变黄枯萎。发现这一情况后，应立即将君子兰取出，用水将根冲净，然后放在高锰酸钾水（少量高锰酸钾溶入一盆水中）中，浸泡10分钟左右取出，用水将根洗净，埋入用水洗干净的沙子里，一直到长出较长的嫩根后，再放回君子兰土里继续培育。　　张国英

27/ 剩啤酒擦花叶可保洁增光

室内常绿花卉如龟背竹、橡皮树、君子兰、鹤望兰等，长期摆放时，虽以清水为叶面擦拭，喷洗除尘，但水蒸发后仍难免留有尘渍泥点，影响观瞻。笔者试以兑一倍水的剩啤酒液擦拭后，不仅叶面格外清新洁净、明显地焕发出油绿光泽，而且此后再依正常管理叶面喷水时，光亮期可保持10天左右。　　吴冀龄

28/ 头发茬可作盆花肥

在兰花、米兰或茉莉的花盆里埋入一些头发茬，可使花冠长得更茂盛，花蕾多且香味浓。　　牛金玉

29/ 用洗奶锅水浇花好

近年来，我用洗奶锅水浇花，效果很好。浇过的橡皮树，枝粗叶茂，叶厚色绿。浇的次数多少，可随季节、花种而异，或隔天一浇，或一周一浇。　　杨进铨

30/ 橘皮可减轻浇花水肥臭味

浇花沤的营养液，如马掌水、麻酱渣水或碎骨头水很臭，如果放进几块橘皮同时泡，臭味可明显减轻。　　张琦

31/ 橘皮泡水浇花可除虫

我家有30多盆观赏植物，每年深秋从阳台搬人居室内度过漫长的冬季。由于经常浇淘米水与剩茶水，加上室内温度高，有的花盆内滋生黑色小飞虫。我用每日吃橘子剩下的鲜橘皮泡水（只泡一天当天用，不能时间长了）均匀地浇在盆土上，用不了两天就把小飞虫全消灭了，同时还能去掉盆花入室前施的麻酱渣子或其他肥料的异味。　　萧宇光

32/ 大蒜汁稀释液可杀花卉害虫

将大蒜捣烂，按一瓣蒜一杯水的比例兑成稀释液，过滤后喷洒在有虫害的花卉植株上，连喷两天可将害虫杀死。此法无化学农药污染，不伤花叶。　　卓秀云

33/ 冰块可延长水仙花花期

养水仙的人都知道，水仙花适于低温养，在4℃左右其生长期约为30天。可一般室内温度较高，使花期缩短。一个偶然的机会，我发现用干净的雪或冰块来代替水放在水仙盆内，到晚上将盆中化了的水倒掉，一天可换几次冰块，放在封闭的阳台或阴凉处，则可使花期保持1个月左右。这种方法也同样适用于各种鲜花。　　刘雯

34/ 废弃食用油养花花盛开

人们形容土地肥沃时常说："肥得能攥出油来"。据此，去年以来，我清

理厨房抽油烟机储油盒时，就把废油分别顺着家中几个花盆的盆边倒进土里，果然收到了很好的效果。今年春天，扶桑、茉莉、旱莲等几盆花卉竞相开放，长势胜过往年。　　胡宁

附：读者来信

我试着用抽油烟机里的废油当肥料上在花盆里，几次都把花烧死了。后来我先把废油倒在没栽花的花盆土中，然后浇水使其发酵。这样发酵后再用，效果很好。被上肥的花不但没烧死，而且长得绿油油的，很是好看。

100026　北京市朝阳区金台北街4号楼1门401室
宋贵满

35/ 巧种君子兰

我去年春季用塑料袋装了很多锯末，加上水，封口发酵。到秋季，用发过酵的木屑代替君子兰营养土，种了四盆君子兰，到今年春天三盆君子兰都先后开花了。　　夏治平

36/ 水养芋头可供观赏

最近我买菜时发现芋头有发芽冒尖的，回家后用水泡几天就长出了绿叶，一天一天长得很快，形似荷叶，放在窗台上小鱼缸旁供观赏，确实不错。　　薛已登

37/ 剩鱼虫水浇花

现在养鱼的人越来越多，养鱼要喂鱼虫，但有时鱼虫死得快，剩下的死鱼虫残留物不要倒掉，可用来浇花用，给花增加了肥料，花长得壮、开得鲜，如一次用不了可灌到瓶子中备用。　　戴卜明

38/ 发酵淘米水养君子兰

前几年，我把半盆馊稀饭倒在生长得不太好的君子兰花盆内，过了些日子君子兰长出了三四条宽壮的新叶子。后来，我就给它浇淘米水，最好是发酵后的，君子兰一直长势良好。现在花开得特别鲜艳。　　王宗秀

39/ 食醋浇花可代替硫酸亚铁

有些花性喜酸土，如果盆土少酸性，则花叶必泛黄，甚至枯死。这时就要浇一些泡有硫酸亚铁的水。但如果手头缺少硫酸亚铁，可用食用米醋代替，根据花盆大小，每次用半汤匙米醋，冲500克凉水，浇在花盆中，浇过几次以后，则花叶重新泛绿。　　王汉

40/ 花盆能种蔬菜

我异想天开，用花盆种蔬菜，结果如愿以偿，用大号花盆种上3~5棵茄子、西红柿，用中号盆种柿子椒，就够一家食用。如有空间也可种豆角、黄瓜之类，只要土质肥沃，懂得一些栽培技术就行。　　李信

41/ 香菜水灭蚜虫

把拣香菜时丢弃的菜叶、菜根和菜梗泡在水中，要用热水泡并用力揉搓，使其汁更多地渗入水中，然后用来消灭花土的蚜虫，无毒，还不伤害花枝。　　笑园

42/ 君子兰醉酒促开花

三年前，我买回一盆鲜花怒放的君子兰，但花落后一连三年花不开叶不发。一天，我误将半瓶二锅头酒当水倒进君子兰盆内，心想这一下它定醉烧死无疑。没承想不到七八天光景，花箭

冒出来，又齐整整地长出两片新叶。我试着隔三岔五地倒上一杯白酒，长势越来越好。如今，君子兰开的花似一把火炬。

100085　北京清河 2867 信箱　牛金玉

编者注：上文发表后，我们收到五封来信（下附），陈述了各自不同的"醉酒"法结果。看来，这些结果都与酒的种类、用量、用法以及花的品种相关。是故，读者用"醉酒"法前，请先与成功者联系一下，问清有关事项。另外，提请读者注意这样一个现象：人有嗜酒的，也有恶酒的。君子兰是否也这样呢？

附1：慎用"醉酒"法促开花

我按《生活中来》所刊《君子兰醉酒促开花》所说的办法，将家中三株君子兰施以"醉酒"处理。结果不但没有开花，反而隔三岔五枯黄一叶，现两株已死。建议养花爱好者慎用"醉酒"法促君子兰开花。　　　　老 刘

附2：君子兰醉酒的确促开花

十多年来我养过四盆君子兰，不但不开花，反而先后枯黄死了。前年同事送我一盆曾年年开花的君子兰，到我手的第一年又不开花了，今年正着急时，看到《生活中来》里《君子兰醉酒促开花》的报道，我照方浇了白酒，结果十天左右窜出了花箭，我高兴得每周浇一次水酒，先后长出了五个花蕾，现齐刷刷地张开了橘红色的喇叭口往上蹿呢。

100035　北京西城区护国寺西巷 57 号 3 门 402 室
林 瑜

附3：啤酒浇君子兰

我家养了一盆君子兰，原先每年开花一回，后来我们喝啤酒时总剩下一点，就把剩下的啤酒倒入花盆中，就这样持续了较长时间。后来，我们发现君子兰的叶子越来越翠绿，而且每隔几个月就开一回花，有一年竟开了三回。

100062　北京崇文区安化大楼 1010 号　张 娟

附4：君子兰嗜酒

君子兰是嗜酒的花卉。我有几个同事坚持经常给君子兰"醉酒"，这个酒不是白酒，而是啤酒。他们的君子兰花开得丰腴，叶呈黑绿色，油亮，雍容华贵之态。

161042　黑龙江省富拉尔基中国一重集团公司
徐清成

附5：君子兰浇酒实验记

见《生活中来》载，君子兰花浇酒后，立即开花。我也试验一下，用半瓶二锅头，兑一塑料桶水稀释，对大花君子兰每盆浇一缸子，剩下给竖花君子兰每盆浇半小杯。七盆竖花（北京品种）四月开一盆，六月中旬开四盆，有一盆开两枝花。花枝挺立，每支有六七个花朵，其色与花朵均与大花君子兰一样美。可大花君子兰七盆，不但一盆未开，四盆大的，浇酒多的，日渐枯萎，不知何故。（注：大花君子兰，为长春品种，叶宽而短，曾名贵一时。）看来不同品种结果不同。

王建中（电话：010-64043822）

43/ 君子兰"枯死"不要扔

君子兰外叶枯死，若拔出后根还充实，只要择去空皮根，把充实根冲洗干净，去除枯死叶片，稍微晾一会，再栽入君子兰用土中，洒上水，连盆置荫凉处（不可暴晒），在不强的光照下，

不久会冒出新叶，照样成活、生长。只要肥、水适宜，叶片自会逐渐增多，约达 20 片就可开花。

100081　中国农科院 3-306　吴新立

44/ 花盆保墒一法

出差或放假时间较长时，家中或办公室里养的花卉易旱死。我摸索出了一方法，浇足水后，在花盆的土壤面上铺 4~5 层手纸，再洒水使手纸饱和，一般可保持 15 天花不缺水。不要用塑料薄膜，因透气性差和室温高，根系易腐烂。

100085　北京清河 2867 信箱　牛金玉

45/ 冬季花草除虫法

居室盆花冬季一般不能出屋，若发现生虫，虽可喷洒药物但异味较浓，埋药则速度缓慢不能及时除虫。我试用电子驱蚊片除虫，将花盆用大塑料袋罩上，把电热驱蚊器放到里面，放一片蚊香，两三个小时即可将虫杀灭。

100029　北京朝阳区惠新里 238 楼 3-102　季仲立

46/ 治蚜虫两法

住楼房封了阳台影响通风，一些花木很容易生蚜虫，而且顽固。可在吃洋葱（葱头）时，切去葱尖葱根部不要丢弃，摆在花木盆中（套上塑料袋更好），可治蚜虫。还可在晚间用电驱蚊器，将有蚜虫花木摆在周围，一两次即根治。

100071　丰台镇桥北文体路 62 号 5 号楼 4 门 49 号
常　辉

47/ 蒜醋治花虫

我家几盆花都长了红蜘蛛，多次用买来的杀虫药喷洒，都不能解决问题，且污染了环境，后来我就用蒜醋（要

稀释）喷洒，立竿见影，现在虫已被消灭。我用的蒜醋，醋是山西老陈醋，蒜是当年下来的新蒜（5 月底 6 月初可买到），泡的时间在半年以上。

100005　北京东单北大街 41 号南楼 8 层 5 号　周晓玉

48/ 大蒜治蚜虫

室内养花往往为蚜虫所苦，又不能用农药。我试用三四瓣生大蒜，切成末，撒在有蚜虫的花盆里，再喷上些水，很快，蚜虫就不爬不飞了。

100081　中国农科院 3 号楼 306 号　吴新立

49/ 烂根君子兰生根法

夏季君子兰易烂根。可将烂根处理干净，晾干，用塑料口袋装好，放入冰箱下部的塑料保鲜盒内，不用采取任何措施，20 天后就能生出很健壮的根来。

100055　北京宣武区三义西里 4-111 号　李树勋

50/ 促使海棠开花法

大叶海棠本应四季开花，但有时枝叶疯长就是不开花。此时可将疯长的枝在顶部 22~25 厘米处剪下，去掉基部一两片叶，插入大口玻璃瓶中，用水浸泡，20 多天长出白色小根，即可插种。每次浸 3~5 枝，插在一个花盆中，不久，各枝都会开花。剪后的老枝长出新枝，也能开花。

100081　中国农科院 3-306　吴新立

51/ 让朱顶红在春节期间开花

距春节还有四五十天时，应把朱顶红花盆放在有阳光的房间暖气上。为了不烤坏根部，要在暖气和花盆之间垫块砖。我和许多人多年来这样做，都在春节期间看到了喜人的花朵。王宗秀

52/ 鲜姜也可作盆景

在盆景中放些小石子，有雨花石更好，把选好芽多且壮、形态奇特的生姜块埋在石子里，浇水漫过石子即可。每天要换水一次，以免姜根腐烂叶黄。我十几年来年年都养一两盆，平添乐趣。

100009　北京鼓楼东大街 294 号　施庆林

53/ 木耳菜亦可盆栽观赏

木耳菜又叫落葵，是炒食或做汤的绿叶蔬菜，味道十分鲜美。其实，木耳菜亦可用于盆栽观赏。我从菜市上采购来带根的鲜苗菜，从中挑选出几株茎叶、根系完整的，分别保留茎尖或去掉茎尖，间隔着栽到一个花盆里，然后浇水，置于荫凉处缓苗，白天罩一个塑料袋保湿，晚上揭开放风，这样大约 10 天左右，木耳菜全部成活。然后将花盆移至阳光充足处后，它们争相展蔓、萌枝、攀缘、缠绕，使插设的小竹拍子很快绿荫半屏。

100101　北京安外安贞西里 1 区 8 楼 1 门 502 号
吴冀龄

54/ 磁化水浇花喂鸟效果好

我自离休后，养了几盆花和几只鸟，用磁化水浇花和喂鸟已经 5 年多了，效果很好。盆花长得茁壮，花朵多，花期长，且不用施肥，无异味，不爱生虫害。鸟儿也生长健康不患病，且羽毛艳丽、鸣叫时间长。后将此法介绍给养花鸟的朋友们，实践证明效果也都比用自来水好得多。具体方法是：在一铁桶或铁壶内壁中部相对部位各吸上一块磁铁，然后装满自来水，2 小时后即可使用。水可随用随添。

066600　河北昌黎县交通局　佟程万

55/ 养花灭腻虫

春暖花开时节，腻虫是家庭养花之大敌。将一电蚊香器具放于花盆内，器具上放樟脑丸半颗。再找一无破损的透明大塑料袋一个，连花苗将整个花盆罩起来。然后将电蚊香插电源，2 小时后，揭开塑料袋即告结束。

100044　北方交通大学塔 2 楼 1601 室　张定康

56/ 仙客来顺利度夏

仙客来是观赏性很强的室内盆栽花卉，元旦时前后开花。花型优雅。略带香味，极有韵致。我养了多年，但每每度夏失败。有人建议：要么在开花后将球茎挖出放在土上；要么伏天不浇水。我考虑这两种方法有一定道理（水多易烂），但不大可靠，于是采用这种方法：开花后将花盆放入一个更大的、有半盆土的花盆里，每隔十天半个月，在外盆中浇水一次。这样，球茎既不因干旱而萎缩，也不因水多而烂掉，而且不断长根，为秋后生长打下良好基础。处暑前后换盆浇水，此时可看到小嫩芽及花蕾。现在我的仙客来，叶子有 3 厘米高，花蕾很多，元旦前开花直到来年 5 月。近半年有花，令居室赏心悦目。

100044　北京市北方交通大学西 4 楼 211　王知一

57/ 羽毛是花卉优质肥

羽毛的氮、磷、钾含量分别为 10%、0.1%、0.15%，还含有花卉所需要的多种微量元素，最适合花卉做基肥使用，特别是施用安全，不会导致肥伤。施用方法：做基肥把羽毛放在盆底，做追肥则扒开盆土把羽毛埋在土层下，还可泡水做液肥。

102300　北京门头沟区峪园 3-2-3 号　陈雷

1/ 报纸油墨味可驱虫

我有个习惯，总喜欢在放衣服的箱子底上铺一层报纸。没想到，十多年来没有采取任何防虫措施，但箱子、衣服等物却从未遭过虫咬。原来报纸的油墨味可以驱虫。最好每半年换一次报纸。

卓秀云

2/ 鸡蛋壳粉灭蚁法

现将我亲自试验过的方法介绍如下：用鸡蛋壳数个，放在炉子上烤黄（不能烤焦），然后碾成粉末状，撒在蚂蚁窝周围及其经常出入的地方，因为此粉末有香味，蚂蚁特别爱吃，吃多了就会被撑死。放几天就可看到地上有很多死蚂蚁，经常放些就会没有蚂蚁了。

王云翠

3/ 红蚂蚁害怕橡皮条

我分到一层楼住房，东西刚搬进去，就被红蚂蚁"占据"了。全家恼火，四邻也怨声载道。家人无意收听到了一则蚂蚁遇到橡皮筋就走开的广播，便打算试一试。我用报废的自行车内胎和胶皮手套，环形剪成约1厘米宽的长橡皮条，用鞋钉和大头针把它钉在门框上和玻璃窗与纱窗之间的窗框上。自钉上橡皮条至今，我家再没有红蚂蚁进入。橡皮条虽然不能彻底消灭红蚂蚁，但能有效地避免红蚂蚁的侵扰，不妨一试。

李计忠

4/ 利用蚂蚁特点消灭之

红蚂蚁多在厨房有油物食品处，可利用这一特点将其消灭。晚上睡觉前先将所有食物移至蚂蚁去不到的地方，再将一片肥猪肉膘放在地上，并准备好一暖瓶开水。第二天早上，蚂蚁聚集在肥肉膘上吃得正香，不要惊散蚂蚁，立即用开水烫死。这样几次即可消灭干净。

汤林锐

5/ 香烟丝驱蚁法

我有一种简便易行的驱蚁方法：将烟丝泡的水（泡两三天即可）或香烟丝，洒在蚂蚁出没的地方（如蚁洞口或门口、窗台），连洒几天蚂蚁就不会再来了。但这种方法只是使蚂蚁不再来，并不能杀死蚂蚁。

李钧

6/ 鲜茴香可诱捕蚂蚁

我家厨房蚂蚁很多（特别是小红蚁），多次捕杀不绝。一天买回一捆鲜茴香，无意放在了蚂蚁出入较近的地上，第二天发现鲜茴香诱来很多蚂蚁，黑压压的总有四五百只，当即用沸水烫死。之后很久不见蚂蚁。

王方立

7/ 牙膏能治蚂蚁

我家楼房窗台缝里有一窝蚂蚁，屋内床上沙发上便总有它们的踪迹。我曾采用过卫生球熏、药和水泥混合堵、药水淹、开水烫等各种办法，但屡堵不绝。今春，我7岁小女淘气，用我新给她买的草莓香型小白兔儿童牙膏抹在蚂蚁窝附近，发现了一些死蚂蚁，我就用牙膏把蚂蚁窝堵住，至今几个月了，一只蚂蚁也不见了（别的型号牙膏我没试用过）。

王世敬

8/ 灭室内蚂蚁一法

我家有很多红蚂蚁，用药喷治效果不理想。我用带甜味的面包、饼干、湿白糖或一小块香肠、肉等，放在蚂蚁经常出没的地方，几小时后，蚂蚁会排着队密密麻麻地爬到这些食品上，可用开水烫死。然后重新放置，蚂蚁又会爬来，几次后室内不再见蚂蚁了。

张利华

9/ 蜡封蚁洞除蚂蚁

几年前搬新家，蚂蚁成灾。水池边，窗框下、门缝底有十几个蚂蚁洞，用了许多方法都没有根除。一个偶然的机会，我用蜡烛油一滴一滴浇在蚂蚁洞口，冷却后的蜡将蚂蚁洞口封死，蚂蚁便再也没爬出来过。有个别洞穴被蚂蚁咬开，再浇一次蜡烛油，即可彻底根除。

李力

10/ 电吹风驱红蚂蚁

去年家中厨房发现红蚂蚁后，我用杀虫剂、烟熏、开水烫，效果一直不理想。后来我用电吹风机（1200瓦，开最高档）对着红蚂蚁经常出没的地方吹了十几分钟，到现在家中再也没发现红蚂蚁。

100021 北京朝阳区武圣西里16楼5门502号
张荣

11/ 糖水杯治红蚂蚁

两年前我家发现红蚂蚁，多次用药都未能彻底绝迹。偶然一次我将没喝完的糖水杯子放在书架上，第二天发现水杯内有大批红蚂蚁。以后用此法将糖水杯放到床头柜、书架、碗柜等地方，第二天都发现有蚂蚁，治理半个多月，红蚂蚁基本绝迹了。

100039 北京石景山区永乐东区39楼5单元10号
张恩连

12/ 橡皮筋防治蚂蚁

厨房里闹蚂蚁，小孩淘气地用橡皮筋把蚂蚁洞口堵上了，竟然发现，蚂蚁都躲着橡皮筋爬。几天后一个蚂蚁也没有了。我在洞口放上橡皮筋，从洞口出来的蚂蚁一靠近橡皮筋就又钻回洞里，下一个出来的蚂蚁也是同样。在蚂蚁洞两边放上白糖，一边用橡皮筋将白糖围上。等待几分钟，有五六只蚂蚁爬向没橡皮筋的白糖处，而橡皮筋的白糖处一只蚂蚁都没有。我把最容易招蚂蚁的果酱、蜂蜜和白糖的容器用橡皮筋缠起来，放在窗外，过了一个星期都没有蚂蚁来。

100045 北京复外大街13楼209 李春娅

13/ 醪糟灭蚂蚁

家中红蚂蚁多得烦人，厨房、客厅、卧室都有，用雷达、必扑、灭害灵等的效果仅是当时一阵子，过后又出来了。有一次无意间将半碗没吃完的稻香村醪糟放在卧室的桌子上，等晚上回来，碗里满是死蚂蚁，我一连几天在厨房、卫生间等处放，蚂蚁也死在里边，后来蚂蚁就不见了。

100041 北京石景山区模式口北里4栋301号
安素芹

14/ 糖罐内放粒大料防蚂蚁

我住楼房，家中糖罐常有红蚂蚁光顾，即使盖好盖，红蚂蚁也能爬进去。半年前，我试着在糖罐内糖上放一粒大料，盖好盖，至今未发现罐内有红蚂蚁了，且糖中有股清香味。 蔡祝园

15/ 恶治蚂蚁

家里有了蚂蚁用了许多药物而无济于事。于是我不再用药，改用了个"残忍"的方法。每当我发现蚂蚁时无一例外地碾死，但不把蚁尸扫去，这样蚁尸就会被再来寻食的蚂蚁发现带走，从而给群蚁造成死亡的恐怖。如

此坚持一段时间就不会看到蚂蚁了。

肖锋

16/ 玉米面防治蚂蚁

蚂蚁入室很讨厌，特别是厨房，不好根治。有人介绍我用玉米面撒在蚂蚁出没的地方，蚂蚁便成片死亡，直至根除，我试过效果很好。

100037 北京首都师范大学 11-33 肃敬

17/ 中药丸蜡壳放樟脑防虫

吃完中药后将蜡丸壳外面的蜡剥去，把小孔捅开，放入樟脑片，两壳合上后放入衣箱、大衣柜、书柜中。这样既不脏衣物，又可挥发出樟脑芳香，使虫不蛀。我多年来一直使用，效果很好。

张文杰

18/ 用过的驱蚊药片可再用

△夏季使用电热驱蚊器，一晚要用驱蚊药一片，一夏天要用3盒。我介绍一种方法：把驱蚊药水滴在用过的药片上，既有驱蚊作用，又节约药片。入夏以来我一直这样使用，效果很好。

王冬梅

△电子驱蚊器的蚊香药片用12小时就失去药力，此时，只把药片用风油精或花露水浸泡一下再用，灭蚊效果更佳。

杨宝元

19/ 电冰箱灭蚊法

市场出售的放药片的电子灭蚊器其主要原理是灭蚊器上有一电子加热装置，金属板上温度40—60℃，药片放在上面，因受热发挥于空气中，起到灭蚊作用。笔者发现家用冰箱的压缩机外壳工作时温度也在60℃左右，将药片放于其上，同样能发挥灭蚊功效。

曲沛力

20/ 简便除蚊法

用一个空酒瓶装3~5毫升糖水或啤酒，放在室内蚊子活动较多的位置，蚊子一旦闻到甜味或酒味就会往瓶子里钻，碰到糖水或啤酒就被粘住了。

梁连成

21/ 用吸尘器灭蚊

打开吸尘器的电源开关，四五秒钟后电机运转到高速时，将吸尘口对准停留在墙壁、蚊帐、纱窗等处的蚊子，蚊子吸入后随即会被气流打死，储于集尘盒中。用吸尘器灭蚊，效果好，不会有药物污染。

张树明

22/ 自制"酒瓶捕蝇器"

用一只透明的酒瓶，装上大半瓶清水。在瓶口内侧涂点糖。苍蝇来吃糖时，会自动钻到瓶子里，想飞也飞不出来了，只得落水身亡。

朱庆达

23/ 西瓜皮喷药灭蝇好

天气越热，西瓜皮越能招引苍蝇。若在西瓜皮上喷些敌敌畏等农药，能收到较好的灭蝇效果。注意西瓜皮要在腐烂变质之前扔进厕所粪池或挖坑埋掉，同时禁止禽畜食用。

宋怀莲

24/ 加长蝇拍把效果好

蝇拍一般30厘米长，打不着屋顶的蚊蝇。可找一根40厘米长的竹竿或木条与蝇拍捆在一起，既能打着屋顶的蚊蝇，而且由于人与蚊蝇远了一些，十发九中。初用时不太习惯，很快您就会得心应手了。

陈士友

25/ "守株待兔"灭蟑螂

蟑螂是家中的一大公害,药喷了不少,蟑螂没死几只。我无意中发现一个妙法。买一卷封纸箱用的黄色宽胶带,剪成一条一条的,长度自定,放在蟑螂经常出没的地方。第二天早上,你会发现很多自投罗网的蟑螂。我家用此法,第一天就粘住 60 多只,以后每晚都是二三十只,没有多久就差不多消灭干净了。

陈建平

26/ 蟑螂怕黄瓜

我在深圳住过两年,出没寝室、厨房、中厅的蟑螂很多;虽用杀虫剂喷射当场可死,可到夜间蟑螂又出来了。有一天,我的小外孙女将一块黄瓜头扔在客厅,次日即不见蟑螂了。于是,我又在各处放了切剩不要的黄瓜头,几天不见蟑螂。回京后,家中时有蟑螂出现,我又用这个办法,不几日,蟑螂即消失不见。我们邻居也仿用此法,真见奇效。

汤 米

27/ 治蟑螂一法

迁入楼房后,蟑螂成灾,用药无效。经友人介绍一法,一次治绝。此法是:用鲜牛奶(或奶粉)及洋葱头榨出的汁液,将等量硼酸粉、面粉和成糊状,分放在硬纸片上,置于蟑螂出没处,长期有效,蟑螂爱食,食后即死。同时我还将此药分送邻居,以便共同杀灭蟑螂。此后蟑螂绝迹,多年未再出现。

郭树荣

28/ 冷冻法治蟑螂事半功倍

三年前发现厨房里蟑螂乱爬,几次用药都未绝迹。后来我得知蟑螂喜热怕冷,于是在一个严寒冬日的夜晚,我

把碗柜搬离暖气管,关上冰箱,然后大开窗户,闭紧厨房门,让冷空气对整个厨房进行冷冻,连着冷冻两天后一看,厨房里蟑螂真的全被冻死了。从此,每到冬日我都利用严寒对厨房冷冻一次,自从使用了冷冻法,我家厨房里再也看不到令人厌恶的蟑螂了。注意不能冻坏管道,应事先采取措施。

100021 北京劲松东口沙板庄北京市第 4 市政工程公司建筑分公司 赵维扩

29/ 用灭蝇纸粘蟑螂

我在小商品批发市场,无意发现一种灭蝇纸,宽 4.5 厘米,长 30 厘米,双面有胶,买回家后揭开一面遮胶封面纸,放在厨房蟑螂常出没处,1~2 小时就粘住好几个大小蟑螂,可反复使用,每天均有收获。该产品是山东省威海市大吉化工厂生产。

100051 北京前门西大街 8 楼 705 谢在永

30/ 开水冲巢灭蟑螂

经过观察,我发现厨房暖气片空当是蟑螂的"家"。我在暖气片下边接一个长方形盘子,用沸水冲,死蟑螂和灰尘都落在盘子里。一个冬季搞两次,一连搞了两年,蟑螂绝迹了。

100045 北京复兴门外大街 13 楼 2 门 1110 号 许钱家

31/ 冷冻暖气罩灭蟑螂

我家装修做了暖气罩后,冬季蟑螂就活动在暖气罩内外,多次喷洒灭虫药后效果不大。后采用喷药后,迅速将暖气罩搬到户外(离房子远一点的地方)冷冻 24 小时,即将成虫及卵冻死。

100075 北京丰台区蒲黄榆四里 5 楼中单元 27 号 宋云凡

32/ 硼酸灭蟑螂

把一茶匙硼酸放在一杯热水中溶化，再用一个煮熟的土豆与硼酸水捣成泥状，加点糖，置于蟑螂出没的地方。蟑螂吃后，硼酸的结晶体可使蟑螂内脏硬化，几小时后便死亡。

100005　北京东城区东便门集贤里2号楼1门10号
汤梦菲

33/ 竹竿灭蟑螂

准备一根二尺左右比大拇指稍粗一点的竹竿在一侧劈开一道缝，蟑螂能钻进去为限。根据蟑螂喜温暖、住黑暗和群居的特点，放置在靠暖气或热水管的附近或蟑螂常出没的一个角落的地方即可。我家这节竹竿放在有热水管的墙角处。本来是支窗用的，后来发现里面住着很多蟑螂，清了一次，放回原处。一个月后再清时，里面又住着很多蟑螂，从那以后就专门灭蟑用了。清时用盆放一些水接着，或到便池敲打竹竿即将蟑螂敲落水了。这样每月清一次，每次都有，多则四五十，少则也有二三十个，既省钱又安全也不费事。

100032　中央档案馆　王红军

34/ 用灭蝇纸灭蟑螂

蟑螂讨厌又烦人，用散药打、用药喷均不能使其灭绝。我用了一方法，卫生又方便，而且还非常见效。方法是：用市场上出售的灭蝇纸将纸面都撕掉，将带有黏性的灭蝇纸挂放在蟑螂出没的地方即可。另一种方法是：将灭蝇纸的一面贴在蟑螂经常出没的墙上或地面上，另一面将纸撕下，露出黏性纸即可。当黏上蟑螂后请不要管

它，这时的蟑螂是跑不掉的，待纸上都是蟑螂后，将纸取下用火点燃，这种方法既安全又卫生。需要说明的是灭蝇纸黏性非常大，您操作时尽量带上胶皮手套。以免黏性物质不容易洗下来。

100083　北京语言文化大学西门平房1号　侯凤英

35/ 临睡灭蟑螂

住楼10余年，用治蟑螂药无数，未消灭掉。蟑螂夜间活动寻食，每日晚饭后把厨房灯关掉，睡觉前开灯捉它四五次（动作要快，因蟑螂的听、视觉特灵，动作慢就跑掉了），从1月中旬至2月下旬，40余天从未间断，每天消灭1~8只，天天有战果。3月份坚持每天查找，至今已30余天未发现一个，证明已全消灭。

100031　北京市西城区新文化街40号楼303号
崔吉清

36/ 冰激凌诱蟑

有一次，朋友们议论灭蟑问题，谈及一法，既简便易行又减少药物污染，室内、橱柜内都可使用。我试用了几天，效果很好，大大小小的蟑螂自投罗网，比平常能看到的蟑螂多得多。虽不敢说能灭绝，但连续使用几天后，蟑螂的密度自会大大降低。方法：吃盒装冰激凌时，盒内稍留下点冰激凌，倒上一点水（盖住盒底即可），睡前放在室内或有蟑螂的橱柜内即可。

100720　北京地内大街41号　陈志文

37/ 恶治蟑螂

家中厨房是蟑螂经常出没和繁殖的地点，也是灭蟑的重点。先将厨房内锅、碗、瓢、盆及柜橱内所有物品取出放

一安全处。取一火盖，或火盖大小铁器，用火烧热后放在铁簸箕中，或置于厨房地上（水泥地）。再将厨房窗户关严，柜橱门拉开，抽屉打开后，将"敌敌畏"乳剂适量倒在烧热的铁器上，赶快离开厨房，将门关严。"敌敌畏"乳剂遇热后，释放出气体，无论是柜橱内还是门窗内缝隙中的大小蟑螂，闻到后爬出即死。用以上方法消灭蟑螂要注意以下几点：

（1）家中有呼吸道方面疾病的人慎用。

（2）消灭蟑螂前，要戴好口罩和手套，防中毒。

（3）"敌敌畏"乳剂要放置安全处，防止家中婴幼儿触摸发生意外。

100077　北京市煤炭总公司二厂　高庆雨

38/ 旧居装修治蟑一法

旧居装修时灭蟑，既必要又可能，方法如下：取比例约为3立升左右锯末与100克左右"敌敌畏"乳油拌和待用。另取干净锯末若干，以1厘米左右的厚度平铺在厨房、卫生间的地面与管道相交处以及房角等蟑螂或小红蚁经常出没往来之处。然后将含药锯末同样平铺于干净锯末之上。最后再铺一层约1~2厘米厚的干净锯末（此层一定要盖住拌和物）。这样，过几日后就不会再见到蟑螂等害虫了。锯末的作用非常重要：它能吸蓄"敌敌畏"，使之不会流走和快速挥发而过早失去药力；同时不致使空气中短时间内药物浓度太大而刺激人体呼吸系统；还可以利用锯末铺洒确定虫害面积。同时注意严格按照"敌敌畏"乳油的安全使用要求进行

操作，以免中毒。　　　　　　　老　木

39/ 用带孔筐放枣捉蟑螂

我曾买些干枣放在带孔的塑料筐里置于室内地上。过了两天见筐内有蟑螂。于是我把好枣拣出，留一些残破的坏枣在内，上面盖一个塑料袋避光仍置于原处。此后每天早晚端起筐在水盆上筛筛，蟑螂落入水中灭之，如此反复捉到不少的蟑螂。

100051　北京和平门外东街9-2-301　沈鸿英

40/ 用空纸袋捉蟑螂

蟑螂喜暖。一天，我偶然在厨房暖气旁的一个中药空袋内，发现有许多蟑螂，于是倒在水盆里灭之。此后仍将纸袋放在原处（距地面半米左右），使袋口紧挨着墙壁，隔两天又倒出蟑螂捻死。如此反复捉拿，蟑螂密度小多了。

100051　北京和平门外东街9-2-301　沈鸿英

41/ 网眼暖瓶诱杀蟑螂

最近我用一个带有网眼的铁皮暖水瓶进行诱杀，效果很好。根据蟑螂喜欢在黑暗和湿热的地方生存的习性，首先把暖水瓶灌满水，放在蟑螂经常出没的地方，最好再找个盖或报纸，盖在上面，设置暗区。经过一段时间观察，总会有蟑螂钻入潜伏。一旦发现后，把带有蟑螂的暖水瓶迅速放入水池内，用热水浇烫即死。这样诱杀方法既避免喷药闻味之苦，又能减轻追打捕杀之劳。如果在暖水瓶网眼内塞放些诱饵，其效果更佳。

100053　北京长椿街思源胡同28号宿舍楼　马长林

42/ 果酱瓶灭蟑螂

买一瓶收口矮的什锦果酱，当您吃完果酱后，将瓶子稍微冲一下，瓶中放 1/3 的水后，把瓶盖轻轻放在瓶口上，不要拧紧，然后把它放在蟑螂经常出没的地方，第二天打开瓶盖一看：哈！效果甚佳，那些晚上陆续爬到瓶里偷吃果酱的大小蟑螂统统被淹死在瓶中。我一数，大的五六只，小的二十多只，真可谓大获全胜！本人就是用这种方法，消灭了不少大小蟑螂。

100077　北京丰台区西罗园一区 25 楼供电局营业

站 曹 斌

43/ 吹风机、吸尘器灭蟑螂

首先用消灭蟑螂的化学药品在蟑螂活动的重点部位进行喷洒，如厨房的阴暗角落和壁橱的缝隙等部位。几天以后将有不少蟑螂死亡。为了进一步消灭蟑螂，使用家用吹风机热风低速挡对缝隙和蟑螂活动的部位进行吹拂（注意不要吹拂易燃物和受热变形的物品）。以用高温消灭隐藏的蟑螂和卵。然后用吸尘器对以上部位进行抽吸，将已死或未死的蟑螂和卵抽吸干净。这时应用吸尘器的尖嘴吸尘头，并在吸尘袋（箱）里洒一些灭蟑药品，这项工作就可以告一段落。两三周以后再重复以上工作，消灭蟑螂会取得满意的效果。

100062　北京广渠门中学　刘崇灏

44/ 洗涤用品可驱蟑螂

春节前买回 1 袋洗衣粉、2 块洗衣皂和 5 块不同牌号的香皂，随手放在了厨房台案下的橱柜内，每次开橱柜门时都可感到洗涤用品的气味很浓。这里曾是蟑螂多年来的老窝，喷药洒药均无济于事。自春节后一月之间，时常可以看到出逃倒毙的蟑螂。其间断续替换了一部分洗涤用品以保持气味，至今半年多了，曾令我方法用尽而剩杀不绝的蟑螂之患却在无意之中解决了。

100020　北京朝阳区三里屯南路 20 楼 17–7 号　胡 梁

45/ 橘皮防治蟑螂

把吃剩的橘皮放在蟑螂经常出来的地方，特别是暖气片、碗柜及厨房内的死角，都可以放些橘皮，放干了也没有关系。我家今年从有橘子就开始用，一直到今天未发现蟑螂，我想可能橘皮中含有除虫剂的味道吧。

100029　北京朝阳区安贞西里三区 6 号楼 1 门 602 室

杨绍庭

46/ 用抽油烟机废油灭蟑螂

家有蟑螂为患，用灭蟑螂药起初效果较好，但几天之后，蟑螂似乎有了经验，远离药物而行，继续作乱。一日，清除抽油烟机集油罩内积油，发现其黏度极大，极难去除。我想，蟑螂既好油，何不用此种废油做诱饵，将其粘住。遂找来一塑料盒，装满取下来的废油，放在蟑螂出没的地方，过了两天取出一看，里面竟有不少死蟑螂。

100011　北京 760 信箱 10 分箱　熊郁灿

47/ 盖帘捕蟑螂

用同样大小盖帘两个（盛饺子用的）合在一起，晚上放到厨房里，平放菜板上或用绳吊在墙壁上蟑螂经常出入的地方。次日早晨用双手捏紧盖帘，对准预先备好的热水盆，将盖帘打开把蟑螂倒入盆内烫死。每次可捕数十只，连续数天后，蟑螂就渐渐无踪迹了。如果盖帘夹层内涂些诱饵效果会更好。

100022　北京朝阳区双井北里 16 楼 206　王善庆

48/ 樟脑驱蟑螂

几乎所有的昆虫都怕樟脑的气味，利用昆虫的这一习性，我将衣服防虫用的樟脑球撒在蟑螂经常出没的地方，果然蟑螂明显地减少了许多。但是要引起注意的是，不要让家里的小孩触及撒放的樟脑球，以免误食。另外，撒放时尽量均匀一些效果更好。这种方法对蟑螂只是驱逐，不能杀死。

100101　朝阳区安慧里一区 8 号 1 门 401　郑清淇

49/ 微波炉可除虫

夏季暑热潮湿，家里贮存的粮食、药材易生虫子，只需把生虫的粮食、药材放入微波炉内用高火力加热 2~5 分钟，待其冷却后收起，用时去除死虫即可食用。我家自 1992 年后多次使用过这种除虫法。

100039　北京海淀区田村路 56 号　梅春燕

50/ 葱蒜末驱蝇

在厨房、餐厅或其他苍蝇多的地方放些切碎的葱、大蒜或洋葱头，苍蝇就不敢光临了。因这些东西具有一股强烈的辛辣或刺激气味，是苍蝇的"克星"。邱芳宁

51/ 烟叶防蛀虫

△用大旱烟叶数枚放入钢琴板箱内，可防止蛀虫咬坏琴键绒，每年换一次。
顾嘉琳
△将普通烟丝洒在木器家具的边角能防蛀虫。香烟、雪茄放入衣橱、衣箱内，驱虫防蛀效果能和樟脑媲美。
张淑芬

52/ 纸顶棚防土鳖咬的方法

平房的纸顶棚夏天常会被土鳖咬成很多窟窿，如果用面粉打浆糊糊上大白纸，土鳖还会在原地咬洞，这时可用带胶的塑料薄膜，如瓦楞纸箱封口用的那种，剪一小块贴在窟窿上，外面再糊上一块大白纸，土鳖就不会再咬了。
邢正德

53/ 灭厨房卫生间小黑飞虫

我家厨房、卫生间的地漏周围，每逢春夏季节，小黑虫乱飞，碗筷饭菜上也时有它的踪影，很不卫生。今年夏天，我偶尔把坐浴用过的高锰酸钾水溶液倒在厨房地漏上，没想到几天下来，小黑虫少多了。以后每隔个把星期倒一次，四五次后小虫绝迹了。几角钱解决了多年来困扰我的难题。

100101　北京朝阳区安翔北里 11 号院北科宿舍楼
伍涤尘

54/ 老鼠怕松香

现北京市内老房纸顶棚还不少，一旦破旧需要再糊，糊好后常被老鼠咬坏。可在打浆糊时加一点松香细末，糊好后老鼠再不咬了。
苟啸岳

55/ 水泥安全灭鼠

将饼干研成粉，20 克饼干粉混入水泥 10 克，搅匀，放在小纸盒或小碗中，效果优于磷化锌。因为，老鼠吃食较慢，磷化锌在胃中产生磷化氢，严重刺激胃，老鼠停食。水泥在胃中变化不大，老鼠无感觉，水泥固化成块状，需要较长时间，水泥块拉不出来，使老鼠死亡。农村大范围灭鼠，此法最安全。

100081　北京白石桥路 30 号中国农科院土肥所
蔡　良

1/ 怎样消除玻璃鱼缸上的水迹

养鱼爱好者在清洗鱼缸时，对清除缸内水面留在玻璃上的水迹（一道白线）很发愁，用清洗剂怕不慎使鱼得病或死亡。其实只要用一个五分硬币蘸点水贴在水迹处摩擦两下就会清除。

吕 于

2/ 燃烧过的蜂窝煤可除冰箱异味

将燃烧过的蜂窝煤完整地取出，放入冰箱内（为了冰箱内的干净，可将其置一盘内），放置一两天后即可去异味。

吴立人 张淑月

3/ 柑橘皮除冰箱异味

用柑橘皮消除冰箱中异味，是偶然的发现。每次剥柑橘皮时，都会闻到一种特别的清香味；每次打开冰箱时，都会闻到一种不良的气味。笔者将新剥的柑橘皮，放入冰箱中几块，一天后，再打开冰箱时，异味没了，并散发出柑橘的香味。

褚建华

4/ 干面肥可除冰箱异味

现在市场出售的冰箱除味剂多数是外观精巧内装活性炭等吸附物质，使用寿命短，很不经济。我试用了一种方法，既经济，效果又好：做面食时，有意留下一块面肥，经彻底干燥后，敲成块状，用纱布包好放入冰箱中即可。视面肥的多少，3个月或半年换一次，可保证彻底除净冰箱的异味。

刘廷军

5/ 减少冰箱结霜有妙法

冰室化霜擦干后，在冰室内壁及外壁均匀涂一层食用油，可使冷冻室4个月左右不结霜。

李嶂哲

6/ 自制冰箱除味剂

冰箱用久了里面会产生异味。我利用木炭能吸臭味的道理，用一个纸盒，周围和上盖用锥子（或钉子）捅上小孔，把木炭装入纸盒内。放入冰箱冷藏室，过了两天，冰箱里一点异味也没有了。也可以用纱布做一个口袋，里面装上几块木炭，把口用绳子或皮筋扎起来，隔二三个月换一次。买一袋木炭才花两元钱，可用两年。高喜栓

7/ 巧除电冰箱积霜

电冰箱使用一段时间后，冷冻室内会积霜，不便清除，有一个简便除霜的方法：将方便面塑料袋裁开，放水中泡一下，然后将它贴在冰箱内壁四周，待有结霜后，将塑料袋片起下来，霜也就随之除下。

贾 鹏

8/ 铝壶除水碱法

△铝壶中水碱成分主要是碳酸钙，所以应用酸与之反应进行清除，关键在于选择哪种酸？我是选择稀释一倍的浓硫酸。其优点是：即使将浓硫酸稀释一倍，硫酸的氢离子浓度仍达18N（当量），比浓硝酸和浓盐酸高；无刺激性气味和价廉。具体方法：先在塑料杯（瓶）中放1/3水，然后很慢地加入浓硫酸（不能将水往浓硫酸中倒），同时不断用筷子搅动，最后使加入的硫酸的量与水的量相近。将铝壶中的水倒净，一次倒入约50毫升，此时会产生大量气泡（二氧化碳气体），待气泡基本消失，再加约50毫升。随着二氧化碳气体的产生，水碱迅速减少，直至完全消失。要注意的是铝也能与硫酸起反应，所以加入的

硫酸不要过多，只要能将灰白色的水碱除去即可。最后用清水将壶内残留的酸洗尽后即可使用。 周锦帆

△我找到了一种除水垢的方法，烧水时壶里放四五个土豆，煮几个小时，厚厚的水垢就会成块脱落，不损坏水壶。 张树明

9/ 剩米汤面汤可去水垢

夏季，将剩米汤、面汤装入结满水垢的水壶中，越稠越好，如不够可兑少量水。然后放置几天，使其自然发酵变酸后，壶中水垢就会慢慢脱落。放置时间越长，去垢效果越明显。此法也可去暖瓶中水垢。用剩米、面汤去水垢，安全又简便，不损坏容器。 侯建华

10/ 水壶中放磁铁可除水垢

在水壶中放一块磁铁，烧水时会使厚厚的壶底水垢自行裂开，这样就很容易取出水垢块了。 志 义

11/ 高锰酸钾液可除异味

收拾鱼、虾、肉类后，手上异味不易除掉，这时可在高锰酸钾（不要太浓）液中泡洗一下，异味即可除掉。同样方法也可除掉便盆及厕所马桶的异味。 谢秀玲

12/ 土豆皮去茶垢

茶杯上有茶垢，可用土豆皮将其去掉：土豆皮放在茶杯中，然后冲入开水，盖上杯盖，焖几分钟，就可将茶垢除掉。 晓 明

13/ 小苏打除碗里茶锈和污迹

碗、搪瓷杯、搪瓷饭盒及印花塑料餐具，若沾有茶锈和污迹，我认为最好

去除办法是：将这些碗具用冷水冲湿，然后倒上小苏打粉末，用手指稍使劲儿一抹，很快就干净了。这比用丝瓜瓤、百洁丝等蘸去污粉、洗涤灵、洗衣粉擦好，可避免不洁、有味或化学污染。 王锦芳

14/ 肥皂头袋可驱油去污

每个家庭都有不少小块肥皂头，留着无用，弃之可惜。我用旧布缝了个小口袋，装入肥皂头，放在无眼孔的皂盒内，泡上一点水，使之经常保持湿软。当搪瓷脸盆和白瓷洗菜池、洗衣池、洗脸池内壁上留有油污时，用其在内壁上摁着转几圈，然后用清水一冲就驱油去污，洁白干净如初。 岳有裕

15/ 淘米水加醋可洗油腻碗

用淘米水洗碗，油腻大时，也洗不干净，这时可向淘米水中加上一勺醋，即可洗净碗筷油腻。 朱 震

16/ 干擦炊具除油污

厨房里铝锅、铝壶及锅盖等常有一层油泥，用洗涤剂、洗衣粉及至炉灰清洗很费事，又难洗净。我发现：在用锅做饭时趁热用干布头稍用力干擦油污处，油泥立刻"一扫光"，非常有效。 赵俊德

17/ 显影液可除高锰酸钾污渍

业余洗黑白照片时不慎把显影液洒了一桌子，我用污染了高锰酸钾的毛巾去擦，擦过之处毛巾洁白如初。后来我的白衬衣洒上了高锰酸钾，我又用"显影液"去洗，洗后不留任何痕迹。这件白的确良衬衣已穿了五年

至今完好。　　　　　　　高喜栓

18/ 干脏活不好洗手怎么办

干爱脏手的活时不好洗手。可在干活前先用湿肥皂擦一遍手，特别是手指缝多涂一些。待稍干一会儿便可以干活了。干完活就很容易把手洗干净了。　吴立人

19/ 怎样擦玻璃既快又透明

现在居室窗玻璃多，面积大，可先用湿布蘸酒精（白酒亦可）或温食盐水擦一遍，去掉污迹，再用旧报纸擦一遍，既快又净。　　　　　李维诚

20/ 怎样去除不干胶留下的痕迹

时下用不干胶做商品等各种标签很盛行，但揭下不干胶一般都会留下痕迹，很难清除，用湿布擦、小刀刮，往往把商品弄污。我介绍一种方法：先将贴在玻璃或商品表面的不干胶装饰物撕掉，用温水（冬季应用热水）把毛巾湿透，在不干胶痕迹处反复擦拭两遍；再用温湿毛巾打上肥皂，在痕迹处反复擦拭几遍；最后用清洁的温湿毛巾将肥皂沫擦净，不干胶痕迹就被去掉了。　　　　　　　孙晓鹰

21/ 洗甲水可除不干胶印

家用电器、家具上厂家所贴的商标，经过一段时间后，会变色或卷边，撕下则不干胶印很难去除。可用一小块干净柔软的棉布，用水弄湿，蘸上少量普通洗甲水，在污迹上面轻轻擦抹即可除去。　　　　　　　　韦英

22/ 风油精除不干胶

不干胶痕很难除掉，我发现只要蘸上点风油精一擦，便能干净地清除掉了。

101100　北京通州斗子营23号1–251 花启清

23/ 凡士林油除家具烫痕

如果不慎把热水杯放在木器家具上，表面的油漆就会出现一圈白色烫痕。这时，可在上面涂些凡士林油，两天后，用软皮轻轻擦拭，烫痕即可除去。　　　　　　　　郭树元

24/ 预防厨房煤气管道油污的办法

使用管道煤气的楼房用户都会遇到这种情况：黏附在煤气管上的油污既厚又很难清除。现介绍一个预防办法：先将煤气管上的锈斑和油污进行一次彻底的清除，然后用废挂历裁成的纸条（5厘米左右宽），顺着煤气管缠满，这样不仅美观大方，而且纸条脏了换取也十分方便。　　　　　　王永

25/ 大白菜汁可去除手上油漆

手上沾了油漆很不好洗掉。有一次我刷门窗手上也沾上了油漆，当时我偶然捡起了掉在地上的大白菜帮和叶子，用手攥出汁，两手反复搓了一会儿，再打上肥皂搓洗，很快就把沾在手上的油漆洗掉了。　　　尹俊安

26/ 厨房抽油烟机油盒除油妙法

抽油烟机使用后应将油盒清理干净，可将包甜橙用的塑料袋放入油盒内，贴紧盒壁即可。待盒中油满后取下盛满油的袋子，再换上新袋。这样既可解决油盒不净的烦恼，又利用了废塑料袋，节省了时间。　　　赵桂林

27/ 如何去除手上的圆珠笔油

圆珠笔油弄到手上，用清水或肥皂水洗，很难洗掉。若用酒精棉球（也可用白酒）放在手上被污染处，圆珠笔油很快就被吸附，再用清水冲洗手即

能洗净。 张广发

28/ 粉笔可除油墨污渍

印讲义常常会沾一手油墨，可用粉笔蘸水擦洗，极易除净，效果比使用肥皂更好。 庄一召

29/ 汽油可清除口香糖污渍

最近，我的小外甥不慎将一块嚼过的口香糖放在了新买的嵌有绒布的餐椅上，粘在上面无法弄下来。我拿了两块碎布贴上香口胶做实验，结果发现用汽油擦洗，香口胶逐渐溶解消失了。 周力田

30/ 搪瓷灶盘上先放点水好清理污垢

采用搪瓷器皿的煤气灶盘，使用前可在搪瓷灶盘上撒点凉水，烹凉菜肴后灶盘上的污垢易清除。 智

31/ 锅盖油污清除法

厨房里的铝锅、不锈钢锅等，长期使用会在锅盖上积起一层油垢，用去污剂等擦洗很费劲。我找到一种简单的方法：在锅内放少量水，将锅盖反盖在锅上，把水烧开，让蒸气熏蒸锅盖，焖一段时间，待油垢变得发白松软时，用软布轻轻擦拭，即可清除，光亮如新。 王忠田

32/ 烟熏假牙黑，红糖水可除

我因抽烟，假牙易变黑，去除很难。后经介绍，用红糖水浸泡一周后清洗，果然光洁如新。 张文镇

33/ 牙膏可除油污

我是打字员，每次更换色带时都会将手指弄得污黑，不好洗净。一次偶然发现用牙膏挤一点儿在手上轻轻揉搓，用清水就可洗净（若还有痕迹，再挤一点儿牙膏搓一遍）。 杨海燕

34/ 怎样清除厨房灯泡污垢

厨房用灯，容易积污垢。可将灯泡取下，用清水冲洗后，往左手心内倒些食盐面，再往盐面上倒些洗涤灵，用右手指搅拌均匀；然后用右手握住灯泡在左手心里转动；再轻轻擦拭灯泡表面，污垢极易去除；而后用清水冲洗干净，待擦干装上即可。 梁惠敏

35/ "去锈剂"的另一功能

冬天烧蜂窝煤，由于煤湿，炉火生着后烟筒里要流出黑色的水。这种水流到衣物上用洗衣粉、肥皂是洗不掉的，可用少量"去锈剂"一洗就掉。 刘喜华

36/ 用橘子皮擦不锈钢制品净又亮

擦不锈钢器皿，日本家庭主妇都是用橘子皮在内层蘸上去污粉后擦。这样擦可防止出现擦伤痕迹，显得格外亮净，而且能够废物利用。 吴疆

37/ 除痰盂内污渍简易法

痰盂不易清洗，我找到一种简易方法：使用前，在痰盂内放一小撮洗衣粉或一小块肥皂，掺些清水，污渍就不易在痰盂内壁形成，用水一冲即干干净净，而且在使用过程中，还可减少刺激气味。 张树明

38/ 家庭厕所便池防臭法

在便池里放一个直径约14厘米的儿童玩具皮球，即可阻止臭气上升外溢，且不影响便物下排，所费仅3元左右。

生活中来

除污去垢

我已使用一年多，效果很好无变化。

刘承健

39/ 如何擦除电视荧屏灰尘

电视机使用数日，人们便会看到荧光屏上落有一层灰尘。这是静电所致。不可用手绢、毛巾、纸巾去擦，因灰尘中含有坚硬的氧化硅颗粒，经常这样擦会在屏面上留下许多肉眼看不见的细小划痕。这些划痕使光线发生散射，导致图像清晰度下降。正确的方法是用一小块棉花蘸上酒精，由于酒精的张力对灰尘会产生向四周的排斥力，从电视机屏幕中心开始，轻轻地一圈一圈往外擦拭，一直擦到屏幕四周。

宜直

40/ 夏天清扫地毯有窍门

在盆内倒入 500 毫升清水，再加入两三滴风油精或花露水，用扫帚蘸上混合后的水清扫地毯，可使室内空气湿润清香，又起到防范夏日蚊虫的作用。

于镭

41/ 抽油烟机油盒里的废油可利用

△现在许多家庭厨房里，都使用抽油烟机，其油盒内不几天就存满了废油。用它清除厨房窗棂、换气扇和抽油烟机污渍是最佳的"祛油污剂"。具体方法：用破布或破毛巾在废油中蘸一下涂于油污处，再用布擦净油污，然后用干净布揩拭。油污厚的物件可先用废油浸泡几秒钟，等油污软化后即可用布擦掉（特别厚的需用薄竹板刮一刮）。

禹甲鼎

△抽油烟机油盒里的油可利用。门窗都用铁制合页连接，经常开闭磨损很厉害，可用小木棍将废油点在合页轴上，既延长合页的寿命，又降低了噪声。

刘润和

42/ 洗手套如洗手，又快又干净

我洗手套时，总是把手套戴在手上，然后擦上肥皂，反复搓洗，如洗手状，这样洗得又快又干净。

无华

43/ 用洗衣肥皂水洗刷便池好

家庭厕所便池，用酸刷洗，便池被酸烧后很容易挂上尿碱，一不洗刷就散发出臊味儿。我家从 1986 年搬进新房，一直坚持用洗衣服的肥皂（洗衣粉）水刷洗便池，至今已 6 年了，便池暴露部分雪白、光滑、不挂尿碱、没有臊味儿，就是在炎热的夏天也如此。

杨孝敏

44/ 银器具的擦洗

欧洲人家庭使用银器具很多，人们都不用洗涤剂擦洗。他们一般用浸着小苏打的棉布或浸蒸馏水的软布擦；用涩液很强的土豆、菠菜汁擦也有奇效；用柠檬汁掺入少量的香烟灰抹擦或用掺着香烟灰的水煮烧，效果也不错。如果银器具出现黑斑，一般将醋和氨同量掺和后，用牙刷蘸擦便可去除。

新民

45/ 洗衣粉使用经验

使用洗衣粉时，先在玻璃瓶中加 2/3 的水，然后倒入洗衣粉直到接近瓶子颈部，最后用筷子搅动，使洗衣粉与水充分接触成稀浆状，使用时分量倒到洗衣机或脸盆内。这种方法有三点好处：（1）避免了每次向洗衣机倒洗衣粉时，洗衣粉、粉尘呛入（吸入

洗衣粉有害无益）。（2）洗衣粉只有在以可溶的形式才会有最好的去污效果，但洗衣粉在水中溶解并不快，所以若预先将它变成浆状，则要比将洗衣粉直接倒入洗衣机中更容易溶解。（3）吸附在衣服上的洗衣粉容易被水漂洗干净。 桂辛

46/ 用钢丝球擦地板砖效果好

我家搬进新居，铺地板砖时沾了许多胶水。由于没有及时处理，胶水干了后，雪白的地板砖上出现一块块黑斑，想了许多办法都洗不掉。后来，我用刷锅的钢丝球蘸上清水擦，很快就擦干净了。 孙国强

47/ 巧揭不干胶标贴

录音带、录像带、游戏机卡等的原有不干胶标贴如需揭下重新粘贴，可用电吹风对它均匀地吹一会儿，待胶质软化后就很容易完整地揭下来，不留痕迹。 金晖

48/ 水砂纸除油污效果好

使用液化石油气，铝锅铝壶等器皿外面总是沾满油垢，黑乎乎的，去除很费力。我采用水砂纸蘸水轻轻擦洗（水砂纸最好是380目左右的细砂纸），效果很好，既快又省力。一定要边摩擦边蘸水，操作时可将砂纸裁成小块。 郭晓萍

49/ 巧去厨房地砖表面白层

我家厨房，常因红色瓷砖表面返白难以去掉而烦恼。我试着用抽油烟机积油盒里的废油浸报纸擦涂，不仅去掉了白色表面，而且使瓷砖显得红里透亮。 张宗智

50/ 渍酸菜的水可去厨房污垢

我用渍酸菜的水将布浸湿，擦洗厨房器具（铝壶、炉具、排风扇等）以及墙壁上的污垢和油渍，光洁如新。 阎季秋

51/ 去除铝壶内水碱一法

在铝壶内放满苹果，盖严壶盖，一周后拿出苹果，壶内水碱变软，用水清洗即可去除壶内水碱。苹果也变甜了，更好吃。 沈书英

52/ 卫生间便器防臭一法

搬入楼房后，遇到一个伤脑筋的问题，楼上一冲坐便器，我们卫生间就臭味难闻。通过反复试验，摸索出一个小窍门：当您冲完坐便器后，可在坐便器的水中滴几滴洗涤灵、洗发液或放一点洗衣粉，然后拿木棍用力搅动，直到充满气泡为止，这样在水面上形成厚厚一层气泡隔离层，可阻止臭气上升外溢，并释放出阵阵清香，又利于冲刷坐便器。 黄荧

53/ 擦纱窗窍门

用一块泡沫塑料在水中浸湿，再挤去水，在纱窗上依次来回擦，泡沫塑料脏了可放在水盆中洗洗再擦。这样反复几次后纱窗就干净了，而且尘土不飞扬，不会一脸灰尘。如果纱窗上有油污，可用洗涤灵水擦一次，再用清水擦干净即可。 王惠英

54/ 以垢除垢

一日，有客来访。我清除茶具上的"茶锈"时发现，去污粉用完了，情急之间，我发现尚未倒掉的一堆"水垢"，便抓来一试，竟使陶瓷茶杯光洁如新。

后又试着擦洗不锈钢锅、铝制厨炊器具，也功效不凡。 刘忠枝

55/ 如何去膏药污迹

膏药一旦沾在被褥上就很难洗掉，可把碱（食用碱面、碱块）放在小勺内，上火炒成黄色，用它一洗就掉。 刘世五

56/ 燃气热水器的简易除垢

燃气热水器使用时间长了，常发生水垢堵管现象。可找一根胶皮管，一端接在水龙头上，另一端接到热水出口管上，开足水龙头，利用水压使水从冷水进口管排出。如水排出很费力，可以用很细的锥子从冷水进口管向上捅一捅，动作一定要慢，千万不要把堆积水垢的筛网捅破了。我用这种方法在"前锋"牌燃气热水器上试用多次，效果不错。应注意的是，每次洗完澡，一定要把管道中的热水放掉，最好用冷水冲一会儿，避免残留的水垢堵管。 毛小兵

57/ 啤酒可除暖瓶水垢

一次，偶然用暖瓶盛了啤酒，第二天发现瓶底有很多沉淀物，倒出来一看，原来是瓶胆上的水垢。以后屡试屡验，但在涮瓶胆时要上下摇晃，才能全掉下来。这方法我已坚持用了两年多。 赵全星

58/ 用西瓜皮擦锅盖效果好

锅盖（铝或不锈钢）上有了油泥，都是用砂土、细炉灰、碱面或洗衣粉擦。今年入夏以来，我试着用西瓜皮擦锅盖上的油泥，效果好极了。擦完后用清水一冲洗，不但光洁如新，而且锅盖上没有丝毫划伤的痕迹。 王振保

59/ 刷子互刷可自净

家中的各种毛刷，用的时间长了会脏。过去我用手蘸洗涤灵搓，刷子尖上洗干净了，根部仍有污物。偶然两把刷子都脏了，我给它们滴些洗涤灵两个刷子对着搓，结果两把刷子从尖到根都干干净净了。 耿龙云

60/ 风油精可除橡皮膏余垢

我的眼镜框坏了，临时用橡皮膏粘接上了，后来换了镜架，可是粘在镜片上的橡皮膏胶质却怎么也擦不下来了，甚至用小刀子也刮不干净。无奈，我试用风油精点上少许，不想用布一擦全掉了，而且擦后镜片很亮。 董秀英

61/ 抽油烟机外壳除油渍法

用适量的面粉和温水调匀，放微火上烧开，使之成为稀状半流质糨糊，将它用软刷或毛笔涂在新买的抽油烟机或旧的但已清除了油渍的抽油烟机上。涂层力求薄而均匀，干后再涂上第二层即可。抽油烟机使用一段时间后，上面积有油渍，此时用抹布浸入热水在油烟机上焖一下，然后用钢丝球轻轻一擦，油渍即很快脱落，只需10多分钟（只限于机器外壳）。 范兆昀

62/ 清洗抽油烟机集油盒有窍门

抽油烟机的集油盒内积满油后，黏附在盒底和四壁的油垢很难除掉，若每次清洗干净后，在盒底薄薄地撒上一层洗衣粉，少加点儿清水，油比水轻，再有积油时就会漂浮在水上，清洗时将盒内油倒出后，盒底则不会有油垢黏附，用清洁剂很易清洗干净。 吴瑞廷

63/ 清洗白瓷砖一法

厨房、卫生间的白瓷砖使用一段时间后会有污垢。用清洁球蘸上和成糊状的白水泥擦拭瓷砖，擦后用水冲洗，或用干抹布抹也行。有不洁之处，可再擦，清洗后，瓷砖光亮如新，省时省力。清洗一平方米的卫生间，用手抓两三把白水泥就够用。　李来忠

64/ 煤气灶周围瓷砖保洁法

煤气灶周围的白瓷砖易被油溅烟熏污染，不易擦干净，据友人告知一法，可将去年不用的挂历彩色塑料薄膜，用金鱼洗涤灵涂在周边粘贴在瓷砖上，既可省去擦拭时间，又可按自己喜欢的图样，隔几个月换一次。金　今

65/ 硬泡沫塑料封钢窗防风沙性好

我家住的楼钢窗是有槽的，去年用了密封条，风大时仍进风沙。今年，我用硬泡沫塑料封后，几次大风风沙都进不来。这种泡沫塑料一些家电包装箱内都有。办法是：用钢锯锯成稍宽于钢窗槽壁、厚度与槽壁相平的条，把其塞进钢窗槽内，使槽由空变实，风就无法进入，而且开关自如。　王宗秀

66/ 清洁地毯一法

全铺的整块地毯，用久了想彻底刷洗，吸尘器只能吸去表层灰尘，而用潮湿的毛巾擦地毯则是个好办法，我不断将毛巾洗净，先来回地擦一遍，使被踩倒的毯毛重新竖起，缝隙间的一些毛发和细小颗粒等污物便沾挂在毛巾上被清除掉，且避免了扬尘。而后，我又在多半桶水中加了点消毒液或风油精，又擦一遍，地毯就干净了。
　赵　路

67/ 菜叶菜帮果皮扫地不起土

老伴爱干净，常到门外清扫楼梯，为防止尘土飞扬，曾用锯末，扫时先往地上洒上点，可扫起来怪麻烦的。后来，老伴试着用白菜帮、青菜叶、橘子皮等代替锯末，扫起来效果更好，也不起土。　李玉明

68/ 哈密瓜瓤汁可除橡胶表面污垢

白橡胶板表面的污垢，就是用肥皂、洗衣粉、洗涤剂也不易洗净，一次切哈密瓜时，偶然将其瓜瓤放在污垢严重的白色橡胶板上，清理瓜瓤时发现，凡哈密瓜瓤汁浸泡的地方，污垢全无，橡胶板表面变得雪白，而且表面毫无损伤。　沈学全

69/ 用湿毛巾扫墙壁天花板

墙壁、天花板脏了，如果用扫把扫，就会落下很多灰尘，用一条干净的湿毛巾缠在扫把上，一正一反扫两下，就把毛巾拿下来洗干净拧干，再缠上扫。这样既不落灰，还能把墙壁打扫干净。　何　辉

70/ 巧除淋浴喷头水垢

燃气热水器的淋浴喷头，经长时间的使用，喷头里外就会结许多水垢，使水流变得越来越细。我清理水垢的方法简便易行：把淋浴喷头卸下来，取一个口径比喷头大一些的碗或杯子，倒入食用醋。把喷头（喷水孔朝下）泡入醋里。8小时后取出，用清水冲洗一下，就可正常使用了。　佟策功

71/ 橘子皮擦油漆

前几天，我在家中用油漆粉刷门窗时，手上粘了些油漆，顺手将放在桌上的橘子皮挤出的水反复擦了几下，没想到粘在手上的油漆很快就擦净了。

杨宝元

72/ 洗涤灵去油漆

我用深红色的调和漆漆花架时，手上粘了些油漆，用肥皂水洗了多次也不能去掉。家中又无汽油，于是我便用小棉球蘸上一些洗涤灵在洗湿的手上擦抹，油漆很快就溶解了，再用清水一洗，非常干净，又无异味。 王政民

73/ 木器上圆珠笔油的去除

不慎把圆珠笔油弄到木制写字台上，用布擦不掉，用洗涤灵、洗衣粉等均不见效。我无意中用清洁球，没想到竟擦得很干净，而且不损坏桌面。但擦前须蘸水。

孙 宇

74/ 矿泉壶加湿器并用无水垢

冬季在房间里有台加湿器，让人感到舒服，但由于水质的原因，使用加湿器时，常有白色粉末落在家具及其他物品上，虽然有的加湿器使用清洁器，但过一段时间后也不好用了，需经常清洗。我试用矿泉壶里的矿化水注入加湿器，一点粉末都未产生，效果很好。

张庆举

75/ 丝瓜瓤去水碱

在水壶里放进丝瓜瓤，粗大的1个即可。去籽、洗净，煮开水时水碱就进入瓤内，时间长了瓤中水碱多时，拿出来搓搓，用水冲掉再放回壶内用，初次煮开的水因有瓜味，水可做它用，

若泡茶水瓜味则不明显。我家使用了这个方法后，再也用不着去敲打壶底的水垢了。

田惠娟

76/ 如何使密胺制品洁白如初

密胺制品如饭碗、盘子等，使用久了表面会变成浅褐色，用一般办法洗不掉。我用较浓的"84消毒液"（一般商店都能买到）加冷水浸泡，一个晚上即可洁白如初。用时注意水要没过用品。另外，漂白后一定要用清水多次冲洗，方可再用。

100026 北京市团结湖路6-1-203号 李士珍

77/ 涂改液迹巧除法

学生做作业常被涂改液弄脏手指，洗起来很费劲。如用鲜橘瓣挤一滴橘汁在污染的手上，用手指轻轻蹭一下，涂改液斑迹能迅速消失。

李凯生（电话：010-68875199）

78/ 假牙去污一法

由于烟熏或其他原因，假牙会蒙上一层污垢，很难刷。可在临睡前把假牙浸泡在加水的"84消毒液"中（浓度要大一点），第二天一早，假牙就会洁白如初。需注意的是：假牙从溶液中取出后要反复用清水冲洗，直至没有异味为止。

100026 北京团结湖6-1-203号 舒鸿钧

79/ 山楂巧去茶锈

把一两颗山楂掰开放入茶杯中，冲入热水，稍闷一会儿，杯内的茶锈会自然脱落，再轻轻擦拭即可。

100041 北京石景山区模式口南里21栋4号 阎 娜

80/ 花露水去除圆珠笔痕迹

要去除不小心画在皮肤上的圆珠笔

道，只要滴儿滴花露水，轻擦几下便可马上消除。

100011　北京六铺炕二区 36 楼 1 门 109 号　郝铪

81/ 地毯清洁小窍门

先用吸尘器将地毯吸净后，找一件家中不能穿的尼龙内衣或外衣裤，洗净控干，在地毯上来回擦，尼龙制品在地毯上摩擦产生的静电会把地毯缝里的杂物粉尘都吸沾在尼龙布上。

100080　北京海淀区黄庄榆树村胡同 27 号　王诗华

82/ 人造地板清洗一法

一些家庭铺浅色人造地板，脏一点儿特显眼。我用 1.25 升饮料瓶，盖上扎 5~7 个小孔，内装一匙洗衣粉加水摇匀，喷在脏处，用拖布一拖即干净，屡试屡见成效。干净、省时、省力又节水，减少缝隙进水开胶，能延长地板使用寿命。

100029　北京安贞西里四区 15 号楼 1 门 902 室　张银红

83/ 去除厨房油污一法

厨房墙壁和炉灶上的油泥很难擦掉，我母亲发现，只要用少许去污粉，再放点洗涤灵，用抹布轻轻一擦，污泥就可除掉。

100009　北京北河沿大街 45 号南楼 561 室　王化玲

84/ 坏草莓去茶锈

沉积的茶锈很难除掉。最近我发现用草莓可轻而易举地将茶锈去除。方法是：利用腐坏的草莓，取 4~5 个放在茶杯中捣烂，加水搅拌均匀后泡一夜（需没过茶锈）。第二天轻轻一抹，锈迹全无，光洁如新。

100037　北京百万庄大街 1 号院 2-4-002　赵维扩

85/ 室内地面铺报纸可保洁

每逢下雪或下雨，总会有泥泞污染屋内地面，为保持室内地面整洁，每逢雨雪天气，我都在屋内地面铺上几张废报纸，等外面干爽之后，再把报纸撤掉，地面即可保持整洁干净。

100035　北京新街口东街 38 号　陈士起

86/ 剩啤酒擦拭有奇效

灶台的油污顽渍，用抹布蘸上啤酒擦拭，上面的污垢一块块地掉下来，擦得很干净。擦拭的时候有点气味，很快就消失了。浸泡一块抹布所需的啤酒，有四分之一杯就够了。擦的时候不断更换抹布的面，足够擦一个炉台、冰箱等的量。冰箱内部因食品所造成的污渍，用浸过啤酒的漂白布同样能擦干净，还能消毒。冰箱外面也可以用啤酒来擦，特别是把手，污垢很多，要注意擦拭。被风沙尘土弄得脏乎乎的门窗玻璃，用蘸啤酒的抹布可以擦得很干净。擦完后酒精成分就飞散了，也不会留下抹布的纤维。最后再用干布一擦，十分明亮。

100045　北京西城区复外大街 13 楼 209　李春娅

87/ 洗面乳护肤霜"美容"皮制品

不适合、不喜欢的便宜护肤霜，或过期的化妆品，随手扔掉太可惜了。洗面乳和护肤霜含有不刺激皮肤的保湿成分，在你扔掉之前，请再次让它们发挥一下"护肤"的作用吧。因为是用于人体皮肤的用品，我想它对皮革也该没问题。与擦鞋专用的清洁剂相比，去污能力稍差，但可使皮革软化，有很多小裂纹的鞋尖用了它后，那种干巴巴的感觉没有了，在去污的同时又增强了保湿能力。已变得硬邦邦的皮手套，用与皮肤不适合的保湿洗面乳擦拭后，手感大不一样。无须买专用的貂油也能处理好。不要涂得过多，要先蘸在布上揉搓好后再擦。用软布蘸上雪花膏擦拭皮鞋去污，然后再擦鞋油，也非常光亮。将婴儿润肤油或面油滴在布上数滴，揉搓几下就是一块神奇抹布。用它擦家具也很方便，注意不要过量。

100045　北京西城区复外大街 13 楼 209　李春娅

88/ 铁皮喷花暖壶防锈法

家庭中新购置的铁皮喷花暖壶如果不加防护措施，用不了多久上下接口处就会生锈，很难再卸开，这样就为换新胆增加了困难。我的办法是把新暖壶卸开，用机械使用的黄油把里面全涂满，包括上下接口，再把壶安装好，最少 10 年不会生锈，而且换新胆时很容易把接口处拧开。我的一个暖壶至今使用已超过 20 年，接口处还未生锈。

712100　陕西杨陵区（咸阳市）西农路 26 号中科
院水保所　王经武

89/ 醋去瓷盆高锰酸钾污渍

我每晚用高锰酸钾水洗肛，新买的白瓷盆没用几天盆内挂上茶色污渍，我想了几种办法都未去掉。我想到醋可以去掉壶内水锈，我试着用醋去除污渍，没想到醋加少量水泡了几分钟，用金属丝一擦就全掉了，恢复了洁白的本色。

100022　北京建外建国里 1 号楼 201 室　韩燕萍

1/ 草垫变成艺术品

在集市上花几角钱或一元多钱就可买到各种形状的编织草垫，如果您有兴趣，可将这不同的草垫经过艺术加工，使之变成艺术品。其做法多种多样，随自己的想象任意创作，可通过绘制或用各种颜色的毛线、布头（剪刻出不同的艺术图案）粘贴到草垫上，再用较细的尼龙线或结实的白线把各种不同形状的草垫艺术品错落有致地挂在居室内适当的地方，给人以艺术的享受，既经济又美观。 魏斗

2/ 阳台钢门芯板粘贴纤维板可提高室温

新建楼房多数采用钢门，而面积较大的钢门门芯板大多是单层薄铁皮板，比玻璃的传导作用要快得多，冬季室内温度会大量流失。如果你在铁门芯板外侧，粘贴固定一块与门芯板同样大小的硬纸壳板或纤维板（刷上与门同色的漆，既美观又延长使用期），就能减少热的损耗，提高室温。 张柏树

3/ 现成的"漏斗"

往瓶子或油桶里灌油，常因一时找不到漏斗而犯难，这时，可找一个细口塑料瓶，如可口可乐瓶，洗净瓶后把瓶口的一端剪下来，就是一个现成漏斗。 朱庆达

4/ 金属器皿简易补漏方法

只要有民用万能胶和易拉罐，就不会为铝制品或搪瓷器皿砂眼大的孔洞漏水而伤脑筋了。方法是：从易拉罐上剪下适当大小的铁片，用砂纸将器皿（如铝盆、搪瓷碗盆等）的漏水部位和剪下的铁片打光，然后将万能胶分别均匀地涂在器皿的待补部位和铁片上，5~15分钟后粘接压实，数小时后就可使用。 庆顺

5/ 激光唱片的变形修复

激光唱片存贮和使用不当容易翘曲变形，这会影响激光束的扫描，使音质变差。如果激光唱片变形不严重，可将其放在两块清洁的玻璃之间叠压一段时间，唱片会自然恢复平整。若激光唱片变形严重，可找两块比唱片略大的玻璃，准备一盆约50℃的干净温水，将激光唱片放在两块玻璃中间，浸入水中，然后用几个夹子把两块玻璃夹紧，经10~20分钟，将两块玻璃轻轻对拉开，再用软布轻轻拭去唱片和两块玻璃上面的水。最后用两张大小适当的白纸包好唱片，仍用玻璃及夹子把唱片夹紧，半小时后，激光唱片便可恢复平整。 杜崇勇

6/ 耳塞机导线防断法

便携式收录机、收音机靠近耳机根部的导线很易折断，可用一段细钢丝（细软小弹簧拉直即可）沿耳机根部的导线紧紧缠绕二三十圈，线圈之间距离越小越好，这样导线不会形成死折，自然不易折断。 贾仰林

7/ 搪瓷脸盆延寿一法

家用搪瓷脸（脚）盆盆底，因磕碰或与地面长期摩擦，会使搪瓷脱落露出铁皮，时间久了就会出现砂眼孔洞而漏水。可将用过的自行车内胎剪成适当长宽的若干片，用万能胶分别涂在盆底和内胎上，放5~10分钟后压实，既可保护盆底，又可降低盆底与地面

接触摩擦时的噪声。 庆 顺

8/ 圆珠笔出油不畅怎么办

将圆珠笔芯取出，用粗一些的针或大头针在距油面约1厘米的空管上，扎一对相对贯通的孔，然后在纸上多书写几遍，即可使圆珠笔书写流畅。

沙 沙

9/ 卫生间电灯自动开关一法

住楼房的人从卫生间出来后往往忘了关灯，再进去时一般要数小时后，浪费了很多电。你只要用一枚图钉把卫生间内的灯绳末端固定在门上合适的位置上（以一拉门灯就打开为准）就不用再担心浪费电了，因为这枚图钉已使电灯自动开关了（最好电灯自动开关和门在同一面墙壁上或离近些）。

施善葆

10/ 废录音磁带的妙用

刚搬新楼的住房，很多要刷墙裙，往往白墙与油漆接茬处参差不齐，很不美观。我有个补救办法，找一盘废录音磁带，把磁带的一端粘在参差不齐之处，顺着墙裙，把磁带拉平，拉直粘好。最好是一边刷墙裙，一边粘磁带，这样刷出的墙裙，既齐整又漂亮。

玉 生

11/ 洗衣机"变"洗碗机

买了双桶洗衣机后，原来的单桶洗衣机就闲置起来了，弃之可惜，卖又不值钱。能否将它改造为洗碗机？说干就干，找些铁条焊成框架，放进洗衣桶，应使其底部与波轮不接触，再将碗碟放进框架，起动后任水流充分洗刷，不一会儿就洗得干干净净。要注意的是，在洗衣

桶的泄水口处最好加一过滤网，以免发生堵塞；另外，洗衣桶若为铝质，不要用浓热碱水洗碗。

贾仲林

12/ 用胶粘法连接缝纫机皮带

连接缝纫机皮带的传统方法是在皮带两头打眼，穿入钢丝带扣，钳紧固定。由于打眼的损伤，加之转动时钢丝的震动，因而皮带眼部极易断裂。本人改用黏合方法后，解决了断裂问题：用锋利刀具将皮带两头接口切成相同角度的斜茬，斜茬越长越好，然后用万能胶黏合，再用线绳捆扎加压，胶干后拆去线绳即可。

文 石

13/ 补胎胶水太稠变干怎么办

补车胎的大瓶胶水常没用完不是太稠就是发干，多被废弃不用。若加些苯（甲苯或二甲苯）搅一搅，稍放一会儿，仍可将胶稠稀调匀继续使用。若找不到苯类加些汽油也可。 马庆华

14/ 真空吸盘挂钩可作玻璃门抠手

有些组合柜的玻璃门未加工出抠手，使开关玻璃门时很费事，而且在玻璃上面留下许多指印。可买一个真空吸盘挂钩，要开关哪扇玻璃门时，就将真空吸盘挂钩吸在欲开或关处，用手推拉这个挂钩，就可顺利地将玻璃门打开或关上。

霍 苑

15/ 自制加湿器

冬季暖气取暖室内干燥，可将洗涤灵瓶子的中部用小铁钉烫个孔，装满水盖好，下垫旧口罩或软布放在暖气上，每个暖气放 1~3 个就可改善室内小气候。如在瓶内放些醋还可预防感冒。

王 建

16/ 自制抽油烟机简易防尘罩

厨房内抽油烟机顶部容易落下油尘和灰尘。为免除清洗之苦，可用旧挂历比着顶部大小，剪成不同形状的纸块块铺盖在顶部，接缝处可用胶条粘住。一般两三个月更换即可。　　　刘润和

17/ 自行车闸线寿命延长妙法

线闸自行车的闸线易断，我试着在闸线靠车把的一端（线的裸露部分）点一两滴机油，居然很奏效，很长时间没有断。一旦闸线断了（指靠车把的一端），可找一小螺丝母（内径比闸线直径稍大），套在闸线的断头处，用榔头砸扁，以代替原来的铅头，效果很好。　　　爱民

18/ 延长自行车闸线寿命又一法

变速车、山地车大多采用线闸制动，损坏率很高。我在修理时发现，将线闸易磨损部分涂上一点黄油可大大延长线闸的寿命。其方法是捏住闸把，让线闸的钢丝露出来，涂上点黄油即可。　　　熊迈生

19/ 应急巧补自行车胎

自行车内胎不慎被扎破，一时无法补胎时，可利用医用胶布或伤湿止痛膏来修补：剪三块医用胶布，剪成椭圆形，要一块比一块略大一些，然后按先小后大的顺序分层依次贴于车胎被扎处即可。采用这种方法补过的车胎竟也能长时间不会漏气。　　　傅春升

20/ 家用万能胶从底部取胶好

家用万能胶从上部挤用，用完虽将盖子拧紧，但下次用时常因被凝固的胶封死，很难再挤出胶来，后来我从管尾取胶，用完再把管尾卷好，胶不会凝固，以后再用十分好使。　　　陈瑞麒

21/ 水龙头皮垫漏水怎么办

自来水龙头用久了，里面的皮垫会因磨损老化而漏水，可用塑料药瓶盖剪成适当大小的圆垫，中间打个眼，换上即可。这种代用品比用废自行车内胎做的使用时间长，且弹性好、无毒。　　　张华铁报

22/ 扬声器纸盆破损的修补

扬声器纸盆会因自然老化、虫蛀、霉变等原因发生破裂或出现洞孔，这就大大影响放音效果。可用打字蜡纸的衬底或者是照相镜头纸，粘几层贴在扬声器破损处，效果很好。　　　杜崇勇

23/ 水龙头变黑怎么办

家用水龙头久用会氧化变黑，失去光泽，可用一块干布蘸普通面粉擦水龙头，擦后改用湿布擦，然后再用干布擦，反复几次，变黑的水龙头就可恢复光亮，且不会损伤金属表面。　　　晓明

24/ 高级烹调油废铁桶可做簸箕

高级烹调油食用完，铁桶包装可改做簸箕。在铁桶最小的两个对称长方形面上，沿对角线外一厘米的平行线剪去两个斜三角，包括原出油孔和三角外侧硬的卷边都剪掉，然后敲打油桶使其四壁紧贴在一起变成两壁，并把所有外露的锋口卷边敲平，一个小簸箕就做成了。原桶壁很薄，做成双层壁的簸箕强度足够，只是注意在制作时不要划破手，不要让小孩触摸。　　　家为

25/ 自制玻璃瓶水杯套

不少人用玻璃瓶喝水，这里介绍一种自制杯套的方法：将1.25升可口可乐或雪碧等饮料空瓶的商标取下，呈筒状不要撕开，套在玻璃瓶水杯上，水杯底部多留出一部分，然后将开水均匀地浇在其上，瞬间，筒状商标便会收缩，套紧玻璃瓶水杯。　　沙沙

26/ 用电吹风修冰箱门封条

电冰箱磁性门封条的密闭好坏，直接影响电冰箱的降温效果和耗电量。由于运输震动、安装不当或开门、关门时不小心，会使门封条局部出现凹陷、变形而造成泄漏。对此，可通过电吹风热定型法加以整形、修正。如果冰箱门封条呈S形弯曲，可用一直尺垫衬于封条的内侧，然后用电吹风对着弯曲部分微微加热，至塑料稍有变软时即停止加热，待冰箱门封条冷却后，再抽出直尺，便能使封条恢复原状，这是因为封条大多采用塑胶塑料复合而成，具一定的可塑性。必须注意的是，利用电吹风加热时，温度绝不能过高，否则会弄巧成拙，使门封塑料烤化、走样、变形。加热时，一般700瓦电吹风控制在一分钟内，出风口距封条3厘米为宜。　郑维径　刘瑞斌

27/ 裂了口的菜墩怎样修补

菜墩子由于干湿冷热的不断变化常会裂口，这时可用鲜猪皮，贴在裂口的侧面，将两端用小钉钉牢，随着时间的推移，猪皮逐渐变干而绷紧，裂口也就渐渐弥合。　　　张国英

28/ 大蒜能粘接玻璃

我家一书橱，扣手经常掉，用黏合剂粘不牢固，后使用大蒜粘接，非常牢固。其方法：把小长条玻璃扣手和待接的玻璃门擦净，将蒜汁均匀地涂在玻璃上粘接，粘好后静置一天即可使用。　　　　　　　　　郭树元

29/ 气压保温瓶可改进

气压保温瓶的不足之处是始终从沉淀物最多处吸水。我建议：应将吸管改成倒拐棍型，拐弯口上端再加上倒漏斗；或者还用直管，但下口要封死，在适当的高度管壁横向开四个孔。拐弯和孔位的高度可通过试验确定，一般在距壶底40毫米处即可。　董曦东

30/ 如何修补破损铁纱门窗

把废旧铜丝电线一根根分开，一横一竖编织成片，间距像纱窗的铁纱一样大即可，可补洞。用尼龙丝织补也可，不过，最后每根尼龙丝要打结系紧，以免松开。用塑料线织补也行，只是由于较粗，织补后显得臃肿。　王克强

31/ 巧治卫生间便器水箱漏水

△卫生间坐式便器水箱漏水，其原因之一是由于盖泄水口的橡胶制半圆形盖轻，泄水后因重力不够，落下时盖不严密而漏水，往往反复掉几下才盖严。我用牙膏皮在橡胶盖的上面连接杆处，卷成圆圈裹住，增加了重量，又因在中心，落下时盖得很严，水箱不再漏水。牙膏皮卷成圆圈时不可太高，但可以多绕几圈。　　张海如

△用一根普通橡皮筋，一端固定在拉杆环上，再将此筋拉长后绕过半球形

皮塞，套在拉杆环和拉杆安装架之间即可。冲水时如平常一样拨动水箱外的扳手，松手后即可停止放水。 方瑞宜

△我发现，抽水马桶半球形橡皮阀不能准确归位的原因是重量不够，不能抵抗旋转水流的影响，我在连杠上配加几个大螺母后，不再滴漏，而且省水，因为放水可以被人控制。 李建国

△我家厕所使用的是低位水箱，以前滴漏严重，后来我在半球形橡皮阀上均匀打上 2 个（4 个也行）直径 6~8 毫米的孔，再用补自行车内胎的方法将阀下部原有的洞补上。两年来，不仅不再滴漏，而且可以控制冲水量。 李 辉

32/ 请你也放一把塑料勺

最近出差南方，在亲友家和一些单位办公楼内的洗手间里，见到洗手池中都放一个塑料勺子。经了解，它是盛接小便完后的洗手水，用来冲便池，可省去抽水马桶的一箱水。这种节水小窍门应提倡。 枫 子

33/ 旧领带可做伞套

用旧了的领带，弃之可惜，可做伞套。领带有宽窄两头，中间部分最窄小，可将伞从宽头插入，然后按伞的长短需要剪断，把毛边锁好即成。 马 华

34/ 自制太阳能淋浴器节水装置

有的平房顶部架起"太阳能淋浴器"——自制大水桶淋浴器。它的美中不足，就是每天上水需要人盯住水桶的浮标或盯住水桶中接出来的水管，稍不留心，桶水满处流，很浪费水。为了节约用水，我找了个半导体收音机，把开关电位器正中间的焊点

断开，分别焊两根电线，其中一根电线脱线头后拴上金属物，沉到水桶底部，另一根脱线头则探入水桶中并固定（一般为接近溢水的高度）。上水时打开收音机，便可去干其他事情。当收音机中有广播声音后即可关上水龙头，然后再关上收音机。 刘京生

35/ 解决淋浴器喷头喷水发散现象

家用洗澡热水器喷头常常发生喷水发散的现象，影响冲洗效果，用一只薄丝袜（越短越好）套在喷头上，冲洗效果大为好转。

100074 北京云岗北里 21 排 3 号 戴 瑜

36/ 用玻璃碴黄土搪炉膛，坚固耐用

新的铁炉子炉膛大，需要搪。朋友告诉我一个搪炉膛的方法。配料是：黄黏土、碎玻璃、砂子，三者的比例是 4：2：1，用盐水和成泥状，抹在炉子内壁。抹时，先在炉内壁浇湿盐水，要戴旧手套并用破布包住手，抓泥，最后用抹子蘸水将内壁抹平。抹后可直接生火，坚固耐用。 牛连成

37/ 怎样解决眼镜掉腿

眼镜上的小螺丝很容易脱落丢失，有时还很难配到。只要在眼镜上的小螺丝拧紧后露出来的丝扣部分涂上油漆、胶水或糨糊，小螺丝就不会掉出来，解决了眼镜掉腿问题。 王金赏

38/ 防奶嘴漏奶的办法

给孩子喂奶，有时奶嘴没等放在孩子嘴里，奶就流出来。可在普通奶嘴上剪个"＋"字形小口，就可解决这个问题，即使装满奶，奶瓶倒着，奶也不外流。 刘景峰

器物修补改造

用部

39/ 灶具电打火不好使了怎么办

管道煤气灶具的电打火，用一段时间后不好使了，尤其是一侧不好使用时，勿以为电打火电池电压低而轻易更换电池。只要用缝衣针在灶眼旁电打火处的煤气小管道出口处捅几次，将液化气燃烧的残渣去除，电打火就好用了。

李丙成

40/ 自制抽油烟机防风防尘袋

家用抽油烟机室外排气孔为了防风防尘，往往安装一个口朝地面的塑料弯头，安装麻烦，效果也不好。可自制一个筒形布袋，一头固定在室外出口的直管上，布袋自然下垂封住管口，使用时，自动吹起排出油烟。可截一段旧棉毛裤裤腿缝制布袋。

凯声

41/ 旧圆珠笔芯可做纸折扇轴

纸折扇轴折断可以修复。找一根与扇轴直径相同的圆珠笔芯插入扇轴孔中，把竹片夹紧，两边各留出约2毫米余量，剪断，点燃火柴烧化，趁热压紧，晾凉后完好如初。

刘学珠

42/ 一次性打火机能灌气

一次性打火机可燃气体用完后，总觉得弃之可惜。我摸索了一个解决办法：将用完气体的打火机调整火苗的气门调到最大，用手按着气门柄使气门打开，将气瓶嘴对着气门向里灌，灌好后放开气门按柄，再调整好火苗即可使用。灌气时一定要注意安全。

刘学珠

43/ 旧复写纸烤后可再用

一时找不到复写纸时，可把旧复写纸放在炉上用微火熏烤，烤后平整如新，能继续使用。采用这种方法可延长复写纸寿命，但注意要用微火双面均匀熏烤。

朱震

44/ 海绵做排笔好使省墨

我在搞标语宣传工作中，发现用废旧海绵块做排笔，效果很好。海绵块要一厘米厚，两三厘米宽，长度需根据字体大小灵活裁定，上下各垫一层硬塑料片或铁片，再用铁夹子一夹，就可以挥笔写字了。但蘸墨汁时要少蘸、勤蘸。自制海绵排笔写字着墨均匀，写完即干，且省墨汁，字体同样美观。

宋怀莲

45/ 旧塑料油桶改制"泔水漏"

我用5000克容量的旧塑料油桶改制成一个"潜水漏"，既方便实用市场上又买不到。用钢锯截去油桶上半部（留下的高度应稍低于厨房洗菜池的深度），在近桶底四周打2排直径4毫米的泄水孔百来个，或在桶底两侧用钢锯锯开泄水槽（长20毫米宽3毫米）几十个，"泔水漏"即告完成。平时可将它置于洗菜池内靠边，洗碗或洗菜时把带菜的泔水往桶里倒，汤水就从孔或槽泄出流入下水道，固体垃圾留下待倒。为了抓取方便，在截油桶时可留下一小部分桶的把手，用起来更加清洁卫生。

李世波

46/ 自制"痒痒挠"

人到老年，脊背易犯痒痒。用干净干燥的玉米棒骨，插根木棍，木棍长短可根据自己需要来定，一根经济实用的"痒痒挠"就制成了，很好用。

李庆祥

47/ 煤气灶火焰变弱可用打气筒修

我家的煤气灶火焰越来越小。我用缝衣针去捅煤气喷嘴，捅完后火焰如豆，反而更差，大概是将油污捅到弯管管口去了。朋友教我一个办法：将煤气闸门关紧，打开煤气灶开关，用打气筒对准煤气喷嘴打气，打几次气后将弯管处污物冲开，果然奏效。　锡　纯

48/ 电灯开关拉线不再爱断

电灯开关的拉线一般是单线，与拉线盒口磨的时间长了就爱断。我们老年人常为此着急，因为子女不在家，自己又上不去。我想了个办法，把单线改为环线，避免只磨线的某一部分，隔一段时间再换一下线绳的部位，可以延长拉线的寿命。　肖　华

49/ 电灯开关拉线永不磨断法

用环线办法，每隔一段时间还是需要换一下位置，比较麻烦。现在有一个好办法，只要用一个"羊眼圈"垂直钉在电门下部30厘米处（远些也可以）的墙上，然后将电门拉线穿入"羊眼圈"，即可拉用。由于电门拉线受到"羊眼圈"的控制，只能垂直活动，无论人们直拉或斜拉，它都不再与电门口发生摩擦而被磨断。当然，这种方法首先要墙上可以钉"羊眼圈"才行。　方　钊

50/ 拉线开关防断线

电灯的拉线开关用起来方便、安全，但由于拉线是从开关里面一个金属片臂杆的圆孔中穿出，每次拉动开关都被摩擦，时间一长就被磨断，严重的一年可能磨断数次。为避免反复登高拴线之苦，我的做法是剪一段曲别针，做一个很小的环，套在原穿线的孔内，再将拉线拴在小环上。这样再拉动开关时就避免了拉线与金属直接摩擦。经此改造后至今近五年没再断线。需要注意的是，装金属环时要断电操作以保人身安全，另外，金属环要足够小，以免影响开关动作。

100044　中国仪器进出口公司　孙耕生

51/ 蚊香断裂可用胶粘

蚊香容易断裂，可用胶水在断裂处粘上，待粘接处干后即可使用。　王冬梅

52/ 激光唱盘的变形修复

激光唱盘使用或存贮不当，容易翘曲变形。修复的办法是：将变形的唱盘装入原套内，夹在两块平整的玻璃板之间，再将4~5厘米厚的书籍平整地压在玻璃板上，24小时后，唱盘即可恢复正常。对于变形较重的唱盘，在玻璃板上压的书籍不宜超过3公斤，待唱盘有所恢复，再加重至5公斤左右，以防压伤唱盘。　杜崇勇

53/ 电脑软盘划伤的修复

电脑软盘因划伤而无法继续使用时，弃之甚为可惜。只要经过简单修复可继续使用：在废弃软盘读写口的对应边，用剪刀剪一个与原读写口对称且同样大小的读写口，然后将软盘翻个面插入驱动器中格式化后，即可如新盘一样使用。　杜崇勇

54/ 自行车带防扎一法

使用一段时间后的自行车外带都较薄，易被扎破。为防止车胎扎破，可将报废了的同型号外带沿两边圆周剪

去，留下中间约 38 毫米宽的部分，然后将其放入外带正中，用手把它与外带抚平整。所剪的外衬带一般不用剪短，也可剪去长出部分，对口接好并搭上"401 胶粘剂"，上面再粘上一块布即可。外带放好后，与平常一样放好内胎，充上气即可使用。　　侯　章

55/ 山地车左脚蹬松动怎么办

部分山地车左脚蹬骑一段时间后特别容易松动。我发现是由于螺纹紧固方向是顺时针，而脚蹬运转方向是逆时针造成的，另外上下车又以左脚蹬为重心就更易松动了。我采取了一种补救办法：就是找一口径与中轴适合的开口弹簧垫圈，拧在固定螺母里边，将跷起一边的头逆时针方向贴着里边安上。由于开口垫跷起的两端具有卡住的阻力，再加上弹簧垫的撑力，起到了较好的固定作用。有类似问题的同志不妨一试。　　李国华

56/ 废旧自行车内胎可减轻新胎磨损

友人告诉一种利用废旧胎减免新胎磨坏的方法，能使内胎受到保护。将一条旧内胎沿内径向全周剪开，挖掉气门，然后整个套在新内胎外面，形成双层内胎，在旧胎开缝上每隔一段距离用线连接，以免上胎时错位。最后将内胎放入外胎内，打足气即可。这样外胎内层就不会磨坏新内胎，而且还减少被扎破的危险，大大延长内胎的使用寿命。　　秦铁光

57/ 领洁净空瓶可利用

领洁净用完后，瓶子可以再用。用其装汽油、酒精等去污剂、消毒液，不仅能够随手拿来就用，而且便于控制涂抹部位和面积。用其装机油，可以代替小油壶；装胶水，可直接涂抹，避免大瓶胶水易干涸的麻烦。　　刘　岩

58/ 巧做小小书架

家里的书主要放在书柜里或书架上，可平时常用的书或字典等则放在写字台上，以备随手可取，只是平放参差不齐，桌上也乱。我把废鞋盒（不用盖）剪去长的一面，将剪开的宽的两边剪成斜角，只几剪子就做成了一个能放常用书的小书架。贴上画更好看，放墨水、胶水等文具也可以。　　马　晶

59/ 改进菜刀不硌手

每当拿起菜刀切肉切菜时，总觉得菜刀不好使，用手攥着刀把，总是使不上劲，切不动肉、菜。要想使上劲，手就得往前挪，可手一往前挪，刀背就硌手。最近，我找了两个膨胀螺丝上的套管，在一侧锯开一条缝，将其卡在刀背上靠近刀把的部位，怕不牢，又沿着两侧的缝，点上些 502 胶水，再切起肉或菜来，一点都不硌手了。　　李玉明

60/ 自制双层筷筒

常用的筷筒有时用起来不尽如人意，不是密闭太严木筷容易发霉，就是通气网孔太大，容易落灰或爬进小虫。我用两个大号的塑料雪碧瓶做了一个双层筷筒，效果非常好。具体做法是：先把一个雪碧瓶剪去上部的 1/5，在底部扎几个孔，保证筷筒内有一定的空气流通又能防止筒内积水（孔不要太大以免爬进虫子）；将另一个雪碧瓶

剪掉一半，作为筷筒的罩子，可防灰
尘落入。　　　　　　　　　张淑清

61/ 妙用可口可乐塑料瓶

在火车上，看到有个旅客用可口可乐
塑料瓶改成装毛巾、牙刷的容器，非
常方便。做法是把空塑料瓶从锥形瓶
颈处剪掉，拆下黑底座，盖上剪口，
就可以使用了，很简便。　　　艾 佚

62/ 铜墨盒防腐耐用法

使用铜墨盒没几年就从底边透墨了。
一位老者告诉我，买来新墨盒（旧的
洗净也可以），点燃蜡烛，往墨盒里
和周边缝滴入蜡滴，而后，墨盒口朝
下，用蜡火烤烫，多余的蜡流了出来
剩薄薄一层就行了。我照此试办，已
过数年铜墨盒完好无损。　　　王秀峰

63/ 巧修压力暖瓶

压力暖瓶压不出水，首先将上盖鸭嘴
处拆开，进气口处有一个活薄胶垫，
因时间长老化卷曲不平。用易拉罐铝
片，剪成胶垫同样大小，用砂纸把胶
垫和铝片擦擦，抹上补胎胶水，等不
粘手贴平即可，特好用。　　　阴裕民

64/ 月饼盒塑料屉巧用

中秋节过后，几乎家家都有形状各异
的空月饼盒，可将盒内放月饼的塑料
屉取下，稍加裁剪，在凹处垫上几层
纱布，用来放置油瓶，能使油瓶放置
处周围无油污。如塑料屉较薄，可以
再套上一层。　　　　　　　李莲祥

65/ 水龙头上盖加塑料垫便拆卸

厨房里的水龙头需要经常更换皮钱。
可往往因为生锈，上盖拧不下来，用

力过大还会把水龙头管径拧断。我用
塑料袋剪了一个圈套在了上盖细纹部
位再拧上，再换皮钱时非常好卸。
　　　　　　　　　　　　　汪宜成

66/ 水龙头振动消除方法

有些水龙头一开水就发生振动和响
声，让人心烦，只需将水龙头上端拧
开，将里面的皮圈倒个或换一个新皮
圈，即可消除水龙头振动现象。
　　　　　　　　　　　　　侯建华

67/ 给水池子加个垫

厨房的陶瓷洗碗池，在放、洗餐具时
碰得当当响，有时还摔坏，我在水池
底上垫一块 0.3 厘米的胶垫，挖一个
出水口，再也听不到餐具的响声了。
　　　　　　　　　　　　　郭俊勋

68/ 用电吹风定型冰箱门封条

电冰箱使用几年后门封条可能会老化
变形，使得外界热空气不断侵入箱内，
致使箱内温度偏高电耗加大。门封条
扭曲变形后，可将其调直关门压平，
然后用电吹风机吹烤，温度达 100℃
左右冷却后即可定型。　　　佟 德

69/ 自制阳台简易遮阳"伞"

我主张阳台不封为好。但到伏天，阳
台太晒开窗无用。我在阳台顶端外沿
拴根 8 号铅丝，在用不着的床单上下
套上竹竿，固定在铅丝几个点上，光
照强时放下遮伞，阳光过后卷起，铅
丝上拧几个钩一挂，阳台地面再洒些
水，顿时给人一种凉爽感。　李维诚

70/ 用注胶法修理家具

找一支医用注射器，吸入优质乳胶，
选型号适当的针头，插入缝隙内部，

将胶液注满，干后即可牢固，竹木家具被虫蛀，将乳胶注入被蛀洞穴，既可杀死蛀虫，又可补好虫眼。　刘岩

71/ 铁柜门关不上用磁铁

市场上出售的供厨房使用的小铁柜，下边两扇门都是用碰珠关闭的，这种结构易坏，一旦碰珠掉了不好配，两扇门就难于关闭。我自己想了个办法，在两扇门上方柜边放块3毫米左右磁铁片（两端面要平整，任何形状均可），门关起来十分得心应手。　郑英队

72/ 修补地板裂缝

如果木制的地板或家具裂了缝，只要把旧报纸剪成碎末状，加明矾，用清水或米汤煮成糊状，然后用小刀将其嵌入裂缝处，干燥后就非常牢固。

张树明

73/ 棉花可复原家具

家中木质家具由于不小心，被尖硬的东西砸成一个坑，很不美观。遇到这种情况可以采取如下办法复原：取一小块棉花，大小尺寸要大于坑的面积，把棉花浸透水后再挤干，平铺在家具表面的坑内，把热熨斗放在棉花上，稍等一会儿家具表面上的坑就会膨胀起来，如果家具表面的木质没有折断，经过这样一处理会恢复原状。　陶立群

74/ 口香糖可粘凳子脚套

孩子吃过的泡泡糖或口香糖渣可粘到钢管木凳腿的塑料套内。这种凳子脚套很容易脱落，脱落后搬动时会产生噪声，刮坏地面。自从粘上这种嚼过的粘块，使用一年多的凳脚塑套就再

没有一个脱落过。　赵鸿声

75/ 吸盘式挂钩修复一法

吸盘式挂钩使用一段时间后往往就吸不住了，这是因连接吸盘与挂钩的橡胶绳弹性变差，绳子变长所致。解决的办法，视挂钩与吸盘间的距离，用等厚的硬纸片（一些包装盒即可），剪成凹形，插入二者之间，即可好用如初。　张彦文

76/ 旧塑料挂钩巧粘瓷砖墙

塑料挂钩，粘在瓷砖墙或玻璃上，时间久了，常会自行掉下，拣起再粘，不易粘住。如果把旧塑挂钩内侧蘸上一些水，再往瓷砖或玻璃上摁贴，就会粘得挺紧，牢固不掉。　徐竹漪

77/ 废吸盘式挂钩可再用

吸盘式挂钩易老化变形，使用寿命不长。可在废挂钩吸盘和白瓷砖之间用水洗净，涂上一层乳胶，就可把挂钩粘在瓷砖上，隔两天即可使用，粘力很强。如要将挂钩换个地方，可用小刀将挂钩塑料吸盘边缘轻轻撬起，便可取下。挂钩洗净乳胶后还可再用。乳胶溶于水，故挂钩粘上后怕水。

张正华

78/ 蒜汁粘陶器

家用或玩赏的小型陶器瓷器，不慎摔成两三块，用胶水无法黏合。这里介绍一个不用化学粘剂黏合的方法。把大蒜切开，反复在破茬处磨蹭，摔掉的部分也同样处理，然后把摔碎茬口处对好摁牢，呆一两分钟即可粘住，且结实。塑料麻将牌开胶，也可用这种方法。　赵金星

79/ 苹果包装罩的再利用

△包装苹果上的泡沫塑料孔罩，不要随手扔掉，把它套在玻璃茶杯上当杯套，可防开水沏茶时烫手。 杨宝元

△收集些"孔府家酒"和红富士苹果的塑料网罩，用绳把十来个捆在一起，抹上肥皂或浴液，完全可以代替搓澡巾，而且经久耐用。 施增林

△泡沫塑料网罩，再做百洁布使用效果很好，倒些洗涤灵擦拭家具、锅盖、灶台等。由于其质地柔软，不会擦伤物品表面，并可反复使用。 王连新

80/ 巧用橡皮泥

家中有盒橡皮泥，是孩子小时候玩的，在塑料袋中放了近20年没变质。我家是在门框上钻洞通电话线，洞大线细，我就用与门框同色的橡皮泥堵住，既美观，又不透风，至今数年未坏。排水管向外渗水，用橡皮泥仔细涂抹渗漏处，糊住后用塑料膜缠紧，两年多没再渗。后来我又用它堵塞木器的孔洞；修补玻璃窗上掉腻子处；搞模具，用橡皮泥填到接合面上测量间隙厚度。填充到各种翻扣雕花模中再倒出观察花样质量，都收到良好效果。 秦铁光

81/ 用透明胶纸修羽毛球

如果动作不正规，有时会使新羽毛球的一片毛断裂，可用透明胶纸粘上。若断毛丢掉，可用透明胶纸补上，但要再反贴一张透明胶纸，形成双面，其重量相当于原有羽毛重量，再用剪刀剪成羽毛尖状，即可正常使用。

100081 北京白石桥30号中国农科院土肥所 蔡 良

82/ 自制塑料密封书皮

每次开学，中小学生大量的书本待包皮，但大练习册包上书皮常将原书封面坠下来。孩子从他数学老师处学到了一个好方法，我们已经实行了好几年。用宽为6厘米、厚实、黏性好的透明胶条包在书本皮外，大宽练习册一般并排贴三条即可，书内应折过2~4厘米，并在首页与封面连接处粘上一条。注意应粘平、对齐，"赶走"气泡。这样可保持书的原装封面，一目了然，不易掉页，遇水有保护层。

100835 北京复兴路28号院4楼203室 何代璇

83/ 橡皮擦拭儿童贴画效果好

儿童口香糖、泡泡糖中常贴画，小孩吃过糖后，随便乱粘贴画，因很黏，用水、洗涤灵、肥皂等很不好清除，可直接用橡皮擦拭，又干净又快捷。此法也可消除不干胶遗留物。 侯建华

84/ 巧补汽车油箱

一日外出郊游，所乘汽车被山石剐伤油箱，造成漏油（有一火柴头大的眼），后在一修车老师傅的指点下，救急补上，才使旅游成行。方法是：用食用的葡萄干20余粒加肥皂（我们用的是香皂），放在一起捣烂成勃糊状，再用砂纸将漏油处打磨干净，抹上葡萄干和肥皂的混合物。经过这样补救后，汽车又行驶了约400公里返回北京，途中此车又经约3个小时的暴雨及短距离涉水考验。

100730 北京丰台区定安东里11-801号 黄德江

85/ 治厕所水箱漏水一法

家用坐式便池水箱中的橡皮栓，用久易变形，用后常常不能复位造成水箱

漏水。我试验将石蜡熔化后注入橡皮栓（注满），待冷却，橡皮栓既圆又有一定重量，易复位而不漏水。

100083　北京花园东路8号45分箱中二162　邱祖余

86/ 怎样使铁家具腿不硌地板

铁管结构的桌、椅腿脚处虽套上塑料堵头以防划伤地面，但对于木质地板、塑料地板革来说，由于橡胶套很快会被硌穿，仍损坏地板。我在腿着地处，把原套管取下，用钢锯锯掉铁管5毫米后，用钢锉把外缘锉光滑，把备好的松木圆根往管里楔进，露出10毫米，锉成圆角，用砂纸打磨光滑，再用原来的橡胶套套上，就不会损坏地板。

100022　北京国泰饭店商品部苏建华转　苏继勋

87/ 吸尘器治"微面"水箱开锅反热

微型面包车，水箱开锅反热是个普遍的问题。主要原因是微型面包车水箱窝在车厢里边，不通风。春季，空气中飞的柳絮毛毛，逐渐地糊住了水箱，水箱就像穿上了棉袄，无法散热。天气越热，水箱开锅反热就越严重。要想让水箱不开锅反热，就得把水箱上的柳絮毛毛和灰尘清理干净，就是让水箱脱掉棉袄通风透气。有的人用水冲，有的人用气吹，柳絮毛毛很难出来，有的人甚至用火烧，这样做不但治不了开锅，反而把水箱烧漏了。我的办法是用吸尘器吸，水箱上的柳絮和灰尘都被吸得干干净净，吸过后再也不开锅反热了，效果很好。

100062　北京市崇文区崇文门东大街8号楼4门803　苏吉锁

88/ 自制罐式面巾纸

面巾纸不大经济，且纸盒体积较大，搁置书桌、餐桌不便。可自制面巾纸罐以代替，方法如下：找一个圆柱体且体积稍大的食品罐头筒，将开启的一头沿圆周剪去，剪口用胶纸糊边（防割手）。再将另一头剪个卫生纸芯大小的圆孔（也糊边）。将一卷高级些的卫生纸去掉纸芯，从大孔中放入，倒置，则可以从另一端的小孔中抽取卫生纸。最高级的卫生纸也比面巾纸便宜。

100020　北京市京广中心公寓住户　SAITO EMI

89/ 冰激凌桶可做微波炉容器

现在家庭中使用微波炉者日渐增多，微波加热所用的容器，多为玻璃及塑料制品，比较贵。市售的净含量为550克及500克的桶装冰激凌，将冰激凌吃完后，其塑料桶完全可做微波加热用的餐具。因为其质地较好，多为透明或白色的纸质塑料，大小适中，比较坚固，还有盖子。使用时需将塑料桶盖上印有说明的不干胶纸片揭去，最好在桶盖上打一个小孔，用作微波加热时的出气孔。我已使用了几个，而且使用多次，效果很好。

100086　北京市中关村901楼910号　霍苑

90/ 眼镜防滑一法

一有汗，眼镜就往下滑，这是戴眼镜的头疼事。我在镜腿上绕个猴皮筋，滑是不滑了，就是硌得慌。后来改用气门芯代替猴皮筋套在镜腿头上，真管用。　100054　北京第四印刷机械厂　杨泉福

91/ 自行修理遥控器按键失灵

我家彩电遥控器中使用频繁的1~6键先后出现了按键不灵敏的现象，我们将其拆开，用棉布蘸纯酒精小心擦拭

按键与线路板接触面，功能恢复了，但未过多久又失灵。同事告知，此种情况为按键接触面的导电橡胶失灵，可在按键的接触面用双面胶贴上一层薄锡纸即可解决。回家一试果然修好。

100081　北京第 2413 信箱 1 分箱　戴侣红

92/ 用废毛线编织百洁布

打毛衣剩下的毛线零头，可编织成小方巾当百洁布，刷锅洗碗擦水池，比旧毛巾、白纱布好用得多，而且不沾油腻易清洗。　100045　北京电科院　郭志明

93/ 用废搓澡巾擦皮鞋

搓澡巾破旧后，将其里面翻出来，使棉衬里露在外面，当皮鞋打完油后，将它套在手上擦鞋，鞋亮手不脏，也可揩拭鞋上浮土，效果不错。

100021　北京朝阳区华威北里 32-2-401　李海清

94/ 用可乐瓶做烟筒

用可乐或雪碧的空塑料瓶若干个，将每个空瓶的瓶口及底部剪掉，使成筒状，然后将两筒插接在一起，用锥子在接口处上下扎孔用铁丝穿孔固定。

如此连接，根据需要可长可短，还可以制成各种形状的防风倒烟的出烟口，防止有风时烟出不去，或煤气回流。此种烟筒可以和 11.5 厘米的烟筒对接，用在室外最好，不怕风雨，可使用数年不坏，我做的烟筒已使用三年。但注意别离火炉近，易烤坏。

100005　北京东城区西总布胡同 68 号　张若愚

95/ 圆珠笔芯做气针

将用过的圆珠笔芯剪去一节笔杆，再将笔尖上的金属球弄掉，然后清除残余的液体，就可当作气针用了。

100043　北京石景山区委宣传部　齐志强

96/ 旧伞布再利用

伞坏了，把布拆下来，铺在圆桌上，当桌布正合适。还可做书包。伞是八角形布缝成的，把布拆成四角，把其中两块布一掉个儿，和另外两块布分别合在一起，就成了两个方形，这样就可以做个书包了。

100021　北京朝阳区松愉西里 39-905　王志方

1/ 透明胶布可替代涂改液

近日，儿子放学回来，要钱买透明胶布，问有什么用，他说粘错字。买来后，操作演示，确实比涂改液效果好，既经济又不留痕迹，但纸薄不行，因为易破。

李 信

2/ 电池电力不足捏一捏还能应急用

当你正在用电动剃须刀或是听半导体收音机时，突然电池电力不足，而手头又无新电池更换，怎么办？此时，把电池取出（电池外皮一般已变软），用力捏捏，把电池外皮捏瘪之后再装回去，即可继续使用。我还发现，此法可重复多次。

肖乾石

3/ 电池没电应急法

电池没电时，将电池（2 个）取出来，使正负极相反放在手掌上，用两手摩擦 10~15 秒，单个电池也一样能行。

100045　北京复外大街 13 楼 209　李春娅

4/ 如何消除旧邮票上的黄斑

旧邮票因背面糨糊受潮出现黄斑后，可用少许盐放在热牛奶中化开，然后把邮票放在冷却的奶液中浸泡，2 小时后取出，再用清水冲净、晾干，黄斑消除，邮票如新。

孙富生

5/ 室内家具搬动妙法

居室搞卫生或调整室内布局，就要搬抬家具，但由于人手少，家具重，搬抬十分困难。我的经验是：在搬动家具之前用淡洗衣粉水浸湿的墩布拖一遍地；水分稍多些，拖不到的地方泼洒一点水。这样，一般家具如床、沙发、写字台、柜子只需稍加用力即可推动，而且无须挪动内放物品。边挪边拖地，待调整好布局后再用清水墩布拖一至二次。当然，这一切必须要求室内地面光滑平整。

杨立冲

6/ 冬季防气门芯慢撒气法

△冬天，自行车气门芯慢撒气的原因，是人工合成橡胶气门筋在寒冷下会变硬、发脆，弹性降低，因而起不到密封作用。笔者经过摸索，找到了一种简便有效的防治办法：打气时，将气门芯拔出来，在气门针周围均匀地涂上一层办公用的胶水（不要让胶水堵住进气孔），然后趁湿把气门筋套好，立即打足气。下次打气时可拔出来再涂胶水。此法一年四季均可使用，冬天效果最好，涂一次胶水，至少可保持一个半月不用打气。

肖 纪

△冬季车胎常常跑气，其原因大多是气门芯受冻丧失弹性所致。用呢料头缝制一个气门套套在上面，可防止气门芯被冻。

贾仰林

7/ 面膜干了怎么办

面膜结块白白扔掉实在可惜，这里介绍一种方法：往装有面膜的塑料管内注入适量的白开水（最好是蒸馏水），水量一定要适中，可根据面膜多少而定，然后将盖子拧紧，放入盛有凉水的锅内，加热到锅内水达 50℃时即可，这时管内的面膜又可以使用了。

李 菁

8/ 怎样不使汗水浸蚀金银饰物

夏天，人出汗多，戴在手上的金银饰物会因汗水的浸蚀而失去光泽。可找一瓶"指甲油"，再找一点"香蕉水"（化工商店有售）将其稀释，然后在金银饰品的表面上薄薄地涂上一层，

阻隔了汗水的浸蚀，金银饰物就不会
失去光泽了。　　　　　　　　傅春升

9/ 手表防汗蚀

戴在水腕上的表常受汗水浸蚀，不仅
锈蚀机械表零件，对电子表的电池、
电路板及电子元件也造成危害。可找
一支旧毛笔，蘸上熔化的蜡油涂在表
后盖缝隙，将它封死。走时准确的电
子表，也可将拨针旋钮一齐蜡封。

　　　　　　　　　　　　　　曹云海

10/ 如何清洗黄金饰品

每晚临睡前将金戒指、金项链等摘下
放在一个小容器中，里面倒入少许金
鱼牌或白猫牌洗涤剂，用冷水稀释至
没过饰品，浸泡一夜，早上用清水冲
净。如沟缝中有污垢，可用废旧牙刷
轻刷。若天天如此，饰品锃亮如新。
容器中的洗涤液可反复使用。笔者带
了3年多从未清洗过的金戒指，近日
用此法，色泽光亮如新。　　　郑天孙

11/ 如何利用蜂窝煤碎煤

烧大蜂窝煤炉取暖、烧饭的住户，常
对大量的碎煤或没烧透的乏煤无奈，
往往一倒了之。这样既造成经济上的
损失，又浪费了能源。我有一个办法：
当炉火乏了该添煤时，可把碎煤或乏
煤砸成煤球大小的块添上一炉，保证
火上来得快，既旺又好使。等到再添
煤时应放大蜂窝煤，不要连续添碎煤。
但加碎煤最好不要在下午以后，因为
到晚上封火时最好炉内从上到下都是
蜂窝煤，这样封火才有把握。　韦国禄

12/ 可用砂纸磨菜刀

菜刀用久了会钝，可将300目的水砂
纸放在平面玻璃上，砂纸上撒一点水，
一手按住砂纸，另一手持菜刀在砂纸
上朝一个方向磨，然后再磨菜刀的另
一面。这样两面磨4~5次共2~3分钟，
刀刃即光亮锋利。须注意的是：刀与
砂纸有一角度，以5~10度为好；手
与玻璃边缘要保持一段距离，防止划
破手；300目的水砂纸五金商店有售，
每张家庭可用一年以上。　　　王兆基

13/ 烧开水怎样使水壶把不烫手

烧开水，水壶把往往放倒靠在水壶上，
水开时，壶把很烫，不小心就可能烫
伤。我将小铝片（或铁丝）用502胶
水粘在壶把侧方向做一小卡子，烧水
时壶把靠在上面成直立状，这样水开
了壶把也不烫。　　　　　　　李　军

14/ 钢笔不下水怎么办

写字多的人往往会碰到钢笔不下水的
烦恼，本人在实践中摸索出一个妙法：
将笔尖放入肥皂水中，按压几下胶囊，
然后用清水吸放几下，把水甩干，再
重新吸入墨水，即可书写流畅。庞正尧

15/ 水湿了书怎么办

一本好书不小心被水弄湿了，如果晒
干，干后的书会又皱又黄。其实，只
要把书抚平，放入冰箱冷冻室内，过
两天取出，书既干了又平整。　林　涛

16/ 提倡用废塑料袋装垃圾

废旧食品袋、塑料袋不要扔掉，可
当垃圾袋用来装生活垃圾，既方便，
又减少环境污染，还可减轻清洗垃
圾器具之苦。如果能将垃圾分类装
袋更好。　　　　　　　　　　陈瑞麒

17/ 给钥匙链上留个标记

一串钥匙丢失，谁都会心急如焚。不妨在钥匙串挂一小块塑料板，上面写清本人姓名、电话，别人捡到后会及时联系送还。　　　　　　宋进军

（编者注：市场上钥匙链五花八门，为什么没有一种可以留名的品种？）

18/ 贴墙纸出现气泡怎么办

房间贴墙纸时，贴不平很容易鼓起气泡，影响美观，只要取一根缝衣针，将气泡刺破，空气排出后，墙纸就平整了。　　　　　　　　　　张树明

19/ 护发素可使毛巾"柔软"

一次洗头时，不慎把护发素弄洒了，于是就拿毛巾去擦，结果毛巾干了后变得又软又香，焕然一新。所以，洗头时应顺便用护发素洗一下毛巾。

　　　　　　　　　　　　　　立园

20/ 夏秋季毛巾清洁一法

夏秋季节，毛巾用久了易变硬变滑，这主要是人体排出的汗液及其他有机物质黏滞在毛巾织物孔隙中造成的。可每周用稀释200~300倍的"金星消毒液"，将黏滑的毛巾浸泡4~6小时，再用搓板揉搓，毛巾即可变得松软洁白，弹力如初，还可达到消毒目的。如果是有色毛巾，浓度不宜过高。　长庚

21/ 手上的辣痛可用白酒擦洗

辣椒大多数人爱吃，可是切掰辣椒时，往往辣手，用肥皂或洗涤灵等清洗，不易去掉。我试用白酒擦洗手，再用清水冲洗，手马上就不辣痛了。

　　　　　　　　　　　　　马桂英

22/ 使居室水泥地面光滑的方法

我家居室的水泥地面原来较粗糙，一年来我们坚持经常用洗过衣服含有肥皂或洗衣粉的水擦地面，既节约了擦地用水又使地面变得光滑了。　庆顺

23/ 怎样使胶片多照几张

我是新闻摄影干事，每次冲出胶片，看到长长的片头浪费掉，觉得可惜，便试着把旧胶片（4~5寸长）用透明胶布对接在新胶片片头，结果无论36张或24张的胶片，都能多照4~5张照片。　　　　　　　　　王泽森

24/ 怎样磨电须刀

用过一段时间的电须刀如果不那么快了，可找一个锯蜂王浆瓶子的小砂轮，在电须刀网罩的内面（与刀片的接触面）顺着电机的旋转方向磨上几分钟，然后在网罩上薄薄地抹上一层润滑油，装好后剃须会快得多。　杨正峰

25/ 冰箱节电小经验

鲜鱼、鸡、肉类等一般存放在冷冻室。如第二天准备食用，可在头天晚上将其转入冷藏室，一来可慢慢化冻，二可减少冰箱起动次数。冬季还可利用天寒节电：准备饭盒两只，晚上睡前装3/4的水盖上盖，放屋外窗台上。第二天早上即结成冰。将其放入冰箱冷藏室，利用冰化成水时吸热原理保持冷藏低温，减少电动机启动次数。两只饭盒可每天轮流使用。　保杰

26/ 怎样消除身上的静电

随身配一个笔式试电笔，脱衣时手执试电笔，衣服脱下后就将试电笔尖按在衣服上，当看不见放电现象后衣服

和身上的静电即被消除。也可在脱衣后，将试电笔尖接触房内任何连接地面的金属结构上，例如铁窗、铁床等，身上的静电也会消除。请注意，千万勿将试电笔尖接触他人，否则放电会把对方重击。 沈方杞

27/ 在拖鞋上装地线可消除静电

现在日常着装大多是化纤或混纺，身上常有静电，有时无意中碰到金属家具，甚至在按电视机按键时都"打"手，很难受。后来我在拖鞋上装了一根地线，静电就消除了。我们全家人的拖鞋上都装了一根地线，效果很好。装的方法是用一个曲别针，从拖鞋的脚心部位穿过去，像钉书钉一样两端都接触地下即可。 崔 直

28/ 钥匙涂上铜笔粉好用

夏天，由于多雨潮湿，开、锁门时钥匙插入拔出，都很不灵活如果你用铅笔在钥匙上抹一抹，涂上一些铅笔粉，就很好用了。 王方立

29/ 不戴花镜怎样看清小字

老年人外出时若忘了带老花镜，而又特别需要看清不戴花镜便看不清的小字，如药品说明书等。可以用曲别针在一张纸片上戳个小圆孔，然后把眼睛对准小孔，从小孔中看便可以看清。 刘书基

30/ 编织时手出汗怎么办

女同志用金属毛衣针、钩针等编织钩织衣物时，常常因手上爱出汗（尤其是夏天）而使工具针发涩，拉动线绳非常吃力，这时只要身边放个小蜡头，不时用它磨磨针头部分，这样工具就好用多了。 施善葆

31/ 字写不上怎么办

写对联或填写奖状、各类证书，有时会碰到写不上字的情况；尤其是光面纸写毛笔字更难。本人经验，只要在磨墨时掺适量洗衣粉或在墨汁中放进一点洗衣粉，搅拌均匀即可收效。当你邮寄包裹时，或许也会碰到包裹布面或木箱板上写不上字的烦恼，只要用湿毛巾蘸肥皂水，使劲在布面或板面来回擦几下，待稍干后再写，即可书写流利。 庞正尧

32/ 如何判断录音机磁头是否磁化

切断录音机的电源，将磁带门打开，然后用细线挂一个无磁的细别针，让其针尖靠近磁头，如针尖扭转或被吸住，说明磁头已磁化，应该用消磁器消磁，反之则说明未磁化，可放心使用。 杜崇勇

33/ 夏天地毯上可铺凉席

铺设地毯的房间，到了夏天会感到地毯厚重缺乏凉意，收起来又太麻烦。只要在地毯上面铺上一块大小合适的薄凉席，脚下就会感到凉爽适意。 张树明

34/ 家用冰箱妙用新发现

△在冰箱果盘盒内养鱼，不换水可保持数天不死，可随食随取，既方便又鲜活。
△真丝衣服不易熨平，可把衣服喷上水后装入尼龙袋置冰箱中，十几分钟取出再熨便能平整服帖。
△猪肝切碎拌上植物油后，放冰箱中可保持几天的新鲜。 赵海清

35/ 热水泡保险刀片刮脸特别快

一次我刮脸时，不小心把刀片掉在了热水盆里，待取出后刮脸时感觉特别快。于是以后每逢刮脸时就先把刀片放在热水盆里泡一会儿，然后再用，总是非常锋利好使。　　王汉

36/ 怎样避免沙发碰损墙壁

沙发一般都靠墙放置，容易使墙壁留下一条条伤痕。只要在沙发椅的后脚上加一条长方形的木棒，抵住墙脚，使椅背不能靠上墙壁，就可避免沙发碰损墙壁了。　　张树明

37/ 防止沙发靠背压坏墙壁一法

迁入新居时，我怕沙发的靠背压坏墙壁，于是想了个办法：即将包装家用电器的泡沫塑料，用刀切成长 10 厘米、宽 7 厘米、厚 2 厘米的长方块。然后，用胶纸将它分别固定在沙发靠背后面的两角上。这样，沙发靠背有泡沫塑料垫着，墙就不易压坏了。已经 10 年了，墙壁仍完好如初。　蔡桂英

38/ 如何避免蜡烛熔化滴在生日蛋糕上

如何避免蜡烛熔化滴在生日蛋糕上呢？只要事前将蜡烛放入冰箱冷冻 24 小时即可。　　张树明

39/ 盐水可使竹晒衣架耐用

竹衣架买回后，可用浓盐水搽在竹上（一般以三匙盐冲小半碗水为宜），再放室内 2~3 天，然后用清水洗净竹上盐花即可使用。这样处理过的竹晒衣架越用越红，不会开裂和虫蛀。张树明

40/ 防止笔毛弯曲一法

写毛笔字必须先用清水将笔毛浸泡开。但通常的泡笔方法，由于笔毛接触容器底儿，泡得时间长一些，笔毛便容易出现弯曲，一时无法理顺，影响使用。后来，我用一个广口瓶子，注入适量清水，将毛笔直插入，淹过笔毛后便用夹子将笔管夹在瓶口上，解决了这个问题。　　张广新

41/ 用过的电热毯再用应先通热一下

用过的电热毯，其毯内皮线可能老化、电热丝变脆，使用前不要急于把叠着的电热毯打开，避免折断皮线和电热丝。正确的使用方法：把电热毯通电热一下再打开放床上。　　汤斌

42/ 地毯防潮法

地毯直接铺在水泥地上极易受潮，只要在铺时先在地面上糊上一层柔软的纸，就可以防潮湿了。　　张树明

43/ 怎样使紧摞在一起的玻璃杯分开

一次家中来客，家人沏茶招待，怎奈两个玻璃杯紧紧地摞在一起，任凭你使多大劲儿也分不开。我将茶杯放入温水中，又往上面的杯子内倒入一些凉水，然后稍一用力，杯子就分开了。　　傅春升

44/ 烟筒怎样收存好

烟筒拆卸下来后，先用棕刷一类工具把浮粘在内壁上的烟尘、锈块等清理干净；不要用铁刷，亦无须用水泡洗。之后在烟筒的内外壁上都刷一层石灰水，使之附上一层薄薄的石灰。每年冬天生火前，视需要可再涂一次。烟筒是在酸性腐蚀条件下工作的，因为煤中的硫经燃烧后会生成二氧化硫和硫化氢，而煤中的氢燃烧后会生成水，

石灰可起到中和残存酸性物的作用，从而可减少这种酸性腐蚀。石灰涂上去后，还会与空气中的二氧化碳反应生成碳酸钙，覆盖于烟筒表面，起到保护作用。多年来，我一直用此法，一般的白皮烟筒或黑皮烟筒都可使用五六年或更长一段时间。

何堂坤

45/ 夏天常用食盐搓洗脸巾好

夏天，人出汗多，毛巾使用易因汗中的脂肪沾污，湿时发黏，干了变硬。假如在湿毛巾上放适量食盐搓洗，再用肥皂洗后清水洗净，毛巾就不会再黏再硬了，还会去掉异味。

张思让

46/ 盖章巧用朱砂油

因工作关系我常要盖章，发现无论是印泥还是印台油都存在章迹不清楚或洇纸不易干的现象。我试着用一新印台盒，刷上专调印泥用的朱砂油，晾上2~3天后使用，盖出的章既清楚又不洇纸，且一会儿就干。我已使用多年。

李国华

47/ 印泥上盖块纱布更好用

因工作关系经常盖章，印泥总不好用；尤其是夏天，又黏又稠，盖章不清楚且洇纸。我试着在印泥上盖一张打字纸或一小块纱布后，使用效果非常好。

王艳青

48/ 清除印章印泥渣小窍门

印章用久后，就会被印泥渣子糊住，使用时章迹就很难辨认清楚。你可以取一根蜡烛点着，使熔化了的蜡水滴入印章表面，待蜡水凝固，取下蜡块。反复两次即可。

施善葆

49/ 弹簧床怎样铺凉席不折

我用大型家用电器的纸包装箱，裁成70×120厘米两块，垫在弹簧床褥子下面，这时铺上凉席就不易损坏了。

曾传璧

50/ 刷墙增白一法

房间墙壁粉刷效果往往令人不大满意。于是，有人往涂料中加蓝墨水，虽显得白些（蓝墨水中的蓝色颜料吸收了涂料的黄色杂光），但也使墙壁显得灰暗。怎么办？可在刷最后一遍涂料时，用热水化开几包"荧光增白剂"兑进去，搅匀后再刷；或者等粉刷完成之后，再用足量的"107胶"兑入用热水化开的"荧光增白剂"，搅匀后刷一遍。这样粉刷的房间墙壁洁白明亮，尤其后一种方法更好些，不易掉白粉蹭脏衣物。"荧光增白剂"在各化工颜料商店都有出售，而且价格并不贵。这种方法也适用于各种彩色涂料，可使彩色更加鲜艳明亮。

徐文峰

51/ 巧用转叶式风扇

台式转叶式电风扇（鸿运扇）外形像一个薄薄的扁箱，占地小，可在室内各处摆放。一般说来，电风扇在室内吹的风温度和室温一样，而夏季日落之后，室外温度降下来，室内温度比室外高。此时可将转叶式风扇放在开着窗的窗台上向外吹风，使室内热气逐渐排出，室外凉空气逐渐补充进来。如想加快降温速度，还可把风扇背靠纱窗放在窗台上，使扇叶朝室内方向吹风，能很快地把室外新鲜凉空气吸入室内。要是将窗帘拉上并把遮盖风扇的那部分撩起放在风扇上边，效果更好。室内会顿觉凉风习习，有安装一台小马力空调器的感觉。必须注意的是，鸿运扇要放稳，固定好。 孙耕生

52/ 地面返潮缓解法

没有地下室的一楼房间以及平房，夏季地面返潮厉害。可关闭门窗，拉上窗帘，地上铺满报纸，经两三个小时后，地下的潮气就会返上来。这时把报纸收走，打开门窗通气，干燥空气进来，潮气吹走，房间里就会舒服多了。 王文杰

53/ 巧铺塑料棋盘

现在的棋盘多为塑料薄膜制成，长期折叠后不易铺开。有的棋子很轻，如塑料跳棋的棋子，便很难站稳。其实，只要用湿布擦一下桌子，就可将塑料薄膜棋盘平展地贴在桌面上。 吴清莲

54/ 橘皮晒干可生火

橘子皮不要扔掉，晒干后做引火燃料，生火可快了。 王和荣

55/ 肥皂盒垫块软泡沫塑料好

肥皂放在肥皂盒里，常常被浸泡变得湿腻不堪。可找一块5毫米厚的软泡沫塑料放在盒内，这样，皂体表面的皂液很快会被吸附在泡沫塑料上，不仅保持皂体干燥耐用，还可用这块吸附了皂液的泡沫塑料来擦洗脸盆等。 傅春升

56/ 衣柜内侧可存放小物品

衣柜中怎样妥善存放袜子、手帕之类的小物品呢？可在柜壁（门）内侧的适当位置挂几个塑料袋。把塑料袋贴柜壁（门）的一面用图钉固定住，便可分类存放小物品了。 木 一

57/ 电池使用可排顺序

笔式手电筒、照相机和半导体收音机上不能使用的5号电池，改用作电子石英钟或电子门铃的电源，至少可再用几周到几个月。 刘君一

58/ 干电池的"梯度"利用

日常小型家用电器，不仅耗电有大有小，使用的特点也不同。手电筒开亮时消耗电较大，多是间歇使用的。石英电子钟则是小电流、长时间工作的。因此，新电池先给手电筒、照相机的闪光灯和BP机用，换下来可给遥控器、晶体管收音机用，最后还可以给石英电子表用。不经常通电的电子门铃也可以用旧电池。这样可以充分利用电池的能量。

100031 北京复兴门内大街160号 杨名甲

59/ 海绵可除掉头发茬

夏天孩子理完发由于出汗周身发黏，致使残留在脸上与脖子上的头发茬不易除掉，而用水洗费时又麻烦。无奈，我找来一块厚3厘米巴掌大小的海绵（不着水）去掸头发茬，很快全被掸掉了。 宋帅义

60/ 下雨天挤公共汽车请带个塑料袋

下雨天，人人拿着雨伞、穿着雨衣，上公共汽车后为避免弄湿衣服，相互躲着，使本已拥挤不堪的车厢变得更拥挤，争吵也时有发生。有一次，我看见一女孩上车前，从包里取出一个塑料袋，套在伞上，这样拿着尽可以放心上车。我以为，如果大家出门拿

伞或穿雨衣时都想着带个塑料袋，一定会减少不少麻烦，既方便自己又避免争吵。　　　　　王　静

61/ 巧取掉入胶卷暗盒里的片头

业余摄影，由于操作不当，胶卷片头掉入暗盒的现象时有发生。遇到这种情况，即使手中没有取片头器也不必惊慌，只要随身携带一两条（约3厘米宽、7~8厘米长）窄于胶卷暗盒的印相纸（或从废弃的照片剪下一条），用清水或舌头在这条相纸的药液面上稍湿或舔几下，再把这条药液面朝下的像纸插入暗盒口里去。然后，把露在侧面的轴反转，看到这条像纸随着往里转几下（剩到用手能抻到为止），这时只要用手往外猛地一神，掉入暗盒里的片头就出来了。　　张作棠

62/ 巧看立体电脑画

人们为了看出立体电脑画中的图案往往要大费周折，有人拼尽全力也无法达到目的。我发现一妙法：通过1个7~10倍的望远镜，距电脑画2~3米，调清楚图像后，稍稍调节一下眼睛与望远镜的距离，即可比较容易地看出其中隐藏的图案。　　　　吴　松

63/ 计算机软盘防霉法

霉菌对计算机软盘危害很大，会使电脑的软驱磁头污染。如果您用的软盘不是防霉的可以用1粒卫生球，取其半个，压成粉末，倒入纸套内，封口后和其他软盘放在一起，可使软盘不再长霉。　　　　　毛小冰

64/ 如何处理傻瓜相机"长片"

傻瓜相机在拍摄完一卷照片时，有时会发生"卡片"现象。或是拍摄完相机不倒卷；或是倒一部分后电机就停转了，其毛病就出现在相机的电池上。倒卷时，需要的电池容量高。处理"卡片"的办法很简单，将相机里的旧电池换下来，装上新电池，倒卷时"卡片"的现象就迎刃而解了。而换下来的旧电池在拍照下一卷胶卷时仍可以继续使用。　　　　　王广智

65/ 纽扣电池的失效判别

在商店里购买纽扣电池时，有时也会有失效的电池。如果用两个手指摸一下电池的两个平面，就可以判别电池是否有电。电池若有微鼓现象，说明它放电后内部气体压力增加，使壳体外鼓，电池就没电了，反之，表面平滑就是有电的。　　　　　毛小冰

66/ 巧拓汽车发动机号码

很多汽车发动机的号码是打在缸体的后方或侧下方，周围有很多管线和配件，用普通的方法很难拓印发动机的号码。现在给准备验车的驾驶员介绍一个简单实用的方法。首先，把发动机缸体号码处用棉纱擦干净，然后用较新的复写纸团成一团，在发动机号码的平面处来回擦抹（用炭笔、蓝铅笔也可以），再撕下一小条透明胶条轻轻贴在号码的上面，用手指将胶条摁实。最后把胶条拿下来，直接贴在年检验车表上。　　　　周双盛

67/ 橘子皮能"点爆"欢乐球

欢乐球给市民们带来了节日的气氛，我也买了1盒，无意中发现用橘子皮一挤或只在手指蘸上点汁轻触球面，

即可将欢乐球"点"爆。将球连在一起，用橘子皮"点"一个球，其他球也随之连爆。"啪、啪"之声确实有趣。

许立新

68/ 塑料筒装牙膏不好挤怎么办

塑料筒装的牙膏，用过一段后，瘪的部分常残留少量牙膏，往前集中一下，由于塑料不像锡皮包装可以折起来。结果，过两天仍会有部分牙膏回到瘪的一段，可将瘪处牙膏挤到前端，然后把瘪的一段折起来，用皮筋捆上，就会消除反反复复去挤瘪处牙膏的麻烦。

侯建华

69/ 尼龙扫帚要挂起来

尼龙扫帚坚固耐用，又不掉毛，洗后干得快，但每次用后都应该挂起来。如果随便往地上一搁，时间长了，毛就会朝上卷，不好用了。

肖 华

70/ 水浸可使铅筒内颜料不凝固

将铅筒水彩色、水粉色、广告色、国画色，每次用完拧好盖，放在盛好干净水的罐头瓶里，或稍大的搪瓷盆里。水要满过铅筒，这样可使筒内的颜料永不干涸。在铅皮上用油笔写上颜色名称，以防水浸掉，铅皮裹着的包装纸就不要了。

张景荣

71/ 怎样使透明胶带纸用得方便

透明胶带纸很薄，颜色浅。每次使用时常常很难找到胶带的起头处。我的办法是，在每次使用后，就在胶带纸的起头处粘上一小块儿纸（1厘米即可），或将胶带纸对粘一小截儿，胶带的起头处就不会粘上。再次使用时，胶带的起头处十分明显，使用方便，

粘好后再将粘有纸的一段剪掉。

吴万平

72/ 巧点蜡烛

点蜡烛时，只要在灯芯周围撒上几粒粗盐，这样既可防止蜡烛油淌下来，又可延长其使用寿命。

张树明

73/ 领洁净可代替涂改液

如果钢笔书写有误，可滴1小滴领洁净，稍干后，墨渍即去除。

杨宝元

74/ 电褥——简易"取暖器"

供暖期间偶遇事故停止供暖，或供暖前后十天半月，住北屋的人夜间因寒冷往往难以坚持正常工作。这时，电褥能提高室温。它用电少，90W一个的单人电褥，如用10小时，耗电不足1千瓦/小时。您工作时把它平展铺在床上通电，即可获得合适的室温。

沙未湘

75/ 彩色水笔的再用

各种颜色的彩色水笔初用起来都流利好使，但使用一段时间后，有的颜色好像已用完写不出字来，有的放置时间过久，书写也较困难，这时只要将笔帽取下将笔头插入水中（可在杯子中放少许水）约1分钟左右，取出使用颜色就会鲜艳如初，能继续使用很久，我使用数次都很成功。

王子献

76/ 洗发香波倒置方便使用

不少洗发香波的瓶盖都是平头，将瓶子倒立放置，洗头时打开盖稍一挤，香波就出来了，十分方便。否则用时要先挤出不少空气，要等香波缓缓流至瓶口才能挤出来。

刘洪

77/ 更换灯泡不用梯子有妙方

我院是个大单位，办公楼及宿舍楼更换一次灯泡，数量相当大。过去电工同志更换灯泡时，要爬梯子上来下去的换灯泡才行，相当费事。后来，他们想了个妙法：用一只洗涤灵的瓶子，把瓶底的一头去掉一大半，留下瓶口处一小半安装在一根竹竿上，换灯泡时对准屋顶上的已坏灯泡套进去拧下来，再把好灯泡放在瓶内拧上去。这样既省事又快。

王宗秀

78/ 关闭自来水龙头的正确方法

自来水龙头滴水是常见的毛病，防止滴水的关键是掌握关闭龙头的方法和力度。自来水的放水活门的主要部位，有一块具有弹性、不透水的橡胶垫起关闭作用。如何关闭才合适呢？首先试关到不漏水即可，不要因怕漏水再使猛劲关，在关的过程中，找出关闭至刚不漏水的开关的角度，以后在一段时间内就使用这种开关关闭的角度，并随使用时间的延长，分段进行调整开关的关闭位置，这样，就能延缓皮垫的老化，保护龙头，节约用水。

江智华

79/ 用打气筒疏通下水道

找一个打气筒，用废布紧紧缠在皮管上，其厚度为刚好能塞入下水管道口，然后用力压入管口，用水打湿以防透气。开始打气后，随着管内空气压力的不断增大，管内堵塞物开始移动，继之，可以听到"咕咚、咕咚"的声音。当你感到打气不费力时，被堵塞的管道就通了。

李雪文

80/ 泥鳅可通下水道

我好养鱼，常买小泥鳅喂它们。一次，将几条泥鳅冲到盆外边掉进下水口，我家的下水道已很长时间不通了，没想到却被泥鳅给疏通了，后又试用，此法极灵，泥鳅在卖鱼虫的市场有售。

张兰国

81/ 开水疏通下水道

下水道堵塞是常有的事，为了避免下水道堵塞，我经常用开水冲洗下水道，其效果不错。因为在洗菜刷碗时，油垢往往会粘在下水道管壁上，用开水洗能使油垢迅速溶化，使之保持畅通。

郑占元

82/ "刺猬球"防下水道堵塞

家庭里的下水管道堵塞，疏通起来让人劳心伤神。其实堵塞下水管道的有时是女同志的长头发。去年，我用牛黄解毒丸的蜡塑壳和钢丝，制作了两个"刺猬球"，放入洗漱池的下水口和地漏里，平日我们梳洗掉的头发，一根不漏挂在刺猬球上，效果不错。一年多来，免去了常通下水管道的烦恼。

100085　北京清河西三旗 9511 工厂 5 号楼　杨明兰

83/ 抽油烟机可助燃火锅

抽油烟机不仅能将厨房内的油烟排出室外，而且还有其他的使用方法。现在越来越多的人喜欢吃火锅，但又难免在点燃火锅之时受到炭烟的熏呛，既费时又费力。如果在火锅内放上适量的水，足够的炭，再将火锅放置抽油烟机下（注意距离不要太近以免燃烧抽油烟机内塑料构件），用一、两个纸团点燃，打开抽油烟机，不久炭火就会旺起来。这样不但可以避免炭烟的熏呛，而且比室外点燃安全。

王洵

84/ 防止钉钉子时损坏墙面的办法

在墙上钉钉子时，往往将墙面损坏。可在钉钉子时先将胶带纸贴在墙上，然后再钉。钉好后，再撕下胶带纸，这样能避免墙面的损坏，也可以使上了油漆的墙面漆膜不致损坏。 路明

85/ 用玻璃密封胶封窗缝效果好

以往每年入冬前我都要买"钢窗密封条"将窗缝封好，但密封条有两大缺点：窗缝比密封条宽的地方仍有缝；窗缝比密缝条窄的时候，又关不上窗子，使劲关窗造成钢窗变形会裂开更大的缝子。今年我改用装修铝合金门窗用的液体玻璃密封胶，效果很理想。方法是：先将胶瓶口切开，使胶体露出，拧上瓶嘴装上胶枪即可使用。窗子关好，不要关得太紧，将玻璃胶挤入窗缝，约4小时后，胶干透了再关紧窗子，封窗即告结束。为了通风换气或来年夏天通风，可用小刀片沿窗缝将胶体切开即可，不影响开窗，关好后仍然密封。胶的用量：每桶胶可封6扇窗子，平均每米窗缝用1元的胶。胶枪每把约8元，虽然比密封条贵些，但彻底不透风了，而且大大降低了噪音。 魏宁

86/ 金属拉手防锈法

家具上的金属拉手，刚安上时光洁照人，但时间长了就会"满面锈迹"，影响美观，如果定期在新拉手上涂一层无色指甲油，可保持长期不锈，我用此法保养家中组合柜上的拉手已有

3年，至今拉手仍光亮如新。 马银光

87/ 保鲜膜可包装遥控器

电视机、录像机遥控器很容易脏，用食品保鲜膜将其包住，既合适又漂亮，还可经常更换。 戴岳

88/ 冬季干燥羽毛球怎样耐用

盆中放入水1~2厘米，将羽毛球倒放入水中，球托不能沾水。浸泡羽毛1小时，这样球韧性增加，使用时间增加1倍。

100081 北京白石桥30号中国农科院土肥所 蔡良

89/ 识别假秤的一招

将平时随身携带的一串钥匙或类似其他稍重的小东西，先用标准秤称准重量，作为"标准砝码"。当你怀疑小贩的秤有问题时，称一下你的"标准砝码"。只要"标准砝码"不对了，他的秤准有问题。

100071 北京市丰台区花乡育芳园小区21楼1门
603号 杨向泉

90/ 钱包防盗法

先在您准备放钱包的口袋内侧缝制一个较结实的O型环，2厘米即可，金属的或非金属的均可。然后将钱包上安上一条类似BP机拉链的链子，可以方便地在O型环上挂取，这样一个可以有效防止小偷盗窃的装置就完成了。

100052 北京菜市口北半截胡同8号 杨希栋

91/ 防碳素笔尖滞涸

用碳素墨汁写字，常出现墨汁滞涸，不爱下水。我曾多次用清水洗涤钢笔尖，但收效甚微，后改为用10%左右浓度的洗衣粉水（小量即可）

冲洗笔尖，效果非常显著，笔尖下水舒畅。　112300　辽宁省开原高中　孙执中

92/ 洗面奶可代替剃须剂

刮胡须时，将面部及有胡须处涂满洗面奶，稍等片刻，再用刀片刮胡须，效果很好，既刮干净了胡须，又清洁了整个面部。

030027　山西太原市和平北路 56 号《山西化工》编辑部　陈 伟

93/ 蚊香片滴花露水可反复用

睡前把花露水滴 3~4 滴在使用过的蚊香片上，使花露水被充分吸收后，即可使用，一夜驱蚊没有问题。我用的是上海家化联合公司"六神"特效花露水。一片蚊香片（只要仍能吸收花露水就可继续使用）可用一个多月。

100083　北京海淀区学院路丁 11 号矿院新 1 楼 4 门 23 号　詹明宇

94/ 区别真假香油

少半碗醋，倒进一勺香油，用筷子用力搅一会儿，放在桌上不动，过一会儿油又自然回拢在一起，这是纯香油；假的则不回拢。

172750　河北涿州市汽车站　封英杰转张鹤环

95/ 汽车挡风玻璃防结霜一法

冬季寒冷，汽车在露天停放一夜后，早晨挡风玻璃上经常结有厚厚一层霜花，不容易立即清除。可用一块旧单人床单大小的布，在晚上停车时罩在挡风玻璃上，两端用车门夹住。第二天早上掀开罩布，车窗干干净净。

100081　北京海淀车道沟南里 14 楼—1606 号　李天心

96/ 洗荞麦皮一法

将荞麦皮倒在盆中洗净，然后装入纱布袋中（面袋也可），放在洗衣机的甩干桶中转一下，然后放在暖气上很快就干了。

100045　北京复外大街铁道部第二住宅区新 8 楼 3 门 201 号　曹守宪

97/ 吸盘挂钩巧吸牢

日常生活中，吸盘式挂钩常常贴不紧，我将残留在蛋壳上的蛋液均匀涂在吸盘上再贴，要牢固得多。

98/ 用冰箱做冰灯

备好盆、碗或削去上部的可乐瓶、塑料油桶等；再配制彩色水，即将彩笔墨水、水彩画颜料溶解水中。将彩色水倒入容器中，放入冰箱里冷冻。等周围一层冰冻到 2 厘米厚时拿出来，倒出来未冻的水，再将容器放到暖和处，待冰和容器脱开时，将冰筒倒出，放入生日蜡烛，放蜡烛前可用铁钉去帽烤烧插入灯底做蜡钎。

100039　北京海淀区太平路 44 号技术处　魏秀本

99/ 简便去除掉指甲油

想去掉指甲油，身边又没有洗甲水。这时，只需把原来的那瓶指甲油再涂到指甲上，趁湿赶快用卫生纸擦去。没用洗甲水，指甲油照样去得干干净净。　100021　北京朝阳区广和路 2-3-4　李异军

100/ 口香糖"洗"图章

图章用久了会渍上油泥，影响盖印效果，又不能用水洗或针剔。最好的办法是将充分咀嚼后准备扔掉的口香糖放在图章上用手捏住，利用其黏性将图章字缝中的油渍粘掉，使图章完好

无损如新。

100062　北京崇文区教育委员会　孙书刚

101/ 延长香盒寿命法

市售香盒时间一长，固体芳香物干缩，香味锐减。这时可加少量清水，使其湿润，便可重新释放香味。加入其他香水当然也可以，会更香。

100038　北京海淀区蜂窝长话 3 楼 1 单元 1 门
宋长山

102/ 土暖气煤炉封火法

冬季土暖气煤炉取暖，一般封火是用煤块眼对眼的方法，这种封火法，有时到不了天亮就着乏了，重新生火，又怪烦人的。我们改用煤块眼错眼的方法，封火长达 12 小时，从未灭过，既免去了早起生火的烦恼，又可保持夜晚室温，节约用煤。

100000　北京西城区迁善居胡同 7 号　刘洁民

103/ 油漆防干法

要使桶里剩下的油漆不致干涸，可在漆面上盖一层厚纸，厚纸上倒薄薄的一层机油即可。

张树明

104/ 巧洗漆刷

刷过油漆的刷子，用完后先用布擦一下；取一杯清水，滴入几滴洗涤灵；刷子放入一刷，漆立即分解成粉末状失去黏性；再用水一冲便干净了。

于有海

吃
部

1/ 怎样去除大米中的砂粒

用淘金原理淘米。方法是：取大小两只盆，在大盆中放入多半盆清水，将米放入小盆，连盆浸入大盆的水中；来回摇动小盆，不时地将处于悬浮状态的米和水倾入大盆中，不要倒净，小盆也不必提起；如此反复多次，小盆底部就只剩下少量米和砂粒了；如掌握得好，可将大米全部淘出，而小盆底只剩下砂粒。

金盾

2/ 蒸米饭的一点小经验

如大米存放时间较长，蒸饭时只要加入点醋或料酒，蒸出的米饭就会白、粘、香；如想使蒸出的米饭粘而有弹性，可往米饭中加入少量的食用油。

李春阳

3/ 高压锅焖米饭可同锅蒸白薯

用平常高压锅焖米饭时米和水的比例，将洗净的白薯放进锅内屉上的盆或盘子里（不使白薯汤液流入米饭），加热时间与单独焖米饭的时间基本一样，米饭焖熟了，白薯也蒸烂了。

毛庆顺

4/ 剩米饭如何返鲜

剩米饭再蒸时，在蒸锅水中加一匙盐，这样蒸出来的剩米饭和刚煮的饭一样可口。

肖玛

5/ 热剩米饭一法

剩米饭如用蒸锅加热，费时费火，米粒膨胀不筋道，有时还有屉布味。如在煮新米饭时，把水按新米量的比例加好，然后把剩米饭倒进放好水的新米上面，待饭熟时，新米剩饭无异，如用高压锅效果更好，米粒更加筋道。

刘宝琦

6/ 怎样使铝锅焖饭不糊

铝锅焖饭容易糊锅，只要用新铝锅先煮一次面条，再使用铝锅焖饭就不容易糊了。

王冬梅

7/ 怎样使高压锅中的米饭不粘锅底

△用高压锅做米饭，既节时，饭又香，但易粘锅底，很难刷，且浪费粮食。我现在已找到了原因和解决办法。米饭做熟后，锅内存有大量蒸汽。如果让这些蒸汽慢慢自然放出，再拿掉限压阀，打开锅盖，米饭就不会粘锅。如果急着要吃饭，不等蒸汽自然放完就拔掉限压阀让蒸汽一下子全喷出来，此时立即打开锅盖，便会有一层米饭粘在锅底，很难铲掉。这时，只要在盛第一次饭后把锅盖再盖严，不加限压阀，待到第二次盛饭时再打开锅盖，粘在锅底的米饭就很容易铲掉了。

王忠田

△我用压力锅做饭有20年历史，要不粘锅底说来很简单：先不加阀，冲出热气后再加上阀，等有"刺刺"声立即熄火，待压力消失后即可开锅食用，既省火又不粘锅底，用火得当连锅巴都没有。有两点须注意：一是根据米的性质，水要加得适当，饭粒就软硬适度；二是熄火后要保留锅内压力，不要急于放气和强制冷却。因此，最好先做饭后做菜，菜好了饭也得了。

文奇

△用几两米做两三口人的米饭，几乎一半粘在锅上，我曾为此伤过脑筋。经实践，找到简便方法：米饭做熟后马上将压力锅坐在事先准备好的凉水盆里，两三秒钟端出即可。

李悦

8/ 做米饭不粘锅一法

铝锅或不锈钢锅焖米饭，米饭总是粘着在锅底部，既不易清洗锅具，又浪费粮食。如果米饭焖好后，马上把饭锅在水盆或水池中放一会儿，热锅底遇到冷水后迅速冷却，米饭就不会粘在锅上了。

陆 文

9/ 米饭蒸夹生了可放白酒

如果您蒸或焖米饭时，不小心夹生了，可以洒上一点白酒，然后再盖严锅蒸或焖一会儿，米饭就变得香软可口了。

陈士起

10/ 为婴儿煮烂饭简便一法

出生 6 个月以后的婴儿开始吃些烂饭了，一般都要单独煮。如果在做米饭时，开锅后将火关小，用小勺在锅内米饭中间摁一小坑，使锅周围的水自然流向中间，待米饭熟时，中间部分的米饭烂糊了，不用单做。

杨孝敏

11/ 打碎的紫米易煮烂

紫米营养丰富，但很硬，熬粥需要数小时太费火，如将米淘净后，泡两天，然后用家庭粉碎机打成碎粒，再熬粥时，熟得很快，也好吃。

朱孝年

12/ 茶水煮饭实惠多

我从国外学会了一种茶水煮饭法：取 10 克茶叶加 2000 毫升水，浸泡 4~9 分钟，用洁净纱布滤去茶叶，把茶水倒进已淘好的大米中，用火焖熟。此饭色美味香，去腻洁口，帮助消化。

100007　北京东城区府学胡同 31 号　焦守正

13/ 自制香茶米饭

将大米洗净放好水后，再往焖饭锅里放适量花茶或绿茶（茶叶多少可根据个人口味而定），米饭焖好即可食用，吃起来清香爽口。

100021　北京朝阳区劲松一区 128 楼 3 门 10 号
宋莲芳

14/ 炒剩米饭一法

剩米饭又凉又硬，炒起来费时费火，和鸡蛋一起炒出来米饭也不显白，鸡蛋也显得干巴。如果先把米饭放微波炉中加热 1~2 分钟再炒，炒出来蛋黄、葱绿、饭白，既快又松软省油，好吃好看。

100039　北京海淀区五棵松路 51 号院 1 号楼 5 门
301 室　曹秀文

15/ 用土豆做饺子皮

用土豆做饺子皮"筋刀"，甜兮兮亮晶晶的很好吃，而且营养价值高。具体做法：把土豆洗净，用水煮烂；剥掉土豆皮，用饭勺搓成泥；放 1/3 面粉掺在土豆泥里，用温水和成包饺子面；擀皮时，稍比面粉皮厚点，包馅后上锅蒸 20 分钟即熟。

萧宇光

16/ 小型轧面机轧饺子皮

将做饺子的面剂子双手搓成小圆饼形，用小型轧面机较厚档轧一下，小圆饼成牛舌饼形，然后换小型轧面机较薄档，竖轧一下牛舌饼面，轧出来就成为圆形饺子皮了。用此方法，速度快、干净，不需干面粉。

100031　北京西城区参政胡同 19 号 1405 单元
蒋安琪

17/ 包饺子面加鸡蛋好处多

包饺子，如果在每 500 克面里加上鸡蛋一个，则面不"较劲"，容易捏合；饺子下锅后不"乱汤"；饺子出锅凉后不爱"坨"；而且口感好，还增加了营养。

朱毅顺

18/ 用大料水拌肉馅鲜

包饺子或是蒸包子，在肉馅中加点大料水，不仅可去腥味，而且使肉馅鲜嫩。以 500 克肉馅为例，配有 10 克大料，用 100 克开水浸泡 20 分钟，再把大料水拌入肉馅中即成。 秉 智

19/ 自剁肉馅简便方法

饺子是北京人最爱吃的面食之一，但一旦没有机制肉馅或其质量差，自剁肉馅很费劲。笔者有种简便方法：将准备做馅的肉放入冰箱内冷冻，待肉完全冻实后取出，然后用擦菜板擦肉，很容易就能把肉擦成细条，这时只需再用刀轻轻地剁几下就行了。 傅春升

20/ 怎样使饺子馅不出水

△把洗净晾干的菜切碎，放入锅内，浇上食油，菜末被一层油膜包裹，遇到盐就不易出水；再倒入肉馅拌匀，放足盐。这样包出的饺子馅嫩又有汁水，味道鲜美可口。 舒 零

△先把葱、肉剁碎，加上调料拌匀，然后将剁好的白菜（剁白菜时切勿加盐），一点一点地加入肉馅里，边加边搅拌，这样肉馅可以均匀地吸收菜馅里的水分，又湿润又有黏性，包出的饺子味道适口，也不会流汤。傅春升

21/ 白菜馅"机械"脱水法

将剁好的白菜馅用纱布包严，均匀地放置在洗衣机的甩干筒内，开启后一分钟左右即可取出。此法比用手工挤馅脱水，既省时省力，效果又佳。
王 滨

22/ 包饺子的菜馅挤水不用倒掉

包饺子的白菜或瓜馅，挤出的水含有多种维生素，倒掉太可惜，不挤掉水又不好包。我介绍一个办法：把挤出的菜水放到肉馅里，用筷子顺时针方向搅肉馅，使之成为肉滑，然后，再和菜馅搅匀，这样饺子馅就不再出水了，而且包出的饺子既不失营养味道又鲜美。 高喜栓

23/ 怎样制速冻饺子

速冻饺子的制作方法是：将铝制蒸锅的屉取下，洗净擦干撒少许干面粉；把包好的饺子均匀地码放于屉上，饺子排列中间要有空隙，以防粘连；然后放入冰箱冷冻室中冷冻 2~3 小时，待饺子皮变硬即可取出（切记冷冻时间不宜过长，否则会使饺子皮冻裂）；这时饺子已和铝屉冻结在一起，将饺子轻轻掰下来，放入塑料食品袋中，扎紧袋口，重新放入冰箱冷冻室中即成。煮速冻饺子注意：待水煮沸后，再将饺子从冰箱中取出下锅，随下随旋转翻动，防止粘锅，煮的时间要略长一些。由于速冻饺子饽面稍多，为防止发黏，水中可放一点盐。 辛 晓

24/ 香菜可做饺子馅

听人说，香菜可做馅包饺子吃。我就买了 2 斤，试着包饺子吃，结果着实鲜美好吃。 张思让

25/ 豆腐做馅更好吃

将豆腐上锅蒸一下，晾凉后切成小丁，加葱末、精盐、味精、香油拌匀即可。豆腐馅饺子易熟，味美好吃。

100013 北京地坛北里 9-4-203 号 王荣云

26/ 饺子馅出汤怎么办

包饺子时，常会遇到馅出汤，只要把

饺子馅放进冰箱的冷冻室速冻一会儿，汤就吃进馅里了，并且特别好包。

100073 北京丰台区太平桥西里 7 楼 3 单元 301 室
张红莲

27/ 凉白开水打馅不出汤

吃饺子用自来水打肉馅（白菜、韭菜）易出汤，其实只要用凉白开水打就不会出汤。朋友告我此法后，我试过很灵。

100027 北京东外十字坡西里 4 楼 3 单元 101
张淑英

28/ 茶叶做馅清香利口

包饺子、馄饨时，在馅里放点茶叶，能清口、去腥、除擅气，可代替料酒。做法如下：绿茶喝过两遍后，将茶叶捞出晾干，剁两刀和上肉馅，放入调料，这样包的饺子和馄饨，吃起来清香利口，风味独特。

100013 北京地坛北里 9 楼 4 单元 203 号 王荣云

29/ 如何煮饺子不粘连

水烧开后加入少量食盐，将盐溶解后再下饺子入锅，直到煮熟，只需"点水"，不用翻动。这样水开时既不会外溢，饺子也不会粘锅或连皮。饺子煮熟后，先用笊篱把饺子捞入温水中浸一下，再装盘就不会粘在一起了。

晓 玛

30/ 用压力锅煮水饺好

压力锅煮水饺，水饺不破口、不跑味，并节省时间。在压力锅内放半锅水（一般口径 24~26 厘米的压力锅，每次可煮 80~100 个水饺），水烧开后用饭勺搅转两圈，使水起旋，放入水饺，盖紧锅盖，不要扣阀，用旺火烧。气从阀孔冒出约半分钟左右即可关火。

至阀孔不再冒气便可开锅捞饺子了。注意用旺火时以不使锅内的水喷冒出来为度。

涛

31/ 面里加点盐，水饺不粘连

要想煮熟的水饺不粘连，先在和面水里放少许食盐，然后在煮饺子时，不要加水，锅开后，可将火调小些，但要保持饺子锅水沸腾直至煮熟，这样煮出的饺子就不粘连。

无 鸣

32/ 压力锅煮饺子快又好

压力锅内放 1/3 的水，水沸便下饺子，边下边轻搅，中号压力锅每次可煮 40~50 个饺子，待饺子有一半浮起来时，便盖上锅盖，不加阀。排气孔第一次排气起 1 分半钟闭火，锅内气排完即可捞出。

100039 北京太平路 44 号老干部办公室 刘景峰

33/ 酸菜冻豆腐饺子

先将冻豆腐挤去水分，切成细末，放入炒锅内焙干，然后用适量花生油将其炸成金黄色，晾凉后与切成末的酸菜一起放入锅内搅拌，同时放入葱、姜、味精、盐等调料。包出的饺子味道鲜美可口，老少皆宜（也可放入肉馅一起包）。

100044 北京西城区榆树馆西里 10 号楼 18-1 姜凤芝

34/ 黄瓜馅素饺子

将两个鸡蛋打散在油锅中炒，一边炒一边捣碎，越碎越好，炒好后放入适量盐腌半小时；再将一块豆腐切成小丁（越小越好），另起油锅，待油热后倒入豆腐丁，不停地搅拌，倒入适量酱油不断翻炒，直到豆腐丁发黄为止。将黄瓜擦成细丝，不必切碎，挤出水。

将放凉后的鸡蛋丁、豆腐丁、黄瓜丝一起搅拌，再放入五香粉、味素、葱姜末等，馅做好待用。再用黄瓜水和饺子面，若黄瓜不够可加适量水。

100021　北京朝阳区松榆西里 34 号楼 1706 号　杨凤鸣

35/ 马齿苋菜饺子

春暖花开，采马齿苋洗净，用开水稍余一下，捞出挤去水分切碎，加适量香油、辣椒面、五香粉、食盐、葱丝、味精拌匀；做成菜饺子放入饼铛烙熟即可食用。清香可口，有清热利湿、凉血解毒的保健功效。

100013　北京地坛北里 9-4-203 号 王荣云

36/ 巧吃剩馒头

剩馒头，尤其是在冰箱里存放了几天之后的剩馒头，干硬难嚼，弃之可惜。经过多次多种试做，我觉着有种吃法较优，现介绍如下：面粉、鸡蛋加水拌匀成稀粥状，将馒头切成片，泡 5~10 分钟，用油炸稍黄出锅。口感不硬，老少咸宜。以 3 个馒头为例，需用 3 两面粉、3 个鸡蛋、细盐少许、五香粉少许，拌匀加水将馒头片泡没为宜。

秦晋庭

37/ 开锅蒸馒头并不好

许多人蒸馒头，都是等锅里的水烧开时，才把生馒头放到锅上去蒸。这种做法并不好，因为馒头受热急剧，里外不均，很易造成馒头夹生，且又多耗燃料和时间。如果把生馒头放在刚加入水的锅上去蒸，由于温度是逐渐升高的，馒头受热均匀，即使是有时面发酵差些，也能在温度的逐渐上升中得到一些弥补，蒸出来的馒头既大又甜。

童 军

38/ 怎样馏馒头不粘水

平时蒸馒头时，常把屉布放在馒头剂儿的下面，但要馏馒头时就应该把布放在馒头上面并盖严。这样做可有效地解决通常不用布馏馒头时馒头被蒸馏水弄得非常湿非常难吃的问题。如用铝屉，最好把有凹槽的一面朝下。

赵俊德

39/ "啤酒馒头"口感好

蒸馒头前，在发面里放入啤酒少许，蒸出的馒头暄腾味好。如果在发面里再掺和一些开水烫的玉米面，吃起来有糕点风味。

牛金玉

40/ 馒头酸怎么办

热天因用碱不当会使馒头酸度高，食之难咽，弃之可惜。可将酸馒头码在盘子上放入冰箱冷藏室内，4 小时后取出，待馒头凉气散尽后凉食，也可烤吃，酸味就减轻多了。

宋帅义

41/ 蒸窝头一法

人们在蒸窝头时加入一些豆面，窝头就会更好吃。但手头没有现成豆面怎么办？在蒸窝头时在每斤玉米面中放入半块豆腐，捏碎和匀，同样会达到放豆面的效果，而且蒸出的窝头更松软好吃。

赵维扩

42/ 鲜豆浆蒸窝头

鲜豆浆除当早点之外，还可用来蒸窝头，蒸出来的窝头又松软又香。

100035　北京新街口东街 38 号　陈士起

43/ 青玉米窝头别有风味

青玉米一般都煮着吃，我介绍一种做法：选老一些但还带浆的玉米，剥下玉米粒，用石磨或绞磨机将玉米粒磨成浆，然后捏成一个个窝窝头，上屉蒸30分钟即成。这种窝窝头香甜味美，越嚼越香，还可放入冰箱冻起来，随拿随吃，直至冬天，味道不变。

房成仁

44/ 自制玉米面馒头

取玉米面少许，放在发面盆里，用开水将玉米面和成糨糊状，并放入少许碱面和匀待用。等玉米糊冷却后，放入一袋牛奶，加少许白糖，放适量发酵粉，然后放入面粉和匀，可直接做成馒头（若不放牛奶，放鸡蛋也可以。）等馒头发后即可放入蒸锅蒸。在蒸馒头时应先将蒸锅的水烧开，然后再将发好的馒头放入蒸锅里，这样蒸出的馒头又大又好吃，请君一试。

100722　北京东城区北河沿大街45号南楼561室

王华玲

45/ 自制桂花窝头

我琢磨出一种配料窝头，特别好吃。做法：把7两粗玉米面和3两豆面（不放豆面也可）放在盆内，用开水烫面边用筷子搅成疙瘩状后，盖上锅盖焖30分钟。然后放上1两麻酱、1两红糖（可根据个人口味放多少）、半两多咸桂花，搅匀后做成小窝头，上锅蒸半小时即可。

100015　北京朝阳区高家园小区203-10-7

肖宇光

46/ 怎样煮绿豆粥又快又烂又香

绿豆洗净放铁锅内用文火炒，当绿豆呈现黄色时即可，然后趁热用自来水冲一下，即可倒入高压锅和米一块儿煮，按正常煮饭的时间即可。这样做的绿豆粥（饭）又快又烂又香。这是我多年的经验。

李利梅

47/ 熬粥时可滴几滴食用油

△熬粥时只要滴几滴食用油，就不会溢锅也不起泡了。

杨宝元

△用压力锅熬粥，几年来我都要先滴几滴食用油，开锅时就不会往外喷，比较安全。

代淑芳

48/ 剩饭煮粥应先水洗

剩饭煮粥黏糊糊不好吃，若先将剩饭用水冲洗一下再煮，就不会发黏，如新米。

张树明

49/ 青老玉米煮粥一法

一旦买到比较老的青玉米，可把玉米粒剥下来，与大米、红小豆、芸豆一起用压力锅煮粥吃，味道鲜美，清香可口。

胡承兰

50/ 青玉米可煮粥喝

选老一些但还带浆的玉米，用擦饺子馅的擦子将玉米粒擦碎（别擦着玉米芯），然后入锅加水，像做玉米面糊一样煮粥，食之清香味甜，别具风味。

王孟冬

51/ 枸杞子粥益肝补阴

100克糯米，加入30克枸杞子、50克白糖、750克水，用砂锅熬熟即成枸杞子粥。因枸杞子含有甜菜碱、胡萝卜素、硫胺、核黄素、菸酸、抗坏血酸等营养成分，经常食用益肝肾，治腰酸，可减轻阳痿遗精。

秉智

52/ 橘皮粥化痰止咳

150克大米配250克新鲜橘皮，加入1000克清水熬煮，开锅后转入微火焖煮，直到把粥熬成。食用时拣出橘皮，有顺气、健胃、化痰、止咳等功效。

秉智

53/ 鸭梨粥止咳解热

春季熬几次鸭梨粥，对于儿童、老人风热咳嗽有食疗辅助作用。梨性寒、味甘，有润肺、消炎、止咳、降火、清心等功效。把 3~4 个鸭梨洗净切成薄片，去掉果核放入砂锅内，加入 750~1000 克水，烧开后放入洗净的粳米 100 克，熬到八成熟时，加入冰糖 75 克，再熬熟即成。

秉智

54/ 家庭保健品"玉米山楂粥"

用凉水将 250 克玉米面调成糊状，待锅内 1000 克水烧开后，倒入玉米面糊搅匀，熬煮八成熟时，再倒入 100 克山楂糕丁，熬煮 5 分钟后即成。具有降血压、开胃，防止动脉硬化及健美食疗价值。

秉 智

55/ 月饼熬粥

月饼存放时间过长，便硬得咬不动，商店降价处理，我买了几块干硬的廉价月饼，切碎，放在锅里一煮，处理月饼熬成了高级"八宝粥"，甚是好喝。

李逢译

56/ 籼米煮粥一法

籼米煮的粥，最大的缺点是没有糯性，一点也不黏糊。如果煮粥前，加上两三勺燕麦片，保你能喝上香浓可口、颇似粳米煮的粥，不妨一试。

王家圣

57/ 榆钱窝头的做法

榆钱能安神，可做榆钱窝头。其配比如下：70% 玉米面、20% 黄豆面、10% 小米面调成三合面，将榆钱去梗洗净，加入少许精盐、花椒粉和小苏打，用冷水和面，做成窝头蒸熟，吃起来别有风味。

100084　北京体育大学红 14 楼 309 室　朱维仁

58/ 降血压美食红果粥

用砂锅熬，以 100 克洗净去核的红果为例，配粳米 250 克。熬制时先将洗净去核的红果放入砂锅内，加入清水 1500 克，待红果煮软时，再放入洗净的粳米，待锅开后，微火熬熟即成。

100072　北京朝阳区新源南路 10 楼 801 号　辛秉智

59/ 清热消炎油菜粥

油菜粥对人体具有健脾补虚，清热消炎的食疗作用。制法：以粳米 250 克为例，配油菜叶 300 克。待锅内水开后先将洗净的粳米放入砂锅内，开锅后转入微火，熬至八成熟时，再放洗净剁成末的油菜叶，转入旺火开锅，微火熬片刻即成。

辛秉智

60/ 除暑解热荷叶粥

150 克粳米，配鲜荷叶 3 张、冰糖 75 克。先将鲜荷叶洗净切成细丝放入砂锅中煎煮 30 分钟后，取荷叶汁 450 毫升及清水 1000 毫升，加入洗净的粳米中熬煮八成熟时，加入冰糖，再加点糖桂花，熬煮成熟即成，是夏秋时令清热、健脾的美食。

辛秉智

61/ 自制草莓绿豆粥

鲜草莓 250 克洗净切丁，绿豆 150 克淘净后用清水泡 3 个小时，糯米 200 克淘净。将米、豆一起入锅加适量清水烧开后转文火煮至豆烂米开花，这时加入草莓和适量白糖搅匀，稍煮片刻即可，其香甜适口，别有风味，冷热食用均可。

100013　北京地坛北里 9 楼 4 单元 203 号　王荣云

62/ 自制美味干果粥

原料：红枣、莲子、柿饼、杏干、葡萄干、鲜藕各等量，山楂糕、瓜条、青红丝各适量。

做法：鲜藕切片，用开水焯一下备用；红枣、莲子、柿饼、杏干、葡萄干、瓜条洗净，用温水浸泡40分钟，入锅上火煮，要时常用勺搅动，避免煳底，开锅后改用文火；待煮成粥状时，放入藕片、山楂糕和青红丝，稍煮片刻，味道鲜美的干果粥就做好了。晾凉后食用，开胃润喉，消食解腻，是理想的保健食品。

100013　北京东城区地坛北里9-4-203　王荣云

63/ 木瓜粥解暑除湿

木瓜味酸浓香，含有皂苷、黄酮类、维生素C、苹果酸、酒石酸等有机酸成分，对于人体具有醒脾和胃、解暑除湿、舒筋活络的食疗功效。以150克粳米为例，配鲜木瓜3个或干木瓜片60克均可。先将木瓜加水500毫升，煎至250毫升时，去渣取汁，加入熬至八成熟的粳米粥中熬熟即成。

辛秉智

64/ 乌梅汁粥敛肺止咳

以250克粳米为例，配市场销售的乌梅汁100克、红枣8个、冰糖50克。先将粳米洗净放入1000毫升的开水砂锅中，再加入洗净的红枣，用旺火煮开后转入微火，煮至七成熟时，加入冰糖、乌梅汁煮至十成熟即可。对于肺虚久咳、涩肠止泻有着食疗功效。早、晚餐温热食用。急性泻痢、感冒咳嗽者不宜服用。

辛秉智

65/ 红豆粥简便煮法

取一搪瓷罐（带盖）或带盖微波炉用食物罐，放多半罐红小豆（挑洗干净后用水泡发一天），加少许水放入高压锅蒸12~15分钟，取出晾凉后放入冰箱内备用。想煮粥时，放入蒸好的红小豆和米，米和豆可一起烂熟。

100073　北京丰台区六里桥北里5号6-902　潘孟昭

66/ 巧煮挂面法

煮挂面时水开后下挂面，而后马上关小火，不盖锅盖，使水保持微沸而不溢出，5~6分钟后，面就熟了。这样煮的面筋道，无硬心，煮时不用添水，还省火省时。

陈晓云

67/ 用微波炉仿制刀削面

刀削面一般人做不了，可买宽条切面500克，装进保鲜袋中，在微波炉中高功率加热2分钟后，取出放到开水中煮一下，立即捞出，过一下凉水，再根据自己的口味配上调料即可。吃时会有和刀削面一样的感觉。

450053　河南郑州卫生路38号　彭湛峰

68/ 用微波炉做凉面

夏天许多人家里做凉面，不容易做好，时间长了面条没劲，时间短了又夹生。我的方法是：面条刚开锅就捞出，拌入素油放进微波炉里，高火力加热4分钟，熟后放电扇下吹凉，吃时拌入作料，很有嚼头。

100045　北京西城区月坛西街西里18-2-4　肖　红

69/ 快速煮热汤面

把挂面切成2寸长的段，汤开后，下挂面，煮4~5分钟，菜和面就熟了。这样煮面适合老人孩子吃。

100036　北京海淀区莲花苑1号楼2门604　郭文莲

1/ 油煎柿子面饼香甜软

每逢冬季，市上就有干柿饼出售。除了一般的吃法以外，我将柿饼切成小方丁，用水浸泡片刻，和上若干面粉及适量的水，搅拌成稠糊状，放在锅里用油煎成柿子面饼，吃起来香、甜、软。

薛世芬

2/ 巧烙馅饼

不少人烙出的馅饼皮硬难咬，如在馅饼将熟前刷些油水混合液在饼的两面，稍焖片刻再出锅，烙出的馅饼既油汪汪又柔软。

贾仲林

3/ 怎样热剩烙饼

火不要太旺，在炒勺里放半调羹油，油不需烧热，便可将饼放入勺内，在饼周围浇上约25毫升开水，马上盖上锅盖，听到锅内没有油煎水声时即可取出烙饼。这样热的烙饼如同刚烙完的一样，外皮焦脆，里面松软。

岳树苕

4/ 怎样用高压锅贴饼子

玉米面兑进两三成黄豆粉，用温水和匀，加上发酵粉少许再搅匀。一小时后，将高压锅烧热，锅底涂油；将饼子平放锅底用手按平；盖上锅盖加上阀，两三分钟后打开锅，在饼子空隙处小心地倒些开水，水到饼子的一半即可；盖上盖，加上阀；约几分钟，听不到响声后取下阀，改用小火；看水气放完后即可铲出。饼子松软香甜，"嘎渣"焦黄脆而不硬（操作过程中要注意锅边烫手）。

朱毅顺

5/ 藤萝花做饼很好吃

先把藤萝花去柄、枝，洗净加白糖拌好待用。做饼的方法与烙家常饼一样，仅在擀开面上放油后，撒一层备好的藤萝花，然后做饼上锅烙。这种饼吃起来香甜可口。

育 升

6/ 巧做春饼

用饼铛烙薄饼，一次只能烙两张，还容易干硬。后改用蒸锅做薄饼，功效高且质地软，很好吃。做法：富强粉500克，打入一个鸡蛋清，用温水和面，和得软些。把蒸锅放在火上，多放些水，使水滚开。把擀好的薄饼放在蒸屉上，下边抹一些油，放上一张后，变了颜色再放一张，如此可放六七张，而后再盖上锅盖，一两分钟后，薄饼全熟了。放入容器内，吃的时候再一张张分开。

吴少华

7/ 自制煎饼

很多人爱吃外边卖的煎饼，其实家里也可自制。用春卷皮（3张）摞在一起，摊在饼铛上，打一个鸡蛋摊平，放入葱花、香菜末，然后将饼翻个儿，随个人口味抹上甜面酱、韭菜花等各种调料，还可以夹油条、薄脆，最后叠好，铲出。味道和外卖的煎饼一样好。

王晏华

8/ 摊芹菜叶饼

将鲜嫩芹菜叶洗净剁碎，放入少许盐、五香粉，打进两个鸡蛋，放入约半两面粉，搅拌均匀。按普通炒菜热油后，将拌好的芹菜叶糊放入锅内，关小火，用炒菜铲摊成1厘米厚或再薄点的圆饼，两三分钟后翻饼，盖上锅盖再两分钟后即可出锅，整吃或切成块，都别有风味。

马 晶

9/ 香甜松软的白薯饼

白薯食法很多，这里介绍一种烙薯饼的食法。将白薯洗净，煮熟，然后去皮放入盆中，用手抓碎，略带小块也无妨；在抓碎过程中同时加入面粉揉匀，揉好后擀成饼状。在铛中放些油，油热后将饼放入，烙熟即成薯饼。外焦里嫩，香甜松软。 　　　　孟小雄

10/ 土豆烙饼

土豆 500 克打皮洗净，切片旺火蒸 20 分钟后取出晾凉压成泥，取肉末 300 克，锅烧热加入植物油和香油，将肉末炒香加入姜末、葱末、味精、精盐少许，晾凉后掺入土豆泥中，再加入 250 克面粉，揉成土豆面团，擀成小饼。平锅烧热，适当淋上豆油，将擀好的小饼放锅中烙成外焦里松软的咸香小饼，老人儿童均爱吃。 　　杨秀珍

11/ 西葫芦（南瓜）饼

把西葫芦（南瓜）洗净擦成丝，用刀切碎，然后加入盐、五香粉、葱花、姜末、放入面粉、水少许，用筷子搅成糊状待用。如能放入两个鸡蛋更好。饼铛烧热放入油，用勺把面糊放在饼铛中，做成一个个小饼，煎到两面发黄，即可食用，吃起来外焦里嫩，别有风味。

　　　　100093　北京香山南路 52817 部队　杨晶峰

12/ 用速冻包子做馅饼

用速冻包子做馅饼，省事又快捷。做法如下：买回速冻包子，饼铛中放少许油，将包子码放其中，点火后边解冻边压扁，不时地两面翻烙，即可成为色焦黄、薄皮大馅的美味馅饼，省时省事又好吃。

　　100013　北京地坛北里 9 楼 4 单元 203 号　王荣云

13/ 黄瓜摊煎饼

把半斤左右的黄瓜擦成丝（不要挤汁）放在盆里，加一斤面粉，打两个鸡蛋，放一点花椒粉、葱花和适量的盐，然后用温水搅拌成糊状。煎成金黄色煎饼，蘸醋、蒜吃，清香可口。

　　100086　北京海淀路 58 号 13 单元 8 号　刘桂珍

14/ 番茄鸡蛋面饼

番茄一个约 150 克，洗净切成 1 厘米方块与汁一起放入碗内，鸡蛋 1 个打入碗中，再放入 2 两干面粉，用筷子打绞成浆汁，如太稠可加适量的水。喜甜食可放一小勺糖，不喜甜食可放一小勺盐。用不粘锅放适量食油，待热后把做好的浆汁分 3 份倒入摊平。稍等变色翻烙一会即成为鲜香可口的面饼。

100028　北京朝阳区西坝河北里 202 号 4 楼 7 门
403 号　李应联

15/ 自制白薯面油饼

用白薯和面粉炸油饼，既软甜好吃，又有通便作用。具体做法；将白薯煮熟、去皮后碾碎成泥；将适量面粉和入白薯泥中，揉匀，揉成面团（白薯的比例高于面粉）；将面团揉成长条，揪成大小均匀的面团，摁扁擀成油饼形状，划开几个小口，下油锅炸熟即可，也可用不粘锅煎熟。为了炸出来起喧，可以打入一个鸡蛋在面中，做时如果发黏，可以往手上及案板上涂少许食油。

　　100051　北京丰台区角门路 2 号院 1 号楼 402
吕丽雯

16/ 自制各味"派"

将一片面包切成四小块，把每小片切开口，夹上果酱（如草莓酱、苹果酱），把上海迈考美食品有限公司生产的脆皮香蕉炸粉调成糊状，再把夹好果酱的面包放在糊里蘸一下，放入锅里用文火炸成黄色，即可做成不同口味的"派"，味道很好。

100051 北京前门东大街 12 号楼 1 门 104 号 李 梅

17/ 自制脆枣一法

选优质大枣，洗净后用干净的纱布包好，放在暖气片上，经过一周左右时间，就可以吃到清脆可口的脆枣了。

施善葆

18/ 自制五香瓜子和脆枣

将瓜子或花生仁和少许食盐及自己喜欢的香料（如大料、花椒等）放在水中煮熟。控干水后，装在干净宽松的小布口袋里，放在暖气上或散放在烤箱内文火烤干。选肉厚的大枣洗净，用干净的铜质毛笔帽将枣核捅出，装入干净布袋，烘烤方法如上。 赵 路

19/ 巧做家庭烧麦

外购馄饨皮，切去边角，使呈圆形；备好自己喜爱的饺子馅，适当多加点油、水，使馅略稀一些，以保可口；然后包成烧麦状，将面皮上部稍稍捏紧，收拢呈花瓣状，放笼屉上蒸 10 分钟即成。此法经济实惠且烧麦鲜美可口。切下的馄饨皮边角可煮面片汤。 杨 常

20/ 怪味清冻熬制法

用小鱼、碎鱼、鱼头或鱼骨 500 克和洗净的猪肉皮 500 克放在 2500 克清水中，加入白糖 100~200 克，白醋 100~200 克及适量的白胡椒粉、盐、花椒、大料、茴香籽、桂皮、葱、姜、蒜、料酒等，在旺火中熬开后再用中火熬 1.5~2 小时，放入味精少许，即可捞出粗渣，将经过纱布过滤的清汤冷却后放入冰箱，2~3 小时即可食用。此怪味清冻洁白、透明、不腻、味鲜。 卓秀云

21/ 家庭自制蛋糕简易味香

家庭采用煤气烤箱自制蛋糕，软糯味香。用 9 个鸡蛋搅拌成乳状，加入少则 100 克白糖，多则 500 克白糖拌搅，甜度因人调整；然后再加入 1 克食用苏打粉和 400 克面粉搅成稀面糊，倒入抹有少许花生油的烤盘上；在烤箱 300 摄氏度时，把烤盘放入烤箱内上层；用旺火烤 10 分钟后，把烤盘取出在上面抹点食用油，按食者需要加点瓜子仁和金糕条；再放入烤箱内下层，用微火烤 5 分钟即成。 秉 智

22/ 自制"水晶盏"祛火又祛痰

鸭梨 2 个洗净去核切成 1 厘米见方块，苹果 2 个去皮去核切成 1 厘米见方块，橘子或广柑去皮去核切成小方块；小瓶荔枝罐头 1 瓶，加入 1000 克凉水，用砂锅煮开 15 分钟后，加入 25 克琼脂，再煮 5 分钟后加入冰糖 50 克即成。待凉后倒入瓷盆中，加盖保鲜纸，放入冰箱冷藏室，随吃随取。 秉 智

23/ 用高压锅烤白薯

将白薯洗净放在高压锅屉上，不放水，把盖上的橡皮圈取下，盖好锅盖后用中火烤 2~3 分钟，然后用小火烤

30~40 分钟，以烤出糖分为好。高压锅烤白薯时不必加阀，烤出的白薯不易糊。

王九竞

24/ 怎样使用电烤箱炸花生米

先将花生米用盐水泡后取出晾干，然后视电烤箱烤盘大小将花生米均匀地铺满一层，不宜铺得太厚。再把食用油淋在花生米上慢慢地拌匀，直至花生米都沾上一层油为止。这样就可以把烤盘送入烤箱内。待烤至花生米有轻微（噼啪）声后，可切断电源，利用余热再烤 5~10 分钟即成。如用调温型电烤箱，先用较高温度烘烤，再用较低温度烘烤。

罗 明

25/ 自制"大冰葫"

用大可乐瓶或矿泉水瓶，倒进经过磁化的消毒水或凉白开水，在冰柜中冷冻成"大冰葫"。若用毛巾包住，8 小时化不完，司机及旅游者可随化随喝，很方便。

李兆铎

26/ 快捷简便做豆腐脑法

孩子告诉我，副食店卖的盒装豆腐可做豆腐脑。我一试，果然不错。做法简便：先打卤，后放入豆腐，开锅就得。还有更快捷的，水烧开了放下豆腐一煮即可，再加上您合意的调料，也很清爽可口。盒豆腐放在冰箱内可保鲜一周。

朱庆达

27/ 自制豆腐羹

南豆腐 50 克，鸡蛋 1 个，放在一起打成糊状；再放 2 粒花椒、少许精盐，加 5 克水搅拌均匀后上锅蒸 10 分钟，即成松软鲜嫩的豆腐羹。加点香油、味精即可食用，是老年人或婴幼儿的一种营养保健食品。

陈士起

28/ 可口的油炸洋槐花串

把采来的新鲜洋槐花串洗净，取小半碗白面加入水、盐、五香粉调成糊状，然后把槐花串在调好的面糊中转几圈，让面糊挂匀，放入热油锅内炸至金黄色捞出，香酥可口，十分好吃。

王安静

29/ 自制素什锦热点心

将蒸熟的胡萝卜捣成泥，加果料、白糖、玫瑰等，用和好的发面包上，上锅蒸 20 分钟即成。清淡可口又富营养，是春节期间餐桌上的一个新"客"。

陈士起

30/ 自制锅巴

大米（普通大米即可），加入 1/3 江米更好，洗净，蒸熟。比平时蒸饭可多加些水。然后将铛烧热，加少许油，再把蒸熟的米放入，摊平均 2 厘米厚，先烙成一面焦（但不能烙煳），再翻过来烙另一面，即成锅巴。为翻烙方便，可切成小块。

孟小雄

31/ 炸红虾酥

胡萝卜半斤，擦成丝，放入盐、花椒粉、姜、蒜末、味精。打一个鸡蛋，白面、淀粉适量，搅匀，使胡萝卜丝都粘上，锅内放上油，油烧至八成热时，将拌好的胡萝卜丝用筷子夹成长条（大小和大虾差不多）放入锅内，炸成金黄色即可出锅，形状像虾。

郭俊勋

32/ 自制南点眉毛酥

精白面粉加少量花生油，再加水和成油面；将油面擀成小圆薄片，包上豆沙馅成饺子状，再压花边；根据不同口味，豆沙馅可加进芝麻、核桃仁、瓜子仁、糖、桂花、生猪油丁等；最后将其放进热油锅中炸熟，即可食用。趁温热时吃，特别可口。

章亿生

33/ 新法烤地瓜

豆奶粉大都是双层包装，内层塑料膜，外层铝箔，这层铝箔可再利用。将地瓜洗净，用铝箔包裹，再放入烤箱，12分钟后取出。这样烤的地瓜，外壳薄，味道鲜美，铝箔洗净可再用。

蔡 良

34/ 橘皮酥

橘皮可入药，弃之可惜，现介绍一种吃法供大家试做，它制作简单，橘香味浓郁，酥甜微苦有润肺止咳、化痰的功效，老幼皆宜。将整块橘皮用刀片去内侧白筋，然后切成细丝铺散开让其自然干燥片刻，炒锅放入净油烧至六至七成热（160~180℃），将橘皮丝散放油里炸至金黄色捞出控净油（可将餐巾纸铺在盘里，将捞出的橘皮丝放在餐巾纸上这样将多余的油吸附掉），待凉后橘皮丝放在洁净盘子里，撒少许白糖即可。

汪 汪

35/ 巧煮红枣

煮枣开锅后出现大量的白沫子，冲儿次都冲不掉。介绍一好方法：枣快煮熟时，往枣里倒一些香油，白沫子便逐渐消失，再放些糖，枣好吃又好看。

王宝苓

36/ 简易烧麦做法

家庭简易烧麦做法：取市场出售的馄饨皮1斤，再将肉馅6两调好，每个馄饨皮上放约纽扣大小肉馅，然后用四指捏合，拢好面皮腰部，皮边即可外翻成花朵状，上蒸锅蒸旺火10分钟即熟。

陈 然

37/ 自制元宵、汤圆馅

将一个橘子皮用开水泡上，待水凉后倒掉，再用凉水泡，大约泡24小时，中间换几次水把苦味泡出来，剁成细末加蜂蜜或白糖腌两天，时间长些更好。再取半斤芝麻炒熟、捣碎，加入腌好的橘皮，再加3~4两白糖、两汤匙猪油、少许水或蜂蜜。拌匀后装入塑料袋中，扎好口放于阴凉处，包元宵时随用随取。

张淑芝

38/ 自制鲜姜粉

冬天买来鲜姜后可洗干净切成薄片，放在暖气上烘干（大致24小时），然后用家庭绞肉机将干姜片绞碎，干姜粉即做成。这样好保存，夏天不招虫子，大家不妨一试。

王浴春

39/ 桂花山药消渴止咳

桂花、山药含有黏液质、自由氨基酸、维生素C、淀粉等营养成分。500克山药，刮去外皮洗净，改刀切成5厘米长、2厘米宽的段放入大碗中，待锅内水开后，上锅蒸50分钟后取出放在盘中，在上面撒上白糖200克、桂花酱50克拌在一起即成。对人体具有健脾、补虚、止咳、消渴的食疗作用。

辛秉智

40/ 亲手做个土豆蛋糕

材料：2个大土豆（约500克左右）、少量金糕、黄瓜、葡萄干、火腿肠、枸杞、香菜。制作方法：将土豆切成拇指大的小块，放入锅中，加水没过土豆块，文火煮约一刻钟。用勺沿锅边压土豆块，以能压碎为合适，停火。将锅中多余水倒出，土豆块中留少量水（做成的土豆泥若太干，不好吃），用饭勺沿锅边将土豆压成泥状，加入适量盐、味精或鸡精，拌匀即成土豆泥。将土豆泥放入盘中，用平铲拍成平顶圆锥体（即蛋糕形），成为土豆蛋糕主体。然后将黄瓜、火腿切成小块，摆在蛋糕面上两圈。金糕切一薄片，用小刀切一个五角星放在中间，其余的可切成三角形或长条，摆成各种花样。葡萄干（或枸杞子）撒在上面，香菜沿蛋糕外一圈即成。如愿在蛋糕上写字，可找小孩吃空的食品袋，剪开，卷成圆锥形，用透明胶纸固定，将红果酱放在里面。将尖端剪一小口，捏着后面慢慢挤，即可挤成红色的"生日快乐""福""寿"等字。

穆宝珩

41/ 自制五香陈皮

先把橘皮洗净晒干，然后在清水中泡一昼夜，挤干后放在开水锅中煮沸30~40分钟，取出沥干，再切成1厘米见方的小块，按500克湿橘皮需食盐20克的比例加盐后，再在锅中煮30分钟。捞出后趁湿撒上一层甘草粉，每500克用甘草粉15克左右，晒干后即成五香陈皮了。

何丽平

42/ 自制蜜枣罐头

选上好的小枣，洗净，用热水泡两小时，然后装入事先备好的罐头瓶，八成满为宜。再把60克蜂蜜均匀地浇在上面，别盖瓶盖。上锅蒸一小时，出锅后马上盖严、放置阴凉处，随吃随取。是老年人或体弱者的保健补品（糖尿病患者慎食）。

陈士起

43/ 自制苹果干

有的家庭整箱买苹果，因苹果一时吃不了而烂掉，非常可惜。我每年都在暖气上铺层干净的纸，码上一些3~4毫米厚的苹果片，然后再在苹果片上盖1层干净的纸。几个小时以后，苹果片中的水分差不多蒸发完了，苹果片就变成了又酸又甜，营养丰富的苹果干了，味道好且有嚼头，待客很有特色。

董聚慧

44/ 北京的"瓠濮子"

将西葫芦去皮、洗净，用礤子礤成丝，然后加少量盐及香油、味精。放入面粉，用筷子搅成糊状后，再放入两三个鸡蛋并搅匀，不必加水因西葫芦本身出水。把饼铛烧热放入油，用勺把面糊放入饼铛中，以馅饼大小为宜。两面煎黄后即可食用。但要注意，铛不可大火，以中火最合适。作料：把蒜捣成烂泥，加入酱油、味精、香油。将其浇在"瓠濮子"上面即可以食用。

100073　北京丰台区周庄子207号　芮丽容

45/ 土豆芋

在山西插队时我学会了一种土豆的做法和吃法。新鲜土豆若干，焖熟、剥皮，放在盆里揉成团，有了黏性后掺上莜面搓芋（莜面与土豆比例约为1:10），芋搓成手指大小扁平状放到锅里蒸，开锅上汽五六分钟即可。那时在乡下有3种吃法：蘸羊肉汤、蘸鸡蛋羹、蘸酸辣汤，当然蘸其他吃食也可。

102300　北京门头沟大峪南街8号　杨效民

46/ 香油玉米面炒面

用香油炒玉米面（香油数量可根据个人口味加），可加入花生、核桃、芝麻等，炒熟后装入容器，随吃随用，开水冲服，喜欢吃糖的人可加红白糖，不宜吃糖的人可加芝麻盐。玉米面炒面香味可口，对中老年人便秘及高血脂的治疗有益。

100029　北京西城区裕中西里31-22-05　朱大实

47/ 别具特色的毛豆浆

毛豆剥出豆粒洗净，然后，放入搅碎机中绞碎，用豆包布把豆浆滤出，最后在锅中将豆浆煮熟。此绿色豆浆香味浓郁，别具特色。另外挤出浆后的豆渣，用油炝锅，多放一点葱花，将其炒熟，也是一盘美味可口的菜。

100011　北京安华里五区15号楼2门101号
刘传绪

48/ 孩子爱吃的蒸豆腐

豆腐营养丰富，可怎么做孩子就是不爱吃。后来我把半斤豆腐和一个鸡蛋搅拌成泥，加入点肉馅和盐后上锅蒸。出锅后，在上面撒点番茄酱，孩子十分爱吃。

100021　北京朝阳区武圣西里16-5-502　贾小燕

49/ 用"百林双歧"做酸奶

将鲜奶加热灭菌（不必烧开），放凉到不烫手（40℃以下），将一小包5克"百林双歧"杆菌加入奶中搅匀，再按每袋奶加白糖10克（或不加糖），搅拌后分装入经开水消毒的两小杯中（每杯25毫升左右），加

盖。夏季在室温24~28℃，自然放置8~10小时，表面结膜呈半凝固状态，鲜美可口的双歧酸奶就制成了。若再延长放置12小时左右变成豆腐脑样就更好。然后放入冰箱冷藏室在4~10℃下放置2小时左右取出食用，味道就像冰激凌一样。

100007　北京安定门东大街甲7号　闻振东

50/ 自制红果罐头

新鲜红果1斤洗净去核切片，放入带盖的容器中，放适量白糖（根据自己的口味酌放），倒入开水盖好盖，凉后放入冰箱，3天后黏稠即可食用。

100011　北京安定门外安德路上龙西里33楼105
孙晔

51/ 用微波炉做豆腐脑

市售豆浆2袋（250毫升/袋）加入1份凝固剂（市售）1.0克，放微波炉专用容器中搅拌均匀，放入微波炉中，高火加热5分钟即可。如用4袋豆浆，加入2.0克凝固剂，8分钟即可。

100044　北京西城区进步巷1楼1-501　张治国

52/ 用微波炉"炸"虾片

将数片龙虾片置于微波炉专用容器内，放入微波炉中。用"中火"加热20~30秒钟。时间勿过长。可透过微波炉的玻璃门观察，待龙虾片膨胀到适当大小即可。此法"炸"出的虾片味道鲜美，不油腻，省时、省事。

100009　北京东城区沙滩北街甲2号　星　星

53/ 用电烤箱烤白薯

白薯洗净不去皮，单层码放在烤网上，不用烤盘。根据个人或家庭需要，选直径4~6厘米（长短不限）的白薯，

一次可烤 4~8 个。温控开关调在 250 度档上，将时间按钮调至 35 或 45 分钟刻度，警铃响即熟。烤箱烤出的白薯味香浓烈，皮肉分离易揭易剥，不焦不糊，肉质细腻爽口。

100078　北京方庄芳群园二区 2 号楼 1208　侯永康

54/ 什锦水果粽子

糯米 1500 克，洗净后用清水浸泡 3 小时，草莓、香蕉、猕猴桃、哈密瓜、葡萄干各适量，洗净切丁混合调匀，包时把馅放在中间，然后包严捆牢，上锅蒸熟即可。

100013　北京东城区地坛北里 9-4-203 号　王荣云

55/ 自制果子干

20 世纪 40 年代的北京没有现在这么多品种的饮料，每逢夏季市场上有一种果子干，物美价廉，酸甜可口，很受老人、儿童喜爱。现将其制作方法介绍如下：购柿饼一二斤、杏干（新疆的大杏干最好）少许、嫩藕一小节备用。先把柿饼、杏干洗干净（两三遍即可），兑在一起放入干净容器内。而后放入凉开水，要没过柿饼、杏干。如需多喝汤，可多放些水。第二天，把柿饼撕为两三片、杏干剥开去掉核，放入冰箱内。上述原料形成不太稠的糊状即可食用。吃的时候可把嫩藕切薄片放入，又甜又酸又脆，若再放些桂花，味道更佳。

10078 北京方庄古园一区 17-1-401　吴少华

56/ 自制油炸红薯片

将红薯洗净、晾干，切成 1.5~2 毫米厚的薄片，将水烧开，把切好的红薯片倒入锅中焯一下捞出，一片片摆在席上晒干，好天气晒两天即可装入塑

料袋中。吃时将油倒入锅中烧热，红薯片炸到金黄色时，快速捞出。

100020　北京朝阳区东大桥农丰里 2 号楼 3 门 412　陈星阶

57/ 自制土豆蛋子

选取的土豆蛋子，最大不能大于乒乓球。洗时千万注意别碰破土豆皮。然后将其置于锅中，加水淹没即可。放入适量的花椒、大料、葱、姜、盐。如果再放入少量腌制好的水疙瘩以及干黄豆（不用水泡），味道互补，口味则更佳。煮的火候最好是土豆蛋子熟了，水也基本干了。煮熟的土豆蛋子皮是皱皱巴巴的，吃时连皮一起吃。它的味道微咸，嚼起来特别筋道，仿佛浓缩了一般，早已没了土豆蛋子那种发涩的口感。再次提醒：在土豆蛋子煮熟入口之前，务必保证土豆皮完好无损，否则会"水了吧唧"，味道也截然不同。

100085　北京毛纺织厂前纺车间　杨淑荣

58/ 自制奶豆腐

夏天，袋装牛奶难免有变酸的情况。将变酸的奶煮开，奶与水自然分离，把酸水滗出不用（也可加糖喝），余下奶渣继续熬煮，并用勺翻炒，直至成奶糖块状，即为奶豆腐。此法学自内蒙古牧民。

100032　北京西城区机织卫胡同 2 号　潘玥

59/ 自制江米切糕

用冷水把江米泡 3 天，大枣泡 1 天（如用温水泡可减三分之一时间），每天换两次水。泡好后，取一饭盒，底部铺上屉布，把米和枣一层层码好。把屉布 4 角系起来，再于盆内加水淹住

米为止。上锅蒸40分钟。蒸好后下锅，用手或铲子沾凉开水用力拍压几下，以增加黏度，然后把切糕翻扣在盘子里，再在上面加上京糕条、青红丝等，一个既美观又好吃的切糕就做好了。

100852　北京复兴路24号三干所6303号　王　良

60/ 用电烤箱烤玉米

用烤箱烤玉米，不但快捷还别具风味。将带包皮玉米去须，加少许盐水煮至七八成熟，捞出将老玉米包皮翻起，在玉米上抹上一层熟猪油（或花生油）和白糖，撒上些胡椒粉，再将皮包好，放入电烤箱烤盘内，烤上几分钟，然后把老玉米翻个身再烤几分钟呈焦黄色即熟，取出剥皮即可食用。

100038　北京海淀区羊坊店铁东甲3门103号
刘长温

61/ 柿子蛋

在朋友家中吃过一道菜，味道很好，香甜可口，很受大家欢迎。饭后主人把这道菜的做法告诉了我：大软柿子两个（把汁挤到碗内），再往碗内打一个生鸡蛋，与柿子汁一同搅拌，放少许味精和盐，锅内放少许油，像摊鸡蛋那样，熟了即可食用，又好吃又富有营养。

100045　北京西城区真武庙2栋4门28号　雷　明

62/ 喜蛋

鸡蛋8~10个，肉馅350克，水发黑木耳25克，冬笋100克，胡萝卜100克，面粉25克，芡粉25克，酱油、盐、葱、姜、味精少许。将鸡蛋煮熟剥壳切成两半，肉馅加葱姜末、盐、酱油、味精、芡粉调匀，面粉调糊状。每半个鸡蛋上均放上肉馅，

合二为一；然后在鸡蛋接缝处抹上面糊。菜勺中放油300克，烧至八成熟将带肉馅的鸡蛋炸一下。待肉馅呈金黄色时捞出。倒出多余的油。将木耳、冬笋、胡萝卜翻炒一下，倒入炸好的鸡蛋，加盐、酱油、少量水，焖5分钟，加味精起锅，即可食用。

100043　北京石景山区杨庄小区32-1-703　张　剑

63/ 清凉消暑汤

取党参、薏米、莲子、百合、银耳、玉竹、南沙参、淮山药、芡实、枸杞子、蜜枣各50克，加冰糖适量，置砂锅内，放水超过药面二横指即可，先大火烧开，然后小火煨两小时，即成清凉消暑汤。具有清热解暑、补脾益肾、凉润心肺、增强体质功能，且味道可口宜人。此汤也适用于秋、春季节。

100037　北京西城区北礼士路139号楼1门1201
王惠玲

64/ 益血开胃的软炸荷花

鲜荷花5朵洗净，均匀掰成瓣放入大碗中，加入2个鸡蛋液拌匀，待锅内油温3成热时，逐个放入荷花瓣，炸至酥脆时捞出放入盘中，再在上面撒点白糖即成。口味酥嫩芳香，开胃益血。

100027　北京朝阳区新源南路10楼801号　辛秉智

65/ 芥菜疙瘩简便吃法

三四个疙瘩，洗净切成丝，用盐拌匀（别太咸），装入一个稍大的瓶子，摁紧，倒一些醋，盖一层白菜帮，再倒一小碗开水，拧紧盖，放三四天即可取出丝（不要水），加上你爱好的作

料即可吃，吃起来清脆爽口。

100013 北京 762 信箱 倪知英、黎 英

66/ 润肠止咳蜜枣

500 克小枣洗净放入砂锅内，加清水 750 克烧开后，转入小火熬煮，八成熟时加蜂蜜 75 克，再煮十成熟后晾凉放入冰箱内，加上保鲜纸，随食随取，有润肠、止咳食疗作用。

100027 北京朝阳区新源南路 10 号楼 801 辛秉智

67/ 自制考场饮料

考生进考场前饮用酸枣汁，可保持头脑清醒。酸枣仁中药店有售，用量每次为 20 克，捣碎，用 300~400 毫升水，在文火上煮约 1 小时，待酸枣汁煮剩一半时离火，稍冷饮用。 张 坚

68/ 自制果茶

胡萝卜 500 克洗净去皮切片，红果 500 克洗净去核、柄，加 3~4 倍冷水用铝锅或不锈钢锅上火煮熟（不必太烂），加入 250 克白糖，晾凉后连汤用食品加工器打成糊状即成。需注意的是，胡萝卜一定去皮，不然会有异味；不要用铁锅煮，以免变色；若嫌太稠，可以先烧适量开水，然后倒入制好的成品再略煮一会儿。放入冰箱冷藏后再饮用味道更美。 宗

69/ 生西瓜榨汁冰镇实为消暑佳品

如果你不幸买来生西瓜，食之无味，扔掉又可惜，可做西瓜汁：把生瓜去皮切成小块，用纱布包住，用力拧绞，榨净瓜汁于容器内，再加适量白糖，冰镇后即可饮用，酸甜爽口。 李其功

70/ 草莓冰激凌做法

袋装冰激凌化开后，加少许白糖均匀搅拌，把草莓洗净放在盆里（如果草莓个大可从中间切开），然后把冰激凌浇在草莓上。这样做成的冰激凌草莓酸甜、爽口，有清淡的奶味。 赵晋萍

71/ 西红柿刨冰的家庭制作

将西红柿洗净放入冰箱冷冻室冻好后取出，用手摇刨冰机（市场有售）刨成碎块，再拌入适量白糖，清凉爽口的西红柿刨冰就做好了。吃时，还可加入少许冰激凌或奶油，则另有一番滋味。 赵 凤

72/ 自制葡萄酒

本人每年都用自栽的一株"北醇"葡萄自酿干红葡萄酒三四十斤，9 年无一失败。现把制法简述如下：金秋白露过后选择一晴天，将葡萄去除青、烂粒及梗，破碎于已杀过菌的小缸中（留出 1/3 的容量），蒙纱布 2 层，25℃左右 3~4 日可自然发酵。每日上下翻搅 3~4 次，待皮渣下沉用虹吸法吸出上浮酒液，于大瓶中再发酵 30 日，吸出澄清部分去掉沉淀，即为天然原汁干红葡萄酒，饮时加糖（15% 左右），酒质浓郁醇香。 韩文忠

73/ 自制车前草、蒲公英茶

采来新鲜的车前草、蒲公英，洗净后放入开水锅内熬 5 分钟左右捞出，再把水灌入暖瓶内，随喝随倒。此茶有解热、消炎、利尿之功效，大人小孩都可饮用，是春夏季的好饮料。王安静

74/ 适合老人吃的自制水果罐头

有一次我买的白桃干硬无味，只得把它切成小块放入正在煮着的红果里，想不到加工后成为美味食品。做法如

下：将山楂横断切开去籽，煮开后放入去皮和籽的桃、苹果、梨、荸荠、藕等任何一种水果，稍后再放入糖、蜂蜜、桂花、少许盐，便香味扑鼻，酸甜可口。装缸放入冰箱中，可食一周左右。　　　　　　　　王惠

75/ 自酿"西瓜酒"

选熟瓜一个，把瓜蒂切下做盖子，用筷子把瓜瓤搅松，放入一把洗净的葡萄干，盖好盖子，外面用泥巴糊严，放阴凉处，十天后打开盖子，里面就装满了蜜水，并带有葡萄酒的香味，聚餐时最适宜女士们饮用。　　王荣云

76/ 蛋糕奶油可做冰激凌

奶油蛋糕上厚厚的奶油，吃起来腻，丢弃可惜，可将奶油放入容器中，加入少量水搅成糊状，放入冰箱冷冻室冻透，之后就成了可口的冰激凌了。
　　　　　　　　　　　　　侯建华

77/ 自制草莓冻

草莓好吃，但因草莓肉质多汁不好保鲜，我有一法将一次吃不完的草莓，制成草莓冻，好吃，也好看。原料：草莓 500 克、冰糖 200 克、琼脂 4 克。用清水将琼脂浸泡，捞出放入 1000克清水加热使其溶化，后放入冰糖，水沸后将洗净的草莓投入，待水再次开沸煮 1~2 分钟就行了，倒入干净容器，凉后放入冰箱冷藏，此法制作的草莓冻，清凉剔透，且不失草莓味。
　　　　　　　　　　　　　汪惠玲

78/ 自制葡萄冰棍

将葡萄洗净剥去皮，紧密地挤压到冰棍盒（模具）里（其他容器也可），

不要加水，冷冻起来，这样一种纯天然葡萄冰棍就制成了。吃起来清凉可口，原汁原味。也可添加白糖、牛奶等，使之适合自己的口味。

100016　北京酒仙桥四街坊三居委会　杨孝敏

79/ 煮玉米水是好饮料

人们吃香喷喷的玉米时常常把玉米水倒掉了，其实这很可惜。玉米水不仅有玉米的香味，也有很好的保健价值，具有利尿消炎、预防尿路感染、去肝火等功效。国外也有制成饮料销售的。煮时最好留些玉米须，留两层青皮，则味道和药效更好，饮时可在玉米水中加些糖。

100039　北京海淀区太平路 44 号技术处　魏秀本

80/ 保温瓶可做绿豆汤

炎夏到了，您想随时喝上一杯冰凉可口的绿豆汤吗？请您每天晚上（或早晨上班前）将洗净的绿豆放入一无水碱的保温瓶内，将煮沸 100℃的水倒入瓶内，盖上盖。第二天早上（或下班回来）把保温瓶内的绿豆汤倒入一干净器皿中。凉后，放入冰箱随喝随取。绿豆多少，根据自己的需要。

　　　　　　　　　　　　　邢星

81/ 自制绿豆汁

绿豆汁有营养，助消化，北京人爱喝，现本人将自制豆汁方法介绍给大家：绿豆 3 两，洗净泡胀，用食物料理机打成细浆，用漏斗（上放纱布过滤），灌入洗净无油的 10 斤桶中，兑水至桶 3/4 处，留出空间。此豆汁当日喝味甜；放 3 日后味甜酸；一周后只酸不甜；生饮可解药毒；熬制可清熬、加米，随自己口味。过滤出豆渣

即麻豆腐，爱吃这口的，又多一道菜。

100032　北京西城区互助巷45号6门1号　赵雅云

82/ 自制香蕉冰激凌

香蕉放冰箱里，皮会变黑，肉会变烂。可将香蕉去皮，置清洁塑料袋中，放在冷冻室内冻成冰块，有香蕉冰激凌的口味。

100032　北京西城区机织卫胡同2号　潘　玥

83/ 自制养生保健西瓜

白菊花、川贝、麦冬、金银花各5克，上好绿茶3克，乌梅2~3粒，均洗净控干装盘入烤箱（或微波炉）烤酥，加少许精盐共研细末待用；熟西瓜一个，从瓜蒂处切下，做盖，将瓜瓢搅碎，去掉瓜子，加入研好的药末，再倒入80克蜂蜜调匀，盖好盖置于冰箱内，约10个小时即可食用，味道好极了，有祛暑消炎、解热生津、养阴提神之功效。

100013　北京东城区地坛北里9-4-203　王荣云

84/ 自制西瓜冻

西瓜一个、藕粉200克用水调成稀糊状、蜂蜜200克、桂花糖20克、乌梅8粒洗净去核切碎。

做法：（1）西瓜洗净切成两半，去籽取汁，入锅点火，加入乌梅和桂花糖煮沸，将藕粉稀糊倒入锅中，搅匀煮成玻璃芡；（2）加入蜂蜜调匀，快速盛入深盘中，置于冰箱内，便迅速凝结成为色香味美的西瓜冻。用刀切成小块即可食用。

附：西瓜汁的取法

将西瓜洗净切成两半，把半个西瓜放在消过毒的广口容器上，用筷子穿透西瓜皮，使其与容器相通，然后用羹勺不断挖挤瓜瓢，西瓜汁就慢慢流入容器内。不用榨汁机同样可简单快捷巧取西瓜汁。

100013　北京东城区地坛北里9-4-203　王荣云

85/ 清热消暑维生素茶

将维生素B_2三四片磨碎与绿茶同冲泡一大杯，搅匀晾凉后入冰箱冷藏备用，饮用时可兑入适量果汁。此茶去暑、消炎、解渴、提神、助消化，并含有丰富的维生素。

100000　中国国际广播电台播出部　张　颖

86/ 防暑保健饮料

△ 绿豆茶：绿豆30克、茶叶9克（装入布包中），加水煮烂，去掉茶叶包，加红糖适量服用。绿豆味甘性寒，入胃、心及肝经。有清热解毒、利水消肿、消暑止渴功效。

△ 胡椒乌梅茶：胡椒10粒、乌梅5个、茶叶5克，均研成末儿，用开水冲服，每天1~2次，连服一周。胡椒味辛，性大热、入肺、胃、大肠经，助火，散寒，健胃温中。有温补下元、坚涩固脱之功效。治虚寒型痢疾。

△ 苦瓜茶：苦瓜1个，将上端切开，去瓤，装入绿茶，再盖上端盖，放通风处阴干，阴干后取下洗净，连同茶叶切碎，调匀，每次5~10克，水煮或沸滚水冲泡半小时后，频频饮用。苦瓜味苦、性寒，入心、肝、肺经，清热、明目、除烦、解毒。久饮用治中暑发热、口渴烦躁、小便不利。

100007　北京东城区府学胡同31号　焦守正

87/ 自制奶昔

很多人都爱吃奶昔。本人经过摸索，

终于自制成了奶昔。具体制作方法如下：将一袋鲜牛奶倒入奶锅，放在炉上使奶微温后取下，往锅内放奶粉20克、巧克力粉5克、淀粉或面粉1克，用搅拌棒搅，使三者完全溶于温奶之中，然后再用微火边煮边搅拌，烧开后，加入白糖20克、黄油5克，如无巧克力粉，可放入散装巧克力2块，待溶化后，滴入红葡萄酒5~6滴，搅拌均匀后关火，将糊状溶液倒入杯中，自然冷却后，将杯放进冰箱冷藏室中，2~3小时后即可食用。

范兆昀

吃部

自制小吃

1/ 家庭腌制雪里蕻方法

将雪里蕻剔去黄叶、烂叶，用水洗净控干，码在容器里（忌用铁、铝等金属容器），按单棵排列成层，放一层菜撒一些盐，同时放几颗花椒粒，每层叶与茎交错放。注意事项：（1）一次加足盐量，每5000克菜用盐量一般为500克左右；下层少放上层多放。（2）千万不要另加水，盐汤一直可以使用。（3）可压大石头子，但不盖盖。放在阴凉通风处，并防止苍蝇等小虫入内。（4）腌后第二天开始，每天上下翻动一次，使之透气，散热，盐分均匀。约10~15天后即可食用，青脆适口。 程 慧

2/ 自制虾皮小菜

用小铝锅或小盆加适量水将虾皮煮开2~3分钟，然后用凉水冲洗两遍；控干水后把虾皮摊开些，上口盖一张干净的纸，把小锅或小盆放在暖气上；待虾皮八成干时，上锅用素油文火炒一下，加入适量食盐、葱丝、姜丝即可。 赵 路

3/ 干腌咸鸡蛋

将洗干净的鸡蛋用白酒浸湿，然后将鸡蛋放在食盐中滚一圈，待均匀沾满盐后，再放到不漏气的塑料食品袋内，将袋口扎紧密封起来，一个星期之后，咸鸡蛋便腌制成了。 王振华

4/ 自制腊八豆

黄豆洗净泡开，高压锅蒸熟，不要太烂。稍晾干水气，倒入垫好纱布的抽屉或纸盒内，用盐、料酒、味精、姜蒜末、辣椒面拌匀，放入泡菜坛，一

周后，可凉拌、炒等方法食用。 潘用嘉

5/ 酱黄瓜家庭腌制法

嫩细的小黄瓜5000克，洗净，控去表面水分，放入缸（盆、罐也行）中，撒上1000克食盐，倒入1500克清水，盖好盖子；每天翻倒一次；5~7天后捞出，控去表面盐水，再入缸，同时放酱油2500克和白糖（视自己的口味定量），酱油以没过黄瓜为宜；5天后即可食用，色艳、青脆、清香。注意每次腌制不宜太多。 孙建华

6/ 自制甜酱黄瓜

夏天腌制甜酱黄瓜容易变质，但却是黄瓜大量上市的季节，我尝试着在冰箱里进行操作，取得了成功。其做法：鲜嫩小黄瓜洗净撒上盐，放冰箱内，两三天后取出放阴凉通风处晾晾，再放回冰箱。黄瓜缩小，表面出现皱褶时，放酱汤中浸渍。酱汤可用甜面酱加酱油化开；也可用黄酱加酱油化开，里面加些白糖。浸渍半月左右，就能吃上清脆爽口的甜酱黄瓜了。 贾仰林

7/ 自制草莓酱

1000克草莓，将根蒂去掉洗净，放入有1500克水的砂锅中，用旺火煮3分钟后改用微火煮10分钟，加入冰糖150克、琼脂25克，再煮3分钟后倒入瓷盆中，待凉后加盖保鲜纸，放冰箱冷藏室，有开胃、降血压滋补作用。 秉 智

8/ 自制芥菜、红萝卜辣菜

芥菜疙瘩、红萝卜，比例是2：1；洗净，把芥菜疙瘩切成0.3~0.5厘米厚

片（大芥菜疙瘩可破 4 瓣）；萝卜擦成丝；维生素 C（100 毫克）1 片，用少许水化开拌在萝卜丝中（每 500 克芥菜疙瘩加 1 片）以减少亚硝酸盐产生；把切好的芥菜疙瘩片分几次放到煮面条剩下的热面汤（开锅）中焯一下；捞到盆中，上面撒一层萝卜丝；分几层做完，盖好，3~5 天后就可吃到清香味美的辣菜。

郭芝波

9/ 怎样制鱼鳞冻

将新鲜的或冰冻溶化后的鱼用清水冲洗干净，刮下的鱼鳞用水再冲洗一次，放入铝锅内加适量水煮至鱼鳞变软，过滤后的清液放入冰箱（冬天放厨房）冷却，过夜就成为洁白的高营养的鱼鳞冻，放入调料，味道美极了。

洁 非

10/ 自制西瓜酱

先将黄豆泡胀后煮熟，控去水分后滚上白面，放在案板上摊平（约半寸厚），上面用向日葵叶盖好，放在屋内不通风处；约一周后黄豆表面长满黄绿色的菌毛，轻轻搓去豆粒表面的粉面，即可用来制酱。按 500 克豆 150 克盐的比例，将它们倒入罐中，再加进西瓜瓤（黄豆和瓜瓤的比例是 1：3，瓜瓤不要弄碎，瓜子也不要掏出）及装有花椒大料的口袋、生姜丝；用干净筷子搅拌均匀，罐口用塑料布封严，放在阳光下曝晒，每天打开搅拌一次，大约经过一个月时间，鲜美可口的西瓜酱就做好了。西瓜酱的吃法和面酱、黄酱相同。

贾仰林

11/ 怎样制作蒜蓉辣酱

把新鲜的红辣椒去掉蒂洗净切碎，加入蒜末、姜末、盐、味精拌匀，然后放入绞磨机里磨成糊即可，装入瓶里随吃随取。此小菜可与天津蒜蓉辣酱相媲美。

王安静

12/ 自制酱生姜和糖醋姜

嫩姜 500 克用水泡后，刮净姜上薄皮，再洗净控干，用盐腌一夜（别太咸），第二天装入水罐或大口玻璃瓶内，倒入黄酱拌匀（500 克姜约用 3 袋黄酱），一个月后就可食用。吃时洗尽酱，切成片或丝当咸菜吃，味道鲜美辛辣，可暖胃（别吃多），笔者胃一着凉就疼，就是常吃它才好的。还可做糖醋姜片，泡洗刮皮同前，然后切成薄片装入瓶中，用糖醋泡（别太甜）几天就可以食用。

黎 英

13/ 朝鲜辣白菜速成法

圆白菜洗净，切成较宽的长条，撒上细盐、姜末、蒜末和辣椒面；姜末要少，蒜末要多些，辣椒面用量可根据喜辣程度而定，如无辣椒面，可用辣椒糊代替，最后浇上适量白醋加以搅拌即成。若加入黄瓜条、梨丝，不仅颜色好看，吃起来更加清香爽口。

方 钊

14/ 自制低盐甜酸辣泡菜

实心洋芹去叶洗净后，将其鲜嫩秸秆切成 10~12 厘米的短段，然后放入沸水中烫成半熟，这时芹菜段由鲜绿变为暗绿，呈半透明状。滤去水，每 500 克芹菜段加优质绵白糖 45 克、曲香米醋 15 毫升、红辣椒、精盐、浓花椒大料水少许，搅拌均匀后置于坛罐等容器中浸泡。约 10~25 天后，取出食用，清爽淡雅，口感脆嫩，甜酸辣相宜。芹菜营养丰富，富含蛋白质、抗坏血酸、粗纤维、糖类、维生素、矿物质及挥发油等多种营养成分。另外，芹菜全身入药，有降压解毒、健胃利尿、清热止咳等多种功效。

刘炳仑

15/ 自制冬菜

每年冬季，我都自制冬菜。做法是：挑选棵大、无病虫害的大白菜，去老帮，洗净，切成小块。5 公斤大白菜加 250 克盐，晒至八成干时，再加入切碎的大蒜 100 克、生姜 50 克搅拌，装入干净瓶中，密封，放阴凉处，两星期后即成。自制冬菜，干净，色泽金黄，鲜嫩香脆。

梁育琪

16/ 暴腌儿苹果小菜，咸甜爽口

暴腌苹果制作方法简便：把去皮、核的鲜苹果切成约 1 厘米厚的方块或丝、条后，放入适量的精盐、味精、香油，拌匀后即可食用。 李景生

17/ 西瓜皮拌榨菜丝

本人有拌炒西瓜皮吃的嗜好，今夏又有新做法：将去瓤削皮的西瓜皮切成条、块或丝，略放些盐，拌一些榨菜丝，不再放任何配料，一盘清香爽口的凉菜即成。

陈玉辉

18/ 自制韭菜花

将鲜韭菜花摘下洗净，捣成碎末，加进用开水沏的大料花椒水及鲜姜末汁、鸭梨汁、食盐，封闭 3 天后去掉辣味呈碧绿色，即可食用。 李维诚

19/ 自制辣椒糊

秋后辣椒大量上市，挑些红透了的辣椒，洗净，去把，用切碎机或家庭手摇绞肉机绞成糊状，同时，将少许姜片一齐搅碎，放些盐，拌匀，装入罐头瓶中，三五天即可食用。放在冰箱中，可随吃随取。

马丽杰

20/ 自制山西风味芥菜丝

将芥菜上的疤痕及毛须去掉，洗净揩干，切成细丝。锅内放少许植物油，待油七成热投入适量花椒炸成花椒油，倒入芥菜丝，翻炒到丝打蔫儿，加适量精盐，翻搅均匀出锅，晾凉，装入罐内盖严，放在房外北窗台上。焖一个月即可食用，堪称上乘（下酒）小菜，独具风味。 时习之

21/ 巧腌雪里蕻

我吃雪里蕻，每年秋天都腌一些。过去，不是叶子发黄，就是烂掉，真没办法。有一次，我暴腌的雪里蕻没吃完放入冰箱忘了，后来发现还很鲜美。于是总结经验，改进方法，腌制了四五年都很成功。腌制过程如下：把鲜雪里蕻洗净放入沸水中焯一下，再用凉水冲，淋干水分，切碎（约 10 毫米），用适量的盐拌匀。腌 24 小时后，装入用开水消过毒的玻璃罐头瓶里，上面放两片蒜，盖好放进冰箱里，随食随取。雪里蕻碧绿、清脆，凉拌或加肉末、黄豆热炒都别有风味。

郭毓慧

22/ 自制扁豆小菜

扁豆切成细丝，倒入开水锅里搅一下立即捞出，控出水，待晾凉后拌上盐，

再同韭菜花拌在一起，装入瓶里，随吃随取，别有风味。

王安静

23/ 霉干菜的制作

天气渐暖，腌制的雪里蕻不好存放了，可将雪里蕻连卤放入锅中煮开10多分钟，捞起晒干至八九分时切碎，再继续晒，越干越好。放贮罐内久藏不坏。

戴瑜

24/ 巧做鱼骨彩色水晶冻

把洗净的鱼头、鱼骨、鱼鳞、鱼皮剁碎，放进锅里加花椒数粒，水要没过鱼骨约3厘米，温火煮40分钟。取其净汁儿，再倒进另一只锅内，放上胡萝卜丁50克，味精、醋、白糖、料酒、精盐适量和少许胡椒粉；再煮10分钟后倒在碗或汤盘里，放2克香菜叶，待将要凝固时，搅拌均匀，冷却后即成彩色水晶冻。切片食用，勿放酱油，吃时点几滴香油，清淡爽口、不腥不腻。

陈士起

25/ 自制速食海带一法

干海带用凉水泡发，洗净后逐条卷成海带卷，码入蒸锅屉上，上火蒸约40分钟即熟。不要将海带卷打开，待晾凉后逐卷切成细丝，摊开晾干或放在暖气片上烘干后放入塑料食品袋中，吃时取适量用开水泡发即可凉拌或炒菜，非常方便。

韦妪

26/ 鱼鳞可做美味佳肴

我老家白洋淀区的人会用刮掉的鱼鳞做鱼鳞粉。其做法：把刮下的鱼鳞洗净（3斤鲤鱼的鱼鳞），加一碗水，用锅煮开约15分钟后鱼鳞成卷形，把煮鱼鳞的水倒入碗里，待水凉（放冰箱内）后，即成凉粉状态的鱼鳞粉。同拌凉粉一样，用蒜泥、香油、盐、醋调拌即成，爽口好吃。我的几家邻居都做成功了。

王维君

27/ 自制素火腿肠

把洗好的芋头和胡萝卜上锅蒸熟。剥去芋头外皮，捣成泥，剥掉胡萝卜的表皮，切成丁儿，放在一起；加盐、味精、香菜叶、姜末、胡椒面少许、香油、蛋清，搅拌均匀；摊在事先泡好的豆皮上成条形，要卷紧，粗细长短像鱼肠；豆皮的外层可抹上一点面糊，防止开裂。上锅蒸10分钟即可，待凉后可装塑料袋放在冰箱内。吃的时候过油炸，用温火炸透，外焦里嫩呈浅黄色，切成片，吃起来清淡爽口。

陈士起

28/ 自制甜面酱

伏天，高温湿热，正是自制甜面酱的黄金季节。取白面1000克，经发面后（切记不能用碱）像蒸馒头一样，上屉蒸熟。为了保持热度，下锅后马上码放在缸或锅里，上面用塑料布盖严，放在阴暗不透风的地方发酵，约经3天便长出白毛。用干净的刷子刷去部分白毛，掰碎放在一个干净的容器里。按每1000克白面、120克盐、300克水的比例溶化后倒入容器里，用干净木棍搅拌。然后放在日光下暴晒，每天搅拌三四次，使面酱受热均匀，约晒20多天便可成甜面酱。请注意：盐和水一定要按比例一次放足，中途不得添加。酱晒成后，再放入少量白糖和味精，上锅蒸10分钟。经过这样处理的面酱，风味独特，色、

香、味俱佳，可长期保存。 　　梁育琪

29/ "西瓜酱"的简易制法

"西瓜酱"是河南开封名产，非常好吃，北京买不到。现提供一个简易制法：炸酱前，将一些西瓜瓤（不要用生西瓜）切碎加入黄酱内，经过搅拌一起入锅炸好，酱碗周边一圈红油，用用它拌面味道鲜美，与开封生产的酱一样。 　　方 钊

30/ 腌制西红柿一法

将熟透了的西红柿用开水烫一下去皮，晾凉后装缸或罐，按每 1000 克西红柿 400 克盐的比例。每放一层西红柿撒一层盐，盖好后存放 7 天，然后用密封条密封置阴凉通风处（密封前冒气泡属正常现象）。冬季炒菜或做汤，色、鲜、味俱佳。 　　卓秀云

31/ 巧做卞萝卜馅

用卞萝卜做馅的传统方法是，把洗净的卞萝卜擦成丝后用开水焯，然后挤掉水分。但是，这样做成的馅吃起来口感发柴，且会失去大部分养分。我的方法是：将卞萝卜擦成丝后放在锅里（可放油少许）用温火反复煸炒（不时翻动以防煸糊），煸到用手攥时基本没汤即可。然后用铲子上下翻动，让萝卜气味充分散掉，待凉后即可和肉馅拌在一起。这样做出的卞萝卜馅既保持了原有的养分，又去掉了萝卜气味，吃起来口感好。 　　李希颜

32/ 雪里蕻一种吃法

雪里蕻 1000 克，稍稍晾干，洗净、控水、切碎，放在不放油的热锅里干炒，炒干了水加适量盐拌好（别太咸），装瓶搋紧盖紧，三四天后即可食用。吃时打开瓶盖（此时菜的冲味很大），取出菜来按你的口味拌上作料即可食用，味道很不一般。 　　黎英

33/ 秋末冬初腌韭菜

我每年秋末冬初腌韭菜，点上香油用来拌面条、拌豆腐，味道很好。做法是：韭菜摘洗净，控水分，切成碎段，用盐拌匀，加切成碎末的鲜姜，再加切成小丁的鸭梨（500 克韭菜 1 个梨）即成。腌韭菜鲜绿，汁不粘，且易存放。 　　乃 平

34/ 雪里蕻可做馅

将雪里蕻洗净（用量根据吃的人数决定），放在开水锅中焯，盖上锅盖。喜欢吃辣的，焯的时间短些，约 3~5 分钟，不喜欢吃辣的，焯的时间要长些。捞出雪里蕻，剁馅后控去水分，加上各种作料，荤素都可以，包饺子或包子吃别有风味。 　　王秋宝

35/ 四季香椿做法

将鲜香椿洗净控干水，撒少许细盐，用双手轻轻搓揉至茎叶柔软并呈暗绿色，然后整齐地码放在密封容器内。一周后即成。脆嫩鲜胜过鲜香椿，一年四季随吃随取，稍老的香椿茎叶也可用此法加工。 　　卓秀云

36/ 老香椿也能制作香椿豆

将老香椿叶洗净，把黄豆、花生米等豆类洗好放在一起泡，泡好后放在火上煮熟，放适当盐，等凉后把香椿叶拿出，把水倒掉，放入饭盒随吃随拿，味道极好。老香椿随吃随摘，一直可用到秋天。 　　马继斌

37/ 辣味鸡蛋腌制法

选新鲜鸡蛋，将抹布用沸水烫过，把蛋擦干净。取辣酱 400 克，冲入白酒 100 克（用 60 度的白酒）调和，将蛋在辣酱酒中滚一下，再滚上细盐，放入干净的坛内。将坛口用泥封好，约 3 个月便可食用。此法腌的蛋色红、油多、微溢酒香、咸中带辣，别有一番风味。

徐其思

38/ 冰箱里腌雪里蕻

自从住上楼房，我家腌出的雪里蕻总不好吃——屋里、阳台都太热，腌上几天就发酸，一来暖气更变味了。今年，我把它腌在冰箱下边的菜斗里，3 天后拿出来吃，味道纯正，可惜菜斗不大，只能腌 5 千克。

李玉明

39/ 腌雪里蕻又一法

雪里蕻拉掉烂、老叶，地上晒 2~3 天，然后洗干净，拴在铁丝上晾去水分（约半天），切成小段，放盆里用细盐揉匀（5 千克雪里蕻用 400 克盐），用盖盖好，放一夜，第二天尝咸淡合适后，用小半杯白酒倒在雪里蕻上拌匀，然后再把花椒粉放进去拌匀，即可装在若干个瓶子里，10 天后可随吃随取。

王琦

40/ 自制辣咸菜

芥菜疙瘩两个、萝卜一个，洗净切成细丝，生花生米适量，用开水泡一下，去红衣备用。水烧开，将菜丝放开水里焯一下，捞出放在一洗净（千万不要粘油）的搪瓷盆中，撒上些细盐，花生米也用开水煮 2~3 分钟，均匀地铺在菜丝上，锅中热水倒进一些与菜齐平，趁热盖上盖，密封一周左右即可。食之，花生米芥末味刺鼻，菜丝清脆、酸辣、爽口。我和我的同事们都很喜欢吃这种菜。

王里

41/ 腌制"牛筋"萝卜片

选象牙白萝卜，将顶根去掉，见到白肉后切成 0.5 厘米厚的半圆片，码放在干净的平板上晾晒，隔天翻一次，使萝卜片晾晒的干湿度上下相宜。晾晒 3~5 天，7~8 成干即可（大约 5000 克萝卜晒晾至 1500 克左右）。酱油 500 克适当加些水，与八角、桂皮、花椒一同煮沸，待凉后与萝卜片放入容器内腌制，以淹过萝卜片为宜，上压一块石板，防止萝卜片浮起。腌好后放置在阴凉通风处，大约 5 天即可食用。腌时，色重可加点凉白开，味淡可加点凉盐开水，不要混入油，未煮沸的水或盐水也不可放入，容器盖要通气，可用木条将盖板架起。

齐义昌

42/ 自制豇豆小菜

豇豆择细嫩者，洗净晾去表面水分，切成 3 厘米长短，放入容器加盐拌匀，腌半天后装入玻璃罐头瓶内，压实盖好盖，两天后即可吃用。如愿吃辣者，可放些鲜辣椒。这种自制的小菜不仅清脆可口，放入电冰箱内还可久存。

张思让

43/ 速制腊八醋法

冬季北京人喜欢吃腊八醋，但它的制作时间较长，一般要 20 天。也可速制，现介绍如下：将 500 克醋盛于洁净的坛子或罐中，再将青蒜 100 克最好是先洗净切段泡入坛中，将坛口或罐口封好，3 天后即可食用。其味鲜色美与泡蒜做法口味一样。

杨 光

44/ 不用缸腌咸菜

芥菜疙瘩买来洗净，切成 1 厘米宽、厚的条，晾干后收起来，想吃时提前 3~4 个小时腌，配制适量的盐开水，放上辣椒粉或花椒粉、五香粉，作料多少根据自己口味放，将干条与盐水拌匀，浸泡在容器里，随吃随取，味道好极了。

李 秀

45/ 腌蒜茄子

蒜茄子的腌法如下：买 500 克小茄子，洗净，用刀切成两半（不要切到头），放入蒸锅蒸烂（别太烂，拿不起来）。然后把熟茄子拿出来，冷却。剁七八瓣蒜末准备着。待茄子冷了，在茄子里外抹一层薄薄精盐，再放上蒜末，放进罐头瓶子里码好，摁紧（正好 1 瓶），五六天后就可以吃了。味美，卫生。

一 民

46/ 橘皮辣椒酱

橘子上市，橘皮弃之可惜、食之苦涩，我把橘皮留下，做个橘皮辣椒酱，味道独特。方法是：将橘皮用清水洗净、浸泡，捞出挤干水，切末，用少许油煸炒后，加 100 克肉末和 10 克辣椒粉，炒熟，加 150 克豆瓣酱和少许肉汤（或鸡汤），小火焖 5 分钟，撒味精，即成。

戴卜明

47/ 酱油淀粉制黄酱

有次我想吃黄酱，可当时又没买到，女儿快速自制了一种酱，吃起来与一般黄酱味道相似。其做法是：用温火烧花生油，加葱末，倒入适量酱油，然后再放上适量的淀粉搅拌，待炒到一定稠度与炸酱颜色相似时，便可出锅。

李景生

48/ 夏天咸肉快速简易制作法

南方人喜欢吃自制的咸肉，可夏天腌制时，容易招苍蝇，经亲戚介绍，可在冰箱内制作。方法是将需腌制的肉或鸡鸭鱼等洗净，用盐擦遍，放几粒花椒、大料后放在大碗或盆内，上面用同面积大（稍小些也行）的铁片或石块压上（铁片或石块用塑料袋包紧），再用另一塑料袋连碗或盆全部包上，以免串味，放在冰箱内的抽盒上面，四五天后即能吃上咸度适宜又香又可口的自制咸肉。

金蕴芝

49/ 自制五香鱼

任何鱼洗净切寸段控干。姜、蒜各 3 克拍碎，酱油、白糖、五香粉、味精、酒适量，拌匀。将鱼炸至发黄，捞出立即放入料汁中，浸泡约 1 分钟捞出即成。

100027 北京市朝阳区幸福三村 3 号楼 1–103 号

邢纪棠

50/ 时令小菜辣芥丝

水疙瘩 1500 克、白醋 150 克、花椒 12.5 克、芥末粉 2 袋、色拉油 100 克、精盐 100 克、味精少许。把白醋熬开晾凉，把花椒油炸好晾凉，然后在坛内或搪瓷盆内（决不能用铝盆）码一层芥菜丝，均匀撒一层干芥末粉和盐，这样一层盖一层码放好。最后把晾凉的醋和花椒油浇在芥菜丝垛上，迅速拌匀，立即盖严密封好，放在阴凉处 3 天后即可食用。

102600 北京市环卫教育中心膳食科 徐增庭

51/ 好吃易做的辣芥菜丝

芥菜疙瘩洗净切成细丝，黄豆、杏仁、花生米泡发后煮熟备用。炒锅内放少许食油，烧热，炸花椒，然后放芥菜丝炒一下，再放黄豆、杏仁和花生米，翻炒均匀，加点精盐出锅，装入带盖的容器中。晾凉，置于冰箱冷藏室，3天后即可食，吃时用醋调拌，味道极佳。

100084　北京体育大学红14楼309室　丁　珂

52/ 自制绿茶皮蛋

将750克生石灰、75克食盐、75克驼参（学名密陀僧，中药店有售）、25克绿荷叶一同放入陶制容器中，然后倒入3公斤开水，搅匀、盖盖，待陶制罐内发生沸腾开锅声停止后，再打开盖，用木棍搅拌均匀，冷却。将50个鲜鸭蛋（鸡蛋）放入，并用少许黄泥和盐水拌匀，封严罐。1个月后即成。

100007　北京东城府学胡同31号　焦守正

53/ 做红辣椒酱一法

首先把盛菜的容器（瓶子、泡菜缸等）和红辣椒洗净、晾干，然后把红辣椒切碎，加入适量细盐，搅拌均匀后装入瓶中，压紧。放少许白酒（500克辣椒3毫升白酒）和盐，再用保鲜膜覆盖上，封口后放入阴凉处，10~15天即可食用。

100020　北京市东大桥农丰里2号3门412室
陈星阶

54/ 蒜泥咸鸭蛋制法

我有一"蒜泥咸鸭蛋"的吃法：蒜一头，咸鸭蛋一个煮熟，将蒜捣成蒜泥，再将咸鸭蛋皮用蒜锤压碎，使之与蒜泥搅拌均匀即可，食之，美味无比。

100034　北京西城阜门口头条47号　王　杰

55/ 麻酱味咸鸡蛋

鲜鸡蛋5000克，用温水洗净擦干。麻酱渣1000~1500克（香油坊有售，1元钱左右），食盐1000克，与渣搅拌均匀后，把鸡蛋在渣中滚匀，放入坛中码好，把剩下的麻酱渣都倒入坛内，封好盖，置于阴凉处，30天即可食用，别具风味，吃完后留下的渣子还可以再次用来腌咸菜。

054000　河北省邢台市长征汽车厂老干部科　刘惠英

56/ 咸鸭蛋拌豆腐

咸鸭蛋去壳，放上味精、葱末、辣椒油与豆腐同拌，暑热食之味道颇佳且下饭。

100011　德外人定湖西里3号楼1门12号　增洪英

57/ 腌制辣味蛋

我家腌制的辣味蛋，色红油多、咸中带辣，伴有酒香，风味独特。做法如下：鲜鸡蛋40个，用温水洗净擦干；辣酱300克，倒入二锅头酒100克调匀；将鸡蛋在辣糊中滚一下，再滚一层精盐，放入干净坛内，在上面再撒一层精盐，封好盖置阴凉处，3个月即可食用。

100013　北京市地坛北里9楼4单元203号　王荣云

58/ 茶叶拌豆腐

我家常用茶叶拌豆腐，味道很好。其方法是：用泡过茶水的茶叶（绿茶最好），控干水，剁碎，放上精盐、味精、香油、葱末或蒜末，拌好后再与豆腐同拌，鲜美适口，清热降压，别具风味。

100044　北方交通大学54区65号　张育升

59/ 香椿新吃二法

每年都有香椿芽品味尝鲜的好时节，现推荐两种新吃法：（1）将香椿芽加盐捣烂，再加入辣椒和香油，做成味道鲜美的香椿泥，香辣可口。（2）将香椿和大蒜一起捣碎成稀糊状，加入油、盐、酱、醋和凉开水，做成香椿蒜汁，拌面条吃，独具风味。

100013　北京市地坛北里9楼4单元203号　王荣云

60/ 自制芥末酱

芥末面放瓶中，加少量冷开水和适量盐，调成稀糊状，拧紧盖，放在蒸锅的顶层，待蒸食好了，芥末酱也成了。然后放入香油，使香油完全覆盖住芥末酱为好，冷后放入冰箱下层，随吃随取，一两月不变质。

100018　国家建材局人工晶体所　侯建华

61/ 自制腌韭菜花

买韭菜花1000克（要没用水洗过的），摘去花根部的干、烂部分及杂质，洗净；鲜姜150克，洗净切成细丝；将韭菜花放盆内，加精盐250克，用手揉透，然后拌入姜丝，腌韭菜花就制成了。

100026　北京市金台路北街5-1-1306　薛素云

62/ 自制干腌辣椒

用无虫眼、无破损的比较老一点的辣椒数千克（不要红的），洗净去蒂，锅内烧开水，把辣椒放进去烫1分钟左右捞出，在太阳底下暴晒1天，待两面晒成白色后，剪成两瓣，用盐、味精腌1~2天后晒至全干。装入塑料袋，吃时用油炸成金黄色装盘，具有咸、香、鲜、脆、微辣，是下饭下酒的好菜。如果保持干燥，

3年不变质。

100840　北京市复兴路20号直政处　郭俊勋

63/ 蒲公英好吃又能治病

蒲公英既好吃又能药用。现在野山坡上长有很多，把它择好洗净，放在锅里用开水烫一烫，再放入冷水中泡一会儿，捞出来把水挤掉，可做馅也可加些调料凉拌着吃。它有润肠胃通便去火的作用。用烫蒲公英的水洗脚，还有防治脚气的作用。应注意的是，果园里打过药的地方不要采摘。

100093　北京市香山南路52817部队16-2-203
王秀英

64/ 自制美味海苔

把紫菜切成5×10厘米左右的块，然后刷上辣酱油和椒盐等拌成的调料。等调料微干后，把它们放入微波炉中烘烤。这样烤出来的紫菜香脆又有营养。味道与市场上出售的海苔相差无几。

100021　北京市朝阳武圣西里16楼5门502
张敬贤

65/ 自制香蕉草莓酱

草莓500克洗净，放搅拌机内，可加适量白糖和150~200克鲜奶，再放半根或一根香蕉，搅拌成糊状后，放微波炉专用玻璃器皿内（不盖盖），用高火加热3分钟即可（没有微波炉可用蒸锅，开锅后取出立即盖上盖）。香蕉草莓酱口感很好，且可保质1个月有余。

101100　北京市通州龙旺庄华龙小区51楼5门
521号　马耀宗

66/ 自制莴苣干

夏秋，莴苣物美价廉，可制成莴苣干

留冬天食用，其味道与口感均胜冬笋一筹。做法是，将鲜莴苣去皮，剖成四瓣或八瓣（顶端不要切开），搭挂在铁丝或绳上，晾干，装入塑料袋中，扎紧口。冬天食用时洗净、切段，与肉同炖，也可与肉汤炖食。

100016 北京市酒仙桥七街坊 5 楼 赵继梅

67/ 自制蜜汁苦瓜

苦瓜洗净切片后，先用凉水泡一会，然后用盐开水焯一下，待苦瓜凉后，加少许蜂蜜拌匀，放入冰箱。第二天蜜汁苦瓜就制成了，味道清香又清热败火。

100021 北京市朝阳武圣西里 16 楼 5 门 502
张敬贤

68/ 自制陈皮和柑橘皮酱

晒干柑橘皮，放于瓷锅内用清冷水浸泡，次日换水，连换 3 次后取出，放于瓷盆内加盐蒸 15~20 分钟，取出晾晒，隔天再蒸第 2 次，取出将柑橘皮切细，尝是否有咸味，如不够咸再加盐，蒸第 3 次后取出即加入甘草末和白糖，调和后晒干即可收藏食用。晒干的柑橘皮，与鲜酸梅制的酸梅汁放于坛中浸泡，密封半月以上，如柑橘皮已泡软，即可加糖捣碎成酱状食用。

100022 北京朝阳区双井北里 16 楼 12-5 号 吴达生

69/ 自制蜂蜜芝麻酱

蜂蜜和芝麻酱都是美味而又营养丰富的食品，我把它们调在一起，比例大约为 1:4，用蜂蜜芝麻酱抹面包或饼干，味道很好，且通便去火。

100021 北京朝阳区武圣西里 16 楼 5 门 502
贾小燕

70/ 自制榨菜

买来鲜青菜头（俗称榨菜）数斤，剥去根皮洗净，切成半寸厚的大块，拌上姜末、辣椒面、盐、五香粉等调料之后，再放在盆中用重物压榨一两天，除去部分绿水后放入坛中密封，12 天后取出便可食用。

100032 北京西城区粉子胡同 7 号 李祥秀

71/ 自制花生芝麻酱

花生仁一小碗，炒香擀成末，同量芝麻炒香擀成末待用。锅中加温水（约两倍于花生和芝麻的量）。然后向锅中投入花生末芝麻末和一匙面粉用筷子顺时针方向搅和成糊状煮开，再加入少许葱末、姜末、味精、食盐、酱油，煮几分钟闻到花生芝麻酱香味后装瓶。此酱是我家早餐面包、馒头，中午面条常用的作料。

114001 鞍山市铁东百春光街 6-1 号 杨秀珍

72/ 自制酱姜片

先将生姜洗好，切成薄片，再入清水里洗净、沥干。每千克姜片加白糖 100 克、味精 2 克、优质酱油 50 克。然后，将拌好的腌姜片装入净白布袋内，再将布袋放入稀甜面酱中，每周翻动 1 次。秋天酱一个半月，冬天酱 2 个月。酱好的姜，酱汁澄清、姜片脆嫩，开胃驱寒，有健胃益体之功，为佐餐上品。

100007 北京东城区府学胡同 51 号 焦守正

73/ 暴腌 "心里美"

冬天食用 "心里美" 萝卜，可用暴腌方法：将 "心里美" 洗净切成小方块，置于盆中撒上精盐反复揉搓均匀（一斤萝卜两勺精盐），待盐渗入萝卜后

吃部

家常菜肴

装入大口瓶或泡菜坛，用凉白开水浸泡（没过萝卜），放置阴凉通风处，3日后可食用。食之酸甜酥脆，清淡可口。

101149　北京 236 号信箱　华 军

74/ 蜜腌山里红

蜜腌山里红酸甜适口，具有止咳化痰、开胃健脾、消食降压、软化血管之功效。制法：小坛一个，洗净擦干待用；秋季山里红下来，挑选个大色红无虫的 2000 克，洗净后用刀横着切开，把子去掉，然后用开水稍焯一下，捞出晾凉；往坛里撒一层蜂蜜，放一层山里红（约 3 厘米厚），上面再撒一层蜂蜜，这样一层蜜一层山里红装完为止，最上层再撒一层蜂蜜，将坛口封好放阴凉处，待冬季时打开食用，别有风味。

100013　北京地坛北里 9 楼 4 单元 203 号　王荣云

75/ 腌制咸鸡蛋一法

将鸡蛋洗净，晾干，将白酒和食盐各备一个碗中，将鸡蛋先在白酒碗中蘸一下，再放入食盐碗中蘸一下，让鸡蛋都蘸满食盐，放入坛中，装满坛，封口，40 天左右即可食用。

100009　北京东城区北河沿大街 45 号南楼 561 室
王华玲

76/ 做腊八蒜可放白菜帮

制作腊八蒜时，同时腌上一些嫩白菜帮，比例为 2/3 蒜、1/3 菜帮。腌制的白菜帮味道和腊八蒜味道一模一样。

100076　北京红星特种油品厂　刘品三

77/ 自制美味混合酱

把芝麻酱、辣酱、甜面酱（或黄酱）各取适量（比例按个人口味加减），调在一起，制成混合酱，蘸菜吃，集香、辣、咸不同口味于一体，味道独特且食用方便。

101022　北京平谷县一商局　王艳平

78/ 自制咸酸香辣甜麻鲜怪味酱

熟花生仁 200 克去皮、芝麻 150 克炒熟、花生油 100 克，将葱姜炒出香味，将生姜块 100 克、泡辣椒 500 克、蒜瓣 150 克、花生仁榨碎，加芝麻、豆瓣酱（炒熟），拌匀成泥，再加入生抽王（酱油）150 克、椒盐 25 克、香醋 50 克调匀，放入广口玻璃瓶内，压实，上盖一层熟花生油，加盖密封，随用随取。

100007　北京东城区府学胡同 31 号　焦守正

79/ 自制开胃辣椒油

干辣椒 10 只淘洗泡浸 30 分钟，去蒂，控水与老姜 1 块绞捣成茸。用油煎炒水气稍干，改小火，炒至基本香酥加少许酱油、胡椒粉、味精及少许白糖出锅。

100007　北京东城区府学胡同 31 号　焦守正

80/ 自制苹果醋

常喝苹果醋能根除便秘、抑制黑斑粉刺的产生，有促进皮肤新陈代谢的功能。做法如下：苹果 1000 克，洗净晾干后切成小块；冰糖 400 克，加水以文火煮化；酒曲一个碾碎；将苹果、冰糖水、酒曲混合后装入干净的小缸内密封；两周后，每天打开搅拌 10 分钟，使空气进入。再两周后，苹果醋就做成了。

100013　北京东城区地坛北里 9-4-203　王荣云

81/ 自制酸豇豆

嫩豇豆洗净，切成 1 厘米长小段，装入广口瓶内，装满压实，用塑料薄膜盖好瓶口并捆扎严，倒扣在碗或稍深的盘子内，碗内加清水稍没过瓶口使其密封，在 25℃ 条件下放置一周就可自然发酵变酸。然后在炒锅内放植物油烧热后佐以肉末、葱、姜等调料，倒入豇豆煸炒至熟，撒上盐出锅。其特点：酸、脆、鲜。

100000　北京首钢总医院麻醉科　房立新

82/ 自制西式泡菜

把鲜嫩的圆白菜切成小块，配上少许胡萝卜片、黄瓜片，用开水焯一下放入干净无油污的瓷瓦盆内，再放入几个干红辣椒、少许花椒粒。大约 1000 克圆白菜加精盐 10 克、白醋 20 克、白糖 30 克拌匀即可，次日味道最佳。

100000　北京丰台区南方庄 2 楼 3 门 906　艾春林

83/ 自制香糟肉

原料：五花猪肉 1500 克，香糟 500 克、葱、姜、大料、花椒若干。

做法：将肉切成片状，香糟用温水泡开搅成糊状。把肉片放入开水中，加上调料煮七成熟，放入适量的食盐后，把糟放入肉中，搅拌后用温火煮熟，凉了即可食用。

特点：别有风味，老少皆宜。

注：香糟在东四孔乙己酒家有售。

102200　北京昌平区城区镇西环路 22 号　李　鑫

84/ 自制糟鱼

鲜鱼掏出内脏、鳃，去鳞，于阴凉处吹干表面水分后，在鱼背上斜切几个弧形刀口，将盐均匀涂抹于鱼体各处（平均 10 斤鱼 1.5 两盐），悬挂阴凉处（注意防蝇）。待鱼水分已蒸发，鱼肉发紧时，将鱼切成棋子大小块置容器中，放两层鱼，撒一层调料（碎蒜瓣、葱段、姜，半盅酒），最后用调料封顶，于阴凉通风处存放 30 天即可（可以长期保存）。

食法：将鱼段取出置器皿中，放两勺植物油，半勺糖，半勺醋，葱、姜、蒜少许，于锅中蒸 15 分钟即可。

其甜咸适度，柔韧有嚼头。

100081　北京海淀区小南庄西 1 号院 261　杜　江

85/ 自制芥末白菜墩

主要原料：白菜若干、芥末、白糖、食醋。做法：白菜去叶和根部，取其中段，切成约两厘米厚做墩，挨着平码盆中，用开水泡 5 分钟，把水倒出后，用另一个盆，把菜墩码平一层，放一次醋、糖、芥末，盆满后盖好，一周后即可食。特点：解酒，解腻，口味是凉、甜、辣、酸。既经济又实惠，此乃春节必备之菜也。

102200　北京昌平区城区镇西环路 22 号　李　鑫

86/ 自制呛菜

把新鲜芥菜疙瘩刮毛，洗净、晾干，擦成细丝。适量食油放在锅里在旺火上加热，油温达七成时搁花椒、大料、姜丝，炝出味来即放芥菜丝。翻炒几个过儿使芥菜丝略显打蔫（千万不要炒软），放精盐和食醋，再翻几下，看冒热气即出锅，趁热装进缸里密封，10 天后即可食用。每次取完菜后要把盖盖好，保持呛味不跑。本菜的特点突出一个"呛"字，呛味不亚于芥末油，有点儿鼻塞都能呛通了。吃时再搁点香油，清脆爽口，别具风味。

050200　河北省鹿泉市三街石邑街 38 号　胡生智

87/ 自制酸辣芥菜条

把大红萝卜（卞萝卜）切成细丝待用。把三四个芥菜疙瘩洗净切成半寸见方的长条，用水煮熟透（别太烂了，要保持形状），就热放在大搪瓷碗内（略带一点儿原汤），然后立即把萝卜条儿均匀地盖在热芥菜条上。待三四天后尝尝芥条已有酸味与辣味（不是辣椒的辣味而是芥末的辣味），即可用筷子夹出数条（其余的盖好）蘸肉末酱吃。此小菜特点：酸辣咸香凉，别有风味，特别是吃火锅或红烧肉时当佐菜，爽口去油腻。

100015　北京朝阳区酒仙桥 738 厂设备科　王殿祥

88/ 自制醋卤

偶翻旧报纸，见贾长华介绍醋卤做法，介绍如下：原料为 500 克猪肉末、150 克香菜、4 根大葱、1 小块鲜姜、3 头蒜、2.5 克红辣椒。将花生油烧热，放入切碎的红辣椒炸好，再放入猪肉末和姜末炒好，放入 1/3 瓶陈醋或熏醋及同等数量的酱油，再放入 100 克料酒、5 勺白糖、1 勺精盐、适量味精及切成小段的大葱，开锅后，将锅里的东西倒进罐子里，放入切成小段的香菜和捣成泥的蒜，随吃随取。醋卤可做醋卤面和醋熘白菜。

072750　中国煤田地质总局　岳存裕

89/ 自制韭菜花酱

鲜韭菜花 1500 克、梨 1000 克（鸭梨、雪花梨、京白梨都可以）、鲜姜 500 克；全都洗净，用打碎机打碎，放 4 两盐和均匀，装入玻璃瓶中，封严口（瓶口要用塑料袋罩上，再盖瓶盖）。注意，不要装得太满。本人制作多年，放置隔年都不会变质。

100075　北京崇文区郭庄北里 6-1-401　靳晓英

90/ 暴腌蒜茄子

秋天，买一些中小型的茄子，洗净，不去把。上锅蒸熟，确实凉了，用切熟食的刀切三五下，不要切透，在每片之间用手抹入蒜泥和盐，放入大碗或大瓶内，盖好盖子，放在阴凉处，也可放在冰箱保鲜，大约 10 天左右，就可以吃了。吃时用干净筷子拿出一二个，去掉茄子把，放入盘中，加点香油，用筷子或勺拌匀就行了。

100005　北京市东城区新开路 19 号　刘美

91/ 蒸海带拌菜炖肉味道好

买回干海带，不必用水泡，上锅蒸 20 分钟，蒸过的海带，无论是凉拌菜，还是炖肉吃，都十分易熟，且味道鲜美、口感甚佳。

庞俊玲

92/ 巧做鸡蛋汤

做蛋汤时，将鸡蛋磕入少许湿淀粉中，打匀，做出的汤层层是蛋花。

马丽杰

93/ 买到厚皮西瓜怎么办

有时会买到厚皮西瓜，我将瓜瓤挖出，再去掉绿皮，用擦板擦成丝，可做西瓜糊塌子吃。要多放点盐，还要加葱丝、姜末、味精、五香粉并打一个鸡蛋。

金静

94/ 西瓜皮吃法几种

△西瓜去瓤削皮后切成不厚不薄的小片晒干（太厚不易干，太薄易粘），到冬天泡软洗净，加辣椒素炒或烧肉，都很好吃。

倪知英

△西瓜去瓤削皮后切成条或片，放入开水锅煮，同时放些虾和盐，待西瓜皮熟透，再放适量的姜末、葱丝，最后放味精、香油，味道鲜香适口，胜似冬瓜汤。

李景生

△西瓜吃后，削去外青皮，切成细条，裹上面粉再入滚油一炸，马上吃，特别好吃。

刘鼎发

95/ 珍珠翡翠白玉汤

把胡萝卜去皮削成小圆球状，再将白萝卜切片削成小齿轮状，放在清水锅里，只加大料、精盐、白糖，煮 10 分钟，用淀粉勾芡，再把打好的鸡蛋均匀地淋在锅里，随即倒入汤盘或碗里；撒少许胡椒粉、味精、香油，上面放几片香菜叶（不能放葱姜蒜），即成色香味俱全的"珍珠翡翠白玉汤"。有健脾消食顺气的功能。 陈士起

96/ 佛手瓜食用一法

我偶然发现一种食用新蔬菜佛手瓜的吃法：将佛手瓜洗净，切成薄片，放入腌糖蒜的容器中，一两天后即可食用。清脆爽口、甜咸适中，食用者都称好吃。

徐兰真

97/ 好吃易做的"三杯鸡"

炖鸡、炸鸡，工序繁多，偶然学得一做鸡新法，既省事，又好吃。因用料都是三杯，故称"三杯鸡"。做法如下：取 1000 克鸡翅或鸡腿，剁成小块，洗刷干净控干，放入锅中；红葡萄酒、白糖、酱油各取 3 杯（40克的小酒杯），倒入锅中（如嫌汤少，可加入少许水），开锅后用小火炖 40 分钟即可。

刘爱民

98/ 素烧"凤爪"

取胡萝卜 250 克，蒸熟，剥去表皮。先切成厚一点的长条片儿状，把大头儿剥成"爪"形，滚上面糊，过油炸成黄色，捞在盘里。用另一只锅，放清水 60 克、花椒 3 粒、勾芡，放入适量的精盐、白糖、味精、酱油和少许醋及胡椒粉，煮开后及时均匀地浇在"凤爪"上。端上餐桌时，再淋上点儿素油、撒上几片香菜叶即成。

陈士起

99/ 怎样炸柿丸子

现在正是柿子上市时节，用软柿子炸出的柿丸子，香甜可口。做法如下：软柿子去掉蒂和皮，然后放进盆里加入适量面粉，用筷子搅成软面团，再用小勺边做丸子边放进热油锅里，炸成金黄色捞出即可。

王安静

100/ 用啤酒做米粉肉好吃

《生活中来》曾介绍啤酒炖猪肉，我试过两次，不错，全家都爱吃。后来我用啤酒做米粉肉，一试也不错。其做法：肥瘦猪肉 500 克，切薄片，买米粉 250 克，放适量酱油、精盐、姜葱末，和半瓶啤酒（适当加点水）倒在一起拌匀，焖上 20 分钟，再用高压锅蒸，开锅后 20 分钟即成。 张德民

101/ 糠萝卜有吃法

萝卜糠了不要扔掉，可切碎用沸水烫一下，剁馅掺牛羊肉馅蒸包子、包饺子，都很好吃；也可切成丝儿氽丸子。

陈士起

102/ 吃糠萝卜又一法

现在从市场上买萝卜，保不准就买个

糠萝卜回来，不好吃，扔掉又可惜。可将白萝卜切成条，晒干后置阴凉处存放。想吃时把干萝卜泡在水里2~3小时，待萝卜条膨胀后放入一广口瓶中，加入酱油、胡椒粉、味精，没过萝卜即可。大约浸泡2小时即可食用，或随捞随吃，加少许香油则味道更好。

陈海潮

103/ 茄子皮晒干后可做馅
吃茄子时大多数人将茄子皮旋掉扔了，其实把它晾晒干后装入塑料袋保存起来，到冬春季用温水泡开，切成细末，放在干菜或白菜里一起做馅，包饺子或蒸包子吃，别有风味。孝 敏

104/ 蒸鸡蛋羹鲜嫩法
鸡蛋羹好吃，但蒸鸡蛋羹的碗不好刷。如用温度在85~90℃热开水或热鲜米汤（营养更丰富）打鸡蛋羹，再加入少许盐和葱花末，直接放凉水锅内蒸，开锅后立即改用文火再蒸15分钟，鲜美、细嫩的鸡蛋羹便蒸好了，而且蒸鸡蛋羹的碗也很好刷。

刘冰凝

105/ 芹菜叶小菜
自小常吃母亲腌制的一道小菜：将芹菜叶洗净，用盐浸渍一到两小时，然后用手攥搓片刻，将攥干盐水汁的芹菜叶剁碎，放置碗或盘中，倒些许酱油、味精、香油。品尝者莫不称赞，并且猜不出这道小菜是什么做成的。

赵 莉

106/ 巧吃芹菜叶
△挑选新鲜芹菜嫩叶洗净，放入锅内用开水煮3~4分钟；捞出放入冷水中浸泡1小时，再捞出稍加挤水，切碎；

把鸡蛋摊成薄皮，切成条放入芹菜叶中；加盐、葱、姜、香油、味精等调料，拌匀后即可食用。喜欢吃辣味的还可加点辣椒油，味美实惠。

王秀英

△捡较嫩的芹菜叶晾干，再用凉水泡开，洗净剁碎，和猪肉一起搅拌成包子馅，但芹菜叶不宜太多，主要是借芹菜的香味。

方 钊

107/ 剩拌凉粉炒着吃好
拌凉粉（或粉皮）一般都加大蒜调味，如果剩下了，下顿再接着吃，不仅凉粉会变硬，失去原有的筋道柔软，而且还有股怪味。这时，只要你加葱、姜丝上锅炒一下，口感、味道就都会变好。

胡承兰

108/ 这样炒蒜苗好吃
过去我炒蒜苗都是先炒肉，而后再下蒜苗接着炒，炒出来的蒜苗不好吃，不是肉炒老了，就是蒜苗生硬。现在我把蒜苗洗好、切好后，先在水里焯一下，出锅备用，接着炒肉，肉炒熟了把焯好的蒜苗下锅翻炒几下即可出锅。这里关键是焯，就像炒菜加油一样加点水，水多了蒜苗就没味了，但水少了又不容易熟。

耿龙云

109/ 老豆角蒸"扒拉儿"味道好
买到比较老的长豇豆，或没来得及吃放老了，炒着吃已失去鲜嫩。可按两份豇豆一份玉米面（掺入1/4的白面）的比例，将洗净切成半寸长的豇豆和面粉放入盆中，加入适量食盐，搅拌均匀，一边小流儿倒水，一边用手扒拉，以面粉刚刚潮湿为度，水不可多，

然后平铺在屉布上蒸15分钟；最后再放入花椒油、香油和切碎的大蒜，拌匀即可。很好吃。

胡承兰

110/ 这样炒苦瓜苦味小

苦瓜洗净切丝，炒锅上火，不放油，锅热把苦瓜丝（也可加一点菜豆角段）倒入锅内煸炒，如太干可点一点水，炒熟起锅待用。如果吃肉丝炒苦瓜，那就炒好肉丝后把苦瓜丝倒入拌匀，加作料出锅。作料中加适量的白糖，喜吃辣的可在炒前先炸辣椒。

耿龙云

111/ 巧吃冻白菜

今年春末，友人送来几棵酸白菜，吃起来味道很好。经询问才得知，这些酸白菜是用冻白菜激成的，制作过程与秋后用好白菜激酸菜的方法相同。（如白菜受冻害严重，应先化冻。）大白菜受冻后，弃之可惜，如激成酸白菜就避免了浪费。

张士芳

112/ 大白菜帮的一种吃法

大白菜帮丢了可惜，现介绍一种吃法：将大白菜帮洗净，切成指甲盖大小的丁块，放入盆内撒上盐（比炒菜要多些），拌一下，然后装入大碗内，压紧，放入冰箱，这样暴腌的菜帮子，随吃随取，可存放一周。吃时，去掉水分，放少许油炒一下，出锅时放点蒜末、味精，再撒点辣椒粉，这样炒出来的暴腌大白菜帮，碧绿、清脆，有生菜和咸菜两者兼有的好味道。

方 兰

113/ 巧吃冬瓜皮

冬瓜皮扔掉很可惜，现介绍一种巧吃方法：将冬瓜上的绒毛和白霜洗掉，然后削下冬瓜皮切成细丝，加葱花、姜丝和肉丝、小辣椒一起煸炒，起锅前再加点盐、醋、香油和味精。这种炒菜吃起来酸辣脆香，味道很好。

张士芳

114/ 自制板鸭

北京鸭一只，去毛开膛洗净，把背脊上两边的肋骨切断，再把大腿骨打断，使之能成为平整的板鸭（用重物压平也行）。每斤鸭用25~30克盐及花椒、大料、胡椒各少许，炒热后打碎擦鸭全身，腌6天后吊起来晾7天，吃时先洗一下，放上料酒、味精蒸20~30分钟，切成条即可食用，鲜香味美。

郭俊勋

115/ 啤酒丸子味鲜美

我做了几次白菜氽啤酒丸子，其味道鲜美，做法如下：在搅肉馅时，用水量减去一半，用啤酒补足；搅匀后挤丸下到已熟的白菜汤锅内，待丸子熟后，放点香菜、味精、白胡椒粉即可。

张德民

116/ 剩米饭制香酥丸子

剩米饭不好吃，用蒸锅加热后又没香味，倒掉了浪费。我的做法是：将葱、肉剁碎和剩米饭、面粉、调料一起拌匀炸成丸子，500克肉馅可加1小碗剩米饭，吃起来不但香酥可口不腻，而且比纯肉炸的丸子还好吃。　江 虹

117/ 盐水鸭骨可熬汤

现在街上有许多地方卖盐水鸭（即半只切好后装在盒里的那种），吃过肉后将头、颈和一切碎骨头渣放入锅内，加清水用大火煮沸，改用小火熬至乳

生活中来 家常菜肴

白色，再放入葱丝、胡椒、味精，便成为一碗美味可口的汤。 顾嘉琳

118/ 酱油荷包蛋
煎蛋放盐后难以均匀溶化，可用酱油代盐，当鸡蛋成形后倒入酱油，蛋熟即出锅，忌凉吃。 范克敏

119/ 风味独特的酸菜鱼
我结合自己多年做鱼的经验，做出的酸菜鱼味道十分鲜美。做法：500克重的鲜活鲤鱼两条，除鳞净膛去鳃，洗干净控干后，切上花刀（或切段）并拍上面粉待用。锅热放色拉油50克热到六成，放鱼煎成两面微黄（不要煎煳了）放到盘内。用锅内剩油略炸2瓣大料8粒花椒，再放入葱段姜片蒜片炒出香味后放鱼，鱼热后，烹少量料酒盖锅焖一下（千万别放酱油和醋），之后放入切成段的半包四川泡菜和红辣椒，最后将一勺糖溶入半碗水中倒入锅内没过鱼。大火烧开后改用文火炖，中间将鱼翻一次身，炖到鱼汤成牛奶状便盛出装盘，撒上几段香菜即可。 肖宇光

120/ 大马哈鱼吃法
新鲜大马哈鱼可以清炖、红烧、氽丸子。但最佳的吃法是腌制后蒸着吃。具体做法是：洗净、去鳞，用利刀从脊背上开膛直至头尾，取出内脏，撒适量的盐，然后用塑料薄膜裹好，24小时后取出晾干。食用时，先将鱼切成二指宽的鱼段，置于盘中，覆葱花、姜末，放在锅内蒸20分钟，即可出锅上桌。一条鱼可食多次。大马哈鱼的骨头多为软骨，吃起来比鲤鱼、草

鱼肉更可口。 冷战方

121/ 家庭制作风味猪排
将猪排骨洗净切好，用压力锅，15分钟煮熟。在煮的同时，可做蒜汁。方法如下（1人量）：取2~3瓣大蒜，在容器中捣成蒜泥后，取出放在碗里。再加上两匙酱油、一些白糖和适量味精及香油，用匙子搅一下即成。将排骨蘸蒜汁吃，别有风味，口感好，不油腻。 江莹

122/ 啤酒炖牛肉
牛肉很不好煮熟，我摸索的经验是：将牛肉洗净切块，放上同样多的啤酒，浸泡3~4个小时，倒入压力锅内，放好调料，姜、大料、料酒、糖、酱油，不用加水，慢火20分钟即可食用。 王宝苓

123/ 什锦鸡蛋羹
用鸡蛋两个磕进碗内打匀，再放进已凉的大半碗开水；并放进一点酱油、豆油、火腿丁（或肉丁）、干虾米（或虾皮），再用筷子搅匀，放在蒸屉上蒸10分钟（用压力锅蒸饭时放在上屉亦可），蒸后吃起来美味可口，儿童特别爱吃。 吴衍德

124/ 柿子椒的瓤可以吃
用柿子椒做菜时，把瓤里的籽去掉，掰碎和皮一起炒，不仅味道与柿子椒一样，而且口感也很好。 李信

125/ "老蒜"新吃
贮存过冬的大蒜，开春后会发芽、干化，既不好吃，味道也不鲜，我试着先把一些"老蒜"剥了皮，洗净待用，

在食前一两个小时把"老蒜"切成片剁碎，放在小碗中再加适量食醋或凉开水，用来就饺子、面条吃或拌凉菜，味道鲜美。 王绪昌

126/ 炸鲜蘑菇
鲜蘑菇 250 克，顺其纤维撕成 1.5 厘米左右的长条，洗干净，用双手将水挤得稍干，洒上一点盐，鸡蛋 1 个，面粉 100 克，五香粉、味精、盐少许，加清水调成糊状，然后将撕好的鲜蘑一根一根粘上面糊，下锅炸成金黄色，外焦里嫩，别有风味，小孩最爱吃。 郭俊勋

127/ 清热解毒的炒姜丝
100 克嫩姜，配冬菇 50 克、冬笋 50 克、香菜梗 25 克。先将嫩姜洗净改刀切成细丝，将冬菇用温水浸泡 20 分钟后洗净切成细丝，将冬笋、香菜梗洗净改刀切成细丝和长段。锅内放入少许底油，五成热时，放入冬菇、冬笋丝翻炒后，再放入姜丝煸炒几下后，加入料酒 10 克、精盐 5 克、味精 5 克、白糖 5 克、米醋 10 克翻炒后，再加入 1 个鸡蛋清和 25 克湿淀粉调成的芡汁翻炒几下，加入香菜段翻炒几下即成。是春季家庭一道温里散寒、清热解毒、微辣清香的食疗菜肴。辛秉智

128/ "可乐鸡"
把鸡洗净，剁成块，放入锅里，倒入可乐，使可乐浸没鸡块为佳，开锅后用小火炖 40 分钟即可。
100050 北京宣武区太平街 4 号 王红蕊

129/ 茄子摊鸡蛋
选较嫩的茄子去皮，切成筷子头大小的茄丁，炒熟后盛于碗中，稍凉后打入鸡蛋，加盐拌匀，这样摊出的茄丁鸡蛋，吃起来有一种特殊的风味。
100083 北京林业大学 36 信箱 张执中

130/ 茄子柄味如干笋
笔者去年在陕西蒲城工作一年，发现当地人将茄子柄及连带部分晒干，主要做各种荤菜的配料，也可单独用红烧、炖等方法烹制成菜肴，其味如干笋，鲜美可口。 留 心

131/ 榆钱煎蛋
榆钱煎蛋，是我过去在农村春季常吃的菜肴，做法如下：鲜嫩榆钱 200 克，洗净控干待用；鸡蛋 3~4 个，打入碗内，加适量精盐、胡椒粉和水调匀。葱头 50 克切碎丁，用大油炒出味来，再倒入榆钱煸炒均匀。随后倒入蛋液，微火煎之，两面煎成黄色即可，出锅切成小方块，趁热食用。味美香浓，软嫩可口，营养丰富，并有保健作用。
100013 北京东城区地坛北里 9-4-203 王荣云

132/ 巧做土豆摊鸡蛋
一个中等大小的土豆，去皮切成细丝，用水淘洗一下，以免炒好后颜色发黑；把土豆丝放在大碗里，鸡蛋两三个磕进碗中，用筷子把鸡蛋土豆丝打匀。平锅烧热放油，将搅好的蛋糊摊在锅内，两面煎黄，土豆丝熟透，出锅装盘，薄薄撒上味精、精盐、胡椒粉。味鲜香，佐酒下饭皆宜。爱吃葱味的，可剁少许葱花在蛋糊中一起摊。
100052 北京宣武区菜市口胡同 29 号 吕丽雯

吃部

家常菜肴

133/ 自制土豆泥

原料：土豆煮熟去皮、油渣（肥肉或板油先炼、去掉八成油后的油渣即可，切成碎末或小丁块）、鸡蛋1个、葱、姜、蒜、香菜等。做法：先将油渣放入热锅中炒，待其中的油炼出后放入葱、姜炝锅，然后将打碎的鸡蛋放入锅中炒碎，再将熟土豆放入，用力碾碎成泥状，此时可根据口味轻重放些盐。最后加蒜瓣翻炒几下，起锅前加入香菜和少许味精。　　　孟小雄

134/ 凉拌土豆泥

先把土豆煮烂或者蒸熟，再去皮放盘子里捣烂成泥，加盐、香油、胡椒粉、味精少许，小葱、香菜切碎拌均匀，这样做成的土豆泥清爽、适口、易消化。　　　　　　　　　赵晋萍

135/ 油炸芹菜叶松脆香

芹菜茎和叶同样有着降血压作用。炒芹菜时，叶子就是老些也不用扔掉，只要不枯黄不烂，将其洗净切碎，用一个鸡蛋加少许面粉，以水调成稀糊糊拌菜叶，同时放入少许食盐和一点味精，搅匀后，就可用汤匙一勺一勺舀入油锅中，炸成黄色即可捞，吃起来松、脆、清香爽口。

100086　北京海淀区大泥湾4楼1门101　刘慎为

136/ 蒸肉丁白菜

将白菜帮儿和叶儿顺着切成条儿，码在较深的容器中；取250克肥瘦肉切成1厘米见方的小块儿，与葱丝、姜丝、盐、料酒少许搅拌一起，然后均匀地摊放在白菜上，放入锅内蒸20多分钟即可。

100034　北京西城区宫门口西岔39号　李连英

137/ 生吃苦瓜好

将鲜嫩的苦瓜洗净，剖开去籽后切成长条，可蘸着肉末炸甜面酱吃，既清脆爽口，又避免了维生素的损失，且在炎热夏季有祛火消炎作用。

10004 北京车公庄大街北里46号楼3–401　胡承兰

138/ 可乐炖猪肉香

与北方人做红烧肉大同小异，除放葱、姜、大料、酱油外，再放入1/3大桶可乐，微火炖熟即可，如口重出锅前可少量加点盐。用此法炖鸡、鸡翅、牛羊肉，同样味道鲜美。

100050　北京前门饭店5067房间　季月森

139/ 猪肚防缩、防硬法

猪肚的煮食，也有窍门。要想让煮肚增厚，煮好后切成条或块，放碗内加点汤水再蒸一下，这样厚度一般会增加1倍，当然也就香软好吃了。另外，煮时千万别放盐，否则会紧缩得像牛筋一样硬，那就不好办了。蒸后吃时放盐，才不会返硬。

100077　北京丰台西罗园邮局天海服装批发市场广
播室　胡蓉

140/ 自制豆浆鸡蛋羹

蒸豆浆鸡蛋羹就是用熟豆浆当水，甜咸随意，豆浆的量比放水量多一倍，但要看豆浆的浓度，最好用商场连锁店的熟豆浆更好。蒸两次后就能摸准放豆浆的量。用这种方法蒸出的豆浆鸡蛋羹鲜嫩可口。

100028　北京朝阳区公主坟53号　王占一

141/ 自制豆（腐）渣

使用小型磨豆浆机，有新鲜豆浆饮用了，剩下的豆渣也可合理利用。

我的办法是：蒸米饭时，用双层屉，上面放米饭，下面放豆渣，同时蒸。米饭熟时，端去上屉，下屉豆渣再蒸 10 分钟，端下来，室温放置。然后，加葱、姜、油、盐，小火炒到出现香味即可。味道好，完全没有豆腥味。豆渣蒸后冷却可放入冰箱，随吃随炒。

100081 北京白石桥路 30 号中国农科院西报亭
3-607 蔡 良

142/ 用微波炉做烧茄子

烧茄子好吃，但难做，需过油，既费油又生油烟。利用微波炉既方便又可免除上述弊端。方法是将约 250 克茄子去皮，切成菱形，厚不超过 1 厘米，平铺在磁盘上，置微波炉内用最高档加热 10 分钟，中间开门放散蒸汽一次，最终以茄片软化半干为宜，取出待用。在炒锅内加油、肉片炒熟，加少许青椒丝、蒜片，炒一下再加茄片、适当加西红柿片，炒一下加盐、糖、酱油即成。酸甜可口，与传统烧茄子无异。

100080 北京 353 信箱 杨守志

143/ 米粉肉

主要原料：猪肉（肥瘦搭配）；江米（粮店可买）。自制的方法：江米炒黄，磨成粉面。做法：猪肉洗净，切成片，放入盆中；再放入米粉、少量甜面酱、料酒、大料（少量五香粉也可）、精盐、酱油，尝尝达到甜咸适当即可。搅拌后放些温水，泡约 2 个小时，放入碗中，旺水蒸 1.5~2 个小时即可。特点：肉、米两相融，吃起来，米香肉不腻，是下饭的好菜。

102200 北京昌平区城区镇西环路 22 号 李 鑫

144/ 香炸云雾虾茸

原料：云雾茶叶 10 克、虾仁 100 克、松子仁 20 粒、鸡蛋清 4 个、绍酒 5 克、精盐 0.25 克、味精 0.1 克、番茄酱 25 克、干淀粉 10 克、色拉油 500 克（耗 50 克）。制法：（1）把虾仁剁成茸，放入碗中，加绍酒、味精、精盐拌匀。用沸水 50 克把云雾茶叶浸泡半分钟后取出沥干。（2）把鸡蛋清打成泡沫状发蛋，取 1/4 的发蛋同云雾茶叶一起放入虾茸碗中拌和，将余下的发蛋加干淀粉、松子仁拌和后，再放入虾茸碗中一起搅和成云雾虾茸。（3）炒锅置旺火上烧热舀入色拉油，烧至三成热时，锅离火口，用汤匙将云雾虾茸一匙一匙地舀入，待呈白色时，逐个轻翻，余约 1 分钟后用漏勺捞出，炒锅再置中火上，烧至四成热时锅离火口，再将云雾虾茸放入余约半分钟（不能余黄），倒入漏勺沥油，盛入盘中蘸番茄酱吃。特点：色白，形似云团，鲜嫩味美，入口即溶，含有云雾茶香，是南京创新菜。

100727 北京沙滩北街 2 号《求是》杂志社老干部办 古竹收转

145/ 木樨饼

面粉 400 克、鸡蛋 4 个、肉末 150 克、葱末 100 克，姜末、五香粉、味精、精盐各适量放在盆中，加适量温水，用筷子搅匀，呈糊状，不要太稠，以能流动为准。然后把不粘锅放在灶上，倒少许花生油滑过烧热，再将面糊用勺均匀地倒在锅里，并用铲子迅速将面糊摊平，烙制成饼，分几次烙完。此饼质地松软可口，老幼皆宜，营养价值也高，同时肉末可改肉松，盐也可改为白糖。

100727　北京沙滩北街2号《求是》杂志老干部办
古竹收转

146/ 冬菇肉饼

材料：猪里脊肉（适量）、冬菇（适量）、生油、味精（适量）。做法：将冬菇浸软，切碎，将猪肉剁碎，将剁碎的猪肉放碟内，加入冬菇及适量生油，用筷子搅匀后摊平成饼状放锅里用旺火蒸熟。特点：菇香、肉滑、爽口不腻。

100727　北京沙滩北街2号《求是》杂志社老干部办　古竹收转

147/ 酸甜豆腐

将锅置火上，倒入适量食用油，待油烧至七八成热时，再将切成三角形小块的豆腐慢慢倒入锅中，用小火炸至两面金黄色，装盘待用。锅中留少许底油，再将少许姜丝倒入锅中，待煸出香味后，将炸好的豆腐倒入锅中，同时倒入适量的醋、白糖及豆瓣酱，用大火翻炒均匀，最后将调好的少许水淀粉倒入锅中勾芡，翻炒几下起锅即成。

430052　湖北省武汉市汉阳区建港向阳小区200号
8栋4楼2门　冯国海

148/ 炒莴笋皮别有风味

将洗净的莴笋皮剥下切成细丝。炒时，除加盐外，可根据本人的口味加入适量的糖、醋、辣椒或胡椒。莴笋皮味微苦、有艮劲儿，加上调料后五味俱全。

100871　北京大学教务处　陈淑华

149/ 皮皮虾的鉴别与吃法

夏秋正是皮皮虾（又称虾爬子）上市季节。皮皮虾味道鲜美，营养丰富，很受人们的喜爱。皮皮虾特别是母的，长满了黄更肥美。皮皮虾公母的识别主要有以下几点：（1）母皮皮虾脖子下面有三道白杠，俗称花脖子，公的则没有；（2）母皮皮虾头上的两只大腿较瘦小，而公的较肥大；（3）母皮皮虾背部呈豆绿色，而且颜色较深，公的呈浅黄色；（4）母皮皮虾个头一般比公的小。掌握以上特征，无论货摊上皮皮虾背部向上还是腹部向上，都能选出母皮皮虾。皮皮虾的吃法：（1）淡盐水浸泡后蒸熟吃；（2）蒸熟后蘸调好的作料吃；（3）去掉硬皮剁成肉泥加淀粉、作料余丸子；（4）挤出肉和青菜下锅做虾脑汤；（5）拌盐4小时后生吃（慎用）。

100083　北京航空航天大学16住宅—107号　郎坤厚

1/ 怎样煮元宵不粘连

煮元宵时，应先把水烧开，将元宵在凉水里沾一沾，再下到锅里，这样煮出来的元宵，个是个，汤是汤，不会粘连。

刘方针

2/ 蒸牛奶不溢不粘

将牛奶倒入碗内或其他容器里，放在笼屉内，蒸汽冒出后蒸 10 分钟就熟了。这样蒸牛奶不溢不粘。蒸牛奶时，你可放心地干别的活。

史秋侠

3/ 怎样煮牛奶不糊锅

向锅里倒牛奶时要慢慢倒入，不要粘锅边；煮牛奶时先用小火，待锅热后改用旺火，奶沸腾（起气泡）时再搅动，改用小火；这时锅边虽已沾满奶汁也不糊锅，而且易刷锅。

渤 涛

4/ 保温瓶焖牛肉

把洗净切好的牛肉放入锅内，加上佐料翻炒，待肉变色后放入酱油，开锅后加入适量开水和盐，再烧开；然后把牛肉连汤一起倒入保温瓶内，盖好盖儿，焖两三个小时，这样焖出的牛肉不但肉烂味浓，而且还省时省火。

刘连昆

5/ 这样炒豆腐碎不了

市场上出售的豆腐，有些质量很差，上锅一炒，极易炒成碎渣。后来，我将豆腐先用开水煮一下，再上锅炒，就不碎了。当然，这是没有办法的办法，还是应保质为上。

张国英

6/ 北京烤鸭加温法

刚出炉的烤鸭味道鲜美，放凉后吃口感欠佳，买回家的烤鸭不能及时食用

及吃剩的烤鸭如何加温？将炒菜锅放在炉灶上，把锅烧热，不放油和调料，把削成片的烤鸭倒入热锅中，用铲子来回翻动，煸炒 1~2 分钟后控出油装盘即可食用。

褚建华

7/ 煮羊肉如何除膻味

用萝卜一个，全身钻上细孔，和羊肉一起下锅，煮半小时，把萝卜取出，然后红烧或白煮，羊肉便没有腥膻味了。

王方立

8/ 炖牛肉怎样烂得快

头天晚上，在肉上涂一层干芥末，煮前用冷水冲洗净。这样，牛肉不但熟得快，且肉质鲜嫩。如果在煮的时候放些酒或醋，肉就更易煮烂。

王方立

9/ 煎鱼不粘锅的简单方法

锅烧热倒进油，油热到差不多时放入少量白糖，等白糖色成微黄时，将鱼放进锅里，放第二条鱼时就不必再放白糖，这样煎出的鱼既不粘锅又色美味香。

德 颂

10/ 蒸鸡蛋羹不粘碗法

鸡蛋羹易粘碗，洗碗比较麻烦。如果你在蒸鸡蛋羹时先在碗内抹些熟油，然后再将鸡蛋磕进碗内"打匀"，加水、加盐，蒸出来的鸡蛋羹就不粘碗了。

陈 新

11/ 蒸鸡蛋如何不"护皮"

人们剥煮熟的鸡蛋时，常会遇到蛋皮与蛋清粘连而不易剥离的情况，民间俗称"护皮"。由于护皮的鸡蛋很不好剥，于是人们常采用鸡蛋煮熟后用凉水浸泡的方法，但有时效果也不甚理想。其实，解决鸡蛋护皮的方法很

简单,您只要将煮改为蒸即可。一般来说,锅上汽后再蒸5分钟,鸡蛋准熟;而且放凉后再剥皮也不会粘连。

张英杰

12/ 省火煮嫩鸡蛋法

水没过锅内鸡蛋,上火煮开后立即端下,不可打开锅盖,焖5分钟即熟(可根据自己喜食老嫩程度,掌握焖的时间长短),捞出后用冷水浸至不烫手即可剥食。此法省火又能掌握鸡蛋老嫩。

刘 静

13/ 按饮茶要领煮茶叶蛋

我根据沏茶温度宜在80~90℃的饮茶要领,一改过去茶叶、调料、鸡蛋一起煮的做茶叶蛋的方法,试着在蛋煮熟并敲碎后待水温略降时放入茶叶和调料浸泡。这样制作的茶叶蛋茶香更浓。要注意的是,第二天吃前加温也不要煮沸。

冯 民

14/ 怎样煮有裂纹的咸鸭蛋

将有裂纹的咸鸭蛋放入冰箱的冷藏室中凉透,取出后直接放入热水中煮,热水的温度以手指伸入感到很热但又不烫人为宜。这样煮熟的咸鸭蛋外表光滑完整,不进水不跑味。

霍 苑

15/ 切松花蛋有妙法

松花蛋切起来粘刀,切后外形不整齐。有人在刀上涂油,有人用线勒,效果并不理想。可在切蛋前(剥皮)用锅蒸上两分钟,然后再切就不会粘刀。

方 钊

16/ 腌咸鸡蛋一窍门

去年老伴把鸡蛋腌咸了,问我怎么办? 我随便说了一句"用凉开水把盐水冲淡"。她照办了。过了几天再吃果然不太咸。现在我们腌鸡蛋,有意腌咸点,等吃时用凉开水泡上一天左右。这样鸡蛋既不太咸,蛋黄也腌出了油。 100852 复兴路24号三干所 王 良

17/ 电饭煲熬猪油好

将电饭煲内放一点水或植物油,后放入猪板油或肥肉,接通电源后,能自动将油炼好,不溅油,不糊油渣,油质清纯无异味。

许晓平

18/ 冻粉皮如何复原

鲜粉皮一次吃不完,放在冰箱里会变硬、变味。如果将冻粉皮放凉水锅里在火上稍煮片刻,待粉皮变软后,将锅放在自来水管下冲一下,粉皮会柔韧如初。

韩玉华

19/ 莴笋叶的吃法

△莴笋叶汆丸子:莴笋叶洗净切碎,在开水锅中焯一下捞出;瘦肉末放少许精盐和淀粉搅匀;炒锅倒入适量食油,油热后放入葱花及酱油爆锅,再倒入焯过的莴笋叶翻炒几下,放入清水;水沸后将瘦肉末做成的丸子汆入汤中;丸子熟后即可盛出。

△凉拌莴笋叶:莴笋叶洗净切碎,用细盐少许拌匀腌1~2小时,挤出盐水,放入适量糖、醋、酱油和香油,拌匀即可装盘。

张 厚

20/ 柠檬可除菜汤中异味

若做菜时不小心使菜或菜汤中出现异味,如水锈味、漂白粉味、糊锅味等,可用鲜柠檬一个,切开后挤汁10~15滴入锅,异味可减到最低程度。

李大惠

21/ 用废牛奶袋做灌肠

在一次煮袋装牛奶时，忽然联想起牛奶袋可以锅里煮，利用废奶袋做灌肠也是可行的。试做果然做成了。具体做法：把生猪肉煮熟后，切成肉丁，而后将海带丝、葱、姜、盐、淀粉一起放进还很热的肉汤里搅拌，淀粉的用量以搅拌成稠粥状为宜。接着就往废奶袋里装，并且用棉线把袋口绑紧，放进清水锅里煮。要用冷水下锅，开锅后再用微火煮50分钟就行了。煮时要用筷子不断翻奶袋，以防粘锅。捞出来后晾一两个小时即可食用（切片冷食或油爆热吃），味道真不错。

安谦民

22/ 长有蚜虫的青菜怎么洗

菜叶上长了蚜虫，不易洗净，弃之可惜。若在盐水里泡数分钟取出，再用流水冲洗，蚜虫就会很容易冲洗掉了。

马庆华

23/ 清水浸泡易剥蒜皮

把蒜掰成一瓣瓣的，浸泡清水中，1~3分钟后，就很容易剥去蒜皮。

李世臣

24/ 白菜帮抽筋可变嫩

往年贮存白菜，边吃边扔老帮子，浪费不少。其实只要把白菜帮里的淡黄或白色的硬筋抽出（菜帮内侧皮薄，从内抽），剁成馅，挤出水分，加肉馅，包包子、做饺子，吃着很嫩。这样，白菜帮做馅吃，白菜心炒着吃，整棵白菜分项用，没有浪费的。

渤涛

25/ 用老蒜培植蒜黄

入冬以后，一些储存的大蒜会因发芽而皱缩干瘪，吃起来味道也不新鲜了。这时，我便用它培植蒜黄：找两个口径一致的花盆，一个装上多半盆素土，浇上水；水渗后，将剥皮的大蒜芽朝上一瓣挨一瓣地栽按在盆土里；然后把另一个花盆严实地翻盖在上面，其盆底孔也予以封死。之后，每四五天浇一次水。如果放在暖气或火炉边，约半个月就割一茬蒜黄，能收割三茬。

吴伟年

26/ 淀粉水洗香菇洁净艳丽

家庭和餐馆烹制香菇、木耳等菜肴时，一般都用温水浸泡香菇、木耳，如果在胀发后加入少许湿淀粉清洗，最后再用清水冲洗，可去沙洁净，且色泽艳丽。

秉智

27/ 巧洗芝麻

居家过日子本人也积累有小经验。一次不小心我把盛芝麻的小布袋掉到水池里，干脆隔着布袋洗，将袋口对准水龙头，用手在外面搓洗，直至袋内流出来的水清为止。然后淋干水，冬天放到暖气上，其他三季晒干，随用随取，免除了一般淘洗时的浪费。

郭毓慧

28/ 怎样剁肉馅不粘刀

剁肉馅，由于刀上爱粘肉，剁起来很费劲。我的办法是：先把肉切成小块，然后连同大葱一起剁，或者边剁边在肉上面倒些酱油，由于肉中增加了水分，剁起来肉就不再粘刀了，十分省劲。

梁舒旺

29/ 家庭羊肉片简单切法

将羊肉洗净，去筋，卷好，放进冰箱

冷冻室。买一把刨木头用的小刨子；到吃涮羊肉时用小刨子像刨木头一样刨成片，吃多少刨多少，刨出来的肉片既薄又卫生，本人牙有病，但也嚼得动。 玉芬

30/ 巧用家庭压面机

家庭手摇压面机在压制面皮时，须将面皮往返放入压面辊，费时费力，尤其是面皮越长越不方便。我摸索了一个简便方法：将和好的面团做成长条状，放入压面辊后压成长面皮，然后将长面皮的一头再放入压面辊中压出，把已压出的一头和尚未压入的尾部绕压面辊头尾相接成环状，并在环状面皮里外撒少许面粉；这时只需一只手放入环状面皮中，理顺面皮使其便于进入压面辊，另一只手摇动摇把，并适当调整压面辊的间距，就可以循环压制面皮了。面皮压好后，可用来压制面条或切成馄饨皮。 王岳

31/ 巧断大棒骨

人们喜欢用大棒骨熬汤，因为它是人体补充钙质最好的食品之一，但剁棒骨很费劲，甚至会把斧子、案板剁坏了。可竖着拎住棒骨的一侧圆头，用菜刀背在棒骨中间稍用力一敲，听到有断裂，用手一掰，就行了。这样既不会毁坏工具，又省力。 王英

32/ 如何清洗猪（牛、羊）肚

剖开猪肚并清理（不要下水）完上面所附的油等杂物后，浇上一汤匙植物油，然后全面地正反面反复搓揉，经普遍揉匀后，用清水漂洗几次，不但再无腥臭等异味，且洁白发滑。 张执中

33/ 用淘米水洗肉易去脏物

从市场上购回的猪肉、羊肉或牛肉，在制作菜肴以前，先用淘米的凉水洗肉，再用清水冲洗，这样容易去掉粘在肉上的脏物。 秉智

34/ 用金属丝球刷去土豆皮又快又好

土豆好吃皮难去，我试用刷锅用金属丝球刷去土豆皮，效果挺理想，既省时又省力，以当年产的土豆效果最好。 段金明

35/ 豌豆荚可吃

我发现在剥豌豆角时，当把豌豆取出后，只要用手把豆荚上端一折，再顺势一推一拉，便可把一层硬膜去掉，剩下两片又薄又嫩的豆荚，洗净，用肉丝烹炒，非常可口。 富嘉仁

36/ 巧发绿豆芽

取新花盆一个（最好深些，用旧花盆豆芽易烂），底上的小孔用瓦片堵好。绿豆拣去碎石杂物后，用水淘洗净倒入花盆，深度约2~3厘米，盖上湿布放温暖处，每天向里浇几次自来水，豆芽拱出后压上木板，上面放上砖或石块，约一周时间就长成粗壮豆芽。若用二三只花盆倒换，每天都能吃上新鲜的豆芽。 贾仰林

37/ 鲤鱼加工要拔"线"

新鲜鲤鱼洗净，用刀在靠近鱼头处切入约半寸深，在鱼身部分的切面上，可看到一白色肉线头，用镊子将其夹住，慢慢拔出（肉线长度略短于鱼体长），然后再清蒸或红烧，味道好。

峻岭

38/ 怎样去掉鱼腥味

鱼的腥味很浓。要去掉腥味，应先把鱼去掉内脏，在冷水里漂洗干净，再放到清水中，滴几滴醋，放少许胡椒粉或几片桂皮，浸泡一会儿再下锅，腥味就没有了。做鱼时，锅内的鱼不要经常翻动，开锅后再加盐和作料，适量加点醋。我多次这样做鱼，既无腥味，又清香扑鼻。　　　李福基

39/ 做鱼简易除腥一法

把植物油与猪油（俗称大油）相混合，炸出的鱼既没腥味又味美可口。吴立人

40/ 收拾鱼时涂些醋可防滑

收拾鱼时，由于鱼表面的黏液作怪，以致鱼总是从手里滑出去，此时在鱼的表面涂些醋，就可解决这个难题了。　　　宋帅义

41/ 炸鱼用的面糊可加点小苏打

炸鱼时，在裹鱼面糊里稍加一点小苏打，炸出的鱼就会松软、酥脆。王同进

42/ 怎样给炸过鱼的油除腥

炸过鱼的油有一股腥味，不好食用。但有办法除掉：把炸过鱼的油放锅中烧热，放入一些葱花、姜片，稍炸片刻，炸葱花、姜片的香味可促使腥味分解；然后将油锅离火，往热油中撒进一些面粉，面粉受热糊化沉积，吸附了使油产生腥味的三甲胺，油中的腥味除掉便可继续使用了。　晓玛

43/ 怎样使栗子剥皮容易

栗子很难剥壳和皮。现介绍我的办法：把要吃的生栗子置阳光下晒一天，栗子壳会开裂，这时无论生吃还是煮熟吃，都很容易剥去外壳和里面那层薄皮。当然，准备储存的栗子不能晒，因晒裂的栗子不能长期保存。孙公能

44/ 家庭如何加工板栗

一斤生板栗洗净放铁锅里，加进冷水，水量与板栗量持平，再点旺火烧开，直至将锅中水烧干，烧干后锅盖一定要盖好。待锅内有噼噼啪啪响声时，一手持锅把柄，一手按住锅盖翻倒里边的板栗，隔半分多钟翻倒一次，火不能关小（不要掀开锅盖，以防板栗爆响伤人）。从放入凉水煮到炒熟前后约15~20分钟即可停火。如此炒制出的板栗大部分开口，板栗的两层皮均非常容易剥，吃起来香甜可口。

杨雪之

45/ 木炭蘸酒精火锅烧得好

冬天，家家都喜欢吃火锅。我点火锅的办法是用木炭蘸上工业酒精，一块块码放在火锅的炉膛内（按自己需要而定量），然后点燃一块酒精炭放进炉内。炉火就燃烧起来了，既省力又不冒烟，炉火越烧越红火。　茹悦

46/ 点火锅用橘皮

冬天来了，家庭涮火锅的日益增多，有的为点燃火锅被烟熏火燎。为避免这一难题，可将大约4~5个橘子剥下的干橘皮（不要掰成碎块），放在锅底，上面再放适量的炭，这时只需半张废报纸就可将火锅点着，既省时，烟又少。　　　杜亚胜

47/ 如何清洗绞肉机

家用手摇绞肉机使用后，因有肉末留存其内，清洗很麻烦，可在绞完肉后

放进些馒头、面包等食物再绞一下，油脂和肉末会被面食带出，再清洗就省事多了。面食可炸丸子用。　　刘连昆

48/ 山里红可去糊锅底

烧饭、炒菜如果锅底糊了，可把几个山里红放锅里，加少许凉水烧开（不要烧干），锅的糊底很快就会去掉。

杨宝元

49/ 涂层油可以代替屉布

一般家庭主妇常为蒸馒头、包子粘屉或粘屉布而烦恼。我发现若先在铝屉上薄薄地涂一层豆油或荤油，蒸熟后馒头或包子完好无损，一点也不粘，铝屉也很好刷洗。将此方法用于饭盒、电饭锅、高压锅等炊具，效果也很好。

侯淑兰

50/ 玉米皮不要扔

北京人在吃玉米时，鲜玉米棒外面的几层薄皮，都随手扔掉了。其实它可作"屉布"，在蒸包子时把它垫在包子和笼屉之间，蒸出来的包子别有风味。在胶东的农贸市场上常常见到出售这种东西，当地农民们在玉米收获后都将它晒干备用。

谢培壮

51/ 压力锅橡皮垫圈延长寿命一法

压力锅橡皮垫圈失灵之后，可在原放置垫圈的上、外两壁处涂一些大油或素油后接着用，这样连续数次便可使该垫圈复苏。最理想的办法是在它失灵前就按上法处置。我用此法使一垫圈用了五六年，至今仍完好无损。

彭负远

52/ 奶袋的利用

北京供应的牛奶，有种软包装——塑料袋的，用过的奶袋冲洗干净、晾干，可作下列用途：（1）装食物，现在一般家庭买肉，因有冰箱一买就是几斤。可将肉洗净切成丁、片、丝，分别装入奶袋中，留下记号后放入冰箱内。吃时，可根据需要提前拿出化冻。（2）装猫食，将洗净的鱼头、下脚料等分装袋中放入冰箱，每次喂食时取用很方便。

沈延华

53/ 清洗面口袋应先蒸

面口袋脏了，或袋内生了虫，千万不能用水直接洗，否则只能越洗越黏糊，虫子死不了，而且以后更难洗净。应把面袋先蒸二三十分钟，再用自来水冲洗，不但能消毒，袋也洗得干净。

马庆华

54/ 清洗塑料餐具一法

塑料餐具美观、轻便、不怕摔，但使用一段时间后，粘在上边的油污用一般洗碗用的洗涤灵极难清洗掉。你只要用湿布蘸点"五洁粉"用力一擦，餐具就会恢复原有的光洁了。　施善葆

55/ 果皮先不要扔掉

柑橘皮、香蕉皮和削下的苹果皮、梨皮，先不要扔掉。用来擦脸，有润肤护肤健美作用；然后放在纸制糕点盒内，不加盖地放床头，有调节室内湿度作用（尤其是有暖气的房间），并会散发缕缕果香愉悦身心；阴干后的柑橘皮还可回收。

党西伦

56/ 气压保温瓶第一杯水不宜喝

煮沸的饮用水都含有一定量的矿物质和化学元素。气压保温瓶灌进开水后，由于沉淀，瓶底含的矿物质和各种化学元素相对比较多，压第一杯水时会

把瓶底的沉淀物吸出来，喝了对身体有害。因此最好不要喝第一杯水。 涛

57/ 不要用旧保温瓶装啤酒

有人喜欢用保温瓶装散装啤酒，觉得既干净又不跑气，其实这是有害的。因为经常盛热水的保温瓶内，有一层灰黄色的水垢，这是水中矿物质沉淀物，内含镉、铝、汞、铁等多种金属元素。水垢易被啤酒溶解，饮用后会给人体带来危害。 张树明

58/ 简易保温瓶除水碱法

将保温瓶的水倒出，待凉后注入 1/3 自来水，用屉布或手帕大小的干净白布一块，放入瓶内；然后一只手堵住瓶口，另一只手拿住瓶底，左右摇动四五次，同时转动二三圈；把水和布倒出，换水，瓶胆内壁便光亮如初。因为布着水后，有一定重量，摇动时，布与瓶胆壁摩擦，水垢除掉，瓶内壁不会损伤。15~30 天除一次水垢即可。 张海如

59/ 怎样使刀不生锈

刀生锈是件伤脑筋的事。现介绍个防止刀生锈的好办法。刀用过之后，把它放进淘米水内，就是长年不磨，也不会生锈。 熊国煌

60/ 电饭锅焦底快速清除法

电饭锅锅底结焦，一般粘得很牢，用清水浸几小时才可刮掉，费时费力。可在锅内加一点清水，水刚浸过焦面少许即可插上电源，煮几分钟，水沸后待焦饭发泡便可停电清除。 陈士雄

61/ 热水煮绿豆，汤是绿色的

绿豆汤常煮成暗红色，我用冷水先将绿豆洗净放容器内，然后放热水（这点是关键）；如需再添水时，仍加热水，这样煮出来的汤便是绿色的。 刘乃君

62/ 快速煮豆方法

把红小豆和绿豆压成两瓣，只要破坏了它们的外层保护膜，和大米同时下锅，饭熟豆就能煮烂。或者在煮红小豆和绿豆时，有些膨胀便捞出来，用勺子压碎，再放入锅内也很好煮烂。 中釉

63/ 凉白开水蒸鸡蛋羹好

我过去一直用自来水打搅鸡蛋，这样蒸出来的鸡蛋羹，汤是汤，水是水的，后来有人告诉我用凉白开水打搅鸡蛋，结果蒸出来的鸡蛋羹非常好。 白文玺

64/ 干果冷藏口味好

瓜子、花生、榛子等干果经过低温冷藏后再食用，清凉适口，酥脆鲜香，回味绵长。冬季可直接放在室外冷藏；夏天放在冰箱里冷藏，但一定要封紧袋口。 李其功

65/ 巧食酸橘子

遇到酸橘子怎么办？可将橘子洗净，一剖为二，再用洁净纱布包紧后用力挤，取其汁，加适量白糖。冷饮可添冰冻后的凉白开，热饮可用开水冲饮。还可将橘子汁加在炸大虾、炸鸡腿（翅）、炸牛排上，其味可与柠檬汁媲美。凉拌生菜时加上橘汁也别有风味。 阿英

66/ 凉粉或粉皮烫一下好

将凉粉或粉皮切成条或小块，放入

滚开的水中烫，轻搅 3~5 下，烧 2~3 分钟灭火；然后捞出放在凉水中，换 2~3 次凉水，捞出即可加芥末油、辣椒油、香油、麻酱、醋等调味品拌食。这样处理过的凉粉或粉皮光滑、柔韧，不仅口感好，更主要是吃起来卫生放心，并且保鲜。剩下的放入冰箱后再食用，口感不变。

牛玉春

67/ 芸豆怎样煮烂

将芸豆洗净，在室温下用冷水或温水浸泡 12 小时，待豆粒完全涨大将水倒掉，加水放在高压锅内煮 20 分钟，或用文火熬烂。将煮熟的豆放入冰箱贮存备用，做主食或做菜，每次加工数量可多一点。如急用，可将洗净的干豆加水煮开 2 分钟左右后停火焖 2 小时，豆子也能完全涨大，再将水倒掉，煮法同上。

段醒男

68/ 如何使酱油更鲜美

如何使酱油更鲜美呢？本人在长期的烹饪工作中摸索总结了以下两种方法。（1）在买回的酱油里加几片肥肉，少许味精，上锅蒸 30 分钟，闻到芳香的酱油气味为止。（2）买回的酱油用锅小火慢熬约 40 分钟，熬以前放少许白酒和几段葱或几瓣大蒜。用以上两种方法做好的酱油，风味鲜美，且不长白毛。

邢志海

69/ 在碗里炸辣椒油

将要炸的干红辣椒切段放进碗里，往炒菜锅里倒入适量的食用油，置火上烧热，然后将辣椒籽放入锅内炸，待辣椒籽炸热后撤火，就可将热油倒入辣椒碗里，同时用勺搅拌即成。关键

要掌握时间和火候，摸索两次就行了。

晓 石

70/ 江米甜酒胜过料酒

用江米做的甜酒代替料酒，用于猪肉、牛肉、羊肉、鸡和鱼的烹制，味道鲜美，胜过料酒。

王绍暑

71/ 如何发好芥末

将要发的芥末面盛在碗中，慢慢加入凉开水或自来水，边加水边搅拌（水不要加多了），直到芥末成糊状，然后放在阴凉处 1 分钟即可。此法简单，效果好。

平爱国

72/ 泡蘑菇加糖味更鲜美

用水泡干蘑菇，会使蘑菇香味消失。可用冷水把蘑菇洗净，后浸泡在温水中，再加一点白糖，蘑菇吃水比较快，能保住香味。蘑菇浸进了糖液，烧熟后味道更鲜美。

郑英队

73/ 干切面泡凉水熟得快

以前，我煮干切面时，要花费半个多小时。偶然的机会，我发现将干切面先在凉水里浸泡十几分钟（时间长些也行），临吃时，等水开锅后再煮上 3~5 分钟就可以了。这个办法煮得快，面条又好吃。

胡志杰

74/ 凉水浸葱剁时不辣眼

饺子馅里要放葱，但剁葱时辛辣的气味使人鼻涕眼泪一起流。经过多次试验，我摸索出一法：先把葱在菜板上剖开再切成长段（一寸左右），然后倒上点自来水，以不流出菜板为限，5 分钟后再去剁碎它，保证不辣眼。

马晓英

75/ 抽油烟机下切葱不辣眼

我切葱常被辣得流泪。有一次，我试着在抽油烟机底下切葱，结果眼睛一点儿也没感到辣，大概刺激眼睛的气体被抽走了。现在我每次都到抽油烟机下面切葱。　　　　　　　　王恩师

76/ 快速发干海带法

将干海带趁热放入热面汤或热饺子汤锅内，汤要没过海带，盖上锅盖；待汤凉后（此时海带开始发胀，汤已不够用）再加入凉水浸泡。几小时后海带就发好了。　　　　　　　　郭道莲

77/ 嚼花生米可除口中蒜味

大蒜吃完后口中蒜味讨人嫌，可嚼花生米十几粒，蒜味立即消失。　　赵全星

78/ 煎鱼如何不粘锅

你把锅刷干净，烧得很热后再放油，等油热了再改用小火煎，什么鱼都能煎好，焦黄、完整、绝不粘锅。
　　　　　　　　　　　　　张琦

79/ 用瓶盖自制刮鳞器

找五六个瓶盖和刷子大小的一块木板，将瓶盖错排放，固定在木板上，留出手把，刮鳞器就制成了。使用时，像手握鞋刷一样握住刮鳞器，刮鳞又快又安全。　　　　　　　安华

80/ 巧去土豆皮

土豆好吃，价廉，但去皮麻烦。可将洗净的土豆用开水烫上 3~5 分钟（水淹过土豆为宜），用小刀或手指甲盖轻轻地刮刮，土豆皮就可剥落；有的甚至用手捋一下，土豆就像脱去衣服一样光洁干净。　　　　　　谢光

81/ 怎样使牛奶油脂不粘袋

现在牛奶多为袋装，冬季或在冰箱内放置后，牛奶中的油脂会凝结附着在袋壁上，刮不下来，扔掉可惜。冬天可在煮以前将袋奶放在暖气片上或火炉旁预热片刻；夏季则用手搓搓袋奶，在常温下放 10 分钟，春秋季可放在正使用中的蒸锅盖上一两分钟，结在袋壁上的油脂就会溶解。　　陆一波

82/ 涩柿子快速促熟法

将涩柿子放进冰箱冷冻室内，24 小时后或柿子冻透时取出，放入冷水中浸泡。或放在阳台上、暖气片上化冻，即可食用。　　　　　　　张一诺

83/ 洗桃妙法

在盛放桃子的塑料袋内倒入十几滴洗涤灵，灌入清水，以淹没桃子为度。为摇动省力，在洗菜盆内放小半盆水，一手拎住放入盆内的塑料袋或两手擎住袋口，摇动塑料袋，迫使桃子在袋内自己转动，借助摩擦力，去掉桃毛。如此顺时针、逆时针摇动约两三分钟。然后轻攥住袋口，一手提起袋底，将水倒出，再注入水清洗，洗净为止。每袋 2000 克左右为宜，关键是摇动时需迫使桃子自转。　　　孙燕荪

84/ 清洁球洗桃快又净

因找不到刷子，我随手拿清洁球洗桃子，洗得光滑干净。以后，我每次都这样洗桃，效果很好。　　　张思让

85/ 白菜帮去油污快又净

一次我将劈下来的一块白菜帮顺手在锅台上擦了几下，没想到油污很快去掉许多。于是，我用余下的白菜帮子

将整个锅台上的油污都擦掉，干干净净。

杨宝元

86/ 开启干白葡萄酒瓶塞一法

没有工具无法开干白葡萄酒的软木瓶塞，即使有工具也容易把瓶塞压进瓶内。可将酒瓶握手中，用瓶底轻轻撞击墙壁，木塞会慢慢向外顶，当瓶塞顶出近一半时，将酒瓶放在桌上，待瓶中气泡消失后，木塞一拔即起。

盛薇

87/ 怎样剥莲子皮

莲子皮薄如纸，剥时很费时间。如果先洗一下，然后放入烧开的水里，并加一匙食用碱面，搅匀后焖一会儿，再倒入盆内，用力揉搓，莲子皮就会纷纷脱落，仅用十几分钟，大大缩短了时间。

张洁

88/ 菜叶代替屉布好

蒸包子、烧麦时，可用大白菜叶或圆白菜叶代替屉布，这样既不粘又可免去洗屉布，还可根据各自的口味在菜叶上放各种调料，制成一道小菜。

王崇义

89/ 冰箱冷冻室里贴薄膜食品易取出

在冰箱冷冻室的底部铺上一屋薄膜或塑料布，可以解决冷冻食品急用时不好取出的问题。没有自动除霜设备的冰箱在除霜时还省事不少。

潘国梁

90/ 胡椒粉可增加肉香

在放入葱丝姜丝煸炒肉丝肉片的同时，放些胡椒粉进去，可帮助去掉肉的腥味，增加肉的香味，肉的口感也很好，而且没有明显的胡椒粉味，不会破坏菜的整体风味。

汤景华

91/ 带鱼可不必除鳞

我原来吃带鱼时把带鱼鳞去掉，后听亲戚说，无须去掉带鱼鳞，只要稍加点胡椒粉即可，放点姜也可以，一点不腥，我试后果真如此。

张琳梅

92/ 用压力锅烧鱼

多年来我用压力锅烧菜，省时间，味道鲜美。现介绍一种做鱼的方法：将鱼洗净切段或在鱼背上划成口，蘸上蛋清；锅内倒入植物油烧热，放上鱼煎黄，再放调料，然后盖上盖，将压力锅颠几下，勿使鱼粘锅，扣上阀，4分钟左右就好。

张秀文

93/ 妙吃虾头

市场上卖的海虾（不是红虾），人们常把肉吃了而把虾头扔掉，实是可惜。现介绍一种做法：将虾头上的刺和须剪掉，洗净后放入已加入了适量盐的干面粉中（湿面粉或蛋液不能用），轻轻地裹上一层薄薄的干面粉。然后在锅中倒入适量的油，烧至八九成熟后，把虾头倒入油中炸熟。待稍凉后，香、酥、脆、鲜的炸虾头吃起来比炸整虾更有风味，也是补钙的好食品。

100011　北京安华里5区15楼2门101号　刘传绪

94/ 煮海带加山楂烂得快

海带不易煮烂。如果煮时适当在锅内放几个山楂，煮得又快又烂，大约可缩短 1/3 的时间。

牛连成

95/ 羊肉去膻妙法

羊肉下锅时先放少许食油煸透，待水分煸干后再加少许米醋煸干，然后加葱、姜、酱油、白糖、食盐、料酒、茴香子等调料，用文火慢烧。最后，羊肉将熟时加少量辣椒糊略烧，起锅时加点青蒜或蒜泥，其味香醇，几无膻气。如果白煮，食时可加蒜及辣椒少许，也可减少膻气。

李发启

96/ 快速煮豆馅

我爱吃豆馅，为节省时间，节省火，我在煮豆馅前一天，把豆用凉水泡一夜，第二天煮时，只用十几分钟，就能把豆煮烂，煮时不要放糖，豆煮烂关火后再放糖。

肖 晶

97/ 怎样食用冻黑的生香蕉

生香蕉很涩，受冻后外皮变黑，受热便烂，再难放熟。对这样的香蕉，请不要认为不能吃而扔掉。有一种办法可将其变为美食：将香蕉皮去掉，果肉切成一寸左右的小段，用盆或碗调稠面糊，放适量白糖，搅匀，裹在香蕉段上，入油炸至外表黄熟，即可捞出食用。此时香蕉不但不涩，而且香甜可口。

秦铁光

98/ 用不粘锅炒瓜子

用铁锅炒葵花子，火候不易掌握，加沙子炒又脏。我试用不粘锅炒，瓜子微黄不糊，香脆可口。方法是把铁炉盖压在灶具火口上，火不要太旺。取生葵花子适量置于不粘锅内，用铲子不断翻动即可。

韩文林

99/ 怎样炒胡萝卜甜味小

胡萝卜富含营养，但做熟后有股特有的甜味，使很多人不爱吃。将主料胡萝卜250克、猪肉100克，均切成细丝。胡萝卜丝用盐渍后，用水洗过。将猪肉丝炒至七八成熟，加入胡萝卜丝翻炒。胡萝卜有八成熟时，加盐、

味精少许，可勾少许芡，不勾也成，即可装盘。如爱吃辣味，可在起锅前，加少许辣酱。此菜胡萝卜特有的甜味几乎吃不出来。

李丙成

100/ 关火焖豆豆易烂

煮豆费火，如煮开后即关火焖上（用砂锅或保温良好的锅更好），降温后再煮便很容易烂。此法也适于炖其他费火食物。

刘思义

101/ 饮用后的茶叶可以吃

在饮用后的茶叶中，仍留有人体所需要的多种物质，如果倒掉实在可惜。现介绍剩茶叶的两种吃法，不妨一试。一是炒鸡蛋：将茶叶切成碎末，葱头切细丝，一起放入蛋液中，再加料酒、精盐、味精，搅打后上油锅炒熟。二是蒸包子：肉馅用调料拌好，加入切碎的茶叶，用发面包包子，蒸熟即成。

丁 莉

102/ 酒去豆腥味

黄豆芽营养丰富，但烹调不得法就会有股豆腥味。如果炒菜时在放葱姜后，加点黄酒再放食盐，豆腥味便会去掉，而且能增加菜香。

赵 路

103/ 芋头去皮不用削

芋头削皮太麻烦，费时费力，又脏又累。如果改用将芋头浸泡水中半小时后洗净，放进压力锅蒸或煮，开锅盖上限压阀10分钟即熟，出锅用冷水冷却后挤皮，既快又干净。

郑英队

104/ 削芋头防痒可用醋

平时削芋头时，手会越削越痒。笔者发现，只要在削芋头前将双手由手指

吃部　烹调小窍门

至手腕部分用醋洗一下，就不会痒了。但要注意的是，如果手指及手部有未愈的伤口时，用此法就不行了。 邱芳宁

105/ 苹果、梨皮治削芋头的痒痒

用水清洗山药、芋头削皮之后，手便痒痒且发红，这时可把手擦干，用苹果、梨皮内层擦发痒的手，立即不痒，而且手也显得特别的细嫩。 张辉华

106/ 用暖瓶发海参

将干海参用温水洗过，轻轻放入没有水碱的暖瓶内，灌上滚开的水。放16~17小时，将海参倒出、剖开、取出内脏，然后将海参内外洗净即可食用。一般常用暖瓶可泡半斤多干海参。 庄淑琴

107/ 去山药皮一法

山药好吃，但皮难去，我把买来的山药洗净，然后用开水烫一下再去皮，这时不但皮好刮而且也没黏液了。

纪树华

108/ 快速发面法

冬季气温低，要想短时间内发面，可以把高活性干酵母加入面粉里，然后用35℃左右的温水和面，把和好的面连面盆一起放进压力锅里，扣紧锅盖，点火烧水约2~3分钟不用等冒气，即可立即使用。 张秉权

109/ 干笋浸泡法

先将干笋用淘米水加一半开水浸泡，每天用新淘米水，连泡3天，后放入锅内煮半个小时，换水连煮3次，去掉干笋的那股味，取出后切薄片，将根部能切得动的先切先煮，嫩的部分切好后也放入锅内一起煮。泡发后的笋片如一时吃不完，可放冰箱或清水浸泡，随吃随用。 金蕴芝

110/ 核桃去壳剥皮法

将核桃放在蒸锅里用大火蒸七八分钟取出，放入冷水中泡3分钟，捞出逐个破壳，就可取出完整的果仁；把果仁放热水中烫3分钟，只要用手一捻就能把皮剥下来了。 王荣云

111/ 水泡榛子好剥皮

榛子好吃又有营养，但吃起来剥皮很费劲，若在水中浸泡7~8分钟，一咬即开，吃松子也可用此法。 刘金娜

112/ 巧剥板栗

用菜刀将每个板栗切一个小口，然后加入沸水浸泡，约1分钟内可以从板栗切口处入手很快地剥出板栗肉。这其实是利用了板栗肉和皮温度膨胀系数不一样的原理，煮完鸡蛋后用冷水一冲容易剥壳的原理也是如此。 刘 宁

113/ 清洁球去鲜藕皮

鲜藕做菜须去皮，但用刀削往往削得薄厚不匀，削过的藕还容易发黑。而用金属丝的清洁球去擦，却擦得又快又薄，就连小凹处都擦到，且去完了皮的藕还能保持原来的形状，既白又圆。在擦前先用水把藕冲湿。 张昆名

114/ 巧刮鱼鳞

做鲜鱼，如鲤鱼、鲫鱼等，鱼鳞往往很难刮掉。在刮之前，将鱼身抹一些醋，过一二分钟再刮，鱼鳞就特别容易掉。醋还能起到去腥易洗的作用。

魏学谦

115/ 巧刮带鱼鳞

△我把搓澡巾套在手上去刮带鱼鳞，省时、省力、干净利索，且又不会伤及鱼肉。去鳞前应先把带鱼边鳍剪去，以免刺伤手。　　　　　周永青

△用脱粒后剩下的玉米棒，把在温水中泡过的带鱼一下一下地来回擦洗，这样既快又不损伤肉质。　　　杜巨保

△我用用过的百洁布，擦带鱼的鱼鳞，结果又省力又干净，用百洁布在带鱼身上一抹，就把白鳞抹掉了。　王文静

116/ 橘皮去鱼腥味

炖鱼或蒸鱼时，除加食醋外，再放入两块洗净的橘子皮，便可去掉鱼腥味，而且能使鱼的味道更鲜美。　　赵路

117/ 海带速软法

人们买回干海带常常是先浸泡，然后蒸煮，但这样海带很硬。我有个方法，买来海带以后不要先浸泡，将干海带上锅蒸 20~30 分钟，然后再放进水里浸泡，这样海带特别软。　　　马隆

118/ 巧褪蚕豆皮

人们常把泡好的蚕豆去皮后，用来炒菜，或配菜食用，豆子用前常需先去皮。我的去皮的方法是：用 70℃ ~80℃的热水，烫 2~3 分钟后用手一挤，皮就很容易地褪掉了。

刘慨

119/ 油壶比油瓶好用得多

一次为腾空装食油的塑料桶，油瓶不够用，便把剩下的倒入一个闲置不用的茶壶中，而且想先用掉它。真是不用不知道，一用真巧妙，它不但避免了油瓶一抓一手油，不几天就得擦洗

的麻烦，而且在用量上也非常好控制，真可谓得心应手。从此，我家日常用的油瓶就被油壶取代了。　　胡承兰

120/ 除泡菜坛里的白膜

南方人喜欢吃泡菜坛泡菜，如泡萝卜、长豆角、黄瓜、刀豆、青辣椒、红辣椒等，色艳味香，酸脆可口。但泡菜坛易起白膜，叫人讨厌。据我的实践，有一种简便易行的办法：只要用一块洗干净的拳头大小的石头，放火上烧红，然后放进泡菜坛里哧溜几下，白膜很快就会消失。　　　邹石安

121/ 瓶装啤酒防爆保护器

瓶装啤酒爆炸伤人事件屡见报端，可以自制开启啤酒瓶保护器。取一个塑料大可乐瓶子，将瓶口切掉，切口的直径以刚好套下啤酒瓶的瓶口为宜，然后再将可乐瓶的瓶底切掉，切好后的高度要以可乐瓶套住啤酒瓶后刚好露出瓶盖为准。这样，当你开启啤酒瓶时如果突然发生爆炸，可乐瓶会起保护作用。　　　黄晓华

122/ 电热杯涮羊肉简便可行

一个两三口人之家，用热菜热饭的电热杯涮羊肉再方便不过了。只要将肉片、调料准备好，将开水、底料放在电热杯里，接上电源，待水滚开开涮就行了，水少了只需要加一些热水就行了。省去了烧炭生火的麻烦，又节省了时间。我家三口人，已经多次这样涮羊肉，很惬意。　　　孝敏

123/ 巧除菜锅油腻味

炒菜锅洗净后烧开水，仍会有油腻味。若在烧开水的锅里同时放入一双

没有油漆过的竹筷子，则油腻味会大大减轻。

任颖维

124/ 炸元宵油不外溅一法

炸元宵容易使油向外迸溅、烫人，先把生元宵用蒸锅蒸 8~10 分钟后再炸，同时火不要太旺，解决了这个小难题，炸出的元宵外焦里嫩。

100055　北京市复兴路 40 号 72 楼　马桂英

125/ "拍打" 炸元宵

炸元宵如果不扎眼有时元宵馅会外崩。我发现：只要油不要放太多，凉锅热锅无妨，轻轻将元宵逐个溜下锅后，便不断用漏勺轻轻拍打每个元宵，直至其全身金黄即可出锅，元宵不会爆。

100043　北京市石景山区古城南路 27-17　彭韶华

126/ 用暖气可做酸奶

5 袋鲜奶放锅里（最好是搪瓷锅），煮开后放糖晾凉，到与自己的体温差不多时，把买来的一小盒（或一瓶）酸奶倒入锅中搅匀后放到暖气上，不要再动，待四五个小时即做好酸奶，像南豆腐一样滑腻松软可口。

100006　北京市东城区甘雨胡同 59 号　金棣生

127/ 巧用微波炉吃切面

宽条切面一斤，装入保鲜袋置入微波炉中，高功率 2 分钟取出，放到开水中煮一下，立即捞出，过一下凉水，再根据自己口味配上调料即可。吃时口感和刀削面一样。

066200　秦皇岛市山海关区工人新村 8-4-15
孙建中

128/ 用大可乐瓶也可腌鸡蛋

自搬进楼房，腌鸡蛋的缸和瓦罐就没

地儿放了。于是我将大可乐瓶的上部剪去当腌鸡蛋的器皿。把洗净的鲜鸡蛋放到瓶里，两三个瓶子倒换着用，每隔半个月上下倒腾一下，两个月左右就能吃到咸淡合适的鸡蛋。

100025　北京第二棉纺织厂前纺车间日班　李海清

129/ 咸腊肉去异味

在煮咸腊肉时，放上十几个钻上小孔的胡桃同烧，这样咸腊肉的异味就会被胡桃吸收而消失。

100007　北京市东城区府学胡同 31 号　焦守正

130/ 坏牛奶豆浆巧用

牛奶或豆浆坏了（发酵了）不要扔掉，可用它代替（或部分代替）水，和发面，待面发了，使好碱蒸出的馒头或包子又白又松软，非常好吃。

100027　北京市朝外东三里屯中 5 楼 1 单元 4 号
袁淑庄

131/ 羊肉馅去膻味一法

花椒 30~40 粒（馅多时可稍增加），用热水浸泡，待水凉后，将水倒入羊肉馅内（花椒去掉），与其他调料一起搅拌至馅的稠度适合即可，包出的饺子或包子味美可口而无膻味。

100007　北京东直门内东羊管胡同 57 号　秦　颖

132/ 做豆浆如何去豆腥味

黄豆或黑豆经浸泡后洗净，用火煮，开锅 3~4 分钟后，把黄豆或黑豆捞出，放在凉水里过一遍，再加工成豆浆，这样制成的豆浆没有了豆腥味，而且增强了豆香味。

100027　北京朝阳区幸福三村 17 单元 16 号　赵桂香

133/ 老玉米嫩吃一法

在锅里放 1~2 匙盐（以吃不出咸味儿

为佳），老玉米很快就能煮好，吃起来较嫩。

100091　北京984信箱18楼10楼5号　周家青

134/ 蜂蜜发面松软清香

每500克面粉加水250毫升，将蜂蜜1.5汤勺倒入和面水内，夏季用冷水，其他季节用温水。面团要揉匀，宜软不宜硬，发酵4~6小时即可使用。此法蒸出的馒头松软清香，入口回甜。

100007　北京东城区府学胡同31号　焦守正

135/ 江米越泡越黏

江米中的黏性存贮存于细胞当中，若用水淘过即包，即使上等江米也不会很黏，有人以为是江米不好，是一种误解。正确的做法是用清水浸没江米，每天换2~3次水，浸泡几天后再包粽子，由于细胞吸水将细胞壁胀破，黏性成分释放出来，可使粽子异常黏软。只要每天坚持换水，江米是不会变质的。但水量要足，否则米吸足水后暴露于空气中，米粒就会粉化。

101149　通州区潞河中学　贾仰林

136/ 干酵母加糖发面好

一次偶然发现又经多次验证：用干酵母发面时，在酵母水中加点白糖，放置一刻钟再和面，可提高酵母的活力，发的面又快又好。

100051　宣武门东大街4号楼　张以鹏

137/ 煮豆粥省时省火一法

豆粥好吃但费时费火，若先把500克或再多一些如芸豆、豇豆、红小豆等一次性煮熟，用漏勺捞出放凉，分若干份装入食品袋或其他容器中，放入冰箱冷冻室储存，用时取一份放入即

将煮熟的米粥内，再煮几分钟即成一锅喷香的豆粥。

100009　北京东城区棉花胡同22号4门501　伊　文

138/ 快速发竹笋一法

先将干竹笋清洗，放入压力锅里，锅内的水要高出干笋，开始用大火，锅开了压上阀，改用小火，煮10~15分钟停火，待锅自然凉后打开锅，用水冲洗净，放冷水里泡着，可随吃随取。

100855　海淀区复兴路40号72楼　马桂英

139/ 茶盐水去松花蛋苦味

将松花蛋用清水洗净，放在茶盐水中浸泡10~30天。盐茶水比例为茶叶25克，食盐300克。先将茶叶加水500毫升熬浓晾凉，滤去茶叶，倒入泡菜坛中，将盐加3公斤水搅拌溶化后与茶水混合，再将松花蛋浸入，以将蛋完全淹没为宜。经泡制的松花蛋，不仅可去苦涩味，且色更鲜、味道更美。

100007　北京市东城区府学胡同31号　焦守正

140/ 巧选松花蛋

将松花蛋向上扔，再用力接住，反复几次，这样通过手掌与松花蛋频繁的瞬间接触，就能将振动感好的松花蛋挑出来，这种振动感有如拿着一块肉皮冻颤颤的感觉，如果抖几下还像石头般的感觉，就要淘汰掉。

100021　潘家园华威北里32楼2单元401　李海清

141/ 剥板栗一法

剥坚硬的板栗有时很费劲。一次偶然的机会将生板栗摊放在垫了塑料袋的暖气片上，在暖气的烘烤下，不到半天工夫，板栗一个个便劈劈啪啪地咧

开了嘴，这时剥皮就容易多了。

100007　北京市北新桥3条1号　张秀玲

142/ 买黄瓜要挑硬把儿的

我家的多年体会：买黄瓜务必用手先捏捏黄瓜把儿，看它硬实不硬实。把儿硬实的，说明这瓜新鲜、脆生。如果一捏是软的，那就是剩的，摘下来的时间长了。

100038　北蜂窝电信宿舍2号楼2门1号　张恒升

143/ 存点小白菜冻球

买优质小白菜，择洗净，用开水焯一下，捞出过凉水，凉透后切段装入小袋内放入冰箱冷冻室。做汤或吃汤面时放一些，很方便。

100026　北京朝外金台北街5-1-1306　薛素云

144/ 鸡蛋腌咸了可拌肉馅

鸡蛋腌咸了，无法食用。我受《咸鸡蛋可以拌豆腐》一文启发，试着用生咸鸡蛋拌肉馅，放入酱油、味精和香油，调好后再放入菜馅，可做饺子或包子，味道极佳。大约一斤肉馅放两个咸鸡蛋即可。

100071　北京市丰台镇北大街南里8楼3号　姜蕊仙

145/ 用微波炉烤干月饼香又软

月饼久放后变硬，可先将月饼放到瓷盘内，喷上一些水，再用保鲜膜（微波炉专用）蒙好，放入微波炉内用中火烤2分钟，出炉又香又软，低档月饼也很好吃。

附：答读者问

1997年11月3日晚报《生活中来》刊载了我的《用微波炉烤干月饼香又软》，10日北京电视台记者找到我录制了短片，在生活频道"民以食为天"栏目播映。一些同志问操作细节，现答复如下：微波能深入食品内部将水分子激活，因此不管是月饼、面包、蛋糕、馒头、点心都能恢复到刚出炉或出锅时又香又软的状态。月饼效果最明显，一些闻不到什么香味的月饼，烤后香味四溢。一般用微波炉中火，时间根据食品量的大小为1~5分钟，当闻到香味时就停止。不是很干的食品不用加水。外包装塑料袋和透明纸不必去掉。微波炉烤食品实际上也给食品消了毒，既好吃又卫生。

100039　北京市海淀区太平路44号技术处　魏秀本

146/ 用微波炉"炒"瓜子

将500克左右的生葵花籽放入微波专用容器内（不盖盖），再将容器放入微波炉内，以功率750W微波炉为例，高火，先定时3分钟，到时候将微波容器取出，搅拌葵花籽，再将容器放入微波炉内，高火，再定时3分钟，到时候即可。用较大功率的微波炉，时间酌减。用微波炉"炒"瓜子，省钱、省时、省事、干净、卫生、火候容易掌握。　　100061　北京崇文区教育局　孙书刚

147/ 用微波炉制果菜汁

西瓜、橘子、西红柿等果蔬可用微波炉制汁。做法是切成小块（橘子瓣破开），盛到容器中加热，烂熟后用勺子把汁挤出，适合给婴儿食用。

101300　北京市顺义县石园西区3号楼402　李希珍

148/ 豆腐冷冻后烹调味道好

将新鲜豆腐放入冰箱冷冻室（零下）过夜，再放在冰箱冷藏室上部（4℃）化冻，一直到内部完全化冻，然后用手挤压，挤去黄色液体。将豆腐切成

小块，倒入排骨汤或鸡汤或三鲜汤清蒸 10 分钟。汤中可加入葱、姜。食之味道鲜美、口感纯正。

100081　中国农科院土肥所　蔡　良

149/ 冬天发豆芽青又翠

将生绿豆洗净，用温水泡半天（泡胀为度）；找废弃的大塑料瓶用剪刀将上半部剪去，再将塑料瓶底部烫 5~8 个小孔；将泡好的绿豆倒入塑料瓶中，用塑料袋将瓶子装起来（起保温作用），放在暖气旁边，每天往瓶中灌水一二次，水便从底部孔中流出。一般三四天你便可吃上十分新鲜的绿豆芽菜。

100085　北京市清河小营东路小营干休所　梁惠敏

150/ 吃生花生米解萝卜辣

生吃萝卜感到辣时，只要吃上两粒生花生米，就能缓解。如要继续吃萝卜，萝卜与生花生米一起吃即可。

100038　北京市复外北蜂窝电信宿舍 2 号楼 2 门 1 号　张恒升

151/ 巧去腰子白筋

腰子好吃，但做起来不容易，如何将腰子中的白筋去掉呢？准备礤床儿一个（北京人吃馅擦丝用的用具），将鼓面放在桌上备用。将腰子一剖两半，千万别切断，之后摊在礤床儿的鼓面上，用手术刀剔除腰子中的白筋。

100062　北京市崇文区花市上三条 16 号　李月芳

152/ 雪里蕻代替梅菜做扣肉

把鲜嫩的雪里蕻腌成咸菜（一斤菜二两盐），然后在背阴处晾干，用时放水里泡一天（去咸味），然后切段用作扣肉菜底儿。

100015　北京市朝阳区高家园小区 203-10-7　萧宇光

153/ 酸黄瓜汁做泡菜

吃完罐头酸黄瓜，将汤汁倒入一大口玻璃瓶内。将圆白菜、黄瓜、萝卜等洗净切小块，晾干水分放进瓶内，加两根芹菜、一块鲜姜、小半个葱头，可增加泡菜浓味。放少许盐及数滴白酒，盖严瓶口，三天即可入味，食后继续如上法泡入新菜。泡两三次后可将汤汁倒入净锅内加热，开锅后汤晾凉继续泡。酸黄瓜原汁做泡菜，既省事又味美。掌握好了，一直可以泡下去，要备专用筷子，切记避油。

100062　北京市崇文区东兴隆街 72 号　林　沅

154/ 生姜嫩化老牛肉

买了老牛肉怎么办？将洗净的鲜姜切成小块，入钵内捣碎，再将姜末放纱布袋内挤出姜汁（姜渣可留作调料），然后把姜汁拌入切成片或条的牛肉中（500 克牛肉一匙姜汁即可）拌匀，使牛肉充分蘸姜汁，常温放置一小时即可烹调。烹出牛肉鲜嫩可口，无生姜辛辣味。

100007　北京市东城区府学胡同 31 号　焦守正

155/ 秋天香椿也可吃

香椿树到了秋后，总有嫩于老叶的新枝叶生出来。可剪下一批嫩叶，洗净除去半截硬叶柄，放开水锅内一焯，翻两过捞出切碎；再将事先泡好的黄豆用汤煮豆入味，熟后同香椿放入大盘，加入酱油、盐、味精、香油一拌，香气四溢。此法霜降前适用。

100086　北京市海淀区大泥湾 4 楼 1 门 101　刘慎为

156/ 过冬老蒜不浪费

去年的老蒜目前已经干瘪，为了不浪

费，可将蒜瓣剥出，选出尚软未腐烂的洗净，切成薄片（与芽的方向垂直）。在蒜罐子中放少许食盐，加入蒜片捣成蒜泥，用食品袋装好封严，放冰箱冷冻室储存，食用时取出一小块放入菜中即可。用此法还可保存相当一段时间。

100023　北京市朝阳区堡头北里 13-4-501　李正永

157/ 橙子剥皮有妙法

橙子的皮不如橘子皮好剥，往往需用刀切成四瓣，这会使橙子的汁损失。我介绍一种剥皮法：将橙子放在桌上用手掌揉，或用两个手掌揉，约一分钟左右，皮就好剥了。　柏淑敏

158/ 怎样洗草莓及巧吃草莓

先用清水冲洗草莓，然后放盐水里浸泡 5 分钟，再用清水冲去咸味即可食用。这样洗既可杀菌，又可保鲜。将洗净的草莓切成两半，加糖，拌匀，放冰箱里，3 小时后取出再吃，其味道酸甜、凉爽、可口。　赵晋萍

159/ 幼儿巧吃西瓜

一岁多的幼儿吃西瓜不会吐子，可用吸管吮吸瓜汁：将西瓜切两半，将瓜瓤用勺子刮下，再用勺子将瓤中瓜汁挤出，即可将吸管插入让幼儿吸食了。　刘慧萍

160/ 西瓜蘸盐味道妙

前年访问日本熊本县，一农家士人用当地西瓜待客，放精盐一小碟，说是微撒食盐吃了可补流汗所失的矿物质，且能增添西瓜的甘美。归国后向亲朋好友介绍这种食法，都称赞它祛暑解渴，甘洌无比。　恒　茂

161/ 去除桃毛一法

将桃子用水淋湿（先不要泡在水中），抓一撮细盐涂在桃子表面，轻轻搓几下，注意要将桃子整个搓到；接着将沾着盐的桃子放水中浸泡片刻，此时可随意翻动；最后用清水冲洗，桃毛即可全部去除。　沙　沙

162/ 巧食黑瓜子

黑瓜子（西瓜子）很多人喜欢吃，但存放时间稍长一点儿，便有部分剥不出整仁儿来，碎的很多。用蒸锅热熟食时，熟食热好取出，蒸锅离火，用纱布把瓜子包好放入蒸锅内盖上锅盖儿，用锅内余热焖一会儿，待锅凉后取出瓜子，您再吃时，剥出的瓜子基本是整仁儿了，且酥脆不变。　魏　民

163/ 杜果蘸酱油好吃

记得在老家厦门吃杜果时要蘸酱油。具体方法是：备一小碟酱油，削去杜果皮，切成片，取一片杜果蘸一点酱油，吃起来香甜可口，味道好极了。你不妨一片蘸酱油另一片不蘸着吃，比较一下。

100061　北京市崇文区南岗子 58 号甲 5-203
郭雅姮

164/ 加食用油电火锅开得快

用电火锅涮食，开锅太慢，而水不开涮食不卫生。解决方法是加热水的同时加入 1~2 两食用油，水面有一层油开得就快多了。

100044　北京首体南路 2 号 3 栋 1 门 408　杜家林

165/ 省力切咸干鱼

咸干鱼很硬，切开费劲。用生姜横切面擦一擦菜刀，再涂点香油，好切多

了。别的腌货也可以如法炮制。

100077　北京市丰台区西罗园邮局天海服装批发市场

胡　蓉

166/ 大块冰糖掰碎一法

冰糖块儿太大不易掰碎，敲剁费劲又碎碴儿飞溅。后来我无意中试着用微波炉中档"烧"2~3分钟，结果大块冰糖十分轻松就能掰成小块了。

100081　北京市海淀区车道沟南里 14 楼 1606 号

李天心

吃部

烹调小窍门

1/ 松枝水腌蛋可保水清不臭

在腌咸鸡鸭蛋前，找一些松树枝来，不要太多，10斤蛋半斤即可，鲜松枝最好，用开水煮10分钟，待水凉后倒入腌蛋的器具中。蛋腌好吃光后，此水下次腌蛋还可用，保持水清不臭。

厉 明

2/ 豆腐保鲜法

将新鲜豆腐泡在淡盐水中，盐水要淹没过豆腐，放在冰箱里。再吃时，先用冷水冲洗一下，食用时和新买来的豆腐一样新鲜，且没有豆腥味。朱惠英

3/ 大蒜保鲜简法

新蒜放日子长了会蔫，不脆不辣了。可在家中备一个坛子，把新蒜头放到里面，不用封盖，搁置室外阴凉干燥处，一年中，什么时候吃，蒜头剥去皮和刚买来的一样新鲜。 杨宝元

4/ 冰箱可贮存豆角

豆角洗净，用开水煮熟，晾冷却，装小塑料袋内放冰箱冷冻，可放到冬天，随炒随取。

张鹤珍

5/ 鲜笋保鲜法

冬春季节去南方，不妨带些新鲜竹笋回来，我这里根据自己的经验介绍两种家庭保鲜方法。盐腌法：把笋壳剥去洗干净，从中间纵剖为二，加入和炒菜数量相同的盐，放在有盖的容器里；可在冰箱冷藏室放一个星期，在存放过程中竹笋部分地方特别是根部会发黑，不影响食用。冷冻法：同样把笋剖开放入冰箱冷冻室，注意细嫩的笋和竹笋头部较嫩部分不宜冷冻，这些部位化冻后会变软失去竹笋特有

的鲜味；食用时从冰箱中取出放在室内，化冻后就可切片烹用，但切不可放入水中化冻，否则竹笋口味会变差。这种方法使竹笋可在冰箱中保鲜两个月。

李秀建

6/ 怎样贮存鲜豌豆

豌豆剥出，装塑料袋，把口扎紧，放冰箱冷冻室里。食用时用开水煮熟，便和鲜豌豆完全一样。

李 倩

7/ 西葫芦、茭瓜可保存到春节食用

您想在春节期间吃上西葫芦羊肉或者茭瓜馅的饺子吗？关键是要保存好西葫芦和茭瓜。办法很简单，每年国庆节前后，挑选瓜皮没有损伤的西葫芦或茭瓜，放在阴凉通风处，注意不要着水，不要随意移动和磕碰，一般温度保持在零下20℃至20℃之间，平时隔上十天八天注意观察一下，一般情况下都能保存到春节。去年我就保存了两个到春节时吃掉的。 杨孝敏

8/ 腌腊食品如何保存

整只火腿吊放阴凉通风处可存放一年；如已切用，可用清洁纸包好放冰箱冷藏室，切不可用塑料袋装；将火腿切成二寸见方后用食用油浸没也能延长保管期。咸肉应用绳吊起放通风处，时间越长味道越好。如果腊制食品表面出现白色霉点，用温水洗净经蒸煮仍可食用。

新 民

9/ 熟白薯不怕冻

白薯冻了无法食用。可把白薯蒸熟，装在塑料袋内放冰箱冷冻室内贮存，什么时候想吃，放在锅屉上蒸透，和新蒸的白薯一样新鲜。

马文蓉

10/ 怎样使菜干保持翠绿

小时候奶奶教我这样晾菜干：将青菜放入沸盐水内烫一下，再取出晾干，这样制作的菜干，可保持原有的翠绿。
张树明

11/ 活鱼保鲜一法

人们都希望吃到最新鲜的活鱼，这里介绍一个小窍门，它可使鱼在断水后生存4~5小时，而且活蹦乱跳。鱼眼中有一条"死亡线"，当鱼离开水面后这条死亡线就会自行消失而使鱼很快死去，如用浸湿的布条或纸封闭住鱼的双眼，就能使死亡线延长消失时间，从而延续鱼的生命。
张英

12/ 切面保鲜法

吃不完的切面晾干后，煮时费火又费时。有个办法可使切面保鲜：将切面分成若干份装入各个塑料袋中，然后置入冰箱的冷冻室中保存，这样可随时根据需要的数量随吃随煮，即使塑料袋中的切面结了冰了，只要一放入沸水中，用筷子一搅，切面马上就会散开。
刘晓音

13/ 馒头的"冻"贮存

随着生活节奏的加快，人们常会多买几斤馒头备用。可把刚买来的馒头用塑料袋装好放到冰箱的冷冻室里，随用随取。从冷冻室里取出的馒头应立刻放到蒸锅里蒸，水开后蒸8~10分钟即可，蒸出的馒头又白又大、松软、喷香、可口。
王秀兰

14/ 冻扁豆复鲜及保存

把受冻的扁豆择好，用开水淖一下，捞出放在凉水里洗净。淖过的扁豆呈鲜绿色没有异味，吃时烧法同鲜扁豆一样。如果一次吃不了，可放在冰箱冷藏室内保存。
刘连昆

15/ 芹菜保鲜一法

芹菜有时一次吃不完，存放一两天就会脱水变软、变干。如果将剩下来的芹菜整棵用报纸裹起来，拿绳子扎好，再在阴凉处放置一个水盆，将芹菜根部站立在水盆内，便可维持一周左右时间，不脱水，不变干，吃时仍很新鲜。
王金赏

16/ 香椿的选购与保鲜

菜椿不香，但叶子与香椿一样，因此购时要选叶子发红的，闻一闻是否有香味，再嚼一个叶，就能辨认，注意不要买下水泡过的。将香椿嫩尖枝洗净，开水略烫一下，用细盐搓一搓，装在小塑料袋内放冰箱冷冻室内，随取随用，终年可食；或将香椿洗净（也可切碎）后用细盐搓搓晒干放在塑料袋内，用时用开水烫一下，味不减，夏季拌凉面最美。
张鹤珍

17/ 长途携带干木耳有妙法

木耳质薄易碎，不便长途大量携带。可在临行前，将木耳摊开，喷水并轻轻翻动，使之均匀着水；稍后木耳开始潮软（如仍觉扎手可继续少量喷水翻动到手感柔软）；此时将木耳装入任何容器均不会碎裂，便于大量携带。天气炎热时要注意防霉，可采用网兜或四周打孔透气的纸箱装，到目的地后，要及时晾干，可保完好如初。
张执中

18/ 怎样鉴别新鲜牛奶

牛奶滴在指甲上若是球状的，就是新

鲜牛奶；若滴在指甲上便流走了。就说明不是新鲜牛奶。 晓 明

19/ 鉴别鱼是否新鲜法

（1）鲜鱼嘴内清洁，无污物，不发黏。
（2）鲜鱼眼稍凸，黑白眼球分明。（3）鲜鱼鳃片鲜红。（4）鲜鱼鳞片紧附鱼体，有光泽。 民

20/ 黏稠蜂蜜可变稀

蜂蜜长时间放置会逐渐地析出许多结晶糖来，使得蜂蜜变稠，颜色变白，不好食用。可将蜂蜜装在瓶子里，坐在冷水锅或冷水的蒸屉中，或煮或蒸，估计达到热透的时间即可，取出慢慢冷却，和新鲜蜂蜜一样，变得稀了，颜色也还原了。 侯建华

21/ 白糖干燥变硬怎么办

白糖放的时间长了，很容易干燥变硬，可用一小块干净纱布用水沾湿，把水攥干，放在糖盒里，盖严，第二天糖就会恢复到原来的松散状态。 徐新月

22/ 花生米过夏不生虫一法

入伏前，将花生米放入面盆内，喷洒白酒，边喷边用筷子拌匀，所有花生米的红皮能见湿即可，然后装入容器中保存。每 1000 克花生米，约用 25克白酒。此法是 20 年前听一位同志介绍的，从此我家年年用它保存花生米过夏，没有生过虫，且不影响食用。 苑玉明

23/ 怎样挑拣大米里的虫子

夏天米中生虫是最头痛的事，既不好挑拣又不能水洗。可找一小块化纤地毯，铺平，将米倒在上面，用手抹平，揪住地毯边，左右翻滚，虫子就吸在地毯上了，最小的虫也混不过去。 何清溥

24/ 夏季如何防米生虫

△将大米用筛子筛一遍，将盛米的布袋洗净，并用开水烫一遍，干后把米装入袋内，外面再套上一层干净布袋，然后把口扎紧，袋口朝下扣放在凳子上置于室内通风处。这样一夏天不吃，大米也不会生虫。 徐新月

△把米中杂物和碎米用簸箕簸净，然后把洗干净的米袋子放入拌有花椒的水（水量以泡过米袋为宜）中沸煮 20分钟，袋子晾干后，把米放入袋中，适当放点大蒜瓣，用绳捆紧口，置于阴凉通风处。我和许多人用此法存大米，几年夏季均不生虫。 李树年 王方立

△我家屋内粮柜上有一纸盒，前年秋冬季每当吃完柑橘，便将橘皮放入该纸盒内，以备浸泡橘皮酒用。可去年夏秋季节邻居家里存放的米面都生了虫，唯独我家存放的粮食无飞蛾、黑甲虫和肉虫。我看，柑橘皮散发的清香气味真可防虫。 郭树元

25/ 干海带可防粮食生虫发霉

据试验，100 公斤粮食放 1 公斤干海带，7 天可吸收粮食中的水分 3%。海带晒干后再放入粮食中，仍能保持吸湿和杀菌能力，且并不影响海带的食用。 甘大发

26/ 严冬是除粮虫的好机会

听说邻居家的存粮放在外边冻，夏天可不生虫。一查我家所存的米面布袋内外果然有小黑虫，于是将盛粮的布袋拿到窗台外冻上几天几夜，同时将

盛粮的壁橱和口袋彻底清扫,消灭残存虫卵,为夏季不生虫创造条件。

刘辑瑞

27/ 生姜能治米虫

天暖了,米缸内时常滋生米虫。过去,我常将米缸搬到太阳底下"曝晒",以驱赶或晒死米虫,但此法使米粒易碎,吃口也不佳了。一日早晨,我将刚买来的几块新鲜生姜往米缸内一丢便匆匆上班去了,傍晚下班回来揭开米缸盖准备盛米煮饭,只见米缸口爬上来许多欲逃脱的米虫,缸内有一股浓烈的姜味,我想,这大概是米缸内有生姜的缘故。于是,我就把生姜放在了米缸内。嘿,过了一段时间,米缸内的"虫患"竟渐渐消失了。

顾金华

28/ 粽叶的冷冻保鲜

新粽叶如不立即包粽子,会很快变干、打卷。可将粽叶洗净,捆成把儿,放入冰箱冷冻室储存,时间长短随意,用时取出浸泡化冻,粽叶像新的一样舒展、柔软。用过的粽叶如收存再用,亦可用此法。

100007 北京东直门内东羊管胡同 57 号 秦 颖

29/ 我家大米不生虫

我家的大米放一两年都不会生虫,我是将装米的口袋先用花椒水煮 20 分钟,再将米袋晾干,将大米倒入口袋用绳子将袋口扎紧。

100032 北京西城区锦什坊街二门 10 号 俞 琪

30/ 腌咸菜防蛆

夏秋季节大咸菜缸生蛆既讨厌又恶心,其实只要将一些洗净的鲜扁豆叶放进大咸菜缸内,即可有效地防止大咸菜缸生蛆。

102100 北京市延庆县技术监督局 单秀云

31/ 吃不掉的元宵存放一法

元宵多了吃不完又放不住,请不必发愁。可把吃剩的新鲜元宵放在一个盆里,酌情放些清水,揉成一个大面团,同时可根据自己的口味加些葡萄干、花生仁、核桃仁、红糖等,揉成扁圆后蒸熟,待晾凉后存入冰箱内,一个月也不会坏,吃时可炸、可蒸,随吃随取,很方便。

张 杰

32/ 切开的冬瓜防烂法

冬瓜切开后如吃不完,可在切口处贴上一块大于切口的干净白纸,要使切口全部贴上纸,按实。这样的冬瓜放置三四天食用不会烂。

侯建华

33/ 防止萝卜糠心的办法

我每年冬至前后,将买来的表皮较完好的萝卜晾至表皮阴干,装进不透气的塑料袋里,用绳子扎紧袋口密封,置阴凉处储存,两个月后食用时不糠心。

张升林

34/ 香菜久存一法

将鲜香菜根全部切除,摘去黄、烂叶,洗净,摊开晾晒一两天,待蔫后编成香肠粗细的长辫子,挂在阴凉处风干,便能长久保存。食用时剪成一厘米长小段,用温水泡一下,就会依然鲜绿不黄,香味仍浓。每年秋末冬初香菜上市季节,我都用此法贮存。 王 强

35/ 我是如何贮存大白菜的

一般贮存大白菜是买来后放在地上或是阳台上晾晒,这样使白菜水分蒸发太

多，贮存起来损耗太大。现根据我几年来贮存的方法介绍如下：先用绳把每棵菜捆绑一两道，以不甩菜帮为宜。然后码放在阴凉处使白菜外帮慢慢萎蔫。楼房可在阳台上码成一字垛，每层用两根棍隔架起来。这样阴晾一段时间翻倒一次。温度在0℃以下时，用厚纸或报纸盖严防冻，白天将上面掀开放气透风，防止受热。在结冰的月份要盖上麻袋，或是用旧棉毯盖严，早晨要打开一个洞或一角来散热通风，每隔三四周翻倒一次，发现烂菜及时取出，绑绳再紧结一次。用这个方法贮存的白菜能够较好地保留水分，食用起来鲜嫩可口，同时菜叶损失也很少。　　　　　　　齐　鸣

36/ 冬瓜储藏出现斑点怎么办
冬瓜储藏了一段时间后，表面常会出现腐烂斑点，可将斑点挖去，再用蒜片或蒜泥贴在上面，即可防止继续腐烂。　　　　　　　覃守凤

37/ 冬瓜可存贮到冬天
选表面带有一层完整白霜、未受过激烈震动的好冬瓜，放在避阳的干燥地方。瓜下面垫上草垫或木板，这样，冬瓜可存放四五个月不坏。我家每年都要存贮好几个。　　　　　　戴　瑜

38/ 香椿保鲜一法
邻居介绍一种香椿保鲜法，确实很好。方法是：将香椿叶片摘选后不洗，直接装塑料袋，放入冰箱冷冻室贮存，食用时取出放入凉水中泡开，呈碧绿色，味道不减。　　　　　　王秀峰

39/ 番茄酱开罐后的存放方法
番茄酱开罐后一次吃不完，放几天后上边就会生霉斑。如果在酱上边撒点盐、倒点食油后再放入冰箱，就能使番茄酱存放得久些而不变质。　施善葆

40/ 家庭贮存苹果一法
在缸内放适当的水，水多少根据缸的大小来确定；如是可放10公斤苹果的大缸，就放半公斤左右的自来水。然后用架子把苹果和水隔开，不能让苹果落入水中，这样贮存苹果，不管秋冬，都可保证苹果的甜、脆、表皮不干不皱。如天太冷，只需在苹果上盖几张报纸即可。这个方法在我家已经沿用多年，效果很好。　　　　贾玉凤

41/ 油炸花生米保脆法
油炸花生米放过一夜后，第二天再吃就不脆了，怎样使油炸花生米几天后还脆呢？当花生米用油炸熟盛入盘子里后，趁热洒上少许白酒，并搅拌均匀，稍凉后，即可撒上盐，经过这样处理的花生米，放上几天后仍脆。　　　　　　　　　　王士福

42/ 香菜保鲜法
△香菜有很多吃法，我介绍一种香菜保鲜食法：将买来的鲜香菜洗干净，晾去水分，切碎，再把切碎的香菜平摊在纸上；放到暖气上烤干，然后装入袋内。吃起来味道和鲜香菜一样鲜美，且易保存。　　　　　王彦花
△把买来一次吃不完的带根香菜用棍顶住根插入有松土的花盆内，然后浇水即可。取用香菜时剪其梗叶，不要伤其心芽，之后它会继续生长，可连续很长时间。　　　　　　张思让
△香菜存放易发蔫或霉烂，如果用鲜

大白菜叶包好或与其他多叶青菜一起保鲜更好，若压放在冬贮大白菜堆里，可保鲜 20 天到一个月。　　　刘学珠

△以前我吃剩的香菜装在塑料袋内放入冰箱，时间不到一周就不好了。一次我把剩下的香菜和剩下的白萝卜放在一个塑料袋内放入冰箱，两星期后，发现香菜还那样鲜绿。　　　韩　玲

△把香菜放在一个盘子里，盘里放些水，一把香菜在水里泡了一个星期，还是绿油油的。想吃的时候拿一两棵，新鲜极了。要注意水不要放得太多，半盘水就够了。　　　戈　军

43/ 带叶蔬菜保鲜法

如何才能使带叶蔬菜保鲜几天，有一保鲜法介绍给大家：把拣好、洗净的新鲜蔬菜，如菠菜、韭菜、油菜等，控去水，用洁净屉布包起来，包两三层为最好，放入冰箱冷藏室内，随用随取，剩下的包好放回。这样保鲜效果好，方便，可保鲜 5~7 天。　　　林广慧

44/ 活鱼保鲜法

夏天买来活鱼为了防止它死后不新鲜，有一方法可以延长其"寿命"，用一小团棉花，蘸点白酒，然后放入鱼口中，不一会儿鱼就会醉，用这种方法可保几个小时内鱼离开水后不死。　　　陶立群

45/ 火腿保存法

从整只火腿上切下一块后，可用葡萄酒将暂不食用的那块切面涂一下，再入冰箱保存，火腿就不易变质。　朱记林

46/ 韭菜保鲜一法

逢年过节，韭菜市价要比平日贵。为节省支出，节前一周买了韭菜，可用白菜帮子将它包两层，外用塑料绳捆住，放在房子北窗户外窗台上固定住。到过年时吃韭菜仍然鲜嫩如初。　时习之

47/ 瓷缸保鲜芋头

我家喜欢吃芋头，每年都要购买几十斤储存。每次购回的芋头，我连包装的塑料袋一起放进大瓷缸内保鲜，上面盖上盖。去年秋末放进的芋头，今年春节取出食用，既不干又不发霉。

　　　郑英队

48/ 莴笋泡水可保鲜

将买来的莴笋放入盛有凉水的器皿内（最好是瓷盆），一次可放几棵，水淹至莴笋主干 1/3 处，放置室内 3~5 天，叶子仍呈绿色，莴笋主干仍很新鲜，削皮后炒吃仍鲜嫩可口。　　刘遵士

49/ 干橘子复鲜法

放干了的橘子不好剥皮，我的办法是用水泡，水要没过橘子，橘子如不太干，泡一夜即可，干得厉害，只要不坏，泡的时间可长一些，但每天要换 1 次水。待橘子皮泡软就能吃了，味道和鲜橘子一样。　　　柏淑敏

50/ 荔枝保鲜

用一个陶质或塑料容器，灌进清凉自来水，把荔枝一粒一粒完整剪下放进去，早晚各换清水一次。每次食用要吃多少便取出多少，这样，最少可保鲜 4 天。　　　陈凤兮

51/ 冻葡萄好吃易保存

将葡萄珠洗净，装塑料袋，放入冷冻室。吃时马上拿到自来水冲洗，这样葡萄皮很容易剥下来，吃着省事，或

加白糖拌匀做凉菜。经冷冻的葡萄酸度会减少一些，也容易保存。 金 敬

52/ 秋季巧存西瓜

选中等个儿的成熟西瓜，放入约18%的盐水中浸泡，然后密封在食品袋中，存放在密封性能好的地方，这样的方法可保存一年，而且取出的西瓜表皮鲜嫩光洁，味道香甜可口。 杜崇勇

53/ 冰箱可储存香菜玉米

香菜择洗干净切成小碎段（大小视个人喜好），放入食品保鲜袋直接入冰箱冷冻室速冻即可。随吃随取，放入汤菜中与新鲜香菜无异。同样方法也可储存鲜嫩玉米豆，以备冬天做松仁玉米等菜。

100007 北京交道口北三条39号 李美然

54/ 保存"面肥"一法

夏天保存面肥比较麻烦。晾干了吧，下次再用还得泡好长时间，湿着放长毛还有酸臭味。我试着把面肥用水泡在一个大口瓶子里，盖严盖子，用时拿筷子一搅即可倒出，既好保存又方便得很。

100036 北京海淀区万寿路5号楼1门102号
李忠兰

55/ 板栗保存一法

锅内放水，能没过栗子为宜，将水烧开，然后把栗子倒入，待烧开后停火，滤掉热水，用凉水把栗子表壳洗净，控干表层水分后装入塑料袋存放在冰箱冷冻室。需要时用菜刀根部将栗子砍个口再用水煮或干炒至熟透即可食用。我用这种方法可保存板栗到来年春夏。

100843 北京复兴路14号17楼3门342号 房成仁

56/ 延长活鱼，保鲜一法

把活鱼放盆里，找一大可乐瓶，装半瓶水，封住瓶口上下快速摇动，使空气大量融入水中，然后倒入鱼盆内，盆内加满这样的水后濒死的鱼因得到充足的氧气很快就会活跃起来。当发现鱼又翻白了，可倒出一些水，再用此方法换水，鱼就会恢复活力。

100003 北京西城区东煤厂胡同19号 赵维锦

57/ 鲜姜泡酒可保鲜

鲜姜用清水洗净滤干，切成薄片，装入玻璃瓶或罐内，倒进白酒加盖拧紧，随吃随取，可长期保鲜不坏，而且用过的酒可重复使用。

100035 北京德胜门西大街64号2-1003 郑英队

58/ 冷藏肉馅的一点体会

最近吃饼干得到启发。买回肉馅，用手将其捏弄成长20厘米，宽15厘米，厚1.5厘米左右的肉饼，放冷冻室内保存。此法有几个好处：扁方形可充分利用空间，化冻时间短（仅是球形的1/4），分食容易，稍用力便可剁开，手劲大的男同志可用手掰断。

100067 北京蒲黄榆路7号楼1101室 徐肃庄

59/ 大枣过夏贮存晾法

枣过夏极易生虫，我从实践中得一法，效果很好：将买来的晾半干的枣洗净，放在压力锅里蒸（不是煮），待开锅冒大气时压阀10分钟，关火，自然放凉，开锅取出放入洁净的容器。随吃随取。此枣已糖化，表面发亮，过夏不霉变也不生虫。

100025 北京十里堡北里二药宿舍 王廷柏

60/ 蔬菜分开食用保鲜法

菠菜现价廉，但买多了半日就蔫了。你可将菠菜的叶和茎分开吃，先吃菠菜叶，茎部用塑料袋包严放进冰箱冷藏室。10天之内仍然保鲜。由此推理，其他带叶茎的蔬菜也可这样保鲜。

100035　北京市德胜门西大街64号2-1003　郑英队

61/ 饮料"倒立"保鲜法

大塑料螺旋口瓶装可乐、雪碧、橙汁等，开启后一时饮用不完，尽管拧紧瓶盖，也会因其中气体逸逃，口味变差。可拧紧瓶盖后将其倒置，即口朝下，可使之保鲜时间延长。

100006　北京前门东大街5号华风宾馆后勤部　胡卫平

62/ 炒鸡蛋如何味鲜美

炒鸡蛋时在蛋液里倒入少量的料酒，炒出的鸡蛋味道更鲜美可口。　王安静

63/ 豌豆冰冻保鲜法

新豌豆剥出，放入容器后加自来水，水没过豌豆即放冰箱冷冻室，结冰后取出；略放一会儿，一块贮满豌豆的冰块会很容易地从容器中取出，再放在塑料袋里存入冷冻室。这样，冬天就可吃到新鲜豌豆了。　戴玉华

64/ 剩面条保存法

炎炎夏日，人们爱吃面条，如果剩下熟面条，可用凉水过一下，然后放上些香油拌匀，放到冰箱里就不会粘在一起。再吃时，加些作料，即可做凉面。　于镭

穿
部

1/ 巧做短裤

棉毛裤穿几年就坏了，可废物利用改做短裤，将旧棉毛裤选出较好的部位，用划粉画出短裤的标样来（大小根据本人胖瘦而定），剪下用缝纫机或手针缝，然后穿上松紧带，短裤即完成。

邢福芳

2/ 自制婴幼儿茶枕

婴幼儿每天要躺 20 个小时，枕头的选用直接关系到孩子健康和头形美观。我家传统的方法是把饮过的茶叶晾干，收集起来作枕芯，缝制成一尺左右长、两侧为椭圆形的枕头。这种茶枕松软且挺实，婴幼儿使用不但可形成一个好看的头形，而且透气舒适，夏季使用不长痱子。

杨立坤

3/ 巧做衬裙

眼下流行的夏季时装套裙五光十色，可用的裙子太透怎么办？用男同志的大背心（半旧的带袖不带袖均可），将挎篮或带袖部位横着剪掉，然后用手针缝边，底边穿上松紧带，衬裙即完成。它简单、易做，又不花钱，女士们不妨根据需要，动手试做一件。

邢福芳

4/ 巧补皮夹克破口

穿皮夹克稍不小心，极易被锐器刮破，如不及时修补，破口会越来越大。可用牙签将鸡蛋清涂于破口处，对好茬口，轻轻压实，待干后打上夹克油即可。

刘芝

5/ 巧补塑料雨衣

将塑料雨衣裂缝处的部位对齐，上面放一张玻璃纸，用热熨斗在玻璃纸上轻轻熨几下，下面的塑料布便黏合好。如果破处较大，可剪一块比破处稍大一点的薄塑料布压在破处，上面再盖玻璃纸，以同样方法粘补。

晓明

6/ 棉毛衫领口松了怎么办

现在有的棉毛衫和针织品洗一两次后，领口就变松了，穿上既不雅观，脖子又冷。我在领口的接缝处拆开几针，穿上一根长短合适的松紧带，缝好，就完好如初了。

李传敏

7/ 巧用旧毛线

每个家中都有不再穿用的毛衣裤、帽子和手套等毛线织物，存之无用，弃之可惜。用这些质地粗细、颜色各异的毛线织物拆洗后分类、分色，再行组合搭配，可以织出漂亮实用的椅垫、沙发坐垫、靠垫及适合需要的物品。我的经验是：用线二股以上并组合，可产生柔和感和不同颜色效果；织大物品可按颜色、形状需要每块单织，然后调配缝合而成；织物最好为双层，线头在内，既整洁又增加厚度。

杨立坤

8/ 自制熨衣板好处多

在烟盒铝箔纸上喷洒一点水，用电熨斗将其熨平，依次排列整齐，粘贴在光滑木板上，就成铝箔熨衣板了。用它熨烫衣服，既省电又节约时间，还提高衣服的平整度。

王永

9/ 巧拆毛衣裤

毛衣裤拆之前，先放在清水里浸透，然后捞出放洗衣机甩干桶里甩 3 分钟，取出后再拆就不会尘土飞扬呛嗓子了。

孙利英

10/ 橡皮膏补袜底小洞很牢

用剪刀剪两块大于袜底小洞的橡皮膏，在袜底洞的里外粘上，可穿好长时间不破。 高喜拴

11/ 用指甲油补高筒袜

高筒袜破一点就会很快跳丝，连成一片，用针线缝补既影响美观，又不能完全阻止其跳丝。若高筒袜破了后，马上用无色的指甲油在破口周围涂抹一圈，并把已经跳丝的地方也涂上油，待指甲油凝固后即可穿用，即使经水洗破洞也不会再扩大和跳丝。 陆 文

12/ 用胶水代替指甲油补袜子

女同志穿的线袜子，一不小心就破了，跳丝很快，而且一坏就是一大片。听说用指甲油点一下可防跳丝。我和同事曾用胶水代替，在破的地方点一滴胶水，效果也很好，不再往下跳丝了。 常京娥

13/ 解决裤、裙拉链下滑的方法

风度翩翩，人人追求，可是，如果其裤或裙的拉链不幸下滑，真令人尴尬。有一法可以解决，即在裤、裙拉链顶端的相应部位，缝上一个风纪扣钩，用此钩便可以钩住拉链顶端的方孔，从而活动自如，不必担心。 冯青淑

14/ 女同志骑车如何避免风乱吹裙子

△夏天，女同志穿裙子骑车，可在裙子内侧膝盖下部处缀一布条，捆在膝盖上部大腿处，留出活动余地即可，布条长度不超过裙长。若在膝盖下部捆一布条，上缝一个尼龙搭扣，上扣缝在留有活动余地的裙子上更为方便。 宋进军
△穿稍宽松的裙子骑车，裙子常被风

刮起，把裙子左右两角塞入高筒袜口内，即能避免这一现象。 贾春梅

15/ 如何使长丝袜不向下翻卷

夏日，许多穿裙子的女同志的长筒丝袜总爱向下翻卷，既不舒服，又不雅观。在不使用吊袜带时，只要将袜口向内平折10毫米左右，袜子就不会向下翻卷了。 赵 风

16/ 香皂头可作裁衣用画笔

香皂用到最后，剩下的是一块又薄又小的香皂头，使用已不方便，不要扔掉或使之变形，可用它作裁衣服的画笔，清晰、便利，比市场上买的粉状画笔还好用。 桑 源

17/ 自制鞋拔子

买一个竹制"痒痒挠"，选"手掌"宽大点的为好，然后用小钢锯将"手指"齐指根部锯掉，用木锉和砂纸打光滑，再用木锉顺着"手心"竖方向地轻轻锉几下，这样，一个鞋拔子就制作成了，由于手柄长，坐在床边上不用弯腰就能轻易地把鞋穿上。 赵 路

18/ 自制鞋拔子又一法

我用小号金鱼牌洗涤灵空瓶做了一个鞋拔子，已使用三年，很方便。做法：将空瓶的盖先拧下来，再将空瓶底部剪掉，然后将空瓶上下剪成两片，将一片反过来叠合，剪齐用胶水粘牢或用订书钉两侧钉牢（要从里面向外钉以防刮抹子），再将下部剪成半圆形，上部将盖拧紧即成。 高恒溥

19/ 丝绸面料怎样裁制

丝绸面料柔软、光滑，裁制较困难。

我有一个办法：用少许面粉加上30倍左右的清水，调匀，把丝绸面料放入浸泡，晾干，丝绸面料就很挺括了。裁剪缝制完成后用水清洗，面粉即可脱落。

张洁

20/ 自制"哺乳衫"

哺育婴幼儿，母乳最佳。可是妈妈给孩子喂奶，也真够累的：解开衣服的前襟吧，敞胸露怀，不但不雅观、不卫生，而且也冷，于是不得不用一只手抱着孩子，另一只手掀起前襟。可这样又怕衣服挡住孩子的鼻子，影响呼吸。而厚厚的衣服挡着妈妈的视线，又不得不伸着脖、探着头，喂一次奶常常累得汗流浃背，头晕眼花脖子酸。前几年儿媳坐月子，我给她做了一件"哺乳衫"。儿媳穿上给孩子喂奶，还真方便。其实很简单：就是在衣服的前胸两侧乳房的部位，各留一个三四寸长的开口，外面再安上一个假兜。喂奶时把假兜解开，乳头即露出衣外，喂完后送回，再把假兜扣上，和普通衬衫没有什么两样。我想这种"哺乳衫"在农村会更受欢迎，因为不论在田间地头还是自家场院，喂起奶来既方便、又卫生，还挺雅观。

李玉明

21/ 巧挖扣眼

自己做衣服时挖扣眼很费事，尤其是化纤薄纱类的料子爱虚边脱纱，难锁扣眼。可用细香在要挖扣眼的地方烫出一条细沟，再锁边时就能整齐不脱线。

覃守凤

22/ 上开口被罩巧封口

前几年买的被罩，多半是在被罩的中间开有长方形或菱形的口，时间一长，暴露在外面的这块被面容易脏，而且很难拆洗。如果在自己喜欢的布料上，裁下大于开口的一块，放在开口的下面，用八个按扣固定好，问题就解决了，并给人以新鲜感。

胡承兰

23/ 冬天盖被子如何防肩膀漏风

冬天盖被子睡觉肩膀总觉"漏风"，这对中老年人或病人来说是一个不容忽视的问题。可在被头上缝一条半尺来宽的棉布，问题便得到很好的解决，因为不管你怎样翻身，棉布自然下垂总使您盖得很好。装被子可选比被子长的被罩用，也会收到很好的效果。

赵俊德

24/ 用棉毛裤做薄棉裤，松软合体

用两条拆掉松紧带的旧棉毛裤改制成薄棉裤，既柔软暖和又轻松合体，无臃肿感。如拆开，就像普通棉裤一样做法；如想省事，可直接在一条上铺裹一层棉花或腈纶棉，搭好缝，用线缝合，再将另一条往上一套，绗好（绗裤腿时，为了方便，也不致缝连别处，可在裤腿里放一块塑料板或硬纸片，随绗随上下推动）。最后把裤脚、裤腰做好并在裤腰上缝上一条宽松紧带。老年人穿的可将裤腰接高些，加大立裆，这样就更舒适。

胡承兰

25/ 强力胶可补脱丝尼龙袜

尼龙丝袜极易因被刮而脱丝一大片。现介绍一种简便粘补方法：当袜子刚刮破时，最好立即脱下，在刮破的丝头处点上一滴强力胶液，几分钟后用手轻轻捏平，破头就被牢牢粘住，不

会再脱丝。如果出现破洞，就在洞边涂一圈胶液，破洞便不再扩大；破洞比较大，可将袜子翻过来，套在一个光滑的圆物体上如易拉罐，使破洞处展平，再从穿过的旧袜子中找相同颜色的剪下一块，分别均匀地涂上胶液，过几分钟后粘上，压平。这样粘补过的袜子，水洗、搓磨都不会再开丝。强力胶可在商店买到。 　　肖　纪

26/ 新尼龙丝袜洗后穿可防拉丝

前些时候我买了几双尼龙丝袜，连穿两双都因拉丝坏得不能再穿。听人说洗后穿就不会拉丝，我照办后效果很好。袜子应在水里多泡些时间，并打上肥皂多搓搓。 　　王宗秀

27/ 白皮鞋磕破了怎么办

女士爱穿白皮鞋，但鞋尖和鞋跟的皮子常被磕坏，令人烦恼。我偶然发现了一种解决办法，用涂改液（进口的最好）涂擦磕破的地方，可稍多涂一些，然后抹平，晾干后基本恢复原样。 　　张昆名

28/ 鞋带包头可修补

鞋带的塑料包头损坏后，穿鞋带时很不方便，可剪下一块废旧易拉罐皮或牙膏皮，裹在原鞋带包头处即可。 　　甘源春

29/ 真假牛皮巧识别

市场上的小贩卖牛皮带，现做现卖，要多长多宽，顾客可随意选择。但有些人担心是不是真牛皮，不敢贸然购买。现介绍一种识别真假牛皮的"绝招"：将牛皮的光面抹上一些唾液，然后用嘴对着皮带的粗糙面用力吹，如果真牛皮则皮带光面会出现一些小气泡，如是人造革就不会出现气泡，这是因为真牛皮上有许多透气的毛孔。 　　郭健宁

30/ 识假羽绒服一法

用双手分别从衬里和面的同一部位，把衣内填充物向同一方向拍打。如果絮的都是羽绒就会因拍赶使一部分羽绒集中，而另一部分出现夹层；向着光线充足的地方一照，就会发现那个部位透亮。如果其中絮有腈纶棉，就不会因拍赶而出现夹层。 　　郭健宁

31/ 鉴别原毛羽绒服

做羽绒服的羽绒必须经过水洗、消毒、去杂、筛选、配比等工艺，而原毛则是直接从鸭身上拔下来的毛绒，肮脏、保温性能差，还会危害人体健康。所以选购羽绒服时要：一闻，原毛有较浓的腥气味；二拍，原毛含尘量较高，用手拍一拍，如尘土飞扬或羽绒面料上出现尘迹，就可能是原毛制作的。 　　郭健宁

32/ 巧裁丝绸服装

丝绸料抖抖嗦嗦摆不平，裁出的衣片不是大了，就是小了，或者变了形。其实，只要在裁剪前把丝料弄湿，不滴水为准，然后把丝绸面料平摊在桌子上，把纸样往上一放，画粉又很容易画上，这样裁出的衣片就非常规整、不变形，尺寸又准确。面料干后即可缝制。 　　林美玉

33/ 破旧床单再用

用过几年的床单，中间快磨破了，两边还完好如初。可从中间剪开，一分

为二，再将原来的两条边缝在一起，这样将原来的中间部分调到两边了，也不用再缝边了，塞在褥子里就行，中间虽有道缝线，但睡在上面感觉不出来，现在一般都有床罩，床上依然美观。

苗 芳

34/ 防纽扣掉落

日常生活中，纽扣时常掉落，令人烦恼。为解除烦恼，笔者在钉扣子前，试着用小刀把纽扣小孔的口子刮一圈，去掉毛刺。这样做后发觉纽扣就不大容易再掉落了。

邱芳宁

35/ 自做头花

用做裙子或上衣的布头，可根据自己的喜好选不同颜色，将大约长30厘米、宽6厘米的布头，用缝纫机或手工缝做，两边留个小口穿松紧带，松紧带12厘米左右，分别把松紧带两头和头花连接处缝好。如点缀几枚小珠子更别致。穿上漂亮的衣裙，配上同色的头花，非常亮丽大方。

赵晋萍

36/ 废旧电线做"魔术发带"

一段约70厘米长的废电线，可以制作出精美的"魔术发带"。做法是将电线圈成长圆形，接头处扭在一起拧牢，圈成的宽度约6厘米，选自己喜欢的颜色的花布头，沿长圆形将电线包裹起来缝好，缝时中间开出一个约4厘米的口儿，亦用线缝好，这样一个"魔术发带"就制成了。由于废旧电线柔软，可变可折，女孩子别在头发上可任意别出花样，十分美观。

杨孝敏

37/ 长筒袜防脱卷

夏天到了，女士们经常穿长筒丝袜。但长筒袜由于口紧，总是往下卷，穿吊袜带是一种办法。另外，也可以在袜口别上一枚硬币，提起袜口别上两圈固定住，一天也不会脱卷，十分省心。

宋瑞芝

38/ 巧粘头饰一法

目前流行的头饰款式多样，但大多容易开胶。一般人多用各种胶黏合，但很麻烦。我现有一法，即用打火机（火柴更好）的火苗在开裂处的原胶面上烤几秒钟，看到胶开始熔化后关掉打火机，然后将头饰裂开的两部分挤压黏合，待儿分钟头饰就可以重新佩戴了。

朱 爽

39/ 用旧布料解除坐便凉意

冬天去卫生间，坐便觉得有些凉，想在街上买一个又觉得不值当的。我利用家中旧衣服剪后缝在便圈上，因为制得厚实，坐上去便好些。

薛素云

40/ 去除染发痕迹

△染发时不留心，往往在手指上、发际边留下黑色痕迹，几天洗不掉。用香烟燃尽的灰，蘸上点水磨擦痕迹，可以去除。

赵根生

△将食用米醋涂抹在沾染上黑色剂的皮肤或衣物上，稍后再打上肥皂进行清洗，污渍会很快洗净，且不留痕迹。

刘德斌

41/ 快速穿针引线

穿针引线不快的主要原因是线头处的纤维短毛被针孔阻挡造成的，在手指肚上蘸少许胶水（越少越好），线头在两指肚间拉过，稍刻，线头变硬，再穿就很容易了。

贾仰林

42/ 用皮筋防止拉链下滑

肚子发福的人，裤子前边的拉链总往下滑，其实一根小皮筋就能解决问题。把皮筋从"拉别儿"的小孔中穿进一半后，在小孔上端系一个死扣，拉好拉链后，把皮筋的两个环形头套在腰间的扣子上，这样拉链就不会开了。

李秋箴

43/ 自制脚垫

如今谁家都有些废旧毛线，既无光泽又无弹性。我把废旧毛线集中起来，根据自己需要协调搭配：将十五六根毛线合成1股，用大棒针织成不同形状不同尺寸的单片，放在房间、卫生间、厨房、阳台等地当作脚垫，也可放在电视机、茶盘、暖瓶等下面当桌垫。这种自制的脚垫、桌垫既省钱，颜色花型又不呆板单调，洗着也方便，在洗衣机里洗、甩均可。

周美琪

44/ 松紧带代替小孩鞋带

现在小孩子穿旅游鞋的很多，可系鞋带很麻烦，一旦带子开了扣，踩在脚下易摔跟头。我把孙子的鞋带抽出换上了松紧带，为了不使它开扣，就在尽头系一扣，然后用线把它钉在鞋舌头上，这样穿时，鞋舌不会进入鞋内，穿脱也方便。

薛素云

45/ 鞋垫如何不出鞋外

鞋垫跑出鞋外，这是叫一些人头痛的问题。我的解决办法是，找块布剪成"半月"形给鞋垫前面缝上个"包头"，如同拖鞋一样。往鞋里垫时，穿在脚上用脚顶进去，而且脱、穿自如。

张思让

46/ 巧修鞋带头

日常生活中皮鞋、旅游鞋的鞋带，两端的塑料头很容易散开，既不美观又影响穿鞋带，很不方便。我向朋友们介绍一方法：取4厘米长1厘米宽的透明胶纸，将胶纸粘在鞋带头上，用力搓成小棍即可。若想更结实一点，可把粘好的鞋带头在"502"胶水瓶里蘸一下，这样一来就是用水洗也坏不了。

戴岳

47/ 雨天骑车不湿鞋

骑车遇上雨的时候，除穿好雨衣外，我还要把预先准备好的小废塑料袋套在鞋上。这样，在雨多的季节里，可保护鞋子，又不用在出门时为穿什么鞋而费心了。

戴卜明

48/ 两根铁丝拧在一起晾衣服不易掉

在阳台上晾衣服有什么办法不让风刮掉呢？我发现用两根铁丝拧在一起，晾的衣服不易被风刮掉。具体做法是：将两根粗一点的铁丝的一头并拢，在阳台的一端拴好。再将铁丝拉直，拧上数道，铁丝能晾几件衣服就拧几道，然后将铁丝绷紧，在阳台的另一端固定拧牢。晾衣服时，衣服只晾在其中的一根铁丝上。晾第二件衣服时，先把附近的一个铁丝相拧的交叉点，赶到第一件衣服旁，然后将衣服晾到另一根铁丝上，这就使每件衣服都紧紧地夹在两根铁丝的中间了。如果把晾好的衣服再向上翻过去，使衣服既搭在这根铁丝上，又缠到另一根铁丝上。

这样，即使遇到大一点的风，衣服也不易被风刮掉。 朱庆达

49/ 熨斗巧除锈

电熨斗生锈了，不要用砂纸擦，这样会破坏电镀层并形成凸凹，既影响美观又妨碍使用。较好的办法是先用一块潮湿的布蘸上牙膏或牙粉慢慢擦拭锈处，擦净后，再在锈处涂上一点蜡，插上电源，将蜡熔化后再擦。如锈蚀部位在熨斗底面，可用一块废布做垫，来回多熨几次。用此法除锈不会破坏电镀层，又能恢复原有的光滑和平整度。 邱芳宁

50/ 简易放大毛衣

机织的毛衣是由几片缝制而成，想把毛衣加宽加大，可以将缝线拆开，再用颜色合适的毛线，按需要加大尺寸，织成长条或菱形片，接在毛衣的腋下等处，这样免除了拆了再织的麻烦，若能巧妙地调配所加毛线的颜色，还能为原来的毛衣增加一些艺术色彩。

100091 北大燕北园 311 楼 405 覃守凤

51/ 剪裁绸衣料的窍门

丝绸衣料又软又滑，剪裁时不易固定放平，不易划线，不易剪裁，解决的办法：在剪裁以前，用很稀薄的米汤（或用冲好的很稀薄的藕粉）稍微浸一下，晾干（不要在阳光下曝晒）以后，丝绸料再也不软不滑了，剪裁时，可以随心所欲运用了。衣服做好以后，用水一洗，丝绸又还原如初。

100027 北京左家庄三源里南小街 3 号楼 1 门 203 室 陈贵静

52/ 袜子口松怎么办

新袜子有时会因袜口松而下滑，走几步就要往上提一提，在人前很尴尬。可找一双袜口松紧合适的旧袜子，把松紧口剪下，用缝纫机把它接在口松的袜子上。

100029 北京朝阳区安苑北里 5 号楼 1202 邸桂英

53/ 长筒袜不下滑一法

女同志穿长筒袜，由于关节运动，袜子难免滑下来。朋友传授一法：将破旧的长筒袜的松紧口处及袜筒 5 厘米一齐剪下，再穿长袜子时将这一个当"松紧带"套在大腿上，袜子绝不下滑；不松、不紧，比吊袜带、松紧带舒适，好用。

100035 北京积水潭医院 何代璇

54/ 给草席做个罩

南方草席铺在席梦思床垫上，人睡上去易滑动，几乎每天要整理席子。我用一个旧被罩，把席子装在里面，铺在床上，睡上去不再滑动，免去整理床铺的麻烦。该法对旧席子更适用。

100032 北京西城区府右街互助巷 45 号 6 门 1 号 赵雅云

55/ 皮鞋放大一法

皮鞋表面均匀涂抹酒精，然后将鞋用双节木鞋楦撑起，并在鞋楦中间打入小木楔。以后大约每半小时给皮鞋表面涂抹一次酒精。4 小时后，打入第二块小木楔。重复以上过程 3~5 次（视鞋放大需要），皮鞋大约可放大半码至一码。

100021 北京朝阳区武圣西里 16 号楼 5 门 502 贾小燕

56/ 穿鞋增高有讲究

一般讲，最佳鞋底厚度 = 脐高差 × 2.618。（注：脐高差 = 理想脐高 − 脐

高；理想脐高＝身高 ×0.618。）例如，你身高为 1.587 米，脐高是 95 厘米，那么你穿底厚为 5 厘米多点的鞋效果最好。当然，如果你的"脐高差"偏大，就很难达到理想效果，因为鞋底厚是有一定限度的。

100080　北京海淀区人大常委会财经委　方经纬

57/ 如何使衣料写字不掉

生活中有时需要往衣料上写字（如自制文化衫），但沾水后就会褪色、消失。可用较粗的笔蘸墨汁或碳素墨水在需要的布上写字，待干后，用棉棒蘸 75% 以上的酒精（医用酒精即可）把写字的地方浸湿，晾干后无论怎么洗，字迹也不会被洗掉。

100071　北京丰台区东大街 8 号　崔清法

58/ 如何使丝袜不勒腿

无跟丝袜由于袜腰紧，穿后常在小腿下勒出一道沟，我的办法是将新袜子袜腰折返部分的双层连接丝线挑开成为单层，一方面加长了袜腰，另一方面也不会脱丝，这样穿起来就不会勒腿了。

712100　陕西咸阳杨陵区西农路 26 号　王经武

59/ 自行调节袜口松紧

市场售棉线袜，常因袜口过紧，使人脚腕很不舒服。将袜口用手撑开，可看到其中有许多橡皮筋，用缝衣针鼻将橡皮筋挑起，便很容易抽出来。可以用抽出根数的多少，调节袜口的松紧程度。

100029　北京朝阳区安贞西里二区 20 楼 807 号

傅云仪

1/ 衣服上的干漆怎么去除

油漆弄到衣服上，干了以后，怎么也洗不掉。我先试着把清凉油涂在有油漆的地方，过几分钟后，衣服上的油漆不那么硬了，但还是擦不掉，后来滴了些醋又滴了几滴洗涤灵一块搓，并马上用水清洗（如不净可反复一次），才去掉了衣服上的干油漆。

马桂英

2/ 旧衣拆线法

拆旧衣服时，只要先在沿缝线两面涂上蜡，拆线就非常容易，且不留线头。

张树明

3/ 怎样洗真丝绸料衣服

买一瓶不含护发素、价格低的洗发水，把要洗的真丝绸衣服用水泡透，然后把盆里的水倒掉，衣服千万不要拧干，取少许洗发水，均匀洒在衣服上，用手轻揉 4~5 分钟后再用清水冲洗，待泡沫消失即可。晾时要阴干。这样洗出的衣服，色泽鲜艳、柔软，且有香味。

桑 源

4/ 洗尿布加醋好

给小孩洗尿布，一般都用洗衣粉或肥皂，这样洗过的尿布，一般还残留有看不见的氨和洗衣粉，会刺激婴儿娇嫩的皮肤。如果在涮洗尿布时加几滴醋，便可清除掉这些残留物。　晓 明

5/ 西服起泡不用愁

西服穿久了或洗涤不当，当胸等处会出现不少气泡，影响美观。可找一废旧注射器，用大号针头把胶水（可加少量水）或其他无色、无腐蚀性、流动性较好的黏合剂均匀适量地注入起泡处，再熨干、熨平，西服挺括如初。

庞晓东

6/ 电动剃须刀可修整衣裤

仿毛华达呢西裤，穿不了多久（尤其是洗后），会起很多小球，且越来越多；若是跟其他衣物一起洗，还会粘上很多小毛，很不美观。我用电动剃须刀像剃胡须一样，将裤子剃过一遍后，裤子竟平整如新，我仔细观察，电动剃须刀还可将粘上的小毛、尘土吸去。我又拿来别的衣物试验，发现不仅可修整裤子，其他类似料子的所有衣物都适用。但用电动剃须刀修整，最好是在刚起小球时，球大了就不太好修。

赵 东

7/ 怎样减轻衬衫领的污迹

新买来的的确良衬衫，用棉花蘸点纯汽油在衣领和袖口上擦拭一两遍，待挥发后洗净，以后穿时沾上污迹，容易洗净。

郭长根

8/ 酒精除汗渍

衣服的腋窝、领口部易染上汗渍，如把汗渍在酒精中浸泡 45 分钟，再用肥皂水和清水搓洗即可除去。　张树明

9/ 巧穿尼龙线

女同志都喜欢穿锦纶单丝袜，但这种袜子不太结实，鞋底有个小石粒就能把袜子硌破，如不及时修补，就会脱线无法穿。用尼龙线可以缝补（既不影响美观又结实耐穿），但是尼龙线穿针却是一件难事。现介绍一种简易方法：先用细线（或头发）双根穿入针孔中，留一线套在外；将尼龙线穿套内；将双根细线拉出针孔，尼龙线

穿
部

衣
物
洗
涤
与
养
护

也随之被拉入针孔。 关燕玲

10/ 如何防旧衬衣领磨脏西服

旧衬衣领低于西服领，易磨脏西服。可用高级衬衣的透明塑料包装物剪成5厘米宽、30厘米长（不要短）两头尖状的衬子，夹在衬衣领内撑起，既精神又适用。 宋进军

11/ 黑色毛织物增黑一法

黑色毛织物穿时间长了，会变得不鲜艳，如用煮菠菜的水洗一下，便可使其光洁如新。 张树明

12/ 醋可除去葡萄汁渍

如不小心将葡萄汁滴在棉布或棉的确良衣服上，千万不要用肥皂（碱性）洗。因为用碱性物质洗不但不能褪色，反而使汁渍颜色加重。应立即用食醋（白醋、米醋均可）少许，浸泡在汁渍处数分钟，然后用清水洗净，不留任何痕迹。 程慧

13/ 旧毛衣毛线如何洗直

毛衣穿得太久，尤其是腈纶毛线和毛腈混纺毛线等，拆洗时毛线很不容易洗直，再织就会影响效果。可将拆下的毛线绕成圆球状（一般50~100克绕一团）放进蒸锅内蒸5~10分钟，然后把毛线的一头从锅盖的中心孔中拉出来倒成一挂（锅仍坐在火上），经过"热处理"后的毛线就变得又直又蓬松了。 孙斌

14/ 衣服翻过来洗涤好

洗衣服应翻过来洗里面，这样可以保护面料光泽，同时也不起毛儿，既保护外观还延长衣服寿命。 陈士起

15/ 皮鞋翻新一法

皮鞋穿久了，便会失去光泽而显得陈旧。可用干净棉纱蘸上适量稀料或者洁净汽油，轻轻在鞋面上擦拭一遍，重点地方多擦几下，然后立即上一遍鞋油，用擦鞋布来回蹭几下，一双锃亮如新的皮鞋就出来了。 王经辉

16/ 怎样去除白皮鞋上污点

妇女喜穿白皮鞋，但白鞋易脏，我有两种养护方法：鞋上有污点，可用橡皮擦，就连蹭上的黑鞋油、铁锈都可擦掉，牛皮鞋效果尤佳；亦可用白色牙膏薄薄地涂在污点上，起遮盖污点作用，然后再打白色或无色鞋油即可。使用这两种方法前，最好先用微湿软布将鞋上浮土擦净。 高彤

17/ 防止白球鞋晒出黄印儿

洗后晒干的白球鞋，常常在帆布和胶底相接处出现黄印儿。可用普通卫生纸将洗好的白球鞋包起来再晒。这样，鞋可快速干又不会出现黄印儿。曹雪

18/ 刷鞋后如何使鞋不发黄

△用肥皂或洗衣粉把鞋刷干净，再用清水冲洗净，放在洗衣机里甩干，鞋面不会变黄。

△鞋用清水浸透，将鞋刷或旧牙刷浸湿透，蘸上少许干洗精去刷鞋，刷干净后用清水冲洗净，晾干，这样鞋洗得干净，鞋面不会发黄。 顾永洁

19/ 泡沫凉鞋延寿法

新买回的泡沫凉鞋，可放在盐水中浸泡4~5个小时后，晾干再穿，不易裂口，耐磨耐穿。 张树明

20/ 搽猪油可保存皮鞋

我曾认为，多搽些鞋油能起到长期保护鞋面的作用，但事实告诉我，鞋面更易裂。后来，我改用肥猪肉或生猪油搽抹，鞋面始终光滑油润，一些同志听我介绍后，也用此法搽抹，结果都说好。

马庆华

21/ 棉鞋除湿妙法

我是汗脚，每晚脱鞋时，里边总是潮乎乎的，我缝制了两个同鞋子长短、宽窄差不多的小布袋，里边装上干燥的石灰，然后把袋口缝死，每晚脱鞋后就把石灰袋放入鞋内。干燥的石灰吸湿力强，经过一夜就可将鞋内的湿气吸干，第二天早晨又可穿上既舒适又干爽的棉鞋了。石灰袋白天应放在阳光下曝晒，晚上再用，也可多缝几个交替使用。

周桂迎

22/ 怎样使刷洗完的鞋子干得快

将刚刷洗完的鞋子放入洗衣机的甩干桶中，鞋面靠着桶壁，两只鞋要对称放置。放好后，开启洗衣机脱水按钮，将鞋子甩几分钟，取出晾晒，既不淌水又干得快。

霍苑

23/ 衣服洗后及时熨烫好

一般都有这样的经验，纯毛料和毛涤料服装不容易熨平，我把经洗衣机清洗后再甩干的衣服用电熨斗熨干，效果极佳。

自力

24/ 楼房阳台晾衣绳的巧使用

挂在阳台晾衣绳上的衣服常被风吹落地上或掉在楼下，风大了用夹子夹也不大管用。我试着用粗细适中的铁丝，每隔20厘米左右拧一直径大于8号铁丝的小环，环眼与铁丝方向一致，而且都要在一边，然后将铁丝环口冲下固定在阳台晾衣支撑钢筋上。晾衣时将衣架上的钩子挂在环眼里就行了，既解决了衣服被吹丢弄脏的烦恼，又使晾的衣服不往一块挤而干得快，还不影响晾床单和被子。

李国华

25/ 旧腈纶衣物可清洁床单

将旧腈纶衣物洗净晒干，用它在床上依次向一个方向抹擦，由于静电作用，可吸附床上灰尘。吸尘后的旧腈纶衣用水洗净晒干可反复使用：连续抹擦如同干洗。

戴瑜

26/ 维生素C去除高锰酸钾污渍

家庭常用消毒剂高锰酸钾与皮肤、衣物接触后，常留下难以去除的黄褐色污渍，用维生素C片沾水涂擦便可去除。

刘君一

27/ 发胶喷皮鞋，皮鞋竟如新

工作紧张，常常忘记擦皮鞋。一次，我偶然用发胶喷了一只皮鞋，穿了一年多的皮鞋竟又光亮如新。后多次使用该法，大大缩短了擦鞋时间，喷鞋之前，应用湿布拭去鞋面的污迹，涂层也不要太厚。

马永忠

28/ 水碱可代替白鞋粉

刷白球鞋、白帆布鞋一时买不到鞋粉怎么办，我找到一个好方法，只需将水壶（铝壶或铁壶）壁上的水碱刮下来，沥干水分，抹在刷洗干净的鞋面上，晾干后就鞋白如新。

刘书敏

29/ 如何保养皮夹克

将核桃仁包在布中，用它揉擦皮夹克，

擦后用皮革油打一遍，皮夹克便柔软光亮，穿着非常舒适。　　　黄荧

30/ 怎样使兔羊毛衫不掉毛

兔羊毛衫及兔羊毛围巾虽然漂亮但是容易掉毛。我用一种方法处理后就不掉毛了。先用半盆凉水溶解一汤匙淀粉，然后把兔羊毛衫、围巾用清水浸透后提出来（勿拧），稍控水，放在溶有淀粉的水中，浸泡 5~10 分钟后装在网兜里挂起来控水，将水基本控完再晾干就行。　　　李忠兰

31/ 洗毛衣不褪色

若用茶水洗毛衣、毛裤，可避免褪色。方法是：一盆开水放一把茶叶，待水凉后，将茶叶滤出，将毛衣、毛裤放入泡十几分钟，轻轻揉搓漂净，晒干即可。　　　赵智森

32/ 巧除松树油

我老伴在公园晨练时将衣服挂在了松树上，沾了好多松树油。用了几种方法都洗不下去，后来用纱布蘸牛奶擦，还有点痕迹，又用纱布蘸酒精擦，最后除掉了。　　　李忠兰

33/ 绒布擦绒布去灰不伤布

日常生活中，绒布最容易沾灰，如果用刷子去刷，绒面很容易被破坏。如何去灰又不伤绒面呢？只要用绒布擦绒布，则灰尘极易去除，反复擦拭也不会损坏绒布和绒面。　　　邱芳宁

34/ 如何清除衣服上的紫药水

前几天我家被子被染上一大片紫药水，母亲在污处先涂上少许牙膏，稍等一小会儿，又在上面喷上些厨房清

洗净（威猛先生），刚喷上，就看紫色的污物从中间开始慢慢变浅，最后能完全消失。　　　张敬

35/ 牙膏可去衣服上油污

△我不慎将衣服上沾了很多片机油，当即用中华牌牙膏涂抹在沾有机油的衣服上，大约有 4~5 块，1 小时后把牙膏搓掉，用干净毛巾蘸水擦洗，油污即无。　　　朱大实

△白衬衣上划一道圆珠笔痕，我用奥琪牙膏抹上揉搓，再打肥皂洗，油渍没了。　　　李树昆

36/ 松节油可去油渍

母亲的衣服上不知何时蹭上一块已晒干的黑油斑，用汽油和稀料都无法清除。后来我试着用棉花蘸上松节油涂在油渍处，轻搓两下再打上肥皂冲洗，油斑奇迹般消失了。　　　冯继兴

37/ 可乐可除去碘酒污渍

一天，不慎将一滴医用碘酒滴在桌布上，非常难看。又有一天我喝可乐（听装可口可乐）正好一滴落在碘酒的污渍上，不到 20 分钟碘酒的污渍消除了。我又特意试了一次，有效。　　郑清淇

38/ 风油精可清除衣服霉味

阴雨天衣服洗后不易干，有时会产生霉味；长期放置的衣服因受潮也会产生霉味。消除霉味的方法是再次用清水洗涮时滴入几滴风油精。干后衣服不但霉味消失，而且散发出清香味。　　　梁敏和

39/ 醋精去果汁渍

不慎将石榴皮汁溅在白色的真丝绢纺衣服上，我用食醋去斑点反而加深扩

展，后用"碧浪"洗衣粉揉搓，颜色变黄加深，仍未去掉。改为洗涤灵也无效，在同事的启发下，用醋精浸泡数分钟，黄斑褪去。紫药水渍用此法也非常有效。

冀 力

40/ "84 消毒液"可除果渍

一次我无意中用"84 消毒液"去洗衣服上的果渍，结果洗得很干净。此法只适用于白色衣物和棉织物，千万不要用于深颜色衣物。具体方法如下：先将脏衣服浸入水中，浸湿后稍拧干。往有果汁的部位滴几滴"84 消毒液"，稍等片刻，打上肥皂搓洗，然后用清水洗涤干净。

王 莺

41/ 维 C 片去墨水污迹

有一次，由于插在白衬衣兜里的钢笔漏水，染蓝了好大一片衬衣。我将几片维生素 C 片，用硬物压成粉，然后倒在浸湿拧掉过多水分的污处反复揉搓，再用水一冲洗，便干净如初。

李大谦

42/ 去除衣服上口香糖渍

将粘有口香糖渍而难以洗除的衣服，放入冰箱冷冻一段时间，糖渍变脆，用小刀轻轻一刮，就能弄干净。董 颖

43/ 洗涤灵妙用

△洗衣时，上衣的领口和袖口往往不易洗净，若在未洗前，先把衣服的领口、袖口处用水浸湿后，在有油渍之处，滴上少许洗涤灵，用手轻轻搓揉几下，上面的渍迹便很快消失了，然后再用常法去洗，洗后的衣服不会出现"二口"处没洗净而令人尴尬的现象了。

阎涉芹

△做饭或吃饭时不小心将衣服蹭上油污，非常难洗干净。若将油污处涂上洗涤灵，几分钟后揉搓几下，然后将衣物整个用清水冲洗干净即可，用同样的方法清洗提包及书包上的油污同样有效。

魏秀珍

44/ 鸡油延长皮带使用

新买的皮带，先用鸡油均匀地涂抹一遍，这样，皮带就变得比较柔软而且具有光泽。鸡油可以防止汗液侵蚀皮带，从而延长皮带的使用时间。

齐志强

45/ 使毛巾柔软用洗衣粉煮

毛巾发黏变硬后就不好用了，用少许洗衣粉将旧毛巾用水煮 10 分钟左右，凉后用清水洗净，再用时毛巾由硬变软而且好用。

白文玺

46/ 巧洗荞麦皮

我家枕头装的是荞麦皮，以往清洗时尽管连笊篱、筛子都用上了，但仍有大量荞麦皮顺水漂走，且费时费力。后受邻居启发，我找了一只塑料编织袋，将荞麦皮倒入袋内，在洗衣盆内反复揉搓，换水，或用水龙头直接冲洗，待水清澈后倒出晾干即可。郝龙慧

47/ 透明胶条清洁白皮鞋

白皮鞋蹭脏后不好清理。只要把胶条粘贴在污渍的地方，轻轻按压，再揭下来，污迹就很容易被胶条粘下来了。这个方法比用橡皮擦更方便、干净，且不伤皮质。

李秀英

48/ 巧刷白鞋

常为刷白球鞋而犯愁，邻居教我一法，

果然很好。在鞋刷上挤上些牙膏，刷洗球鞋表面，直到产生泡沫为止，尤其是鞋面与鞋底交接处容易泛黄的地方。如果鞋面过于脏，用牙膏刷不干净，最好用肥皂粉刷几遍，再用牙膏刷，可以起到鞋粉的作用。球鞋晒干后，不用担心上面的牙膏粉弄得到处都是，鞋面也不发黄。　　赵晓萌

49/ 磨砂皮鞋可用橡皮擦

我出国时，在斯洛伐克一家鞋店里看到一种磨砂女式皮鞋，但只剩一双而且鞋面脏了，售货小姐告诉说，这种磨砂皮鞋鞋面脏了可用橡皮擦。因为这双鞋很漂亮、很时髦，我还是买了，回到住处，我找到一块橡皮，试着擦鞋面上的脏迹，果然奏效。回国后又告诉同事，用橡皮擦磨砂皮鞋鞋面脏迹，也很有效，而且用塑料橡皮擦效果更佳，比用鞋粉擦拭更好。　　战吉华

50/ 发油护皮鞋

春天气候干燥，风大，穿的皮鞋脏得很快。我买了瓶3元钱的发油，用棉球或折叠卫生纸沾上几滴发油放在干净的小塑料袋里，一般我装在包芦柑的小塑料袋里，但注意不要沾得太满，出门时带着，随取随擦，擦后鞋面洁净、光亮，且能起到一定的保护皮质作用。　　夏安琪

51/ 废弃护肤霜可擦皮鞋

放置较长时间的护肤霜（油脂）往往被人们丢弃，实在可惜，不妨用它来擦皮鞋，不但光泽，而且芳香。　刘爱民

52/ 茶叶除鞋臭

我孩子因一年四季穿运动鞋、旅游鞋，脚出汗，鞋很臭，每日中午、晚上都洗脚，鞋子还是臭。我做了两个纱布袋，内装约25克茶叶，脱鞋后将茶袋放于鞋内，早上把茶叶袋拿在太阳下晾晒，每日如此，臭味全无。魏 民

53/ 保存凉席一法

每逢秋凉后，我就把床上的凉席擦净晾干，而后平铺在床上，压在褥子底下。这样保存凉席既不占地方，又保持平整，来年再用时也方便。　朱 彤

54/ 毛衣洗后防缩水一法

先将洗净的毛衣甩干，然后铺上一块干燥的布或床单或毛巾被等，最好几层厚，将毛衣平放在这类布上，抻平，使其自然干燥，一两天后再挂起来风干，这样毛衣就不会缩小了。

100018　国家建材局人工晶体研究所　侯建华

55/ 衣物互染后恢复一法

夏天大家都爱穿带颜色的衣服，在洗涤时应将棉麻衣物与带色的丝织衣服分开，否则混合洗后会出现将棉麻白色衣物染上丝织衣物颜色的现象。一旦出现可先将被染的衣物放在盆中，用清水泡一泡，把水去掉后用刚煮开的肥皂水、碱水直接倒入盆中，泡十分钟左右，再用手轻轻揉一揉即可恢复成原色。

100080　中科院动物研究所　丁 莹

56/ 砸气眼可延长皮带寿命

皮腰带使用久了扣眼容易豁大或变形，将新买来的皮腰带在扣眼上依次砸上"气眼"（即旅游鞋上系带的那种气眼），这样做不仅使皮带增添了美观，更重要的是延长了使用寿命。

100022 北京广渠门外大街 32 楼 8 门 203 号 苍 彦

57/ 收藏衣物细辛最好

中药细辛所含挥发油，不仅能麻痹虫体，并能杀灭多种细菌和霉菌，其防霉驱虫效果比樟脑丸高得多。我用细辛贮藏衣物 3 年，效果非常好。使用方法：将干燥的细辛用纱布包起来，或装在上下有少量细孔的小盒里，放在衣箱里即可。

100075 北京市永外李村北里 26 号 王文泉

58/ 用开水除碘酒污渍

如果白色或浅颜色的衣服、床单、桌布等染上碘酒，可用开水冲洗，污渍立即完全消失。

100027 北京左家庄三源里南小街 3 号楼 1 门 203 号
陈贵静

59/ 巧洗荞麦皮

用尼龙窗纱缝制一个如同洗衣机甩干桶大小的口袋，将脏荞麦皮装入口袋，系紧口，放水冲洗。洗净后放入甩干桶中甩一分钟左右，铺在干净的水泥地上或吸水透气的板儿上晒干。这样洗荞麦皮损失少，干得快。

100042 北京石景山区 99 号信箱 张 娟

60/ 热熨斗可除皮鞋皱

将皮鞋擦净，把"碧丽珠"喷在皱褶处，然后用鞋楦头将鞋撑起，再在皱褶处盖块干布，用熨斗熨平即可。

100021 北京朝阳区武圣西里 16 号楼 5 门 502
张敬贤

61/ 唾液去除衣被鲜血迹

一次我做棉被，针把手指扎破了，白被里上弄上很多血点，情急之中，我往血点上吐了点唾液，血点很快就消失了，我又用清水刷了刷，血迹一点也没有了。再一次是我儿子打针，白汗衫上弄了不少血，我用同样的办法解决。

100011 北京朝阳区外馆东街 50 号 王秀英

62/ 泡洗衣粉洗衣不留痕

家庭主妇平常洗衣服时会遇到这种情况：由于洗衣粉在水中溶解不充分，洗完深色衣服后会在衣服上留下很多白印，擦都擦不掉。我想出一个办法并实验了几次，效果很好。把 15 勺（不锈钢饭勺）洗衣粉，大约 200 克，装进 1.25 升的空雪碧瓶或空可乐瓶中放满水，然后上下摇晃几次，经过一天或更长时间的溶解后，洗衣服时根据洗衣量倒出液体，用热水冲淡浸泡衣物，洗后衣服不留痕迹。应注意把瓶子放在儿童摸不到的地方。

100103 北京市朝阳区南皋乡东辛店大队 102 号
李连珍

63/ 去除衣物口红污渍

衣物、织物上沾的口红，可涂上卸妆用的卸妆膏（清面膏）。水洗后再用肥皂洗，污渍就会完全被清除。

100045 北京西城区复外大街 13 楼 209 李春娅

64/ 去除衣物膏药油污渍

膏药粘到衣物上就很难洗干净。我有一法，可将粘到衣物上的膏药油洗得干干净净，并且不留痕迹。此法是：将食碱放在金属勺中在火上焙干，至没有水分时为止，然后碾成面备用。将衣物上的厚的膏药油用剪刀刮去，再将衣物泡湿，捞出后将碱面撒在有膏药油的部位，盖过膏药油为止，再将衣物合上揉搓即可洗掉。如一次洗不干净，再如前法揉搓一遍，定能洗干净。

100037　北京西城区百万庄南街甲 3 号　张家骐

65/ 去除毛衣口香糖污渍

一次，孩子的毛衣上、裤子上粘了口香糖，用刀刮、水洗，使肥皂、洗衣粉等均不能去掉，我试用医用消毒酒精，涂上后揉搓，没想到清除了口香糖的痕迹。我又试着去除裤子上陈旧口香糖痕迹，多涂揉几次后也有效果。

100036　北京海淀区恩济里小区 14 楼 1–103
张海如

66/ 洗衣机甩干球鞋不发黄

洗刷球鞋后常会发黄，一次使用洗衣机的甩干桶时，试着甩干球鞋，惊喜地发现晾干后居然不发黄了。大概是用洗衣机甩干后球鞋易干才不会发黄的。

100034　北京西城区阜内大街甲 313 号　吴立人

67/ 洗尿布加醋去尿臊味

尿布用清水洗过之后，可用兑入适量食用白醋或食用醋精的清水搓揉洗涤片刻，再用清水彻底冲洗干净，晾晒干燥。此法洗婴儿尿布手感柔软，无尿臊味儿。

100051　北京宣武门棕树斜街 75 号　马宝山

附 录

一般而言，那些大病重病，患者应先去医院诊治，实在无法可施时，再用偏方一试。

附录部分收录的偏方秘方，某些成分较奇特，提醒读者一定慎用，可事先请教中医大夫其中每一味药是否有毒副作用，或者向作者咨询有关情况。

——编者

1/ 吃甲鱼喝血可治病后血球、血色素低

我曾患过伤寒，治疗后期身体虚弱，红白细胞很低。中医称吃甲鱼比服中药还好。有人说如能把甲鱼血加白糖喝下去更好，最好是500克重的母甲鱼。我先后吃过2只甲鱼，约半个月后红白细胞都达到标准。具体做法是：甲鱼洗净去头，先把血盛在碗内，加白糖后马上饮用。再将甲鱼放在开水中煮约一分钟，捞出扒掉薄皮，去内脏，连壳切成块状，加瘦肉100克，盐少许，放在碗里隔水炖熟。一友人病愈恢复期服用后，血色素也有提高。

344000 江西省抚州市环城西路14号华东地质学院160信箱 郭志鸿

2/ 鲜藕芝麻冰糖治血压高

我同事在40岁时患高血压症（160~180/110毫米汞柱），服药不见好，医生总让他休息或住院。后经人介绍一方，用鲜藕、芝麻、冰糖蒸熟食用，果见奇效。他现已76岁，几十年来从未再犯。方法是：鲜藕1250克，切成条或片状；生芝麻500克，压碎后，放入藕条（片）中；加冰糖500克，上锅蒸熟，分成5份，凉后食用，每天一份。一般服用一副（5份）即愈。

100072 北京丰台区长辛店东店口一巷24号 张一诺

3/ 羊油炒麻豆腐能降血压

我患高血压病多年，在偶然食用羊油炒麻豆腐后，竟迅速好转。具体方法是：用150克羊油炒500克麻豆腐。不吃羊油可用其他食用油炒，但麻豆腐必须是以绿豆为原料加工制成的。炒麻豆腐时可放盐适量及葱花、鲜姜等调料。每当血压不稳定或升高时可如法炮制，疗效显著。

100077 北京永定门外马家堡革新西里110院1号楼1门501号 秦振宇

4/ 臭蒿子治高血压

我岳父生前患高血压症20多年。由于病势较重，晚年不得不过早地拄上了拐棍。后亏得友人告知偏方一则，不仅治好了他多年的痼疾，活到83岁，而且使3位患同类病的乡亲都得到康复。具体方法是：秋季时取野生黄蒿子（俗名臭蒿子）一把，放在锅中或脸盆中，加食用盐一把（最好是大盐）熬10分钟（也可以开水冲泡），待稍凉后，洗头10分钟（每晚一次），水凉后再加热，洗脚10分钟。每天坚持洗头洗脚，不要间断。我岳父只坚持洗了一个秋季，第二年就痊愈了。至于春夏之间生长的嫩黄蒿子，治病疗效如何，不得而知。黄蒿子不是熏蚊子的绿色蒿子，不可混同。治高血压所使用的鲜黄蒿子，为了备用可在秋季收割后晒干储存，但要彻底晒干，并放于通风良好的地方，以防受潮发霉。

100055 北京宣武区广安门外鸭子桥路10号 苏道忠

5/ 治疗高血压一方

我患高血压两年之久，高压184、低压90左右，无法工作。后食用了一个偏方，谁知吃了一副就好了。其方是：精选山里红3斤、生地1两、白糖适量。山里红洗净去子放不锈钢锅内煮烂，放入白糖，煮熟晾凉后放冰

箱储藏。每天不计时食用，就像吃零食。轻者一副，重者三副。

100052　北京宣武区宣外大街　王秀芳

6/ 天地龙骨茶益高血压患者

我是多年高血压患者，打针吃药解不了长期高血压之患。有个朋友介绍我用天麻40克、地龙30克、龙骨100克，3味药捣碎如茶状，小火煎沸10分钟，离火，去渣代茶，分两日口服。我长年服用后，血压保持近正常水平。这3味药中药铺均有。

100007　北京东城区府学胡同31号　焦守正

7/ 香油煎柿饼治心动过速

据朋友介绍，她以前经常心动过速，后经老中医传授一偏方，用此偏方治疗后，至今未犯。偏方如下：将柿饼用小磨香油煎后服用，一次3枚，一日3次（或根据自己承受的情况来定）。3斤柿饼为一疗程。

100081　北京市气候中心　刘烽

8/ 鲤鱼鳞黏液治高血压

我的一位亲戚患高血压病数年，久治无大效。主要症状是病情不稳定，血压经常在170~180，最高达到240，其身体难于支撑。前不久，她从乡亲处获得一个药方，疗效良好。现抄录如下：（1）取2千克鲤鱼（活的死的都可，但要新鲜，大些，约500~1000克重）。（2）剥下鱼鳞片后，双手用力在干净的冷水盆中搓洗附在鱼鳞内外的黏液，直至把鱼鳞搓至发白，内外侧无黏液为止。继而以笊篱把鱼鳞捞而弃之，再把黏液汤中的冷水澄出，最后把纯黏液放入冰箱备用。（3）服用方法：每日晨空腹喝黏液2毫升。

服用时按2000克鱼的黏液喝20天计。以此类推，要坚持喝4个月，即4个疗程。（4）服用后量血压观察疗效，一般服用10天后血压开始下降，但不可急于求成而多服，以防降压过快引起不良后果。（5）晨服鱼鳞汤后的下午可加服复方降压片2片、芦丁1片、脉通1粒、硝本地平1片。

以上这些是我亲戚的服用情况，谨供患者参考，最好根据自身病情酌定。我的亲戚试服一段时间后，其病情很快缓解和改善，血压也已恢复正常。

062559　河北任丘市辛中驿镇东边渡口村　闫玉庭

9/ 木立芦荟降血压

我是高血压患者，原先吃两种治疗高血压药，血压也不平稳，经常波动。自从3月末吃木立芦荟以来，血压逐渐下降、平稳，吃的两种降压药逐渐减掉（减药时必须测量血压），但要经常测试血压，一旦血压升高及时吃药。具体做法：木立芦荟最好是3年生。起初每天早晨剪掉叶片后，清水洗干净剪掉两边飞刺，剪成半寸长叶片段保存好，早、午、晚饭后嚼碎，凉开水送下即可。吃过20天后，每次吃的叶片由1.5厘米长增长为3厘米长。在测试血压的同时，逐渐减少治疗高血压的药量，千万不要快速减药。

114001　辽宁省鞍山市铁东区春光街6-1号　杨秀珍

（编者注：芦荟叶一次服用不宜超过9克，否则可能中毒。）

10/ 黄芪煮水降血压

亲友介绍，她的血压很高，喝了3

个月黄芪水，血压已降下来，现已不吃降压药了。我听到此法后，也到中药店买了黄芪，每天早晨用 3 匙黄芪加一天喝水的数量用锅煮 30 分钟，先大火，水开后改小火。煮好后，早晨空腹喝一杯，然后白天正常喝水时就喝黄芪水。我血压原本很高，经喝黄芪水已正常、平稳了。用黄芪煮水降压不能急于求成，要天天坚持才行。

114001　辽宁省鞍山市铁东区春光街6-1号　杨秀珍

11/ 槐花降血压

每逢槐花怒放时，我每日取槐花蕾 5 克，洗净，放入杯内，开水冲泡，代茶频饮。有清热、凉血、止血、降压作用。

100007　北京市东城区府学胡同 31 号　焦守正

12/ 搓脚心治高血压

我单位早已退休的边师傅，年届八旬，曾患有 30 年之久的颈椎病和高血压，多次住院治疗。经常头晕、步履不稳，十分烦恼。有时服降压药要加倍方有效。1990 年，经人介绍说搓脚心可治高血压，他坚持半年后，血压就降为 160 毫米汞柱 /110 毫米汞柱。现在这位老人血压平稳、头不晕、面色转红。边师傅的具体做法是：每天早晨起床前、晚上临睡前，先搓热双手，左手搓右脚、右手搓左脚各 200 次，直搓得足心发热。晚上那次，先用热水洗脚后，擦干脚再搓。边师傅还提醒：在秋冬之际，他特别注意足部保暖。同单位的另外几位老同志闻讯而学，各坚持一段时间后，他们的冠心病、消化系统疾病、腰腿痛、便秘都有不同程度的好转。

014045　内蒙古包头市东兴内蒙古轻工业学校　薛殿凯

13/ 豆芽麦苗治高血压

我厂高师傅告诉我此方，几个病人吃了都有效。我儿子 40 多岁，血压 180/110，吃了此方果然见效。此方：绿豆芽一捏（20 根左右）、黄豆芽一捏（15 根左右）、麦苗一捏（手指粗细），加水，水量比上 3 种的总量略大点；做成泥状，早起空腹吃，要吃 8 天左右。绿豆芽、黄豆芽可以自己泡发，麦苗可在花盆内种养。

100070　北京丰台区新村一里 20 号　王德洲

14/ 治脉管炎一法

验方如下：生黄豆 300 克（当年产新豆）、鲜榆枝 300 克（手指粗细，切段）。水煎，待水开锅投料，20 分钟后可以取下洗洗。程序是先黑后洗，一日洗 3 次，水凉后可再加热复洗。每剂药可连续洗 2 天（日洗 3 次，也就是每 250 克黄豆、250 克榆树枝可以洗 6 次）。共洗两个疗程，每疗程 7 日。此法，经我本人实验：脉管炎发病初期，脚肢变黄，疼痛时洗洗效果甚佳。但如果脚肢已变黑，已没有了肉色，洗洗效果不理想或无效，患者请速到大医院专科调治，不可延误病情。

062556　河北省任丘市惠伯口乡南马村　刘广跃

15/ 治冠心病一方

我一好友，在 53 岁那年，发现冠心病。冬天户外活动或做一些轻微劳动，常感心前区疼痛，经医院多次治疗，不见明显效果。后经一老中医传授一方，治疗近两个月，原有症状，全部消失，至今10年来未犯。此方即：每天睡觉前躺在床上，仰面朝天，用手指按住一个鼻孔（男左女右），闭住嘴，用一个鼻孔自然呼吸。约10分钟左右，早晨起床前照样做10分钟左右。坚持一个月就会感到有一股气由心脏逐渐下行，直做到脚趾感到针麻状，即可停做，时间两个月左右。为了巩固疗效，每天早晨户外作几次深呼吸。

100074　北京丰台区王佐乡大富庄12号　薛希贤

16/ 黑芝麻泡茶治吐血

近日，一位亲戚告诉我，他17岁时，在砍柴回家途中，突然吐血，血块有黄豆大，他家人用黑芝麻泡茶叶，像喝茶那样喝下，服用两天，血就止住了，几十年来未犯。今年春节前，古稀老人再次吐血块，赶紧买500克黑芝麻，按老办法，取25克黑芝麻和5~10克茶叶配在一起用开水冲泡，每天喝五六杯，血又止住了。

100101　北京1611信箱北科院宿舍楼北楼　伍涤尘

17/ 海带浸泡后治脉管炎

曾听一位同志讲，海带外敷可治脉管炎，经治两例，效果较好。方法如下：取海带1~2条，用热水浸泡，等泡软后，温度适宜，似缠绷带样，缠在患处，外面用塑料薄膜包扎。一天一次，每次约两小时左右，连续5~6次即可治好。　　　　100095　北京胸科医院　秦凡

18/ 炒鸡蛋放醋可软化血管

炒鸡蛋是家家户户常做的菜肴。长期做饭的经验使我摸索到：在打调鸡蛋时稍加些醋，不光鸡蛋味道变得鲜美了，而且从医学角度讲还可以软化血

管、降低血脂，并起到一定的降血压作用，中老年朋女们不妨一试。

100028　北京市朝阳区曙光里9-1-603　陈起

19/ 治脑血管病一方

用500克橘子汁泡一包舒筋活血片，3天以后可以喝，一日3次，对脑血管、心血管病有效。我家族有脑血管遗传史，因此总结出此方。

100010　北京市朝内南小街116号　郄玉江

20/ 黄芪汤治冠心病

1993年秋，我突然感到胸闷气短，背部隐隐作痛，浑身乏力。到县医院做心电图、B超检查，确诊为冠心病。在漫长的治疗过程中，先后服用多种西药，收效甚微。后一老中医提供了一个中药验方，连续服用了30副开始好转，又继续服了20副，得以根治，至今未复发。我的姐姐、妻子也先后得了心血管病，医院诊断为供血不足，服用此方得以痊愈。该方是：黄芪30克，丹参20克，川芎、党参各15克，当归、红花各10克。

075431　河北省怀来县鸡鸣驿乡政府　牛连成

21/ 脑栓塞的康复治疗

我是一个患过脑栓塞的七十多岁的老人，出院后后遗症很厉害。解手蹲不下了，我就练腿，每天蹲25下，从不间断。一个多月后，就毫不费力地蹲下了，起来也不费劲。手部常常麻木，手指也不时僵直难受，手腕转动不灵。对此，我采用电视上学到的"抓挠儿""抻手指"，各100下和50下。腰不跟劲，就反复甩剑100下，用扭腰劈剑活动使腰部动作到位；四肢无力，就用儿时学到的武术——五行拳

（形意拳的一部分）练四肢，都收到了较好的效果。我每天锻炼大体稳定在 30~40 分钟，根据身体情况，在锻炼的深度、时间、动作、力度上适当掌握，以不超过身体承受力为原则。

近一年来我做 CT 检查，大夫说我脑栓塞已经好了，我也确实自我感觉良好，身体结实，心情愉快。

100055 北京广外红莲中里 1-3-101 刘志方

1/ 马齿苋可治肾小球肾炎和前列腺炎

我的小孩幼年患肾小球肾炎，经中、西医治疗 10 年，始终不能根治。1976 年经友人介绍一个偏方，我给他服用了一个夏季，就治好了，至今已近 20 年没有再犯。方法是：每次选新鲜马齿苋 500 克左右，洗净、捣烂，用纱布分批包好挤出汁来，加上少许白糖和白开水一起喝。每天早、晚空腹喝两次。当年北京地震，长时间住防震棚，我患上了前列腺炎，也是因医治无效，试着服用此方，结果只一周时间，经医院检查。一切炎症均已消失。

100820　北京南礼士路头条 1 号 10 号楼 1 门 14 号
王秀山

2/ 白扁豆秧可治尿道结石

去朋友家做客，偶得一方：把白扁豆秧 200 克放在药锅里，水要没过它，用大火煎，水开后微火再煎 15 分钟，然后将煎得的水倒入茶杯中，每日服一杯。连服一周，尿道结石可治愈。

100027　北京朝阳区幸福二村 17 楼 2 单元 102 室
杨宝元

3/ 竹叶治尿道炎有特效

我小时候在农村看到，人们从新竹扫帚上摘一把竹叶煮水喝一两次，就治好了尿道炎。以后，家里有人患尿道炎，小便时有烧灼感，很痛苦，就用上述方法治疗，收到比较好的效果。我还用这个偏方给患者治疗。治愈以后病人对我说："真是特效药。"

100051　北京前门西河沿 111 号　张秀文

4/ 车前草治老年人零撒尿

车前草除草根，洗净，煮水当茶饮，一天三四次。不到一个月，我和老伴的这种病就痊愈了。

100080　海淀区芙蓉里小区 10 号楼 626 室　张　壹

5/ 解除肾病患者痛苦一方

我邻居内弟患肾炎，腰酸、腿肿，不能劳动，多次看中西医，未见效。后一农村老者出一偏方：红糖、红枣、红小豆、芝麻、核桃仁各 125 克，混合做成馅，每日早晚各吃一次，每次 62.5 克。没吃几次，他的症状消失，至今未犯。

100075　北京永外安乐林三条 33 号　李克昌

6/ 鲶鱼利尿消肿

活鲶鱼 1 条（约 500 克），去内脏，放入 50 克香菜于腹中，加少许香油，炖熟，连吃数日，可治疗小便不利及水肿。

100007　北京东城区府学胡同 31 号　焦守正

7/ 治肾炎一方

20 世纪 60 年代后期，我的小男孩 8 岁多，由于营养不良，再加上贪玩，得了肾炎，打针吃药不见效。吃中药虽见轻可一感冒就犯。后经人介绍一方：8 个花生仁、8 个大枣，煮 15 分钟，连吃带喝（稍有点苦），每天 3 次。按时吃了一段时间，尿检正常了。因为不放心，以后每次感冒都尿检，都没问题。

100088　北京海淀区学院路明光北里 12 楼 3 门
403　马秀莲

8/ 车前草叶治肾炎、肾结石

一老人告诉我，她得了肾结石，两侧很疼。看了许多次医生，效果不大。后来别人叫她用车前草煮水喝，一天三次，效果挺好。做法是：把新鲜车前草叶摘下来洗净煮水喝，每天三次，坚持不懈，会有效果的。

100013 北京 762 信箱 倪知英

9/ 治老年遗尿一法

人上了年纪，各方面功能都减退，一般会有遗尿的毛病，裤衩常常潮湿不舒，只得用一种笨办法——毛巾替换着来垫裤衩。我常为此事想办法，75岁时每早醒来揉肚子，同时提肛、提肾，效果非常好。3 次就见效，现在再也不用垫毛巾了。具体做法是：每天早晨睡醒后，先将尿放掉，平躺在床上：（1）用左手放在肚子上，右手扶在左手上，以逆时针揉肚子，手向上移时提肛、提肾。向下推时放松，不提肛、提肾，转 50 圈；（2）用右手顺时针揉肚子，左手扶在右手上转50 圈，也是手向上时提肛、提肾，手向下放松；（3）右手在下、左手在上，从上往下推肚子，双手先由腹部上端往下推，双手往上时提肛、提肾，50下。一日做 3 次。

100045 北京西城区三里河一区 51 门 6 号 王 莲

10/ 玉米须煎汤利尿消肿

我曾见一位老中医用玉米须为一位水肿患者治疗，收效甚好。如今我的小腿也有些肿，用该法也很见效。方法是先将玉米须洗净晒干备用。用时加水煎汤（玉米须适量），当茶每日饮服。另外，用老玉米须的顶尖红缨部分煎汤（适量）饮服可降糖，对糖尿病治疗有益。

100039 中国国际广播电台播出部 张 颖

11/ 吃核桃仁治尿频

我因夜间尿尿频而不能安睡，家中老人告诉我，每晚睡前吃 5~6 个煨热后的核桃仁，食后的确见效。

100022 北京铁路车辆段办公室 张 旭

12/ 治愈慢性肾炎长期蛋白尿一方

慢性肾炎、长期蛋白尿是不易治愈的，我十余年病情很重，后经友人介绍一方后，吃中药 60 天就痊愈了，至今没有复发过。具体药方如下：草决明20 克、樟树皮 20 克、接骨木 20 克，放进中药罐，水浸没，先用大火烧开，再用小火熬 30 分钟。倒水喝，早晚各一次。如有血尿，需再加入艾叶 0.4克；如有浮肿需加入黄瓜藤 10 克、萝卜全草 5 克及商陆 2 克。

100037 北京甘家口黄瓜园东二门 4 层 冯宝华

13/ 白芷治尿失禁

我的一位亲友患尿失禁多年，求治无效，来信向我诉说苦情，我将《中国老年》1995 年第 5 期刊登的黄某用白芷治尿失禁一文介绍给他，最近来信说用此方治好了。现将此方介绍如下：买 1 元钱的白芷，分成 5 小包，分 5次煎汤喝，喝时适量加些糖。黄某治好后曾告诉一位大夫，后这位大夫治好了 3 个小便失禁的老人。

100095 北京 81 号信箱 67 分箱 张怀良

14/ 狗腰子治肾炎

狗腰子 5~6 个，别用水洗，用刀把它切成一片一片的，用瓦片焙干后，用擀面棍擀碎，装在小瓶里备用。早晚空腹各服一次，服好为止。服法：每次 1 勺，直接倒入口内，用温黄酒送下即可。此方曾治好 9 个肾炎患者，如一位姓乔的老工人肾炎已发展到尿毒症，每天尿血，用此方 5 个狗腰子未服完，就已痊愈，至今未犯。

100013　北京朝阳区和平街13区22楼312号
王志清

15/ 山石花治肾炎

我弟弟小的时候得了肾炎，经常尿血，经多方寻医吃药不见效果。后经人介绍说山石花可治此病，采摘回来后连续服用2~3个月，病根除，20年过去，再未犯此病。山石花生长在高山阴面的大石头上，呈黄绿色，小碎花。服用方法：放一勺山石花于杯中，开水沏服，一天数杯。

100036　北京海淀区半壁店13号5排1号　王世杰

16/ 椰子根治肾炎

20世纪60年代我一个老战友患肾炎，另一个战友从海南得来一个民间医方：椰子根30厘米加250克瘦猪肉熬，熬好了吃肉喝汤，就可以治好肾炎。他只有30厘米的椰子根给了我这个老战友，肾炎就好了。80年代初我大女儿两口子都患肾炎，很严重。我设法搞来椰子根，女儿女婿熬着喝，真都痊愈了。椰子根熬猪肉和熬药一样，不加任何调料。

100011　北京德胜门外六铺坑二区17号楼2门9号
于　文

17/ 治疗慢性肾炎一法

用玉米粉、生绿豆与大白菜一起熬粥，熟后适量的加点食盐，一日吃数次，每次不限量。另外每日吃上50克蚕豆（生的），当零食。连续数周后，轻者痊愈，重者减轻。重者还可买一个刚宰杀的猪肚（胃），将猪肚开一个小口，清洗，肚内黏膜物一定要留住。然后将100克绿豆、50克冰糖装

入肚内，将口用针线缝好，放沙罐里炖，熟后一天内服完（要求热吃）隔3天吃1个，一般3~5个就行。

100020　北京光华路中学职教宾馆　蒲泽恩

18/ 小叶石苇治泌尿系统病

我曾患肾盂肾炎，经友人介绍用小叶石苇煮水饮用，疗效不错。具体办法：每日用小叶石苇半两到50克煮水饮用，几天后化验红白细胞数下降或无。此方经其他泌尿系统患者试用亦见效。小叶石苇最好选用山东崂山新产，煮时用药锅。

100010　北京东城区东四西大街50号五门101号
丁兆凤

19/ 治遗尿三方

△覆盆子12克、益智子10克，将药放入茶杯，用适量开水泡浸30分钟，然后按习惯饮水量，增添白开水饮下，每日可饮数次，每日饮一剂，连饮3~5日。

△取生龙骨40克，加水适量熬30~40分钟，取龙骨汁煮荷包蛋2个（7岁以上），临睡前吃蛋喝汤（可加白糖或调味料）。连服1~2周。

△用5年以上的葵花秆70厘米，水煎一碗，喝下1次即愈。

073006　河北定州市西王耨335号　陈立辉

20/ 感冒通治尿频

我常患尿频，一小时左右一次，夜里对睡眠影响很大。一次鼻子有点发闷，疑是感冒预兆，服了一片感冒通药片，晚8点钟吃的，没想到睡下醒来已是夜12点多钟了。睡了4个多小时，尿量还不多。后来试验多次：服一片感冒通药片，就能安静地睡四五小时。把此情况告知

患尿频的友人，他们不仅解除了尿频的毛病，而且对治疗失眠也有帮助。

100007 北京东城区北新桥香饵胡同 13 号 耿济民

21/ 缓解糖尿病的饮食

我近年来长期感到口干、口渴、出虚汗、全身乏力，经医院检查为非依赖型糖尿病，尿糖（＋＋＋），血糖 170 毫克％。经人介绍一方，试服了一个疗程（15 天），再经医院检查，尿糖为 0，血糖 118~126 毫克％，确已见效。后将此方介绍给亲友患者，也有明显疗效。方法是：鸡蛋 2 只洗净，核桃 2 个去壳，大枣 7 枚洗净，花生米、黄豆、黑豆各 14 粒，洗净后温水浸泡备用，每天早晨同时入锅，温水煮熟粥一碗，熟鸡蛋去皮与粥空腹食用，15 天为一疗程。

100088 北京新外索家坟小区 6 号楼 306 刘海润

22/ 治糖尿病一方

将 500~750 克的活鲤鱼开腔破肚，取出苦胆后用水洗净，浸泡在刚沏好的花茶或绿茶水中，以便去掉腥味和消毒。待茶水稍凉，用茶水吞下苦胆。每天饭后吞吃 1 个苦胆，连吞食 6 天，可治糖尿病。

100081 北京海淀区北洼西里 17 楼 202 董玉华

23/ 治糖尿病一法

将玉米须子 100 克、炒绿豆 50 克，用凉水按煎中药方法煎得，然后倒入两个茶杯中，上午服 1 杯、晚上服 1 杯，7 日后，尿糖量减少，病情缓解。

100027 北京东直门南大街 10 号 杨宝元

24/ 糖尿病伴有肾病宜服紫苏籽

糖尿病在伴有肾脏病时，取紫苏籽和萝卜籽各半混合，略炒，研末备用，一次 12 克。与桑白皮煎汤服，有显效。如没有萝卜籽，用胡萝卜籽也可，该方也适用于糖尿病恶化而浮肿的患者。

100037 北京甘家口黄瓜园东二门 4 层 冯宝华

25/ 芦荟妙用：治糖尿病及并发症

糖尿病是一种常见内分泌失调疾病，病理由于胰岛素的缺乏引起的糖、脂肪、蛋白质代谢紊乱。常服芦荟鲜叶，或取芦荟鲜叶 15 克加水煎服 2~3 次，可调理内分泌，排除身体内毒素，促进新陈代谢。糖尿病起病缓慢，病情隐蔽，症状不明显。它的并发症不可忽视，糖尿病可引起全身小动脉微小血管硬化，足与背动脉毛细血管增厚，血管闭塞，局部供血不足，毒性物质难以排出，出现麻木，疼痛，溃烂，血糖高，细菌容易生长繁殖，一般常用抗生素难于治愈。而常服芦荟鲜叶，能净化血液，软化血管，促进血液循环。用叶汁按摩麻木、疼痛部位能明显缓解。部分女性糖尿病患者，外阴瘙痒是血糖升高、阴道分泌物糖分超常引起的。这种环境很适合霉菌繁殖，易引起阴道发炎。用芦荟汁涂抹有消炎、杀菌功效。糖尿病容易引发骨质疏松。血糖、尿糖，使大量血钙从尿排出，又易引发甲状旁腺功能亢进，产生腰酸，腿痛，手指及有些部位麻木，容易发生骨折。用芦荟内服外抹可缓解病情，常用芦荟鲜叶结合锻炼有良好防治效果。

100034 北京西四北五条 18 号 朱兆先

（编者注：芦荟叶一次服用不宜超过 9

克，否则可能中毒。）

26/ 蒸公鸡肠、泽泻治糖尿病

下方曾治好了不少糖尿病患者：将一只公鸡肠用冷水洗净，将泽泻10克捣成细面，用毛笔杆分段吹入鸡肠内，蒸熟吃之。一次吃不完，下次再吃。服用前后，化验血糖，以观疗效。

075100　河北张家口宣化区财神庙街农贸大厅东一厅工商局宣化分局个体科　王晓

27/ 长山药治糖尿病

长山药、水煮成粥，早、晚各服一中碗。秋冬季可买鲜者煮食，买不到鲜的时可到中药店买干片，研粉，开水冲成糊状，上火略煮，每服一小碗。

100028　北京朝阳区西坝河南里28楼308号　史秀亭

28/ 翻白草辅助治疗糖尿病

我的朋友患非胰岛素依赖型糖尿病，从一位民间医生那里得到翻白草辅助治疗糖尿病，服用20天左右就取得疗效。长期坚持服用后，血糖、尿糖降下来，口渴、尿频等症状减轻至消失。具体用法是：每日将翻白草10~20克，放在砂锅中加水先浸泡一夜，翌日浓煎两煎，倒在一起，分早晚两次服用，夏季多加点水，煎得淡些当茶饮也行。药汤微苦并不难喝。药渣中粗大的根茎一次煮不透，需拣出、切碎，和在下一剂药中再煮一次，充分煮出其有效成分（服用翻白草期间，西药勿停）。亦可用翻白草鲜品4至6棵水煎服，以药代茶，一天喝大半暖水瓶。

100051　北京宣武区棕树斜街75号　马宝山

29/ 维生素 B₂ 治糖尿病下肢刺痒

我患有糖尿病10年，每年冬季气候干燥时，下肢腿部及脚刺痒很严重。最近我嘴角边患有溃疡病两处，医生给开了点维生素 B₂，经一个多月治疗，溃疡病好了，同时发现腿部及脚也不刺痒了，我认为是维生素 B₂ 的效果。用量每日3次，每次3片，3个星期后改为每次2片即可。

100061　北京崇文区左安门内大街甲10楼2门603号　李辅臣

30/ 牡蛎粉治疝气

我外孙不满百天得了疝气，医生说孩子太小只能等到一岁多才能动手术。我们心急如焚。恰遇一朋友告之一偏方：用牡蛎粉调成糊涂在阴囊上，一天涂一次到好为止。我们到药店买了40克，捣碎筛出粉，调糊涂上，第一天就开始消肿，涂了2次就好了，真见效。

100011　北京安外黄寺大街9号8315单元　王彦彬

31/ 烤麻雀治疝气

我的孩子小时（3岁左右）发现患有疝气病（俗称小肠串气），后发展成走路都困难，给孩子的生活造成了很大烦恼。后从邻居老大娘那里得一偏方，果然治好了孩子的病。具体做法是：将捕来的麻雀去毛开膛。将买来的干茴香子放入膛里，把麻雀用纸包好放在火上烤酥，然后把烤酥的麻雀弄成末放入黄酒和红糖服下，我的孩子只吃了5个麻雀，疝气病就好了，免除了开刀之苦。

100075　北京崇文区景泰西里11楼1单元401　舒宝珍

32/ 乌鸡蛋治小儿疝气

今春我 14 岁的儿子突患疝气，孩子痛苦，家里着急，后友人介绍了此方，治愈至今未犯。方法是：将乌鸡蛋一个用食醋搅拌匀后，把一块生铁（我们用称砣）烧红，用它把蛋醋液烫熟，趁热吃下后盖被休息，最好出点汗。每天吃 1 个（最好晚上吃），7 天为一疗程，一疗程即见效。

068350　河北省丰宁满族自治县计生局　白金耀

1/ 吃热煮鸡蛋可治腹泻

我晚上吃冷饮过多，再加上睡觉着凉，次日早晨肚痛、腹泻。后得一方：白水煮一个鸡蛋，趁热吃下，治腹泻很有效。此方最适合一般性腹泻。

100101　北京朝阳区亚运村慧忠里 306 号楼 2 单元
242 号　盛俞华

2/ 喝糖盐水可治腹泻

我肠胃不好，常因吃东西不适而腹泻，后听亲友中的老人说，喝糖盐水可治腹泻，试喝后，效果显著。配料：白糖一小勺、食盐半小勺，用温开水冲成一杯甜咸适中的糖盐水。饮法：每隔 10 分钟喝一口，一天喝三四杯即可见效。

100071　北京丰台区张仪村（中国建筑二局三公司
一分公司）吴兰军

3/ 治疗慢性结肠炎一法

我年轻时，用一验方彻底治愈了患有 5 年之久的慢性结肠炎。今年 4 月，我又用此方治愈了沈阳市一位患有 20 年慢性结肠炎的老大娘。此方如下：先将 100 克山楂片用铁锅略炒焦，然后离火加进 50 毫升白酒搅拌均匀，取出后放入砂锅或药罐中加一大碗凉水用文火煎 10 分钟左右（切忌熬干），将汤汁半碗倒入碗中加入 100 克红糖，待糖溶化后温服。早晚空腹各服用一次，每剂药煎一次。重者 10 剂左右即愈。

124010　辽宁盘锦辽河油田信息所　李素芹

4/ 吃梨核不腹泻

鸭梨味甘、性寒，吃多了会肚冷腹泻。如果连肉带核（去籽）一起吃下，就不会腹泻。这是老果农的多年经验。

071700　河北省容城县北张中学　王振保

5/ 水胶焦末治严重腹泻

20 世纪 60 年代初，我儿 4 岁时一次严重腹泻，差点要了命。各种治疗腹泻的药物都用过，连当时被捧为特效洋药的进口合霉素，也无济于事。几天工夫我儿骨瘦如柴，只等准备后事了。也是命不该绝，我又找到一个当地土医生，他说："把水胶烧焦，研成末口服，回去试试吧。"我问："用多大量？"他说："两个手指捏一点就行。如不见好再加量，一下量大了怕拉不下屎来。"我照此法让儿服用，一次见效，两次痊愈。后来我问土医生："为啥水胶焦末比最好的药还管用？"他说："可能是因为严重腹泻肠黏膜损坏，成了直肠子，啥东西也挂不住，自然再好的药也不管用。水胶是粘东西用的，烧焦了也是粘涩的，用了它就不会吃啥拉啥了。"此法我曾给不少家庭用过，都说确实灵验。

050200　河北省获鹿县城关镇三街石邑街 38 号
胡生智

6/ 食醋煮鸡蛋可止腹泻

1993 年 3 月中旬，我妻子腹泻严重，打针吃药都不见效。一邻居来家串门说用食醋煮鸡蛋可止腹泻。我们照方服用，效果甚佳。此方后介绍给本单位的两名职工，同样很灵。方法是：用搪瓷器皿盛食醋 150 克，打入两个鸡蛋一起煮，鸡蛋煮熟后连同食醋一起服下，一次就可痊愈。如果不愈可以再服一次。

068150　河北省隆化县闹海营中心校　郭树元

7/ 红糖芝麻蜂蜜治胃溃疡

我老伴 1978 年患过胃痛病，医生诊

断为胃溃疡，经中西医治疗一年多，不见效。后得一方，服后效果不错，痊愈后至今未犯。其法是：芝麻炒熟，红糖用开水调开，再与蜂蜜同放在一个容器里，每天睡觉前搅匀后吃一汤匙。注：三者比例一样多。

100020　北京东大桥路 10 号院内甲 16 楼 6 层 2 号　范培贤

8/ 红糖烧酒治胃痛

我母亲在世时，一犯胃痛病，就用红糖烧酒治，喝下去就不疼了，很灵。方法是：在酒盅内放少许红糖，倒入适量白酒（二锅头），用火柴点燃，再用根筷子调匀，趁热喝下。即有效。

100007　北京交道口头条 63 号　杜进

9/ 刺儿菜治萎缩性胃炎

刺儿菜，学名小蓟，性味甘凉，多年生草本，多生于农村水渠旁、地边、山坡阴面。鲜品洗净，去根，取 50 克用药；干品洗净，去根，切段晒干，取 10~20 克用药。每日煎服一次，长期饮用，可有效治疗萎缩性胃炎。气血虚者请勿用。

101500　北京市密云县第三汽车驾校　马海泉

10/ 蜂蜜红枣绿茶治慢性痢疾

75 岁的邻居大娘，由急性痢疾转为慢性痢疾，经常腹痛腹胀，便脓便血，且反复发作，健康状况越来越差。朋友告我一方，急送大娘一试，疗效奇佳；服药 3 天症状缓解，一周后痊愈。此方是：先将红枣煮沸 15 分钟，放入绿茶后再稍煮片刻，取汁冲蜂蜜服用，每天服 2 次。

124010　辽宁盘锦辽河油田设计院信息所　李素芹

11/ 啤酒大蒜治胃寒和肠胃不好

把一瓶啤酒和一头去皮拍碎的大蒜同时放入铝锅内，加热烧开，病人趁热喝下。每晚喝一瓶，连喝 3 天，可见效。如果病情没好转，可多喝几天，主要对胃寒和肠胃不好有效。

100010　北京雪花电器集团公司膳食科　张合营

12/ 扁豆蔓治呕吐

我的一位同事患胃肠疾病，常呕吐。一次他得一方：扁豆蔓二两加水用锅煮开，微火再煎 15 分钟后，倒在茶杯中，稍凉服下，呕吐就止住了。后来，他又坚持每天下午服一杯煎好的扁豆蔓水，一周后，呕吐症状消失。

100027　北京朝阳区幸福二村 17 楼 2 单元 102 室　杨宝元

13/ 白酒烧止痛片治腹泻

我以前插队时曾得过一次伤寒病，每天腹泻十几次，吃什么药都止不住。后来有人告诉我：用一片止痛片放在勺里，再倒一点白酒，将酒点着，等酒精烧尽火灭后，用少许白开水，将药服下，半小时后，可止泻。我服药后，腹泻由一小时一次，延长为半天一次，后来又服用了两次，腹泻就好了。以后家中有人腹泻时，也服此方，都很灵验，基本服药 1~2 次就好。连我的邻居 81 岁的老人，夏季腹泻十多天，吃了好多种药都不见效，按此方，吃 3 次就好了。

100080　北京海淀区黄庄榆树林胡同 27 号　王诗华

14/ 吃生黄豆治烧心

一次，我在食堂吃了用土豆加工的烧丸子，两小时后感到胃部不适，烧心难受。一位同事介绍了一个方法，让我马上生吃黄豆，我便生嚼了5~6粒咽了下去。过了片刻烧心果然止住了。后来我又将此方法介绍给了别人，也都有效。

100094 北京5100信箱 梁惠敏

15/ 指压眼球治呃逆

闭上双眼，两手大拇指腹面横压在眼球上。先轻后重，慢慢加压，到病人难以忍受时即停止加压，保持5~10秒钟，呃逆就会奇迹般的停止。

100091 北京998信箱卫生处 邱仲修

16/ 吃柿饼治老打饱嗝儿

我友20多岁时患胃疼，老打饱嗝儿。后经人介绍一方：每天吃两三个小柿饼。他连续吃了两个月后果然不再打饱嗝，胃也不疼了，除了根。如今他已84岁，还非常健康。

100072 北京长辛店天桥宿舍112号 金 琮

17/ 缓解贲门失弛缓症两法

我患贲门失弛缓症，几年前做了扩张术。现在劳累时仍感到胸痛。无意中我发现在打喷嚏时疼痛有所缓解，于是再遇到不适时我就有意用扫帚苗等物刺激鼻腔诱发打喷嚏。还有一法是练习倒立，也能减轻不适感。如果倒立感到困难，可以趴在床头，上身悬垂在床外，头朝下静待数分钟。

100035 北京德内大街311号 李建华

18/ 治胃病一方

此方可治胃炎、胃溃疡、十二指肠溃疡。白矾100克、小苏打100克、纯蜂蜜一斤。将白矾和小苏打碾碎，先将蜂蜜放入锅内（注意要用大一点的铁锅），用温火边烧边搅拌，烧至半开，大约有50℃，再将白矾、小苏打倒入锅内与蜂蜜一起搅拌，待泡沫冒起，尚未溢出锅边时即关火。接着继续搅拌，待没有泡沫，又像蜂蜜样时即停止。然后装入大口玻璃瓶内，每日饭前一小时吃一羹匙（即一小勺）。每日3次，大约可吃一星期。用此方已治好我邻居康xx等好多人。

100074 北京丰台区云岗北区30楼西单元3号 于广普

19/ 臭椿树根烧炭治拉稀

臭椿树根烧成炭，研成末，每天早上抓一把放在粥里吃，可治肠黏膜脱落即拉稀，一般连吃几天就见效。

100051 北京前门外廊房头条52号 张 颖

20/ 白酒白糖治腹泻

白糖2~3勺（约30克）放瓷碗中，倒二锅头酒，没过白糖少许。用火点燃白酒，用不锈钢勺不断搅拌，至白酒全部蒸发，稍凉吃下熔化的白糖。一天食2~3次。这是朋友介绍的一个偏方，经我家实践，可治腹泻。但不要用劣质白酒或酒精代替二锅头。

100029 北京朝阳区惠新里238楼3单元102号 季仲立

21/ 韭菜馅饺子治痢疾

卢沟桥事变初起时，我正在天津市遭日本飞机轰炸，29军由天津撤退，我和同学逃难到静海县独流镇，身患痢疾，无处买药，幸喜有人告一偏方：韭菜馅饺子治痢疾，我吃后就痊愈了。我传告亲友们这一偏方，历试不爽。我有一个北京老朋友，拉痢疾瘦得皮包骨了，医院都不收留了，朋友试吃韭菜馅饺子两三顿后，终于痢疾治好了，此后也不患痢疾。

100072　北京市长辛店天桥宿舍 112 号　金琮

22/ 煮鸡蛋蘸红白糖治腹泻

把等量的红糖、白糖混合拌匀，放在碟子里，用白水煮三个鸡蛋，不能用凉水冰，要趁热剥皮蘸糖吃，蘸得越多越好。三个鸡蛋全吃完，一小时就能止泻，治着凉泻肚很灵。这是我家祖传一方，我爱人、儿子、孙女都用过，疗效立竿见影。

100011　北京六铺炕二区 17 楼 2 门 9 号　于文

23/ 油饼就大蒜治拉肚子

我母亲活了 81 岁，一生中没吃过黄连素之类的药，因为她有一秘方：只要有拉肚子现象，就自己动手炸油饼，并就一头大蒜（五六瓣）吃下，过一个钟头就没有事了。我们这一代，不管谁，只要有拉肚子就马上买炸油饼（或油条）就大蒜吃下，早上吃了，上午愈，晚上吃了，夜里好。我们沿用至今。

100078　北京方庄芳古园一区 1304 号　米秀英

24/ 气功治慢性肠炎

本人患慢性肠炎已有 30 余年，近年来更为严重，每天大便少则 7~8 次，多则十多次不等，而且很急。虽然没有多少痛苦，但却给日常生活带来极大不便。天无绝人之路：我在一本太极拳书上偶然看到："长期有肾病的人可在清晨日出之前向南立，精神安静，先闭气下咽，如咽硬物，如此做七次，舌下生津……这是用气功治肾病，也是身体虚弱的人练功的方法"。我想我也试试看，于是我就每天早晨日出之前按书说的那样做，3 天之后大便

就减少到了三四次，一星期后就每天大便一两次，坚持至今已有一年多了，一直很正常。

102300　北京市门头沟区黑山 43 楼 5 号　潘淑英

25/ 无花果叶治痢疾

采无花果叶适量，干鲜皆可，用开水沏开，趁热放红糖 150 克，待稍降温时服下，治痢疾一日见效。

062559　河北任丘市辛中驿镇边渡口大队　闫玉庭

26/ 五色梅治腹泻经济实用

此方是 1988 年 7 月 1 日《花卉报》刊登的。方法是："五色梅花" 15 朵，用一杯水稍放点盐煎后稍凉服下，15 分钟就能止痛、止泻。此方又经济，好得又快。这几年经我本人和他人服用效果很好，适合灾区人民。五色梅，属于木本花卉，好培养，夏季开花不断，叶的形状像桑叶，稍有臭味，开花球形，由多朵小花组成，每一球形花色有粉、红、黄等。服用时以每一个球为一朵计，15 朵为一服药。有条件者煎服，无条件可用开水冲泡，泡 15 分钟就能服用。

100054　北京右安门外玉泉营 3 号　富宝山

27/ 泄泻的气功疗法

泄泻即腹泻。中医分：水泻势缓，曰泄；水泻势急，曰泻。本人由于身体不太强壮，45 岁就进入更年期，不幸患了此病。当时，一天腹泻 5~6 次，大便有时稀水样，有时稀粥样，夹杂脓样东西。小腹无时不隐隐作痛，夜里小腹内像放了一个大冰块，既痛且凉，影响睡觉，有时彻夜不眠。同时，还引发了痔疮。非常痛苦。我吃遍了中西药，还从广州买了一种理疗

仪，皆无疗效。我彻底绝望，留了遗嘱，勉强支持上班，捱一日算一日了。后来，无意中看到了一本《气功》杂志，上面有关于"红砂手"功的练法，说能提高内脏功能、祛病延年。我想不妨试试。于是，我就诚心诚意练了起来。俗话说：精诚所至，金石为开。练功时，我精神高度集中，心无杂念。渐渐地感到小腹发热、双掌发热直到肘部。同时，腹泻的次数也一天天减少。练功 54 天，腹泻就完全好了。排出的大便，软黄成形如青年时一般，痔疮也好了。现把 1983 年第 1 期《气功》杂志上邹锦堂同志介绍的"红砂手"练法抄录于下，供大家参考。

（1）预备式：直立，两脚分开等肩宽，含胸收腹，全身放松，舌抵上腭，思想集中，鼻吸鼻呼。

（2）两臂下垂，掌心向下，手指朝前方。吸气，吸时要缓慢，进入丹田（脐下一寸三分处）。同时，两臂上收。呼气时，脚趾抓地，提肛，小腹外挺，意想气从丹田贯彻双手掌，双手掌慢慢下按复原。如此做 49 次。

（3）两臂朝前平行伸直，掌与肩平齐，手指向上，呼吸要求同前。吸气时，两臂收缩，意想贯气到手掌后，手掌慢慢向前推回原处。如此做 49 次。

（4）两臂向上直举，手掌托天，呼吸要求同前。吸气时，两臂收缩，意想贯气到手掌后，手掌慢慢上推回原处。如此做 49 次。

（5）两臂左右平行伸出，成一字形，掌背朝里，手指向上，呼吸要求同前。吸气时，两臂收缩，意想贯气到手掌后，手掌慢慢向外左右推，回原处。

如此做 49 次。

（6）两臂下垂，掌心向下，手指朝前。用气时，以腰为轴，先向左转，脚不动；左转时，双手向里交叉贴身向上画圆弧；当上身完全朝左时，双手向上画弧，交叉在头顶，然后左右分开，掌心向外，同时吸气变呼气。呼气时，脚趾抓地，提肛，小腹外挺，意想气从丹田贯到手掌后，手掌向外按，慢慢下落，身体逐渐转回原来姿势。然后，再向右转，动作呼吸同左转。如此做 49 次。

注意事项：本功法运动量较大，极度虚弱的人不宜。练功时间，最好安排在早晨，选择空气新鲜处，面向东方。练功期间，要注意营养，保证睡眠时间，节制性欲。动作要圆活，不要僵硬做作，持之以恒，定有收效。

100080　北京海淀区六郎庄南楼 85 号　赵文海

28/ 幼儿菌痢草药疗法

幼儿时期的孩子，天真、活泼、好动，但往往不知注意个人卫生，易患细菌性痢疾。其症状是：腹痛、下利脓血、里急后重；少数的伴有高热、惊厥、昏迷等现象。如果是急、重的病人，赶快送往医院治疗。假如只有下沥脓血、发烧的症状，却只需一把野菜便能治好。20 世纪 70 年代，我 1 岁的二小子患细菌性痢疾。下沥脓血、发烧、日夜啼哭。到海淀医院看了几次，开了一些西药，没有疗效。于是试验草药治疗。我们这里，道边地头生长着很多马齿苋，拔了几把熬成水，加上白糖，让孩子渴了就喝。这样，第 2 天腹泻次数明显减少，第 3 天就完全好了。马齿苋熬汤时最好用砂锅，勿用铁锅。若为加强疗效，可加几瓣紫皮蒜。此一疗法，省钱、简单、实用，很适合不爱吃药的幼儿。

100080　海淀区六郎庄南楼85号　赵文海

29/ 江米猪骨烧炭治腹泻

一次，由于吃了剩菜饭，我开始腹泻。我哥哥说给你弄个偏方吃吧，我说不用，我带了黄连素，结果吃了一天多，腹泻更严重，一个夜晚水泻8次。后来我哥哥用江米一撮、猪骨头100克左右，烧成炭，再放绿茶叶、盐少许，生姜3片，共煎汤一碗，喝完后两小时就不拉了，下午再喝一次就全好了。

100840　北京复兴路20号直政处　郭俊勋

30/ 杨树穗治腹泻

笔者日前去南方，早晨在公园晨练，见一老者在树林里拾起落在地上的杨树穗。我问此物能干什么，老者说，杨树穗熬汤能治拉肚子。具体方法是：杨树穗用清水淘洗净，放在阴凉通风地方晾干，干后收集起来备用。用时将250克杨树穗放砂锅内熬水，温热饮下，连续服用3次，肚子就不拉了。

100022　北京建国路179号北京红星酿酒集团公司
汪日新

31/ 烤大蒜头治阿米巴痢疾、肠胃炎

友人患阿米巴痢疾，久治不愈。经人介绍用烤大蒜头治愈。方法：大蒜头一个，蜂窝煤炉关火门后，放在炉子上烤，适当翻转，至外焦里软，闻到蒜香后即可用。如用液化气炉，可将蒜头掰开，放入铸铁锅里烤炒，至外焦里软有香味。饭前服用1~2头，一周后就治好了。我按此法治肠炎也有

效。胃部胀满不适，饭后食用烤蒜头一只，也可消除不适。

100044　北京市海淀区车公庄西路12号院3319号
顾军

32/ 蒜苗驱蛔虫

我患胆道蛔虫几年，后用蒜苗治好。用鲜嫩蒜苗洗净切寸段，放在大口瓶内，加糖、醋、盐、酱油，浸泡一周，当咸菜就饭吃，一周后有活蛔虫幼虫爬出。也可配合用肠虫清治疗，但要在早饭时吃肠虫清和蒜苗。

100036　北京海淀区翠微路副食商场　张安明

33/ 通大便一法

将葱（半斤左右）捣碎拌成饼，贴于肚脐上，用热水壶或装有开水的杯子烫葱饼，立即奏效，可通大便。

100028　北京朝阳区静安里23楼　黄森

34/ 治疗习惯性便秘一方

取大号导尿管一支、100毫升注射器一个备用。自制通便液：红花、当归、白芍、甘草、艾叶各20克，熟地、附子各15克。除熟地外其他各药加水500毫升煎，第一剂取药液400毫升。加水400毫升后再煎，第二剂取药液300毫升。两次共取药液700毫升，再放入熟地炖5分钟。每晚临睡前，将导尿管涂凡士林插入肛门约30厘米，先取加热的药液100毫升用注射器慢慢地注入肛门内，再取100毫升注入，保留灌肠2~10小时，一般3~9天习惯性便秘就可除根。

012000　内蒙古乌盟电业局职工医院第二门诊部
王军伟

35/ 服用红霉素治便秘

医治便秘的方法很多，下面介绍一种

笔者发现的新方法，即服用红霉素。一天服3次，每次一片或半片，通常一两天大便就会变软，而且能保持较长一段时期。此法对便秘顽固者有奇效，但因红霉素有一定副作用，不宜常用。对红霉素有反应的人更不宜采用。

100856　北京市复兴路83号国防大学党史教研室　刘星星

36/ 按摩可止肛裂出血

我已年近六旬，近来参加一次剧烈劳动后肛裂出血，淋漓不止，连服几天螺旋霉素和红霉素，无效。友人介绍一法：按摩肛门可止出血。试行不到10天，果然血被止住。具体做法为：两腿下蹲呈大便姿势，用右手食、中两指垫上卫生纸按摩肛门，顺时针方向旋转按摩36圈，逆转36圈。每天按摩3次，一周一个疗程。

050021　石家庄市东风东路3号1-2-401省食品公司　王雨秋

37/ 猪苦胆汁和荞麦面治内痔

用剪刀剪开猪苦胆3个，使胆汁流在盆里，将300克荞麦面和上胆汁揉成软面，再把软面搓成绿豆粒大小的药丸。服时用生绿豆做药引，先吃10粒生绿豆，然后再吃30粒荞麦面做的药丸，用温开水送服，每天早晚两次，吃完即愈。我婶母曾患内痔，非常厉害，用此方治愈，已20年未犯。

100007　北京东四北府学胡同31号　朱惠英

38/ 吃田螺消痔疮

用辣椒炒田螺，再放些糖和酒，连吃7天，我的痔疮竟自然消失了。

100075　北京丰台区大红门西街乙50号　舒零

39/ 杨树条沸水治痔疮

我把自己10年前治疗痔疮的过程写出来，供参考。用当年生的杨树条，剪成7~10厘米长一条，共20条，放在锅里，加水2500~4000毫升煮沸（用土井水，不要自来水），至水发红时为止。煮好后立即倒入盆或新痰盂内，脱下裤子坐盆，用蒸汽熏治，初时发痒，时间长了微痛，可以移动一下，待水温下降到不烫手时，再用水轻洗患部，第二天即愈。如今已12年，未再犯。

100024　北京市朝阳区管庄东军庄21排5号　刘凤桐

40/ 热水烫洗治痔疮

我已81岁，20岁那年就患上混合痔。几十年来，我一直使用热水烫洗法治痔疮，很有效。水的热度有点烫手，但也不是烫得下不去手，把这种热度的水放在盆里，人就蹲在盆上，用手把热水撩到肛门上冲洗，要连续冲洗二三十下，使肛门感到热水的刺激而收缩。最近，我又有一次内痔出血，只用热水洗3次就完全好了。我的体验是，用热水多次冲洗到肛门后边，即脊椎骨最下边的那个部位，效果更好。

100045　北京西便门铁道部第四宿舍56栋2门1号　张鸿逵

41/ 马齿菜加鸡蛋治痔疮

笔者患痔疮20多年，经中西医多次治疗都没治好，前年得一方才治好。此方很多人用后也都有效。其方：马齿苋菜尖49个，每个约2厘米长，洗净切碎，用锅煮。7只鸡蛋（要小鸡蛋，大了吃不下），打好倒入煮马齿苋菜的锅里，开锅 3 分钟即可，不放作料。早晨空腹一次吃完，轻者一副，重者 2 副，内痔、外痔、混合痔都有效。

100027　北京朝阳区三源里南小街 10 楼 1 门 101
张永祥

42/ 喝铁观音茶治慢性结肠炎

我爱人患慢性结肠炎多年，每天早晨起床必须先大便，连续大便三四次才行。多年来，采取中、西医治疗效果不佳。1996 年春节期间，福建朋友来京过节，他有个习惯：起床刷牙后喝铁观音茶。每天，我爱人礼节性地与他同饮。不料我爱人发现早晨大便次数减少。待客人走后，我爱人继续用剩余的茶叶泡沏来喝（空肚子喝）。近两个月来他的大便次数确实减少了，我们认为可能与喝铁观音茶水有关，现拟文介绍给有同样病的患者。

100094　北京海淀区 261 医院　梁惠敏

43/ 海螺黏液治痔疮

选大海螺一两个，去掉螺口小盖，取出其中黏液，加进一些冰片（中药房有售），用鸡翅膀上的硬毛调和后，涂在肛门处，一天涂三四次，大约半个月即可痊愈，且经久不犯。

100089　中央民族大学职工宿舍一高楼西 318
陈志贞

44/ 蜗牛治痔疮

鲜蜗牛 2 个，加入少许麝香、冰片，放在一起研烂，置于小碗中过夜，次日用其涂痔疮，有消肿止痛作用。也可用鲜蜗牛 5 个、黄连 2 克、苋菜 8

克，共捣烂，加入白酒、好醋适量调匀，涂患处或涂于布上外敷痔疮。

100007　北京府学胡同 31 号　焦守正

45/ 苋菜治老年便秘效果好

我经常患便秘，过去一直靠药物通便。今夏我的老伴从地里采回许多苋菜，我们用苋菜做了一回饺子吃（我吃了20 来个）次日早大便时非常痛快，几天后大便仍然很正常。苋菜系一种野生植物，生长在农田地边（早市上也有卖的），采摘后先用凉水清洗两遍，然后在沸水中烫一下，捞出再在凉水中拔一下，渗去水分装入塑料袋内，放入冰箱冷冻起来，随吃随取。

大便特干硬者可常吃几次，一般的隔几天吃一次即可。苋菜除做馅吃外，凉拌、做汤，冬天吃热汤面时放一些均可。

100041　北京石景山区苹果园西井一区 3 栋 6 号
白西生

46/ 坐浴热敷治内外混合痔

我患内外混合痔，医生说要手术，我有些怕痛，后用以下方法治疗，恢复正常生活。

（1）南瓜子或南瓜子皮每次 100 克，加水煎煮，趁热熏肛门，待凉适合体温时坐浴 15 分钟。坐浴完毕，将大粒盐 100 克炒热，装进布袋里再坐上热敷 15 分钟，全身感到热乎乎的，并出了热汗。每天早晨便后和晚上睡前各一次。

（2）干花椒 50 克加水适量煎煮后，洗肛门坐浴 15 分钟，每天早晚各一次。

（3）黑木耳 50 克凉水泡开，洗净加

水 5 大碗煮开后，文火煮成羹，每日早晨空腹时吃一小碗。

114001 辽宁鞍山市铁东区春光街 6-1 号 杨秀珍

47/ "芦荟胶"治胃病和便秘

我父亲患慢性胃炎和结肠炎，导致便秘，打嗝，吃不下东西，甚是痛苦，经常寻医问药，但始终没有好转，近半年病情加重。朋友介绍让用"芦荟胶"——一种天然植物的凝胶。每次服用 5~7 克，第五天上，我父亲觉得病情见好，而且排便也痛快了，经过一段时间的使用，现已基本痊愈。

100073 北京丰台区太平桥东里 17-4-201 罗立红

48/ 决明子治便秘

我经常患便秘，非常痛苦。经朋友介绍：去中药店买决明子 50 克，上火微炒，用食品加工机粉碎（或用其他工具捣碎），加水 200 毫升，文火煎 10 分钟左右待用。每次取 3 汤匙，加蜂蜜 1 汤匙，加适量开水，每日分两次早晚空腹服，服完后，便秘即可解除。以后可常用微炒、捣碎的决明子少许，用开水沏，代茶饮。用以上方法，解除了我的便秘之苦。

034000 山西省忻州市七一北路 5 号 谷 予

49/ 快速通便一法

我有习惯性便秘，大便时常干燥难解，只能常用灌肠来排便。后来朋友告诉我一个方法：在有便意而难排出时，可取一窄口痰盂，倒上一半开水，坐在痰盂上，用热气熏 10~15 分钟，再解，大便即可排出。我从此再无大汗淋漓的痛苦了。 北京市崇文区一读者

50/ 按压合谷有助排便

多年来我亲身体会：按压合谷有助排便。方法是当你难便或感觉未尽时，用左右手交替按压合谷穴位若干次，当感觉肛门处有微动的反应时，大便即容易排出。

100037 北京甘家口阜成路北 3 楼 19 门 2 号 薛世芬

51/ 凉拌木耳可治便秘

我弟时常便秘，其友告之一方：便秘时，把少许木耳用开水泡开洗净，放到一小碗中，淋上几滴香油，几滴酱油拌好生吃。他吃过两次后，便秘症就没再犯。

100027 东直门南大街 10 号东城少年宫 杨宝元

52/ 我是这样对付便秘的

我 60 多岁了，去年七八月，不知什么原因出现便秘，粪便干结，排出困难，身体不适。服药不能根本解决问题，更增加了思想压力。有次大便，我在排出干结部分后继续蹲了约 30 分钟厕所，不料便出一长约 10 厘米的松软粪便，顿时感到全身舒服。从此以后，我每天吃过早饭不管有无便意定要蹲厕所，一般 30 分钟，总可以排出松软的粪便，也就是天天便尽了。坚持一段时间，排出的粪便没有干结的了，排便时间也短了，因便秘而引起的思想压力和身体不适也随之消失了。需注意的是，一要有信心和耐心，成功在于您能坚持下去；二要采取坐姿，若不是马桶式的厕所可去农贸市场买"恭凳"。

100011 北京朝阳区黄寺大街 9 号 29201 梁海富

53/ 参芪炖童鸡治痔疮

将童子鸡（500 克左右），去内脏，洗

净，把炙黄芪30克、西洋参3克，放入鸡腹中，放少许盐清炖，熟烂后连汤一起服下，每周两次。可治痔疮便血，延年不愈、气血亏虚，痔疮脱出、不能纳回。

100007　北京东城区府学胡同31号　焦守正

54/ 简易气功治便秘

本人照民间简易气功结合台湾名气功师邱端揉腹功，三四年来停用药物，现在大便正常，通畅。方法如下：（1）两脚并肩宽，两掌心向后平伸，用力紧握拳，但中指要紧刺掌心（劳宫穴位），同时提肛，坚持两秒钟。放松掌，自然呼吸，反复48次，最好清晨空腹练。（2）晚上平躺，右掌贴肚脐揉转（右转）27次，反过来左掌揉转（左转）27次，坚持两旬即可停药而大便畅通。

100026　北京朝外呼北街15楼1004号　邱贤桢

55/ 芦荟妙用：治便秘

便秘是因为粪便在大肠内停留时间过长，大量水分流失而变硬，不能顺利排出而引起。长期便秘，不但给人带来痛苦，而且容易引发毒性反应，产生头痛，头晕，食欲减退等，对健康非常不利。芦荟鲜叶内含有大量的大黄素甙，健胃、通便、消炎。使用方法：每日三次，饭后生食鲜叶10~15克，也可根据个人爱好煎服、泡茶、榨汁兑饮料，泡酒也行，服用几次就见效，长期服用调理内分泌，排毒养颜，抗衰老。

100034　北京西四北五条18号　朱兆先

（编者注：芦荟叶一次服用不宜超过9克，否则可能中毒。）

56/ 治痔疮简方

臭椿树阴面地下50厘米深处根200克、梨一个，共同捣碎取其汁备用。100克鲜姜、100克红糖，捣碎和上汁搅匀，用开水沏开喝下，一次见效。家人用此方治愈痔疮，十年未犯。

100021　北京朝阳区劲松八区804楼607号　耿庆

57/ 痔疮食疗法

蚯蚓7条（先洗去泥土）、红高粱细面一把（先用开水烫一下），合在一起擀面条，煮熟一次吃下，一次即愈。我姐姐于40多年前患痔疮，每次大便都出血，用此方一次愈后至今未犯。1996年姐姐的女儿也得了痔疮，每次大便出血很多，也用此方一次即愈未犯。

100036　北京海淀区恩济庄57号5楼1单元401
张玉秀

58/ 鸡屎可治疖肿、痔瘘

我小时候生活在农村，缺医少药。有一年头顶上先后长了好几个疖肿，疼痛难忍，后听老中医介绍，用溏鸡屎贴敷治疗，贴后疼痛大为减轻，不久即愈。后一亲戚用此方治痔瘘也治愈。治疗方法：鸡喂红高粱粒后即拉溏鸡屎。将溏鸡屎摊在布上敷在疖肿上，每天换一次。

100010　北京朝内南弓匠营90号　王国振

59/ 治痔疮两秘方

我一位老乡得了痔疮。20世纪50年代的农村，缺医少药，病人不但受罪，还不能下地干重活，全家人着急。有一次赶集，在购物聊天时，得知了两个秘方，回村给病人一试，果然效果很好。现将两个秘方献出来，供患者试用。

（1）外用：五倍子3个、皮硝50克，水煎后先熏后洗，每晚用一次，每次治30分钟，连续治3~5次可愈。

（2）内服：一耳15克、贝母20克、苦参25克，水煎服，每日服两次。3服药，连服6次（天）即可病愈。

100088 北京北三环中路43号板1-1-3-3号 刘晓春

1/ 菊花茶熏眼可消除眼球疲劳

笔者经常在夜间读书写作，时间长了容易感到视力模糊、眼球疲劳。后经友人介绍一种眼球蒸汽保健法，试用后效果很好。具体做法是，当您感到眼球疲劳时，可以倒一杯开水，如果能沏一杯菊花茶更好，伏在杯口上用蒸汽熏眼，大约两三分钟即可。

100050　北京华北光学仪器厂　傅春升

2/ 羊胆汁治"火眼"

1962 年，我在读高三时突患急性结膜炎，眼球表面充血，见光落泪，多次使用沃古林眼药水、青霉素眼膏，均不能根治。后经邻近一老中医指点，喝生羊胆汁，先后 3 次共喝 8 只羊胆汁，眼疾得到了根治，至今已 30 年没复发。喝羊胆汁不单是治好了眼病，而且在头痛脑热、感冒等小病时绝不发烧，连少年白发也渐渐地转黑。

101149　北京潞河中学化学组　贾仰林

3/ 早晨唾液能明目

10 年前我患白内障，视力日渐衰退，配一副眼镜戴一段时间后看书又不清楚了。后来听说，早晨第一口唾液能明目。我早起试着抹一下，当即觉得眼睛清亮，从此我每天早晨起来先把手洗干净，再用手指沾上一些唾液，向双眼各抹 1~2 遍。此法使我的白内障停止发展还有些好转。由于效果明显，简便易行，我坚持至今。现在我已 77 岁，看书报不用戴眼镜。

100037　北京甘家口 8 号乙楼 4 门 3 号　杜心田

4/ 抹唾液治好老花眼

每晚睡醒一觉，眯缝着眼往眼缝抹唾液，只要坚持抹上十天半月眼就发亮，时间一长眼就不花了。我坚持抹唾液，到现在已 6 年多，眼不花了，不戴花镜能写小字。

054900　河北省临西县影院南路 6 号　孙竹亭

5/ 露水能治"暴发火眼"

十几年前，我患过一次"暴发火眼"，每天早晨起床后眼痛难忍。一天晨练后，发现路边杂草上有很多露水，便顺手蘸些露水擦眼，顿感眼睛清爽，不再干疼。次日，又用露水擦洗一次，下午眼睛红肿消失。第三天又洗一次，眼病痊愈。

100074　北京丰台区佐乡大富庄 12 号　薛希贤

6/ 土法治红眼病

我 10 岁那年在房山老家得了红眼病，双眼红得像血一般，照镜子能吓一跳。人家告诉我用鲜丁香花的叶子煮水洗双眼，试用后果然有效，两三天就好了。

100006　北京灯市口大街 10 号 1 门 801　郝静贞

7/ 霜桑叶可治红眼病

霜桑叶 30 克，加水 2 碗，放在火上煎，等水煎到剩一半时端下，冷却后用药棉或消过毒的纱布蘸药水洗病眼。每天早晚各一次，直到病好。

100101　北京朝阳区亚运村惠忠里 306 号楼 2 单元
242 号　盛　芳

8/ 食用油治红眼病

我在家乡读书时患红眼病，家中老人出一方：用食用油（花生油、菜油均可）点眼睛，两三次即痊愈。后来，我在部队任指导员时，用此法治疗患眼病（红肿、发炎）的连队战士，屡试不爽，疗效显著，无任何副作用。

100080　北京市新技术产业开发试验区基建规划办公室　黄永清

9/ 针鼻儿治"针眼"

眼帘边沿、睫毛内侧，容易长白色小泡，俗称"针眼"。病虽不大，但痛苦难忍。现介绍一种简单治疗方法：缝衣服的钢针消毒后，用有针鼻儿的一端轻轻按压白色小泡，会有胀麻感，一两次即愈。本人多年使用，效果很好。

100038　北京铁路局工务处桥隧科　李万成

10/ 桑叶可治沙眼

患沙眼严重者，把少许桑叶放在不锈钢锅里，倒入半锅水煮开，凉后用来洗眼睛。1天2次，3天即愈。

100027　北京朝阳区幸福二村17楼2单元102室　杨宝元

11/ 飞尘（石灰）入目简治

读了《眯眼巧治法》一文，我也想献一法：飞尘入目，不断开阖双眼，连啐唾沫，尘粒自去。如石灰末飞入眼中，用糖水滴入，可解除灼痛。

100077　北京丰台西罗园邮局天海服装批发市场广播室　胡蓉

12/ 双掌搓热敷两眼治老花眼

两手掌相对，搓热后敷双眼，可治老花眼。这是我父从他的老师处学来，他老人家用此法，年过八旬犹能写小字看小字书。

100010　北京东城区演乐胡同21号　张殿执

13/ 吃生花生米治老花眼

我43岁时眼睛开始老花，先戴150度花镜，后发展到350度。1982年初我每日喝酒时抓一把生花生米吃

（25克左右），每日一次，从未间断。1983年冬眼力有了好转，重戴150度镜，几个月后（即18个月左右）眼力彻底恢复，能看晚报了，可以说恢复了青年时代。现已11年了，其中6年前中断了一时，有"回生"迹象，又继续吃生花生，又恢复。因此说吃生花生能治好老花眼，是我亲身经验。

110026　沈阳市铁西区重工北街牛心屯四路13号　张中山

14/ 鸭蛋清可治小孩眼病

我小时很瘦弱，经常生病，五六岁时左眼发现有一个小白点儿，母亲唯恐我眼睛瞎了，到处打听，求人介绍专治眼病的医生，后来母亲听一位老人说，吃鸭蛋清能治好"玻璃花"（即小白点儿），于是母亲就按老人告诉她的吃法，给我买了一些鸭蛋，天天给我喝鸭蛋清水。后来又自己养了一些鸭子，鲜鸭蛋就更有保证了。据母亲说大约有两个月，我的眼睛就好了。吃鸭蛋清的方法是：要鲜鸭蛋，不吃蛋黄，把蛋清放在碗里用开水冲服或放在开水锅里冲成碎花也可，最好不放糖。每天要当水喝，要多喝，吃饭时也可当汤喝，不要喝凉的。每天要喝蛋清三四个，能多喝更好。我认为这是以保养方法治疗小孩白内障，既无毒，又无副作用。

100081　中央民族大学职工宿舍一高层西门318号　陈志贞

15/ 眯眼自医法

眯眼后不要揉，用手提起上眼皮，覆盖在下眼皮上，然后快速睁眼，用下睫毛将异物扫出，一两次即可。此法

是钢铁企业中火车挂钩人员的办法，很有效。

100023　北京朝阳区堡头北里16楼2门103号
李兵

16/ 凉盐水洗眼可治结膜炎

去年我患了眼结膜炎，去医院看后，开了很多眼药水，回家上药后一直不见好转。为此，我决定停用眼药水，采用凉盐水洗眼睛，结果十分见效，几天后，眼结膜炎病全好了。具体方法是：选择干净的脸盆和毛巾，用温开水沏半羹勺盐放入脸盆，盐化开后，再放些凉水，用手心捧盐水洗眼睛，低头使双眼浸入手心盐水中，眼皮上下翻动数次，然后用干净的毛巾擦干眼睛。每天洗2~3次即可，约有4~5天眼结膜炎病就好了。

100086　北京市海淀区三建公司宿舍灰2楼3单元75号　张凤茹

17/ 服莲子芯水消麦粒肿

我小孙女近半年多来屡闹麦粒肿，经友人介绍，服莲子芯水，两三天后即愈。我便买了50克莲子芯，取1/3用清水泡几分钟后煮沸，改用文火煮10分钟，待其汁晾温后服30毫升，每日两三次即可。

100054　北京宣武区右安门内大街53号4门8号
郝迺华

18/ 治红眼病一方

去年夏天，我患结膜炎十分难受，一位医师送我一方，用后效果很好。现介绍给大家：黄连5克、花椒8粒、白矾2克、荆芥3克、生姜2片，水煎为半盅，乘热洗眼，日洗6次。次日见效。

100621　首都机场宿舍区西平街8号　张占平

19/ 治眼肿一方

我16岁下乡插队。一年夏天不知何故，突然眼睛肿起，眼皮都睁不开。后一老乡介绍了个偏方：取活蚂蟥（水蛭）3~5条，生蜂蜜5ml，将蚂蟥放入蜜中约6小时取出。当晚滴了一滴蜂蜜，当时觉得眼睛疼，一夜后，就消肿了。

100020　北京朝阳区光华东里20楼403　张成江

20/ 中指根部系线治眼疾

如果您长了"针眼""角膜炎"或眼角不适，只需用普通缝衣线（忌用缝纫机专用线，此线无弹性）系在中指根部，病况即刻减轻直到消失。系时略紧些，但不可妨碍血液循环。注意：左眼患病系左手，右眼患病系右手。本人在实践中试用皮筋代替，效果也不错，但须常放松皮筋松紧度，不如用线省事。手指沾水，线会放松。可换线。

100013　北京东城区和平里7-3-402号　王祝昌

21/ 治烂眼病验方

本人在1940年秋曾患过此病。开始右眼红肿疼痛视物不清，点眼药不见效，三四天后眼球一侧出现直径三四毫米左右的一片溃疡，眼睛疼痛加剧。一位中医开出药方为枯矾、胆矾、铜绿、青盐、神曲、蝉蜕、菊花、黄连各15克外加冰片2.5克。治疗方法：将前8味药装入砂锅加入凉水（高出药物表面一寸许），煎20分钟左右，然后将冰片放入煎好的药物表面，待药物不太热时用热气熏，晾温后再用纱布蘸药汤洗，每天早晚熏洗两次，药凉后再加热，连续洗四五天即痊愈。

上述药物中药店有售。

100034　北京市西四三条 7 号 4-7 号　刘英

22/ 田螺巧治中耳炎

我弟弟小时候因游泳耳内进水，耳道发炎、流脓，时而伴随发烧，医院诊断为中耳炎。看了几次门诊，花了不少钱。后偶遇一老妈妈，她传了一个偏方，只花 2 角钱便治好了病。方法如下：把活田螺放在清水中晒太阳，田螺肉体便伸出螺壳。这时立刻用针锥刺中田螺肉，使它不能缩回壳内。用针锥从水中挑出田螺，将一小捏冰片（中药店有售）撒在田螺肉上立刻抽针。田螺被冰片杀得流出体液，急对着耳道内滴。只用了两个田螺和几分钱的冰片就治好了中耳炎。后来妹妹患此病也是用此方治好的，连医院也没有去。

100743　中共北京市委研究室　史殿元

23/ 酒精解除耳道瘙痒

近几年经常出现双侧耳道瘙痒，急得用小手指或用火柴梗抠，但效果不好。两年前开始用酒精擦拭处解决了瘙痒问题。办法是用一小块脱脂棉裹在牙签上，蘸上 75% 酒精或是 60~65 度白酒，直接裹酒精棉也可，要注意裹牢。擦时动作要轻，可以转动，有轻微刺痛，能解除瘙痒。痒时擦一遍就拿出来，再痒再擦。

021000　内蒙古海拉尔市农垦医院　展庆文

24/ 韭菜可治虫入耳不出

夏虫有时飞入人耳不出来。前几天，本人耳里进一小虫，好长时间不出来，很是瘙痒难忍。后来，岳母用韭菜一小把，用擀面杖捣成汁滴入我耳内，

不大工夫，小虫就出来了。

100027　北京朝阳区幸福二村 17 楼 2 单元 102 室
杨宝元

25/ 按摩治好中耳炎

10 年前，我患中耳炎，右耳化脓流血水。打针吃药擦药几年，一直没有见效。后来，友人介绍两偏方，也没好转。两年前，我开始每天早晨按摩耳部。

（1）两手食指掏两边耳，一掏一起 50 次；（2）两手上下揉双耳全部（别怕疼）50 次；（3）双手掌按双耳全部，一按一起 50 次；（4）两手大拇指按在两耳垂后骨，正反各转 50 次；（5）把两手拇指与小指搭上不用，其他 3 指按在耳轮上的 3 个穴位上，正反各转 50 次；（6）两手拽两耳外部，上中下各 50 次；（7）最后把两耳轮向前盖上耳洞（听不见外界声音）50 次。

一年后好转，现在已痊愈。我 70 岁了，中耳炎已根治，怎能不让我高兴呢！

100028　北京朝阳区左家庄 12 号大院 42 楼 4 单元
401 号　王恒孔

26/ 母乳治中耳炎

我小时候中耳炎严重，经常发炎流脓，后用下法治好：母乳滴入耳朵内，待 1~2 分钟后将奶水倒出，每天可滴 3~4 次，严重中耳炎有 2~3 天就好了，轻者 1~2 次就好。我的中耳炎至今 50 年从未再犯过。

100022　北京朝阳区双井北里 7 号楼 1207　杨淑贞

27/ 筷子治耳鸣

用圆头筷子的粗头一端（经开水浸热），插入双耳道做插入、拔出动作

50次，再做圆周按摩50次。做时同时做叩齿动作50次。每天早晚做两次。完毕，双手心揉搓双耳及耳根，至发热止。此方对神经性、缺血性耳鸣有显著疗效。

100028　北京朝阳区曙光里9-1-603　陈　起

28/ 鱼骨治耳感染

我小时候，天热到河里游泳去。有时不慎耳朵里进去脏水、化脓、流黄水、疼痛。我母亲用黄花鱼头里的鱼骨七块，去中药店加工研成细面，加上适量冰片搅匀。治时用麦管或纸筒把药面放在筒内吹入耳中，1次或2次痊愈。

100009　北京西城区小石桥胡同11号　刘耀华

29/ 青刺菜治鼻子常出血

地里有一种青刺菜，有的地方叫青青菜，也有的叫刺儿菜。把青刺菜洗净，经常熬汤喝，或放进面汤里喝，能治鼻孔经常出血。我小时候到地里割草，有时割破了手，就拔一棵青刺菜，把茎叶搓烂敷在伤口上，可即止血。

062150　河北省泊头市安顺街200号　李泽有

30/ 按摩眼眶可治鼻炎

我30多岁时得了鼻炎，实难忍受，打针吃药都未见效。俗话说："眼疼鼻子害"，于是我就用手指试着按摩眼睛周围。当按摩到眼睛下边的眼眶骨时，就觉得鼻腔内欻地响了一下并有些轻松感，所以我就在这个部位下了功夫。经过一段时间，真的解除了我的痛苦。40多年过去了，从未复发过。我曾把此法告诉过别人，效果也都很好。做法是：双手食指按在两眼下的眼眶骨边上有个很

浅的小坑，用些力上下揉动一二百下，每天不少于两次，坚持一段时间即可生效。

100021　北京劲松二区205楼2门地下室3号　于宏秀

31/ 伏天是治鼻炎大好时机

大雨连绵的伏天，土墙根、沟沿、草木多的阴坡，都长绿苔。用小铲把它们刮下来，放碗里用水泡上半日，洗净后放在水碗里泡着备用。用单层纱布卷绿苔，比自己鼻孔稍细，塞入鼻孔中，晚上睡觉时塞一个鼻孔，第二天晚上再塞另一个鼻孔，坚持到用完绿苔为止。可基本治好鼻炎，第二年再补补课。我患鼻炎多年，跑遍了大小医院，仍没治好，夜间憋得睡不着，天津市蓟县南庄户村张晓雨告诉我以上的偏方，当时我将信将疑地试了试。没想到第一年就基本好了，第二年我补补课，使鼻炎彻底痊愈。我又传了很多人，都起作用。

100011　北京德外六铺炕二区17号楼2门9号
于　文

32/ 大蒜治鼻炎

我患鼻炎，经多年医治，无明显效果，时好时坏。经中医大夫介绍一方治愈，后介绍给多人用此方法都有明显效果。将大蒜一瓣捣烂，用干净的豆包布包好，挤压出蒜汁滴入每个鼻孔内两滴（当时刺激得很痛），再用手压几下鼻扇使鼻孔内都能粘敷到蒜汁，轻者一次，重者两次即愈。

100086　北京海淀区友谊宾馆家属区6楼15号
孙　严

（编者注：大蒜刺激性强，请从微量试起；大蒜过敏者禁用。）

生活中来

眼、耳、鼻

33/ 丝瓜藤治副鼻窦炎

我是位副鼻窦炎患者，曾采用多种方法治疗效果不佳。后偶得一方，取得较好疗效。方法是：找老丝瓜藤数米，晒干，切成细段，再放在瓦上焙至半焦（千万别糊了），然后在面板上，研成碎面，装入瓶中备用。使用时，把鼻腔中的鼻涕清干净，用干净棉球擦一遍鼻腔，再用细塑料管（如喝酸奶用的小管就行），让家人帮助把丝瓜藤粉吹入鼻腔，再用干棉球塞住鼻孔。此法最好在晚上临睡前应用。连续数日即可治愈。

100094　北京 5100 信箱　梁惠敏

34/ 冷水治鼻炎

1975 年我得了鼻窦炎，很严重。两天一瓶滴鼻净还不够，只要停药，鼻孔立刻不通气。长时间治不好。这时一位张大夫说了一个偏方：洗脸不用热水，用冷水，用手心盛自来水管放出来的冷水，捂在鼻子上，把冷水吸进鼻孔里，而后擤出来，再盛水吸进去，再擤出来，连续几次，每天坚持。我用这个冷水疗法 10 天，鼻窦炎好了。这 20 多年，我用冷水疗法从未间断，鼻窦炎至今也没有再犯。

100088　北三环中路 43 号 8-5-402　刘晓春

35/ 喝蜂蜜治鼻出血

我在几年前，突患鼻出血病，患病时间约 30 天，每天流下不下 20 次，日流量可有一杯，经医院治疗效果不佳。后偶然喝些蜂蜜，见有疗效，便又喝，病就好了。过二年又重犯此病，又开始喝，没过几天就止住不流血了。所以我认为喝蜂蜜能治鼻出血。

101300　北京顺义长城益隆劳保厂　赵金荣

36/ 专治红鼻子验方

红粉 5 克、梅片 4.3 克、薄荷冰 3.7 克、香脂 100 克。将 3 味药研成细末，与香脂调和，抹患处少许，一日两三次。一服药用不完即好。

062556　河北省任丘市辛中驿镇北马村　孟宪彬

37/ 针刺合谷治鼻流血

我儿子小时候鼻子经常流血，有一次鼻血流了一个多小时，脑袋耷拉着，脸也蜡黄了，也无力说话了。我想起"鼻中衄血，合谷宜锥"，使用针灸针扎合谷。针灸后十几分钟鼻血就不流了，从此不再流血。我孙子也是这毛病，有一次流半小时不止，我又给孙子针合谷穴，也是十几分钟后血止。从此也根除了。合谷穴在拇指和食指中间，拇食指并拢后肌肉最高处。方法：进针 0.3~0.5 寸，提拉 2~3 次当即出针。如自己没针灸针，可到社区及居委会医治。

100055　北京广安门外天宁寺东里 18 号楼 311 号
赵德良

38/ 韭菜茎绿豆止鼻血

炎热夏季，酷暑难当，有不少朋友会因流鼻血而苦恼。本人上初中时，到夏季，有时因中暑感冒，鼻血一时半会还止不住。后来得到一偏方：韭菜茎和生绿豆搅细成泥，用冷开水冲匀，沉淀以后，连续喝几次，果然奏效。从那以后，有时遇上感冒，再也没有流过鼻血。

100072　北京丰台区长辛店公路街 17 号　贾可洪

39/ 自制菊花蜜治萎缩性鼻炎

我妹于 1990 年患萎缩性鼻炎，经常出现头痛、鼻塞、嗅觉减退、恶嗅，经大量维生素类、抗生素类、雌激素类及血管扩张药物治疗，一直未能根治。特别是头痛，极大地影响了工作和生活。后一大夫介绍一方治愈。具体方法为：采集新鲜白色野菊花，摘下花瓣，洗净，阴干，将蜂蜜倒入一瓷碗中（蜂蜜量为200克），将净菊花瓣放在蜂蜜上（菊花瓣量为100克）。将容器置于锅内蒸约10分钟，菊花瓣全部烂熟于蜂蜜中，然后再加菊花瓣100克放在蜂蜜上，再蒸10分钟，待冷后用竹筷搅匀（不准有整花瓣）。用法：用消毒棉签蘸菊花蜜涂在鼻腔黏膜上，量不用过多，每天3~4次。坚持1~2个月能明显改善临床症状。长期使用则萎缩的鼻腔亦能得到改善。注意：蒸菊花蜜时，容器上要盖一个盘子，防止水蒸气进入容器内。若能找到新鲜金银花则效果更好。

101200 北京平谷区滨河小区20楼1单元7号

赵振义

1/ 香油炸鸡蛋可治咽喉炎

我有一个偏方献给大家：把铁锅烧热，放上适量的香油，油热后把鸡蛋整个打在油锅里，不放盐，小火慢慢炸熟，趁热吃下。吃后半小时内不要吃东西，更不要喝水。每天早上空腹吃一个，一周为一个疗程，重者可多吃几天。此方治好了不少人的咽喉炎和扁桃体炎。

100855　北京海淀区复兴路40号　王玉诚

2/ 马齿苋治咽炎

我患慢性咽炎10年来，一年四季嗓子不疼的时候少，严重时失声。医院跑了不少，药物也试用了不少，均不理想。听说马齿苋治咽炎，我就试着吃了几次，果真见好，至今没再犯。其用法：将新鲜马齿苋洗净，切成寸段，像炒圆白菜、豆芽等普通菜一样，用油、葱花炝锅煸炒，当菜吃。

100039　北京橡胶一厂组织部　赵淑云

3/ 治口腔炎两方

△取蒲公英（又名黄花地丁）鲜叶几片（越嫩乳汁越多越好），洗净，有空就放在嘴里咀嚼，剩下的渣或吞或吐。连嚼几个月无妨，还可除口臭，去食用生葱大蒜后的臭味。

△黄连15克（鸡爪黄连最好）、明矾10克（用纱布包好），放入砂锅内加3杯水文火煎熬，剩水一杯时滤去药渣，晾凉。用药汁频频漱口，如扁桃体或喉头发炎要仰漱，使药汁作用于患处，连漱3~5剂就会见效。

100044　北京国防工业出版社　耿新暖

4/ 吃苦瓜治口腔溃疡

我常患口腔溃疡，医治多次，用药有口腔溃疡膜、华素片、牛黄解毒丸、维生素类药等，疗效慢，吃起东西疼痛难忍。一次偶然机会我吃凉拌苦瓜，口疮不治而愈。我让周围患有此病的朋友试，也有疗效。其做法：两三个苦瓜，洗净去瓤子，切成薄片，放少许食盐腌制10分钟以上，将腌制的苦瓜挤去水分后，加味精、香油（根据口味可放少许辣椒）搅拌后，可就饭一起吃，吃两次以上治愈。

100022　北京起重机厂云起装饰中心　于桂荣

5/ 草莓蘸白糖治口腔溃疡

一个偶然的机会，我发现草莓蘸着白糖吃，可以迅速治好口腔溃疡，以后，再遇口腔溃疡时，又如法炮制一番，效果很好。

102202　北京南口五二八八四部队　陈长春

6/ 慢性口腔溃疡的防治

多年来，我患慢性口腔溃疡，经常复发，严重时进食困难，连续注射青霉素见效甚微，后经人介绍，采用如下方法，效果极好。

（1）绿豆水冲鸡蛋：将一小撮绿豆洗净熬水，水量约一碗，熬约5分钟，以水呈绿色为准，趁热倒入一个已调匀的鸡蛋中，随即饮用。症状较重时，早晚各一次，是否放糖调味，自定，要求鸡蛋调均匀成蛋花。

（2）含女贞子叶汁：从女贞子树上采摘较嫩叶片，洗净捣碎取汁，用药棉蘸汁敷在口腔溃疡部位，每敷5~10分钟，一天两次，敷后有清凉麻醉感觉，口腔内呈黑色。每次敷后吐出药棉，并以水漱口，不要将叶汁吞入腹内。也可以将几片细嫩的女贞子树叶洗净，直接入口嚼碎含着，效果一样，但口感不舒服。

410012　湖南长沙市左家垅长沙矿冶研究院 587 号
谢宗文转宋育仁

7/ "甘草锌" 治口腔溃疡

我患有复发性口腔溃疡多年，各口腔医院专家看过，各种药物、偏方都治过，均无疗效，开始每年犯几次，后来每月一次，再后来每周一次，愈犯愈频繁，愈严重，由舌尖到全口腔，不能吃饭，说话也困难，非常痛苦。经人介绍服 "甘草锌" 后（据说体内缺少锌）已痊愈。我愿介绍给与我同病的患友，也请他们试一试。

100045　北京复外三里河一区 158-6　杨鲁娟

8/ 大白菜也能治顽疾

我两年前患慢性咽炎和耳咽道炎，吃了好几种中西药，总是时轻时重，非常心烦。后一位医学博士诊断，让我多吃大白菜（做菜或汤），并且饭菜要清淡些，勿吃刺激性调料和饮料。我照办很快好转。后仍坚持，至今近两年了，未再犯病。

100029　北京中医药大学 69 号信箱　高树帜

9/ 枸杞子沏水喝治口疮

我患口疮多年，每月发作，苦不堪言，有时在口腔内壁，有时在舌底和舌根，有时在牙龈上。后来我得一方，省钱又有特效，我已半年多未犯了。方法是：每天用枸杞子沏水喝（10~20 粒），可连泡三杯（早中晚），最后连枸杞子一起吃了。一周口疮就好了。

100053　北京宣武区白广路 22 号　程琴若

10/ 莲心可治口腔溃疡

我患口腔溃疡多年，治疗多次不见好，两年前我买莲子心泡开水喝，喝了半年左右我的口腔溃疡就好了。方法是：每天用 20 粒莲子心用开水泡，喝茶水一样到无苦味为止。

100851　北京复兴路 26 号 75 楼 17 号　肖静芳

11/ 足疗治复发性口腔溃疡

先用热水泡脚，水温 40~50 度，时间 15~20 分钟，顺序先左后右。然后按以下顺序进行。

（1）松：一手拿足踝，一手握足尖，缓慢向左，再向右，各摇 10 次，双足同；（2）揉：双手拇指依次推揉足底、内外侧、足背，3~5 遍，找出痛点，关键在拇趾趾间关节周围（口腔穴位），双足同；（3）按摩：用拇指反复按摩痛点（病灶）5~10 分钟，双足同；（4）刮：一手扶足背，一手握拳以食、中、无名、小指第一指间关节，稍用力压住足底前凹处（涌泉穴）向足跟方向拉动 3~5 分钟，双足同。

按摩结束喝白开水 300~500 毫升。每日一次，每次 30~50 分钟。

100024　北京朝阳区管庄京通苑 2 楼 6 单元 101
宋国华

12/ 白萝卜汁治口腔溃烂

冬季天冷气燥，胃火上升，容易口腔溃烂。不久前我爱人患上此病，吃过一些药也不好。杨先生介绍白萝卜治口腔溃烂一方，试用后效果不错。方法是：用生白萝卜三个洗净，切碎取汁，每天频频含漱数次，含好为止。

102405　北京房山周口店采石厂宿舍 9 排 9 号　付　强

13/ 石榴皮烧炭治口舌生疮

我 4 岁时，口舌生了疮，整天疼痛难忍，连喝水都困难，住在我家的一游击队员告诉我的家长用石榴皮烧成炭，捣成末，然后用蜂蜜 25 克调匀，早晚涂抹患处，连续 3 天就好了。

100000　北京广外红莲南里 12 楼 5 门 203 号　张秀文

14/ 花椒粒能止牙疼

两月前，我忽然牙痛严重，经细查，发现左侧一颗牙齿有个空洞。我试用了一个小验方，只用了 3 天，牙疼已好了一大半，连用一周后，就不痛了。此方是：把 1~2 粒花椒放入牙洞中咬实，半分钟后牙疼即止。一日可连用多次，重复一周即愈。

124010　辽宁盘锦辽河油田信息所　李素芹

15/ 风火牙痛治疗一方

风火牙痛指无龋齿、无溃疡、不红肿的牙痛。遇事着急上火，牙痛就来。取鸡蛋 1~2 个，打在碗中搅匀，倒二锅头白酒 50~100 毫升，火柴点燃，烧到如蒸蛋羹，一次吃下去。如用火柴点不着，可把碗坐在炉火上，用小火烧到冒泡再点。虽不大好吃，吃后却不易再犯。

101201　北京市平谷县韩庄第一养路段　王志光

16/ 九里香花的鲜叶子可止牙痛

1993 年 7 月，我的牙痛得厉害。经人介绍，用九里香花的鲜叶子，洗净后，叠起放在牙痛处，上下牙咬着，可以止痛。我照此法施治，牙痛即止。

100081　北京海淀区学院南路 82 号 2-3-201　王为民

17/ 无药止牙痛一法

无药也可止牙痛。方法是：用洗涤后冲净的拇指（上牙痛时用）或食指（下牙痛时用）顶住或压住痛牙，以一定的力咬拇指或食指，即可止痛。我用此法止牙痛，曾度过去医院前漫长的 5 小时。

100055　北京广安门外红莲中里 9 号楼 4-7 号　宋帅义

18/ 猪肚黏儿治虫牙

儿时喜吃甜食，患虫牙（龋齿），有时痛得在炕上打滚。母觅得一偏方，到同村屠户族叔家，要来猪肚黏（猪肚内壁的黏膜）少许，用小块纱布包成团，放在病牙的空洞部位，必要时用牙轻轻咬住，防止纱布团移位或咽下，约 12 个小时左右取出。可能是龋齿菌穿过纱布孔眼钻进带有异味的猪肚黏膜里，此后 50 多年来（现年 61 岁），我的虫牙病没再犯过。

100078　北京印铁制罐厂　白珺

19/ 核桃治火牙痛

我着急的时候牙痛最厉害，不知用了多少方法就是不见效。一次，一位同事告诉我说，核桃治火牙痛。方法是：准备一杯凉水，一个核桃，将核桃在火上烧熟，去掉壳，拿一块核桃仁和烟丝（烟卷也可以）一起卷成烟卷状点燃，吸一口，让烟在嘴中停留数秒钟后吐出，用凉水漱口吐掉，连吸 3 次即可。用此法已治愈几人，我的牙痛至今未犯。

100076　北京大兴县红星区太和乡广播站　张英

20/ 香油治牙痛可救急

用镊子夹一脱脂棉球，蘸少许香油，用火点燃，片刻吹熄明火，甩几下使油勿滴，用此棉球去烧痛牙牙体，30

秒钟见效。切记勿使棉球碰口腔内壁及牙床，以免烫伤。此法只治火牙痛，虫牙无效。

100032　北京市西城区机织卫胡同 41 号　倪文瑞

21/ 糖酒茶混合剂治牙痛

前几年，我患烂牙痛求医无效，后来服用了糖、酒、茶的混合剂，不久就解除了痛苦。配法是：泸州大曲酒 50 毫升、通化葡萄酒 5 毫升、人参精 5 克，3 种摇匀混合。再用茶叶 25 克、白砂糖一匙混合，加入混合酒 20 滴，用开水泡沏。每日 1 次，3 次即愈。

100007　北京东城区府学胡同 31 号　焦守正

22/ 治牙痛一方

我有一民间偏方：牛膝、木通、良姜各 5 克，用二锅头酒泡，用时只能在嘴里漱，不能咽下。多人使用后说："真管事。"

100023　北京朝阳区王四营公社东王生产队 140 号
李　一

23/ 味精鲜姜治牙痛

我今年 66 岁，前些天突然牙痛起来，吃饭、喝水、遇热、遇冷都感觉疼痛难忍，到医院牙科检查治疗，也没有找出什么原因，给了点止痛药膏也不见好转。后来朋友说：味精鲜姜可治。我就用几小片鲜姜，每片加上 3~4 粒味精，咬在牙痛的部位，两天后竟奇迹般地不疼了。

052360　河北省辛集市广播电视局宿舍楼 1 楼
付瑞芬

24/ 骨髓壮骨粉固齿

我年轻时牙不多，而且牙齿内面像抹了一层灰。看书知应清除，可县里乡间医院、卫生院（所）当时没有这项服务，

就自制工具清除。结果中年牙龈萎缩，齿间缝隙宽窄不等，洞大处，自行车条可穿行。牙齿松动，咀嚼无力，有时还痛。石家庄"古岁"骨髓壮骨粉上市不久，我正处于脑出血恢复期，朋友将其作为中老年保健补养品介绍给我。吃了一段时间，意外的效果是牙齿稳固多了。中间曾试停几次，牙病有时复发，其间下方门牙还掉了一颗，成了豁牙露齿人。以后便每天一小袋，不间断服食，而今牙齿稳固不动了。

101149　北京通州区城关镇成人学校　花启清

25/ 芦荟汁治牙痛

一次，我的齿龈红肿，蛀牙疼痛，朋友对我说：不必花钱，用芦荟可治。我便按友所说，先剪下面积与红肿部位相当的一块芦荟叶，再用刀片在剪叶厚度的一半处与叶面平行切成相等的两片，用其中的一片（另一片备换用）叶肉朝患处贴敷，如有齿洞，可塞点其中。两小时后，更换一次新叶。我只换了三次，便不再疼痛。

264500　山东省乳山市黄山路学校　辛梅艳

26/ 山栀根猪肉汤治牙痛

我给大家介绍一方，减轻一下"不算病"的牙痛。功效：清热泻火、活血止痛。适用症：牙痛。食物功能：山栀根性寒、味苦、清热泻火，凉血、解毒、止痛。猪肉性平，味甘、咸，人脾、胃、肾经，滋阴润燥，益血生津。分量和用法：每次用山栀根 15~20 克、猪瘦肉 200 克、清水适量煮汤，食盐调味，喝汤吃肉。

100053　北京市宣武区西便门东里 7 号楼 1 门 301 号
洪　霞

27/ 天仙米治蛀牙

20 世纪 50 年代我年轻时患蛀齿，疼痛难忍，怎么治也不好。邻居一大妈告一方，只一次即痊愈。方法如下。用料：天仙米 40 克、木炭数块。方法：将木炭烧燃放在一盘中，将天仙米撒在炭上（分数次撒），手拿一小碗倒扣其上，不要扣死，让烟熏碗壁，待碗壁有黄色，用一口水的水量涮碗，涮后即含入口中。左边牙痛头偏左，右边牙痛头偏右。用水浸泡牙有洞处，约一两分钟。这时将碗仍扣在炭山上加天仙米熏着。然后将这口水再吐入碗中涮涮，再含入口中浸泡痛牙。反复十数次，即可看见碗内有黑头白身子虫出现。我治疗时熏出 17 条小虫。我现已 80 岁，几十年中从未犯牙痛病。注：（1）这口水不能更换，越涮药力越大，效果越好。（2）天仙米有微毒，水不能咽下。（3）天仙米也叫天仙籽，中药店有售。

100077　北京丰台区马家堡西里 33 楼 8 门 102 号

和　谦

1/ 皮硝治冻疮好

我在黑龙江北部的一个小镇上小学，教室里冬天不升火，两个脚的冻疮很重，几乎溃烂十分之八九，不能走路。可能因为冻伤太重，用茄子秧和辣椒水洗泡多次没有治好，后来还是用皮硝治好了，从未犯过。皮硝是硝皮革用的白药面，药店有售。方法是用沸水冲开皮硝（双手用1匙，双脚用2匙，水量以没过手脚为宜），稍晾后把手或脚泡在温热的水里（不可烫），顷刻后能感到十分舒服。泡几次即可痊愈。

110003　沈阳市和平区保安寺街26号楼233室
耿　平

2/ 热橘皮按摩治冻伤

我从小时候起就用母亲教的办法治冻伤，每次都有效。办法很简单，就是用鲜橘皮或芦柑皮。将橘皮贴（或用手按住）在烧水的铝壶或煮饭的铝锅盖上，待热时（不会烫伤皮肤的温度）贴在冻伤处按摩片刻，如温度降低而橘皮还未干，再按上法做一次。一般不严重的，这样一次就会不痛不痒了。如见轻，可做二次三次。如果没有鲜橘皮，可将干橘皮用热水冲泡一会儿，待水不烫时用来泡洗冻伤部位，最好把橘皮贴在冻伤处按摩片刻。已经溃破者不太适用此法。

100027　北京东直门外新源里东11号院2-1-13-2号
俞志明

3/ 热面糊治冻伤

如果脚上有冻伤的粉红色包块时，可在临睡前用热水泡洗，随洗随加热水，使脚泡红，然后将打好的白面热糨糊摊在布上，贴在冻脚的包块上（按包块大小摊糨糊），穿上袜子睡觉。第二天早晨取下布块，脚上冻伤消失，痊愈后不会再犯。

100032　北京西城劈才胡同高华里楼2门301号
刘福华

4/ 来苏水治冻疮

我小时候住在农村，每年冬天都要冻手脚，冻得手指不能弯曲，穿鞋都比较困难。有人告诉我一方：每晚用温热水放2~3滴医用来苏水后泡脚，我试洗了几次，冻疮洗好了，而且20多年来没有再犯。　　李志祥

5/ 生姜治冻疮

临睡前用热水将手脚洗净，用一块鲜生姜放在炭火灰中捂热，切成片，趁热用姜片在患处来回搓擦。坚持数次，可见成效。冻疮已溃烂流水者不宜用此法。

300113　天津市南开区长江道长宁里7号楼3栋
201　李维澄

6/ 夏季用紫皮蒜治冻疮

我有一个农村亲戚，多年患冻疮不愈。去年朋友介绍一法，经治疗取得奇效。此法是在夏季选取一头紫皮独头蒜，去皮后用蒜缸捣成蒜泥，把蒜泥摊在清洁的纱布上，暴晒十几分钟，趁蒜泥热劲敷在患处，并且用手轻轻擦搓3~5分钟。每天坚持一次，治疗一个月后冬天不再生冻疮。

112300　辽宁开原高中　孙执中

7/ 治冻伤一方

我妹妹3岁时冻过一次手，从此留下了病根，夏天还好，每到冬季双手肿

大，腐烂流黄水，疼痛难忍，而且病情越来越重。父母到医院为妹妹治了10年，仍不见效。1982年，我在宣武公园碰到一位身怀奇术的功夫老师。当我谈起妹妹的病情时，他随手开了一个处方：刘寄奴、伸筋草、透骨草、穿山龙、桑枝各30克，叫我买齐后放到大砂锅内加4倍水，水开后20分钟端下，待温热时洗手，下次洗时再热。每天早、中、晚洗，次数不限，药力无效时换一副。我按上述方法，叫妹妹洗手，没有几天，10年没治好的双手果然全好了，现已有多年没犯病。

100053　北京宣武区广内煤厂车子营门市部　姜绍卿

8/ 柚子皮水治冻疮

将柚子皮放在盆中加水煮开，几分钟后离火，待水温适宜时，擦洗冻疮部位，水凉后加热再洗，每天洗1~2次。此水可反复使用几次（用时加热）。几次后即愈。

100054　中国人民银行印制研究所　张亚新

9/ 山楂可治冻疮

我一到冬天就冻脚，即将山楂（生的）切碎，去核，敷在冻疮上，几天后，冻疮化解。

102413　北京275信箱53分箱　秦景祥

10/ 十滴水可治冻疮

十滴水一瓶，用一些脱脂棉捏成球状，每天用棉球蘸十滴水涂擦冻疮部位3~5次，一般5天就可治愈。此法本人已使用多年。

100050　北京华北光学仪器厂　傅春升

11/ 干桑木防治冻疮

将干桑木引着，用微火反复烤患处；

或将桑木劈开，放入铝锅内加水煮半小时，然后用桑木水擦洗未化脓的冻疮。坚持每晚擦洗一次，连续几天后就有一定疗效。

100013　北京朝阳区和平街14区19楼1–8号　张庆荣

12/ 治冻疮一药方

乳香、没药、甘草、花茶各25克，均要细面。用纱布包敷在患处。上述药方可供患冻手脚者使用。

100051　北京前门外大齐家胡同14号　冯玉书

13/ 煮干杨树叶治冻伤

拣一些大杨树上落下来的干树叶，放在铁锅里用开水煮，煮到水变成黑红色然后趁热烫洗患处（温度不可太高以不烫伤皮肤为宜）。水凉了，还可以再加热接着洗，洗上两三次。最好晚上睡觉前洗。第二天冻伤可基本痊愈，再洗一到两次，冻伤就完全好了。以上办法本人有切身体验。

100016　北京酒仙桥医院　张逸民

14/ 电吹风治冻疮

在北京时冬天居室取暖，转业回家乡后，冬天没有取暖习惯。每年手、耳朵冻伤，抹油涂膏、按摩都过不了冬日的"关"。前年一好友嘱不管户外活动否，每年11月份至次年2月，这4个月每天都搓耳、搓手50下，然后电吹风吹拂热风配合按摩这些部位5~10分钟。我遵照指点，去年今年安然无恙。

223800　江苏省宿迁市中医院宿城区东大街68号　赵理山

15/ 青霉素混合药膏治冻疮

青霉素80万单位1支（粉末）、尿

素软膏1支或硫黄软膏1支。将青霉素铝盖去掉，加入尿素软膏或硫黄软膏20％，用消毒棉球棒拌匀擦于患处。每天早、晚各1次，一般3天即可痊愈。对溃破型冻疮效果更好。注：对青霉素有过敏者慎用；可改青霉素为红霉素片剂，一般用红霉素4片碾为粉末加入尿素软膏或硫黄软膏20％拌匀，擦患处即可，但效果稍差一点。

100045　北京西城区月坛大厦城建一公司第六项目经理部　赵军贤

16/ 根治冻疮土方法

1991年冬我左手小指上长了几个红疙瘩，医生诊断是冻疮，用貂油治愈。第二年复发了，用同样方法治好。第三年，不但复发，而且左手几个指头出现了红疙瘩，其痒疼的滋味实在难忍。一气之下，我就用香烟头的明火进行熏烤，还真管用，痒疼得到缓解。经过四五天的轮番熏烤后，冻疮居然完全消失掉。现在已有八个年头没有犯过一次。

102300　北京门头沟区三家店新华路4号塔楼504室　牟蜀东

17/ 雪水泡橘子皮治烧烫伤

用当年新鲜的橘子皮，洗净晒干，放在玻璃瓶中备用。等到当年下第一场冬雪时把雪收集起来，放到盛橘子皮的玻璃瓶中。雪要装满，瓶口密封后再用塑料布包好，埋在地下。我家有一瓶已泡了近20年，每年下第一场雪时都要装入新雪。用它治疗一般的火、水烫伤和烧伤，有奇效。

100043　北京市石景山古城西路7栋　苏志尧

18/ 用鲜橘子皮制烫伤膏

把鲜橘子皮（不可用水洗）放入玻璃瓶内，拧紧瓶盖，橘皮会沤成黑色泥浆状，存放时间越长越好。烫伤时将它抹在伤口上，当时就能止疼，抹两三次即愈。此方我家已沿用多年，确有实效。堪称神奇的是，不论药泥放置多久，都不会变质而影响疗效。当然，最好是一年一换。

100075　北京永外马公庄甲1号楼1门201号　刘俊儒

19/ 青冈树汁治烧伤疤痕

我小时候，一次用烘笼（南方过去冬季取暖的主要用具）烧核桃吃，不慎将烘笼打翻，火溅到脸上，烧得我右边脸上起了一个泡，虽经医院治好了，但脸上却留下了一块难看的疤痕。后经当地一民间医生介绍一偏方，一试果然灵验。这就是将青冈树（不能太干）当柴烧，燃烧时劈柴里面会冒出一种白沫。用此白沫擦脸疤痕处，次数不限，治烧伤疤痕有奇效。我用此白沫擦脸约20次左右，脸上的疤痕就全消了。

100039　北京城建集团构件厂党办　邹理业

20/ 大白菜治烫伤

我哥哥做豆腐不慎被烫伤，昼夜呼号七天未得安眠。后请一位老中医，当即将大白菜捣碎敷患处，立时不觉疼痛，只见大白菜上面冒热气，待不冒了就又感觉疼痛，马上换敷新捣碎的大白菜，如此数次，伤处就一点也不疼了。此时用药布包好，不久就痊愈了。我的小孩曾被炉筒烫伤，亦用此法，未哭几声，即又玩耍。

100010　北京东城区演乐胡同21号　张殿执

21/ 黑豆汁治小儿烫伤

小儿不慎烫伤后，用黑豆25克加水煮浓汁，涂擦伤处有疗效。

421173　湖南衡南咸塘　李凤发

22/ 绿豆治烧伤有特效

取生绿豆100克研末，用75%酒精（白酒也行）调成糊状，30分钟后加冰片15克，再调匀后敷于烧伤处。用此方法，减少痛苦，结痂快，而且不留疤痕。

100045　北京西便门劳保用品商场　沈尚伟

23/ 地榆绿豆治烧伤烫伤

地榆25克、绿豆25克、香油2两。将地榆、绿豆研为细末加入香油调匀，熬成膏状备用，盛药容器应消毒。用时可用消毒棉签蘸药涂抹患处，适于较轻度烧伤、烫伤。

100055　北京广外红莲南里12楼5门203号
张秀文

24/ 枣树皮治烫伤

我是个茶炉工，一次不小心，右脚被开水烫伤了。朋友推荐：枣树皮拌香油能治，我试用果然很见效。其制法：枣树皮适量（新、老树皮都可），用开水洗净，烤干（不要烤焦），碾成粉末后加香油拌稀，抹于患处。几次擦抹后，结痂，不留伤痕。

100073　北京六里桥八一电影制片厂招待所　凤为桃

25/ 白糖泡蚯蚓治烫伤

挖一条活蚯蚓，洗净装入瓶中，放入白糖，糖要没过蚯蚓，将瓶盖盖好。数天后，化成水，蚯蚓只剩一条皮，将皮挑出。用该水涂抹烫伤处很快止痛、皮肤复原。

100085　北京2871信箱资料室　陈慧琴

26/ 止痒水治烫伤

一次邻居张大妈的手被灶上铁圈烫伤到我家来找药，偶然当中拿出北京协和医院研制的TLS止痒保健液为她喷涂，不但没起泡，过一阵也不痛了，几天后平复如初没落疤痕。以后照此方法又医治数名烧烫伤的朋友，果然有奇效，优于獾油类烫伤膏剂。

100011　北京地坛医院　吴怡军

27/ 冬至后收集雪水治烫伤

冬至后遇下雪天，可用脸盆收集干净的雪。融化的雪水过滤两三遍后盛在干净塑料桶内，放阴凉处。遇有烧烫伤时，可即用此雪水浸泡伤处，未起泡的不会起泡，已起泡的不但不会感染，还能减轻灼痛，并且好得快。收集雪水的最佳时间在三九、四九，其他时间效果差。贮存时间越长，效果越好。

100055　北京复兴门外三里河计委宿舍一区39门
5号　邹月华

1/ 猪苦胆治疗疔疮

疔毒又称疔疮，是一种毒疮，多长在人的手指甲下，疼痛难忍。我左右手中指都长过疔疮，全是动手术切掉的。一次，我友人的孩子手指长了疔疮，正赶上期中考试，手指疼得拿不了钢笔，急得直哭。恰好我得到一个偏方，用猪苦胆治疗疔疮，就告诉了她。她到食品公司买了一个猪苦胆，当晚将猪苦胆拉个口子，把孩子长疔疮的手指伸进去后捆好就让睡觉，第二天早上起床疔疮不见了，手指也不疼了。另外，听说用干的葱白点着后烧烤手指疔疮部位，效果也很好。

100077　北京永外西罗园二区 4 号楼北京市家协建
材经营部　董恒吉

2/ 蛋黄油治疗下肢顽固性溃疡

把鸡蛋黄放在铁锅里用温火慢慢地烤，等蛋黄溶化后会出少量的油，这时用消毒的纱布条浸蘸。将吸了油的纱布条贴敷在患处，3~4 天换 1 次，溃疡面就逐渐愈合。我用此方曾在 20 世纪 40 年代治疗过不少下肢顽固性溃疡，疗效都很好。

100095　北京胸科医院　秦 汛

3/ 醋溶蚯蚓液治"蛇盘疮"

我有一老友，腰上长了"蛇盘疮"，在医院打针吃药均不见效。后用土方：将新抓的几条蚯蚓洗净放在小碟内，倒入适量的食醋，一会儿蚯蚓就被醋溶解，用小棉球蘸溶解液涂在患处，1~2 天就好。

100101　北京市亚运村安慧里二区 6 号楼 01-04
魏义文

4/ 醋铜锈晶体粉可治疥疮

找一些纯铜制品，用肥皂刷洗干净后，放在碗或玻璃瓶里，倒入优质食用醋泡 7 天左右，要盖好防污染，待铜制品表面附有结晶体后，用消毒的夹子将它取下，存入干净器皿内。身上长有疥疮，可用酒精擦洗消毒后撒上一层铜锈晶体粉，然后用医用纱布盖好。1~2 天后取下纱布，可继续撒上铜锈晶体，一般 3~5 次可好。请注意，铜锈晶体粉有微毒，每次用量不可多，薄薄地撒上一层即可。醋铜锈还可治痔疮，但必须直接撒在痔核上，否则无效果。笔者亲自使用上述方法，效果较好。

100088　北京市新街口外大街 5 号城乡一公司　朱大实

5/ 香油调苇花灰治黄水疮

小女三岁时下巴颊儿患黄水疮，黄水流处即成疮，奇痒。经治疗无效。后寻得一方：取苇花烧成灰，用香油调成糊，涂患处。第一天止痒；第二天加涂后不再流黄水；第三天部分灰糊脱落，露出新肉，再涂苇花灰糊；第五天全部灰糊脱落，黄水疮痊愈。

100036　北京太平路 22 号 1 楼 2 单元 16 号　唐瑞兰

6/ 羊胡子可治黄水疮

把羊胡子剪下来，烧成灰后用手撒在患处，即可治愈黄水疮。

100053　北京市宣武区南横东街 124 号　葛好星

7/ 治黄水疮一法

3 年前，我的小孙女脸部得了黄水疮，去几个医院求治均未见效。后经邻居告一偏方，只用 3 角钱病就根除了。用香油把 7 个带把的花椒炸黑，捞出花椒扔掉。等香油凉后，倒入中药青黛面、黄檗面各 5 克，拌好涂抹患处，三四次就好了，没有复发过。

100054　宣武区白纸坊建功东里3号楼1门303室
张雅琴

8/ 马齿苋治毒疮

20世纪60年代初，我参加战备公路修建，正值炎热夏季，在我的背部长了个毒疮，瘙痒发热，疼痛难忍。工作位于偏僻农村，缺医少药，每天下工后，当地有一位好心的大妈用马齿苋为我治疗，一周就痊愈了。方法是：鲜马齿苋一把，洗净捣烂如泥，敷在患处，每日换一次，一周即愈。

100013　北京东城区地坛北里9-4-203　王荣云

9/ 仙人掌治疖疮

我的食指尖上长过一个小疮，开始没在意。以后疮变得越来越大，食指越来越痛，不久又开始化脓，整个手指肿得像胡萝卜。吃药、敷药两天，收效甚微。外婆知道后，告诉我一个方子，我用后效果特别好。具体方法是：用刀将仙人掌切下一小块，撕去其皮，再将肉放在纱布上包好，捣碎，直到肉汁呈胶水状即可，然后将纱布打开，用捣碎后黏性很大的仙人掌肉敷在长疱疮的食指上，用纱布包扎好。每天敷两次，我仅敷了四天就基本痊愈了。后来，我的侄子屁股上长疤疮，疼得不敢坐，走路像跛子一样，医药费也花了不少，我得知后即告诉他用仙人掌试试，果然三四天就基本痊愈。

430052　湖北省武汉市倒口南村200号　黄水莲

10/ 桃花白芷酒治脸上色斑

我的一位朋友脸上色斑很多，用了我的一方后减轻。具体方法是：清明节前后采集东南方向枝条上花苞初放及开放不久的桃花300克，与白芷40克同放瓶中，加上等白酒1000毫升，密封1个月后开封取用。每日早晚各饮桃花白芷酒1盅。饮用时倒少许药酒于手掌之中，双手对擦，待手心发热后，来回擦面部。本方能去脸部焦黑斑，治疗面色晦暗。

100037　北京西城区北礼士路139号楼1门1201
王惠玲

11/ 眼药除痣

我于十多年前发现腰间有一颗红痣，不过半个芝麻大小，夏天不小心弄破后感染了，长成一个黑痣。黑痣一年年大起来，一直长大到蚕豆大小，扁平如蘑菇状，在腰带处很不方便，近一年来还时常碰伤流血化脓结痂。我便在天天洗澡后擦敷红霉素眼药膏，居然逐渐软化，一点点脱落。眼药用到一半，黑痣已脱落得完全平复，只留下黄豆粒大小的暗痕。

063020　河北唐山市河北三号小区208-2-302　赵鸿声

12/ 治白癜风三方

白癜风治疗比较棘手，很难治愈，下面介绍三个特效秘方。（1）硫碘、轻粉、杏仁等分碾成细末，生姜汁搅和涂患处，可愈。（2）用白鳝油搽之，或将白鳝晒干煎枯取油擦之，可愈。（3）猪肝一副（不用春季的），白煮不用盐，一顿食尽，忌房事一个月，可渐愈。注：白鳝与黄鳝不同。

100026　北京丰台区南苑北里三区11-2-211　王履煊

13/ 香菜汁可治小儿湿疹

将鲜香菜择净洗净，挤出汁来抹在患处，可逐渐减轻小儿湿疹病情。

100078　北京方庄芳古园一区17-1-401　吴学真

14/ 榆树汁治手癣效果好

妻患手癣多年，每逢春、秋季节还因干燥裂口，苦不堪言。前几年偶得一方，今年清明前后一试果然见效。方法是：选几条鲜嫩榆树枝，将剥下的皮捣烂呈汁状后敷在患处，用纱布包严并用胶布粘牢，4~5 小时后揭下，最多 3 次便可治愈。需要注意的是，治疗期间着水时间不要过长。

102100　北京市延庆县技术监督局　卓秀云

（编者注：取榆树枝时应找园林绿化队，不要随意破坏绿化。）

15/ 青杏核仁水可治癣

小孩脸上长癣，我用青杏核仁里的水给他擦癣处，擦几次就好了，未再犯。

072750　河北涿州市造纸厂　张鹤珍

16/ 大蒜治病两例

△一同事告诉我，他曾患牛皮癣，经多方治疗未能见效。他把大蒜放些盐捣烂如泥，敷在患处，用纱布盖好并用胶布固定，每天换新蒜泥一次。一段时间后牛皮癣居然消除，患处只留下一块深色的斑印。

△去年我腰间突患带状疱疹（俗称缠腰龙），痛苦万分，经中西医治疗均不见好转。我忽想起大蒜治疗牛皮癣的效果，于是照方试治，刚一敷上患处疼痛难忍，勉强敷了 20 多分钟只好取下。我想，既然感到痛就有消毒作用，于是待痛感消失后又照方敷上。如此反复试治，几天后带状疱疹竟也治愈。

100035　北京西直门内大丰胡同 17 号　张　瑞

17/ 治牛皮癣简法

笔者偶得一治牛皮癣方，并让一患者试用，效果极好。其方法是采几条鲜榆树枝，挤压出汁液抹在患处（汁液只能用 1 次）。每天 1 次，连抹 10 天即可根治。

102100　北京市延庆县技术监督局　卓秀云

18/ 锯末油可治钱癣

锯末油可治钱癣。做法是：用缝纫针在一张白色厚纸上扎些小孔，用水把纸打湿后蒙在大口茶杯上，周边垂下。在纸上面堆满干燥的锯末如金字塔状，点燃，不要起火苗，只要冒烟，待烧尽后将灰和纸轻轻拿掉，杯中即可见锯末油，取出敷在患处，几次即可痊愈。

344000　江西抚州市环城西路 14 号华东地质学院 160 信箱　郭志鸿

19/ 烟灰治皮癣

1985 年我颈后两侧先后对称地生出两块皮癣，初起像小米粒似的一片小疙瘩，阵发性刺痒，抓破后出现黄水状，俗称黄癣和湿癣。我曾用过十几种方法都未能治好，患处面积越来越大。三年后的一天，我的右臂肘弯处又起了有豆粒大的一片小疙瘩，用指甲划破一看，与脖颈上的一样。当时我正在吸"天坛"烟，就用烟灰试着擦抹，第二天就好了。后来我用干净木片先后将颈部两块患处刮破，用"天坛"烟灰搓抹两次即愈，至今没有复发。

102417　北京房山区长操村　王凤梧

20/ 治疗痤疮一法

我年轻时面部长满粉刺疙瘩，中西医都治过，效果不明显。我家隔壁小刘开了个偏方让试一试，没想到只 7 天就好了。方法是把扑尔敏 10 片、维生素 C 5 片、灭滴灵 10 片、地塞米松 10 片研成粉末，搅匀后再加入四环素或红霉素软膏 2~3 支，兑入少许凉白开搅成膏状。每天早晚清水洗净面部后搽涂。治疗期间要少吃辛辣刺激类食物。

100071　北京主台区文体路 62 号院卫生所　赵理山

21/ 海浮石治愈了我的皮肤病

我的右腿膝下至脚面生了不少紫色斑点，十分刺痒，夜间尤甚，曾到医院治疗多次，用药十几种都不见效。一个偶然的机会，我在百万庄早市见有一个出售"海浮石"的小摊贩，招牌上写着有活血、止痒功能，能治脚垫、鸡眼、皮肤病等。我就买了一块，回家用后果然可以止痒，现已痊愈，未曾复发。用法极为简便，即用一盆 40℃ 的温水，随洗随用海浮石擦患处，擦十几次，早晚各一次，连续一个月即愈。

100044　北京展览路 24 楼 3 门 104　牛满川

22/ 擦沙拉油治老年斑

我是一个在职的部队女医务人员，已 52 岁。近两年脸上长出了大小不等的十来块老年斑，双手背上也有两块。我看到沙拉油几乎有一切皮肤所需的营养成分，就试着早、晚在脸上和手背上各擦一次，两个月后老年斑全消失了，而且皮肤变得有弹性，干燥现象也有好转，皱纹变得几乎看不见了。具体做法是早起、晚饭后洗完脸，用食指粘少量沙拉油往脸上擦，有老年斑处可多擦点。一瓶沙拉油可用一年。　北京军区后勤药械检修所　邓玉男

（编者注："沙拉油"不是炒菜用的食用沙拉油。过去沙拉油都是自己用香油、鸡蛋等调剂，故称沙拉油，现在市场上叫沙拉或色拉酱。）

23/ 治荨麻疹一法

我小时候得荨麻疹，久治不愈。后服用一种叫桐臭蒿子的草本植物，采一把在锅中煮沸约 5~10 分钟后喝汁，即愈。

010030　内蒙古呼和浩特市中山西路 85 号　高占荣

24/ 治结节性痒疹一法

我年轻时曾因蚊子叮咬，患过结节性痒疹。症状是叮过的皮肤起初发痒，用手抓，越抓越严重，逐渐形成暗紫色小突起，奇痒难忍，到各医院求治均无效。后听患过此病的同志说，把复方奎宁和蒸馏水（针剂）混合后，用注射器注入每块痒疹皮下，使它稍鼓起，一次即愈。

102208　北京农学院外语教研室　何学志

25/ 老油可消肿

把熬好的猪油存放好，时间越久越好，有的可存放几年，涂在各部位的疖肿处，即消肿。

100020　北京朝外中纺里 25 楼 1 门 102　李瑞冲

26/ 小苏打水治外阴瘙痒

我患糖尿病六七年了，外阴经常瘙痒，很难受，用药水药膏抹均无效。后有一位老太太告诉我，每晚睡前用热水放一点小苏打洗外阴，可治好。我连洗了几天，真见奇效。近两三年来再没受瘙痒的痛苦，有时稍有痒感洗一两次就好了。

100037　北京西城区北礼士路 62 号 2 排 7 号

王维君

27/ 人尿可治蜂蜇

夏日来临，稍不慎有时会被野蜂蜇刺。笔者近几年曾几次被蜇，皮肤红肿，疼痛难忍。经人介绍：被蜇后用自己的尿液一抹，片刻后红肿和疼痛都消失，比药物治疗还灵。

100081　北京海淀空军指挥学院 49 楼 2 门 101 号
雍贵实

28/ 治水毒一法

养鸭子的河水，晒太阳后，有毒，人蹚水后被浸过的地方就出现很多红肿块，奇痒，俗称中了水毒。去年夏天，有一次我涉水过河中了水毒痒得厉害。我用消过毒的针尖扎破肿块（每块要多扎几针），后用脱脂棉蘸热水擦洗，躺下休息，一觉醒来即愈。

102417　北京市房山区长操乡长操村　王凤梧

29/ 蜘蛛能吸蝎毒止痛

年轻时在农村听人讲，如果被蝎子蜇着，可捉一只蜘蛛，将它的嘴按在被蜇的伤口处，它会自动地吸吮毒汁。此后不久，我不慎被蝎子蜇着了，疼痛难忍，试用此法，果真很灵。蜘蛛很卖力地吸吮毒汁，推它也不动。随着毒汁渐渐被吸走，疼痛逐渐减轻，最终消失。据说，如果毒汁多或蜘蛛小，吸到一定程度时蜘蛛会晕倒，但将它放到冷水里解毒，苏醒过来后还会继续吸。

100020　北京朝阳区东大桥路 6-4-1　马　英

30/ 鸡蛋和蜈蚣可治手指无名肿痛和水毒

我从事炊事工作 10 多年，经常和鸡鸭鱼肉打交道，操作过程中难免刺伤手指而发生肿胀、化脓。可用一个鸡蛋和一条蜈蚣治疗。方法是：在鸡蛋大头开个洞，大小根据手指粗细而定，倒出鸡蛋清；用从药店买来的蜈蚣放在瓦片上焙干（不要糊了），擀成末，放在鸡蛋内搅拌，搅匀后套在受伤的手指上，用纱布套好（最好在晚上临睡前）。第二天早上就可痊愈。一般说一次可见效，若不见效，可再来一次。

100010　北京市东城区北竹竿胡同 94 号雪花电器
集团公司膳食科　张合营

31/ 大葱叶治"杨拉子"蜇

前几天，我在剪香椿芽时手腕被"杨拉子"蜇了一下，很快红肿起来。正痛得难忍时，一同事告诉我：可用大葱叶里面的白汁在红肿处擦治。我擦后就痛得轻了，3 小时后红肿疼痛全消失。

100011　北京安德里北街 23 号 3-2-102　苑玉明

32/ 用拔罐子的方法治疗蜂蜇

我在整理花草时上臂被小黄蜂蜇了一下，当时只有一个针尖大的红点，虽用氨水擦抹，第二天仍在红点周围肿起了一大片；到第三天，大半条胳臂又红又肿，连腋下淋巴结也疼起来。用了多种治虫蜇咬的药，效果都不理想，无奈之中想到用橡胶拔火罐试一试。第一天拔出少许液体，局部已感到有些轻松。又连续拔了 3 天，一次比一次拔出的液体多，红肿渐消，一周后痊愈。我用的是大号橡胶拔罐，拔时局部很疼，出现许多小泡，咬牙忍一阵就好了。

100091　北京 1924 信箱　李海岩

33/ 坚持早晚冷水擦身和按摩，可治老年瘙痒顽疾

老年瘙痒是一种常见病，我今年 80

岁，约有20年病史。初得病时是局部发痒，后由两小腿开始，逐渐向上到两大腿、腹、背、胸，最后到两臂，两侧对称，周而复始，循环发作，没完没了。需经常服用及涂擦各种止痒药物，严重时每夜起床涂擦2~3次，睡不好觉，受尽折磨。每种药品用久后逐渐失效，得另换新药。中医认为西药很难根治此病，唯有服中药可收到较好效果，但仍是一停药即复发，百般无奈。自1991年夏末秋初开始，我坚持每晚睡前及早上起床时用冷水擦身，擦后用双掌按摩，坚持至今。在未使用任何止痒药品的情况下，瘙痒没有发作，可以一夜安眠到天明。过去深恐瘙痒加重，不敢吃鱼虾多年，现在吃了也无不良反应。擦身方法：用一脸盆冷水，先擦胸背及两胳膊，后擦两大腿及小腿，毛巾要选软而厚、质量较好的，每个部位反复擦几次，并可擦重些。擦完后，用两手掌按摩脸、两臂、胸腹、后臀部、两大腿及小腿各50次，最后擦两足心，每只脚心纵横各100次。按摩完后全身有舒适感。注意事项：最好在夏季时开始擦，擦洗时禁用各种皂类，经每天早晚各擦身一次后，不要再用温、热水洗澡。如室内温度太低，可上下身分开擦。初开始时，可能有时会有将发痒的症状，切不可用手去抓，也要用冷毛巾擦，只要能坚持早晚擦，就不会再瘙痒。体质太弱者是否经得起这种锻炼治疗，还望量力而行。

100020　北京市东环路2号楼9门402号　金　竹

34/ 牛羊唾沫有杀菌止痒功效

童年时代，农村缺医少药。我曾多次目睹父亲生前常用牛羊唾沫给自己和他人治皮肤瘙痒等疾病。当时我好奇地问：为什么牛羊唾沫能治皮肤病？他回答说：牛羊吃百草，唾沫具有杀菌止痒功效。具体做法是：早晨牛羊喂草前，口水较多又无杂质，用小竹（木）棍将嘴撬（掰）开，手拿干净布块伸到牛羊嘴里将唾液沾粘取出，擦抹在皮肤患处，一直坚持到治愈为止。　100083　北京大学分校　陈晓辉

35/ 治腋臭一法

我的表哥患腋臭，后经朋友介绍一法，基本上治好。此方是：取自己的新鲜尿液涂擦于腋窝，隔一分钟将腋窝洗净，每日一次，3~4次即可见效。

100051　北京宣武区甘井胡同15号　耿　煜

36/ 大葱蜂蜜治小腿生疮

生疮就怕生在小腿前，此处因肉少且常活动，不好痊愈。可将大葱捣粘，越粘越好，用蜂蜜调成糊状，抹在患处，然后用纱布缠好，每隔两三日换一次，数日即好。

100050　北京市油脂公司　张一民

37/ 生吃大蒜治神经性皮炎

我患神经性皮炎多年，期间数十次投医求治，疗效均不如人意，总是时好时犯，十分苦恼。一年夏天，我因带饭易馊，改带方便面，在吃面时吃一头生蒜，却惊奇地发现，未投医神经性皮炎不犯了，于是我坚持至今，一日吃一头生蒜，神经性皮炎再没犯过。

100075　北京丰台区大红门西街乙50号　舒　兵

38/ 治皮肤结核一方

我儿在下乡插队时突得一怪病：开始在面部鼻两侧很对称地长了很多不痛不痒的小红疙瘩，后越发展越严重，每个小疙瘩像马蜂窝似的，有脓也流不出来；头部还出了大小不等（最大如核桃）的小包。经很多医院诊断，都未得出结论，后经省大医院取样化验说是"皮肤结核"，也叫"颜面寻常狼疮"。经用链霉素、雷米封、利福平等药物治疗，数月不大见好。后又加服激素药物才算控制住病情，但激素不能常用，一停药就又加重。在毫无办法的情况下，一朋友告诉我一方：蝎子60克、土元30克、蜈蚣8条（中药店均有售）为一副，研细末，分15等份，每份加一个鸡蛋在碗里搅拌蒸熟，每天吃一份，3个月为一个疗程。据说该方是治骨结核用的，不知治皮肤结核是否有效。我说："管它有效没效，试试吧！"结果一服药就大有好转，不再往大的发展了，一个疗程便基本痊愈，头上没破口的包竟奇迹般地抽回去了。

050200　河北鹿泉市城关三街石邑街38号　胡生智

39/ 红枣明矾治黄水疮

红枣2颗、明矾5钱。将枣烧焦，碾压成末。明矾置于汤匙中，烤化成液，放凉，亦压成末。两者混合，滴香油数滴，调成糊状，涂于患处，每日3次，3天内愈。

100011　北京西城区双旗杆东里3号楼1门102号　边慕兰

40/ 柳叶治小儿黄水疮

几年前，我小侄嘴边生黄水疮，上医院治疮上药，未见好转。我按土法：找嫩柳树叶尖，洗净煮水，稍晾不烫，用纱布蘸了搽涂患处，第二天见好，两三天后痊愈。此法经邻居、朋友小孩使用，效果都很好。

100011　北京朝阳区外馆西街3号楼401号　赵淑英

41/ 陈黄酱能治秃疮

我少年时，一度头上长满了流黄水的秃疮，求医治疗无效。老人给一偏方：每天剃一次头，把黄酱调稀往头上抹，干了再抹，每天抹3~5次，剃5天头，抹15次黄酱，即痊愈。

100025　北京朝外八里庄国棉二厂宿舍12楼3单元57号　王道祯

42/ 醋熬花椒治癣

我的脖颈患牛皮癣，数十年各种治癣药膏及癣药水，花钱购买不计其数。后经友人介绍，用醋熬花椒水，奇迹般地除根了。方法是：买一瓶醋，放一把花椒，熬半小时，放凉后将熬的花椒水装入瓶中，用一小毛笔刷花椒水于患处，每天坚持早、午、晚刷涂患处，无论何种顽癣，均可根治。

100072　长辛店天桥宿舍112号　金 琮

43/ 西瓜皮治面部黄水泡

夏天在水库中游泳，不知何因，面部起了许多黄色小泡，起初是痒，而后又疼。服用牛黄解毒丸，收效甚微。后用偏方：西瓜皮洗净，刮下最外面的那层绿皮，晾干，炒熟，成粉末，涂患处。三天就全好了。未留下任何疤痕。100042　北京市42支局公安大院　严 寒

44/ 大蒜治桃花癣

有些人特别是小孩子，脸上在开春爱

长癣（故称桃花癣），癣长在面部影响美容。小时候，我见母亲用大蒜给妹妹治过桃花癣，效果很好。用一瓣大蒜切成片，用蒜汁涂抹癣处。一瓣大蒜可以用好几次，一般抹三四次癣就好了。

100032　北京西城区文化文物局　叶　鹏

45/ 豆腐可治脓包

夏季天气炎热，有的人因碰破或挠痒痒抓破自己的皮肤，引起发炎，长了脓包。据亲友告知，可用盐卤作凝固剂的豆腐切一片贴在脓包处，然后用布包扎好，脓液可附在豆腐片上，每天更换二三次，数天后就能痊愈。我曾先后两次长过脓包，都用这个办法治好了。

100037　北京阜外大街4号楼2门9号　王昌法

46/ 治过敏性皮炎一法

我曾患过敏性皮炎（俗称"湿气"），以两大腿内侧为重，冬季尤甚。每晚睡前脱衣时，因遇冷引发痒感，用手搔痒，一指一道红印子，越搔越重，直到大面积搔成紫红色。尤其洗热水澡，更是奇痒难耐。曾外涂炉甘石液和治皮炎的药膏，均无效。为了止痒，我便将八九个缝衣针捆在筷子的方形一端，将针尖戳齐，一手捏着筷子的头，用针端在患处皮肤上挨排着刹一遍，当时就不痒了（可能有小血珠渗出，是由于针尖不齐所致）。第二天皮肤就不红了，并变成暗灰色，过一天就恢复本色，皮炎好了。此法我曾向他人介绍，均治愈。用此法治皮肤瘙痒也很有效。

250001　济南铁路局科研所　郭树荣

47/ 大蒜治好牛皮癣

我60多岁了。去年发高烧后发现患了牛皮癣，我今天擦这种膏，明天擦那种膏。不管哪种膏，都只解决痒的问题，没有解决根本问题。一天，夫人对我说："大蒜能治牛皮癣，一个同事告诉我，她的牛皮癣是用大蒜治好的。"我不相信。她说，"偏方治大病嘛！"随即又告诉了我方法：将大蒜捣成蒜泥，敷在患处两小时，以周围烧起泡为止，尔后再拔火罐，将毒汁吸出。我找了个折中的办法：用半瓣蒜擦患处。还真管用，擦过以后就不痒了。一天，我心血来潮，用几瓣蒜反复地擦，并将挤烂的蒜放在患处，用手指压了几十分钟，果然周围起了泡，而且很痛，接着又找医生拔了火罐。火罐取下后，患处出现了很多水点，看来毒汁出来了。从此，斑点一天天消失。我的牛皮癣治好了。

100039　中国科技大学研究生院　万　松

48/ 胡萝卜牛奶除雀斑

每晚用小胡萝卜汁拌牛奶涂于面部，第二天清晨洗去。轻者半年，重者一年即愈。我表妹用此法半年消除了"雀斑"。

124010　辽宁盘锦辽河油田设计院信息所　李素芹

49/ 紫药水治好了我的"老年油"症

我的头部起了一块拇指肚大小的白皮，用手指抠去，又长出来结成厚的痂。抠时不痛不痒，也不感染；只是抠去又长。两年多来抹了各种药均无效。后友人说：这叫老年油，和树流胶水一样，用"紫药水"能治。一小瓶紫药水没抹完就治好了。

100007　北京北新桥香饵胡同 13 号　耿济民

50/ 金戒指能祛红痣

我的小孩一出生，在发际与前额之间长了一块拇指肚大小的红痣，别人见状，都说这种痣随着孩子年龄增长而长大。我母亲听祖辈们说用金子可祛红痣，我就用金戒指蘸水在患处擦拭，每天两次，每次轻轻擦拭一两分钟，仅一周时间，患处由大逐渐变小，后来就消失了，至今已经 20 多年了，一点痕迹都没有。后来有几位朋友的小孩患了此痣，照我的方法做了，也都非常灵。

100036　北京复兴路 61 号东四楼 4 门 501 号　汪秀芬

51/ 贴透明胶除紫癜

有时大腿部分出现不明原因的紫癜，这种紫癜比因跌打造成的更不易自行消失。现介绍一种简易去紫癜的方法：每晚临睡前，用透明胶按紫癜大小剪成段，贴在紫癜上，要全部盖住，早晨摘下，这样连续贴四五日，紫癜便可消失，若皮肤对透明胶过敏，可暂停贴，待过敏好后再贴。

100029　中国劳动出版社总编室　朱　姝

52/ 马齿苋治过敏性皮炎

去年夏天我脖子上得了过敏性皮炎，去医院开了不少中西药，只能暂时解决一下瘙痒而不解决根本问题。有一次看见农民在卖马齿苋，忽然想到马齿苋有清热解毒的作用，于是买来用清水洗净，拿一小部分捣烂抹在患处；其余部分用水煮一会儿，煮出来的水全部喝完；而捞出来的马齿苋放点酱油、醋和香油拌着吃。仅此一次就全

好了。后来由于我吃了芥末，过敏性皮炎又复发，于是我照此处理，取得同样效果。我把此方推荐给别人，效果也不错。

100021　北京市劲松 216 楼 3 门 5 号　张文杰

53/ 游泳可治荨麻疹

本人在青少年时期，一年四季身上经常多处起一片一片红疙瘩，其痒难忍。吃中西药，打针，只能暂时起作用，这样持续许多年。后来，我到原龙潭湖天然游泳场学游泳，就是在患荨麻疹时，也下水。结果游泳七八次，此病竟然好了。至今 20 多年没有再犯。

100022　北京垂杨柳西区 3 楼 1 单元 9 号　刘宝珍

54/ 用蒲包熬水能治风疙瘩

我 6 年前患荨麻疹，逢夏秋必严重，闹了七八年。不规则的红疹块，见热见凉都起，遍布在四肢及腹背颈部，瘙痒难耐，用手一抓更是一片连一片红肿。多次到医院求治，吃了不少中西药都是暂时好转。后战友介绍一方治好了我的病。其方法：用蒲包或蒲席 0.3 平方米，用清水洗净，剪成小片放盆内，加清水 3~5 千克，用火熬成深黄色，再加食盐 100 克，趁热先洗全身，温度自己掌握，一般 1~3 次可愈。如不全好，可多洗几次。我只洗了两次，至今未再犯病。

100095　北京海淀区苏家蛇乡后沙涧村　邵　华

55/ 马齿苋治湿疹

我患了湿疹痒得难受。有人告我用马齿苋治疗。我试用了几次，病情果然好转，共坚持洗了 20 天，湿疹全好了。方法是把采来的马齿苋洗净，放在开水里煮 15 分钟，待凉后再洗患

处，每天洗两三次即可。也可把马齿苋砸烂用汤擦患处，两种方法并用效果更好。

100093　北京香山南路 52817 部队　杨晶峰

56/ 葱白、桂圆治皮肤瘙痒

前几年，我每逢春夏或夏秋之交，常出现皮肤瘙痒，腿部、腹部常出现小红点，特别是在晚间发痒，影响睡眠，外用或内服过好多中西药及偏方都不太灵，甚为苦恼。有一天实在痒得难受，就剪了一段大葱（葱白），在患部使劲擦，果然有效，立即止痒，效果很好，此后皮肤一发痒，就用此法，但此法维持时间不太长，还会痒。后听人说，吃桂圆肉可以止痒，于是痒时用葱白先擦患部，及时止痒，再吃4~6 个桂圆肉，每日 1~2 次，一般连续 2~3 天，就可以不发痒了。此法，近二年多次反复验证对治老年性或药物过敏性瘙痒症，确实有效。

100088　北京新外大街小西天志强园 22 号楼 2 单
元 201 室　张光孝

57/ 碘酒可治白癜风

20 世纪 60 年代初，我左臂肘关节部患白癜风，在医治过程中，我请教大夫病因，大夫说皮下生存着一种菌，一般内服药物达不到，外涂药物又有皮肤挡着，所以很难治。我就用大头针（经过消毒）把皮挑破然后涂上碘酒，只此一次在患病部位出现了黑斑，黑斑由小变大逐渐覆盖了全部病区，经过一个冬天，皮肤全部恢复正常。至今没有复发。

100045　北京市西城区月坛西街甲 29 栋 4 门 8 号
宋兴祥

58/ 无意中治愈牛皮癣

家父年近七旬，患牛皮癣（银屑病）20 余年。背部等处奇痒、脱屑，多次服药治疗均无显效。今年初将家人未用完的"浓复方苯甲酸软膏"（原称"魏氏膏"，宣武医院配制）涂局部患处，旨在滋润皮肤，未料一周后产生奇效，皮肤无屑、不痒，后购买此药数盒（每盒售价仅一元多），每日涂患处一次，一月后显奇迹。原患处除颜色较深外，既无银屑，又无红斑，更无痒的感觉。　100055　北京 133 中　宋华越

59/ 糠流油治圈癣

圈癣奇痒难忍，难治且传染快，药物治疗效果不大，糠流油则有奇效。糠流油制法：把一张普通白纸沾湿，蒙在一干净茶碗上，将碾米剩下的细谷糠放湿纸上，用火点燃，等谷糠将要烧到纸时，立即把谷糠及纸从碗口上撤掉，这时茶碗中的黄色液体就是糠流油。患者可直接搽用，几次就好，不再复发。

264002　山东省烟台市政机修厂　陈　旺

60/ 维生素 B$_6$ 针液治痤疮

邻居一医生见我脸上常长痤疮，便教我用维生素 B$_6$ 针液涂搽患处，每日3~4 次。痤愈后不留痕迹，效果颇佳。

101100　北京通州区你麟阁街 17 号　赵　蓓

61/ 藿香正气胶囊消痱子

前些日子，我的小外孙突然全身起了很多痱子，疼痛难忍。我们给他吃了藿香正气胶囊，第二天痱子就全消失了，至今再没生痱子。

100840　北京 840 信箱　王宗秀

62/ 马齿苋治痱子

前不久，我女儿的后背起了一层痱子，听老人讲，马齿苋能治。于是，我就到野地里采来一把，将其煮水，用煮过马齿苋的水擦洗痱子，早晚各一次，在擦第二遍后，痱子开始消退，擦过3遍，痱子消失。马齿苋，叶呈扁椭圆形，紫梗，路边、草地均可找到。

100009　《大众健康》杂志社　徐凤兰

63/ 吹风机能治感冒和湿疹

经人介绍，我用吹头发的家用吹风机治好了轻度感冒和湿疹。用法：吹风机机头朝上对准鼻孔下方约三寸处，吹一两分钟，再朝后脖颈吹一两分钟，这样来回倒数次，约十分钟，早晚各两次，即可不流清鼻涕。四五天后不吃药轻度伤风感冒就可以痊愈。湿疹也是用吹风机对准患处吹有效，早晚各两次，每次十分钟，热度以不太烫为宜。

100029　北京朝阳区华严里北里小区59楼10门101号
任瑛

64/ 治痱子一法

夏天特别热，许多人长了痱子，我的孩子和爱人也长了痱子。朋友介绍了一种方法，很灵。此方法是：长痱子处用清水洗净，用"郁美净儿童霜"（天津日化厂生产的）擦在长痱子处，每日最少2次。有两三天就可以治好了，而且不反复。

100027　北京市朝阳区新源街11-4-203　祁燕新

65/ 绿豆汤治热毒

每年夏天，我胳膊、腿就起了大大小小的红点，痒得很。用手一挠就成一片，更痒痒。抹些药膏只解决暂时痒，过一会儿又犯了。今年夏季最热的那段时间，浑身都起了红包，天又热，真难受。没办法我就用高压锅熬了半锅绿豆汤（绿豆放了有半斤），既当水喝又当粥喝，想试试看。每天熬半锅，连续喝了一星期，全身的红包没了，全好了。

100075　北京永外定安里8-1-202　朱振普

66/ 土豆、生姜治各种炎症、红肿、疱块

用土豆、老姜洗净捣烂如泥（比例土豆占2/3），用量以能盖住患处为准。如捣后过干可加冷水或蜂蜜，过湿可加面粉，以糨糊状为宜。摊于塑料薄膜上，每晚贴于患处，布袋缠紧，早上揭去。如有灼热感，可涂上少许芝麻油再贴药。用此法外敷，适用于腮腺炎、乳腺炎、急性关节炎红肿、睾丸炎等炎症、红肿。打针后的肌肉硬结也能消除。

610051　成都建设路14号　申正水

67/ 蚊虫叮咬后用大蒜涂抹止痒

我长期在高原草甸地区从事野外工作，那里小咬、蚊虫都是白天活动，能隔衣叮咬人。受攻击后，只用一颗大蒜断开，涂抹一下患处便立即止痒、消肿且不留痕迹。我一直用此法。

100044　北京市西直门外头堆87号　孙实贤

68/ 生石灰水可止奇痒消水肿

1954年，我在江淮老家山村工作。当年夏季阴雨多，发大水。山区道路崎岖，行进中常有水流阻行，赤脚行走，时间长了，沾染了水草的毒液（俗称粪毒）。尽管双脚洗得干干净净，依然奇痒钻心，经山区农友介绍一方，

一试真灵。这就是：用生石灰适量加水烧开，待凉到手脚能下去为宜，连续洗三四次，即可去痒痛消水肿。这些年来，再遇有人患此症，我便介绍此方，试者均大收其效。

100029　北京市朝阳区惠新里 236 楼 4 门 202 号
黄德秀

69/ 凤仙草治毒虫咬

我在部队服役时，一次施工中不幸被当地的一种个儿很大的青蝎蜇中右手中指。当时很疼，片刻间中指就肿了起来，往上蹿至整条右臂，令我疼痛难忍，卫生员又不在，当时疼得我这 1 米 80 的汉子直出冷汗。当地老乡看到立即过来说："不要紧，赶快找点凤仙草来。"又说："就是家庭院落种的那种女孩子可以染指甲的指甲花。"这种花驻地很多，战士们取来照老乡的吩咐炮制起来：取一大株（其实小株即可），把根部泥土洗净，然后放木板上砸碎，再把汁液和碎株一并敷在伤口上，用塑料布（不漏水）包住即可。大约 10 分钟后，再换一株新砸的凤仙草，这样换上 3~4 株（注：全过程忌用铁器），半小时后伤痛处发生了变化，最初的疼痛感和肿胀，渐渐变成麻痒，肿胀已消，同时有股清凉的感觉通过伤口往上蹿，最终麻痒全消，无任何不适，再看伤处只留下一个很小的红点。事后，老乡对我说："因为山区毒虫多，这里每家都种这种花草，它不但能治蝎子蜇，还能治蜈蚣类毒虫咬伤，效果很好。"这是老辈子传下来的。

101100　北京市通州区东关北小门 6 号　马泉河

70/ 大蜘蛛能治蝎子蜇

50 年前，我被一只蝎子蜇了。老人找来只大蜘蛛放在被蜇的地方，只见这蜘蛛到处找被蜇的眼儿，当找到后便一动不动地将蝎子的毒液往嘴里吸，很快就消肿止痛了。完后，老人们又将这蜘蛛放在很凉的水里浸泡几分钟，否则这蜘蛛就活不成了。

100081　北京外国语大学附小　宋智民

71/ "84 消毒液"止痒效果佳

前不久，笔者被蚊子叮后奇痒难忍，可是手边又没有止痒用品，于是随手拿起身边的一瓶 "84 消毒液"，把它涂到蚊叮处。没料到 "84 消毒液" 的止痒效果竟然超过了那些止痒专用药品，一会儿的工夫痒止了，包也下去了。以后再遇蚊叮虫咬，笔者均用此液止痒，疗效均佳。"84 消毒液" 不伤害人的皮肤，但对棉织品、金属等有腐蚀作用，故而在使用时不要将消毒液弄到衣服、鞋袜等处。当痒止包消后，用水把涂抹处擦干净即可。

100088　北京德外新风街 3 号公汽一公司汽修分公司
侯　章

72/ 豆腐渣治疗黄水疮

我幼年时家住农村，身上常生疮，奇痒流水，俗称 "黄水疮"。这种病传染性较强，疮水流到哪里哪里就又生疮。由于家境贫穷，没有条件医疗，很痛苦。一次左脚腕上生了 "黄水疮" 发展很快，眼看环脚腕一周就要连通。邻居见了说：等都连通后你的脚就会烂掉。我听了非常害怕，又很着急，当时我家里做豆腐，抱着试试看的想法，用温热的豆腐渣敷在疮上，外边用白布包扎。第二天奇迹出现了，疮口不痒了也不流水了，连敷三天后痊愈了。两年后我又患了耳线炎（耳后根绽开奇痒流水），我同样敷上豆腐渣，每天换一次，四天后完全好了，并且以后也未再犯病。

100078　北京市南方庄 2 号楼 3 门 906　艾春林

73/ 醋加面粉除痣

用白醋调面粉，成干糊状，点在痣上，约一天面糊掉，黑痣也一起掉下，若一次不行，再涂一次即可。

100080　北京中关村 823 楼 205 室　张友龙

74/ 白矾治小儿痱子

我儿媳妇 1986 年 7 月中旬生小孩，正赶上夏天，天气太热，长了全身痱子，痒痛难忍，邻居介绍一方：白矾块蘸温开水，擦生痱子处，一日 3 次，早、中、晚各 1 次，3~5 天便好。此法很好用，以后介绍其他患者也管用。

100036　北京海淀区亮甲店甲 1 号内贸部宿舍 2 门 203　邵亚麟

75/ 樟脑酒治好局部湿疹

我在 1998 年 2 月得了局部湿疹，奇痒难忍，难以入睡。到医院求治，吃药，搽药水、药膏，虽有些好转，但过不几日又复发，患面扩大，越来越重。经人介绍一方：用 250 克白酒加 12 粒樟脑球（卫生球），放入耐高温的容器内，用火加温，至樟脑球溶化，凉后倒入另一干净容器内备用，用卫生棉蘸着搽患处，一般三五次即愈。我用 130 克白酒 6 粒樟脑球，依法炮制，坚持每日搽 2 次，一周内痊愈。在治疗中应注意：饮食宜清淡，忌酒，不进食辛辣等刺激性饮食和调料。保持皮肤卫生，不用 40℃以上的热水烫洗，不用碱性大的肥皂，禁忌搔抓。另外，在制药时用文火，如见容器内冒蓝火时，应立即将容器拿离炉火，速加上盖，即可自灭。要防烫伤，防火灾。100022　北京市第 98 号邮政信箱　程方栋

76/ 治风疙瘩一法

我上小学时曾受风长了风疙瘩，瘙痒难受。我姑姑用冷水搅拌面粉（大约一碗冷水放入 10 克面粉），搅匀后让水澄清。然后喝上面的清水，不喝下面的糊糊状水。约两小时后脸上就不太痒，风疙瘩也消失了许多，到下午六七点钟后，全身的风疙瘩都消失了。后来我儿子小时候受风，脸上、手上长了许多风疙瘩，我也用此法给他治，当晚也就好了。

100094　北京 5122 信箱 15 号　曹辑群

77/ 荨麻疹去根一方

我患荨麻疹数十载，曾用苯海拉明、葡萄糖酸钙肌肉注射，但不能去根，遇冷风复出，累累成块，一挠成片，奇痒难忍，最重时脸都肿起来，令人苦恼。一次偶得一方，名"消疹汤"，我大胆一试，确实有效，一晃已近 10 年，一直未犯。现介绍如下：麻黄 3 克、苦参 15 克、地肤子 20 克、白鲜皮 15 克水煎，日服 1 剂，连用 7 天。此法关键在通便，多喝开水，气一通病就好。

100007　北京东四北大街 43 楼 1–301 室　崔长兰

78/ 治带状疱疹一法

我的面部曾长有带状疱疹，去了好几家医院也没有治好。偶然一次听朋友介绍说用复方大青叶（针剂）擦拭患

部，一试，果然很有效，当时灼痛感就明显减轻了，几天后便痊愈了。

100070　北京丰台区 51424 部队通信连　孙伟强

79/ 手摸止瘙痒

老年人皮肤好瘙痒，我的多年经验，遇瘙痒不要挠，自己用手摸（捂住）瘙痒处，别动，瘙痒立刻减轻，多捂一会儿，瘙痒即消失。如果瘙痒的地方用手够不着，也不要用痒痒挠去抓，或用身体磨蹭，只能咬牙坚持住，瘙痒也会慢慢解除，只是时间长了点。以上方法只对老年人皮肤瘙痒管用。

100034　北京西城区大茶叶 1 号　王子夏

80/ 白糖腌蚯蚓治"转腰龙"

我们家属大院有一位居民腰部长了一些水泡，顺着腰带处逐渐延长，经医生诊断是"转腰龙"病。患者去了很多医院，但疗效甚微。后得一方治好了。此方是：从地里挖蚯蚓 15 条，洗净放入器皿里，然后放入白糖适量（蚯蚓身上沾满糖即可），盖上盖腌数天，待蚯蚓变成白色出了粘汁就可治病了。治疗方法：用药棉签蘸汁，每天向患处涂抹 2~3 次，3 天见效。接着又连续治了几天，"转腰龙"病就好了。

100081　北京北三环中路 43 号楼 1-1-3-3　刘晓春

81/ 吃蝎子治湿疹

我患湿疹已 10 年有余，去过 5 家医院（包括省医院）治疗，还住过两次医院，中西医均看过，中西药吃了不少，肌肉针、滴流瓶也没少扎，但医疗效果不佳，时好时犯，严重时身上患病部位流黄水，痛苦滋味一言难尽。正在我一筹莫展之际，来位好友看

我，他高兴地告诉我，此方用后，一周内保你痊愈。方法是：每天晚上睡前，用饭勺盛香油少许，在炉上将油烧热，放入 5~6 个蝎子（中药店有售，买 30 克即可），如是小蝎子可多放几个，注意不要炸糊了。我照此方法，吃了 3 天，病情就大有好转，吃到 6 天就痊愈了。多年的疾病一去不复返了。现治好 3 年多了，至今一次也没犯过病。

116000　辽宁大连市东北财经大学酒店管理学院
任保英转任家盛

82/ 芦荟治曝皮、破伤、虫咬

我家在养花场买了几盆芦荟，想不到在日常生活中竟发挥了作用。例如：（1）我去年去永定河钓鱼时，正是炎热的夏天，又是身穿短袖衣服，几天曝晒后，双膀长满了水泡，我抹搽几次芦荟汁后水泡消失了。（2）有时手、腿被锐物扎伤、碰伤后，不用创可贴以芦荟汁涂抹后，也得到痊愈。（3）蚊虫叮咬瘙痒处涂抹芦荟汁也得到痊愈。

102300　北京门头沟区三家店铁小 4 号塔楼 504 室
牟蜀东

83/ 治瘊子一法

我有一治瘊子的方法。那是 1974 年，我的手上长了几个瘊子。有人治病时服用乌洛托品，没想到同时也治好了瘊子。他把这情况介绍给我。我一试果然有效，手上的瘊子全部消失。按照药品说明的用量及服法，两周即可痊愈。

161001　黑龙江省齐齐哈尔市龙沙路 3 号齐齐哈尔
铁路房产建筑段　郭硕光

84/ 水泡瘊子除瘊法

我小时候常到河里游泳，在水里泡的时间一长手背上的 3 个瘊子就变得松软了，我用指甲一点一点把它们抠掉，长在内部的都是一根一根的紫筋。此时就用大拇指和食指的指甲卡住，一根一根地向外揪，并不感到疼痛。前后大约两个小时，没去医院手术就除掉了瘊子。几十年来不但没长，连疤痕也没落下。请注意，也可用热水泡后再揪，效果是一样的。

100086 北京青云仪器厂南宿舍区 7 栋 9 号 杨国臣

85/ 薏米粥除瘊法

用薏米熬粥或生吃可治瘊子。几年前，我曾为长瘊子苦恼，按上述方法治疗，不久即愈。

北京东城师范 孙文燕

86/ 鸡内金治瘊子

用鲜鸡内金擦患处，几次即愈，不留瘢痕。

四川长寿县云台川东钻探公司志编辑室 杨 念

87/ 星星草籽治瘊子

准备星星草籽（华北地区普遍生长的一年生小草，穗上有好多鳞状小片，内含极小的棕红色颗粒，即种子）若干，洗净消毒洗净患处，用消过毒的针把瘊子顶端挑个小坑，即敷入星星草籽，然后贴上橡皮膏。此后即使发痒发胀也不要管它，一个星期后揭开，瘊子即随橡皮膏脱落，永不再发。这是一位老农告诉我的，曾把它介绍给长瘊子的患者，均治好，且不留瘢痕。

河北威县师范学校 杜方晨

88/ 用醋浸泡鸡蛋治瘊子

鸡蛋洗干净后用针在蛋壳上轻轻地扎几个小针眼，把它放在同样大小的酒杯内，用醋浸泡 24 小时。把鸡蛋与醋一起煮熟吃下。一连吃 3 天，这是一个疗程。如瘊子多，可以再吃 3 天。我家两个孩子用这个方法全都治好了。

北京市 741 信箱 39 分箱 顾祖烈

89/ 活蜈蚣浸香油治瘊子

△此方是我母亲工作单位的一位老太太介绍的，曾治过许多长瘊患者，把 1~3 条活蜈蚣用香油浸泡在瓶子里，3 天后用棉签蘸油擦瘊子，每天两三次。轻者擦几次就好，重者擦一周或稍长时间也会好的。

△每天早晚服 100 毫升绿豆汤也可治瘊子，但没有上面方法效果快。

北京西外榆树馆 8 楼 2 门 5 号 王庆婉

90/ 土方治瘊子

小时候，脚上大脚趾处长了个刺瘊子，愈长愈大，上学走路都困难了。当时农村卫生医疗条件很差，无法根除。后来，村中一老人告诉我一个土方。就是找一个露天的碾子，当下雨时，用下在碾子上的雨水，去滴抹刺瘊子，就会好。趁一个雨天，我冒雨去碾子处用碾子上雨水滴抹患处。只一次，就在不知不觉中痊愈了。

100029 北京市地毯质量监督检验站 张国英

91/ 茉莉花籽治瘊子

我脚上长了一个瘊子，大夫用刀剜去两个月后又长出来。一位伯伯告诉我将草茉莉花籽碾成粉末，拌了猪油，糊在瘊子上，数天后可使瘊子连根去除。果然，用这种方法，12 天后我脚上的瘊子连根掉下，不疼不痒。

100024　北京第二外国语学院日语系　谢为集转
谢玥

92/ 除身上肉椎一法

身上长出的肉椎椎，在顶头里都有一个很硬的，比小米粒还要小些的颗粒，只要将硬粒挤出去，或抠出去，肉椎椎就会缩回去如平常，把所有的都挤出后，就不再长肉椎了。我前胸长的就这样治好的。

100041　北京八大处甲一号军区司令部营建　李信

93/ 马齿苋可治扁平疣

我孩子4岁时脸上长满了扁平疣，多次去医院采用冷冻、摘除等方法治疗，然而从未根治，常常是过了不多久便复长如初，全家人为此苦恼不已。后邻居说马齿苋可治扁平疣，就去菜地边上采了一兜，将其洗净，剁成细末，纱布包好挤出汁液，每日早晚各一次涂抹于患处，两周后，孩子脸上的扁平疣消失了，且至今未复发。

100016　北京朝阳区酒仙桥6街坊12楼16号　田燕珠

94/ 蜘蛛网治瘊子

30年前我腋下长了3个像黄豆粒大小的瘊子，听人讲，蜘蛛网治瘊子。后来我在民房内找了一个蜘蛛网，用一根丝轻轻绕在瘊子上（绕时不要太紧），先松后紧，不几天3个瘊子全掉了。

100016　北京酒仙桥三街坊7号楼1单元9号　郭秀福

95/ 蒲公英治瘊子

3年前我儿子手上长了个瘊子，用了很多药不见效。朋友介绍一方，用蒲公英很快治愈。其方法：将新鲜的蒲公英整朵黄花折下，花茎就会流出乳白色的汁液，把汁液在瘊子上反复涂抹，每天涂1~2次，10天左右瘊子就消失。

100071　丰台区新华街6里7号楼5门302号　曹建国

96/ 大宝SOD蜜可除瘊子

我右手面长了许多小瘊子，三年间用了各种方法医治无效，并且越来越多，很苦恼。自去年使用大宝SOD蜜，一个月后，竟发现手面上的瘊子全都消失了，且没有一点痕迹。我认为这是大宝SOD蜜的功劳，现在我一直使用。

102611　北京大兴魏善庄乡大刘各庄　王利霞

97/ 枸杞泡酒治瘊子

取数十粒枸杞浸泡白酒中，月余后，用枸杞蘸酒涂在瘊子上，每天坚持数次，健忘者可家里、单位都预备药液，轻者数日就好，重者几周痊愈。经本人和我周围人的多次试验，治愈率100%，且不痛不痒。　　　赵辉

1/ 金霉素软膏治脚气

人到老年患上了脚气，不严重，只限于脚趾缝中，或出水，或起泡。我夹上卫生纸把水吸干，可缓解。晚间洗脚后，有一次我抹了治疗用的"金霉素软膏"，第二天竟痊愈了。过一些时日又复发，就再抹一次，最多两次就痊愈。但要切记，用过的金霉素软膏不可再作他用。

250001 济南铁路局科研所 郭树荣

2/ 白糖可治脚气

脚用温水浸泡后洗净，取少许白糖在患脚气部位用手反复揉搓，搓后洗净，不洗也可以。每隔两三天一次，3次后一般轻微脚气患者可痊愈，此法尤其对趾间脚气疗效显著。

100037 北京中国建筑工业出版社 马学仁

3/ 利福平眼药水可治脚气

一次，我爱人的脚气病犯了，痒得难熬。气急之下，他将利福平眼药水涂于患处，结果却取得了意想不到的疗效，当时脚就不痒了。每天上药一次，只涂了两次脚就消肿了。

100091 北京984信箱18号10楼5号 周永青

4/ 火烧白矾粉末治脚气

人到中年，我开始犯脚气病，春夏尤甚，痛痒难忍。后幸得一老人介绍一方治愈。虽已过30多年，总难忘怀。此方曾介绍诸多友人试用，也很有效。现介绍此方如下：将块白矾（明矾）投入烧旺的火炉中，自然烧成蓬松白色泡沫块状。取出，凉后，压成粉末，洗脚后将粉末撒入脚趾间患处，次日即能结痂干燥；次日洗脚还撒。连撒几日即好。次年再犯还照此办法治，

以后就好了。须注意的是：脚趾溃烂撒上此粉比较疼痛，不宜。

100050 北京宣武区双榆树胡同13号 曹光华

5/ 双蜡膏治脚气有效

笔者患脚气多年，犯病时瘙痒难耐，严重时两趾间流黄水，经多方治疗效果不佳。后改用双蜡膏治疗痊愈。此方是：黄蜡、白蜡（夏季各用6克、春秋各用4.5克）、冰片1.5克、樟脑6克、麻油30克。如痒甚者可加枯矾6克。制作方法：将麻油熬开，加入黄、白蜡，融化后去火，再兑入冰片、樟脑、枯矾搅匀，冷却成膏。做成细纱条备用。用法：将脚洗净，外敷油纱布。夏季每天更换药条一次；秋季3~4天换药一次。

100094 北京5100信箱 张安华

6/APC治脚臭有特效

我的一位同事，脚奇臭，用过多种偏方均无效果。后一朋友介绍，APC药片可治。其用法：将一两片APC碾成粉状，分别撒在两只鞋里，1~2天投一次即可。的确独特有效。

100071 北京丰台桥梁工厂开发公司五金厂 王纪如

7/ 酒浸斑蝥、槟榔治脚气真灵

我获得一个偏方，用来治脚气十分灵验。现介绍如下：斑蝥3克（此药有大毒，不可入口、眼内，30毫克为致死量，用时必须小心，开证明药店才卖）、槟榔片9克、全虫3克、蝉蜕2克、五味子3克、冰片3克，放入大口玻璃瓶内，用好白酒150毫升浸泡一周，去渣密闭备用。用法：将脚洗净，用棉签蘸药涂患处（不要涂太多，止痒即可），涂药后，如患处起泡，

用针刺破放水，用纱布包上即可，两三天即好。此方治疗多例脚气，屡屡见效。但必须会用，以免发生中毒。

100094　北京 261 医院　梁惠敏

8/ 嫩柳叶治脚气

本人脚气有几年的历史，经药物治疗收效甚微，听说用嫩柳叶可治。我试用一把嫩柳叶加水煎熬，而后洗脚，没几次效果很好，现在也治了脚气。此法告知几位有脚气的朋友，他们用过后也解除了痛苦。如果仅是脚趾缝溃烂，可将嫩柳叶搓成小丸状，夹在趾缝，晚上夹入（可穿上袜子），第二天即见效。

100081　北京市厂洼街五号大队部　李强

9/ "大宝"治愈顽症脚气病

我今年 72 岁，长了两只干脚，其粗糙程度像个耙子，几十年来不论冬夏，脚跟时常裂开 3 厘米左右的长口子，走起路来十分疼痛。两个脚还时常脱皮，洗脚后如果用刀子刮，可以在两个脚上刮下许多白色的皮屑。每个脚缝中还脱皮流水，痒得钻心，十分难受。看过大小医院，用过不少中医药和偏方，均没根治。今年春季的一天，看电视广告听到："若要皮肤好，早晚用大宝。"我想一试如何？于是，每天晚上洗完脚后往两个脚上擦上一些北京市三露厂生产的"大宝"。结果效果非常好。一切脚病全除了，时间过去半年多了，病未再犯。

100852　北京复兴路 24 号三干所　冯士豪

10/ 热花椒叶水泡脚能治脚跟痛

我患脚跟痛病月余，行走疼痛难忍，吃药贴膏未见效。后听朋友说花椒叶

煮水热泡能治。我就采来鲜花椒叶用水煮沸，趁热泡脚，连泡三天，每次半小时，很快就痊愈了。

100022　北京市朝阳区垂杨柳北里 10 楼 37 号　王庭生

11/ 煤油洗脚治脚气

我 1941 年患严重的脚气病，不能走路，脚底部生许多黄水泡。后友人介绍一方：用煤油洗脚，每天早晚洗一次，黄水泡也不疼，连洗一周，黄水泡就消失了。我今年 86 岁了，从未再犯脚气。

100072　北京丰台区长辛店天桥宿舍 112 号　金琮

12/ 洗涤灵治好脚气

我患脚气多年，偶然抹了点洗涤灵，竟消除了奇痒，又连续抹了两三次，就好了。

100035　北京西城后广平 10 号　赵燕

13/ 牙膏治好脚气

△我曾患脚气病几十年，不能根治，长年使用各种药水与药膏。有一天药水没有了，脚又痒得难受，我顺手拿起牙膏抹到了脚上，很快就止痒了，第二天我又上了一次牙膏，从此脚再也没痒。我们家里人，凡是有脚气病的都用此法治好了。中华、两面针牙膏都可以。

100009　东城区景山前街 2 号　李德忠

△我患脚气多年，听人介绍，用中华牙膏治脚气效果好。我每天晚上洗脚后，用牙膏涂在患处，坚持三个星期后，果然治愈。已经两年多不犯了。

100083　北京航空航天大学 12 住宅 4 单元 403 号　张勇新

14/ "84 消毒液" 治脚气

我妈妈有脚气。一次，我偶然间往洗脚水里滴了两滴"84 消毒液"，脚气明显好了许多。第二次，我又加了两滴，过了几天，脚气全好了。

100007 北京市七十九中初一（1）班 闻 天

15/ 肥皂搓脚治脚气

每天洗脚时，用碱性大一点儿的普通肥皂搓脚（重点搓脚趾间），每次一分钟，连续两周，脚气可治愈。

100081 北京魏公村副楼 8-8 赵树军

16/ 来苏水治脚气

笔者曾患脚气病，后一同事推荐一方，用后治愈，至今未犯。此方为：开水半盆晾至 50~60℃，倒入来苏水 20~30 毫升，稀释后将脚放入盆中浸烫 30 分钟左右，可备一暖水瓶，随时补水加温。来苏水一般医药商店有售。一般情况下，脚气病初起用此方浸烫，可一年或数年不犯。

102200 北京昌平商业街西头市政管理所 杨景瑞

17/ 治脚跟痛一法

我患脚跟疼已十几年，经中西药、按摩治疗均不是很理想，后来病友介绍一法，效果特别明显。找一长 300 毫米、粗细 20 毫米的木棍，每晚看电视时稍用力敲打疼处，捻、推、擀患处。几天以后我下地走路，基本不疼了，而且持续到现在约半年未犯。中药早就不吃了。

100036 北京海淀区公主坟翠微大厦物业部 郭俊存

18/ 煤油治鸡眼

我 1969 年左足长一鸡眼，走路疼痛，用鸡眼膏等药医治半年没有治好。后一个朋友告诉我：用热开水泡一会儿，用刀将鸡眼老皮削去，点上一滴煤油就好了。我依法治疗，果然有效，一次而愈。我将此方告诉一医生，经他实践，治愈率达百分之百。

053800 河北省深州市老城街 16 号 王海澍

19/ 香火灸烤治鸡眼

洗净患处，将点着的普通香或蚊香，移近鸡眼处灸烤，疼时离远些，以能忍为限，但不能烧伤。烤 10 来分钟，每天 3 次。初烤时感觉有些疼，第二次烤就不大疼了。3 天后，鸡眼部分凸出，但已不疼了。1 个月后，随着患处的蜕皮，"芯"会慢慢蜕出，永不复发。曾治愈过如鸽子蛋大的鸡眼。

062450 河北省河间邮电局 殷玉清

20/ 小钢锉治脚鸡眼

我长了数十年的脚鸡眼，用刀修、贴鸡眼膏，均不见效。后来，居然用一把小钢锉治好了。其方法是：每日晚洗脚前用锉锉几下（越干越好），坚持一段时期就会见效。

100061 北京崇文区永生巷 53 号 恩学华

21/ 用香烟烧掉瘊子和鸡眼

20 世纪 60 年代，我的颈椎部位长了 3 个大瘊子，下放劳动时，一工人师傅开玩笑说，买盒烟，我给你去掉。他点着烟，用烟头烧瘊子，痛就离远点，不痛就近点。瘊子给烧得很小，干了。一周后瘊子自己都脱落了，而且没有留疤。后来我脚上长了一鸡眼，贴药也不管用，我想起烧瘊子的办法，结果真管用，一烧就好了。

100044 北京海淀花园村舍建楼钢丝厂宿舍 1 门 2 号 王恩泽

生活中来

脚气、鸡眼

22/ 风油精治鸡眼

我孩子曾长过"鸡眼",使用很多方法均不见效,后来有一次洗完脚,无意中用风油精涂抹患处,第二天,"鸡眼"明显地小了。后又继续涂抹几次,大约一星期就好了,而且再也没有犯过。

100061　北京市崇文区永生巷31号　孙家兰

23/ 半夏治鸡眼

中草药半夏适量,研细末,外敷患处。

用法:先用热水浸泡患部,待泡软后用小刀削除鸡眼表面的角质,形成一小坑,然后将半夏粉末填在小坑内,贴上胶布,数日后鸡眼便坏死脱落。

100043　石景山区八角北里39楼4门302室　吴镇邦

1/ 姜棉花可治风湿性关节炎

我爱人曾患类风湿性关节炎达数年之久，经友人介绍，用姜棉花外敷关节，有显著疗效。具体做法是：在夏天入伏前，将棉花和250克生姜（洗净切片）放入锅内冷水中（漫过棉花即可），加热煮沸直到水干为止。捞出棉花不要拧，使姜汁全部吸附在棉花上，然后晾晒在阳光下，晒干为止。从入伏的第一天开始到伏天结束为止，每晚把姜棉花包在关节上，第二天早晨将棉花拿下，放在阳光下晾晒，晒干待用。

344000 江西抚州市华东地质学院160信箱 郭志鸿

2/ 治网肘炎一方

本人20年前右胳膊肘尖部疼痛难忍，经西医诊断为网肘炎，打针吃汤药均未见效。后经友人介绍，用鲜刺菜15~25克、大麻子仁7个，砸成糊状糊在胳膊肘里面，用小块塑料布和纱布包好，7天后打开，擦去黄水再贴上。两星期换一次，约一个月后痊愈，至今未犯。干刺菜（药名小蓟）可到药店去买。

100034 北京西四南小院西巷16号 张鉴塘

3/ "七辣"治全身关节痛肿

1968年秋，一位亲戚说：她几年前患全身关节痛肿病，曾到保定、北京、张家口求治无效，发展到不能走动，整日卧床。后经人介绍到邻村请一位农民中医看病，他让用七辣煮水擦全身，每天擦一次，擦好为止。七辣：鲜姜（一小块切片）、大葱根（三个洗净）、茄子棵和辣椒棵（切成段各一把）、透骨草（中药店有售）一把、花椒（一小把）、大蒜（一头，去皮），放入锅里加一大盆水，烧开煮十几分钟后把"七辣"捞出，将煮的水倒入大盆内趁热用毛巾蘸水给患者擦全身，擦到全身冒汗为止。擦时要关严门窗，保持室内不透风。这位亲戚说，她是趴在毛驴背上由母亲扶着去的。当母亲用"七辣"水帮她擦洗后，全身有松快感。擦了四次就痊愈了，又能上班工作了。

100011 北京市安德里北街23号3-2-102 苑玉明

4/ 治寒腿一法

河北涞水老友岳某，年轻时曾在严冬时节破冰入水轰赶马车，得了严重寒腿病，举步艰难。后从亲友处得一验方治愈，至今虽年届五旬，但身板硬实，未留任何后遗症状。这个验方是：中药千年健、追地风各25克用500毫升二锅头酒泡7天后服用，每天喝三四次，每次50克。共服4剂，即4瓶药酒。岳某因有酒量，4瓶药酒在2天内就全部喝完。次年春天寒腿康复如初。

100055 北京市第四市政工程公司管道分公司 闫玉庭

5/ 巧治膝关节骨质增生

3年前我右膝关节骨质增生，上下楼很吃力，下楼更疼痛，右膝盖肿大。按摩治疗不见效，喝了30多瓶骨刺消疼液也不见好转，后来又吃过布洛芬、芬必得等药，只止疼不去病。有一次我问大夫，膝关节有病，吃药怎么起作用呢？大夫讲是通过血液循环作用于膝关节的。我从中受到启发，将台灯换上100瓦灯泡，烤膝关节，感到热后便用棉球棍沾上骨刺消痛液往患处抹，边烤边抹，每天 30 分钟。一周后有好转，我坚持了一个月，有明显好转，也消肿了，上下楼也不那么疼了。现在我已坚持快 3 个月，效果越来越明显。

100050　中国人民解放军第 3401 工厂　王青山

6/ 按摩脊背治好了肢体麻木

我 59 岁，两年前骑车外出途中左手心常发麻，活动手掌甩臂，麻感可消失。半年前，我左臂、左手、左半边嘴唇，每天多次出现阵发性麻木，背部酸痛。X 片检查诊断为颈椎病。服药理疗 2 个多月，疗效不佳。因为脊背酸痛，我加强了脊背按摩锻炼，在锻炼的 2 个多月中，麻木没再出现，我愿介绍给有类似病痛的患者。方法是：双臂抬起与肩平，肘部弯曲，两手胸前相对，大幅度地作前后震颤运动几十次，再以同样姿势，由前向后作肩关节环周运动几十次。运动时头应后仰震颤，如再加作几下俯卧撑，效果更好。

100043　北京石景山区八角北里 18 栋 3 单元 303 室　马庆华

7/ 药酒治顽痹

多年来，本人用药酒治疗坐骨神经痛、风湿及类风湿性关节炎和神经痛，效果较好。用法是：生川草乌 10 克、双花 20 克、生甘草 13 克、川牛夕 15 克、苍术 10 克、乌梅 10 克、元胡 25 克、汉防己 25 克、五灵脂 25 克、积壳 25 克、粮食白酒 750 毫升，将上药捣碎，用一层纱布包好浸入白酒内，7 天后分 30 次饮服，每晚 1 次，饮后如觉胃中灼热，可吃一点水果或冷食。

311200　浙江省萧山市西兴王来法诊所　王来法

8/ 按摩足部穴位消除脚关节浮肿

我年过半百以后，每到夏天脚关节的内外踝骨周围经常浮肿，上午不易察觉，下午和晚上就明显了。近两三年加重：用手指按一下就会出现深坑，久久不能复原，脚关节的屈伸也感到不自如。为此去看过专家门诊，作过心、肾功能的检查，但都没找出什么原因。最近我根据足部按摩可以治病的道理，并参照了一些经络的书籍，得知在脚关节附近有 5 个足部肾经穴：太溪、大钟、水泉、照海和然谷。我每天在这些穴位上按摩几次，每次大约按摩 100 下。没想到三四天后，我的脚关节周围基本消肿，一周多就完全消肿了。为了巩固疗效，现在我每天还坚持按摩。

100086　北京市中关村 901 楼 910 号　霍　苑

9/ 治坐骨神经痛的经验

1969 年我参加三线建设，因住地潮湿受了风寒，两条腿疼得很厉害，坐卧不安。走路和站立时不能超过一刻钟，经北京和外地几个大医院诊治，初步诊断为坐骨神经痛，打针、吃药、打封闭针、喝虎骨酒、豹骨酒均不管用。后来，我在冬季时将腿靠着暖气片睡觉，暖气片烫时穿上长裤。睡了一个冬季，终于治好，至今已有 5 年未复发。

100015　北京东直门外大山子 33 楼 2 单元 36 号　吴衍德

10/ 芥菜治腿痛

我两年前患腿痛病，上下楼梯疼痛难忍。今春一个偶然的机会听说芥菜研碎后贴于患处，可治腿痛。秋天芥菜

关节炎、手脚麻木、神经痛

下来时，照此一试，果见奇效，骨节活动的响声消失，也不痛了。

100077　北京丰台区西罗园四区 22 楼 204　高秀珍

11/ 橘皮茴香秆治闪腰岔气

有一年，我哥不慎把腰闪了，疼痛难忍。我妈用邻居教的一法治：橘子皮、茴香秆各一两，加两碗水，煮到剩一碗水时，把汤倒进碗里，加适量红糖，晚上睡觉前趁热服下，一天一次。我哥连服三四天便好了。（注：如没有茴香秆，茴香可以代替）

100034　北京阜内宫门口头条 33 号北院　代春美

12/ 辣椒也可治痛风

前年入冬时节，我的脚趾关节和手指关节突然疼痛难忍并慢慢肿大，医生诊断为痛风。经多方治疗，没有明显效果。经友人推荐，用辣椒煮水洗手泡脚。虽逐渐好转，但操作麻烦，我试着把辣椒剖成条状，粘在胶布中间，再把胶布贴在患处，24 小时后去旧换新，连贴 3 次，疼痛感消失。以后，每月的节气到来前一天，我坚持贴上自制的"辣椒膏"。一年多来，关节肿大现象已基本消失。皮肤不适或过敏者慎用。

100085　北京清河 2867 信箱　牛金玉

13/ 抱头抱颈可治肩周炎

我用抱头抱颈法治好了令我痛苦时达半年的肩周炎，具体做法如下：第一步：用五指交叉着的双手抱住后脑勺，并在鼻前方对向并拢双肘，以疼痛达到不能忍受时为止，再向后尽力张开，这样一合一张，反复进行，到出现酸、麻、软感时便可停做，一般需做 30 次左右。停后立即朝不同方向甩臂五六下，牵动肩关节，使其产生舒服之感。第二步：用五指交叉着的双手抱住后颈，并沿着脖子在下嘴巴处对向并拢双肘，接下去的有关做法及要求与第一步同。第三步：自行按摩病肩各压痛点，每处按 1~2 分钟。每做完上述 3 步为一遍，每次反复做 3 遍，每天做 3 次，早、中、晚各 1 次。本人坚持做两个月时，便疼痛解除，活动自如如初。

264508　山东省乳山市职业中专　宫锡柱

14/ 茴香子和盐可治腿疼

茴香子（中药店有售）和盐各半，放在铁锅中炒热，用布包好对腿疼部位进行热敷，凉了再炒再敷，反复几次。坚持几日效果明显。此法对风湿性腿疼效果尤好。

100050　北京珠市口东大街 346 号华北光学仪器厂
汤景华

15/ 治疗坐骨神经痛一方

中药莲房、追地风、千年健、金毛狗各 15 克，与 500 克北京二锅头高度白酒一起放进喝水壶内。锅里放上适量的水，煮放酒药的壶，煮三四个开，时间再长更好，然后把酒倒出（药渣用纱布包起来把酒挤净）。服用方法：一天喝 50 克，分 2 次或 3 次都可以，一般喝 3~5 副即可治好。

062556　河北任丘市辛中驿镇北马村　孟宪彬

16/ 点刺放血治手脚麻木

前不久，我手脚麻木，脚尤甚。采用中西医服药、打针、针灸等多方治疗四个多月收效甚微。后一老妇指点，采用指（趾）端点刺放血办法，立竿见影，很快解除病痛。操作办法：先将趾端和三棱针用酒精棉球消毒（缝衣针、注射针头也可）。对准麻木的趾（指）端刺破后挤压出少许鲜血。若不愈，隔5天再重复一遍，直至痊愈。注意起针出血后仍要消毒，不可人为感染。

075431　河北省怀来县鸡鸣驿乡政府　牛连成

17/ 治风寒腿痛偏方

本人现年60多岁，40多年前曾因受寒劳累过度患了腰腿痛病，从两条大腿根到脚腕一年四季都是凉冰冰的，夏天穿绒裤和棉裤还吸凉气，痛得夜不能入睡，经多方医治无效，后来得一偏方，用过一次（一服药）即治好，现已40多年从未再犯过，后来介绍给多人用也都治好。附此方：千年健150克、追地风150克、川石斛150克、麻黄150克、苏叶150克、川军50克、蝉蜕100克、牛膝150克、甘草50克、南红花100克、当归150克、元酒（黄酒）250克、茶叶50克，水煎服。茶叶与药同煎，元酒在最后与药汤调兑而饮。（只服一副）不可多服。如有呕吐可能是元酒作用的关系。

100005　北京东城区24中学　李文贞

18/ 熏洗治老寒腿

200克生姜、250克醋，加1000克水，煮开后，熏洗患处，每日两次，用后的姜醋不要倒掉，第二天用时再加些生姜、醋、水，用过六七次再换新的，直至治愈。

100054　北京右安门外燕南大厦　赵玉红

19/ 土鳖治坐骨神经痛

我姐姐曾得过坐骨神经痛，扎针拔罐子一年多也不见效。后得一方（一周为一个疗程）：将21个土鳖烤干，砸碎，分成7等份，每晚一份用黄酒冲服（黄酒多点更好）。喝3~4个月即好。至今20年未犯。

100050　北京崇文区永定门东街中4楼1单元403　贾宝友

20/ 蔓青子治三叉神经痛

我一战友患三叉神经痛10余年，久治不愈。后用蔓青子解除了痛苦，具体方法是：取蔓青子（蔓青子为北京地区的野生小果）60克，炒至焦黄为止，碾成细末，过100目筛，加入白酒500毫升，浸泡7天（每天振摆3~4次），过滤、取汁，加水至700毫升止。每次喝50毫升，每天2次，7天一疗程，一般喝3个疗程即可治愈。

101200　北京平谷滨河小区20楼1单元7号　赵振义

21/ 酒醋糖治坐骨神经痛

我的一位亲戚患坐骨神经痛，现已愈，索其方，很简单：大曲白酒500克、白醋500克、红面糖500克，3样合于一瓶，3天后服用，早晚各一次，两天服完，服后发汗。

264500　山东省乳山市金岭中学　宫锡柱

22/ 蜂疗治神经性疼痛

我老伴一年来因患肾病长期服用激素使自身免疫功能下降，一个月前，右颈部暴发带状疱疹，经西医诊治一周后疱疹虽然结痂，但其后遗症——神经痛却未见减轻，尤其是在夜间痛苦呻吟无法入睡，求诊于北京中、西大医院，大夫们均说无有效的止痛办法，有些患者甚至要痛半年至数年之久。我老伴有时疼痛难忍不想活了。一次偶然的机会，北京科技大学医院用蜂毒治疗一个疗程后，我老伴的疼痛大大减轻（但由于激素的作用未能彻底消除）；后又采取蜂毒加高压氧治疗，第三天晚上就不再疼痛难忍了。经两个疗程（20天），我老伴的疼痛基本消除。

100081　北京理工大学退休教师　张永标

23/ 马齿苋泡酒治关节炎

马齿苋、白酒各 500 克，装入小坛子里，封口埋在地下半月取出，1 日服 2 次，每次服 25 克，连续服 5~10 天关节炎病即好。

100088　北京市北三环中路 43 号楼 1-1-3-3
刘晓春

24/ 透骨草熏治关节炎

透骨草 50 克，柿子醋 500 克，将透骨草放入醋里煮，然后使醋的热蒸气熏关节的患处，醋凉后再加热，每次两小时，一次一服药，熏时关节上边盖上棉被，熏得直到全身出透汗为止。连治 3 天，即可见效（米醋也可以）。

100088　北京市北三环中路 43 号楼 1-1-3-3
刘晓春

25/ 常踩保定铁球治关节肿痛

我已届耄耋之年，由于长时间站立授课，四肢酸软，关节肿大，痛得钻心，彻夜难眠。我的老学友是研习中医中药的老教授，他给我开了一副"良方"，精神上首先要乐观，常摩足，多走路锻炼。医练结合，慢慢康复。据此我想出一个办法：我用中号的塑料面盆，里面放下两颗保定铁球，如果能多放几颗则更妙。我每天在起床前、写作后、晚饭后，正坐在椅子上

两脚下垂，反反复复去踩踏塑料面盆里的保定铁球。不仅对肿痛有效，居然还把肾结石排出来，让我精神重新振奋。

100045　北京西城区真武庙二里甲五楼 908　楼建英

26/ 摩擦生热治腰痛

85 岁的人闹腰痛，痛得难忍。去医院求医吃了不少药，效果不理想。后又去针灸、拔罐子作用也不大。后琢磨：摩擦能生热，热能活血。于是我就双手握拳摩擦腰部，先横摩擦腰的中部 500 下，再左右两边竖着摩擦各 300 下。摩到哪地方疼，就来回拉锯式地狠摩。一天 3 次摩擦。早起床上摩，中午午睡时摩，晚上看着电视摩。如此摩擦了一个多月，腰部疼痛得到缓解。后友人又告一方：坐着将两手前伸，上半身缓慢前屈，胸部尽量贴近大腿，并将两手交叉置于膝盖后方，慢慢呼气几秒钟后再还原，连续做 10 次。两个多月时间，腰部完全不痛，挺起来了。现仍坚持。

100007　北京市东城区北新桥香饵胡同 13 号
耿济民

27/ 常练扩胸拉力器治腰背痛

我 60 多岁了。近期腰背经常酸痛，睡觉也受影响。曾去医院做过按摩，但疗效甚微。后来我发现晨练中用双臂做扩胸运动腰背酸痛明显减轻，我就买了一个弹簧扩胸拉力器加大运动量练习，有空儿就练，每次十几分钟。大约一个来月，我的腰背不疼了。具体做法很简单：取站姿，两脚分开同肩宽，胸部挺直，头略后仰。双臂平伸胸前，两手各拉着拉力器一端，手

心相对，使劲反复拉拉力器，并逐渐上举至脑后，不停地拉，然后再沿反方向拉。练完拉力器后，若能再做几下俯卧撑，加大对脊背肌肉的按摩，疗效会更好。

100043　北京市石景山区八角北里18栋3单元303　马庆华

28/ 白酒根治颈椎病

我患颈椎病两年，痛苦难表，吃过很多种药均无大改善。我又不愿忍受动手术之苦。老伴说，患这种病的人不少，问一问别人怎么治的，有时偏方、土方也能治大病啊。这一句话提醒了我，于是，我晚睡觉前，将一杯（25克）白酒倒入瓷茶碗内，划根火柴点燃，特热时将火吹灭，然后用药棉团蘸酒擦洗脖颈，直到将酒擦洗完毕。次日起来自觉颈椎病好了大半，不但不疼且感觉轻松舒服多了。自然，药我也停止吃了。接连擦了数次，半个月后，堪称顽症的颈椎病奇迹般地好了，至今未犯。注：白酒买北京牛栏山酒厂的红粉大曲，此酒纯，易燃；最好用不锈钢碗，免得烧炸；酒的热度以不烫伤皮肤为宜；洗之前最好洗个澡或用热水洗一下脖颈，使酒力更好地渗透；连续擦洗4天，停擦几天，如此这般，擦4个疗程即可根治。

100039　北京市丰台区青塔南里六建宿舍28排7号　李振声

1/ 治阳痿一法

我年纪虽然不太大,但阳痿已有数载,吃过不少药,效果并不明显。今年9月间一老中医介绍一法,服后效果不错。其法是:把韭菜籽在锅里炒黄,炒得无水分而脆干,然后轧成面,每晚在睡觉前用白开水送下,每次一小把,大约五小酒盅左右。服一周后即见疗效。我还体会到,如在服韭菜籽过程中,早晨加服植物油炒两个鸡蛋(不要搁盐)吃,中午用带鱼肉或汤就饭吃,晚上再服韭菜籽效果更佳。

062150 河北省泊头市安顺街200号 李泽国

2/ 阳痿患者的福音

我一老友林某患阳痿近30年,曾多方求医购药均无效,性工具买了多种也无效,生活上非常苦恼。去年他根据国外资料,将买的夫妻运动快乐器之类工具进行改革,用乳胶带代替真空管,在填塞环上将阴茎扎起使其膨胀勃起,可持续一个多小时,达到了夫妻生活美满,解决了多年来的生活苦恼。

100034 北京市西四砖塔胡同78号 赵 坚

3/ 揉睾丸治中老年人阳痿有效

我是从医的,常听一些中老年朋友诉说自身阳痿之苦。我叫好几个人用揉睾丸法治治,结果都说这法儿还真灵。方法是:每晚临睡前洗净下身后,取坐位最好(仰卧位亦可)将睾丸置于手掌中,顺时针方向揉和反时针方向揉反复交替进行,宜轻揉慢揉。与手玩健身球相似。

100043 北京市石景山区八市北里18栋3单元
303室 马庆华

4/ "星星草"治前列腺炎

我一邻居,患前列腺炎多年,几次住院,多方求治,始终未愈。前年偶得一方,服用半年,顽疾痊愈,至今年余,从未复发。此方及服法:采"星星草"若干(每年夏秋,田间路边到处都可寻到此种野草),去根洗净,切成寸段,晒干备用。每天早、午、晚,用适量星星草泡在开水中,三四分钟后,即可服用。如果每天以草代茶,经常服用,效果更佳。

100074 北京市丰台区三佐乡大嵩庄 薛希贤

5/ 按摩睾丸治阳痿

我是一个中年农民,1998年以前患阳痿,同年秋后获得一方,经试验确有好疗效。此功做两个月可见效,长期坚持还利于健康长寿。具体做法如下:每天早晚各一次,睡前和早晨起床前,两腿伸直略分开,搓热双手,一手按于小腹(丹田)处,另一手的拇指、食指将阴茎握于虎口并固定,其余手指轻轻揉捏睾丸,默数81次或121次,然后换手。要轻、柔、缓、匀,有舒适感,意念专一,神不外驰。若勃起,须克制。此法可促进内分泌功能,使睾酮分泌增多,促进阴茎的血液循环,对治疗性功能障碍确有效果。

101405 北京市怀柔县渤海所村 宋怀莲

6/ 鲜王浆增强性功能

一位放蜂人告诉我吃鲜蜂王浆有增强性功能的功效。我买了两瓶。我年过半百,坚持早晚兑水空腹服用,服到快一瓶时,确有了效果。

100094 北京市5100信箱 安 华

生活中来

男科、妇科、儿科

7/ 治阳痿早泄祖传方

我友因患前列腺炎、阳痿、早泄，因此造成精神紧张，曾到医院治过多次，吃药打针未有明显效果。后经人介绍，八旬老人柴大爷将自己保存一辈子的家传秘方无私奉献。只给他配一副水丸药，就治好多年的疾病。药方如下：当归50克、莲须50克、大云50克、仙灵脾50克、沙苑子50克、菟丝子50克、杜仲50克、巴戟天50克、桑葚50克、金樱子50克、刺猬皮50克、云等15克、枸杞15克、牛膝20克、故纸20克、腽肭脐2具、白鱼鳔200克。制成小水丸，每日早晚各服一次，每次2钱。注：如果能找到狗的生殖器和睾丸一套，用瓦片焙干后研成细面，放在药里效果更好。

100009　北京市西城区小石桥11号　刘耀华

8/ 指掐治遗精早泄阳痿

每天掐生殖器500下以上，掐20天，性功能病都能痊愈。用拇指、食指的指甲尖掐，掐周围的皮。不计数也可，掐到硬度最高峰停止掐。20天以后，性功能可增强。

100050　北京市宣武区百顺胡同24号　李连德

9/ 自我治疗前列腺增生顽症

我的前列腺增生症，使我尿频、尿急、尿分叉、尿滴漓。白天不敢上街（来不及找厕所）、夜间不能入睡（小便频繁）。经中西医治疗多年，没有什么效果。离休后病情又有发展。1995年春，因为心脏病复发住进省级医院。可是因前列腺增生又影响心脏病的治疗。经腹部B超和会诊，改用价格昂贵的进口所谓专用药，经过半年一个疗程后，病情如故。万般无奈，我开始用按摩和气功。现在我的上述症状消失了，B超正常，一身轻松。特介绍如下：

（1）养成牢固的定时按摩、做气功的习惯。早晨起床前、午间午休时、晚上躺下后，要天天做，雷打不动。（2）仰卧、全身放松。两腿弯曲，左腿放右膝下，右脚放在膝下，两膝贴床（盘坐式）。左手或右手，食、中、无名、小指并拢，微屈与大拇指形成凹陷状。然后从根部即会阴部抓起阴囊、睾丸，五指轻、慢而有力度，顺时针方向揉摩70~100次，再逆时针方向揉摩70~100次。（3）姿势不变，两手自然微屈，放左右两腿旁。全身放松、自然呼吸。提肛（肛门、腹部收缩）100次。做时要慢、要到位。（4）继续仰卧，两腿自然伸直。微闭双眼、全身放松，排除杂念，调整呼吸，改用腹式呼吸（呼气时腹部收缩，吸气时腹部鼓起），然后运丹田之气到前列腺部位，意想前列腺部位放松、再放松，5~10分钟。刚开始做时，前列腺处无感觉，待有了功力之后，前列腺部位有灼热感。（5）此按摩只限良性前列腺增生，凡有前列腺炎、睾丸炎等不能按摩，以免炎症发展。

只要按时、认真地按摩、做功，不要很久，顽症前列腺增生就会得到缓解。持之以恒，坚持下去，就会从痛苦中彻底解放出来。

250001　山东省济南市建国小经三路5-1号102室　李绥

10/ 治疗习惯性流产一法

黄酒一瓶、驴脐一套（驴的外生殖器

带睾丸）。将驴脐洗净切成片，用素油拌匀（最好胡油）后放在旧瓦片上焙干，取出晾凉，再用铁皿捣碎。有先兆流产症状者，可取 1~3 勺捣碎的驴脐，用温热的黄酒冲服。绝对卧床休息，止血后方可轻微活动。用药量可灵活掌握，有益无害。

内蒙古园艺科学研究所　韩铁峰

11/ 油炸鱼鳔治习惯性流产

此方传给多人，无不灵验：发现怀孕后，每天早晨把 20~40 克鱼鳔剪成细条，炸脆后吃掉。天天吃，直到怀孕后 3 个月为止。能吃到怀孕后 5 个月更好。无副作用。药材公司可买到轧成带状的鱼鳔。

100086　北京市 2402 信箱　袁浩峰

12/ 野棉花根治"崩症"

我父亲曾治好过因得了"崩症"卧床不起的 52 岁邻居大妈。其方：七八根野棉花根，采掘后洗净切成 3 厘米左右的小段；将 25 克红糖入锅炒到粘锅时加水，放入鲜姜两片和野棉花根，再放入一种叫"鸡啄米"的植物（去叶留根），煎半小时即可。待晾一会儿空腹服下，每剂药可煎 3~5 次，吃 3 剂药后治愈。

100061　北京市崇文区南岗子街 58 号楼甲楼 7 单元 102 房　黎克芬

13/ 服用黍子可预防奶疮

在哺乳期间，有时不小心把乳房压了会出现肿块，疼痛难忍；时间长了还会发烧，浑身发冷，发展成奶疮。我有一验方：用温开水服一把黍子（一种粮食，不去皮），过 4 小时后再服一次，很快就好。

100077　北京市丰台区西罗园联社　陈美伶

14/ 用针鼻儿通奶头可治奶水堵塞

在孩子几个月的时候，很多女同志因着凉上火，乳房又胀又硬却挤不出奶来，接着出现结块，进而引发奶疮。这时候只要先把缝衣针针鼻用酒精消好毒，再捏紧奶头，看奶头上哪个孔不出奶，用针鼻往里捅，直到又黄又稠的奶水挤出来，乳房没有结块就行了。本人曾用这个方法试过，既不痛苦又解决了问题。

101200　北京市平谷县北小区 8 号楼 4 单元 8 号　张玉华

15/ 鲜桃叶可治"阴病"

女同志外阴部瘙痒，俗称"阴病"。可将鲜桃叶洗净捣碎，每晚睡前涂在患部，清晨起床后洗掉，大约连续使用十几次即可根治。

100061　崇文区幸福南 11 楼 1 层 6 号　马文蓉

16/ 热花椒水治乳腺炎初起

乳腺炎初起，乳腺局部红、涨疼，可用一大把花椒熬水。然后用较热的花椒水洗。因花椒水有收敛作用，红、痛即可消失。我年轻时曾用此方法，防止了乳腺炎的发生。

075000　河北省张家口市桥西国税局　范良霞

17/ 治妇女乳腺肿痛一法

喂乳期的妇女常因睡觉时不慎压迫了乳腺，致使部分乳腺不通，中医讲"不通则痛"。初起稍感疼痛，若不及时治疗，继而会形成肿块，疼痛难忍，甚者还伴有高热。我的祖母曾留一验方救治过不少亲友及邻里，屡试不爽。其方法：选白胡椒 7 粒，捣碎，越碎越好；上好红砂糖一小撮，约半汤匙（红砂糖有一种发亮的，与白砂糖一样颗粒状的才好）。将碎胡椒与红糖拌合，放在一小盘内，再用自身的奶挤一些，调成膏状，抹在一块洁净的纱布上，贴在肿块处，再用橡皮膏粘牢，轻者早晚各贴一次即可，重者须贴三四天，肿块即消，痛止。若见肿块已发红，且一按肿块发软并在红肿块上出现小白头时，说明用此法已晚，起不到疗效了。此时内部已形成脓肿，应去医院开一小刀，脓出即愈。

100041　北京市石景山苹果园西井一区3栋6号
白酉生

18/ 刺儿菜治妇女流血不止病

妇女流血病既普遍又不易治愈，我有一位亲戚患此病，虽去多家医院治疗，疗效欠佳。后经朋友介绍一方，服用后三天见效，一周即愈。其方法，取鲜刺儿菜150克，切碎，兑入3倍清水，煮沸后滤去其渣，温凉后饮服，每日3次。刺儿菜学名小蓟，是菊科植物，植株呈圆柱形，近顶部有分枝，株高5~30厘米，茎粗0.2~0.5厘米，质脆，易折断。叶互生，无柄，叶片皱缩或破碎，完整者展平后呈长椭圆形或长圆状披针形，长3~12厘米，宽0.5~3厘米，具针刺，上表面绿褐色，下表面灰绿色，两面均具白色柔毛，头状花序单个或数个生于茎顶，花紫红色，夏秋两季开花。如采集不到，可去中药店购买干刺儿菜，其用量每次15克，兑水1200~1500毫升。

112300　辽宁开原高中　孙执中

19/ 妇科秘方献大众

我今年70多岁了。家中珍藏皇家秘方有60余载。专治妇女月经失调、子宫寒冷及肚腹疼痛。我爱人年轻时曾有此症，去医院中西药吃了不少，但疗效不佳。最后还是用皇宫秘方配一副丸药治愈。后来剩下的丸药都给亲朋好友，吃后全有明显疗效。过去有保守思想送药不送方，我想时代不同了。本方来之不易，失传太可惜了。因此我把良方全盘端出，愿广大妇女全能治好疾病。此方是妇女们家庭必备中草良药。自己不舒服就吃一丸，纯属平安药。有病治病，无病常服此药以得大寿。以下6味药为一副：当归100克、川芎100克、白芍100克、黄芪100克、益母草250克、广木香25克，均研为细面，蜂蜜为丸，每丸重15克，黄酒送下，每早空腹1丸。

附：治疗病情说明书

（1）此药专治妇女胎前产后及女儿劳累小产、气血两亏，常服此药无不神效，以得大寿，每早空腹服一丸用黄酒送下。

（2）胎前腰腹疼痛，胎动不安，下血不止，用黄酒服一丸。

（3）临产时用黄酒服一丸，能安神定魄，气血调和，诸病不生。一切难产横生或胎死，连日不能分娩，引用童便黄酒服一丸立刻即产。

（4）凡产后儿枕作痛，引黄酒服一丸。

（5）一切死胎不能生产、腰腹疼痛，引用炒盐汤送下。

（6）产后中风、牙关紧闭、半身不遂、失声不语、左瘫右痪，手足抽搐不省人事，引用薄荷汤送下。

（7）产后鼻血或吐血者引藕汤送下。

（8）产后衣胞不下引用黄酒童便送下。

（9）产后气短，不思饮食，引枣汤送下。

（10）产后小便不通，引车前子汤送下。

（11）产后四肢及面目发黄，引茵陈汤送下。

（12）产后大便不通，引芝麻汤送下。

（13）产后赤痢，引红花汤送下。

（14）产后血迷血晕不省人事，引荆芥穗汤送下。

（15）产后白痢，引芝米汤送下。

（16）产后痰喘咳嗽恶心吐酸水四肢无力自汗盗汗，引姜枣汤送下。

（17）产后血风身热手足顽麻百节疼痛五心发热口干咽干，引童便黄酒送下。

（18）产后出血过多或崩漏不止头眩眼发黑，引当归汤送下。

（19）产后增寒腹热身出冷汗，引产便黄酒送下。

（20）产后惊悸和见神鬼狂言妄语或心虚胆怯行动害怕，引黄酒朱砂送下。

（21）产后赤带，引红枣汤送下。

（22）产后白带，引红艾汤送下。

（23）产后恶血不下腰腹疼痛，引童便黄酒送下。

（24）产后泄泻，引糯米汤送下。

（25）产后头项强，引白芷汤送下。

（26）产后心血不定不能安寝，引枣仁汤送下。

（27）产后伤寒头痛恶心发热无汗，引葱汤送下。

（28）产后肩背疼，引姜汁送下。

（29）产后心胃痛，引陈皮汤送下。

（30）产后胸腹及小腹疼痛，引童便黄酒及姜汁汤送下。

（31）产后腰腿疼痛，引泼姜汤送下。

（32）产后岔气疼痛，引木香汤送下。

（33）产后膝肿及足跟疼痛虚肿，引牛膝汤送下。

（34）产后勒奶成瘫或吹乳或一切痈疽无名肿毒用醋调患处，引黄酒服一九。

（35）凡妇人久无子嗣月经不调或子宫寒冷不能孕育者，每日用黄酒服一九。

100009　北京市东城区琉璃寺胡同18号　刘跃华

20/ 芦荟妙用：性保健

随着年岁增长，夫妻间性生活质量下降。芦荟鲜叶中微量元素和多种活性物质对人体非常有益。芦荟的PH值介于5~6，最容易被人体吸收。用芦荟汁按摩双方敏感部位，促进血液循环，能刺激性欲。用芦荟汁作润滑剂，安全可靠，无副作用，是过夫妻生活高级保健品。消炎、杀菌、净化妇女阴道，对妇性疾病有意想不到的效果。我曾向几位知己介绍，他们都说不错，提高了夫妻性生活的质量，对妇科病有明显效用。

100034　北京西四北五条18号　朱兆先

21/ 冲服发灰治乳腺炎

1949年秋天我们部队驻在昌黎，我那个连驻城外杨家沽泊。我爱人生的第二个孩子得肺炎而死，没孩子吃奶乳房胀得非常厉害疼痛难忍。房东老太太把我头发剪下一撮烧成灰用温开水给我爱人冲服，晚上又剪了我一撮头发烧灰给我爱人冲服了。到夜间就不疼了，第二天早晨起床消了肿，连喝三天我爱人的乳腺炎就好了。房东的爷爷是老中医，他曾告诉房东：治乳腺炎效果最好的是胎毛，妇女生小孩，第一次给孩子剃头晚一点，头发长长了剪下来留着治乳腺炎，自己不长奶疮别的妇女长也能使，实在没胎毛，成年人的发灰也能治。这以后我告诉了很多患乳腺炎的妇女，她们用此方都好了。

100011　北京市德外六铺炕二区 17 号楼 2 门 9 号
于　文

22/ 艾灸涌泉穴治胎位不正

我怀我的第二个孩子时，经大夫检查胎位不正，当时诊病的是位老中医大夫，他说："我告诉你一个简单办法，用艾灸脚底的涌泉穴，两个穴位都要灸，每天晚上一次。"我按老中医所传授的方法，把艾点燃，在晚上灸脚底涌泉穴即脚心，坚持每天晚上一次，约 10 分钟。我记得灸到第六七天时，有胎儿在肚子里动的感觉，坚持灸到第 10 天时，再检查胎儿已正位。我觉得这个简单的纠正胎位的方法很管用，写出来供他人选用吧。

100085　北京市海淀区上地西路实创发展总公司
张　烨

23/ 柿子把避孕法

一位乡邻老大妈，当年曾告知我一个行之有效的"柿子把避孕法"。此方是：柿子把 7 个，以瓦片焙干后研成细末，再用黄酒送服，可避孕一年。需要注意的是：服用时必须是在月经末梢的两天内，此法经试用有效。

062559　河北省任丘市辛中驿乡边渡口村　王彦荣

24/ 贝壳鸡蛋壳治小儿软骨

20 世纪 70 年代初，我的一个侄儿，四五岁了，尚不敢放步走路，全靠大人扶抱。我休假回家，判断是小儿软骨病（佝偻病）。由于地处偏僻山村，便叫家人收集鸡蛋壳，下塘捞大螺丝食肉取壳，洗净晾干，上锅文火烤焙至酥脆（忌糊）后，研末再经小筛罗

一筛，将两种末混合加入适量的红糖或白糖（不讲究比例）。每日三次，每次一匙，和在稀饭里吃下。服用了二十几天，孩子就开始放步走路了，而且比较稳健。

100025　北京市朝阳区惠新南里 4 楼 3 门 602 号
黄德秀

25/ 治小儿口角溃疡

安徽朋友介绍一方：10 岁以下小孩，有的胃火太大，常发生烂口角病状，久治不愈。可在煮大米饭（粥）时，取煮开后浮在上面的泡沫若干盛入碗中，待冷却后，涂抹患处，每日数次，两三天可愈。注：在治疗期少吃为宜，忌辛辣酸性食物。

102405　北京房山周口店采石厂平房 9 排 9 号　付　强

26/ 小儿流口水验方

我弟五六岁还流口水不止，吃药不少，也不好。一位老大娘说有治流口水一方，一试用，真治好了。方法是：用烂积丸一丸（同仁堂药房有售）、冰糖一块，三小勺白开水，调研后内服，每天一次，连服三天即可治愈。

102405　北京房山县周口店采石厂平房 9 排 9 号　付　强

27/ 治小儿疝气手法

疝气多发生于腹部，以腹外疝为多见。小儿疝气一般是因为咳嗽、哭闹引起的，疝下垂的时候疼痛难忍，伴有呕吐、发烧、站立不稳等症状。发生这种情况，首先让孩子躺在床上，然后用中指、食指轻轻托起下垂的小肠往上送，孩子不叫痛了以后，就用一个纱布袋子绑在大腿上，使疝口流不下小肠来，孩子也就不痛了，时间久了，疝口就会变小，疝气会消失，不用动

手术。有疝气的孩子在治疗过程中应一直吃荔枝，每天吃 10 粒，同时用荔枝种子泡茶饮可起到良好的作用。

417505　湖南冷水江市碱厂小太阳幼儿园　周瑞美

28/ 苦参汤治小儿阴囊浮肿

20 世纪 50 年代一年秋末，我 5 岁的小表弟不知什么原因造成眉眼等部位严重浮肿，尤其是小小的阴囊肿胀得像一兜水似的吓人，就好像随时有爆裂的危险。该疾经一位清朝末年保过镖的八旬老人指教，以 250 克中药苦参熬汤洗浴全身数次后，于第二天神奇般地康复。

062559　河北省任丘市辛中驿乡东边渡口村西街
004 号　阎玉庭

29/ 给婴儿舌头上擦茶叶水去"火"

我的小外孙刚出生四个多月，舌头上生了一层又厚又白的舌苔，喝奶不香，据别人讲是上"火"了，并教我一法：每天上、下午用几根茶叶泡茶水，用医用纱布浸上茶叶水给小孩擦舌头（不要沾上茶叶），每次擦 5 分钟，没几天，小外孙舌头上的白苔变薄变少了，"火"下去后，吃奶也香了。

100015　北京大山子 33 楼 36 号　吴衍德

30/ 百合、鸭梨、川贝治小儿咳嗽

邻居孙女春夏常轻咳不愈，用百合 10 克、鸭梨半个、川贝 1 克，煮水，每日一剂分两次服，一用即愈。

100020　北京朝阳区白家庄路 8 号宿舍 5–401
边启康

1/ 开水浸泡鲜柳树叶可退水肿

我的一个远亲得了肾炎，并伴发严重水肿，吃了很多药，作用不大。后来别人告知一方：用开水浸泡少许鲜柳树叶，一天服用3次。他服用一周后水肿果真消退了。

100027　北京朝阳区幸福二村17楼2单元102室
杨宝元

2/ 服用乌鸡白凤丸使"澳抗"阳转阴

1969年我因肠道病住院，血液化验后发现"澳抗"阳性。1975年单项转氨酶高，多次化验"澳抗"仍为阳性。当时有人说服用乌鸡白凤丸对"澳抗"阳转阴可能有疗效，我抱着一线希望，停了其他药专服乌鸡白凤丸，每日两次，每次一丸。大约两三个月后我化验检查，真的"澳抗"阳变阴了，多年来我虽没再服用此药，多次验血，"澳抗"都正常。

100043　北京石景山区八角北里18栋3单元303
马庆华

3/ 绿豆解毒

我弟弟12岁那年得病，庸医开错中药方，服药后腹内烧得如吃石灰，难受得在床上翻滚。母亲急忙把生绿豆洗净放在缸里捣碎成粉，用水冲服（3汤勺绿豆粉），服后半小时症状全消失，救他一命。当然，有条件者还是上医院急救为好。

100015　北京朝阳区高家园小区203-10-7　萧宇光

4/ 冷水擦身防感冒

我患有冠心病、心绞痛、慢性肠胃炎等病，身体虚弱，易患感冒。每年感冒10次以上，吃了许多药还是防不了，十分苦恼。去年听邻居讲，冷水擦身可防感冒。他现年80多岁，已20多

年没有感冒过。我从1993年9月份起也用凉水擦身，至今未犯感冒。我的做法是：每天早晚用蘸冷水的毛巾（略拧一下，不滴水即可）擦全身，每处10次左右，把身上突出的部位擦得稍见红色。是用通三阴导三阳的方法擦：背后往上擦，重点是大椎，前胸往下擦，上肢、下肢都是外面往下擦，里面往上擦。擦遍全身约需10分钟左右。

100038　北京复外木樨地茂林居10楼501号　刘青

5/ 清水冲鼻防感冒

笔者经过摸索和自身试验发现，每天用清水冲鼻可防感冒。做法是：将水灌入眼药水瓶中，对准鼻孔冲洗，左右鼻孔各冲洗3小瓶，每天2~3次即可。

071055　河北保定市化纤厂经警中队　杨兵站

6/ 治感冒特效方

空腹生食干大葱2根（约100~150克），用同等重量的食醋送服，一般感冒一剂就好。它还对退烧止咳有特效。

100045　北京西城区真武庙2栋4门28号　吴国兴

7/ 搓摩脖子可治头痛

1988年，我被自行车撞倒后患了头痛病，针灸、吃药都无明显效果。无奈，我每天早上锻炼身体后顺便用左右手搓摩脖子，坚持了2个月，头痛病竟意外地好了。具体做法如下：每天早上先用右手再用左手在脖子后各来回搓摩10~20次，然后用左右手同时在两个耳朵后上下搓摩10~20次。

100716　中华人民共和国劳动部老干部局　史秋侠

8/ 水仙花鳞茎可治腮腺炎

用水仙花鳞茎适量，加一些白糖，捣

烂摊在纱布上，贴在患处，每天敷一两次。消炎止痛有特效。

100005　北京外交部街甲 46 号 6 门 201 室　邢显廷

9/ 醋泡花椒根下土可治腮腺炎

我儿子幼时患腮腺炎，听别人说在花椒树根下取点细土用醋泡了，将稀泥涂在患处，干了再抹一次，每天抹几次。用此法果然降温、消肿，再加上多喝白糖水，几天就痊愈了。

100091　北京香山南路 52817 部队　杨晶峰

10/ 治疗刀伤一法

大姐的腿不慎被刀破伤，发炎溃烂。用了不少药，一个多月仍不见收口。家具店一亲戚让用活鲫鱼一条洗净捣烂，放入少许冰片和五味子，搅拌后贴敷伤口。没想到 5 天就痊愈，可以洗澡了。此法对刀斧伤、经久不愈的伤口屡试屡验。

100071　北京丰台区文体路 62 号院　赵理山

11/ 蜘蛛仔袋可速效止血止痛愈合伤口

我的老家流传一个妙方，用蜘蛛育完蜘蛛仔的白色仔袋（新鲜的效果更好）敷在伤口上包扎起来，很快便见效。我曾不小心在大拇指上切了一刀，鲜血直流，包扎了好几次，血都浸透了布，痛得我直咬牙。这时我想到了蜘蛛仔袋，就在墙上（南方住房的墙上常有，一个就有大拇指头大小）取了一个，敷上包扎好，很快止了血，也止了痛。第二天揭开已找不到伤口，又将它敷上包扎好。第三天一点都不痛了。伤口愈合许久后，才在皮肤下面看出一点伤痕。

100078　北京丰台区方庄芳星园三区 24 楼 6 门
801–802　刘冰凝

12/ 丝瓜叶治脂肪瘤

20 世纪 70 年代我背上长了个脂肪瘤，大家都告诉我千万别去触摸，否则会变大，还可能由良性变恶性。然而有一天它特别痒，无奈我去搔了几下，竟一天天大起来了，只得到医院去开刀。主刀的医务人员只去掉脓和血，脂肪瘤仍留在里面，并说：待封合完全复原后再住院摘除。1993 年夏季背上的脂肪瘤日渐长大，在百般无奈之际，我把自栽的丝瓜绿叶剪下一片，用清水洗净，剪成比脂肪瘤大 1~2 倍的样子，每晚睡觉前贴上。为不使它滑落，我用手轻轻揉搓一会儿，待固定住后再睡。这样，第 1 周后脂肪瘤不长了，第 2 周消肿了，3~4 周后瘤完全消失了。

100037　北京阜外大街 44 号楼 1 门 13　王本鉴

13/ 唾液能治甲状腺瘤

前年春天，邻居家来了一位求医的亲戚。她颈部长了一个有鸡蛋黄大小的包，用手触摸来回滑动。医院诊断确诊为甲状腺瘤，需做切除术。手术要求病人头仰起，但病人仰头后控制不住呕吐，结果手术没做成。前几天她又来京探亲，我问起她颈部的病怎样了？她说："好了！那个瘤子没有了。"我问她怎么治的？她说："用唾液。每天早晨用说话以前的唾液抹在瘤子上。边抹边揉，越来越小，半年多从未间断过，瘤子就没有了。"

100010　北京东城区美术馆后街 75 号　翟雅文

14/ 治秃发三法

△取鲜侧柏叶（扁柏叶）120 克，捣烂浸泡在香油中，晒 7 天后滤取药液，

涂擦毛发脱落部位，每隔两三天涂一次（涂擦前应剃光头），涂擦后戴上帽子，约2周左右即可长出头发。

△鲜侧柏叶浸泡在60%酒精中，7天后滤取药液，涂擦毛发脱落部位，每日3次，治后可生长毛发。如坚持连续涂擦并酌量增加药物浓度，毛发生长较密，也不易脱落。

△取中药何首乌15克、生黄芪15克、乌豆30克、当归身9克煎服，每周2次，可见效。患感冒时停服。

350003　福建省侨办　李贞石

（编者注：不要随便折取柏叶，破坏绿化。）

15/ 治疗"羊角疯"一方

我哥患"羊角疯"8年，经针灸、服药等方法多次治疗后，虽然每次发病的时间减少了近一半，但发病次数却从平均一年多一次增加到两个月一次。自1973年服此偏方后，到现在已有20年没再犯，应该说是完全好了。此方是：取油鸡蛋1只打入碗中拌匀；100克香油倒入锅中，烧热后倒入鸡蛋搅拌均匀；待鸡蛋成形后，加入100克白糖，再搅拌一会儿即可，千万不能糊。服法：犯病醒后立即炒好鸡蛋吃下，服前不要吃任何东西。一点说明：我哥按此偏方只服用一次即愈，因以后没有再犯，也就没再服用。不过，偏方上却说要连服3次，我想，这可能与我哥服用时年纪小（12岁），容易治愈有关。

100029　北京安外胜古南里大院17排2号　曹世林

16/ 治抽风一法

友人得了抽风病，医生诊断为癫痫，用了很多种药都不见效。后用土方：在一只红皮鸡蛋顶端打个0.3厘米的小孔，放入7粒黑胡椒（多几粒无妨）。用些白纸条沾上水将鸡蛋孔糊上（最好糊上十多层，防止烧爆）；然后放在电炉或煤气上，用温火烧20~30分钟，要不断翻动鸡蛋，以防一侧烧焦一侧不熟；烧好后剥去蛋壳吃下，很快就能止住抽风。最好连续吃几个，以防复发。

100101　北京市亚运村安慧里2区6号楼01-04

魏义文

17/ 缓解疟疾发作一法

我从十来岁到参军前，几乎每年麦收季节都要发一次疟疾，多在中午发作，隔天一次。先发冷后发热，发冷时盖两三条被子还浑身发抖，上牙打下牙。发热时全身不停地冒汗。有时家里几个人前后或同时发病。后得一法，即在发过一次后，在隔天发作以前，给患者备好饭和较咸的炒菜，同时备好水壶和茶杯。患者吃饱后选个阴凉处，一边烧水一边趁热喝茶，因吃的菜较咸、天又热，必想多喝水，喝热茶后又必会冒汗，到隔天发作以前喝得浑身冒汗不止（患者从吃饭起掌握好这点非常重要），冒汗后仍继续喝热茶，直到发作时间已过为止。这个办法虽然不能根治疟疾，经本人和家里其他人多次用后，确实能够在疟疾第一次发作以后及时止住。当然，这只是权宜之计，还得设法根治才行。

100011　北京安德里北街23号3-2-102　苑玉明

18/ 吹风机疗法

吹风机除了吹头发外还有治病的功

能，用法简便疗效快。我个人经验，它可治三方面的疾病：（1）腹泻、腹胀：当腹部受凉或饮食不当引起腹胀、腹泻时，可用吹风机吹肚脐眼（神阙穴）及两侧旁开三横指处（天枢穴），即可见效。（2）皮肤病：如皮肤痒疹、湿疹、神经性皮炎，可在涂可的松软膏后用吹风机吹到局部止痒即可，疗效显著。（3）受凉后肌肉风湿痛：可沿疼痛部位吹，吹到局部出现红斑、发热后停止。方法及注意事项：吹风机距皮肤不宜太近，一般25厘米左右，以不使皮肤灼痛为宜。皮肤吹出红斑或皮肤病局部止痒后把吹风机拉远，以防止皮肤烫伤。治疗每天一次，根据病情每次5~10分钟。

100025　北京热电总厂　徐子清

19/ 老年人半夜醒后如何再入睡

我已年近八旬，每晚临睡前喝1杯牛奶，卧床后很快就睡着了。但在凌晨两三点钟经常醒来，得吃点安眠药才能入睡。后来觉得总吃安眠药不好，于是改变催眠方法，吃3~5片饼干，再喝1小杯葡萄酒，躺下不久就又入睡了，一直到天亮才醒。这样已七八年，效果很好。

300211　天津河西区尖山金星里96号　崔永春

20/ 鱼刺卡在喉部吃韭菜

去年，鱼刺卡在我喉部，疼痛难忍。来到人民医院急诊室，医生用弯曲钳子取了很长时间也未取出，只好回家，我想到邻居一老人曾讲过一个办法：将一把韭菜，不能切碎，放到锅里与玉米面煮粥，然后吞咽下去，果然成功地去除了鱼刺。后来我把这个办法

推荐给几人试用，均获成功。

100037　北京海淀甘家口百货商场　郭俊存

21/ 喝水戒烟法

我患慢性支气管炎多年，因为戒不了烟，久治不愈，病情越来越重，影响工作和学习。一天，朋友告诉我一个戒烟方法：想吸烟的时候，先喝一大杯水，可把烟瘾压抑下去，有效率达90%。我早晨起来有吸烟习惯，便每天早晨喝一大杯开水，果然有解烟瘾的作用。从此，我每到想吸烟时就先喝一大杯水，至今已戒烟一年多了，不仅犯病次数明显减少，而且便秘也好了。

101101　北京通州区徐辛庄镇双埠头村　吴寿青

22/ 大蒜鸭蛋治颈淋巴结核

大蒜90克、鸭蛋两个，洗净，加水适量同煮，等鸭蛋煮熟后，去皮再煮片刻。喝汤吃蛋，可治疗颈淋巴结核，有杀菌解毒功效，使结核逐渐消散。

100031　北京府右街罗贤胡同19号　李培植

23/ 柳梢尖治疟疾

我童年时身体弱，受传染患了疟疾常发病。当时家境贫寒，无钱买药医治。母亲用柳梢尖7个、鸡蛋1个用油煎着吃，每天1次。吃起来有苦味，连吃了3天后，疟疾得到控制。1949年进军途中，即使在疟疾高发区，我的疟疾也没有复发。

100006　北京灯市口同福夹道6号　陆一波

24/ 鳝鱼血治受风口歪

1949年，我四舅母因产后受风，口向左歪，吃饭说话都很困难，吃中药、针灸无效。后经友人介绍，用鳝鱼几

秒钟就治好了。鳝鱼血治受风口歪方法是：用活鳝鱼一条，刺破取血，用药棉抹在口歪的反方向，立等四五秒钟，可正过来，马上用药棉蘸水擦掉血，以防过劲。

100077 北京永外沙子口东革新里40号2楼4门402号 魏寿昌

25/ 食蒸大蒜治浸润性肺结核

我妻于20世纪70年代初患浸润性肺结核，当时因经济拮据，医疗费用高，未入医院治疗，求得一吃蒸大蒜蘸白糖偏方治愈，20多年未复发。食用方法是：紫皮大蒜1头，剥皮后放笼屉上蒸熟，吃饭时将蒸熟的大蒜蘸上白糖一起食用。1日2次，早晚各1次，共吃100天，即愈。

075431 河北怀来县鸡鸣驿乡政府 牛连成

26/ 萝卜籽冰片治偏头痛

1947年我在山区老根据地，得过一次偏头痛，犯病时疼痛难忍。一老人用偏方治好了我的病，至今未犯过。其做法是：萝卜籽约5克、冰片2.5克，共研细末，少放冷水，调匀，用纱布过滤，滴入耳内两三滴即可。左边头疼滴入右耳，右边疼滴入左耳，流入耳内立刻止疼。

100053 北京市宣武区南线里12号 靳作存

27/ 蒸白糖豆腐治感冒

本人感冒初起，邻居见状告我一方：买块豆腐，上撒白糖，用锅蒸熟吃下。我用此法，第二天感冒真好了。

100027 北京朝阳区幸福二村17楼2单元102室 杨宝元

28/ 蛇皮治腮腺炎

我的两个小孩在四五岁时，都得过腮腺炎。当时经同事介绍，我采用吃蛇皮的偏方，都治好了。方法：到药铺买大约25克蛇蜕皮时留下的蛇皮（经处理过，很干、很轻），拿回家稍洗、剪碎，取大约四分之一的蛇皮放在碗里，再磕一个生鸡蛋（蛇皮、鸡蛋无严格比例），不放盐，搅均匀后，用油在锅里煎熟后给孩子吃即可。一天早晚各一次，两天就好了。没去医院，也没打针，没吃药，孩子还挺爱吃，没异味。

100029 北京朝阳区安苑北里5号楼1202 邱桂英

29/ 蜂蜜拌葱白治痄腮

前几年，我们村一个小伙子得了痄腮病，多次吃药打针都没好，很难受。后来一位老中医提供一偏方：大葱去绿叶后将葱白根捣碎，兑上等量的蜂蜜，拌匀后摊在一干净布上贴患处，两次即愈。蜂蜜加葱禁食，只能外敷。

100093 中国农科院蜜蜂研究所黑石头科研蜂厂 孙志强

30/ 百部去头虱

20世纪70年代，学校组织"学农"。归来发现我头发上已有头虱和虮子。一位老药工说，中药百部用水煮，待温度适宜后洗发可去头虱。每日透洗两次，果然全部除掉。

100044 北京西城区文兴街4号楼5门22号 李颖

31/ 银黄片治灰指甲

我手上有两个灰指甲，曾用过浓碘酒涂抹，水杨酸钠泡浸，后来又服用灰黄霉素，均未见好转，而白细胞、肝功均出了问题。最后忍痛把灰指甲拔了，谁知新指甲长出后，一个还是灰的。我灰心透了，再没去治。有一次因感冒服用了上海产的银黄片（银花与黄芩两味药组成），共服用了 10 天，一日 3 次每次 4 片，两周后感冒好了，突然发现灰指甲也好了，而且脸上一个开花的小疣也掉了。后来我介绍这个办法给几个好友，均收到与我同样的奇效。

100038　北京复外会城门铁道部宿舍 23 楼 6 号
乔 钱

32/ 樟木能消肿止痛

我不慎把右脚脖子扭伤，又肿又红，无法走路。邻居郭大娘告诉我，找块樟木熬水洗，就能消肿止疼。结果洗了 8 天腿就不那么红肿了，洗到 12 天上就痊愈了。其方法是：把一块樟木（小的要多放几块）放进小铁锅，用凉水先浸泡半天左右，然后放在炉子上煮沸，煮半小时左右（水越煮越少，可再加些），待水有了香味，即可洗，如脚肿手肿可泡进水内，不能泡进的部位可用毛巾蘸着往患处洗浸。每天早晚各一次，早饭后和睡觉前洗最好。

062150　河北省泊头市安顺街 2 印号　李治冰

33/ 治浮肿病一方

本人当年患浮肿病，用下方治愈：250 克到 500 克鲜鲫鱼，剥去鳞，把鱼腹内一切内脏弄掉抛弃，而后在鱼腹内放茶叶 50 克 ~100 克，加水两碗炖。熟后吃肉喝汤。要清炖，不放任何佐料和油盐。此方可治一般性浮肿，是我亲友提供。

062556　河北省任丘市辛中驿镇郭家口村　李书香

34/ 鱼骨鲠喉化解法

用橄榄核煎汤一碗，稍冷，慢慢地、少量的一口一口咽下。不要大碗一下喝干，目的是使橄榄核汁接触喉中鱼刺时间长些。这样，待这一碗橄榄核汁喝完，鱼刺"没了""溶化了"。曾经验证：取鱼骨放入盛橄榄核汁的碗中，一会儿，鱼骨就变成像煮熟的粉丝状，如果不是橄榄上市季节，找不到橄榄核，可买"蜜饯橄榄"二两，吃肉留核备用。用此法，无痛苦，无副作用。

312000　浙江绍兴市车街马弄东区 18 幢 106 室
俞全堂

35/ 荸荠汁救活了我

我今年已 70 多岁了。我年轻时，有一次一时想不开就把金戒指吞下寻死。大家都着急了，有的说这样治有的说那样治，后来有一人说，我给治，你们快去买一斤荸荠。买来后把皮削去挤成水约一茶杯。我喝下去，躺一会就觉得肚子痛，要大便，在痰盂解的，一看果然有那金戒指。

100052　北京宣武区北大吉巷 49 号　王树龄

36/ 老窝瓜能"吸"针

我表兄曾让缝衣针扎入手中，几天后，针游走到肘部，疼痛难忍，用吸铁石亦吸不出来。家父（中医）令把老窝瓜捣碎，敷在针的扎入处，不几天，针就退出来了。当时我亲眼看见，真奇方也。

100010　北京东城区演乐胡同 21 号　张殿执

37/ 大蒜减脂茶健身养老

我的一位远房亲属现年已逾 80，但老太太耳聪目明，身体康健，百病皆无，头脑反应灵敏。经我再三恳请才得到她家几代人珍藏的家传秘方——大蒜减脂茶饮方。此方是：大蒜头 15 克、山楂 30 克、决明子 10 克。将大蒜头去皮洗净，同山楂、决明子同放砂锅中煎煮，取汁饮服，每日一剂，连煎 2 次，分早晚两次服用。

124010　辽宁盘锦辽河油田设计院信息所　李素芹

38/ 鸡蛋加白矾治癫痫病

我乡村民孟爱军 5 岁之子强强，从小患癫痫病，到北京、郑州等多家大医院治疗无效。后经一老中医验方施治，至今一年多无复发。其方是：取一个鸡蛋，在其小头上端破一小洞，将蚕豆大一块白矾放到鸡蛋内，用白面封口。抓一大把白面放在饭碗内，加少量水搅成稠糊状，再将鸡蛋口朝上直立在碗中。然后放在锅内煮碗。鸡蛋熟后白矾即已化开。每星期患者在早饭前空腹吃一次。坚持服半年即可生效。

075431　河北省怀来县鸡鸣驿乡政府　牛连成

39/ 治疗中风偏瘫验方

偏瘫，属中风后遗症。中风偏瘫后遗症可分为出血性和缺血性两大类，前者包括脑出血和蛛网膜下腔出血，后者包括脑血栓形成和脑栓塞。上述两大类病症，我采用祖国医学异病同治的方法，收到了良好的效果。其处方及用法：虻虫 3 克、水蛭 3 克、地龙 3 克、三七 2 克、一见喜干浸膏 1 克、丹参提取物 8 克研末，每日 3 次，开水送服。笔者在临床上常用以上具有抗凝、溶栓、止血、降脂、扩充血管、改善微循环等双向调节功能的中药，治疗出血性和缺血性中风后遗症，屡治屡效。一般轻者连续服药 20 天，症状消失，能进行脑力劳动和一般体力劳动，生活完全自理，重者连

服 3~4 个月亦能治愈。

231623　安徽肥东县杨塘乡黄李诊所　张秀高

40/ 拉拽耳垂可防治头痛

本人年轻时经常头痛，后经一名乡间中医指点，每天早晚各一次用双手的食指和中指拉拽双侧耳垂，向双肩外侧横拉百次，从此治愈了这个顽症。至今我仍坚持做，基本上没发生过头痛的毛病。

100026　北京朝阳区金台北街 5 号楼 1 门 1006 号

房卞义

41/ 服补中益气丸治喘

我第二次做疝气修补手术后，因气亏导致气喘，伤口疼痛难忍，影响休息，且不利于伤口的康复。经医生同意，我于加餐进食之日起同时药补。按规定服补中益气丸，结果气喘与日俱减。至第八天出院时气喘也得到控制。

100055　北京广外红莲中里 9 号楼 4~7 号　宋帅义

42/ 治气管炎一方

生猪脑 4 个、鲜蜂蜜 100 克。把猪脑放到碗里上锅蒸一刻钟，然后用筷子分别把每个猪脑夹成四块，倒入蜂蜜再蒸一刻钟，出锅后稍凉一下即可服用。要求一次服完。一般情况下一次见效，我母亲的气管炎就是用此方治好的，同时还治好了周围一些人。

100731　外经贸部行政司社工处　李冬林

43/ 吃熬大白菜治气管炎

冬天每天吃一次熬大白菜可治气管炎。大白菜做法很多，如白菜豆腐、白菜豆制品、白菜丸子、虾仁白菜、荷包蛋白菜，口要轻一些，每次一大碗。一个朋友以前一到冬天咳嗽不止，

痰很多，一冬天要犯好多次，吃了一冬天后，至今已多年不见此状，也很少咳嗽了。如果配合体育锻炼，效果更佳。

100081　北京海淀区北京机械工业学校宿舍 2 单元 402　宋秀孚

44/ 花生煮奶治咳嗽

我初三下半学期总是咳嗽不止，伴有浓痰，母亲把生花生弄碎，放入生牛奶中煮沸，令我服下，使我很快康复。

072757　河北琢州 86176 部队蓝天大理石厂财务科 李齐楚转李观毅

45/ 泥鳅丝瓜汤可治肝病

先把泥鳅在清水中养两天，吐出污物。在煮丝瓜汤的同时，放入活泥鳅数条，煮熟后调味食用，可一天一次或一周二至三次。对急性肝炎效果良好，长期服用对慢性肝炎、肝硬化也有效。

100013　北京朝阳区和平街 14 区 6 号楼 4 单元 1 号　毛小冰

46/ 爱出虚汗者的福音

把一瓶二锅头酒倒出少许，装上数把枸杞子，扣紧瓶盖，一周后白酒变黄即可饮用，每天饮一两或八钱，服数月后可使爱出虚汗者不再出虚汗。但此酒不宜过量饮，会致鼻出血，酒色浓重应加添白酒稀释，以颜色适中为宜，饮用一段时间后须更换枸杞子。

100085　北京海淀区清河毛纺厂花园 5 楼 607 室 冯继兴

47/ 及时按摩，小儿"脱"残

儿时听我妈妈说，邻居家大妈生了个小弟弟，生下来时，小弟弟的脚心向上，脚背向下。大妈心里十分着急，但接生的产科医生安慰她说，不必着急，只要把小弟弟的脚向正常方向按摩推拿，每日数次，就可逐渐把小脚心向下转。因为新生儿的骨头是软的。大妈照医生的嘱咐，给小弟弟按摩小脚。现在小弟弟早已长大成人，他的脚完全像正常人一样，没有一点残疾的痕迹。大妈一直感谢那位产科医生，能及时告诉她按摩的方法，把小弟弟从残疾人的边缘挽救过来。

100871　北京大学物理系　方瑞宜

48/ 吃大蒜可治失眠

我失眠 20 多年，总离不开安定药片。现每天晚饭后或临睡前，吃两瓣大蒜。我历来不习惯吃蒜，因此是把蒜切成小碎块用水冲服的。至今（1997 年 5 月）已 4 个多月不失眠了。

100009　北京地安门内北河胡同 5 号　孙瑞兴

49/ 牛奶加 B_1 可治失眠

我 1972 年患失眠开始服安宁、安定、安眠酮、速可眠等。越吃药量越大。1983 年我又得了精神分裂症，住了 4 次院也没治好。1986 年因服速可眠过量又住了 8 个月院，把速可眠戒了，继续服安定，总是睡不着。1996 年我又住院戒安定，把安定减了量可是又改服妥眠当和枣仁安神胶囊，每晚服 2 粒妥眠当、2 片安定和 3 粒枣仁安神胶囊，这样每晚也就睡 3 个小时，我又把奋乃静由 3 片加到 10 片，也不管事。现在我每晚 11 点喝一袋牛奶加 5 片 B_1 可以睡 4 个多小时，快 4 点时再服一粒妥眠当、2 粒枣仁安神胶囊就可以再睡 4 个小时。据我的经验，一般神经官能症失眠，只喝牛奶加 B_1 就可以入睡，对于精神分裂症的病人，安眠药也可减半，不妨请你试试看。

100032　北京西城区成方街13号1门302　孙光田

50/ 鱼鳔可治失眠症

1993年夏，我患神经衰弱症，常常夜不成寐。有人告诉我一偏方：吃鱼鳔可治神经紊乱引起的失眠症。于是，我常去鱼市，鱼贩宰鱼时，我把鱼鳔拣回家，收拾干净，用少许油把鱼鳔煎黄后，加入水及葱姜炖汤。我喝了几次后效果果然不错，夜里睡得安稳，而且血压也正常了。

100085　北京清河西三旗2867信箱　牛金玉

51/ 治老年性头晕一法

白萝卜50克、生姜50克、大葱50克，共捣如泥，敷在额部，每日1次，每次半小时，一般3次，可治老年性头晕。

100027　北京东城区少年宫　杨宝元

52/ 鸡、鸭蛋煮红枣可治头晕

小时候经常头晕，后来家里人听得一方法，买来1000克鲜鸡蛋、500克鲜鸭蛋和500克红枣，放在砂锅内煮熟，可适当加些白糖或冰糖。每天吃一碗，连吃两次就好了，至今再没犯过。

100027　北京朝阳区三里屯东21楼202号　许嘉林

53/ 刮头皮治头晕

用梳子背沿着前额发际处，依次从右到左向后刮头皮，刮至后颈部，用力适中。每日早晚各一次。每次刮15~20下。当日见效。可用于各种原因引起的头晕。

100094　北京第261医院门诊部　张广发

54/ 茶蒜醋健身法

12年来，我用饮过的茶叶，和着用白

醋捣碎的蒜，包在纱布内，放在塑料盆里，擦洗从头到脚心的全身，使皮肤不痒且光滑舒适。每周大冲洗全身两次，但每早晚只是轻擦洗一次，配合手脚腰背的各式健身活动，使我在"文革"遭迫害所患7种慢性病痊愈，并写了超过百万字的诗文，成为中国作协最年老（85岁）的新会员。

100037　北京阜成门外外交部宿舍　谢和赓

55/ 按外关穴治落枕

由于睡眠姿势不良，枕头过高、过低或睡眠时吹风受凉，晨起后一侧颈部疼痛，颈部活动受限，称之为"落枕"。治疗办法是：点按患侧的外关穴（外关穴的位置在手的背面、腕关节上3指，尺桡骨之间），边按边令患者慢慢活动颈部。在能忍受的情况下，点按力量越大越好。

100085　北京市87345部队卫生队　李广昌

56/ 热辣椒辣了嘴唇用"皮炎平"

一次吃饭时不小心被辣椒辣了嘴唇，当时辣得难以忍受，情急之下，抹了些"皮炎平"，没想过了一小会儿就好了。

100029　北京朝阳区皇姑坟小区14号院　孙　晴

57/ 龟血能止血

幼时在农村河边赤脚玩耍时，常被干蛤蜊皮等锐物扎破，只见家长将伤处再挤出点血擦净，找出一块龟血纸（或曰龟血"创可贴"）剪下一小块贴于患处，外缠上点布，伤愈很快，且不发炎。其龟血的取法是：将龟颈拉出，下边垫上一块白纸，龟头剁下淌出的血均匀地摊平晾干备用，且永不失效。

100078　北京方庄芳群园二区24楼2门103　张德民

58/ 白发变黑妙方

我姐今年69岁，10年前白发已占一半，如今却满头黑发。我向其取经，她说："两年前开始，每天早晨卧两个鸡蛋，汤里加一小把枸杞子，煮熟后鸡蛋、枸杞子连汤一并吃下，要持之以恒。"

100037　北京西城区百万庄路 26 号　渠洁瑜

59/ 唾液的作用

晨起没漱口前的唾液可用于：

（1）明目。起床后先洗净手，沾唾液抹在眼球上，长此下去眼觉清爽（有炎症时不要用此法），有明目、防老视之效。

（2）治无名小疖子。我小时身上常起小疖子，父亲告诉我早晨起来后蘸唾液抹两三下就行，试后果真灵，一两天便下去了。

（3）年轻时我常起粉刺，晨起用此法抹几下，一两日也下去了。

100041　北京石景山区苹果园西井一区 3 栋 6 号
白酉生

60/ 后甩左右手力掰拇指减肥法

具体做法：抬右手过头顶向后甩，同时用力往后掰大拇指；然后再抬左手过头顶向后甩，同时用力往后掰大拇指；如此右、左轮流"甩""掰"各30下。每天次数不限，坚持下去定能收效。这是堂兄其武术师父密传。他见我体胖，生前传教给我。我坚持20多年，现身体已正常。

100007　北京东城区北新桥香饵胡同 13 号　耿济民

61/ 芦荟妙用：治感冒

芦荟中含有芦荟酊和芦荟苦素，有很强的消炎、杀菌、抗病毒功效，生食芦荟鲜叶早晚各10克，并用芦荟汁滴鼻，能减缓流感病痛，服用 4~5 天可痊愈。用生姜芦荟同时煎服，每天3次，每次3毫升或服用芦荟酒也有明显效果。

100034　北京西四北五条 18 号　朱兆先

（编者注：据中央电视台健康节目中介绍，芦荟叶一次服用不宜超过9克，否则可能引起中毒。）

62/ 干杏仁止咳

去年冬季，因感风寒，每到晚上总要咳嗽一阵子，赶巧我爱人从农副产品展销会上买了两小袋脱苦干杏仁，我抓了一小把，吃着味道挺好，且当晚咳嗽明显见轻。又连着两个晚上干嚼上十几粒杏仁，就不再咳嗽了。后来我爱人和孩子咳嗽时也如此仿效，止咳效果也都挺好。

100039　北京中铁建筑工程公司机运分公司　殷春华

63/ 治梅核气妙方

梅核气是一种顽症，即：有痰在咽喉里黏在嗓子，随着喘气忽上忽下，咽也咽不下去，吐也吐不出来。日甚一日，难受至极。我老伴曾患此症，我的友人是位老医生，给开了个药方，服用果然有效。第一次患病吃了9副才完全治好；第二次吃了6副即愈，逐次犯逐次减少，直至后来永没再犯。此方是：苏叶20克、厚朴15克、茯苓15克、半夏（要捣碎）15克、陈皮10克。

100091　北京海淀区西苑 100 号南区 8 号楼 5 单元
7 号　林礼堂

64/ 仙人掌治哮喘

仙人掌适量，去刺及皮后，上锅蒸熟，加白糖适量后服用，对哮喘病疗效甚佳。如一时不能根治，可多服几次。

062559　河北省任丘市辛中驿镇边渡口村　钱万品

65/ 香油煮蜂蜜治咳喘

我朋友的一个老闺女，几年前因患重感冒留下了咳喘的后遗症，经向乡邻打听到一方而治愈。其方是：蜂蜜、香油各 125 克，用铝锅或铁锅，先把香油煮 3 个开（即开锅后把锅取下，稍放一下再煮），然后倒入蜂蜜再煮 3 个开，待凉后倒入容器内备用。每天喝 3 次，每次 1 汤匙，饭前饭后随意。轻者服一剂可愈，重者可加服两次。此药不大好喝。

100055　北京宣武区广外鸭子桥路 10 号　闫玉庭

66/ 硼砂蒸红肖梨治过敏性哮喘

红肖梨洗净，用小刀将肉最厚的一面挖下一长方形小块待用。将一小勺硼砂（一般中药店都有）倒进梨内，用挖下的那块梨肉按原方位盖好。放锅内蒸熟后热吃凉吃都可以，一天吃 3 次，1 次吃 1 个，吃到不喘为止。可去根。硼砂用量可根据年龄、病情而增减。本人亲友曾吃过，没有副作用。

102100　北京平谷县北小区 8 号楼 4 单元 8 号
张玉华

67/ 黄瓜籽治哮喘

本人从小就患有咳嗽哮喘病，冬季久咳不止，上不来气，长辈在世时出一妙方：蜂蜜 200 克、黄瓜籽 200 克、猪板油 200 克、冰糖 200 克。将黄瓜籽用瓦盆焙干研成细末去皮，与蜂蜜、猪板油、冰糖放在一起用锅蒸一小时，捞出板油肉筋，装在瓶罐中。在数九第一天开始每天早晚各服一

勺，温水冲服。我只服一冬，痊愈，至今没犯。

156200　黑龙江省绥滨县种子公司　李殿保

68/ 治慢性支气管炎一简方

我父亲患慢性支气管炎多年，我寻得一简方，治好了他的病，15 年来一直未犯。此方如下：猪心 7 个，苦杏仁 1000 克，盐、大料、桂皮适量。将猪心切成 1 厘米见方小块，洗净；将苦杏仁浸泡 3 天，剥去外边的软皮；然后与盐、大料、桂皮放入锅内炖熟，即成。将炖好的猪心、苦杏仁分成 7 份，每日 1 份。服后有轻微的感冒状不适，不妨碍日常生活。

100021　北京松榆里小区 11 楼 9 门 101 室　莫燕萍

69/ 治支气管炎一简方

炒苏籽 7 钱、炒葶力籽 8 钱（均用纱布包好），并 15 粒大枣一起煎熬，早晚各饮一次，可根治气管炎。

102300　北京门头沟区三家店铁小 4 号塔楼 504 室
牟蜀东

70/ 抗结核一方

我 1994 年由感冒咳嗽引起结核性胸膜炎，经过治疗，又用了民间一方痊愈，至今未犯。该方：用中药狼毒 100 克、大红枣 500 克。洗净后，用砂锅倒入水一块煮，水沸 20 分钟后，将枣捞出沥干。服用时，第 1 天吃 1 粒枣，第 2 天吃 2 粒枣，第 3 天吃 3 粒枣，如有反应即停服，如无反应（即副作用）可每天服 3 粒红枣，切不可多食，食完一斤算一疗程，最多食两疗程后停服。如按医生配合输液青霉素效果更佳，两月后应化验血，即有效果。输液按医生配方，最多不超过

半个月。千万不能用铁、铝锅煮。

075100　河北张家口市宣化环城西路物资　城姚忠

71/ 老区治肺结核一方

近年肺结核又有发生，使我想起20世纪40年代在解放区老百姓用的一个药方，人们用后效果不错，即：冬小麦麦粒、黑豆各25克，与大枣10枚水煎，早晚服，每天一服药同时坚持吃大蒜4~5瓣，效果更佳。

100055　北京广安门外红莲南里12楼5门203号
张秀文

72/ 治疗癫痫一方

天麻100克、琥珀6克、羚羊角6克、麝香2克、柴胡20克、桂枝20克、石菖蒲30克、青阳参90克、白僵蚕40克、钩藤30克、珍珠母50克、甘草6克。按等量递增配研法混合均匀，过6号筛，即可服用。贮存应密封。成人每次6克；小儿酌减。一般30天即愈，最长者两个疗程。治疗期间禁忌精神刺激、白酒、萝卜、大蒜、茄子，禁食羊肉、鹅肉。

231622　安徽肥东县古城镇全合街145号　张秀高

73/ 芦荟妙用：抗癌

癌是由于空气污染，进食时有害物质长期积累而没有及时排出，久之病变而致。自身抵抗和免疫力衰退，是癌变乘虚而入的内因。芦荟中含有阿劳米嗪。它是一种罕见的免疫剂，也可称芦荟素，是一种高分子的糖蛋白。芦荟中还有一种能抗癌的物质叫芦荟曼喃。芦荟酊和芦荟宁能消炎，杀菌，抗病毒。芦荟中这三种物质形成了抵抗癌症三支力量，它可阻止癌病变，又可杀死癌细胞。常服芦荟鲜叶，具有提高体质，增强免疫力，是防癌抗癌的有力手段。

100034　北京西四北五条18号　朱兆先

74/ 象牙面治红伤

老伴一生从事雕刻，早年便知象牙面止血愈伤有效。如刀伤、枪伤、创伤而引起的出血，只要把象牙面涂敷在伤口上，便可立即止血，而且不感染化脓。我因刮胡拉了个小口或手被碰伤时，常照此法试用，均见其效。现要保护野生动物，象牙面不易觅寻，仅立此存照。

100062　北京崇文区北官园13号　白　瑀

75/ 铁树叶熬水益于接骨

前两个月，我不幸将脚扭伤，踝骨处两个骨头之间裂了一个小口，韧带拉伤，整个脚又红又肿，疼痛无比。到医院去看，医生说：要么就打石膏，要么就回家养着，后来经人介绍一方，即用铁树的叶子熬水，然后卧一个鸡蛋（不要放盐和任何佐料）。待煮熟后吃鸡蛋，喝水。这个方法很灵，后来我又介绍此方给别人，都说此方对接骨大有好处。

067000　河北省承德话剧团　王　力

76/ 高烧浑身痛中药熏蒸法

我已78岁（铁路局退休女干部）。在我20~30岁时经常发高烧，周身疼痛难忍（特别是膝关节）。经用此法热敷，几十年来没有烧过，周身疼痛和膝关节炎也好了。我的小女儿因练体操腿部疼痛，也用此法治愈。给其他朋友介绍，都反映效果好。具体做法：在中药房购买透骨草、紫苏叶、艾叶、木瓜各100克。把药倒在搪瓷脸盆内，放水要漫过药。然后把盆放在火上烧开，再熬上5~6分钟，把盆端下来放在床上。让病人躺在床上，把两条腿放在盆两边，用床单盖在病人身上，再盖条毯子。注意不要让气跑出来，盆边最好围上点，以免烫着。等盆水凉了再把盆拿出来，擦去病人身上的热汗，盖好毯子，病人就可以安然睡觉了。每天晚上敷1次，5~6次就可痊愈，每服药可用3~4次。

100076　北京大兴区西上同奥园小区11楼1门
201号　刘志琴

77/ 被窝里做保健功

上了年岁的老年人大多睡眠轻，醒了不如在被窝里做做保健活动。我们老两口的办法是：先用左脚趾去蹭右脚心四五十次，反过来用右脚趾去蹭左脚心四五十次，两脚再左右、上下、里里外外的反复进行搓按揉至发热；再把左脚上屈半尺左右去蹭右腿的内侧三阴交区，左右反复进行四五十下；然后两腿平伸，扭动腰部二三十下；再用左右拇指从肚脐往下推按至阴部四五十下；再用左右掌心揉按肚子，先轻后重顺时针进行四五十次，再从咽部往下用拇指推按二三十次至肚脐；闭双目，用手背揉眼区、面部及额头二三十下；坐起后，用两拳揉搓两腰眼至发热。天天坚持做，腿脚会感到舒适，腰部也不痛了，老年人便秘也可消除，咳嗽、胃病也能好转，还能改善性功能。起床后，用两拳捶捶后腰，再弯身拍拍两腿两膝，最后两手心、手背对搓至发热，再拍拍巴掌。

100061　北京天坛东里中区3栋3楼7号　闫尚专
转闫月生

78/ 晃腰防治结石

若在饭后20~30分钟后，边看电视边晃动腰，即两手扶在膝上，用腰顺、逆时针晃动十几分钟，可防治结石症。我们楼内电梯司机患膀胱结石绿豆大小，晃腰二个月，结石排除了，另一胆结石患者李某晃腰一个月后不疼了。

100045　北京西城区二七剧场路东里新7楼502
王岩崑

79/ 我的压腿健身功

1992年，我因患胃溃疡住院做了胃切手术。自1993年7月开始，每天坚持到抚顺市儿童公园锻炼身体。通过5年来的实践，我编了一套"压腿健身功"。

（1）选好踏栏。根据个人的身高，首先在户外有树有草的地方，选择好一个适合自己脚蹬的栏杆（如公园里的护栏、花坛围墙、土坎、树墩等）。以身高1.7米为例，一般可采用70厘米高的栏杆为宜。

（2）压腿动作。先用左脚掌的脚心蹬住栏杆。右腿向身后拉开约90厘米（身高1.7米者），脚掌踏地，脚尖向右侧呈现丁字形站稳，两腿膝关节要绷直。然后即可挺胸、摆臂、哈腰、压腿。蹬左腿时，右臂手掌借助上体下压之势，向左脚掌内侧前下方用力猛刺；同时左臂用力向后摆动。压一下时，用意念的方式数一个数。当数到"97"时，剩下的3个数，改用意念的方式连喊3个"换腿"，即完成100下了。换右腿后的动作，与左腿相反即可。当右腿数到"97"下时，用意念的方式连喊3个"记录"，即双腿完成第一轮200下。然后移到左腿再开始第二轮。以此类推，循环往复。究竟需要做多少下为好，应根据个人身体适应情况而定。

（3）划弧收功。具体做法是：两腿张开比肩略宽，两腿弯曲，两臂自然下垂，两手掌向内贴近小腹两侧之后，开始沿胸前左右上下划弧形圈，上体顺势左右摇摆。双目微合，思想入静（爱好唱歌者，可小声哼唱）。用30分钟做完。

5年来，它给我带来的好处很多。使我较快地恢复了胃功能，由术后每日5餐恢复到每日3餐，体重由术后55千克增至61千克；我原患有双膝关节炎、肩周炎、脊椎骨质增生等症，现均已消失；我原患有低血压症（90~60毫米汞柱），现已基本好转（120~80毫米汞柱）；我原患有老年前列腺肥大症，现不服药也能控制；我原患有神经官能症，现在睡眠正常。患有心脏病、高血压者，不宜做此功法。

113008　辽宁抚顺市北台街水泥厂住宅小区1号楼

5单元601号　刘俊杰

80/ 花椒治疟疾

1940年我在华北联大学习时，五一反"扫荡"送一女同志去后方医院（得的是烈性疟疾），后我也被传染上。那时很少药物，金鸡纳霜、奎宁都用过却没好。在五一"扫荡"中，我被间壁在一山区农家，主人告诉我：用花椒十几粒，在锅里炒焦，擀成粉，在闹病前4~6小时空腹吃下，白酒作引子（能喝酒者多喝点，50克即可，不会喝酒的有15~20克即可），空腹吃药后即去睡觉。等过了闹病时再起

来，可以多喝点水。过后一周内勿做重体力劳动，如犯再吃即好。我治好后，几十年未犯过。

100061　北京崇文区板厂新里37号　杨琇

81/ 黑木耳冰糖猪大油治肝硬化

我父1959年在福建得肝硬化，晚期，西医已拒绝治疗，遇一老中医给了一方，说试试，也没把握。服用一个月后，我去接他，见他仍脸呈灰黑无血色，但继续服用到两个月后，耳朵及上下唇变得红润。服用到半年，痊愈。到1986年去世，肝硬化再也未犯过。此方如下：一小撮黑木耳（多少无妨）洗净放入锅内加水煮，水量在锅沿下2厘米。开锅后继续煮到只剩多半碗时停火，盛出装碗，放一小勺猪大油、几小块冰糖热喝。一天3次喝汤。当天第1、2次木耳不吃，继续煮水，第3次吃掉，第2天用新木耳再煮。此方无须很严格，但猪大油与冰糖不要过量。我母亲说此方治好多人。

100038　北京海淀区羊坊店15号50号信箱　高淑梅

82/ 核桃仁香蕉给考生健脑

高考临近了，不少家长正在精心为孩子挑选营养品。现将笔者在实践中应用有效的核桃仁和香蕉介绍给大家。我女儿上初中一年级时，考前复习精神有些紧张，同时还发生便秘。我很着急，生怕影响她的学习。我反复翻阅了书籍及报刊，从几十种健脑食物中反复比较筛选出核桃仁和香蕉。自打初二开始，平日经常吃，考前复习天天吃，每天空腹吃50克左右核桃仁，每天饭前吃1只香蕉，每次考试进入考场

前 40 分钟左右再吃一只香蕉。主要作用防止紧张，稳定情绪，提神醒脑，增强判断力和记忆力。从此后，女儿复习时的紧张情绪逐步消失了，便秘不见了，身体也健康了。每次进考场后的精神特别好。从初二到高中，学习成绩一直是班上的前二名。后考入中国人民大学，当时是宁夏回族自治区文科高考第二名。数学单科 112 分，为文科类考生数学第一名。核桃仁吃法：可把适量的调料与核桃仁放锅内煮熟，烘干，也可制作琥珀核桃仁：将核桃仁用开水焯一下，捞出控去水分，用白糖搅匀，立即放入热油锅内炸，要掌握好火候。

李志国

83/ 健康长寿一法

我父亲邻居许老爹，今年 98 岁了，仍耳不聋、眼不花、腿脚利落。上小学时就觉得他怪，每天不断锻炼，锻炼的方式和人家不一样，大人小孩背后都叫他怪老头。他有四方面特别：伸头缩脖子，拍大腿打脚板，双手交替拍捏到肩膀，努嘴上下左右扇鼻子。或许这就是长寿之道。

223800　江苏宿迁市东大街 68 号　赵理山

84/ 餐餐食醋祛斑长寿

我妈今年 92 岁高龄了，脸上不仅没有老年斑，而且满面红光，精神饱满。现在她老人家还能做一些洗洗涮涮、缝缝补补的家务活儿。有人问我妈的保健长寿秘诀，她说："没什么秘诀，只是一日三餐不离醋；菜里调醋，饭里拌醋，沏汤放醋，就是喝水也兑点醋。几十年如一日，结果脸不生斑

又长寿。"据我妈的经验：每餐用醋 5~10 克为宜。

100086　北京海淀区三义庙大华衬衫厂宿舍 1 门
401 号　刘淑琴

85/ 红枣药膳七方

△ 红糖姜枣茶：取红糖 100 克、生姜 15 克、红枣 100 克。以上 3 味加水煎汤，去渣取汤。不拘时代茶温饮，每日 1 剂。具有补血益气、活血祛瘀的功效，适用于寒湿凝滞型、气滞虚型痛经，以及经闭。

△ 枣盐酒：取红枣（烧令黑）14 枚、盐（煅）3 克、黄酒 80 克。以上前 2 味共为细末，与黄酒共煮 1 分钟，候温待用。分 2 次温服即止。具有温中和胃的功效，适用于妊娠四五月时心腹绞痛不止。

△ 乌梅红枣粥：取乌梅 15 克、红枣 5 克、冰糖 50 克、粳米 100 克。先将乌梅洗净，入锅加水 200 克煎煮至减半，去渣取汁，再与淘洗干净的粳米、红枣一同加水 900 克，先用旺火烧开，再转用文火熬煮成稀粥，加入冰糖继续煮至粥成。每日早晚空腹食用。具有益气养胃，利水消肿，收敛生津，安蛔驱虫，抗癌的功效，适用于虚热久咳、烦渴、痢疾、蛔虫病、腹痛、呕吐、牛皮癣、食欲不振，并能防治胃癌便血等。急性痢疾和感冒咳嗽者不宜服用。

△ 泥鳅参芪汤：取泥鳅 150 克、黄芪 15 克、党参 15 克、山药 50 克、红枣 15 克、生姜适量、精盐适量。先将泥鳅养在清水盆中，滴儿滴植物油，每天换水 1 次，令泥鳅吐尽肠内脏物，一周后取出泥鳅，锅内放植物油适量，

烧十成熟，加几片生姜，然后将泥鳅于锅中煎至金黄，加水 1200 克和生姜，放入装有黄芪、党参、山药、红枣的药袋，先用武火煮沸，再转用文火煎熬 30 分钟左右，去药袋，加精盐调味，分两次吃鱼饮汤，经常食用至病愈为止。具有健脾和胃、补气养血的功效，适用于脾胃气虚所致的小儿营养不良和气虚自汗、小儿疳积、身体虚弱等症。

△ 党参田鸡汤：取田鸡 500 克、党参 60 克、淮山药 30 克、红枣 10 克、精盐适量。先将田鸡去皮、内脏及头，洗净，淮山药洗净，与田鸡肉一同放入锅内，加水适量，武火煮沸后，转用文火炖 1~2 小时，加精盐调味，佐餐食用。具有补气健脾、益胃消肿的功效，适用于脾胃虚弱之小儿疳积，症状为身体虚弱、形瘦腹胀、食欲不振、烦躁不安、夜睡不宁、虚劳发热等。凡外感发热或肝热疳积者不宜服用。

△ 赤小豆红枣葫芦蜜方：取苦葫芦 1 个，赤小豆 50 克，红枣 20 克，冰糖、蜂蜜适量。先将苦葫芦洗净，取瓜瓤，加水煎成浓汁，再加赤小豆和红枣煮成羹，加冰糖和蜂蜜调味，佐餐食用。具有清热解毒、利水消肿的功效，适用于舌癌、喉癌、鼻咽癌、胃癌、肺癌以及癌性水肿者。

△ 乌梢蛇赤豆方：取乌梢蛇 250 克、黄瓜 500 克、土茯苓 100 克、赤小豆 60 克、生姜 30 克、红枣 30 克、精盐适量。先将乌梢蛇剥皮去内脏，洗净后放入沸水锅中煮熟，去骨取肉；黄瓜洗净切成块，与洗净的去核红枣、赤小豆、土茯苓、生姜、蛇肉一同放入砂锅内，加水适量，先用武火煮沸，再转用文火炖 3 小时，加精盐调味，佐餐食用。具有清热，治疗疥癣、梅毒、淋病、肠癌等疾病的功效。

210009　江苏南京市马家街 26 号南京药物研究所

蔡　鸣

1/ 染发去污可用香烟灰

烟灰可去除染发后留在皮肤上的污渍。每次我为爱人染发时，他总是先备好香烟灰。染发后，把香烟灰蘸水抹残留皮肤上的染发水，即可去污。

100091　北京海淀区大有庄坡上村2号　刘艳云

2/ 重复使用纽扣电池的好办法

小计算器、电子石英表、小收音机、照相机等经常需换新电池，其实换下的电池经过充电后是可以重新使用的。充电的方法是：准备一个家用电池充电器和一支5号充电电池（要求已充好电的）。将5号电池和纽扣电池放入充电器中的一个卡位上，纽扣电池正极（即有"＋"号一端）与充电器正极端对接，纽扣电池的负极与5号电池正极相联，5号电池的负极与充电器的负极卡片接触，形成一个串联。一般只需充电5~10分钟左右，即可取下使用，手表用纽扣电池重新充电后一般可使用半年以上。其他用品使用充电后的纽扣电池也有满意的效果。纽扣电池的电压一般都是1.5V，与家用电池充电器输出电压相同。串接一个充好电的充电电池的作用，主要是防止充电器输出电流过大而充坏电池，同时也便于固定纽扣电池于充电器内。这种充电办法我使用过多次，简便易行，收效快。

100037　北京西三环北路109号院1301号　杨宝春

3/ 灭蟑螂的一个"笨"办法

为消灭蟑螂（最好的药物也只能解决一周左右），本人经两年试验，摸索出一个笨办法，但很有效。方法如下：取空牙膏盒若干只，一头剪齐整，一头粘牢，内装诱饵如苹果皮，放在蟑螂觅食时必经之路，特别是暖气片周围，晚七八点后收捕一两次。为防止蟑螂逃跑，收捕时准备一个水盆，一手持碗于水盆上方，一手将诱饵倒入碗中，如有蟑螂即会逃跑掉入水中，而后将诱饵仍装入盒中放原处，诱饵要常更新。坚持一段时间，蟑螂可以基本绝迹，尤其对厨房效果更好。

100081　北京理工大学45单元15号　唐笑远

4/ 用飞蛾"喝水"来诱杀飞蛾

每年进入5月，室内总有些米蛾子在飞；进入6月，米蛾子更多。年复一年，实在令人烦恼。今年，我在奶锅里泡上水忘了刷洗，第二天早上奶锅里浮着一只飞蛾。后来，厨房里一盆洗菜的水忘了倒掉，第二天一看又一只飞蛾死在盆内。我便每天在厨房、居室里放上几碗（盆）水，果然每天碗（盆）里都有几只米蛾子死在水中。不到10天，一只飞蛾的踪影也找不到了。（注：根本的办法是灭米虫，这只是一种临时方法。）

100088　北京电影制片厂　胡海珠

5/ 白酒可以灭蚂蚁

我住平房，每年夏季厨房都要受到小黑蚂蚁的侵扰，使用过多种灭蚁药，效果都不理想，而且经常喷洒药物又担心污染厨具。今年夏初的一天，忽然又发现大量的蚂蚁从窗缝爬进来，墙上、碗架上到处都是，因手头没有灭蚁药，顺手拿起半瓶二锅头酒，洒在蚂蚁出没的地方，许多蚂蚁顷刻被杀灭了，而且一直到现在没有再发现蚂蚁。

100044　北京市车公庄西路 19 号　张明明

6/ 用死蝉诱捕蚂蚁有奇效

去年搬入新居后，不久就发现不仅厨房里有蚂蚁，三室一厅及厕所内无处不有。厨房的蚂蚁成群结队比较好对付，卧室、厅、厕所的蚂蚁是分散活动的，真不好办。不久前，小孩把一只死蝉丢在室内墙根下，第二天发现死蝉全身都是蚂蚁，足有几百只。之后，我就捉蝉投放诱捕，效果真好。

100840　北京 840 信箱　王宗秀

7/ 烟草可防治蚂蟥

孩童时，我爱好捕捞鱼虾，但又害怕蚂蟥叮咬。父亲教我治蚂蟥的绝招，即下稻地（水田）或池塘以前，从烟斗里刮出烟油，涂抹在脚部皮肤上（无烟油也可用烟丝代替），下水后蚂蟥就不敢靠近叮咬。如果想把稻地或池塘里的蚂蟥杀灭，把摘掉烟叶的烟杆投入稻地或池塘浸泡即可。但放养鱼虾的池塘忌用。

100083　北京大学分校　陈晓辉

8/ 草茉莉籽可做化妆品

当前世界化妆品有"回归大自然"的趋势。我介绍一种简单易行、效果良好的天然护肤化妆品：即利用草茉莉籽，去外皮留下白色粉心，晾干磨碎，泡在冰糖水内，过两三天即可使用。过去我祖母和母亲常年使用它搽脸、搽手，效果非常好。它增白、护肤并有一种清淡宜人的香味，没有任何副作用。

100044　北京北方交通大学 54 区 65 号　张育升

9/ 自制圆形玻璃

可用普通剪刀剪圆形玻璃，经试验效果很好。方法是：将玻璃用油笔画出所需圆形大小，然后在水中用剪刀将玻璃由外向里一点一点地剪，即可剪成你所需的圆形玻璃。注意剪时一定要将玻璃和剪刀淹没在水中。

100094　北京海淀区第 261 医院门诊部　张广发

10/ 橘皮可诱捕蟑螂

一个偶然的机会，我发现在一堆橘子皮里边有很多蟑螂。这说明蟑螂是喜欢吃橘子皮的。于是我把装有橘子皮的饭盒分放在蟑螂经常出没的地方。每天晚上七八点钟的时候去检查一次，一经发现里边有蟑螂，立即用开水烫（要事先把开水准备好）。开始的一段时间，发现的蟑螂比较多，后来便逐渐减少了。这个方法省钱，又避免药物对食品、餐具的污染。不足之处是不能灭绝，过一段时间还要进行捕杀。

100039　北京海淀区复兴路 46 号 1-1-1406　张　炎

11/ 胸罩带防滑脱妙法

夏季女性用胸罩常遇一头疼问题，胸罩的带子往旁边出溜，尤其是穿无领无袖裙衫时，不是从领口处，就是从袖口处外露，很不雅观。当着旁人用手调整也很别扭。我设计出一简便实用方法：备几条宽 1 厘米的带子（薄衣料裁成 3 厘米宽的长条缝制或购布带），剪成 5 厘米长的条，每件衣服用两条，布条一头固定在肩部，另一头装上按扣（一片在布条上，一片在衣服相应部位），将胸罩带夹在布条中间扣上即可。就像手臂套在袖中，活动方便。衣肩再窄，胸罩带也滑不出来。

100078　北京方庄芳群园二区 7 号楼 1 单元 1001 室
华慧芬

12/ 用食盐巧洗地毯

一次，不小心把食盐洒落在地毯上，我用湿毛巾把地毯上的食盐擦干净，意外发现刚才擦过的地毯有一种清洗如新的感觉。从此，我清洗地毯就先在地毯上均匀地撒些食盐，再用湿墩布去擦，此法清洗地毯不仅便捷，效果亦佳。

100025　北京朝阳区延静里中街 15 楼 2 单元 19 号
张玉国

13/ 热面汤清洗钢丝网罩

厨房卫生最让人心烦的是抽油烟机的清洗，网罩上经常聚着一圈油珠珠。在煮面条时，将热面条捞干净后，马上将钢丝网罩放入热面汤中浸泡（汤要没过网罩），等你吃完面条后，面汤的温度也降了下来，用洗碗的细丝网轻轻刷洗，网罩便会干干净净。

100044　北京海淀区西三环北路 101 号 2-501
薛树红

14/ 伏天毛巾如何洗清爽

夏季入伏后，日常用的毛巾逐渐变得又黏又滑，用"84 消毒液"可洗净。首先将水和"84 消毒液"，以 100 : 1 的比例兑好（也可半脸盆水放 4~6 瓶盖的"84 消毒液"），然后将毛巾泡入盆中，一次可泡 3~4 条毛巾，浸泡 20~30 分钟后，再用香皂或其他洗涤剂洗涤，这样洗涤后的毛巾，洁白透亮，干净清爽。

100027　北京朝阳区幸福三村 17-16 号　赵桂香

15/ 隐形眼镜脱落的紧急处理

在汽车上或商店里等人多的地方，有时不小心被别人碰了眼睛，使隐形眼镜脱落。这时，隐形眼镜往往沾了尘埃，不能直接戴进眼睛，而身边又没有隐形镜的专用药盒和浸液，这时，可将其放入口中（最好压于舌下，以免误吞），待回家后再行处理。

100015　北京青年政治学院九四经管　曹　雪

16/ 给茶壶和凉杯贴上水温指示

在炎热的夏季，家人和孩子们总喜欢喝点"凉白开"。笔者将太阳牌锅巴的不干胶防伪变色商标贴在茶壶和凉杯上即可根据商标颜色判断水温。倒入热水后商标受热由红变黄，等到商标冷却恢复红色时即表示水凉了可以喝了。这种防伪变色商标旁注明"防伪商标手触红变黄"。

100091　北京 984 信箱 18 号 10 楼 5 号　周永青

17/ 柏树叶可驱虫

将柏树叶采下后，洗净晾干，用纱布包起来，夹入衣服、书籍中可防蛀虫。近年来我一直这样做，效果很好。注意公共树木，不能乱采摘。

100093　北京香山南路 52817 部队　杨晶峰

18/ 可用"84 消毒液"清洗凉席

夏天使用的麻将牌方块竹片凉席及沙发垫，使用时间长了容易脏黑，我试着用"84 消毒液"加入清水中冲洗后却发现收到了意想不到的效果，它既达到了消毒的目的，又显光亮一新。

100045　北京市西城区白云观街北里 1 号楼 2 单元
701 号　薛已登

19/ 透明胶布的妙用

将透明胶布贴于报刊图案、书画作品上，用指甲面擦压数遍，接着用盛有热水的平底搪瓷杯熨压 5~10 分钟，然后揭起胶布，图案等便牢牢地吸附在胶布的表层，如同直接印上去一样，虽经擦洗也不脱墨色。它是收集和长期保存小幅面图案和书画作品的有效办法。　450007　郑州电缆厂技工学校　胡国敬

20/ 浴帽（旧）的利用

套在太阳帽或其他帽之外以防雨、防水；套在自行车座垫上，以保证雨天时坐垫不致淋湿；套在提包（特别是浅色的帆布或布质包）底部，当提包放在自行车前筐内时可避免弄脏；可套在鞋外（需两个，临时用）以避免雨季在外作短途行走时将鞋弄湿、弄脏。

100011　北京 760 信箱 20 分箱　蒋彦胤

21/ 橡皮树津液黏性强

我家盆栽了一棵橡皮树，在去年的一次修剪时，不小心将津液溅在书页上，没料到干后竟像胶水一样粘坏了两页纸，以后我发邮件时，便用针在橡皮树上扎一下，用津液粘接，效果极佳，我家组合柜上贴的木纹纸有些部位开了胶，我试着用橡皮树的津液黏结，至今半年有余，黏结的部位也完好无恙。橡皮树成了"一瓶"用不完的胶水。

100085　北京海淀区清河 9511 工厂　牛金玉

22/ 水浸法扦插石榴

夏季伏天，剪 1~2 年生石榴约半尺长的带叶枝条，先插入小硬纸片中，再插入盛水的细口小玻璃瓶中，纸片使枝条悬于瓶内的水中。3~4 天换一次水，不要碰掉叶片。10 天左右，枝下端生小白点，再过几天，小白点处生根。根长约 1 厘米，移入盆土中，浇水，在阴处放半月，即正常生长。从扦插至移入土中，约需 20 天左右。大小石

榴均可用此法。无花果也可用此法。

100031　北京 29 中学　赵苏生

23/ 樟脑片治蚂蚁

我家住一楼，厨房内常有蚂蚁乱爬，碗柜内、灶台上到处可见。试用了不少办法不能根治。后来我无意中往厨房柜子底下和屋角处扔了几片樟脑片，结果第二天蚂蚁就不见了。以后每年春天我都往厨房角落里扔几片，至今几年再未闹蚂蚁。

100029　北京第四清洁车辆场组织部　王桂英

24/ 金鱼洗涤灵可灭蚜虫

过去花卉生了蚜虫，给它喷些稀释后的敌敌畏，但比例很难掌握，放少了不管用，放多了会烧坏叶子，使之泛黄。最近家中花卉上又出现了蚜虫，顺手拿起金鱼洗涤灵往喷雾器里滴了些，兑上水，喷在长了蚜虫的花卉上，第二天又喷一次，奇迹出现了，蚜虫没有了，过去一直难解决的事，偶然的一试，解决了。

100011　北京 9 号信箱老干部处　耿龙云

25/ 大蒜液治虫安全有效

取鲜蒜若干瓣，捣烂。加水 20 倍稀释、搅匀、过滤。用喷壶喷于花卉叶面的正面及枝干上。对蚜虫、红蜘蛛及盆内小飞虫均有杀灭和抑制作用。喷后短时有大蒜味儿，对人畜无害。随配随用，不可久置。

100083　北京市海淀区学院路 40 号 2 分箱　王　强

26/ 桃叶能杀死粪便蛆

过去我在农村居住，没有杀虫药，一到夏季，厕所里的蝇蛆乱爬。当地人就在粪坑里撒上桃叶，便可杀死粪蛆。

100093　北京香山南路 52817 部队　杨晶峰

1/ 自制柳叶保健饮料

嫩柳叶 1000 克洗净放入砂锅中，加清水适量煎煮一小时后去渣，液汁再用小火浓缩成稠膏状，待凉后拌入适量冰糖或白糖，将液汁吸干混匀，干燥后碾碎装瓶备用。每次 10 克，开水冲服。这种柳叶保健饮料可治多种疾病，具有清热解毒、透疹、利尿功能，适用于尿道感染、乳腺炎、牙疼、肝炎、高血压、甲状腺肿等患者。

102100　北京市延庆县技术监督局　卓秀云

2/ 鳖壳能防粮食生虫

每年一到夏天，我家的米袋和面缸里就会生出许多黑虫子。听人说鳖壳能防粮食生虫，今年春天我在米袋和面缸里各放了一个鳖壳，到现在一只虫也没生。

100075　北京永外民主北街 3-2-303　牛景玉

3/ 粮食长虫巧除一法

把生了虫的米或豆类倒入铝盆中，拌入少许花椒（或将花椒包好放入）；拿一张旧报纸撕好 30~40 毫米宽的长条若干，然后将纸条围盆沿摆匀，纸的一端用粮食压住（靠紧盆内沿），另一端探出盆外触地；再在盆周围大约一米的范围内（视盆大小）用杀虫剂画一个圈。第二天早上盆内的虫都跑到地上来了，可用开水烫死。此法能去除 98% 以上的虫子。

100043　首钢北钢经销处　杨希栋

4/ 洋槐花拌馅味美可口

我每年春季都把采来的白色新鲜洋槐花洗净，漏去水分，用刀切碎，然后加韭菜、粉条、猪肉、虾皮、葱姜末、盐、味精、食用油调和好，用这种馅烙馅饼、包饺子或蒸包子味道鲜美可口。注意：面越软越好吃；不要吃粉红色槐花。

100858　北京万寿路 28 号 30 楼丙门 7 号　张升林

5/ 三丁儿窝头

20 世纪 70 年困难时期，我得了浮肿病。经医生出具证明，买了些许黄豆和胡萝卜。当时，为了节省粮食，便将水发黄豆、胡萝卜丁儿、白薯丁儿掺入玉米面内，蒸成茶碗大小的窝头，取名叫三丁儿窝头。自此，三丁儿窝头便成了我家的"保留节目"。如今，在三丁儿的基础上，我又掺入了栗子丁儿、红枣丁儿、葡萄干之类。不仅好吃好看，且营养颇丰。

100071　北京丰台镇桥北文体路 62 号 51175 部队

常士俊

6/ 自制奶昔

依据各自的口味选用冰激凌，用一个玻璃杯盛上 2/3 的冰激凌，再倒入 1/3 的瓶装甜牛奶，充分搅拌直到成为糊状，一杯既简单又解暑的奶昔就做好了。

100062　北京榄杆市大街石板胡同 7 号　齐　冰

7/ 腐乳瓜片腌制法

用刀将西瓜皮的外层硬皮削掉，再片去内层红瓤，洗净，切薄片，放盘内洒上精盐，约腌 1 小时，滗去盐水。然后将瓜片装玻璃瓶里，倒入腐乳汁，再点上少许白酒，盖紧瓶盖，放冰箱冷藏，3 天后即可食用，红里透绿，清脆可口。

100084　北京体育大学红 14 楼 309　朱维仁

8/ 炒花生米发"皮"如何恢复

只要把"皮"了的炒花生米放在冰箱冷冻室里1~2小时便可以了。花生米冻前应放在塑料袋里,冻后放密封的容器里,冻后的花生米久放也不会哈喇。

100045 北京复兴门北大街7号楼207号 郑 箴

9/ 买茄子辨嫩的窍门

买圆茄子辨别是否鲜嫩,我的窍门是:一看茄色二看盖儿。即先将果色鲜亮、黑紫者列为选购对象,然后逐一检查茄盖儿(花萼)处的果肉轮廓线。如果果肉有明显的大于茄盖儿覆盖的绿白色轮廓,说明茄子是提前采摘上市的,茄子还处于旺盛的生长发育期,还有可能长得更大一些,因此买这样的茄子一定很鲜嫩。

100101 北京安贞西里一区8楼1门502号 吴冀龄

10/ 杀泥鳅一法

泥鳅,营养丰富,味道鲜美,但因其分泌黏液致使宰杀困难。可将其装入袋内,放冰箱冷冻,再取出化冻清洗后宰杀,便会变得轻而易举。

102207 北京沙河86221部队政治处 曹国俭

11/ 如何储存鲜玉米

选好一点的鲜玉米,去须,留一两层皮,装入塑料袋(按一次用量装较方便),放入冰箱冷冻室,吃时蒸、煮,如同新买的一样。

100086 北京双榆树东里502号 周 熔

人体部分穴位图（背面）

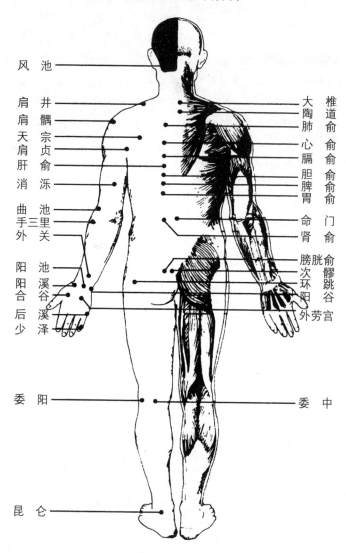

风 池

肩 井
肩 髃
天 宗
肩贞
肝 俞
消 泺

曲 池
手三里
外 关

阳 池
阳 溪
合 谷
后 溪
少 泽

委 阳

昆 仑

椎道俞
大陶肺
心
膈俞
胆脾胃
俞俞 门俞

命肾

膀胱俞
次髎
环跳
阳谷
外劳宫

委 中

人体部分穴位图（侧面）

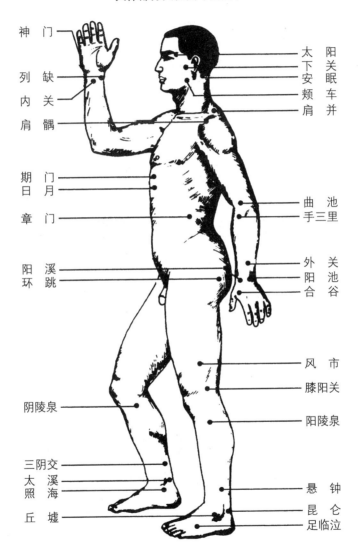

神　门
列　缺
内　关
肩　髃

期　门
日　月
章　门

阳　溪
环　跳

阴陵泉

三阴交
太　溪
照　海
丘　墟

太　阳
下　关
安　眠
颊　车
肩　井

曲　池
手三里

外　关
阳　池
合　谷

风　市
膝阳关
阳陵泉

悬　钟
昆　仑
足临泣

人体部分穴位图（前面）

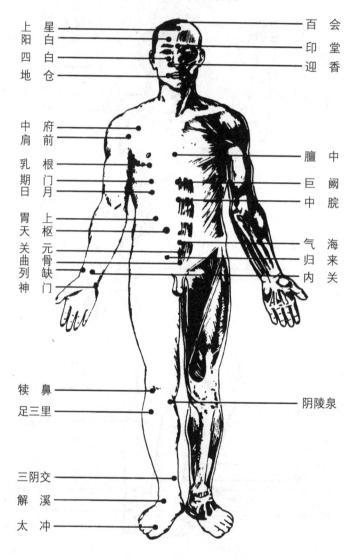

上阳 星白　　　　　　　　　　　　　　　百会
四地 白仓　　　　　　　　　　　　　　　印堂
　　　　　　　　　　　　　　　　　　　迎香

中肩 府前　　　　　　　　　　　　　　　膻中
乳期 根门　　　　　　　　　　　　　　　巨阙
日　 月　　　　　　　　　　　　　　　　中脘
胃天 上枢　　　　　　　　　　　　　　　气海来
关曲 元骨缺　　　　　　　　　　　　　　归关
列神 门　　　　　　　　　　　　　　　　内

犊鼻　　　　　　　　　　　　　　　　　阴陵泉
足三里

三阴交
解溪
太冲